Mit freundlicher Unterstützung von

Eickemeyer® und Heel Vet

Animal health designed by nature

## Die Buchinhalte auch digital nutzen

In drei einfachen Schritten online freischalten und kostenlosen Zugang über gängige Smartphones, Tablets und PCs erhalten:

1. QR-Code scannen oder die angegebene URL aufrufen

   thieme.com/vetcenter-code

2. Mit einem bestehenden Thieme Account einloggen oder neu registrieren.

3. Zugangscode aus dem Buch eingeben – die digitale Version wird damit freigeschaltet.

Persönlicher Zugangscode:

EBR2WwC42XMB3

**Wichtig:** Sobald der Zugangscode der Printausgabe eingelöst wurde, ist eine Rückgabe des Buches nicht mehr möglich.

## Schnellzugriff zum Buch

Nach erfolgreicher Registrierung und Freischaltung ist das Buch ohne Umwege unter vetcenter.thieme.de/9783132421011 oder über diesen QR-Code zu finden.

### Wichtige Hinweise

Der persönliche Zugangscode wird gesperrt, sobald die erste Freischaltung des Buches erfolgt ist. Die Nutzung ist somit nur für Erstkäufer*innen bzw. Erstnutzer*innen (z. B. bei Bibliotheksexemplaren) möglich.

Die Weitergabe von Passwörtern ist nicht erlaubt. Der Verlag behält sich das Recht vor, bei Verstoß rechtliche Schritte einzuleiten.

Zugang zu den Online-Materialien erhalten Käufer*innen ausschließlich für den privaten Gebrauch. Eine gewerbliche bzw. institutionelle Nutzung ist nicht gestattet.

# Lahmheitsuntersuchung beim Hund

Funktionelle Anatomie, Diagnostik und Therapie

**Daniel Koch, Martin S. Fischer**

Unter Mitarbeit von
Britta Dobenecker

Mit Zeichnungen von
Jonas Lauströer und Amir Andikfar

2., aktualisierte und erweiterte Auflage

450 Abbildungen

Georg Thieme Verlag
Stuttgart • New York

*Bibliografische Information der Deutschen Nationalbibliothek*
Die Deutsche Nationalbibliothek verzeichnet diese Publikation in der Deutschen Nationalbibliografie; detaillierte bibliografische Daten sind im Internet über http://dnb.d-nb.de abrufbar.

Ihre Meinung ist uns wichtig! Bitte schreiben Sie uns unter:
support.thieme.com/de-DE/
thieme.com/produktsicherheit


Oswald-Hesse-Str. 50
70469 Stuttgart
Germany

www.thieme.com

Printed in Germany

1. Auflage 2015 erschienen im Enke Verlag in MVS Medizinverlage Stuttgart GmbH & Co. KG

Umschlaggestaltung: Thieme Gruppe
Zeichnungen: Jonas Lauströer (https://www.jonas-laustroeer.de/), Amir Andikfar (http://www.andikfar.de/); Matthias Haab, Zürich, Schweiz; Karin Baum, Paphos, Zypern
Coverfoto: Gaby Ernst, Saland, Schweiz
Videos: Videos aus den Kapiteln 3–6 stammen von Tele D, Diessenhofen; Videos aus Kapitel 7 stammen von Nicole Hollenstein, Tierfotografie
Redaktion: Katharina Schmalz, Wenzenbach
Satz: L42 AG, Berlin
Druck: Beltz Grafische Betriebe, Bad Langensalza

DOI 10.1055/b-006-163263

ISBN 978-3-13-242101-1 3 4 5 6

Auch erhältlich als E-Book:
eISBN (PDF) 978-3-13-242102-8

**Wichtiger Hinweis:** Wie jede Wissenschaft ist die Veterinärmedizin ständigen Entwicklungen unterworfen. Forschung und klinische Erfahrung erweitern unsere Erkenntnisse, insbesondere was Behandlung und medikamentöse Therapie anbelangt. Soweit in diesem Werk eine Dosierung oder eine Applikation erwähnt wird, darf der Leser zwar darauf vertrauen, dass Autoren, Herausgeber und Verlag große Sorgfalt darauf verwandt haben, dass diese Angabe **dem Wissensstand bei Fertigstellung des Werkes** entspricht.
Für Angaben über Dosierungsanweisungen und Applikationsformen kann vom Verlag jedoch keine Gewähr übernommen werden. **Jeder Benutzer ist angehalten**, durch sorgfältige Prüfung der Beipackzettel der verwendeten Präparate und gegebenenfalls nach Konsultation eines Spezialisten festzustellen, ob die dort gegebene Empfehlung für Dosierungen oder die Beachtung von Kontraindikationen gegenüber der Angabe in diesem Buch abweicht. Eine solche Prüfung ist besonders wichtig bei selten verwendeten Präparaten oder solchen, die neu auf den Markt gebracht worden sind. **Jede Dosierung oder Applikation erfolgt auf eigene Gefahr des Benutzers.** Autoren und Verlag appellieren an jeden Benutzer, ihm etwa auffallende Ungenauigkeiten dem Verlag mitzuteilen.
Vor der Anwendung bei Tieren, die der Lebensmittelgewinnung dienen, ist auf die in den einzelnen deutschsprachigen Ländern unterschiedlichen Zulassungen und Anwendungsbeschränkungen zu achten.

# Vorwort zur 2. Auflage

Die Aufarbeitung eines orthopädischen Leidens gelingt nur mit einer zielgerichteten und strukturierten Lahmheitsuntersuchung. Diese Untersuchung markiert, zusammen mit einem allgemeinen und einem neurologischen Untersuchungsgang, den Beginn eines Prozesses, welcher in eine Diagnose oder in die Formulierung eines erweiterten diagnostischen Planes mündet.

Verschiedene Lehrmeinungen und Philosophien führen naturgemäß zu unterschiedlichen Umsetzungen. In diesem Buch wollen wir die systematische Herangehensweise lehren.

Jeder lahmende Hund wird nach dem gleichen Prinzip untersucht: Anamnese, Ganguntersuchung, Untersuchung am stehenden Hund, Untersuchung am liegenden Hund. Dabei werden immer alle Gliedmaßen beurteilt. Erst am Ende des orthopädischen Untersuchungsganges wird die diagnostische Bildgebung zum Zuge kommen. Dies mag auf den ersten Blick ein Anachronismus sein, weil in praktisch allen Tierarztpraxen Röntgenanlagen und Ultraschallgeräte auf ihren Einsatz warten und weil das Erstellen von Computer- sowie Magnetresonanztomografiebildern erschwinglich geworden ist. Warum also die lahmenden Hunde nicht erst mal einfach scannen und dann schauen, was dabei herauskommt?

Nicht nur die erhöhte Belastung durch Strahlen und Narkosemittel sollte uns lehren, dass es eigentlich ein Paradoxon wäre, wenn das beste Hilfsmittel – nämlich das menschliche Gehirn mit seinen diversen Sensoren wie Augen, Ohren oder Fingern – nicht zuerst eingesetzt würde. Es ist viel schneller als jede Maschine, kann mit seiner Logik die Befunde in einer gedanklichen Metaebene korrekt einordnen, mit seiner Erfahrung Wesentliches vom Unwesentlichen trennen, die Erkenntnisse aus der Vorgeschichte und dem Signalement in eine Wertung zur aktuellen Krankengeschichte bringen und nicht zuletzt den Kunden fortlaufend über den diagnostischen Fortschritt informieren.

Wir lehren also eine Kunst – die Kunst des orthopädischen Untersuchungsganges. Diese Kunst ist zwar nicht neu, aber sie verdient eine neue Betrachtung, denn unsere „Sensoren" sind nur so gut wie das ihnen zugrunde liegende Wissen.

Für die 2. Ausgabe des Buches haben wir aktuelle Erkenntnisse aus der innovativen Jenaer Bewegungsforschung berücksichtigt, welche im ersten Teil des Buches zu einem noch tieferen, funktionalen Verständnis von Anatomie und Physiologie des Bewegungssystems führen. Aufgrund der anatomischen und differenzialdiagnostischen Nähe von orthopädischen und neurologischen Leiden wird der Untersucher in der neuen Ausgabe nicht mehr nur durch die orthopädische, sondern auch durch die neurologische Untersuchung geführt. Wo notwendig, werden die relevanten Grundlagen aus der Anatomie zur Seite gestellt. Im dritten Teil werden die wichtigsten orthopädischen und neurologischen Leiden zusammengefasst, ohne den Anspruch eines Therapielehrbuches zu erheben.

Dieses Buch ist aber nicht „nur" ein Buch; es ist auch ein Film. Der Leser wird über die QR-Codes und mithilfe seines Tablets, Handys oder Computers zum kompletten Untersuchungsgang in bewegten Bildern Zugang finden.

Unser Buch richtet sich an Studierende der Veterinärmedizin, an alle Allgemeinpraktiker, an Physiotherapeuten, Osteopathen, Chiropraktiker und andere Therapeuten mit Interesse an Orthopädie sowie an neugierige Laien. Es soll Ordnung schaffen in der Abfolge der diagnostischen Schritte, die Erkenntnisse dank der anatomischen und physiologischen Grundlagen korrekt in eine klinische Diagnose münden lassen und einen Überblick über die Behandlung geben.

Wir bedanken uns zuerst beim Georg Thieme Verlag Stuttgart, insbesondere bei Frau Dr. Maren Warhonowicz und Frau Carolin Frotscher, für die kompetente und inspirierende Projektleitung und die inhaltliche Umsetzung der Texte, Grafiken und Videos sowie beim Programmbereichsleiter Veterinärmedizin Dr. Martin Schäfer für den Auftrag zu diesem neuartigen Buch, für sein Vertrauen und seinen Rückhalt. Die meisten der herausragenden Grafiken wurden von Jonas Lauströer und Amir Andikfar in langwieriger Arbeit erstellt, ihnen gebührt großer Dank. Ohne die „wissenden Bilder" der beiden Illustratoren wäre das Buch nur die Hälfte wert. In diesen Dank schließen wir auch Matthias Haab ein, welcher einige der Grafiken im dritten Teil gezeichnet hat. Für seine Initiative danken wir besonders Netzwerker Dr. Roland Börner, der das Projekt ins Rollen gebracht hat. Auch den Sponsoren, und hier vor allem der Firma Heel, sei herzlich gedankt.

Die Ursprünge der Texte von Daniel Koch gehen auf Vorlesungen von Professor Pierre Montavon an der Universität Zürich zurück. Seinem damaligen Lehrer und geistigen Vater dankt er deshalb besonders. Er ist im September 2018 leider verstorben. Martin S. Fischer dankt dem Verband für das Deutsche Hundewesen (VDH), der Gesellschaft für kynologische Forschung (GKF) und der Biologische Heilmittel Heel GmbH für die langjährige sehr gute Zusammenarbeit, welche die Grundlage der vielfältigen Bewegungsstudien ist.

Und dann gibt es die vielen Helfer, die uns fortwährend unterstützt, gemahnt oder korrigiert haben. Wir zählen dazu: die Film- und Fotohündin Leika und ihre Besitzerin Katharina Gasser; die Film- und Fotohündin Joyce und ihre Besitzerin Nicole Hollenstein, unsere Korrekturleser Dr. Stefan Grundmann, Prof. Frank Steffen, PD Dr. Manuela Schmidt, Dr. Emanuel Andrada, Dr. Barbara Happe und besonders Dr. Christian Rode, dessen viele kritische Anmerkungen im ersten Teil diesen zu schärfen halfen. Desweiteren danken wir den Kameraleuten und Schnitttechnikern von TeleD und der Nicole Hollenstein Tierfotografie; den Schauspielern im Film; der Firma Indulab, welche den Untersuchungstisch gestellt hat; den Kolleginnen und Kollegen, welche uns Bilder zur Verfügung gestellt haben, und schlussendlich unseren Familien und Ehefrauen, die uns die notwendige Freiheit während des Schreibens des Buches gegeben haben.

Januar 2019
**Daniel Koch und Martin S. Fischer**

# Inhaltsverzeichnis

# Teil 3

## Hilfestellung zur Therapieplanung bei häufigen Erkrankungen

# Teil 4
**Anhang**

# Anschriften

Dr. med. vet. ECVS Daniel **Koch**
Kleintierchirurgie AG Überweisungspraxis
Ziegeleistr. 5
8253 Diessenhofen
Schweiz

Prof. Dr. rer. nat. Dr. h. c. Martin S. **Fischer**
Friedrich-Schiller-Universität Jena
Institut für Zoologie und Evolutionsforschung mit Phyletischem Museum, Ernst-Haeckel-Haus und Biologiedidaktik
Erbertstr. 1
07743 Jena
Deutschland

Dr. med. vet. Britta **Dobenecker**
Fachtierärztin für Tierernährung und Diätetik, Zusatzbezeichnung Ernährungsberatung (Kleintiere)
Ludwig-Maximilians-Universität München
Veterinärwissenschaftliches Department
Lehrstuhl für Tierernährung und Diätetik
Schönleutnerstr. 8
85764 Oberschleißheim
Deutschland

Amir **Andikfar**
www.andikfar.de

Jonas **Lauströer**
www.jonas-laustroeer.de

# Autorenvorstellung

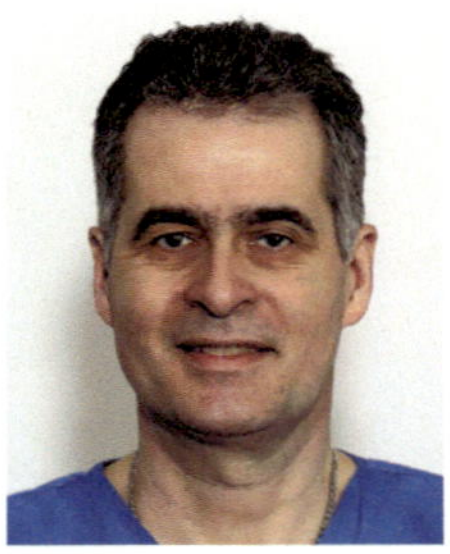

An den Hochschulen Fribourg und Zürich studierte Dr. med. vet. **Daniel Koch** Veterinärmedizin. Nach dem bestandenen Staatsexamen im Jahr 1990 bildete er sich im Rahmen eines klinischen Internships für Kleintiere an der Rijksuniversiteit Utrecht weiter, bevor er für 2 Jahre in der elterlichen Allgemeinpraxis arbeitete. Ab 1995 belegte er an der Klinik für Kleintierchirurgie der Universität Zürich ein Residency, das er 1999 mit dem Erwerb des europäischen Facharzttitels ECVS abschloss. Anschließend stand er der Klinik als Oberassistent, Oberarzt und wissenschaftlicher Abteilungsleiter zur Verfügung. Seit 2004 ist er in einer privaten Überweisungspraxis für Kleintierchirurgie in Diessenhofen (Schweiz) tätig. Die klinischen Schwerpunkte sind die Orthopädie, die oberen Atemwege und die Zahnheilkunde von Hunden und Katzen.

Prof. Dr. rer. nat. **Martin S. Fischer** hat in Tübingen und Paris Biologie und Paläontologie studiert. Nach der Promotion in Tübingen arbeitete er am Klinikum der Universität Frankfurt am Main und unterrichtete dort Humananatomie. Danach wurde er wissenschaftlicher Assistent am Zoologischen Institut in Tübingen. Unmittelbar nach der Habilitation in Tübingen wurde er 1993 auf den Lehrstuhl für Spezielle Zoologie und Evolutionsbiologie berufen und zum Direktor des Instituts und des Phyletischen Museums ernannt. Er ist Mitglied des wissenschaftlichen Beirats des Verbands für das Deutsche Hundewesen (VDH). Sein Forschungsinteresse gilt der funktionellen Morphologie und Evolution landlebender Wirbeltiere. 2006 hat er die Jenaer Studie zur Bewegung von Hunden begonnen, dann zusammen mit Frau Dr. Karin E. Lilje das Buch „Hunde in Bewegung“ geschrieben. 2018 wurde ihm vom Fachbereich Veterinärmedizin der Justus-Liebig-Universität Gießen der Ehrendoktor verliehen.

Nach der Ausbildung zur Tierarzthelferin studierte Dr. med. vet. **Britta Dobenecker** Veterinärmedizinmedizin an der Tierärztlichen Hochschule Hannover. Anschließend promovierte sie am Institut für Physiologische Chemie in Hannover und dem Lehrstuhl für Tierernährung und Diätetik der Tierärztlichen Fakultät der Ludwig-Maximilians-Universität München. Seitdem arbeitet sie dort aktiv in Forschung und Lehre und ist heute als Akademische Oberrätin und stellvertretende Lehrstuhlleitung tätig. Seit 1994 engagiert sie sich in der tierärztlichen Ernährungsberatung für Heim-, Nutz- und Zootiere. 1997 wurde sie Fachtierärztin für Tierernährung und Diätetik. Im Jahr 2000 erwarb sie die Zusatzbezeichnung Ernährungsberatung (Kleintiere) und 2001 den Titel Diplomate des European College of Veterinary and Comparative Nutrition (ECVCN). Ihre Forschungsschwerpunkte sind der Einfluss der Ernährung auf die Skelettgesundheit – insbesondere während des Wachstums beim Hund –, die Nierengesundheit, die Energiebewertung, die Chondroprotektiva und die Sportphysiologie beim Hund.

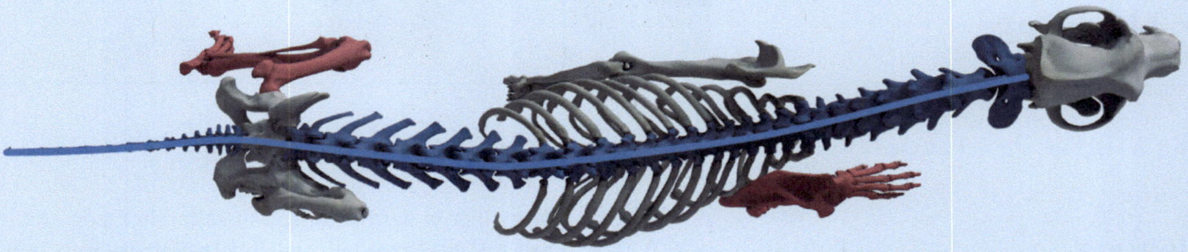

Quelle: Jonas Lauströer, Amir Andikfar

# Teil 1 Grundlagen

# 1 Physiologie und Anatomie des Bewegungsapparats des Hundes

Martin S. Fischer, Daniel Koch, Britta Dobenecker

## 1.1 Einleitung

Martin S. Fischer, Daniel Koch

Wölfe und andere große Caniden sind in besonderer Weise an die ausdauernde Hetzjagd auf große Beute angepasst. Auch bei den Hunden zeigt sich diese Ausdauerfähigkeit in der täglichen Erfahrung jedes Hundebesitzers, wenn der Hund nach einem fast egal wie langen Spaziergang unternehmungslustig heimkehrt. Neben einer außergewöhnlichen Ausstattung mit nichtermüdenden Muskelfasern nutzen Wölfe und damit auch Hunde Energiesparmechanismen und verbrauchen im Ergebnis meist unter 10 % und selten bis zu 20 % ihres täglichen Energiebedarfs für die Fortbewegung.

Verfeinerte Beobachtungsmethoden und eine intensive Forschung zur Fortbewegung des Hundes von verschiedenen Arbeitsgruppen weltweit haben in den letzten Jahren unser Bild über die Fortbewegung des Hundes grundlegend revidiert. Es zeigte sich, dass die individuelle Variabilität größer als die Rassenspezifität ist, oder anders ausgedrückt: Zehn Doggen laufen unterschiedlich, die Mittelwerte von Doggen und Teckeln sind aber erstaunlich ähnlich.

Ein zentrales Ergebnis der neueren Untersuchungen ist auch, dass Hunde in allen Gangarten die Schwerkraft systematisch ausnützen, um Energie aus der schwerkraftinduzierten Bewegung zurückzugewinnen. Sehnen und Muskeln werden passiv gedehnt, Muskeln arbeiten häufig mit isometrischer Kontraktion, verrichten negative Arbeit und insgesamt bewegen sich die Beine in den Gelenken sehr viel weniger als lange Zeit angenommen. Mit Ausnahme des Hüftgelenks, in welchem der größte Vortrieb umgesetzt wird, zeigen die Beingelenke bei zyklischer Lokomotion immer die minimal mögliche Auslenkung. Die Aufgabe der Gelenke ist es, die Bewegung, die im höchstmöglichen Drehpunkt der Gliedmaße stattfindet, zu übersetzen. Dieser Drehpunkt ist vorne immer im oberen Drittel der Scapula und hinten im Schritt und Trab im Hüftgelenk und in den verschiedenen Galopparten zusätzlich umfangreich in der Lumbalwirbelsäule. Die Nachgiebigkeit des Beines wird dem Terrain angepasst.

Die entwicklungsbiologische Homologie beispielsweise von Oberarm und Oberschenkel ist bei Hunden – wie bei allen terrestrischen Säugetieren – einer funktionellen Analogie von Scapula und Femur gewichen. Aufwendige Messungen zur dreidimensionalen Kinematik haben darüber hinaus erst jüngst gezeigt, dass bei der Fortbewegung nicht nur eine parasagittale Beinführung, sondern z. B. eine zyklische Torsion beträchtlichen Ausmaßes im Kniegelenk auftritt.

Diese neue Sicht auf das Skelett führt zwangsläufig auch zu einer veränderten Sicht auf die Muskulatur. Lange Zeit haben Mediziner in der Anatomie Muskeln rein topografisch betrachtet, Ansatz, Ursprung und Innervation gelernt, und die vermeintliche Funktionszuschreibung wurde in der Tiermedizin aus der Humanmedizin übernommen. Der M. triceps brachii oder die Mm. gastrocnemii waren eben Strecker, auch wenn sie dies beim Hund nur dann sind, wenn dieser auf dem Rücken oder der Seite liegt und die Beine streckt. Detaillierte elektromyografische Untersuchungen, Studien zur inversen Dynamik der Fortbewegung des Hundes und Analysen der Binnenstruktur von Muskeln haben nun aber ein anderes Bild von der Funktion des skelettomuskulären Apparats ergeben. Um bei dem genannten Beispiel zu bleiben, so zeigt sich, dass die vermeintlichen Strecker gegen die schwerkraftinduzierte Beugung der Gelenke arbeiten und gleichzeitig dabei elastische Energie speichern. Ein anderes Beispiel ist der M. latissimus dorsi, dessen Aktivität bei Lokomotion auf ebenem Grund beim Auffußen endet, der hier nur die vorschwingende Vordergliedmaße bremst und ihre Bewegungsrichtung umkehrt, aber nur bei Fortbewegung im Anstieg tatsächlich an der Retraktion während der Stemmphase beteiligt ist.

Die Kenntnis der tatsächlichen funktionellen Verhältnisse an den Gliedmaßen, das Wissen um das Ausmaß der Rotation und Translation der Scapula während jedes Schrittes, der geringen intervertebralen Bewegungen in der Lumbalwirbelsäule, der Wirkungsweise der einzelnen Muskeln während der Lokomotion und der dreidimensionalen Kinematik der Gliedmaßen ist die Voraussetzung für ein Verständnis von Lahmheiten und deren Diagnostik.

## 1.2 Bewegung, Kinematik, Energetik, Biomechanik

Martin S. Fischer, Daniel Koch

Der Bewegungsapparat von Hunden wird durch die Fortbewegung, aber auch durch eine Vielzahl von anderen für die Lebensqualität wichtigen Bewegungen wie das Dehnen, Kratzen und Spielen bestimmt. Aufgrund des engen Zusammenspiels von aktiven (Muskeln, Nerven) und passiven Strukturen (Knochen, Gelenke, Sehnen, Bänder) bei allen Bewegungen des Hundes ist auch deren gemeinsame Betrachtung für ein besseres Verständnis von Störungen entscheidend. Die Kenntnisse über Bewegungen des Hundes sind weitestgehend auf die Fortbewegung beschränkt und auch für die Lahmheitsdiagnostik spielen nichtlokomotorische Bewegungen nur eine untergeordnete Rolle. Solche auf den eigenen Körper oder auf Artgenossen gerichteten Bewegungen werden als idiomotorische Bewegungen oder Idiomotion der Lokomotion gegenübergestellt.

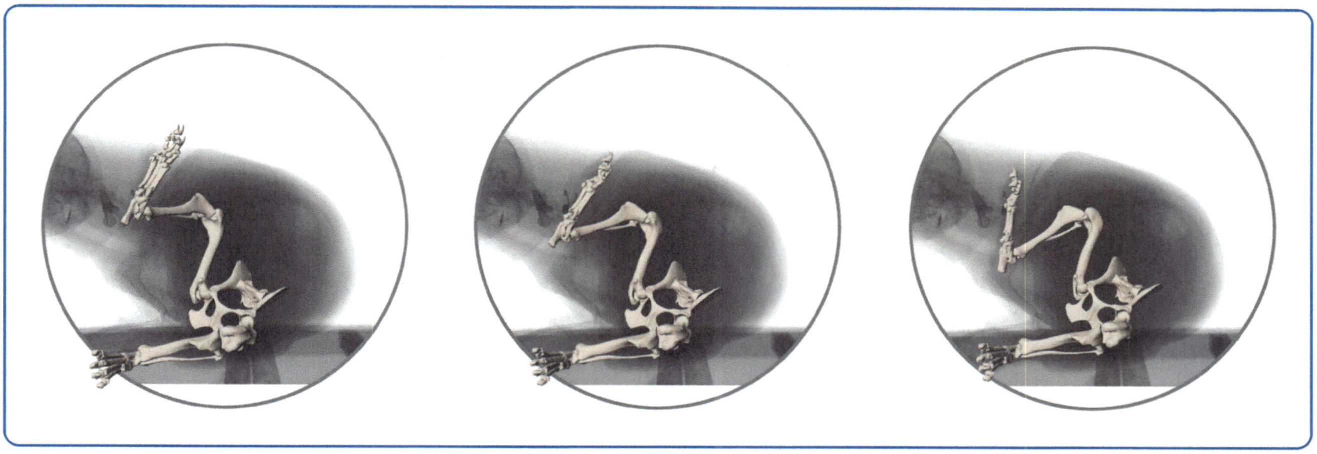

▶ **Abb. 1.1** Darstellung eines Hundes, der sich am Ohr kratzt, in 3 Bildern einer Animation basierend auf einem hochfrequenten biplanaren Röntgenvideo. Auffallend ist die enorme Rotation des rechten Femurs um seine Längsachse. (Quelle: Martin S. Fischer, Lisa Dargel, Institut für Spezielle Zoologie und Evolutionsbiologie, Friedrich-Schiller-Universität Jena)

In einer Studie in Jena wurde die dreidimensionale Kinematik von Putzbewegungen u. a. des Hinter-dem-Ohr-Kratzens untersucht und ein verblüffendes Ergebnis war, dass das Femur sich hierbei um bis zu 50 % um seine Längsachse dreht (▶ **Abb. 1.1**). Während also in allen Gangarten nur ein schmales Segment des Caput femoris belastet wird, ist die Funktion des sphärischen Kopfes vielleicht mehr in dessen Anteil an idiomotorischen Bewegungen begründet. Während das Femur in allen Gangarten üblicherweise um zwei Achsen rotiert (vor-zurück in der sagittalen Ebene und Abduktion-Adduktion in der Frontalebene bei Richtungswechseln) und somit theoretisch ein Kardangelenk für die Hüfte infrage käme, ist infolge der Notwendigkeit idiomotorischer Bewegungen auch eine Rotation um die Längsachse und somit ein Kugelgelenk zwingend erforderlich. Diese Überlegung könnte z. B. bei der Früherkennung von Gelenkerkrankungen eine Rolle spielen, da sich beim Putzen Einschränkungen der Gelenksbewegung bereits zeigen könnten, während sie die Fortbewegung noch nicht beeinflussen. Neue Jenaer Studien zur 3-D-Kinematik der Hundelokomotion konnten als Besonderheit der Französischen Bulldogge zeigen, dass diese durch das seitlich ausgestellte Bein auch während der Fortbewegung eine starke Längsachsenrotation des Femurs um bis zu 40° während eines Schrittes im Trab nutzt. Andere Untersuchungen konnten außerdem belegen, dass das Putzen eine hohe Beweglichkeit des Schultergelenks erfordert. Auch hier übersteigt der Bewegungsumfang denjenigen der Fortbewegung.

### 1.2.1 Die Fortbewegung des Hundes

Die weltweit größte, wissenschaftliche Untersuchung über Fortbewegung von Hunden hat in den untersuchten Parametern sagittaler Fortbewegung eine weitgehende Übereinstimmung von 32 Hunderassen gezeigt [26]. Im Mittelpunkt der Jenaer Studie zur Fortbewegung von Hunden stand die Frage nach Gemeinsamkeiten und Unterschieden in der Fortbewegung verschiedener Hunderassen. Dazu wurden Ganganalysen an zehn Hunden pro Rasse in den Gangarten Schritt, Trab und Galopp in der Sagittalebene durchgeführt. Für die Aufzeichnung der Fortbewegung wurden drei verschiedene Techniken verwendet: hochfrequente Videografie, markerbasierte Bewegungsanalyse (Qualisys®) und hochfrequente biplanare Röntgenvideografie. Bei der Auswahl der Rassen wurde darauf geachtet, dass die Vielfalt an Größe und Körperbau repräsentiert war. In der sich anschließenden „Heel-Studie zur Gelenkdynamik“ wurde die räumliche Bewegung von Dutzenden von Hunden, also auch die Ab- und Adduktion und die Rotation um die Längsachse, untersucht und dies kombiniert mit Bodenreaktionskraftmessungen. Dies erlaubt die „inverse Dynamik“ der Hunde zu berechnen ([2], [25]).

Auch wenn bei unseren Hunden heute meist ein Nahrungsüberschuss herrscht, ist im sparsamen Umgang mit Stoffwechselenergie die wölfische Abstammung erkennbar, denn Wölfe laufen in besonderer Weise ausdauernd über weite Strecken. Dieselben Energiesparmechanismen wie bei den Wölfen sind auch bei den Hunden wirksam. Die gängige Vorstellung, Fortbewegung werde zu jedem Zeitpunkt durch schwere Muskelarbeit erzeugt, hat sich dabei als falsch erwiesen.

### 1.2.2 Energetik der zyklischen Fortbewegung

In allen Gangarten bewegen sich – abgesehen vom Hüftgelenk – die eigentlichen Beingelenke während der Fortbewegung erstaunlich wenig (▶ **Abb. 1.2**, ▶ **Abb. 1.4**). Im Schritt werden die Gelenke sogar so steif gehalten, dass sich die funktionelle Beinlänge kaum verändert (▶ **Abb. 1.3**). Unter funktioneller Beinlänge versteht man die Strecke zwischen dem proximalen Drehpunkt der Gliedmaße und dem Fußungspunkt. Als Folge davon hebt und senkt sich der Drehpunkt der Gliedmaßen; die Beine wirken wie nahezu steife Pendel, über die im Schritt in zeitlicher Abfolge Teilmassen des Körpers gehebelt werden.

Für Zweibeiner wurde gezeigt, dass im Schritt solch ein Pendelmechanismus existiert. Dabei wird kinetische in potenzielle Energie und umgekehrt überführt. Man kann sich ein Ei vorstellen, welches über seine Enden vorwärtsrollt. Rollt es auf eine Spitze, wird die Vorwärtsbewegung langsamer und seine

Lageenergie wird erhöht; rollt es weiter, wird die Lageenergie kleiner und es wird wieder schneller. Durch diese zyklische Umwandlung bleibt beim Zweibeiner beim Gehen immer ein Teil der Bewegungsenergie erhalten und muss nicht ständig durch Muskelarbeit generiert bzw. vernichtet werden. Von diesem Mechanismus könnten auch Hunde profitieren, wenn man die einzelnen Beine und die angeschlossenen Teilmassen betrachtet (▸ **Abb. 1.3**). Anders als Zweibeiner schaffen es Hunde und andere Vierbeiner jedoch gleichzeitig, wie z. B. ein Auto, die Bewegung des Massenmittelpunktes (Körperschwerpunkt) fast auf einer Linie zu halten (▸ **Abb. 1.3**, dicke grüne Linie), was das Gehen sehr komfortabel macht und zu einem ruhigen Sichtfeld führt. Der Massenmittelpunkt (auch Körperschwerpunkt) ist der aus den Teilmassen des Körpers errechnete Punkt, an dem die resultierende Schwerkraft angreift. Würde man einen Körper an diesem Punkt aufhängen, so wäre er im Gleichgewicht. Beim stehenden Hund liegt er hinter dem Brustbein in Höhe des neunten Zwischenrippenraumes.

Wenn die Beine wie im Trab im Gleichklang schwingen, also mit denselben Schrittlängen und Schrittfrequenzen arbeiten, können gezielt vertikale Bewegungen des Körperschwerpunktes zur elastischen Energiespeicherung genutzt werden. Manöver wie Beschleunigung, Bremsen oder auch Richtungswechsel und Springen erfordern zusätzliche Muskelarbeit.

Beim Hund treten „steife" Beine nur im langsamen Schritt auf. Schon beim schnellen Schritt kommt es zum Einstauchen der Gliedmaße. Hier zeigten sich auch rassespezifische Unterschiede und Unterschiede zwischen Vorder- und Hinterextremität. So zeigen einzelne Rassen (Bedlington Terrier, Bearded Collie) vorne ein steifes und hinten ein elastisches Beinverhalten im Schritt.

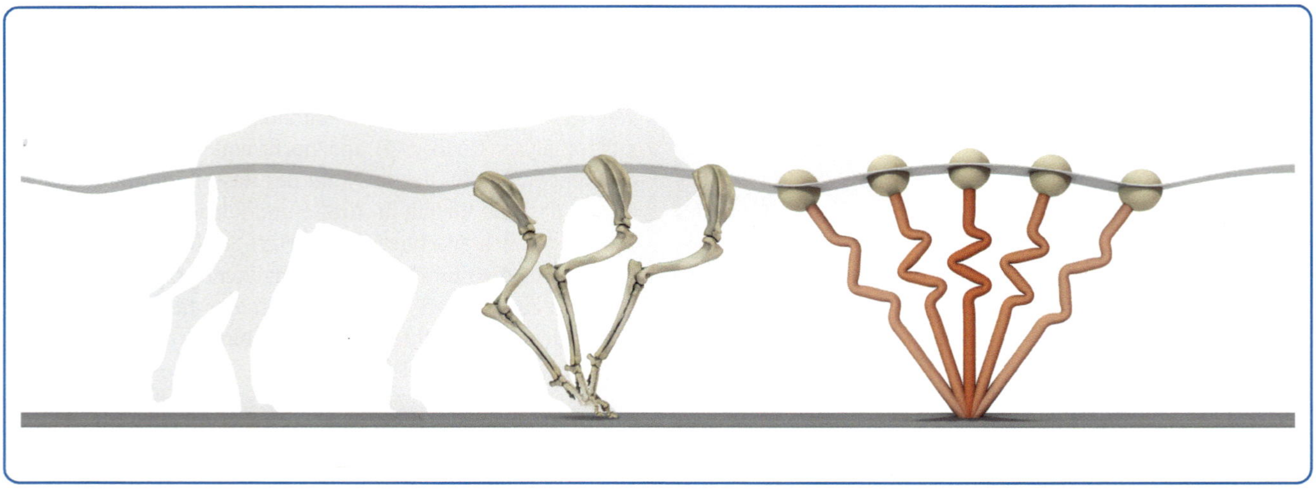

▸ **Abb. 1.2** Das Masse-Feder-Modell beschreibt den Verlauf des Körperschwerpunktes. Im Schritt verhalten sich die Gliedmaßen wie steife Streben, der Masseschwerpunkt wird bis zur Mitte angehoben und fällt dann in seine Ausgangslage. (Quelle: Martin S. Fischer, Jonas Lauströer, Amir Andikfar)

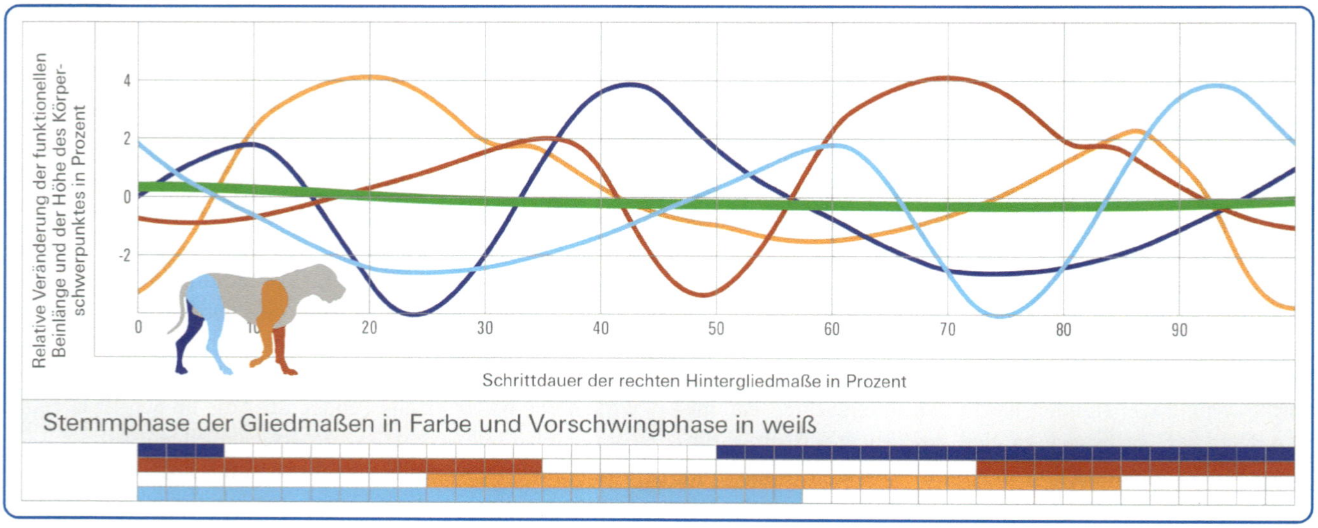


▸ **Abb. 1.3** Änderung der funktionellen Beinlängen und resultierende Oszillation des Körperschwerpunktes. Der Schwerpunkt des Körpers (grüne Linie) macht die vertikale Auslenkung der Gliedmaßen nur in geringem Umfang mit, denn über alle Gliedmaßen hinweg findet ein Ausgleich der vertikalen Auslenkung statt. (Quelle: Martin S. Fischer, Jonas Lauströer, Amir Andikfar)

Im Trab und Pass, den „rennenden“ Gangarten, beobachten wir ein anderes Verhalten des Körperschwerpunktes. Vom Beginn der Stemmphase bis zu deren Mitte wird dieser abgesenkt und abgebremst. In der zweiten Hälfte der Stemmphase wird der Körperschwerpunkt angehoben und beschleunigt. Energiesparen durch den steifen Pendelmechanismus ist nicht mehr möglich, da die kinetische und die potenzielle Energie gleichzeitig fallen bzw. ansteigen. Der Schwerpunkt bewegt sich auf einer Wellenbahn. Die Gliedmaßen sind nachgiebig und werden bei jedem Schrittzyklus eingestaucht und wieder gestreckt – hier wirken die Beine also wie Federn. Das Masse-Feder-Modell von Blickhan (1989; [5]) beschreibt auf verblüffend einfache Weise die Bewegung des Körperschwerpunktes von Zweibeinern unter dem Einfluss der Schwerkraft und die Kräfte, die die Beine dabei auf den Boden ausüben.

Jetzt tritt ein neues Prinzip der Energieeinsparung in Kraft. Wie bei einem Gummiball werden Sehnen, Bänder und interne Muskelelastizitäten in der Stemmphase zur Energierückgewinnung genutzt. Während die potenzielle und kinetische Energie in der ersten Hälfte der Stemmphase abnehmen, wird gleichzeitig das Bein gebeugt und die elastischen Energiespeicher werden aufgefüllt (d. h. gedehnt); in der zweiten Hälfte der Stemmphase wird das Bein gestreckt und die elastisch zwischengespeicherte Energie wird wieder in kinetische und potenzielle Energie umgewandelt (▸ **Abb. 1.4**). Eine wichtige und häufig unterschätzte Rolle bei der Energiespeicherung könnte dabei die molekulare Feder der Sarkomere, das Titin, spielen [58]. Die Vordergliedmaßen sind wegen der höheren vertikalen Bodenreaktionskräfte (60 %) steifer als, die Hintergliedmaßen, die stärker gebeugt werden (▸ **Abb. 1.4**).

Im Galopp kommt es schließlich zu einer Kombination beider genannten Energiesparmechanismen, also zur Umwandlung von potenzieller in kinetische Energie durch die steiferen Vordergliedmaßen, was etwa 15–30 % der verausgabten Energie „spart“, und zur noch ergiebigeren Rückgewinnung elastischer Energie [31].

Wird von oder an einem Körper Arbeit verrichtet, ändert sich dessen Energie. Es zeigt sich, dass die verrichtete Arbeit und die Rückgewinnung von Energie beim Trab und Galopp sehr ungleich über die einzelnen Gelenke verteilt und gangartspezifisch sind. Grundsätzlich gilt, dass in den distalen Gelenken bei der Beinbeugung negative Arbeit geleistet wird, da die Richtung der Kraft der Bewegungsrichtung entgegengesetzt ist. Diese beträgt im Galopp für das Hand- und Sprunggelenk 81 % der negativen Arbeit der gesamten Vorderextremität und im Sprunggelenk sogar 98 % derjenigen an der Hintergliedmaße. Aber es sind umgekehrt genau diese beiden Gelenke, welche durch das Einstauchen in kräftige Sehnen wie die Tendo calcanea communis viel elastische Energie zurückgewinnen. Das hilft, die hohen Kosten konzentrischer Muskelarbeit zu reduzieren. Die schweren, proximalen Extensoren des Hüftgelenks hingegen verrichten nur positive Arbeit. Energierückgewinnung ist hier nicht möglich, und passend dazu weisen diese überwiegend fleischigen Muskeln lange Faszikel und nur kurze Sehnen auf; s. Kapitel Funktionelle Myologie (S. 56). Im Ellbogengelenk können im Trab bis zu 96 % und im Galopp aber weniger als 60 % der positiven Arbeit aus der Rückgewinnung elastischer Energie kommen; im Schultergelenk sind es 38 % im Trab und 49 % im Galopp. Im Kniegelenk sind die Unterschiede zwischen den Gangarten gravierend, denn 60 % potenzieller Rückgewinnung im Trab stehen weniger als 5 % im Galopp gegenüber (alle Angaben aus [31]).

Die Mechanismen der Fortbewegung des Hundes sind ganz wesentlich darauf ausgerichtet, den Energieverbrauch zu minimieren. Modellrechnungen ergaben, dass bei einem 9 kg schweren Hund der Trab bis etwa 13 km/h energetisch günstig ist, oberhalb dieser Geschwindigkeit ist es der Galopp [48]. Manöver wie Beschleunigung, Bremsen oder auch Richtungswechsel und Springen erfordern zusätzliche Muskelarbeit.

Der Energieverbrauch durch Fortbewegung macht nur einen geringen Teil des täglichen Energieverbrauchs aus. Ein Spaziergang an der Leine verbraucht gerade mal 5 % der täglichen Energie; selbst bei ausdauernder Bewegung steigt dieser Wert selten auf 20 %. Circa 70 % des täglichen Energieverbrauchs ge-

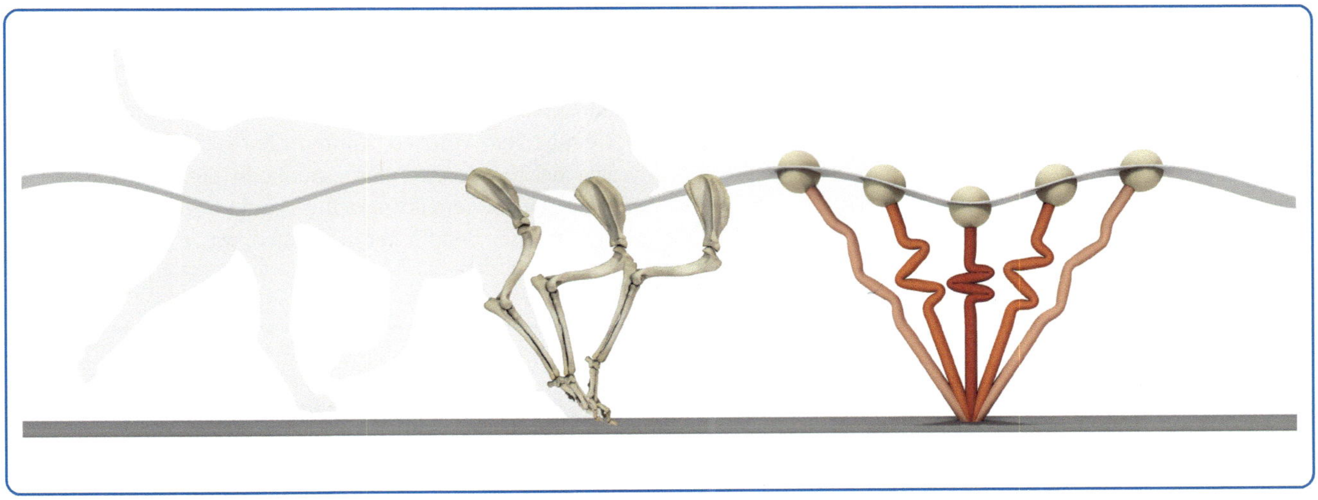

▸ **Abb. 1.4** Das Masse-Feder-Modell beschreibt den Verlauf des Körperschwerpunktes. Im Trab sind die Gliedmaßen nachgiebig, der Masseschwerpunkt wird bis zur Mitte abgesenkt und dann vor allem auch durch Rückgewinnung elastischer Energie wieder angehoben. (Quelle: Martin S. Fischer, Jonas Lauströer, Amir Andikfar)

hen vor allem in die Wärmeproduktion. Da die Wärmeabgabe wiederum abhängig ist vom Verhältnis des Volumens zu Oberfläche und dies immer günstiger wird, je größer der Hund ist, folgt daraus, dass der Energieverbrauch in Kilokalorien pro Kilogramm Körpergewicht mit zunehmender Größe immer weiter sinkt. Kleine Hunde haben den 3–4-fachen Bedarf von großen Hunden und ab 30 kg Körpergewicht bleibt dieser fast konstant [45]. Kastration senkt den Energiebedarf um 12–15 % und das Alter diesen nochmals um den gleichen Betrag. Fettleibige Hunde haben das zusätzliche Problem, dass Fett isoliert, also die Wärmeabgabe einschränkt und damit den Energiebedarf eigentlich weiter verringert. Abnehmen ist für Hunde schwierig, denn Reduktion des Futters auf 50 % führt nur zu 1 % weniger Gewicht pro Woche. Die Regel besagt, dass bei halber Futterration nach 4 Monaten nur 15 % Gewichtsverlust eintreten!

### 1.2.3 Selbststabilisierung

Menschen und vierbeinige Säugetiere kehren nach einer Störung im Bewegungsablauf zur zyklischen Lokomotion zurück, sie bewegen sich dynamisch stabil fort [6], [24]. Die gleichmäßige, zyklische Fortbewegung bedarf möglicherweise hierzu keiner aufwendigen Steuerung und großer Leistungen des Gehirns, sondern intelligenter Mechanik. Eine solche kann ohne große zusätzliche Energiezufuhr Störungen beispielsweise durch unebenes Terrain ausgleichen und selbststabile Bewegungen garantieren. Selbststabil bedeutet in diesem Zusammenhang, dass sich in der Modellierung allein über die Rückkopplung der „Bein-Mechanik“ ein stabiler Zyklus wiederholt. Das Masse-Feder-Modell für Zweibeiner zeigt für Gehen und Rennen, dass in Abhängigkeit von der Geschwindigkeit in dieser Modellierung nur zwei Größen eingestellt werden: der Landewinkel der Gliedmaßen und die Beinsteifigkeit [29], um die stabile Fortbewegung des Modells zu ermöglichen. Der Landewinkel („angle of attack“) ist der Winkel zwischen der Strecke Körperschwerpunkt und dem Fußungspunkt sowie dem Untergrund. Auch wenn bisher keine Modellierung der Dynamik von Hunden vorliegt, legen die einheitlichen Auffußwinkel der Gliedmaßen zwischen 68° und 70° bei allen bisher untersuchten Rassen nahe, dass Hunde von ähnlich einfachen Mechanismen Gebrauch machen (▸ Abb. 1.5).

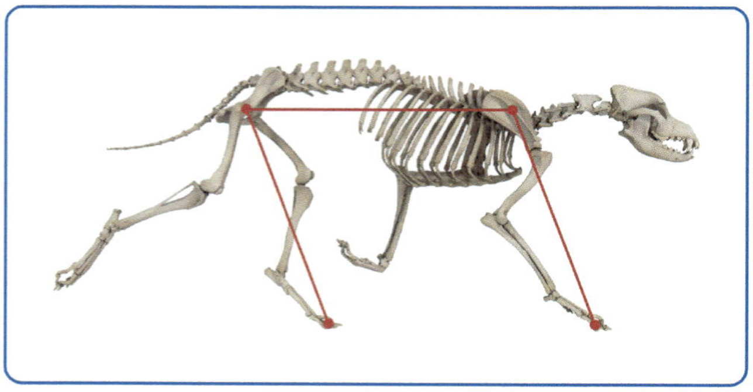

▸ **Abb. 1.5** Auffußwinkel von Vorder- und Hintergliedmaßen. Der Auffußwinkel ist der Winkel zwischen der Strecke proximaler Drehpunkt der Gliedmaße und dem Fußungspunkt sowie dem Untergrund. Die Drehpunkte von Vorder- und Hintergliedmaße liegen in der Regel auf gleicher Höhe. (Quelle: Martin S. Fischer, Jonas Lauströer, Amir Andikfar)

### 1.2.4 Vortriebserzeugung

Bei der Fortbewegung überträgt ein Hund Kräfte auf den Boden, um den Körper zu tragen und diesen voranzutreiben. Die Kraftübertragung ist fast gleichmäßig über die Pfote verteilt; der Druckpunkt wandert nur geringfügig vom hinteren Pfotenteil zum vorderen und von innen nach außen [8]. Die vom Hund ausgeübten Kräfte werden Bodenkräfte, die vom Boden ausgeübten Kräfte Bodenreaktionskräfte genannt. Mithilfe von Kraftmessplatten wurden diese in den letzten 40 Jahren bei Hunden von über 20 Rassen und vielen Mischlingen in verschiedenen Gangarten von vielen Wissenschaftlern gemessen. Bodenreaktionskräfte treten in allen drei Raumrichtungen auf. Die vertikale Kraft hält den Körper über dem Boden, horizontale Kräfte in Bewegungsrichtung bremsen oder beschleunigen die Lokomotion und senkrecht dazu auftretende Kräfte führen zu seitlichen Bewegungen.

Die Bodenreaktionskräfte sind von allgemeinen Faktoren abhängig (▸ Abb. 1.6):

- der Verteilung der Körpermasse auf Vorder- und Hintergliedmaße: abhängig von der tatsächlichen Massenverteilung (z. B. einem großen oder kleinen Kopf) und dem Abstand des Fußpunktes zum Köperschwerpunkt;
- der Geschwindigkeit und damit der Dauer der Stemmphase: im zeitlichen Mittel muss die aufgebrachte Vertikalkraft immer der Gewichtskraft entsprechen; je kürzer die Stützphase relativ zur Flugphase, desto höher die Vertikalkraft;
- der Steifigkeit bzw. Nachgiebigkeit einer Gliedmaße.

Grundsätzlich haben Hunde einen Vierbeinantrieb. Die Vordergliedmaßen tragen bei der gleichmäßigen, zyklischen Fortbewegung zum Vortrieb (Kräfte in horizontaler Richtung) nur wenig bei. Da deren Fußungspunkt in der Stemmphase die längste Zeit vor dem Körperschwerpunkt liegt, können die Vordergliedmaßen den Körper nur ziehen, was, da die Vorderhand

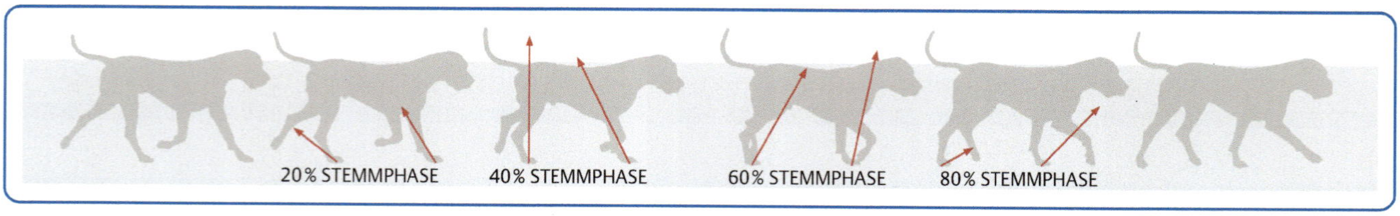


▸ **Abb. 1.6** Richtung der Kraft und deren relative Größe, dargestellt durch die Länge der Vektorenpfeile. (Quelle: Martin S. Fischer, Jonas Lauströer, Amir Andikfar)

sich nicht mit den Krallen verankert, nur in Abhängigkeit von der Reibung der Fußballen möglich ist. Erst am Ende der Stemmphase erzeugen die Vordergliedmaßen eine nach vorne gerichtete Kraft und leisten damit Vorschub.

In Schritt und Trab überwiegen vorne sogar häufig die bremsenden Kräfte, der Vortrieb kommt überwiegend aus den Hintergliedmaßen und hier hauptsächlich aus dem Hüftgelenk. Bei Spontanbewegungen wie schnellen Beschleunigungen und Ähnlichem erhöht sich der Anteil der Vordergliedmaßen am Vortrieb. Richtungswechsel werden allein über die Vorhand initiiert.

Erstaunlicherweise verlieren Hunde beim Kurvenlaufen keine Geschwindigkeit, anders als rennende Menschen. Damit die Pfote einen unverrückbaren Kontaktpunkt behält, muss sich der Körper um die festgestellte Pfote drehen, der Unterarm bedarf einer passiven Rotationsfähigkeit nach außen und selbst über die Normalstellung hinaus nach innen.

Die maximalen Vertikalkräfte sind an der Vordergliedmaße um 50 % höher als an der Hintergliedmaße (► **Abb. 1.7**), was einfach durch die Masse des Kopfes und Halses zu erklären ist, da hierdurch der Körperschwerpunkt weiter kranial liegt. Vorne trägt im Stand und im Schritt jede Gliedmaße um 30 %, hinten um 20 % des Körpergewichts. Entsprechend sind die Vorderpfoten auch größer als die Hinterpfoten. Im Trab erhöht sich die Kraft vorne auf mehr als das einfache Körpergewicht und im Galopp sogar auf mehr als das doppelte Körpergewicht. Bei kleinen Hunderassen ist die maximale Bodenreaktionskraft bezogen auf das Körpergewicht höher als bei großen Rassen. Die maximale Bodenreaktionskraft nimmt bei zunehmendem Körpergewicht verhältnismäßig ab. Beim Landen nach einem gebräuchlichen Hürdensprung im Agility wurden auf den Vorderextremitäten Vertikalkräfte gemessen, die etwa dem 2,5-Fachen des Körpergewichts entsprechen. Gleiche Werte finden sich bei Sprints von Greyhounds mit sehr kurzen Bodenkontaktzeiten (duty factor 20 %); s. Kapitel Gangparameter (S. 24).

## 1.2.5 Drehpunkte der Gliedmaßen

Die einfachste Art, die Gliedmaßen im Gleichklang zu schwingen und sich mit denselben Schrittlängen und Schrittfrequenzen fortzubewegen, ist, die Drehpunkte der Vorder- und Hintergliedmaße auf gleiche Höhe zu bringen. In Schritt, Trab und Pass liegen diese hinten im Hüftgelenk und vorne im oberen Drittel des Schulterblattes. Die Bewegung der Gliedmaßen findet auch im hochgelegenen Drehpunkt statt, um bei geringstmöglicher Auslenkung die größtmögliche Schrittlänge zu erzeugen.

Der skapuläre Drehpunkt ist kein echtes Gelenk, sondern Schulterblatt und Rumpf werden über ein System von Muskeln verbunden. Man nennt dies ein kraftschlüssiges Gelenk. Wegen der rein muskulären Aufhängung der Vordergliedmaße bewegt sich diese auch nicht in einem fixierten Punkt, sondern um einen sog. Momentanpol. Ein solcher wird in der Kinematik dann bestimmt, wenn sich die Bewegung eines Körpers als Überlagerung von Translation und Rotation darstellt. Eine ausgiebige Translation des Schulterblattes entlang des Thorax ist am Ende der Stemmphase zu beobachten. Der Momentanpol kann mit sehr guter Näherung im oberen Drittel der Spina scapulae bestimmt werden.

Anders als das Femur, welches den Hauptvortrieb erzeugt, dient die Scapula der Sicherung eines hochgelegenen Drehpunktes, durch den der Rumpf über die Vordergliedmaßen „durchgeschoben“ wird. Es ist also die spezielle Aufgabe der Vordergliedmaßen, den Körper höhengerecht, also mit definierten Einstauchungen und damit Auslenkungen des Körperschwerpunktes, zu führen. Eine weitere wichtige Funktion ist es, die Belastung beim Landen nach einem Sprung in den Schulter-Stamm-Muskelschlingen aufzufangen. Zwar ist die Leistung zur Erzeugung der Bewegungsenergie beim Absprung und der Landung gleich, aber während sich der Absprung über einen längeren Zeitraum erstreckt, verläuft die Landung viel schneller, weshalb die Kräfte vorne entsprechend höher sind.

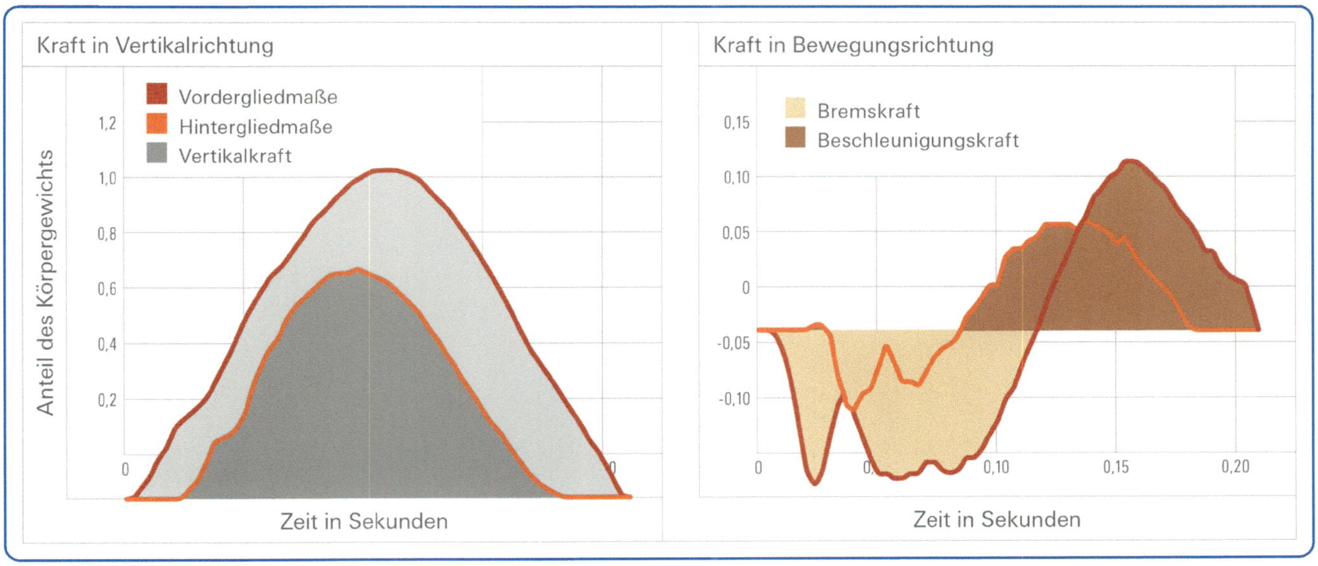


► **Abb. 1.7** Die vertikale Bodenreaktionskraft ist an der Vordergliedmaße um etwa 50 % höher als an der Hintergliedmaße. Die maximale Horizontalkraft wird vorne nach der Mitte der Stemmphase erreicht, hinten aber deutlich früher. Die Vordergliedmaße bremst stärker und länger als die Hintergliedmaße, die schon nach einem Drittel der Stemmphase den Vortrieb erzeugt. (Quelle: Martin S. Fischer, Jonas Lauströer, Amir Andikfar)

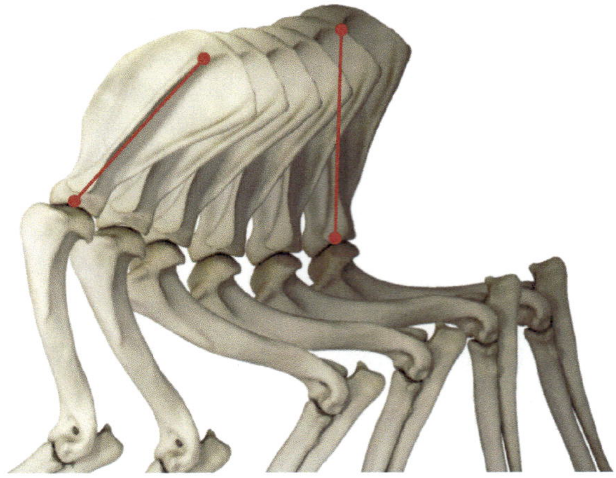

▶ **Abb. 1.8** Um einen Momentanpol im oberen Drittel der Scapula wird diese während der Stemmphase um meist 35–40° gedreht. Beim Abfußen befindet sich die Scapula in einer senkrechten Position. Bei größeren Schrittlängen erreicht die Drehung eine Endlage von mehr als 10° über dem Lot. (Quelle: Martin S. Fischer, Jonas Lauströer, Amir Andikfar)

### 1.2.6 Die Hauptkomponenten der Bewegung

Erst in der Evolution der Säugetiere wurde das Schulterblatt zu einem funktionellen Bestandteil der Vordergliedmaße. Diente der Schultergürtel zuvor der skelettalen Verankerung des Armes am Rumpf, so wird er nun von dieser Aufgabe insbesondere bei aklavikulären Säugetieren wie dem Hund „befreit". Im Laufe der Evolution wird das Schulterblatt in eine Ebene mit Ober- und Unterarm verlagert. Es ergibt sich eine neue funktionelle Analogie: Die Scapula entspricht funktionell dem Femur. Beide proximalen Gliedmaßenknochen arbeiten nun gleichsinnig. Die Rotation der Scapula beträgt meist 30–40° (▶ **Abb. 1.8**), diejenige des Femurs 40–50°. Im Galopp trägt dann zusätzlich die sagittale Beugung und Streckung des Rückens zu der von den Hinterextremitäten geleisteten Arbeit bei, beide fungieren dann gemeinsam als Antriebseinheit.

Die beim Hund frei neben dem Rumpf befindliche Scapula wird durch die Schulter-Stamm-Muskeln (▶ **Abb. 1.9**) gehalten. Nur die M. serratus ventralis pars thoracis (▶ **Abb. 1.41**) dient ausschließlich zur Aufhängung des Rumpfes, die anderen Muskeln (M. serratus ventralis pars cervicis, Mm. pectorales, M. rhomboideus) erzeugen die Pro- und Retraktion der Vordergliedmaßen und stabilisieren den skapulären Drehpunkt. Beide Portionen des M. rhomboideus sind außer im Galopp durchgängig aktiv. Die Halsportion des M. serratus ventralis ist von der Mitte der Vorschwingphase bis zur Mitte der Stemmphase und umgekehrt der M. pectoralis superficialis von der Mitte der Stemmphase bis zur Mitte der Vorschwingphase aktiv. Der M. pectoralis profundus ist in allen Gangarten nur in der zweiten Hälfte der Vorschwingphase aktiv. Die Pars cervicis des M. trapezius hat eine zweiphasige Aktivität in der ersten Hälfte der Stemmphase, an deren Ende und am Beginn der Vorschwingphase. Die thorakale Portion zeigt ihre höchste Aktivität im ersten Drittel der Vorschwingphase. Der M. trapezius dient vorwiegend der Stabilisierung des Schulterblattdrehpunktes. Die teilweise geringe Aktivität in den Muskeln legt nahe, dass am skapulären Drehpunkt bei relativ sagittaler Beinführung nur geringe Drehmomente erzeugt werden.

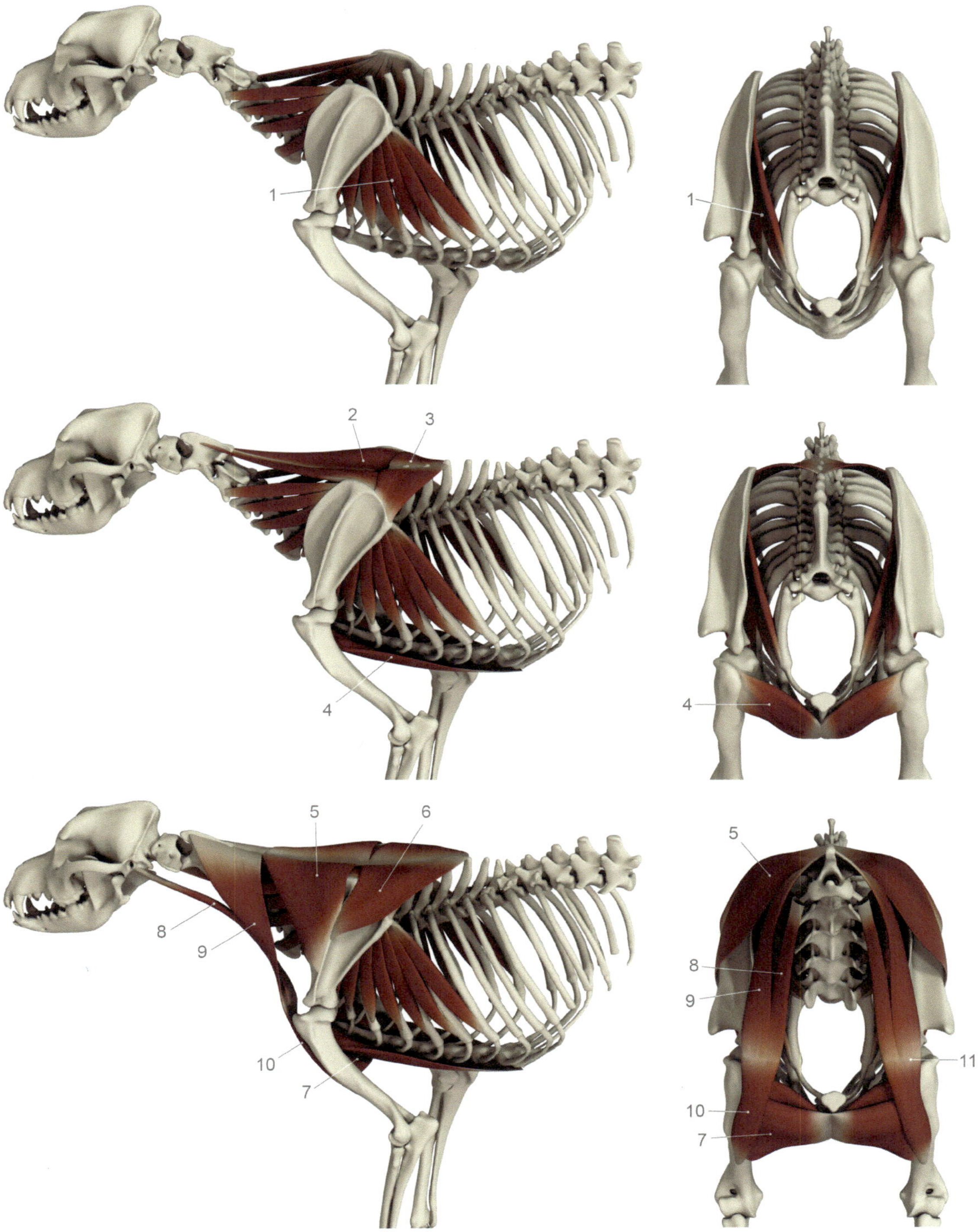


▸ **Abb. 1.9** Extrinsische Muskeln der Schultergliedmaße. 1 M. serratus ventralis, 2 M. rhomboideus cervicis, 3 M. rhomboideus thoracis, 4 M. pectoralis profundus, 5 M. trapezius pars cervicalis, 6 M. trapezius pars thoracica, 7 M. pectoralis superficialis, 8 M. brachiocephalicus pars cleidomastoidea, 9 M. brachiocephalicus pars cleidocervicalis, 10 M. brachiocephalicus pars cleidobrachialis, 11 Schlüsselbeinstreifen. (Quelle: Martin S. Fischer, Jonas Lauströer, Amir Andikfar)

### 1.2.7 Kinematik der Extremitäten

Die Bewegung während der Stemmphase ist die gleichmäßige Retraktion der dreisegmentigen Extremität mit nahezu konstanten Winkelgeschwindigkeiten. Die ersten und dritten Elemente, Schulterblatt und Unterarm beziehungsweise Oberschenkel und Hinterfuß, bewegen sich dabei parallel (▶ **Abb. 1.10**). Dieses Bewegungsprinzip wird als „Pantografenbein" bezeichnet, vergleichbar dem Spannsägenmechanismus bei Pferden. Technisch spricht man von einer Zwangskopplung, wobei die zweigelenkigen Muskeln (M. triceps brachii caput longum, Mm. gastrocnemii) das Stellelement bilden (▶ **Abb. 1.11**). Wie beim Pantografen, einem früher häufig benutzten Zeichengerät, wird auch bei der Gliedmaße die Auslenkung des ersten Elements (Scapula bzw. Femur) nur auf einen größeren Maßstab, nämlich die Auslenkung des dritten Elements (Unterarm bzw. Hinterfuß) übertragen. Die Länge und die Winkelung des mittleren Elements bestimmen den Grad der Vergrößerung. Da bei allen Hunderassen das mittlere Element (Oberarm bzw. Unterschenkel) nahezu gleich lang ist, ist also auch die Auslenkung des dritten Elements gleich. Das Längenverhältnis von erstem zu drittem Element beeinflusst die Kraft, die nötig ist, um das jeweils andere Element zu bewegen. An der Vorder- und Hintergliedmaße findet also dasselbe mechanische Prinzip Anwendung. Das Wissen um die Parallelität von erstem und drittem Element ist vor allem auch hilfreich, um die Position der unter der Haut und Muskeln verdeckten Elemente Scapula und Femur zu identifizieren. So kann aus der Stellung des Unterarmes beim Auf- und Abfußen in guter Näherung auf die Stellung des Schulterblattes geschlossen werden. Dies gilt auch für den stehenden Hund (▶ **Abb. 1.12**).

Die Drehung von Vorder- und Hintergliedmaße mit parallel geführten ersten und dritten Elementen aus der zwischen 50° und 60° liegenden Auffußposition in eine mehr als vertikale Abfußposition ist die wesentliche Aktion in der Stemmphase. Obwohl die Scapula und das Femur bis zum Ende der Stemmphase retrahiert werden, zeigt sich bei etwa der Hälfte der Stemmphase vorne bzw. 85 % hinten für beide bereits ein Protraktorenmoment (▶ **Abb. 1.39**, ▶ **Abb. 1.40**) [2]. Das bedeutet, dass die in Retraktion befindliche Extremität gebremst wird und die Protraktion der proximalen Elemente durch die entsprechenden Muskeln bereits zu diesem Zeitpunkt beginnt. Die Protraktion der Hintergliedmaße wird durch die Flexion des Hüftgelenks und Dorsalflexion des Fußes eingeleitet. Die Tibia wird noch in die Vorschwingphase hinein retrahiert. Die Scapula dreht beim Abfußen nach kranial, das Ellbogengelenk flektiert, denn anders als beim Fuß knickt der Vorderfuß palmar ab. Eine Plantarflexion tritt hinten aber nicht auf. Das Karpalgelenk verdient beim Abfußen besondere Beachtung. Während

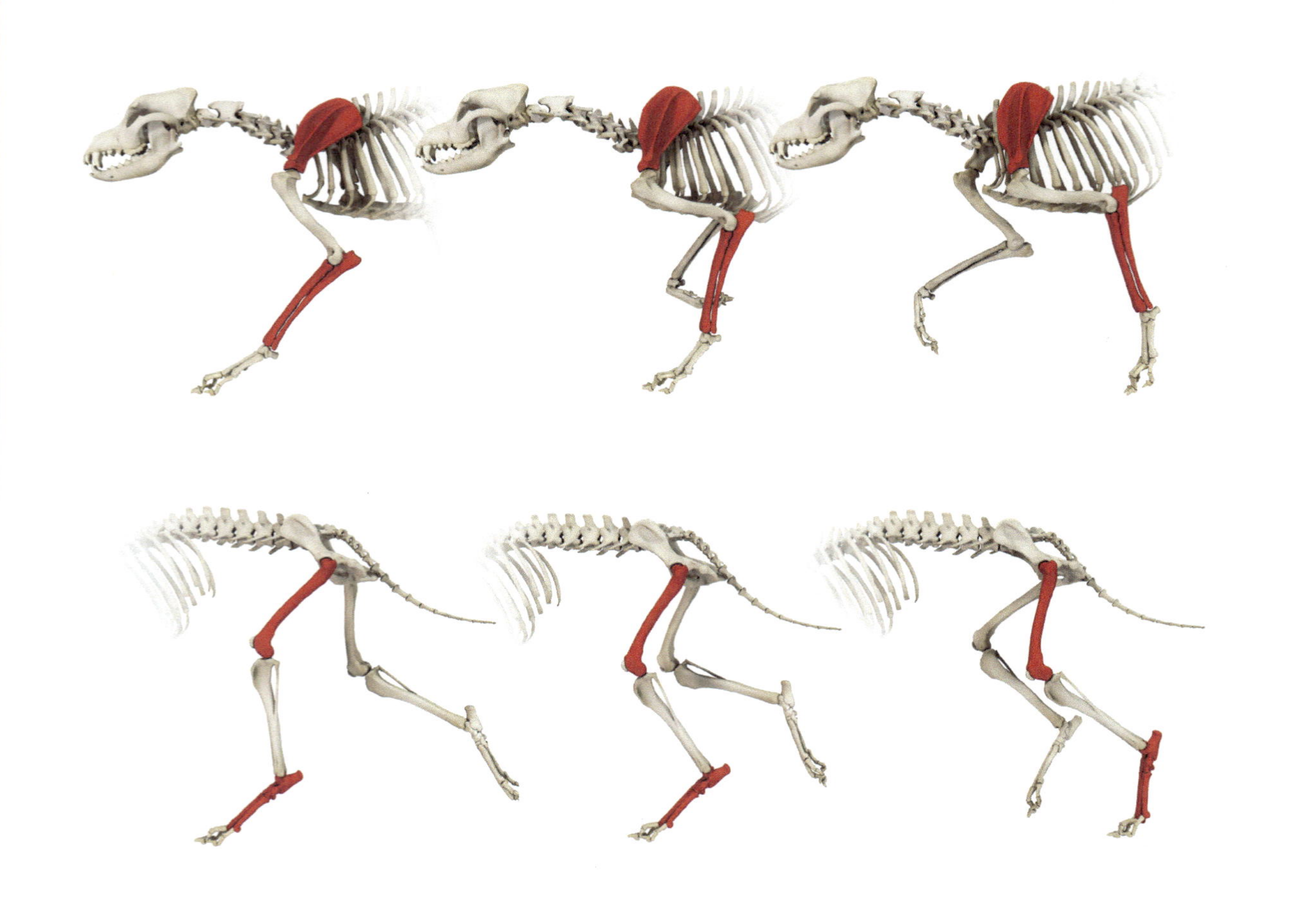

▶ **Abb. 1.10** Beim Pantografenbein werden die ersten und dritten Elemente wegen der Zwangskopplung des mittleren Elements parallel geführt. (Quelle: Martin S. Fischer, Jonas Lauströer, Amir Andikfar)

der Stemmphase entsteht ein starkes Drehmoment in Richtung Palmarflexion, dabei wird Energie absorbiert und die Flexorensehnen „geladen“. Unmittelbar nach dem Abfußen schnellt das Karpalgelenk wie ein Katapult auf die Beugeseite, wird dabei abduziert und beschleunigt die Extremität nach vorne. Die effektive Länge der Vorder- und Hinterextremitäten wird während der Vorschwingphase gangartabhängig verkürzt, die Vorschwingzeit ist aber gangartunabhängig und auffallend konstant.

Neben Pro- und Retraktion treten bei den verschiedenen Hunderassen in sehr unterschiedlichem Umfang Ab- und Adduktion und Rotationen um die Längsachse vor allem der proximalen Langknochen auf (▶ **Abb. 1.13**) [25].

Als Regeln für das Auffußen der Vorderextremität gelten:

1. Das Auffußen erfolgt meist lotrecht unter dem Ohr.
2. Der Auffußpunkt liegt in der Verlängerung einer Linie vom skapulären Drehpunkt zur Fossa glenoidea.
3. Der Humerus weist immer nach hinten, es wird im Schultergelenk nie so gestreckt, dass er vor die Senkrechte gelangt.
4. Das Handgelenk ist eine fast geradlinige Fortsetzung des Unterarmes.

Für das Abfußen der Vorderextremität gilt:

1. Die Abfußwinkel unterscheiden sich nicht in den Gangarten Schritt und Trab.
2. Das Schulterblatt und der Unterarm stehen beim Abfußen senkrecht, eine Drehung über diese Stellung hinaus führt zum Abheben der Gliedmaße.
3. Der Oberarm nimmt eine fast horizontale Stellung ein.

Für das Auffußen der Hinterextremität gilt:

1. Das Femur befindet sich beim Auffußen bereits in Retraktion, die Tibia steht nahe der Senkrechten, der Fuß ist parallel zum Femur orientiert.

Für das Abfußen der Hinterextremität gilt:

1. Die Abfußwinkel unterscheiden sich nicht in den Gangarten Schritt und Trab.
2. Das Schulterblatt bzw. das Femur und der Unterarm bzw. der Hinterfuß stehen beim Abfußen senkrecht, eine Drehung über diese Stellung hinaus führt zum Abheben der Gliedmaße.
3. Der Oberarm bzw. die Tibia nimmt eine fast horizontale Stellung ein.

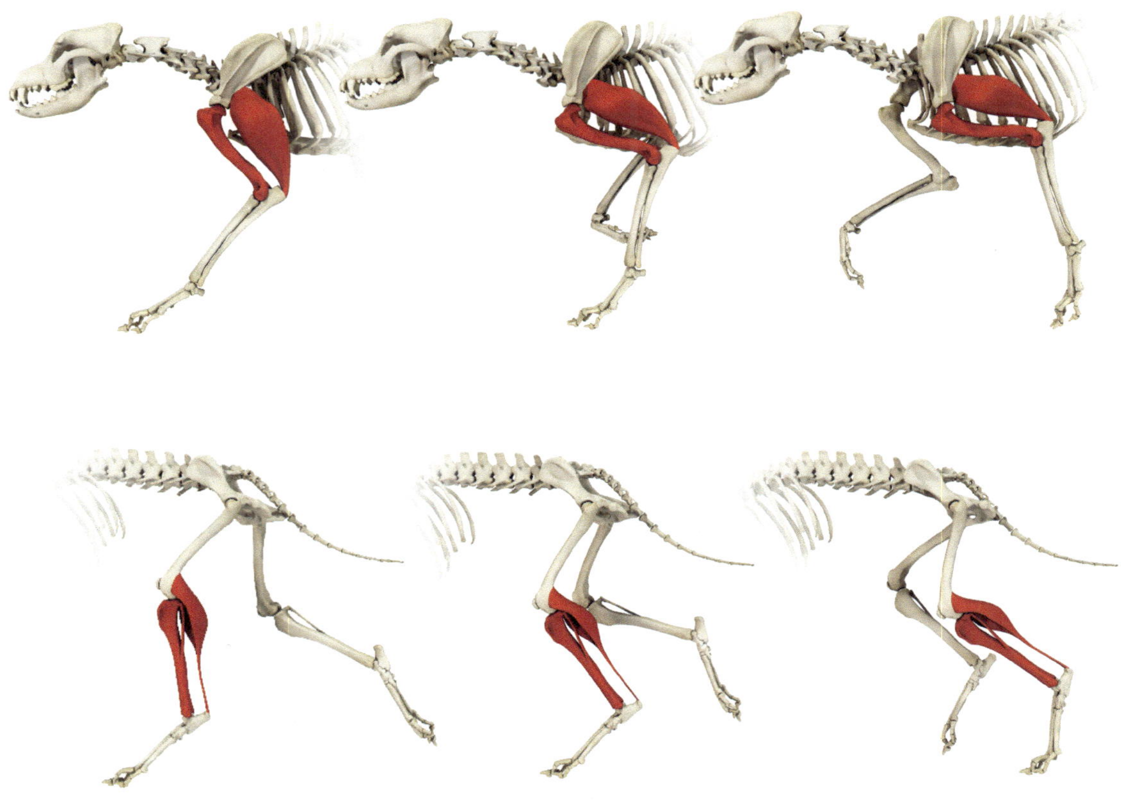

▶ **Abb. 1.11** Das Stellelement des Pantografenbeins wird von den zweigelenkigen Muskeln (M. triceps brachii caput longum, Mm. gastrocnemii) und den „mittleren“ Knochen (Humerus, Tibia und Fibula) gebildet. (Quelle: Martin S. Fischer, Jonas Lauströer, Amir Andikfar)

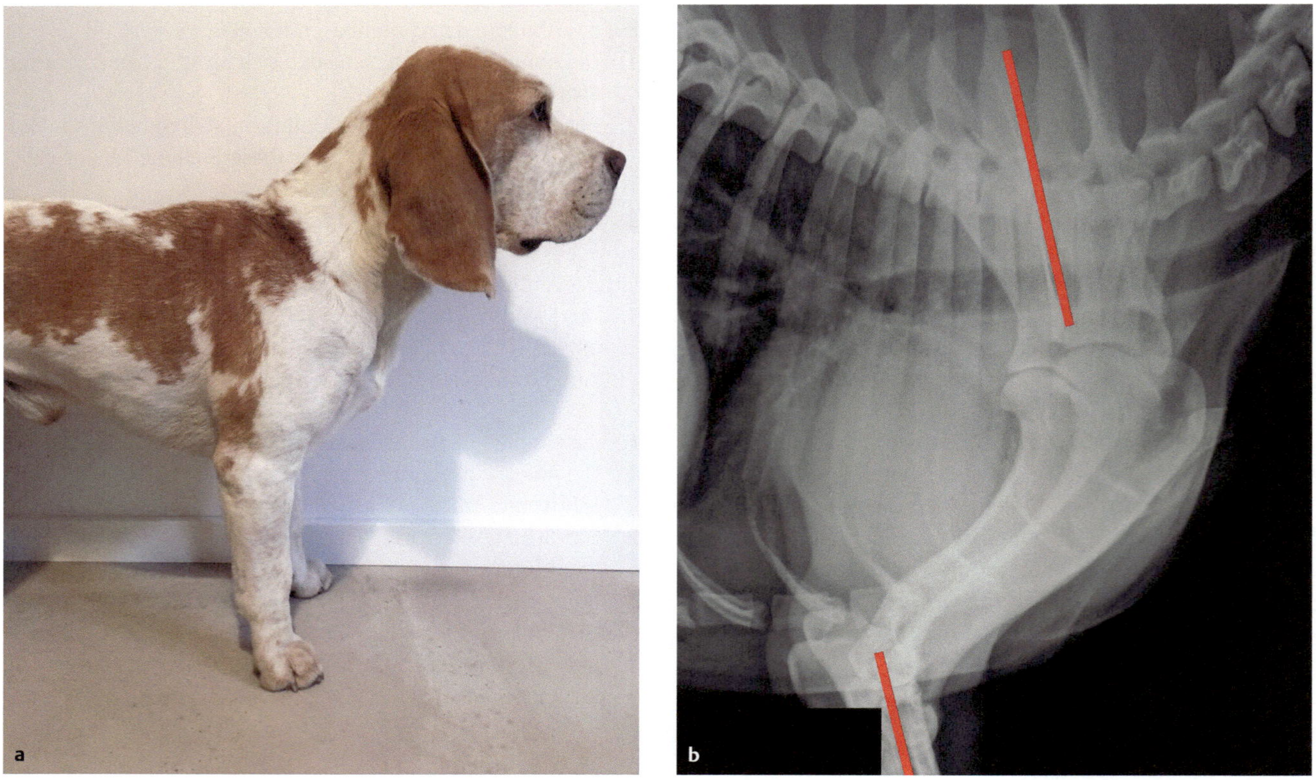


► **Abb. 1.12** Beim stehenden Hund sind Scapula und Unterarm in nahezu paralleler Richtung.
**a** Beim stehenden Hund fällt äußerlich der nahezu gerade Unterarm auf. (Quelle: Dr. Alexandra Keller, Frankfurt am Main)
**b** Im Röntgenbild desselben Hundes wird die Parallelstellung von Scapula und Unterarm deutlich. (Quelle: Dr. Alexandra Keller, Frankfurt am Main)

Berechnet man die Differenz zwischen maximaler Amplitude (Differenz zwischen minimalem und maximalem Winkel in der Stemmphase) und effektiver Amplitude (Differenz der Winkel beim Auf- und Abfußen), so kann man erkennen, ob eine Gelenkbewegung vorzugsweise der Schrittlänge oder eher dem Höhenausgleich dient – je kleiner die Differenz ist, umso größer ist der Anteil eines Gelenks an der Schrittlänge. Es zeigt sich, dass das Hüftgelenk und auch die Drehung am Oberrand des Schulterblattes über 90 % effektive Amplitude aufweist. Dagegen sind die effektiven Amplituden von Schulter- und Ellbogengelenk und Knie- und Sprunggelenk mit um 5° bis um 20° erstaunlich gering. Die Funktion der letztgenannten Gelenke während der Stemmphase ist überwiegend der Höhenausgleich während der Stemmphase z. B. bei der Fortbewegung im unebenen Gelände (ähnlich zwei Stoßdämpfern pro Bein) und während der Vorschwingphase die Beugung und nachfolgende Streckung, was sich in einer deutlich größeren Gesamtamplitude zeigt.

Zu Beginn und am Ende der Vorschwingphase ist die Geschwindigkeit der Extremitäten niedrig und in der Mitte hoch, die Winkelgeschwindigkeit im Gegensatz zur Stemmphase also nicht gleichmäßig. Die Vorschwingzeit beträgt unabhängig von der Gangart durchschnittlich 0,25–0,3 sec. Am schnellsten wird die Gliedmaße im mittleren Drittel der Vorschwingphase bewegt, wenn sie stark angewinkelt als kurzes Pendel nach vorne schwingt. Die Protraktion beginnt mit einer Vorwärtsdrehung von Schulterblatt und Oberschenkel, die sich schon in der Vorwärtsbewegung befinden, während Oberarm und Unterschenkel noch in der Retraktion sind. Im letzten Viertel der Vorschwingphase, also nicht beim Auffußen, erreichen die Gliedmaßen die größte Streckung.

In den meisten Beingelenken arbeiten Muskeln gegen die Schwerkraft („anti-gravity muscles"; ► **Abb. 1.41**, ► **Abb. 1.42**). Solche zweigelenkigen Muskeln (M. triceps caput longum, Mm. gastrocnemii) kontrahieren weitgehend isometrisch. Die Kraft eines Muskels hängt neben dem Grad der Aktivierung von seiner Länge ab und das Optimum liegt bei einer Länge von etwa 90–110 % seiner Ruhelänge. Die Aktivierungsperiode von M. triceps caput longum und Mm. gastrocnemii findet sich in den ersten 2 Dritteln der Stemmphase und nicht zum Zeitpunkt der Streckung von beispielsweise Ellbogen- und Sprunggelenk. Diese Muskeln tragen zwar in der Stemmphase zur axialen Beinkraft bei (würden also klassischerweise als Beinstrecker bezeichnet werden), sind in der Schwungphase jedoch höchstens passiv an der Beinstreckung beteiligt.

Die Kontrolle von Beugung und Streckung bietet insbesondere auf unebenem Grund im Gelände die Möglichkeit, schnell und „intelligent" auf Vertiefungen und Erhöhungen des Untergrundes zu reagieren. Die Nachgiebigkeit in den Gelenken und damit die der Gliedmaßen ist eine Voraussetzung für die geschmeidige Fortbewegung von Hunden im Gelände. Innerhalb jeder Gliedmaße ist wieder eine Arbeitsteilung zu beobachten: Je weiter distal, umso mehr dienen die Muskeln der Speicherung elastischer Energie und funktionell dem Höhenausgleich.

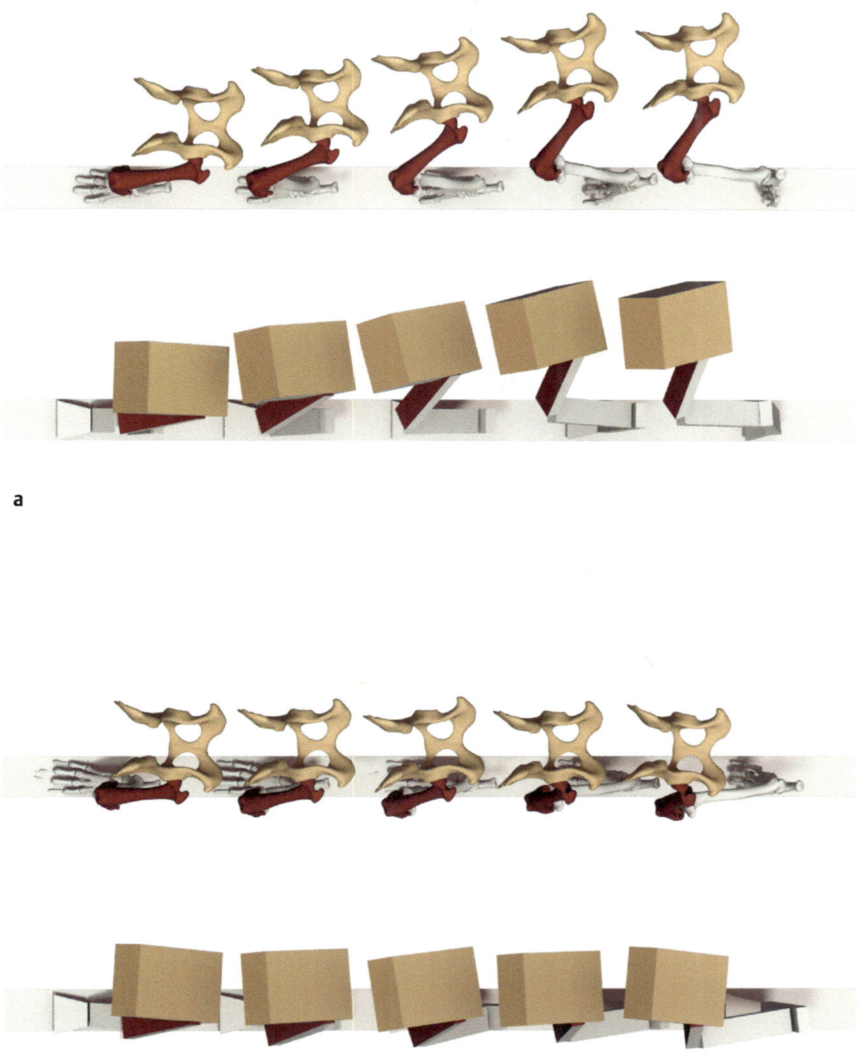

► **Abb. 1.13** Die Femurabduktion und -rotation bei der Französischen Bulldogge und beim Whippet.

a Die Femurabduktion und -rotation führt zu einer starken medialen Verlagerung und Verdrehung des Beckens bei der Französischen Bulldogge. (Quelle: Martin S. Fischer, Jonas Lauströer, Amir Andikfar)

b Die weitgehend parasagittale Extremitätenführung beim Whippet führt nur zu einer geringen Bewegung des Beckens. (Quelle: Martin S. Fischer, Jonas Lauströer, Amir Andikfar)

Entsprechend dieser biomechanischen Erkenntnis besitzen Pitbull Terrier, die auf Standfestigkeit gezüchtet wurden, mehr Muskelmasse in Unterarm und Unterschenkel als Greyhounds, deren Spezialisierung das Rennen ist [53]. Greyhounds haben auch eine höhere Fähigkeit, elastische Energie vor allem in der Achillessehne zu speichern.

### 1.2.8 Bewegungen des Rumpfes

Bei allen Gangarten sind Bewegungen des Rückens beteiligt. Durch Bewegungen zwischen den einzelnen Wirbeln wird vor allem im Galopp zwischen den Lendenwirbeln eine umfangreiche Bewegung erzeugt, die sich in einer Flexion und Extension des Rückens und damit einem Vor- und Zurückschwingen des Beckens äußert.

Im Unterschied zu den Bewegungen im Galopp sind die Rückenbewegungen in Schritt und Trab weniger auffällig. Dies liegt vor allem daran, dass die Hauptaufgabe der Rückenmuskulatur in diesen Gangarten die Verhinderung von Bewegung ist. Die Rückenbewegungen lassen sich durch 2 Prinzipien beschreiben. Im Trab schwingt die Körpermitte sowohl seitlich hin und her als auch auf und ab, die Endpunkte des Rumpfes in der Nähe der Extremitäten stehen dabei still (► **Abb. 1.15**).

Im Unterschied dazu verläuft im Schritt eine wandernde Welle, ähnlich der Schlängelbewegung einer Schlange, von vorne nach hinten über den Rücken (► **Abb. 1.14**). Im Galopp lassen sich die Bewegungen des Rückens ebenfalls als wandernde Welle beschreiben, da es von vorn nach hinten zur Beugung bzw. Streckung der Zwischenwirbelgelenke kommt.

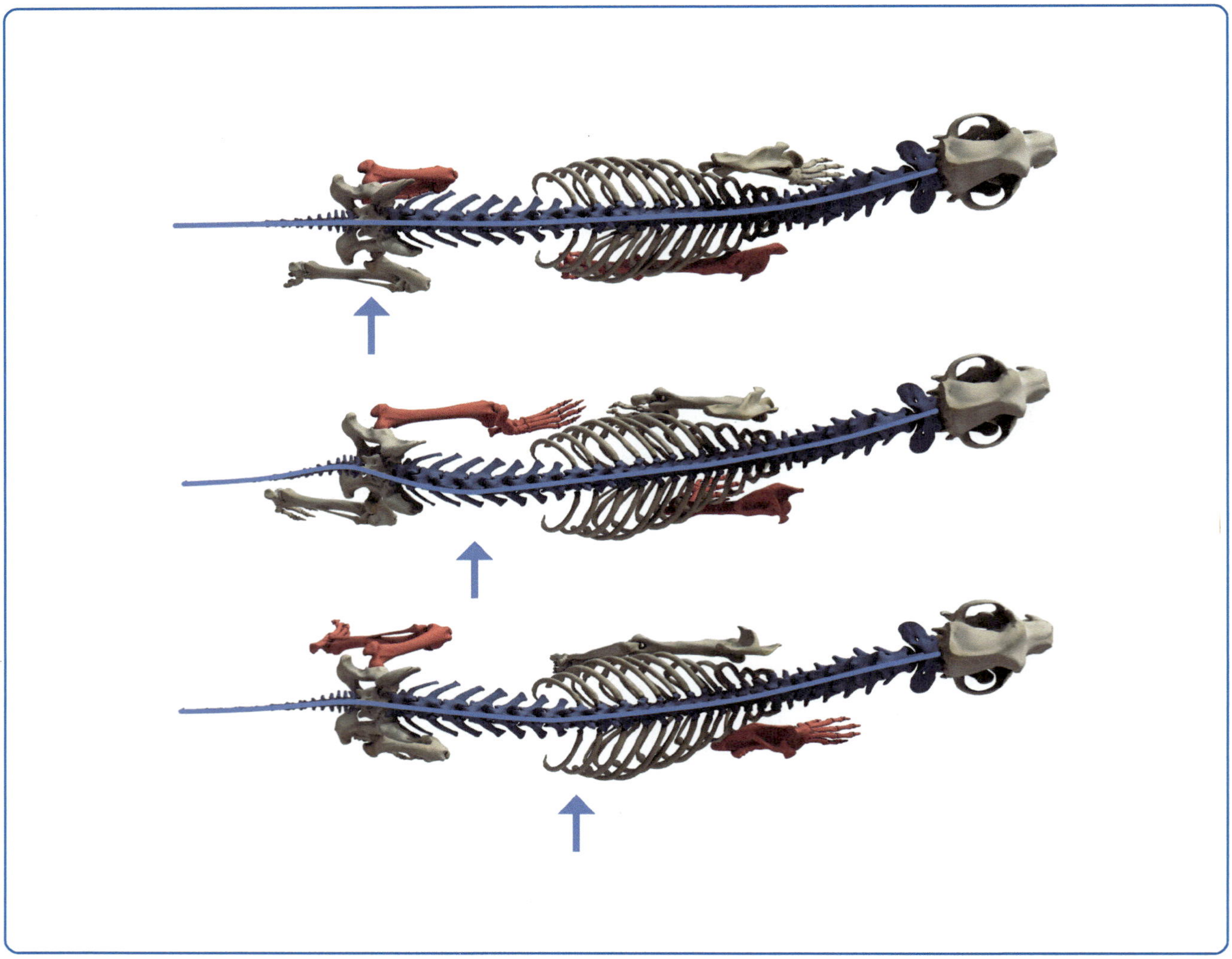

▶ **Abb. 1.14** Die Rückenbewegung erfolgt im Schritt als eine wandernde Welle. (Quelle: Martin S. Fischer, Jonas Lauströer, Amir Andikfar)

### 1.2.9 Gangparameter

Geschwindigkeit setzt sich aus der Schrittlänge und der Schrittdauer zusammen. Die Anzahl der Schritte pro Sekunde ergibt die Schrittfrequenz. Dementsprechend können Hunde entweder durch eine Vergrößerung der Schrittlänge, durch eine Erhöhung der Schrittfrequenz oder durch eine Kombination von beiden Parametern schneller werden. Alle bisher untersuchten Hunderassen erreichen eine höhere Geschwindigkeit durch die Veränderung von Schrittlänge und Schrittfrequenz.

Die erhöhte Schrittfrequenz bei höheren Geschwindigkeiten wird allein durch die Verkürzung der Stemmphasendauer erreicht, die Vorschwingphasendauer ist von Geschwindigkeit und Gangart völlig unabhängig, nur die Berner Sennenhunde verändern diese geringfügig. Vorschwingende Gliedmaßen können in Näherung als Pendel verstanden werden. Die Vorschwingphasendauer ist somit von der relativen Länge und von der Masseverteilung an der Gliedmaße abhängig, die bei den unterschiedlichen Rassen ähnlich ist. Die Veränderung der Schrittlänge kommt bei allen Rassen mit Ausnahme der Tibet Terrier durch eine Verlängerung der Vorschwingphasenlänge zustande.

Der „duty factor“ ist der prozentuale Anteil, den die Stemmphasendauer an der gesamten Schrittdauer einnimmt; beträgt der duty factor 50 %, so sind Stemm- und Vorschwingphasendauer genau gleich lang, ist der Wert größer als 50 %, dauert die Stemmphase länger als die Vorschwingphase. Rennende Gangarten (Trab, Pass) haben einen duty factor von < 0,50. Prinzipiell ist der duty factor während einer Gangart bei Vorder- und Hintergliedmaße gleich.

### 1.2.10 Gangarten und Fußfallmuster

Eine Gangart ist eine sich regelmäßig wiederholende Sequenz sich bewegender Gliedmaßen. Bei jeder Gangart können sich Hunde in einem individuellen Geschwindigkeitsbereich fortbewegen, so trabt der eine Hund schon, während ein anderer Hund derselben Rasse noch im Schritt geht. Ein Übergang zwischen den Gangarten erfolgt anders als bei der Gangschaltung eines Autos, Hunde können sich aus dem Stand heraus direkt in einer schnellen Gangart fortbewegen. Der Wechsel zwischen Gangarten ist in der Regel nach 2 Schritten beendet.

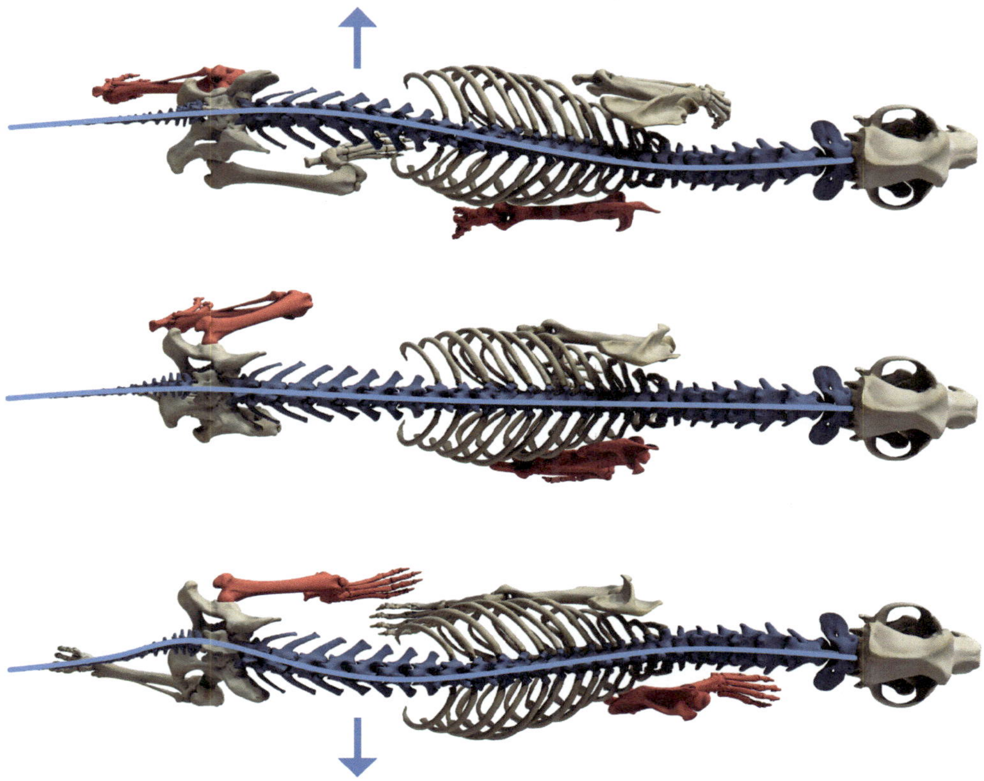

▶ **Abb. 1.15** Die Rückenbewegung gleicht im Trab einer stehenden Welle. (Quelle: Martin S. Fischer, Jonas Lauströer, Amir Andikfar)

Schritt (▶ **Abb. 1.16**), Pass und Trab werden als symmetrische Gangarten zusammengefasst, da die Gliedmaßen der einen Körperseite sowohl im zeitlichen Rhythmus als auch in der Bewegung dasselbe tun wie die Gliedmaßen der anderen Körperseite, nur zeitlich versetzt. Innerhalb dieser symmetrischen Gangarten bestimmt der zeitliche Versatz der Vorder- und Hintergliedmaße einer Körperseite die Gangart. Beim Pass fußen Vorder- und Hintergliedmaße einer Körperseite gleichzeitig auf (▶ **Abb. 1.17**), beim Schritt fußen die Gliedmaßen etwa um ein Viertel des Schrittzyklus versetzt auf, beim Trab um die Hälfte versetzt (▶ **Abb. 1.18**). Die symmetrischen Gangarten stellen ein Kontinuum dar, sodass es den passartigen Schritt (auch schneller Schritt genannt) genauso gibt wie den trabähnlichen Schritt. Jüngst wurde nachgewiesen, dass nur ein Gen namens DMRT 3 für die Fähigkeit zum Passgehen verantwortlich ist (zumindest bei Pferden) [1]. Die speziellen Nervenzellen, die vom DMRT 3-Gen gebildet werden, verbinden die linke mit der rechten Seite des Bewegungsapparats und sind für die Koordinationsfähigkeit verantwortlich (zumindest bei Mäusen). Interessanterweise zeigen Hunde beim Schwimmen eine Gangart, die sie bei terrestrischer Lokomotion nicht benutzen, den schnellen diagonalen „single foot" oder Tölt, eine Vier-Takt-Gangart, bei der jeder Fuß einzeln den „Boden" berührt [22]. Auch ist die Amplitude der Bewegung bei der schwerkraftfreien Fortbewegung in jedem Gelenk größer.

Galopp ist nur ein Überbegriff für verschiedene Galopp-Arten. Der Galopp wird als asymmetrische Gangart beschrieben, da nicht die Gliedmaßen einer Körperhälfte hintereinander auffußen, sondern immer die Gliedmaßenpaare (also entweder beide Hinter- oder Vordergliedmaßen) nacheinander aufgefußt werden. Da dies aber nicht gleichzeitig geschieht, wird eine erstfußende (trailing) und eine zweitfußende (leading) Gliedmaße unterschieden. Die erstfußende Gliedmaße nimmt immer deutlich mehr Körpergewicht auf, insbesondere wenn sie direkt nach der Flugphase auffußt, als die zweitfußende. Durch diese Art der Zusammenarbeit von Hinter- und Vordergliedmaßen wird die Beteilung des Rückens an der Gewinnung von Schrittlänge ermöglicht. Befindet sich das Vordergliedmaßenpaar auf dem Boden und das Hintergliedmaßenpaar in der Luft, wird die Lendenwirbelsäule gekrümmt, sodass die Hintergliedmaßen weiter nach vorne gebracht werden, bei Bodenkontakt setzt die Streckung der Lendenwirbelsäule ein.

Bei Hunden treten der langsame Galopp, auch Kanter genannt, und die beiden schnellen Galopp-Arten, diagonaler und zyklischer Galopp, auf. Beim Kanter wechselt ein Einbeinstütz mit einem Dreibeinstütz ab und es tritt entweder gar keine oder nur eine sehr kurze Flugphase auf (▸ Abb. 1.19). Im diagonalen (▸ Abb. 1.20) und zyklischen Galopp tritt mindestens 1 Flugphase auf, bei höheren Geschwindigkeiten folgt oft noch eine zweite Flugphase. Sind 2 Flugphasen vorhanden, spricht

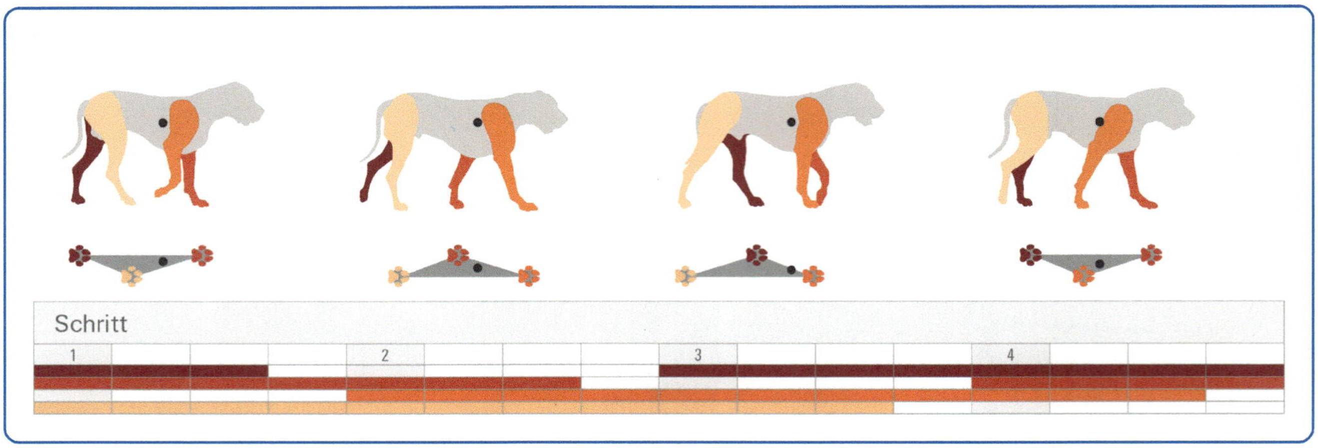


▸ **Abb. 1.16** Im Schritt wechseln sich Phasen des Zweibeinstützes mit Phasen des Dreibeinstützes ab. Dies hat den Vorteil, dass sich der Masseschwerpunkt des Körpers immer in dem Bereich befindet, in dem der Körper durch die am Boden verankerten Gliedmaßen gestützt ist. (Quelle: Martin S. Fischer, Jonas Lauströer, Amir Andikfar)

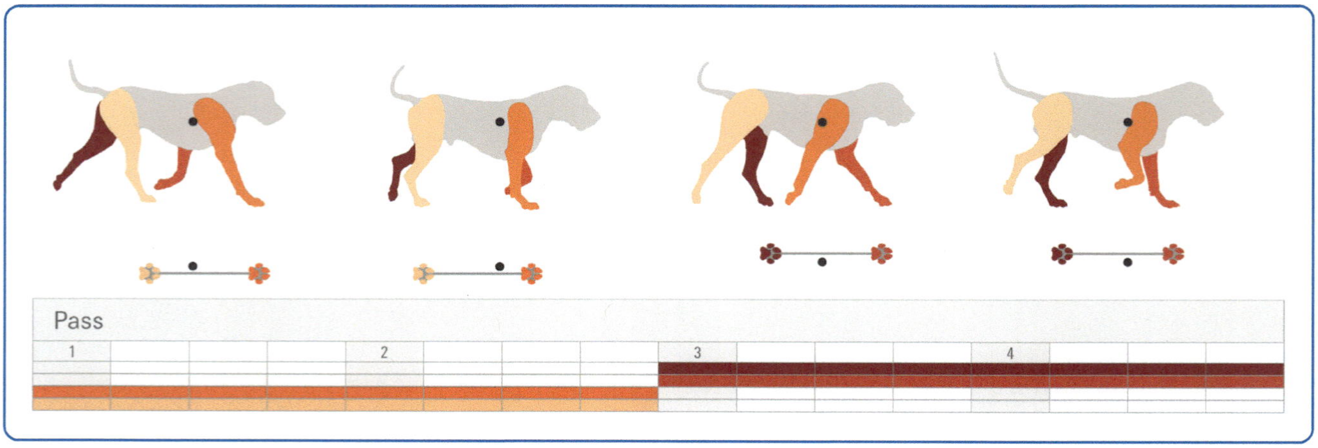


▸ **Abb. 1.17** Im Pass wird der Körper von der Vorder- und Hintergliedmaße derselben Körperseite gestützt. Der Körperschwerpunkt befindet sich nicht auf dieser Unterstützungslinie, weshalb der Rumpf „schwankt“. (Quelle: Martin S. Fischer, Jonas Lauströer, Amir Andikfar)

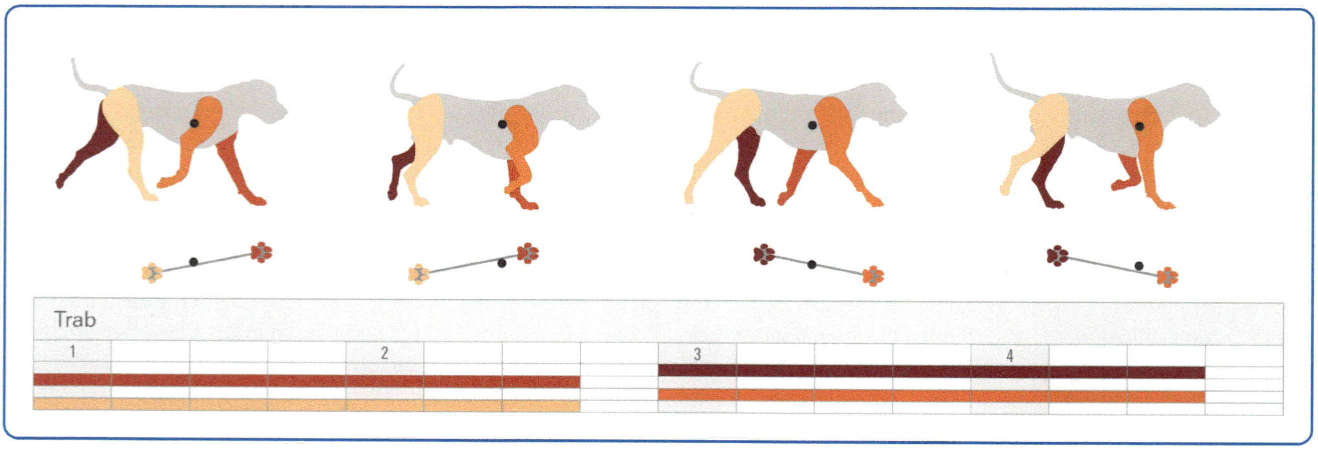


▸ **Abb. 1.18** Im Trab wird der Körper durch die diagonalen Gliedmaßenpaare gestützt. Es wechseln sich die Stemmphasen von rechter Vorder- und linker Hintergliedmaße mit denen der jeweiligen Gegenseite ab, manchmal mit einer Flugphase zwischen dem Wechsel. Idealerweise befindet sich der Körperschwerpunkt im Trab immer auf der Unterstützungslinie der beiden Gliedmaßen mit Bodenkontakt. (Quelle: Martin S. Fischer, Jonas Lauströer, Amir Andikfar)

man auch von Renngalopp. Beim diagonalen und zyklischen Galopp wechseln nach der Flugphase Ein-, Zwei- und Dreibeinstütze ab. Im zyklischen Galopp werden die Gliedmaßen im oder gegen den Uhrzeigersinn aufgesetzt (▶ **Abb. 1.21**). Auf das zweitfußende Hinterbein folgt die gleichseitige Vordergliedmaße. Im diagonalen Galopp folgt auf das zweitfußende Hinterbein die diagonale Vordergliedmaße.

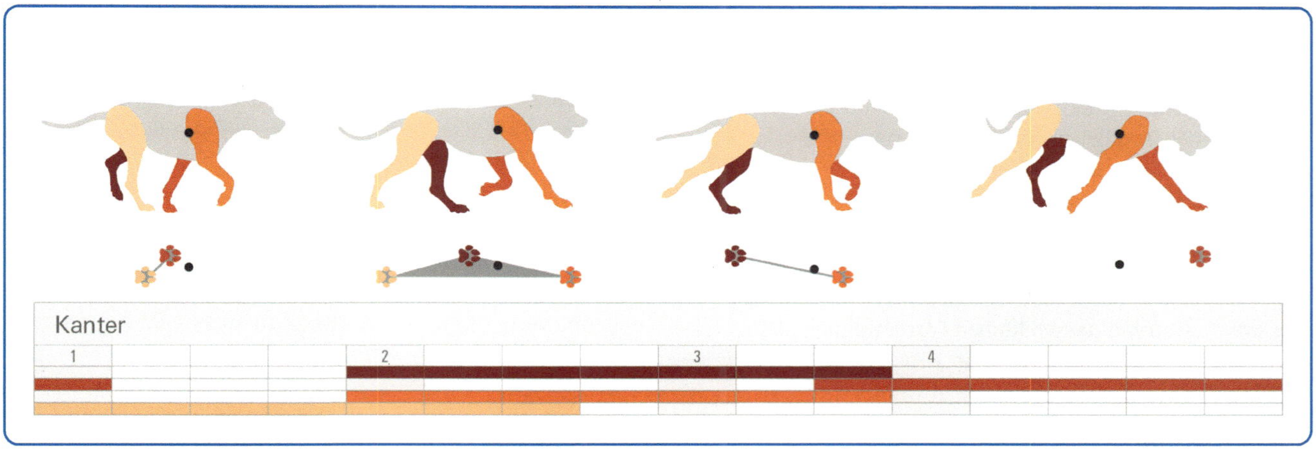


▶ **Abb. 1.19** Der Kanter ist die langsamste Form des Galopps. Es tritt keine Flugphase auf. Ein Einbeinstütz wechselt mit einem Dreibeinstütz ab. Die Unterstützung des Körperschwerpunktes kann auf einer Linie in einem Dreieck liegen oder beim Einbeinstütz auf einem Punkt sein. (Quelle: Martin S. Fischer, Jonas Lauströer, Amir Andikfar)

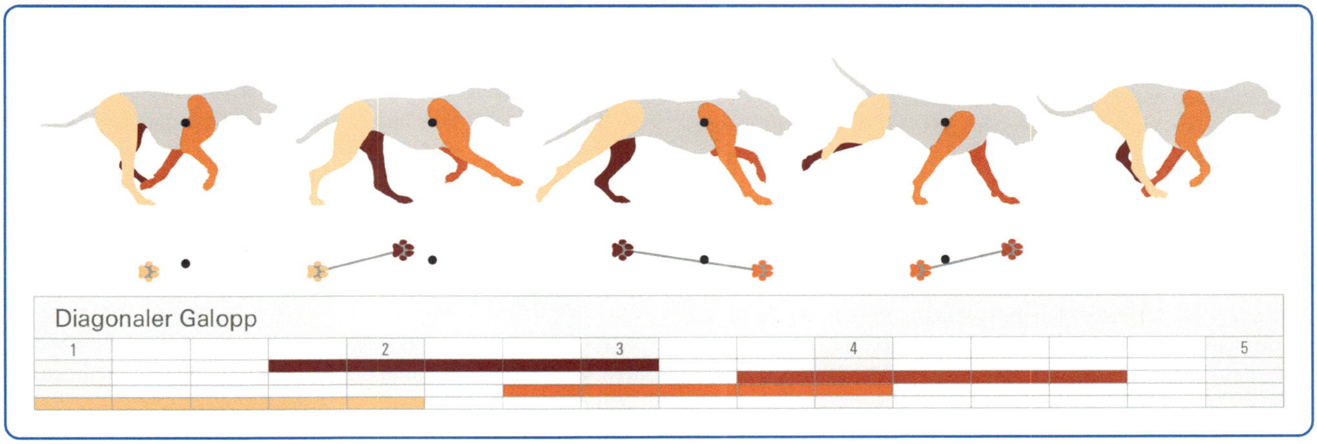


▶ **Abb. 1.20** Im diagonalen Galopp folgt auf die zweitfußende Hintergliedmaße die diagonale Vordergliedmaße. Erstfußende Vorder- und Hintergliedmaßen befinden sich auf derselben Körperseite. (Quelle: Martin S. Fischer, Jonas Lauströer, Amir Andikfar)

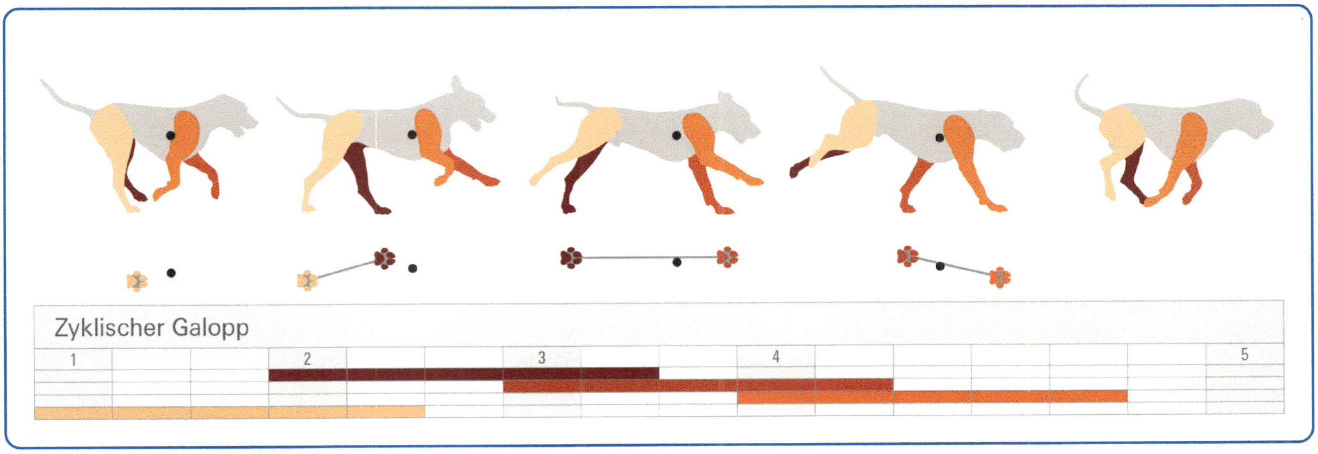


▶ **Abb. 1.21** Im zyklischen oder rotierenden Galopp werden die Gliedmaßen im oder gegen den Uhrzeigersinn aufgesetzt. Auf die zweitfußende Hintergliedmaße folgt die gleichseitige Vordergliedmaße. (Quelle: Martin S. Fischer, Jonas Lauströer, Amir Andikfar)

### 1.2.11 Muskelaktivierung im Schritt und Trab

Die hier präsentierten Daten zur Aktivierung von Muskeln basieren auf elektromyografischen Untersuchungen verschiedener Arbeitsgruppen. Mit der Elektromyografie wird die Änderung der elektrischen Aktivität im Muskel gemessen. Das Elektromyogramm (EMG) gibt Auskunft, ob der Ort des Muskels, an dem die Messung durchgeführt wird, aktiviert ist. Lange Zeit erfolgte die Ableitung mit einzelnen Nadelelektroden, die unterschiedlich tief im Muskel implantiert wurden. Studien mit Oberflächenelektroden haben gezeigt, dass ein Muskel selten als Ganzes aktiviert wird. In einem Muskel kann es regelrechte Aktivierungswellen geben, so sind beispielsweise während der zyklischen Fortbewegung nacheinander unterschiedliche Regionen im M. triceps brachii aktiv. Es kann auch vorkommen, dass nur sehr kleine Bereiche eines Muskels im EMG gemessen werden, wenn während der zyklischen Fortbewegung kleine Regionen eines Muskels mit vielen Typ I-Fasern aktiviert werden, während Regionen mit vielen Typ II-Fasern nicht aktiv sind; s. Kapitel Muskelfasertypen (S. 37).

Hervorzuheben sind folgende Muskeln bzw. Muskelgruppen, deren Arbeitsweise aus der topografischen Anatomie abgeleitet sich teilweise falsch dargestellt findet. So ist der M. latissimus dorsi kein Rückwärtsführer der Vordergliedmaße während der Stemmphase, sondern er ist nur in der zweiten Hälfte der Vorschwingphase aktiv. Seine Aufgabe ist es, die vorschwingende Extremität abzubremsen und bis zum Auffußen zu retrahieren. Mit dem Auffußen endet seine Aktivität. Dies gilt auf ebenem Grund.

Nur wenige Muskeln sind während der gesammten Stemmphase (M. supraspinatus, M. deltoideus pars acromialis, M. flexor digitorum profundus) aktiv und wirken gegen die Schwerkraft. M. infraspinatus, M. triceps brachii, M. extensor carpi ulnaris und M. flexor carpi ulnaris sind vom Auffußen bis zur Mitte der Stemmphase aktiv und wirken ebenfalls der schwerkraftinduzierten Beugung entgegen. Die Aktivität von M. teres major, M. deltoideus pars scapularis und M. flexor carpi radialis in der zweiten Hälfte der Stemmphase unterstützt die Retraktion der Vordergliedmaße. Der M. biceps brachii ist im letzten Drittel der Stemmphase aktiv und wirkt zunächst der passiven Streckung des Ellbogengelenks entgegen, welcher dieses unterliegt, sobald der Fußpunkt das Ellbogengelenk passiert hat. Seine Aktivität in der Vorschwingphase führt zum Abheben der Vordergliedmaße und zu deren Protraktion. Diese Aktion wird ansonsten von M. brachiocephalicus, M. brachialis und den Beugern des Handgelenks eingeleitet. Im Trab und Galopp ist die Aktivität der Flexoren insbesondere von M. brachialis und M. biceps brachii größer als im Schritt, da die Gliedmaßen aus einer meist tieferen Rumpfposition höher nach vorne geführt werden. Auch die Aktivität der Muskeln, welche den schwerkraftinduzierten Beugungen nach der Landung entgegenwirken, ist im Trab und Galopp größer.

Für die Pro- und Retraktion der Hintergliedmaßen sind drei Muskelgruppen verantwortlich. Die Retraktion der Hintergliedmaßen und damit den Vortrieb des Körpers übernehmen im Wesentlichen die Kruppenmuskeln (M. biceps femoris pars cranialis, Mm. glutei, M. semimembranosus und M. adductor magnus). Die Aktivität dieser Muskeln beginnt am Ende der Vorschwingphase und reicht meist bis zur Hälfte der Stemmphase. Beim Laufen auf ansteigendem Gelände kann die Aktivität der Retraktoren um ein Vielfaches zunehmen, schon bei 10 % Anstieg bis zum 20-Fachen. Die Aktivität von M. biceps femoris pars caudalis, M. semitendinosus und M. gracilis beginnt gegen Ende der Stemmphase und dauert bis in die frühe Vorschwingphase, sie sind damit für das Abheben der Hintergliedmaßen verantwortlich. Wird jedoch mehr Kraft zum Vorschub des Körpers benötigt, beispielsweise beim Ansteigen oder um an der Leine zu ziehen, werden diese Muskeln vorzeitig zugeschaltet und dienen als Retraktoren. Am Vorschwingen der Gliedmaßen sind besonders die M. iliopsoas, M. tensor fasciae latae, M. sartorius und auch M. rectus femoris, der in symmetrischen Gangarten biphasisch aktiv ist, beteiligt.

Das Kniegelenk (S. 68), welches nur eine geringe effektive Gelenkbewegung während der Stemmphase aufweist, wird durch die Mm. vasti gegen die schwerkraftinduzierte Beugung stabilisiert. Dieselbe Aufgabe am Sprunggelenk haben die Mm. gastrocnemii, die wie die vorgenannten Muskeln am Ende der Vorschwingphase und am Beginn der Stemmphase aktiv sind. Ihre Kontraktion ist nahezu isometrisch und führt nicht zu einer Beinstreckung, sondern wirkt der durch die Schwerkraft induzierten Belastung entgegen. Die darauffolgende Beugung im Sprunggelenk beim Abfußen wird durch die Aktivität von M. tibialis anterior und M. extensor digitorum longus ausgelöst.

Wie bei anderen Säugetieren besteht die Rückenmuskulatur des Hundes aus drei großen Längssystemen: dem transversospinalen, dem Longissimus- und dem Iliocostalis-System. Während die Muskelzüge der beiden letztgenannten Systeme mehrere Wirbel überspannen, besteht das transversospinale System aus langen und kurzen Muskelzügen. Insbesondere die tiefen, wirbelnahen Muskeln verbinden direkt benachbarte Wirbel miteinander (z. B. die Mm. rotatores). Die Funktionsweise der Rückenmuskulatur während der Fortbewegung war lange ungeklärt. Bis heute gibt es beim Hund erst für drei Rückenmuskeln EMG-Aufzeichnungen: den M. multifidus lumborum, den M. longissimus thoracis et lumborum und den M. iliocostalis thoracis et lumborum.

Im Schritt und Trab werden für die drei untersuchten Rückenmuskeln des Hundes zwei Aktivitätsphasen pro Bewegungszyklus beobachtet. Diese treten jeweils in der zweiten Hälfte der Stemmphase und Vorschwingphase auf. Die Aktivierung derselben Muskeln hat nun zwei verschiedene Effekte. Während der Vorschwingphase führt die Kontraktion der Muskeln zur erwarteten seitlichen Biegung des Rumpfes, während der Stemmphase tritt aber keine solche Biegung auf; die Muskeln stabilisieren jetzt den Rumpf. So schafft die Rückenmuskulatur eine ruhende Basis für die Arbeit der am Rumpf entspringenden Beinmuskeln und gleicht Drehmomente aus, die in den Rumpf eingeleitet werden. Die vorderen Abschnitte werden im Schritt und Galopp früher als die hinteren aktiviert, es kommt zu einer Abfolge von Aktivierung entlang des Rückens. Im Unterschied dazu werden im Trab die Abschnitte gleichzeitig aktiviert.

Im Galopp lässt sich die gemessene Aktivität der Muskeln leicht mit den beobachteten Wirbelsäulenbewegungen in Einklang bringen. Die Muskeln zeigen auf beiden Körperseiten eine gemeinsame Aktivitätsphase pro Bewegungszyklus, die in der Flugphase kurz vor dem Auffußen der erstfußenden Hintergliedmaße beginnt und im Verlauf der Stemmphase zur Streckung des Rückens führt. Die Aktivität der Rückenmuskeln und die Streckung des Rückens enden mit dem Abfußen der erstfußenden Hintergliedmaße.

## 1.3 Knochen, Gelenke, Muskeln

Martin S. Fischer, Daniel Koch

### 1.3.1 Knochen

Knochen ist eine Form von Bindegewebe. Die Zellen sind in eine extrazelluläre Matrix eingebettet, deren Zusammensetzung über die mechanischen Eigenschaften des Knochens bestimmt. Wie bei allen Wirbeltieren enthält die Matrix Kollagenfasern, die durch Anlagerung von Hydroxylapatit mineralisiert sind. Knochen ist lebendes, dynamisches Gewebe, das einem ständigem Umbau unterliegt („bone remodeling"). Alter Knochen wird resorbiert und neue Ossifikation findet statt. So werden beim Menschen jährlich 5–10 % des Knochens erneuert. Knochen antwortet auf veränderte mechanische Beanspruchung, lagert bei Belastung an ansprechender Stelle Material an und baut dies bei fehlender Belastung relativ schnell wieder ab. Infolge einer schlechteren Durchblutung und damit geringerer Versorgung mit Kalzium und veränderter hormoneller Einflüsse nimmt die Knochendichte mit zunehmendem Alter ab und zwar an verschiedenen Knochen in unterschiedlichem Grade. Belastung ist lebenslänglich unerläßlich für die Stimulation von Aufbau- und Abbauvorgängen. Dabei ist die Häufigkeit von Belastung wichtiger als deren Stärke. Der Umbau hängt von dynamischer und nichtstatischer Belastung ab. Neben seiner Stützfunktion ist Knochen auch der größte Kalzium- und Phosphatspeicher des Körpers sowie Fettspeicher, Hormonproduzent (Osteokalzin), Speicher für Wachstumsfaktoren (z. B. IGF) und Zytokine und anderes mehr. In der Evolution der Wirbeltiere wird die Aufgabe als Phosphatspeicher als primäre Funktion angenommen.

Der Abbau erfolgt durch Osteoklasten, mehrkernige, amöboid bewegliche Riesenzellen, die im ersten Schritt in Resorptionslakunen (Howship-Lakunen) Hydroxylapatit durch aktiven Protonentransport ($H^+$-Ionen-Sekretion) in saurem Milieu auflösen und dann mithilfe von proteolytischen Enzymen die organische Matrix abbauen. Osteoblasten finden sich meist direkt unter dem Periost und synthetisieren vor allem Typ-1-Kollagen und wirken bei der Einlagerung von Mineralien mit. Aus Osteoblasten, die sich selbst „eingemauert" haben, werden Osteozyten. Diese stehen über lange Zellausläufer untereinander in Verbindung (Osteozyten-Knochenbelegzellen-Komplex), die wiederum in der Lage sind, lokale Belastungsänderungen zu detektieren. Dies setzt Botenstoffe frei, wobei Stickstoffmonoxid (NO) ein wichtiges Signalmolekül ist.

Am Knochen unterscheidet man die Substantia corticalis (oder Substantia compacta) und die Substantia spongiosa, Erstere macht über 3 Viertel der Knochensubstanz aus. Die Spongiosa ist nur scheinbar unregelmäßig im Knochen verteilt, denn tatsächlich richten sich die Knochenbälkchen (Trabekel) nach der Zug- und Druckbelastungsrichtung aus. Beim adulten Säugetier liegt der kompakte Knochen als lamellärer Knochen vor, der in Leichtbauweise ähnlich Sperrholz aufgebaut ist und gleichzeitig Raum für Blutkapillaren schafft. Mit einem Minimum an Material wird ein Maximum an Festigkeit erzeugt. So hält Knochen eine Belastung auf Zug von 10 kg und auf Druck von 15 kg pro $mm^2$ aus. Geflechtknochen (ungeordnete Kollagenfasern) wächst schneller, hat aber eine wesentlich geringere Festigkeit und tritt beim adulten Hund nur am Beginn der Frakturheilung auf. Geflechtknochen wird immer durch lamellären Knochen ersetzt.

Das Periost ist eine Schicht aus faserigem Bindegewebe, welche die Corticalis umgibt und von welcher das Dickenwachstum des Knochens ausgeht. Es enthält Blutgefäße, Nervenfasern sowie Osteoblasten und Osteoklasten und spielt bei der Frakturheilung eine wichtige Rolle.

Knochen besteht zu mehr als 50 % aus anorganischem und etwa einem Viertel aus organischem Material, der Rest ist Wasser. Die anorganischen Bestandteile sind Kalziumphosphat in Form von Hydroxylapatit (bis zu über 90 %), sowie Kalziumkarbonat, Magnesiumphosphat und Kalziumfluorid. Der jeweilige Anteil von Hydroxylapatit bestimmt die Knochenhärte. Amorphes Kalziumphosphat reift zu kristallinem Hydroxylapatit. Als Vorstufe schwimmen 1 nm große Nukleationsvorstufen der Kalziumphosphate, sog. Posner-Cluster, in der Lösung, ohne zu mineralisieren. Bei geeigneter Oberfläche beginnen sie sich zusammenzulagern, bilden zunächst amorphe Strukturen und kristallisieren schließlich zum Kalziumphosphat-Mineral. Die organische Knochengrundsubstanz besteht zu über 90 % aus Kollagenfasern (Typ-I-Kollagen), der Rest sind Proteoglykane und Glukoproteine zur Wasserbindung.

Knochen ist auch ein hormonbildendes Organ. Bei Mäusen konnte gezeigt werden, dass ein Mangel an Osteokalzin zu Übergewicht und auch Diabetes führt, denn es erfolgt offenbar eine hormonelle Kommunikation zwischen Fettgewebe und Knochen. Osteokalzin erhöht zudem die Produktion und die Wirkung des Insulins im Körper. Osteokalzin fördert sogar die Fruchtbarkeit männlicher Mäuse, im Besonderen das Überleben männlicher Keimzellen – ein unerwarteter Zusammenhang von Knochen und Fertilität [51].

Zwischen den Trabekeln der Spongiosa liegt rotes oder gelbes Knochenmark. Bei Röhrenknochen wie Ober- oder Unterschenkel ist beim adulten Tier die Markhöhle mit gelbem fettreichem Mark gefüllt, das keine Blutzellen bilden kann. Bei flachen und kurzen Knochen wie dem Schulterblatt oder den Handwurzelknochen ist das Innere vollständig von Trabekelspongiosa ausgefüllt und diese wiederum mit rotem blutbildendem Knochenmark. Das Knochengewebe ist gut durchblutet. Während die arterielle Blutversorgung von der Markhöhle aus erfolgt, geht die venöse Drainage von außen nach innen. Die Arterien verlaufen in der Corticalis in Osteonen, die etwa 10 cm lang, aber nur 200 µm weit sind.

Bei zu- oder abnehmender Körpergröße verändern sich Oberflächen in der 2. Potenz und Volumina in der 3. Potenz, was bedeutet, dass das Volumen der Oberfläche rechnerisch davoneilt. Da die Stabilität des Knochens eine flächenbasierte Größe ist, wäre dem Größenzuwachs eine Grenze gesetzt, würden Fläche und Durchmesser nicht überproportional wachsen (Allometrie). Dennoch haben große Hunde relativ schmalere Knochen.

Allerdings sind die Regelkreise für belastungsabhängige Anpassungen der Knochenform nicht auf lokale Mechanismen beschränkt. Künstliche Zuchtwahl ebenso wie evolutive Veränderungen wirken gleichzeitig an allen Elementen des Bewegungsapparats, selbst wenn nur ein bestimmter Teil verändert werden soll. So kann man im Körperbau der Hunde zwei Entwicklungsrichtungen („functional trade offs") unterscheiden, die eine optimiert für Kraft und die andere für Geschwindigkeit [11], [34]. Überraschenderweise korreliert dabei die Beckenform (schmal oder breit) mit den Gliedmaßenknochen (elliptisch oder rund) und der Schädelform (lang oder breit). Einen Greyhound mit einem kräftigen Pitbull-Kopf kann es bei bestem züchterischen Willen nicht geben. Da bei den Silberfüchsen die gleiche Korrelation nachgewiesen wurde, scheint es zumindest bei den Canidae einen grundlegenden Regelmechanismus geben. Einhergehend mit den Kraft- und Geschwindigkeitstypen ist eine Veränderung der Form des Thorax und damit verbunden der Beinstellung zu erkennen. Auch die Verteilung des Körpergewichts auf die Vorder- und Hintergliedmaßen, das Verhältnis von Widerristhöhe zu Körperlänge und der Bein/Thoraxhöhe-Index sind verändert.

Wenn ein Hund größer oder kleiner wird, verhält sich die Länge der Langknochen isometrisch zur Masse. Bei kleineren Hunden (unter 12,5 cm Femurlänge) werden allerdings die Metacarpalia überdurchschnittlich länger und die Metatarsalia kürzer. Der Vergleich der anatomischen Länge der Vorder- und Hintergliedmaßen ergibt, dass die Vordergliedmaße bei allen Hunden etwas länger ist. Auch beide Linien des Deutschen Schäferhundes zeigen die gleichen anatomischen Längenverhältnisse, sie haben außerdem die verhältnismäßig längsten Vordergliedmaßen.

Mathematische Simulationen haben gezeigt, dass die Proportionen (▶ **Abb. 1.22**, ▶ **Abb. 1.23**) eines Drei-Segment-Beines dessen mechanisches Verhalten im Hinblick auf die dynamische

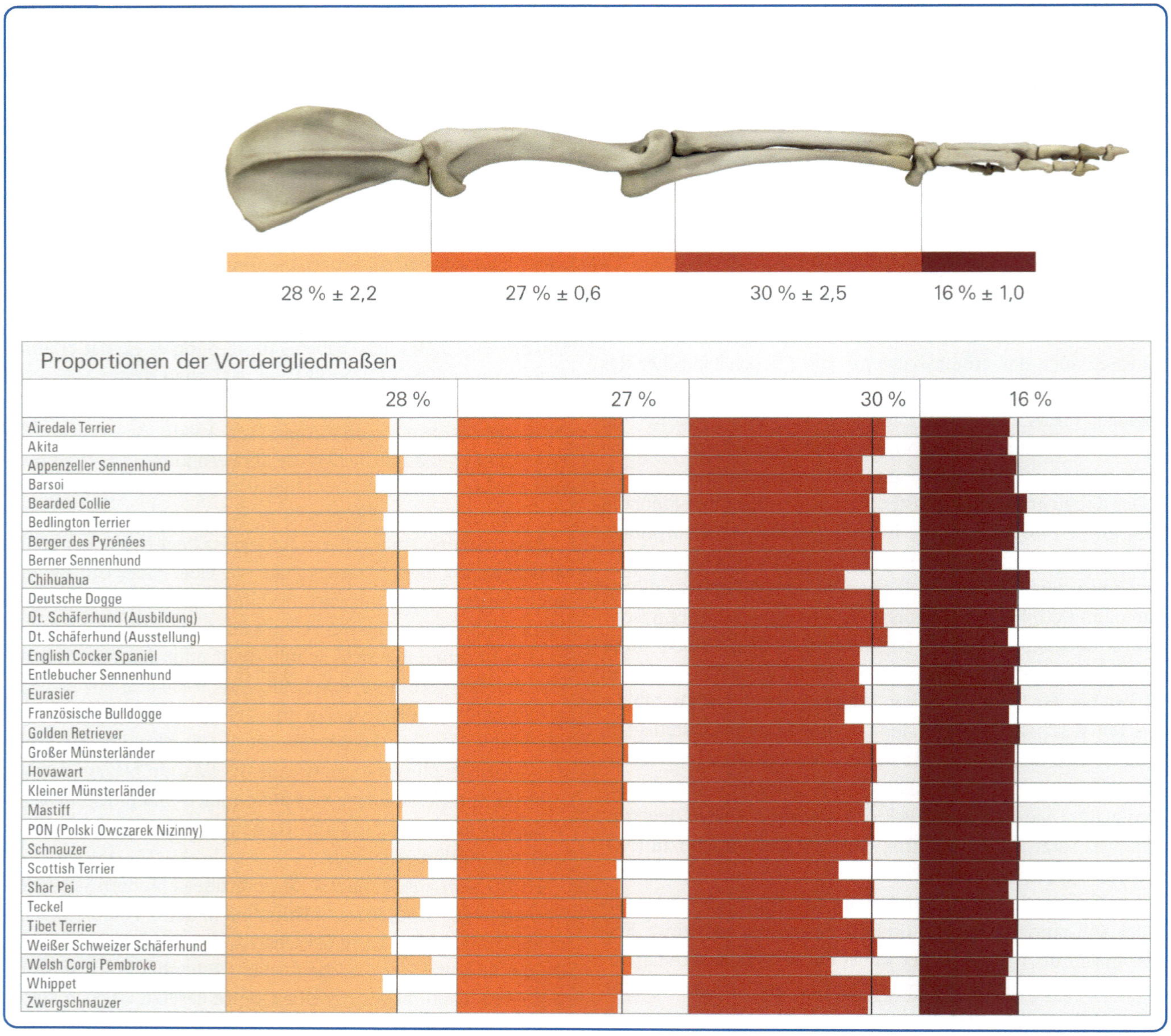


▶ **Abb. 1.22** Proportionen der Vordergliedmaßen. Der Humerus hat bei allen untersuchten Rassen den nahezu gleichen Anteil. Eine Verkürzung des Unterarmes in chondrodystrophen Rassen wird durch die relativ längere Scapula ausgeglichen. (Quelle: Martin S. Fischer, Jonas Lauströer, Amir Andikfar)

Stabilität entscheidend beeinflussen [66]. Stört man den Bewegungsablauf des modellierten Beines, so kehrt es umso schneller zu seiner stabilen Bewegungsbahn zurück, je höher seine selbststabilen Eigenschaften (S. 16) sind, ein wichtiger Faktor der mechanischen Intelligenz. Insbesondere die Länge des mittleren Beinelements (Humerus, Tibia) ist wichtig, sie sollte 40 % der Beinlänge nicht unterschreiten. Je ungleicher die Längen des 1. und 3. Elements sind, umso unterschiedlicher können die Steifigkeiten der Beingelenke sein, was wiederum die Selbststabilität fördert. In der Natur folgen die Beinproportionen nicht immer diesem Optimum. Wir beobachten jedoch, dass sich die Hintergliedmaßen diesem mechanischen Prinzip eher nähern, mit einer relativen Tibialänge von 37 % ± 1,3 %. Der Fuß ist stets kürzer als das Femur. Vorn wird die Ungleichheit des 1. und 3. Elements gesteigert durch die Verlängerung der Metakarpalknochen und ihren gleichgerichteten Anschluss an den Unterarm. Der Humerus variiert am wenigsten in seiner relativen Länge mit 27 % ± 0,6 %. Auch in der Ontogenese ist bei den hierauf untersuchten Beagles früh ein entsprechendes Längenverhältnis der Extremitätenabschnitte zu beobachten.

### 1.3.2 Gelenke

Als Gelenk bezeichnet man die bewegliche Verbindung von 2 oder mehreren Skelettelementen. Unter echten Gelenken oder Diarthrosen (► **Abb. 1.24**, ► **Abb. 1.25**) versteht man alle Gelenke, die einen Gelenkspalt zwischen 2 überknorpelten Gelenkflächen besitzen. Unechte Gelenke oder Synarthrosen sind Verschmelzungen von Knochen wie beim Sakrum (Synostosen), von Knorpel wie beim Brustbein (Synchondrosen) oder von Bindegewebe wie im Iliosakralgelenk (Syndesmosen). Während in echten Gelenken die Kräfte als Druck- und Zugspannung übertragen werden, erfolgt dies bei Synarthrosen durch Schubspannung, also eine Beanspruchung durch Scherung [38]. Auch

► **Abb. 1.23** Proportionen der Hintergliedmaßen. Ober- und Unterschenkel haben in der Regel die gleiche Länge. (Quelle: Martin S. Fischer, Jonas Lauströer, Amir Andikfar)

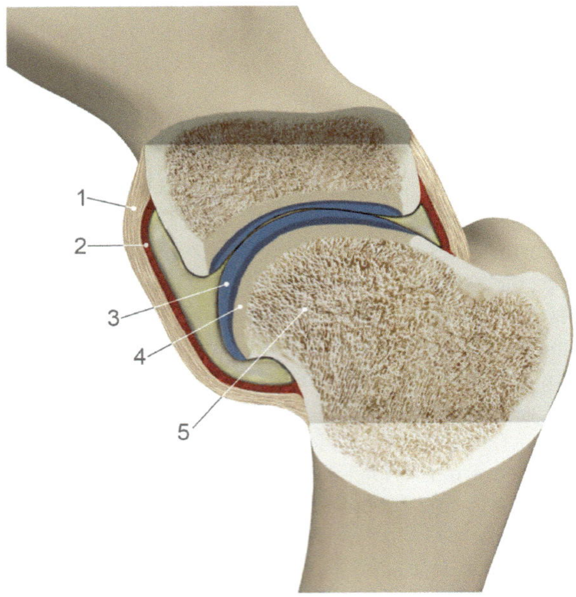


► **Abb. 1.24** Schnitt durch ein synoviales, echtes Gelenk. Gelenkkapsel mit 1 Stratum fibrosum und 2 Stratum synoviale, 3 Gelenkknorpel, 4 subchondralem Knochen, 5 Spongiosa. (Quelle: Martin S. Fischer, Jonas Lauströer, Amir Andikfar)

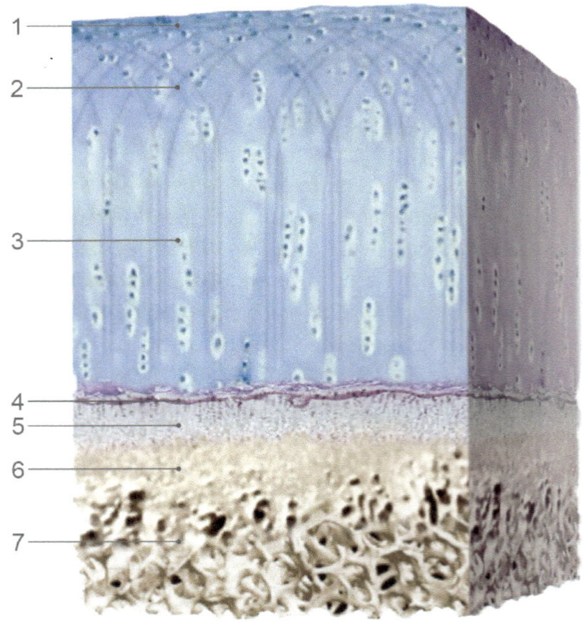


► **Abb. 1.25** Aufbau eines echten Gelenks. Nach der Form der Chondrozyten, dem Verlauf der Kollagenfasern und der Zusammensetzung der Grundsubstanz werden 4 Zonen im Gelenkknorpel unterschieden: Tangential- (1), Intermediär- (2) und Radiärzone (3) sowie unterhalb der „tidemark" (4) die Zone kalzifizierten Knorpels (5). Darunter folgt der subchondrale Knochen (6) und schließlich die Spongiosa (7). (Quelle: Martin S. Fischer, Jonas Lauströer, Amir Andikfar)

sind bei Ersteren die Drehachsen relativ festgelegt, während bei den unechten Gelenken die Rotationsachse in Abhängigkeit der einwirkenden Kräfte wandert.

Eine Gelenkkapsel aus Bindegewebe (Capsula articularis) umgibt das echte Gelenk hermetisch. Die Deckschicht (Stratum fibrosa) ist sowohl innerhalb eines Gelenks als auch zwischen verschiedenen Gelenken unterschiedlich. Die innere, dünne Schicht (Stratum synovialis) der Kapsel gibt die Gelenkschmiere (Synovia) ab und resorbiert diese. Zwischen beiden Schichten verlaufen die Blutgefäße und es finden sich freie Nervenendigungen und Mechanorezeptoren. Die je nach Gelenk aus weniger als 1 Milliliter oder wenigen Millilitern bestehende Synovia, eine hoch visköse Flüssigkeit, dient als Schmiere und der Ernährung des Gelenkknorpels und verhindert, dass bei regulärer Belastung die beiden Knorpelflächen in direkten Kontakt kommen. Synovia ist ein Ultrafiltrat des Blutplasmas mit hoher Konzentration an Hyaluronsäure und daneben Proteoglykanen (wie Aggrecan oder Lubricin). Lubricin verleiht dem Gelenk durch einen extrem niedrigen Reibungskoeffizienten eine enorme Gleitfähigkeit über lange Zeit. In der Synovia finden sich nur wenige Zellen wie Makrophagen (63 %), Lymphozyten (25 %), neutrophile Granulozyten (7 %) und Synovialzellen (4 %), die der Reparatur und Immunabwehr dienen. Eine weitere Funktion ist die Entfernung von Stoffwechselendprodukten des Gelenkknorpels, aber auch von Menisken.

Gelenkflächen von Diarthrosen sind mit Knorpel überzogen, einem viskoelastischen Material, das aus den Knorpelzellen (Chondrozyten) und einer speziellen extrazellulären Matrix besteht. Die Chondrozyten produzieren die Knorpelmatrix, ein Prozess, der allerdings sehr langsam abläuft, und sie bauen durch Sekretion von Zytokinen die Matrix ab. Knorpelzellen machen aber nur etwa 5 % des gesamten Knorpelvolumens aus, 70–80 % des interzellulären Volumens bestehen aus Wasser und nur 20–30 % aus festen Bestandteilen, hauptsächlich Kollagen (10–30 % des Feuchtgewichts) sowie Proteoglykanen (5–10 %) und Mineralien.

Kollagene verleihen dem Gelenkknorpel Zugfestigkeit. Typ II-Kollagen ist mit über 90 % der wichtigste Kollagentyp im Gelenkknorpel. Dessen Fasern durchziehen das gesamte Knorpelgewebe als dreidimensionales Netzwerk. In der oberflächlichen Tangentialzone sind Kollagenfasern tangential angeordnet und sorgen für die größtmögliche Fasersteifigkeit und somit eine gleichmäßige Belastungsverteilung. In der Übergangs- oder Intermediärzone überkreuzen sich bogenförmige Fasern. In der Radiärzone, die etwa 40–60 % der Dicke des Gelenkkorpels ausmacht, sind die radiär angeordneten Kollagenfibrillen am dicksten und der Wassergehalt ist am geringsten. Gelegentlich wird noch eine tiefe Schicht unterschieden, in der sich 2–6 Chondrozyten radial in kleinen Säulen angeordnet finden. Die radialen Kollagenfasern ziehen durch die „tidemark" und eine Schicht zellarmen, kalzifizierten Knorpels (Zone des mineralisierten Knorpels) in den subchondralen Knochen.

Proteoglykane sind für die Kompressionssteifigkeit verantwortlich, 90 % der vorkommenden Proteoglykane sind Aggrecan-Moleküle, die mit Hyaluronsäure große Proteoglykanaggregate in hoher räumlicher Ordnung bilden, die wiederum große Mengen von Wasser binden können. Da diese Aggregate und die interstitielle Flüssigkeit nicht komprimierbar sind, beruhen die Deformationen des Gelenkknorpels nur auf Volumenverlagerung im Knorpel und dem Austritt von Flüssigkeit

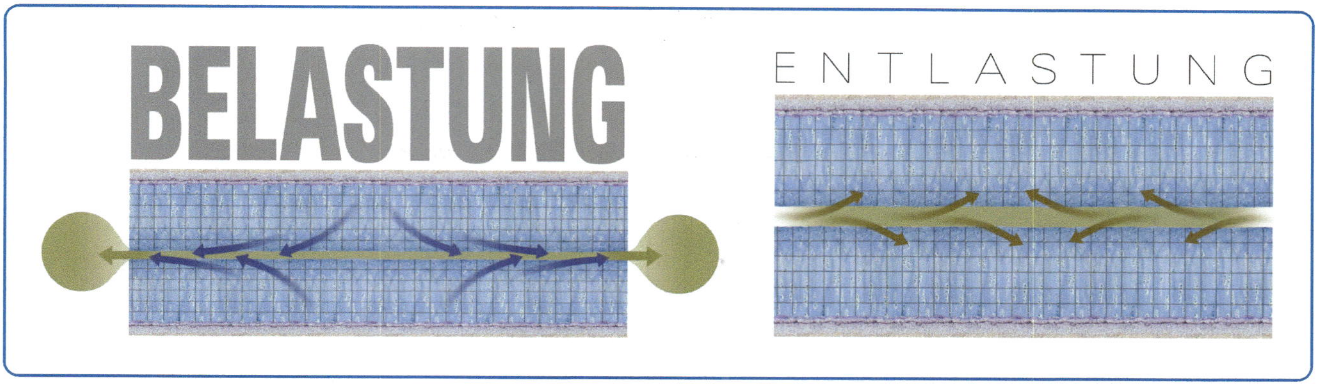


▶ **Abb. 1.26** Schematische Darstellung der Knorpeldeformation bei Be- und Entlastung. Bei Belastung treten geringe Mengen von Flüssigkeiten aus dem Knorpel in den Gelenkspalt aus. Bei Entlastung nimmt der Knorpel wie ein Schwamm Synovia auf. (Quelle: Martin S. Fischer, Jonas Lauströer, Amir Andikfar)

in die Gelenkhöhle (▶ **Abb. 1.26**). Der Knorpel wird so bei zunehmender Belastung fester. Die in die Gelenkhöhle austretende Flüssigkeit hat den Nebeneffekt, dass sich die Flüssigkeitsmenge zwischen den belasteten Gelenkflächen erhöht und diese so noch weniger in direkten Kontakt kommen können.

Während des Wachstums besteht eine direkte, vom Knochen ausgehende Blutgefäßversorgung des Gelenkknorpels. Mit zunehmender Ausbildung der unter der „tidemark" (▶ **Abb. 1.25**) liegenden Schichten wird diese Art der Nährstoffversorgung des Gelenkknorpels stark eingeschränkt, und der Knorpel wird zu einem bradytrophen Gewebe, welches keine Blutgefäße, Nerven und Lymphgefäße enthält. Seine besondere Stoffwechselsituation erzwingt nun die Ernährung aus der Synovia durch Diffusion und durch Konvektion. Darunter versteht man das Mitführen von im vorliegenden Falle gelösten Stoffen durch ein strömendes Fluid (die Synovia). Die Deformation des Knorpels unter Belastung (das Walken des Knorpels) ist ein Mechanismus von wechselnden Saug- und Druckkräften nicht nur auf die Knorpelmatrix, sondern auch auf die Chondrozyten. Bei Belastung wird Flüssigkeit aus der extrazellulären Matrix in die Gelenkhöhle gepresst, bei Entlastung nimmt der Knorpel synoviale Flüssigkeit und damit Nährstoffe und Sauerstoff auf. Somit bedarf es einer ständigen differenzierten Belastungssituation, um den Knorpel ernährt zu erhalten. Selbst die Syntheseleistung der Chondrozyten, die unter anaerober Glykolyse erfolgt, passt sich den aktuellen mechanischen Verhältnissen an, wobei die dynamische Beanspruchung die Biosynthese steigert, statische diese jedoch senkt. Unterbleibt also die periodische Belastung, kommt es zur Unterernährung einzelner Bereiche und zur Umbildung des Knorpels in sog. Faserknorpel mit anderen biochemischen und mechanischen Eigenschaften oder zur Verkalkung. Faserknorpel, wie er in Disken und Menisken vorkommt, besteht zu 70 % aus Typ I-Kollagen in parallelfaseriger Anordnung und ist weicher. Zerstörter Knorpel kann nicht regenerieren! Läsionen werden nur durch minderwertiges Narbengewebe bedeckt. Hieraus folgt zwingend, dass dynamische und vielseitige Belastung für die Gesundheit des Knorpels und damit des Gelenks notwendig ist. In Anbetracht der geringen effektiven Bewegung der Beingelenke während der Lokomotion (S. 63) beispielsweise des Ellbogengelenks, dessen Differenz zwischen Auffuß- und Abfußwinkel häufig unter 10° liegt, muss die Vielfalt an Bewegungen, wie sie ein Hund nur beim Freilauf ausführen kann, für die Gesunderhaltung des Gelenkknorpels betont werden.

Knorpel ist zwar 10-mal verformbarer als die innere Knochenspongiosa und diese wiederum ist 10-mal verformbarer als die äußere Knochenschicht, aber wegen seiner geringen Schichtdicke trägt Knorpel nur minimal zur Stoßdämpfung bei. Die unter dem Knorpel liegende subchondrale Knochenschicht mit einer Dicke von wenigen Millimetern und die darunterliegende Spongiosa wirken im Zusammenspiel mit der Muskulatur als Hauptstoßdämpfer. Die Schichtdicke des subchondralen Knochens ist größer und stärker mineralisiert an stark belasteten Stellen. Sie ist am Schultergelenk des Hundes auf der konkaven Seite 6-mal so dick wie auf der Seite des Oberarmkopfes. Bereits 1963 hat Pauwels die subchondrale Knochendichte als ein materialisiertes Stressdiagramm bezeichnet, also als eine Art Gedächtnis der Langzeitbelastung [54].

Die Anatomie bedient sich seit jeher Begriffen aus der technischen Mechanik. So wird das Ellbogengelenk als Scharniergelenk und die Schulter- oder Hüftgelenke als Kugel-Pfannen-Gelenke beschrieben. Gelenke sind aber in ihrer Arbeitsweise wesentlich komplexer, und das Bild von Gelenken als formschlüssige Scharniere oder Kugelgelenke muss differenziert werden. Gelenke allgemein und so auch die Beingelenke des Hundes werden aufgrund der Arbeiten von Felix Eckstein (Salzburg) sowie Johann Maierl und seiner Arbeitsgruppe aus München heute überwiegend als physiologisch inkongruente Gelenke verstanden [17], [43]. Bei einem kongruenten Gelenk treten die korrespondierenden Gelenkflächen mit geringer Kraft überwiegend bis vollständig in Kontakt, Bei physiologisch inkongruenten Gelenken (▶ **Abb. 1.27**) sind die Gelenkflächen in unbelastetem Zustand nicht formschlüssig, sondern haben nur kleinflächigen Kontakt. Bei zunehmender Belastung vergrößern sich die Gelenkkontaktflächen und es erfolgt eine Verteilung über eine größere Fläche, was umgekehrt die Belastung pro Fläche reduziert oder bei steigender Kraft gleich lässt. Nach dem Krümmungsradius der konkaven Fläche unterscheidet man: konvexe Inkongruenz, bei der die konkave Seite einen größeren Radius als die konvexe Gegengelenkfläche (z. B. Schultergelenk) hat, was zu einer glockenförmigen Verteilung der Belastung der konkaven Seite führt, und konkave Inkongruenz (z. B. Hüftgelenk). Bei dieser ist die konkave Seite zentral stärker gekrümmt als die konvexe, was zunächst zu einer bizentrisch peripheren

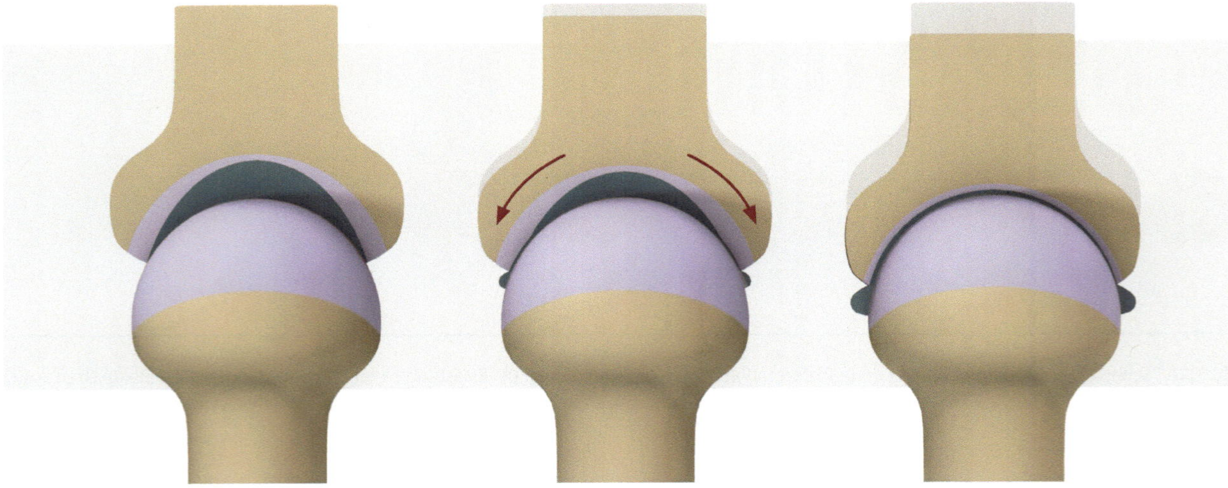

▶ **Abb. 1.27** Verhalten eines inkongruenten Gelenks bei Belastung. Bei zunehmender Belastung weicht die Gelenkflüssigkeit zum Gelenkrand hin aus. Dort ist die Belastung höher als im Zentrum, entsprechend ist der Knorpel am Rand dicker. Im Knochen unterhalb der Gelenkknorpelschicht (subchondraler Knochen) tritt eine Zugbelastung auf (Pfeile). (Quelle: Martin S. Fischer, Jonas Lauströer, Amir Andikfar)

Druckverteilung und bei größerer Belastung zu einer gleichmäßigen Druckverteilung auf die gesamte Gelenkfläche führt.

Die physiologische Inkongruenz darf nicht mit der in der Tiermedizin üblichen Bezeichnung einer pathologischen Stufenbildung im Ellbogengelenk verwechselt werden. Die physiologische Inkongruenz optimiert die Spannungsverteilung durch gleichmäßige Verteilung des Druckes im Gelenk, gleichzeitig wird der konkave Anteil von Gelenkflächen auf Zug beansprucht. Insbesondere die Randbereiche werden während der Belastung in die Druckverteilung einbezogen. Bei größeren Belastungen wird die konkave Gelenkfläche gedehnt und der konvexe Gegenpart tiefer eingedrückt. Die den Druck übertragenden Flächen werden vergrößert und lokale Druckspitzen, die in einem kongruenten Kugelgelenk mit sich zentral ausbreitendem Druck auftreten würden, werden vermieden. Die elastische Flächenvergrößerung ist dank der Eigenschaft des Knorpels möglich.

Die Knorpeldicke ist ein Indikator für die lebenslang stattfindende Belastung. Sie variiert sowohl zwischen den verschiedenen Gelenken als auch innerhalb eines Gelenks. Grundsätzlich ist der Knorpel bei physiologisch inkongruenten Gelenken dicker als bei kongruenten Gelenken, da bei ihnen auftretende fokale Kräfte über eine größere Fläche verteilt werden, vor allem auf die peripheren Bereiche. Entsprechend ist auch die subchondrale Knochenschicht im Randbereich dicker als im Zentrum des Gelenks. Dieses Wissen hat zur konsequenten Untersuchung der Dicke des Knorpels und der subchondralen Knochenschicht bei Hunden geführt, was wiederum Rückschlüsse auf die ständige Beanspruchungssituation zulässt. Bei der Beschreibung der einzelnen Gelenke (S. 63) werden diese Ergebnisse referiert. Von Interesse muss es beispielsweise sein, dass der Knorpel im Bereich des Proc. coronoideus medialis dicker ist als auf der Lateralseite.

### 1.3.3 Muskeln

Die Muskelmasse eines Hundes macht 50–60 % seines gesamten Gewichts aus. Muskeln sind an fast allen Körperfunktionen wie z. B. Verdauung, Entleerung von Drüsen und Aufrechterhaltung der Körperwärme maßgeblich beteiligt. In diesem Buch wird nur auf die Skelettmuskulatur eingegangen, der Begriff ‚Muskel' wird also immer für diesen Muskeltyp verwendet. Ein Muskel besteht grundsätzlich aus zwei Gewebetypen: straffem Bindegewebe und Muskelfasern. Muskelfasern dienen der Krafterzeugung, das zugfeste Bindegewebe hingegen der Kraftübertragung.

Geflechtartiges Bindegewebe überzieht den Muskel als Ganzes (Epimysium), jeden Muskelfaszikel (Perimysium) und die einzelnen Muskelfasern (Endomysium; ▶ **Abb. 1.28**). Parallelfasriges Bindegewebe (Aponeurosen und Sehnen) befestigt den Muskel am Knochen. Aktuell erfährt der gewebemäßig unklar definierte Begriff der „Faszie" starkes mediales Interesse. Darunter werden momentan sowohl Aponeurosen gefasst (mit ihrer bekannten Funktion der Zwischenspeicherung mechanischer Energie), Gewebe, die in der Unterhaut zu finden sind, als auch Gewebe, die Muskeln „verbinden" und Sensoren aufweisen, für die allerdings eine Relevanz für Kraftübertragung in Bewegungen nicht gezeigt ist. Das schlauchartige Sarkolemm entspricht der Zellmembran der Muskelzelle.

Über Enthesen (Ansatzzonen) findet ein zugbelasteter Übergang von Sehnen, aber auch von Bändern und Gelenkkapseln in den Knochen statt. Enthesen werden in fibröse und faserknorpelige Enthesen unterschieden. Bei Ersteren setzt das Bindegewebe indirekt über das Periost an, das wiederum über Sharpey-Fasern mit dem Knochen verbunden ist, oder über Bindegewebsfasern, die direkt ins Knochengewebe ziehen. Solche fibrösen Enthesen finden sich an der Dia- oder Metaphyse der Knochen. Faserknorpelige Enthesen kommen bei Langknochen an den Epi- und Apophysen vor (▶ **Abb. 1.29**). Hier geht das Bindegewebe zunächst in unmineralisierten und dann in minerali-

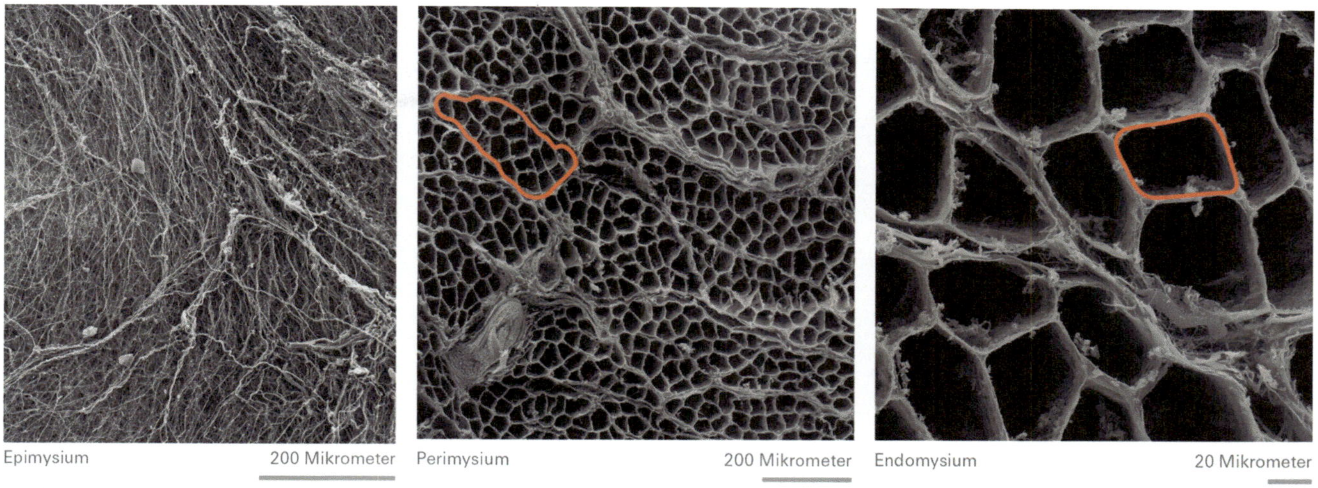


► **Abb. 1.28** Die Bindegewebshüllen gliedern sich in Epimysium, Perimysium und Endomysium.

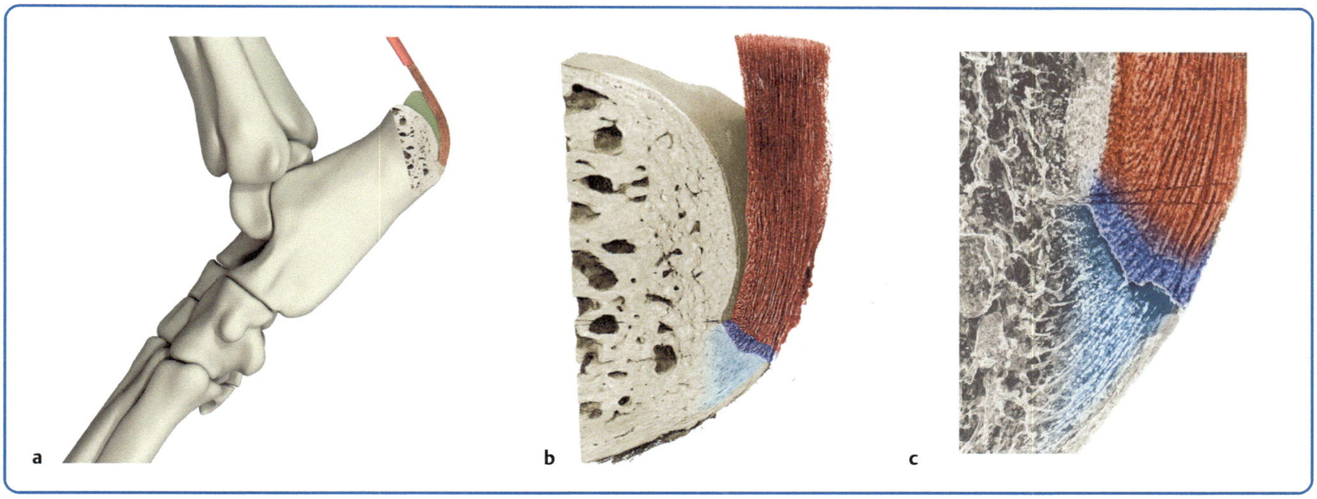


► **Abb. 1.29** Faserknorpelige Enthesen sind Übergänge von Sehnenfasern über unverkalkten Faserknorpel (dunkelblau) und verkalkten Faserknorpel (hellblau) in den Knochen. **a** Der Tendo calcaneus communis (Fersensehnenstrang) inseriert im unteren Abschnitt des Tuber calcanei. Die Sehnenfasern treten rechtwinklig zur Zugrichtung in den Knochen ein. **b** und **c** Halbschematische Abbildungen auf Grundlage von Mikro-CT-Aufnahmen des Tuber calcanei einer Ratte. (Quellen: Martin S. Fischer, Julian Sartori, Institut für Spezielle Zoologie und Evolutionsbiologie, Friedrich-Schiller-Universität Jena)

sierten Faserknorpel über, wodurch ein Ausgleich zwischen den verschiedenen Elastizitätsmodulen von Sehnen und Knochen erfolgt.

Bei der Kontraktion wird chemische Energie in mechanische Arbeit umgewandelt. Ein Muskel erzeugt immer Kraft in die gleiche Richtung. Wenn er sich verkürzt, erzeugt er dabei positive Arbeit (z. B. beim Abdruck des Fußes vom Boden), wenn er verlängert wird, erzeugt er dabei negative Arbeit (z. B. wenn das Bein beim Rennen Last aufnimmt). Da der Muskel nur in eine Richtung ziehen kann, sind Muskeln im Gegenspieler-Prinzip um Gelenke angeordnet. Die krafterzeugenden Prozesse finden auf molekularer Ebene statt. Das nachfolgende Zitat gibt wenigstens eine annähernde Vorstellung davon, was sich bei einer einfachen Bewegung an molekularen Vorgängen abspielt: *Um einen Baseball zu halten, werden zwei Billionen Myosinmoleküle benötigt. Unser Bizeps hat Millionen Mal so viele und so muss nur ein Bruchteil der Myosinmoleküle zu einer gegebenen Zeit aktiviert werden* (© RCSB Protein Data Bank).

Durch das Hinter- und Nebeneinanderschalten von gleichen Bauelementen werden der Kontraktionsweg und die Kraft skaliert. Ein aus zwei Halbsarkomeren bestehendes Sarkomer ist die kleinste funktionelle Einheit eines Muskels (► **Abb. 1.30**). Die Verkürzung und das damit verbundene sichtbare Anschwellen eines Muskels sind die Folge der seriellen Aktion von vielen hintereinandergeschalteten Sarkomeren. Eine Muskelfaser mit der Länge 1 cm (ca. 5000 Sarkomere) kann eine Muskelverkürzung von 5 Millimetern erzeugen. In einem Beinmuskel finden sich auf 1 mm$^2$ rund 300 Muskelfasern, hochgerechnet sind das etwa 50000–90000 Fasern im ganzen Muskel. Wegen des kleineren Muskelhebelarms im Vergleich zum Lastarm müssen Muskeln sehr stark sein. Der M. quadriceps femoris des Menschen kann zum Beispiel eine Kraft von etwa 7000 N erzeugen bzw. eine Last von 700 kg gegen die Schwerkraft halten.

Bei der Muskelkontraktion gleiten Aktin- und Myosinfilamente ineinander. Die Kraft wird dabei von den Myosinköpfchen erzeugt, die diese Filamente temporär verbinden und eine

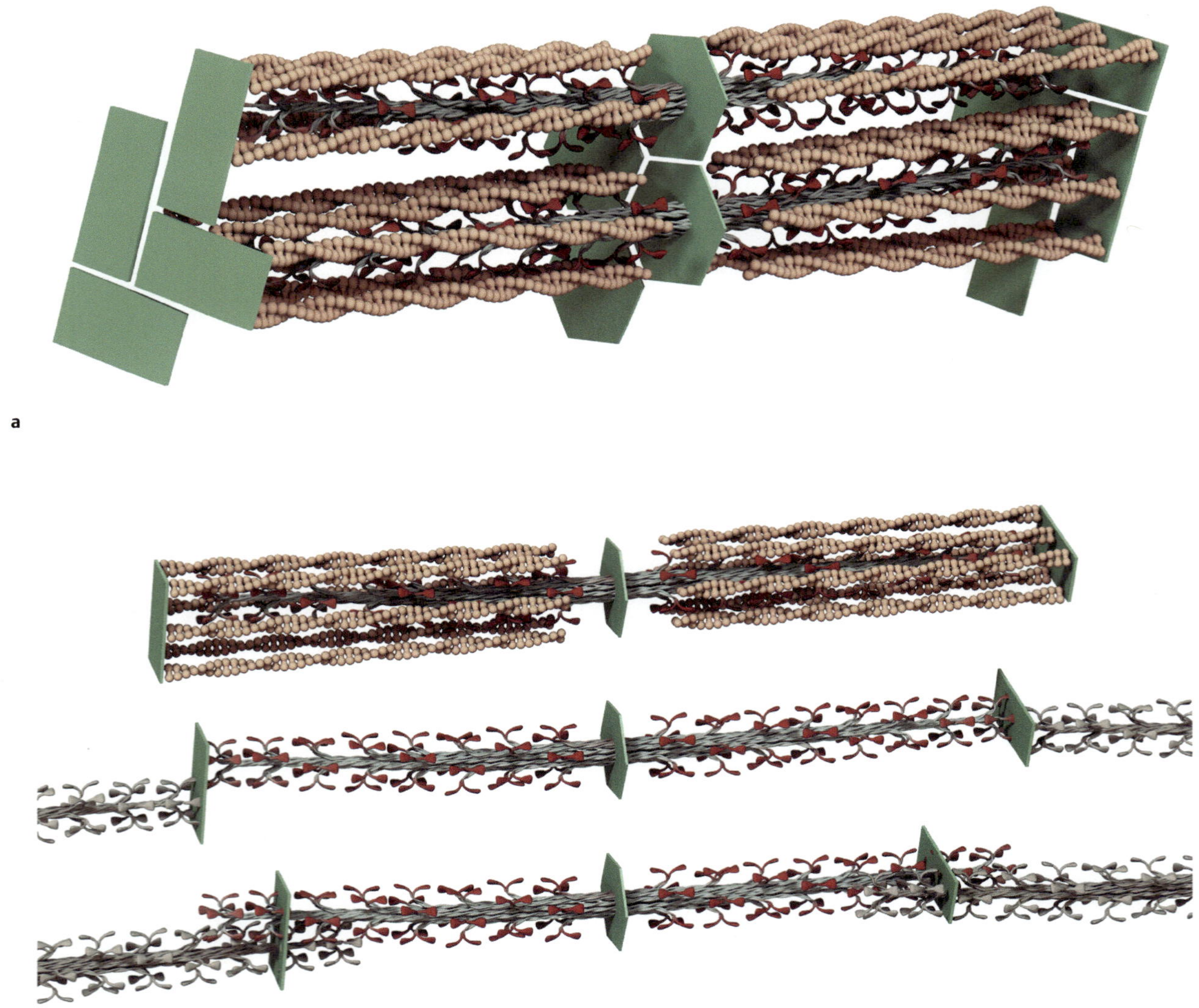


▶ **Abb. 1.30**

a Der Ausschnitt eines Sarkomers mit seinen Filamenten Aktin (rosa) und Myosin (grau). (Quelle: Martin S. Fischer, Christian Rode, Jonas Lauströer, Amir Andikfar)

b Wird der Muskel aktiviert, verbinden sich die Myosinköpfe (rot) zyklisch mit den Aktinfilamenten und ziehen an ihnen, sodass die Filamentgitter wie zwei Bürsten ineinandergleiten. An der Z-Scheibe (links und rechts) sind die Aktinfilamente quadratisch befestigt, in der Mitte sind sie hexagonal angeordnet. Wahrscheinlich gleiten die Myosinfilamente bei der Kontraktion zu kurzen Längen durch die Z-Scheibe hindurch ([59]). (Quelle: Martin S. Fischer, Christian Rode, Jonas Lauströer, Amir Andikfar)

Nickbewegung von nur 5 nm ausführen. Wird der aktive Muskel gedehnt, kann er höhere Kräfte erzeugen, als wenn er sich verkürzt. Zusätzlich zu diesem klassischen Mechanismus der Krafterzeugung wird in der aktuellen Forschung zum Muskel insbesondere dem Titin eine bedeutende Rolle zugeschrieben. Titin hat die Länge eines halben Sarkomers, ungefähr 1 µm, und ist das größte Protein im Körper der Säugetiere. Ursprünglich erkannte man seine Rolle als die eines Strukturproteins, welches für den Aufbau der Zelle wichtig ist und nach Muskeldehnung zusammen mit dem Bindegewebe dafür sorgt, dass der Muskel seine Ruhelänge wieder einnimmt. Neuere Forschung zeigt, dass es zu den elastischen Eigenschaften des aktiven Muskels beiträgt. Im aktiv gedehnten Muskel klebt es am Aktinfilament fest (z. B. [58]) und erzeugt bei Dehnungs-Verkürzungs-Zyklen federartig Kraft. Bei Muskelkontraktion zu kurzen Längen bereitet es womöglich durch eine Zentrierung der Myosinfilamente das kürzlich vorgeschlagene Ineinandergleiten der Myosinfilamente vor [59] (▶ **Abb. 1.30**). Die Steifigkeit von Beinen, wie sie bei der Fortbewegung zu beobachten ist, geht dementsprechend nicht alleine auf das elastische Verhalten von Sehnen und dazu passende Aktivierung der Muskelfasern zurück, sondern ist ebenso durch ein elastisches Verhalten der Muskeln bedingt.

Die Bauelemente sind in ▶ **Tab. 1.1** aufgelistet.

In diesem Buch stehen Topografie und Funktion der Muskeln im Vordergrund. Grundsätzlich werden Muskeln nach ihrem

▶ **Tab. 1.1** Bauelemente eines Muskels.

| Bauelement | Durchmesser |
|---|---|
| Aktinfilamente | 8 nm |
| Myosinfilamente | 15 nm |
| Myofibrillen | 1–3 µm |
| Muskelfaser | 10–100 µm |
| Muskelfaserbündel = Faszikel | 0,5–5 mm |

Ursprung und Ansatz und nach ihrer Versorgung mit Nerven charakterisiert (Nomina Anatomica Veterinaria). Jedem Muskel wird der lateinische Name gegeben, den er – wenn vorhanden – auch beim Mensch trägt und den er dort zuerst erhielt. Auch wenn der Muskel beim Hund anders aussieht als beim Menschen, einen anderen Ursprung oder Ansatz hat oder sonst modifiziert ist, bekommt er denselben Namen wie in der Humananatomie, er wird mit dem humanen Muskel „homologisiert". So hat der M. biceps brachii beim Menschen – wie der Name lateinisch besagt – 2 Köpfe, beim Hund dagegen nur einen. Der M. triceps brachii hat beim Hund 4 und nicht 3 Köpfe – die anatomischen Namen können also fehlleiten.

Die Funktion eines Muskels innerhalb einer Bewegung ist nicht einfach zu bestimmen. Ursprung und Ansatz geben den ersten Hinweis: Man erkennt, welches Gelenk der Muskel strecken bzw. beugen kann. Da aber bei z. B. 40 Beinmuskeln eine gewisse Redundanz herrscht, wird die Funktion des Muskels in der Bewegung klarer, wenn man weiß, wann er eingeschaltet ist. Komplizierter wird es bei zweigelenkigen Muskeln. Ein zweigelenkiger Muskel kann im Zusammenspiel mit anderen Muskeln oder Bändern ein Gelenk strecken, welches er eigentlich beugt (Lombards Paradoxon). Seine Wirkung kann auch durch eine Änderung des Hebelarmverhältnisses bei veränderter Beinkonfiguration abgewandelt werden. Auch kann z. B. eine Hüftextension beim Frosch durch zweigelenkige Verschaltung benachbarter Gelenke zu einer Streckung des gesamten Beines führen. Darüber hinaus können Skelettmuskeln aufgrund ihrer geometrischen Anordnung und Einbettung in das Muskelskelettsystem noch andere Funktionen ausüben wie z. B. die Stabilisierung der Wirbelsäule. Ein in diesem Zusammenhang aktuell beleuchteter Bereich ist die Beeinflussung der Muskelkräfte entlang der Linie von Ansatz und Ursprung durch laterale Kräfte (z. B. [70]).

Aber erst die Richtung der Muskelfaszikel bestimmt den Vektor der Kraftübertragung. In einem Muskelfaszikel sind zwischen 20 und 50 Muskelfasern zusammengefasst, die alle parallel zueinander verlaufen und dem Muskelfaszikel somit eine bestimmte Richtung zur Kraftentfaltung vorgeben. Die einzelnen Muskelfaszikel innerhalb eines Muskels können hingegen in verschiedenen Richtungen orientiert sein. Sie sind nur selten parallel oder in Zugrichtung des Muskels angeordnet. Dies ist notwendig, da ein Muskel ja nur selten einen punktuellen Ursprung oder Ansatz besitzt und daher Kräfte in verschiedenen Richtungen auf Sehnen oder Knochen übertragen werden müssen. Da in vielen Muskeln die Faszikel wie bei einer Vogelfeder schräg zur Längsrichtung verlaufen, spricht man vereinfacht von Fiederung. Tatsächlich ist die Anordnung der Muskelfaszikel ungleich komplexer. Die Schwierigkeit, die Hauptübertragungsrichtung der Kraft eines Muskels zu erkennen, wird zusätzlich dadurch erhöht, dass sich die Faszikel bei der Kontraktion des Muskels nicht nur einfach verkürzen, sondern dass sich dadurch auch der Fiederungswinkel verändert.

## Muskelfasertypen

Die Muskelfasern entsprechen der zellulären Ebene der Muskulatur. Innerhalb der Wirbeltiere werden tonische und phasische Muskelfasern unterschieden. Da bei Hunden, wie bei allen Säugetieren, in der Skelettmuskulatur nur phasische Muskelfasern, auch Zuckungsfasern genannt, vorkommen, wird im folgenden Text auch nur auf diese eingegangen. Phasische Muskelfasern besitzen tausende von Zellkernen. Der Durchmesser von Muskelfasern ist interessanterweise nicht von der Körpergröße abhängig, sondern von verschiedenen Faktoren wie den Transportstrecken von Sauerstoff und Nährstoffen oder dem Verhältnis von Faservolumen zu Faseroberfläche. Die Querschnittsfläche einer Muskelfaser hängt vom Fasertyp, der Faserposition im Muskel und vom Muskel ab. Auch der individuelle Trainingszustand bestimmt die Größe des Faserquerschnitts. Durch Training kann der Querschnitt zunehmen, die Anzahl der Fasern ändert sich hingegen nicht. Training und Ernährung sind die wichtigsten Einflussfaktoren für die Größe von Muskelfasern. Nur bei Regeneration nach Verletzungen können aus Stammzellen neue Fasern gebildet werden.

Nach dem Stoffwechsel, dem Vorhandensein unterschiedlicher Myoglobin-Proteine und dem Kontraktionsverhalten werden die phasischen Fasern typisiert (▶ **Abb. 1.31**). Typ I-Fasern kontrahieren ausdauernd und langsam und haben einen oxidativen Stoffwechsel, Typ II-Fasern kontrahieren schnell und ermüden schneller. Ihr Stoffwechsel kann rein glykolytisch oder gemischt oxidativ-glykolytisch sein. Auch die Art der Nervenversorgung unterscheidet sich bei den beiden Muskelfasertypen. Die Typ I-Fasern werden von einem Nerven versorgt, dessen Nervenäste nur von einer Seite in den Muskel eindringen, parallel zur Faserrichtung verlaufen und in regelmäßigen Abständen Seitenäste senkrecht an die Muskelfasern entsenden. Bei den Typ II-Fasern hingegen verästelt sich der Nerv baumartig senkrecht zur Muskelfaserrichtung auf beiden Seiten.

Die Kraftentwicklung hängt vom Querschnitt einer Muskelfaser ab, nicht von deren Kontraktionseigenschaften. Typ II-Fasern haben häufig eine größere Querschnittsfläche als Typ I-Fasern (2–3 $\mu m^2$ gegen 1–2 $\mu m^2$), sodass eine Typ II-Faser absolut gesehen oft größere Kräfte erzeugt als eine Typ I-Faser.

Eine Besonderheit von Hunden ist nun das Fehlen der rein glykolytischen Typ IIB-Fasern [72]. Anstelle der Typ IIB-Fasern besitzen Hunde einen weiteren gemischten Fasertyp. Dieser Fasertyp trägt die Bezeichnung Typ IIA/X oder kurz Typ IIX. Das Vorkommen von Typ IIX-Fasern anstelle der rein glykolytischen Typ IIB-Fasern hat eine Schlüsselfunktion für die hohe Ausdauerfähigkeit von Hunden. Im Gegensatz zu fast allen anderen Säugetieren können Hunde daher mit allen Muskelfasern ausdauernd arbeiten. Zusätzlich werden die Muskelfasern durch viele Blutkapillaren sehr gut mit Blut versorgt. Durch den Wegfall der Typ IIB-Fasern verringert sich weitestgehend die Gefahr der Übersäuerung des Muskels. Bei Hunden arbeitet die Muskulatur selbst bei sehr lange anhaltender Fortbewegung ständig

▶ **Abb. 1.31** Muskelfasertypen dargestellt durch eine Enzymreaktion. Die farbige Fläche entspricht einem Muskelfaszikel umgeben von Perimysium.

im Sauerstoffbetrieb und ermüdet bei normalen Außenbedingungen nicht – außer bei extremem Sprint.

Die Verteilung der verschiedenen Fasertypen in den Muskeln ist sehr unterschiedlich. Mit Ausnahme der Windhunde, die einen höheren Anteil an schnell kontrahierenden Typ II-Fasern aufweisen, variiert die Fasertypenverteilung eines Muskels innerhalb einer Hunderasse und zwischen den Rassen nur in engen Grenzen. Prinzipiell besitzen die Muskeln der Vordergliedmaße einen höheren Anteil an Typ I-Fasern als die der Hintergliedmaße. Allerdings gibt es im Körper keine 2 Muskeln, die dieselbe Verteilung von Fasertypen aufweisen. Armstrong et al. haben bei 3 Mischlingshunden den jeweiligen Anteil der beiden Fasertypen bei allen Muskeln der Vorder- und Hintergliedmaße bestimmt [3]. Der Anteil von Typ I-Fasern schwankt dabei je nach Muskel zwischen 14 und 100 %. Auch innerhalb eines Muskels sind die verschiedenen Fasertypen nicht gleichmäßig verteilt. In fast allen untersuchten Muskeln nimmt der Anteil der Typ I-Fasern von außen nach innen zu. In der Nähe des Knochens sind deutlich mehr Typ I-Fasern zu finden als in den knochenfernen Bereichen eines Muskels. Die außenliegenden Fasern haben häufig im Vergleich zu den knochennahen einen größeren Hebelarm, sodass sich dort die schnell arbeitenden Typ II-Fasern befinden.

## Kraftentwicklung

Die isometrische Kraft eines Muskels hängt neben der Anzahl der aktivierten Muskelfasern (size-principle von Hennemann) und der Frequenz der Stimulation vom Überlappungsbereich der Filamente ab. In nichtisometrischen Kontraktionen modulieren die relative Geschwindigkeit der Filamente als auch das Titin die Kraft. Die Anzahl der seriell angeordneten Halbsarkomere spielt keine Rolle für die Kraft. Jedes Filament besitzt die gleiche Anzahl von Myosinköpfchen, sodass die Kraft eines Muskels proportional zur Anzahl seiner Filamente ist. Je höher die Anzahl der Filamente, desto größer die Kraftentwicklung. In sehr guter Näherung gibt der physiologische Querschnitt eines Muskels, der aus den einzelnen Muskelfaser-Querschnitten errechnet wird, die Anzahl der parallel geschalteten Sarkomere wieder. Muskeln mit langen Fasern können wegen der vielen seriell angeordneten Halbsarkomere schnell kontrahieren, Muskeln mit kurzen Fasern sind besonders kräftig. Bei gegebener Muskellänge steigt der Muskelfaserwinkel mit sinkender Faserlänge. Der Muskelfaserwinkel verringert die erzeugbare Kraft und die Kontraktionsgeschwindigkeit. Dies wird im „architectural index“ berücksichtigt, dem modifizierten Quotienten von Muskelfaserlänge und Muskelgesamtlänge. Die kräftigen Wadenmuskeln (M. gastrocnemius medialis und M. gastrocnemius lateralis) beim Greyhound haben einen Index von 0,07–0,14, die schnellen M. semitendinosus und M. semimembranosus einen Index von 0,70–0,88 (Fasern sind hier bis zu 10-fach länger) [83], [84]. Auch in der Vordergliedmaße sind die schnellen Muskeln mit langen Fasern diejenigen, über die die Gliedmaßen mit dem Rumpf verbunden sind (M. rhomboideus und M. latissimus dorsi mit einem Index von 0,97), die Zehenrückzieher (M. flexor digitorum: 0,06) sind mit extrem kurzen Fasern (0,8 cm Faserlänge bei 13,8 cm Muskellänge) die kraftvollen Muskeln [67], [68].

Es gibt Muskeln, die entsprechend ihrer vorrangigen Arbeitsweise angepasst sind. Zum Beispiel ist es für Muskeln, die hauptsächlich in Dehnungs-Verkürzungs-Zyklen genutzt werden, wichtig, hohe Kräfte zu erzeugen, d. h. einen hohen physiologischen Querschnitt aufzuweisen. So kann nämlich die Muskelaktivität so abgestimmt werden, dass die Arbeit hauptsächlich in der Sehne stattfindet. Muskeln, die eher negative Arbeit verrichten, also exzentrisch kontrahiert werden, haben eher kleinere physiologische Querschnitte. Muskeln, die positive Arbeit verrichten, haben bei gleichem Querschnitt eher längere Fasern.

Die Leistung eines Muskels ist proportional zu seinem Volumen. Das Muskelvolumen wird durch den Quotienten von Muskelmasse und Muskeldichte berechnet. Da die Muskeldichte fast 1 entspricht, wird in der Praxis nur die Muskelmasse erfasst, um die maximale Leistung eines Muskels abzuschätzen. In der Hintergliedmaße ist der M. biceps femoris mit Abstand der leistungsfähigste Muskel. Seine Masse beträgt etwa 500 g, er kann eine isometrische Maximalkraft von 940 N und eine Leistung von 50 W entwickeln [83], [84]. Der M. flexor digitorum superficialis ist zwar stärker als der M. biceps femoris (1260 N zu 940 N), kann aber weniger leisten (6 W zu 50 W) [83], [84]. Der stärkste und leistungsfähigste Muskel der Vordergliedmaße ist der M. triceps brachii caput longum. Seine Werte übertreffen diejenigen des M. biceps femoris (1475 N und 58 W). Der Vergleich der Muskelmassen zeigt auch die großen Unterschiede zwischen den einzelnen Muskelgruppen auf den verschiedenen Gelenkebenen.

Für die Kraftumsetzung sind allerdings nicht nur die Eigenschaften der verschiedenen Muskeln wichtig, sondern auch die Hebelarmverhältnisse. Der Hebelarm ist die rechtwinklige Distanz vom Muskelansatz (der Aktionslinie) zum Drehpunkt der Bewegung (z. B. Gelenkachse). Der sich während der Bewegung ändernde Hebelarm moduliert das durch den Muskel erzeugte Drehmoment (Muskelkraft × Länge Hebelarm). Gleichzeitig moduliert der Hebelarm der äußeren Kraft das benötigte Drehmoment im Gelenk. Die Mm. gastrocnemii müssen bei 30 % der Stemmphasendauer fast doppelt so viel Kraft erzeugen wie bei 70 % der Stemmphase, nur weil sich die Hebelarmverhältnisse verändern (Kraft × Hebelarm zum Gelenk, ▶ **Abb. 1.38**). Hier kann man sehen, dass sich der äußere und der Muskelhebelarm gleichphasig verändern, was zu einem geringeren Effekt der Hebelarmvariation während der Bewegung führt.

### Muskelspindeln

Der Muskel ist auch ein wichtiges sensorisches Organ. Muskelspindeln geben Informationen über die Länge der Muskelfasern und deren Kontraktionsgeschwindigkeit, die in Reflexschaltungen für die Regulation ihrer Aktivität oder die anderer Muskeln genutzt werden können.

Muskelspindeln sind modifizierte Muskelfasern, in deren Inneren sich dünne Muskelfasern finden, deren Kontraktionszustand die Länge der Muskelspindel bestimmt. Sie sind maximal 3 mm lang und durch eine Bindegewebshülle fest mit den umgebenden Muskelfasern verbunden. Ihre Anzahl ist von Muskel zu Muskel verschieden. Die größte Dichte von Muskelspindeln findet sich in den kurzen Muskeln der Pfote (Mm. interflexorii, Mm. lumbricales) mit ungefähr 1 Spindel pro $mm^2$. Im M. biceps brachii findet sich 1 Spindel auf 7 $mm^2$, im M. triceps brachii caput longum dagegen gerade mal 1 Spindel auf 50 $mm^2$.

Neben den Muskelspindeln finden sich auch in den Sehnen spezielle Nervengeflechte, die Golgi-Sehnen-Organe, die den Spannungszustand der Sehne, und damit die Muskelkraft, an das Rückenmark melden. Golgi-Sehnenorgane sind Bindegewebskapseln von etwa 1 mm Länge und einem Zehntel mm Durchmesser.

Die muskeleigene Sensorik ist ein wichtiges Rückkopplungssystem für schnelle Korrekturen und die Abstimmung z. B. von Rhythmusgeneratoren im Rückenmark. Informationen über den Untergrund sofort über die Veränderung der Muskellänge zu erhalten (z. B. eine Muskeldehnung, wenn ein Hund in ein Loch tritt), dient zur Koordination und Korrektur der Bewegung von Gliedmaßen bereits auf der Ebene des Rückenmarkes. Vor allem das Caput longum des M. triceps brachii steht im Zentrum eines Regelkreises der Vordergliedmaße. Die Kartierung seiner Ia-Afferenzen mittels Messung der exzitatorischen postsynaptischen Motoneuronpotenziale hat gezeigt, dass vom M. triceps brachii Informationen nach proximal und distal ausgehen und somit dem Muskel eine Stellfunktion für die Vorderextremität zukommt [10].

### Der Muskel im Stoffwechsel

Erst seit wenigen Jahren wird eine weitere Funktion der Muskulatur immer deutlicher: ihre herausragende Bedeutung in Stoffwechselprozessen und für das körperliche und seelische Wohlbefinden. Was wir bei uns Menschen am eigenen Leib spüren können, wie gut Bewegung tut, gilt sicher und wahrscheinlich gerade auch für den Hund. Mittlerweile sind fast 400 verschiedene hormonähnliche Botenstoffe im Muskel („Myokine“) nachgewiesen worden und die biochemische Grundlage für den glücklichen Hund (und Halter) am Ende eines langen Spazierganges wird immer klarer.

Nur aktive Muskeln verwerten Zucker aus dem Blut. Wenn Energie verbrannt wird, sind die Muskeln empfänglich für das Hormon Insulin, das für die Aufnahme von Zucker in die Muskelfaser notwendig ist. Bei Bewegungsmangel wird Zucker in Fett überführt. Es besteht somit ein direkter Zusammenhang zwischen Bewegung und Diabetes. Übergewichtige Hunde haben häufig vor allem ein Problem – fehlende Bewegung. Dies führt zu Muskelabbau, der mit zunehmendem Alter an sich bereits auftritt, und zur Einlagerung von Fett. Der Wirkkreis von Fettabbau im Unterhautbindegewebe und der Aktivität der darunterliegenden Muskeln konnte nun auch biochemisch nachgewiesen werden. Die lokal wirkenden Botenstoffe, die bei Muskelaktivität freigesetzt werden, heißen Interleukine. Interleukine sind sog. hormonartige Proteine. Für das Interleukin-6 wurde nicht nur die Fettregulation, sondern auch eine entzündungshemmende Wirkung nachgewiesen. Durch ein muskeleigenes Enzym (MIP) wird aber auch der Kalziumspiegel im Körper reguliert. Durch Alterungsprozesse und Aktivität beeinflusst der Muskel hierüber beispielsweise die Knochendichte.

# 1.4 Einfluss der Fütterung

Britta Dobenecker

## 1.4.1 Überblick

Die Versorgung mit Nährstoffen in bedarfsdeckenden und ausgewogenen Mengen ist die Basis für einen gesunden Bewegungsapparat. Neben direkt nutritiv bedingten Störungen können Nährstofffehlversorgungen den Schweregrad bzw. die Symptome von Skeletterkrankungen anderer Genese noch verstärken. Paradebeispiel für diesen Effekt ist ganz klar eine chronische Energieüberversorgung, also Übergewicht. Übergewicht belastet in **jeder Lebensphase** den Bewegungsapparat und kann so selbst geringgradige Veränderungen zu schmerzhaften Prozessen für den Hund werden lassen.

Eine besonders sensible Phase in Bezug auf die Skelettgesundheit stellt beim Hund das Wachstum dar. Verschiedene Faktoren können hier bei der Entstehung von Störungen der Skelettentwicklung bzw. von developmental orthopedic diseases, kurz DOD, einen Einfluss nehmen. Unter dem Komplex DOD werden Erkrankungen wie Osteochondrosen, Gelenkdysplasien, Osteodystrophie und Knochenverformungen subsumiert. Ein Grund für die Entwicklungen solcher Erkrankungen ist die hohe Wachstumskapazität besonders bei großen Rassen mit einem erwarteten Erwachsenengewicht ab etwa 25 kg. Dass besonders die schnell wachsenden Tiere stärker gefährdet sind im Hinblick auf diese muskuloskelettalen Erkrankungen, ist auch von anderen Spezies bekannt.

Eine häufig gestellte Frage von Tierhaltern, aber auch Tiermedizinern lautet: Warum sollte ich bei Hunden die Fütterung genau bilanzieren, wenn man das bei der eigenen Ernährung oder der der Kinder doch auch nicht in der Form tut? Warum dies so ist, wird deutlich, wenn man in dieser Hinsicht einmal die Spezies Mensch und Hund gegenüberstellt: Hier kann eine vergleichsweise Körpermassezunahme in etwa entweder 15–17 Jahren oder eben in ca. einem Jahr realisiert werden. Mit anderen Worten wird beim wachsenden Hund ein ungleich höherer Anteil der täglich aufgenommenen Nährstoffe für den Gewebeaufbau benötigt und nicht für die Erhaltung. Berechnet man beispielhaft für einen Hund bzw. einen Menschen mit identischer aktueller Körpermasse und identischem erwarteten Adultgewicht, z. B. 70 kg, so benötigt der Hund im Vergleich zum Kind mehr als das 7-Fache der täglichen Kalziummenge. Neuesten Erkenntnissen nach kann der Mensch zudem deutlich effizienter einer knappen Kalziumversorgung über die Nahrung entgegensteuern, indem er die Verwertung des Mineralstoffs aus der Nahrung durch verbesserte Verdaulichkeit bzw. Verwertung erhöht. Dies wird beispielsweise über höhere Spiegel an aktivem Vitamin D realisiert. Beim Hund ist diese Anpassungsfähigkeit so gut wie nicht existent, wie unlängst nachgewiesen werden konnte [42]. Im Gegensatz zum Menschen wird beim Hund ein immer gleichbleibender Anteil des Nahrungskalziums in den Körper aufgenommen, unabhängig von der Höhe der Versorgung. Somit können sich Hunde bei exzessiver Versorgung mit Kalzium nicht gegen hohe Aufnahmen schützen. Andererseits kann sich eine Mangelversorgung mit Kalzium sehr schnell in einer unzureichenden Mineralisierung des Skeletts manifestieren. Fehlversorgungen mit Nährstoffen, vornehmlich Kalzium und Phosphor, sind mithin neben der zu raschen Aufzuchtgeschwindigkeit durch hohe Energieaufnahme das andere große Problemfeld bei der Entstehung nutritiv beeinflusster DODs.

Da also beim Hund der größte Teil der Körpermasse im ersten Lebensjahr aufgebaut wird und er als Beutetierfresser phylogenetisch nicht gezwungen war, mit kalziumarmer Nahrung auskommen zu müssen, ist der zu erwartende Schaden nach nur wenigen Wochen Fehlernährung mit einem maßgeblichen Nährstoff natürlich deutlich größer, als wenn hierfür wie beim Menschen fast 2 Jahrzehnte zur Verfügung stehen und die Nährstoffverwertung deutlich besser der Versorgung angepasst werden kann. **Phasen einer Nährstofffehlversorgung können sich beim Welpen bzw. Junghund somit ungleich stärker auswirken als beim Kind bzw. Jugendlichen.** Schon wenige Wochen Mangelversorgung mit Kalzium, aber auch Phosphor, den für den Knochenaufbau entscheidenden Mengenelementen, können schwere Schäden wie Achsabweichungen der Gliedmaßenknochen, Inkongruenzen der Gelenke, Störungen der Ossifikation im Bereich der Wachstumsfugen inkl. Schmerzen und Lahmheiten zur Folge haben. Dabei beeinflussen natürlich der Grad der Fehlversorgung, die Rassezugehörigkeit, die aktuelle Gewichtsentwicklung und einige Haltungsfaktoren wie Art und Intensität der Bewegung und Aktivität das Ausmaß der Veränderungen. Während der eine Hund nach 4 Wochen massive, klinisch relevante Veränderungen entwickelt, können andere Junghunde selbst nach 2–3 Monaten Fehlernährung akut nur eine leichte, unklare Lahmheit zeigen. Die Häufigkeit von Ernährungsfehlern bei wachsenden Hunden mit DODs ist im Vergleich zu Tieren ohne Störungen der Skelettentwicklung insgesamt besonders hoch.

Um die geeignete Versorgung einschätzen zu können, benötigt man neben dem Wissen zum Nährstoffgehalt des Futters bzw. von Futterkomponenten auch möglichst valide Informationen zum Nährstoffbedarf. Letzteres ist besonders im Wachstum nicht ganz einfach, da die Höhe des Nährstoffbedarfs maßgeblich von der aktuellen Körpermasse respektive dem Alter sowie dem zu erwartenden Adultgewicht abhängt. Entsprechend ist z. B. die Versorgungsempfehlung für Kalzium beeinflusst von dem zu erwartenden Erwachsenengewicht und damit indirekt der Rasse, wobei sie sich aber im Verlauf der Entwicklung ändert. **Entsprechend gibt es keinen festen Wert für alle Welpen und Junghunde oder eine einfache Formel zur Berechnung des Kalziumbedarfs, die für alle Gültigkeit besitzt.** Mineralstoffe aus dem Futter, die diesen täglichen Bedarf decken sollen, müssen in ausreichend verfügbarer Form vorliegen. Es kommt dabei einerseits darauf an, in welcher chemischen Form der Mineralstoff vorliegt [15], andererseits beeinflusst die Konzentration anderer Elemente die Verfügbarkeit (z. B. reduzieren hohe Kalziumgehalte im Chymus die Phosphorverwertung; [42]). Aber auch die Höhe der Futterverdaulichkeit insgesamt ist entscheidend: Bei hohem Fasergehalt im Futter, z. B. bei Rationen mit hohem Gemüseanteil, einigen Lightprodukten oder auch minderwertigen Futterkomponenten, nimmt die fäkale Ausscheidung von Kalzium und Phosphor zu, die Verwertung für den Körper sinkt also [36]. Selbst der Gehalt an säuernden und alkalisierenden Elementen im Futter (die sog. Kationen-Anionen-Bilanz) beeinflusst die Höhe der Verwertung der Mineralstoffe aus dem Futter. Eher alkalisierende Futter erhöhen die Kalziumverluste über den Darm [37]. Neben dem Bedarf des Tieres an den Nährstoffen und der Möglichkeit, diese aus dem Futter in den Körper aufzunehmen, spielt natürlich auch die Konzentration des jeweiligen Nährstoffes im Futter eine große Rolle. Ist ein spezielles Produkt bzw. Futtermittel arm oder reich an bestimmten Nährstoffen? Hier kommt es ebenfalls öfter zu Fehleinschätzungen. Was in der Humanernährung unter kalziumreich firmiert, ist bei der Ernährung des Hundes, speziell des Welpen, als mäßig oder sogar gering kalziumhaltig einzuordnen und nicht geeignet, den Bedarf zu decken. Bei der Zusammenstellung von selbstgemachten Rationen besonders für wachsende Hunde mit hohem Mengenelementbedarf eignen sich beispielsweise grüne Gemüsesorten genauso wenig als Kalziumquelle wie Milchprodukte. Ausreichende Mengen im Grammbereich liefern letztendlich nur Knochen oder passend zusammengesetzte Mineralfutter. Gegen die Verwendung von Knochen (S. 44) sprechen allerdings einige Gründe, die später noch näher erläutert werden. Durch Verwendung von Futterkomponenten wie Milch und Milchprodukten als vermeintliche Kalziumquelle entstehen mehr oder weniger massive Mangelsituationen, die bei empfindlichen Tieren schon nach sehr kurzer Zeit zu Skelettentwicklungsstörungen führen können. Selbst bei adulten Tieren kann fortgesetzt mangelhafte Versorgung mit Kalzium zu massiven Problemen führen. Die Dauer der Fehlversorgung, die bis zur Ausbildung klinischer Symptome führt, liegt hier allerdings je nach Grad der Mangelversorgung im Bereich von Monaten bis hin zu etwa 2–3 Jahren.

Aber nicht nur ein Mangel an Kalzium kann negative Folgen haben. Noch häufiger führen **Kalziumexzesse** zu Schäden, die z. B. durch Ergänzung von ausreichend mineralisierten Alleinfuttern entstehen oder aufgrund zu hoher Knochenanteile bei BARF-Rationen (BARF = bone and raw food). Negative Folgen einer Überversorgung führen insbesondere während des Wachstums zu Schäden, adulte Hunde weisen dagegen eine relativ hohe Toleranz auf. Zu den potenziell ungünstigen Effekten des Kalziumexzesses gehört definitiv auch, dass die Verfügbarkeit anderer Mineralstoffe wie unter anderem Phosphor oder Zink deutlich reduziert werden kann, was einen sekundären Mangel an diesen Nährstoffen auslösen kann.

Insgesamt ist natürlich die Prävention von ernährungsbedingten Skelettstörungen und das Skelettsystem belastenden Fütterungsfehlern oberstes Ziel. Entsprechend sollte jeder Halter rechtzeitig über die optimale Ernährung seines Hundes informiert bzw. auf die Relevanz einer bedarfsdeckenden und ausgewogenen Fütterung hingewiesen werden. Dies gilt explizit für Zeiten besonderer Ansprüche an die Nahrung wie eben während des Wachstums, der Trächtigkeit oder der Laktation. Sind bereits Schäden diagnostiziert worden, ist eine sofortige Umstellung auf ein für das jeweilige Tier passendes Futter essenziell, auch wenn eine vollständige Wiederherstellung nicht immer möglich ist. Die Optimierung der Nährstoffversorgung ermöglicht bei der Therapie ernährungsbedingter Störungen, aber auch bei orthopädischen Erkrankungen anderer Genese die nötige Basis für den Erfolg medikamentöser oder chirurgischer Therapien. Frühzeitige Fütterungskorrektur bei Welpen und Junghunden kann sogar zu Remissionen beginnender Erkrankungen aus dem Bereich der DOD führen.

**Praxisbezug**

- Eine besonders sensible Phase in Bezug auf die Skelettgesundheit stellt beim Hund das Wachstum dar. Verschiedene Faktoren können hier bei der Entstehung von Störungen der Skelettentwicklung bzw. von developmental orthopedic diseases, kurz DOD, einen Einfluss nehmen. Ein Grund für die Entwicklungen solcher Erkrankungen ist die hohe Wachstumskapazität besonders bei großen Rassen mit einem erwarteten Erwachsenengewicht ab etwa 25 kg.
- Beim Junghund ist der zu erwartende Schaden nach beispielsweise 8 Wochen Fehlernährung mit einem maßgeblichen Nährstoff deutlich größer, als wenn für die Entwicklung wie beim Menschen fast 2 Jahrzehnte zur Verfügung stehen und die Nährstoffverwertung deutlich besser der Versorgungslage angepasst werden kann.
- Es gibt keinen festen Wert für alle Welpen und Junghunde oder eine einfache Formel zur Berechnung des Kalziumbedarfs, sondern dieser ist v. a. abhängig von der aktuellen Körpermasse des Junghundes sowie dem zu erwartenden Gewichts als adulter Hund.

### 1.4.2 Wachstum

Ein gesundes Wachstum mit optimaler Entwicklung des Bewegungsapparats ist die Basis für einen langfristig gesunden Bewegungsapparat. Nicht nur klinisch apparente Veränderungen während der Aufzucht sollen vermieden werden, sondern auch die Entstehung von Knochen- oder Knorpelschäden, die dann im Verlauf des weiteren Lebens zu Problemen und Lahmheiten führen und so die Lebensqualität des Tieres mindern. Dabei hat die Versorgung mit Energie, Kalzium, Phosphor, den Vitaminen A und D sowie den Spurenelementen Zink und Kupfer besondere Bedeutung.

#### Energie

Die tägliche Energieaufnahme beeinflusst die Wachstumsgeschwindigkeit des Welpen bzw. Junghundes. Besonders bei Tieren mit hoher Wachstumskapazität führt eine über dem Bedarf liegende Energieversorgung weniger zu Verfettung als zu einer zu steilen Wachstumskurve. Der Stoffwechsel von Junghunden, besonders der großen Rassen, nutzt ein Plus an Energie für ein forciertes Wachstum und nicht zur Speicherung in Form von Fett. Dadurch kommt es zu einem Umstand, der oftmals als Paradoxon empfunden wird: Die Tiere können sehr dünn bis mager sein, aber viel zu viel Gewicht für ihr Alter auf die Waage bringen. Aus diesem Grund eignet sich bei wachsenden Hunden eindeutig nicht das System des body condition scoring (BCS) zur Abschätzung des Ernährungszustands, sondern insbesondere der Vergleich des Körpergewichts mit der empfohlenen Wachstumskurve (► **Abb. 1.32**). Natürlich kann eine zu hohe Kalorienversorgung diagnostiziert werden, wenn der Hund übermäßige Fettgewebspolster hat, aber eben nicht umgekehrt. D.h., die Energieversorgung eines sehr dünn wirkenden Hundes kann nicht durch Adspektion oder Palpation abgeschätzt werden! Am besten eignet sich das regelmäßige Wiegen (möglichst einmal wöchentlich) mit Eintragen des Gewichts in ein Diagramm (► **Abb. 1.32**). Voraussetzung dabei ist die Abschätzung des zu erwartenden Idealgewichts des erwachsenen Hundes. Am besten orientiert man sich, wenn möglich, am gewogenen und nicht geschätzten Idealgewicht der Elterntiere. Bei den Elterntieren ist die Einschätzung des Ernährungszustandes mithilfe des BCS sinnvoll. Liegt der Wert über 4 bis 5, sollte eine Abschätzung des Idealgewichts erfolgen und dies verwendet werden. Eine gewisse Unterschätzung des Adultgewichts des Jungtieres ist dabei einem zu hohen Wert vorzuziehen. Bei einer grafischen Darstellung der empfohlenen Wachstumskurve kann das tatsächliche Gewicht mit der Empfehlung verglichen werden, um bei Bedarf zeitnah gegenzusteuern. Hierbei ist ein gewisses Unterschreiten der Gewichtsempfehlung zu tolerieren, ein (deutliches) Überschreiten sollte dagegen vermieden werden. In einer groß angelegten Studie konnte gezeigt werden, dass die Wahrscheinlichkeit, Übergewicht und auch Störungen des Bewegungsapparats zu entwickeln, bei den Hunden signifikant höher war, die während ihres Wachstums eine Phase zu intensiver Gewichtszunahme gezeigt hatten (> 2 Perzentillinien gekreuzt) [28].

In den meisten Referenzwerken werden für das Wachstum relativ hohe Bedarfsnormen für die Energieversorgung angegeben, die oft auch auf Daten aus Versuchen an Hunden in Grup-

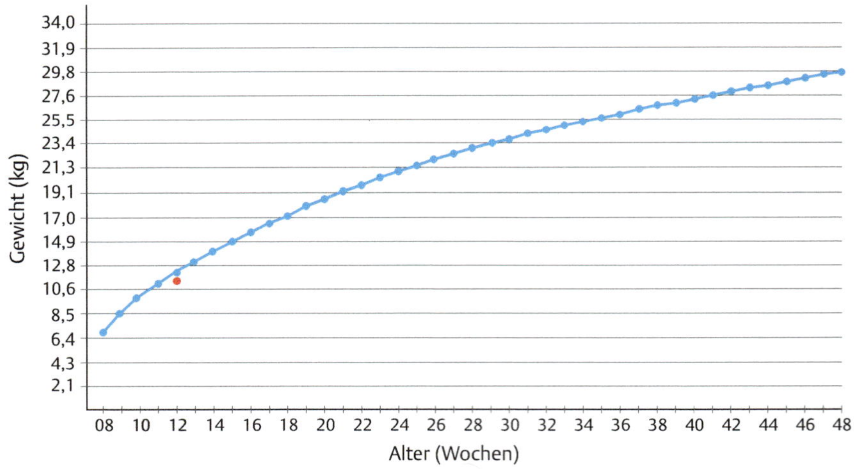


► **Abb. 1.32** Beispiel für eine individuelle Wachstumskurve. Anhand der Informationen „aktuelles Gewicht", „Geburtsdatum" resp. Alter sowie „erwartetes Adultgewicht" (Schätzung anhand des Idealgewichts des gleichgeschlechtlichen Elternteils, Rassestandards etc.) wird vom entsprechenden Programm (hier Diet Check Munich©) die empfohlene Wachstumskurve berechnet. Das Gewicht sollte vom Besitzer einmal wöchentlich ermittelt (evtl. Differenzbetrag nach Wiegen einmal mit und einmal ohne Hund auf dem Arm) und in die ausgedruckte Grafik eingetragen werden. Ein Gewicht auf oder leicht unterhalb der Kurve sollte angestrebt werden. Bei Abweichungen ist allerdings weder eine Gewichtsreduktion noch ein intensives „Aufpäppeln" empfehlenswert. Ist der Welpe bzw. Junghund zu schwer, dann sollte er sein Gewicht eine Zeit lang halten bzw. nur wenig zunehmen, um sich langsam der Kurve anzunähern. Bei einem Gewicht deutlich unterhalb der Kurve sollte man dagegen je nach Grad der Abweichung eher eine Gewichtsentwicklung parallel zur Kurve anstreben – das Adultgewicht wird in diesem Fall lediglich später erreicht, die Gefahr für Skelettentwicklungsstörungen wird aber verringert. Handelt es sich um einen Junghund unbekannter Rasse und lässt sich das Adultgewicht schlecht einschätzen, sollte man eher vorsichtig schätzen und evtl. im Verlauf des Wachstums nach oben korrigieren. Eine Unterschätzung des Adultgewichts ist hierbei immer sicherer für die Skelettentwicklung als eine Überschätzung!

► **Tab. 1.2** Angaben zur Gewichtsentwicklung in kg Körpermasse [45].

| Monatsmitte | Körpermasse adult 5 kg | Körpermasse adult 10 kg | Körpermasse adult 20 kg | Körpermasse adult 35 kg | Körpermasse adult 60 kg |
|---|---|---|---|---|---|
| 1 | 0,5 | 0,7 | 1,1 | 1,5 | 2,1 |
| 2 | 1,2 | 1,9 | 3,1 | 4,7 | 6,6 |
| 3 | 1,9 | 3,3 | 5,9 | 9,6 | 13,2 |
| 4 | 2,6 | 4,8 | 8,9 | 14,5 | 20,4 |
| 5 | 3,5 | 6,5 | 12,2 | 19,8 | 30,0 |
| 6 | 4,0 | 7,5 | 14,0 | 22,8 | 36,0 |
| 12 | 5,0 | 9,5 | 19,0 | 30,8 | 48,0 |

penhaltung basieren. Neuere Untersuchungen haben einen deutlich niedrigeren durchschnittlichen Tagesbedarf an Kalorien während der Wachstumsphase bei Hunden ermittelt. Diese neueren, niedrigeren Zahlen beruhen auf Untersuchungen an Hunden in Privathaltungen, aber auch in Versuchstierhaltungen mit kontrollierter Aufzuchtgeschwindigkeit in Anlehnung an die bereits dargestellten Empfehlungen zur Wachstumsentwicklung [16], [19]. Eine strikte Umsetzung von Fütterungsempfehlungen auf Fertigfuttermitteln ist daher nicht unbedingt zu empfehlen. Man kann sich an den Angaben zunächst orientieren, sollte dann aber unbedingt die Gewichtsentwicklung des Einzeltieres als Maßstab verwenden: Wächst der Junghund zu schnell, sollte die tägliche Kalorienmenge so reduziert werden, dass das empfohlene Gewicht (► **Tab. 1.2**) nicht überschritten wird. Hierbei sollte vor allem die Gabe an Leckerli, Belohnungshappen, Snacks und Kauartikeln reduziert werden, nur in zweiter Linie das ausgewogen zusammengesetzte Futter.

Die regelmäßige Gewichtskontrolle hilft dabei, den Erfolg der Energierestriktion zu überprüfen – bleibt das Gewicht des Tieres weiterhin über den Empfehlungen, muss weiter gedrosselt werden.

Aber nicht nur allein das zu hohe Gewicht während der Phase unvollständig mineralisierter Knochen kann zu Deformationen und Entwicklungsstörungen führen, sondern auch die Kombination von Übergewicht mit stärker entwickelter Muskulatur sowie höheren Spiegeln an Hormonen (Wachstumshormone, Schilddrüsenhormone) und spezifischen Botenstoffen. Die Energieaufnahme beeinflusst über das Ausmaß der Hormonsekretion (u. a. GH, IGF-I, Insulin, T 3/T 4) den Stoffwechsel des Knochen- und Knorpelgewebes, was zu stärkerer Knorpelproliferation und einer erhöhten Rate des Knochenremodelings führt. Ad libitum-Fütterung, die Gabe zu energiedichter Futtermittel bzw. Rationen, zusätzliche Gaben an Belohnungshappen und Leckerli etc., die für die meisten einzeln gehaltenen Welpen und Junghunde ein Zuviel an Kalorien zur Folge haben, können also zu einer starken Gefährdung der gesunden Skelettentwicklung führen. Ob zu diesem frühen Zeitpunkt auch Gelenkveränderungen entstehen, die die Grundlagen für Arthritiden/Arthrosen bilden, welche erst in späteren Lebensabschnitten zu Lahmheiten und Problemen führen, kann nicht ausgeschlossen werden.

Ist ein Junghund dagegen deutlich zu leicht mit einem Gewicht deutlich unterhalb der empfohlenen Wachstumskurve, sollte auf keinen Fall „gepäppelt", d. h. das Gewicht des Tieres schnell in den Bereich des eigentlichen Normalgewichts gebracht werden. Hier kann trotz tatsächlich bestehendem Untergewicht eine Phase zu starken Wachstums genau zu den eben beschriebenen Problemen führen. Die Wachstumskurve des untergewichtigen Welpen bzw. Junghundes sollte daher nur ganz langsam an die Empfehlung angeglichen werden. **Dabei ist wichtig zu beachten, dass die Körpergröße des ausgewachsenen Hundes genetisch determiniert ist. Nur massive Fütterungsfehler (z. B. ein deutlicher Proteinmangel) können die Körpergröße in geringem Ausmaß beeinflussen.** Ein Hund, dessen Wachstumskurve unterhalb der Empfehlung liegt, wird sein normales Adultgewicht lediglich zu einem etwas späteren Zeitpunkt erreichen, nicht aber kleiner bleiben. Im Hinblick auf eine gesunde Skelettentwicklung ist daher eine restriktive Aufzucht nach Wachstumsempfehlungen auf jeden Fall einem forcierten Wachstum durch hohe Energieversorgung vorzuziehen.

Der tägliche Energiebedarf wird von einer Vielzahl von Faktoren moduliert, sodass es lediglich durchschnittliche Werte auf Basis der aktuellen und erwarteten Körpermasse des adulten Tieres geben kann. Besonders das Aktivitätsniveau und die Haltungsbedingungen haben großen Einfluss auf die Höhe der nötigen Kalorienaufnahme. Einzeln gehaltene Vertreter einer eher gemütlichen, langhaarigen Rasse haben einen unterdurchschnittlichen Energie- und damit Futterbedarf, während Jungtiere einer aktiven, kurzhaarigen Rasse in Gruppenhaltung einen überdurchschnittlichen Energiebedarf aufweisen, also für eine normale Wachstumsentwicklung mehr eines gleichen Futters aufnehmen müssen. Entsprechend wird klar, dass ein bestimmtes Futter bei 2 verschiedenen Junghunden aufgrund des unterschiedlichen Energiebedarfs zu einer entsprechend unterschiedlichen Nährstoffversorgung führen kann. Soll ein Junghund mit unterdurchschnittlichem Energiebedarf keinen Nährstoffmangel erleiden oder übergewichtig werden, wird ein Futter/eine Ration mit einer vergleichsweise hohen Nährstoff/Energie-Relation benötigt. Dagegen muss z. B. für eine sehr aktive, wachsende Dogge in einem Mehrhundehaushalt bei Aufzucht in der kalten Jahreszeit ein Futter ausgewählt werden, das eine vergleichsweise niedrige Nährstoffkonzentration aufweist. **Es kann also kein Futter geben, das bei allen Welpen oder Junghunden eine gleich gute Versorgung mit Energie und Nährstoffen ermöglicht.**

Des Weiteren kann die Höhe der Energieversorgung während der Aufzucht bzw. der Anteil des in diesem Zeitraum gebildeten Fettgewebes im Körper Einfluss auf den Energiebedarf und damit indirekt den Ernährungszustand beim erwachsenen Tier nehmen. Hunde, die bereits während des Wachstums zu große Fettdepots angelegt haben, neigen während ihres gesamten Lebens eher zu Übergewicht. Auch aus diesem Grund sollte also auch bei Tieren, die bei überhöhter Energieaufnahme nicht zu einem forcierten Wachstum, sondern zu Fettansatz neigen, das Wachstum durch regelmäßiges Wiegen und Vergleich mit den Empfehlungen überwacht werden. Ein schlank aufgezogener Hund hat lebenslang ein geringeres Risiko, bestimmte Erkrankungen zu entwickeln.

Bei der Berechnung der täglichen Energieaufnahme dürfen auch Belohnungshappen, Leckerli, Snacks, Kauartikel usw. nicht vergessen werden. Nur selten entspricht die Zusammensetzung solcher Artikel dem Nährstoffbedarf eines Hundes, geschweige denn eines wachsenden Hundes. Es erhöht sich also entweder die gesamte Kalorienaufnahme oder aber die Menge des normalen Futters wird entsprechend reduziert. Hierdurch reduziert sich entsprechend auch die Menge an wichtigen Nährstoffen; die Ration ist nicht mehr ausgewogen und bedarfsdeckend. Gerade bei Hunden mit unterdurchschnittlichem Energiebedarf kommt es schneller zu einer Mangelversorgung durch Nährstoffverdünnung.

**Praxisbezug**

Eine über dem Bedarf liegende Energieversorgung führt im Wachstum weniger zur Verfettung als zu einer zu steilen Wachstumskurve, v. a. bei Tieren mit hoher Wachstumskapazität. Zur Abschätzung der Energieversorgung muss das zu erwartende Idealgewicht des erwachsenen Hundes geschätzt werden, um das aktuelle Gewicht des Hundes mit der optimalen Wachstumskurve zu vergleichen. Hierbei orientiert man sich am gewogenen Idealgewicht der Elterntiere. Eine gewisse Unterschätzung ist dabei einem zu hohen Wert vorzuziehen.
In den meisten Referenzwerken werden für das Wachstum noch relativ hohe Bedarfsnormen angegeben. Aufgrund aktuellerer Daten, die einen geringeren Energiebedarf während des Wachstums ergeben, werden die Empfehlungen in den nächsten Jahren vermutlich ebenfalls nach unten korrigiert.

## Protein

Wie bereits dargestellt, hängt der Körpermassezuwachs, also die Gewichtsentwicklung des Welpen bzw. Junghundes, von der täglichen Energieversorgung ab. Wird die tägliche Futter- und damit Energieversorgung so für den einzelnen Hund angepasst, dass die Gewichtsentwicklung den Empfehlungen entspricht, ist der Anteil an Protein im Futter nicht relevant. Voraussetzung hierfür ist natürlich, dass der Proteinbedarf gedeckt ist, denn ein massiver Mangel an Protein bzw. Aminosäuren kann tatsächlich zu Minderwuchs, Verfettung und Entwicklungsstörungen führen. Dass eine Proteinversorgung über dem Bedarf einen negativen Einfluss auf die gesunde Skelettentwicklung hat, wird oft angeführt, entspricht aber nicht den Tatsachen. Ursache für diese sich hartnäckig haltende Behauptung sind Versuche aus den 80er-Jahren [32], die den Grundstein für unser heutiges Wissen gelegt haben. In diesen Versuchen wurde einer Gruppe wachsender Doggen eine adäquate Menge eines Futters gegeben, während die Tiere einer weiteren Gruppe eine höhere Menge des gleichen Futters erhielten. Zum damaligen Zeitpunkt wurde die Hypothese aufgestellt, dass eine überhöhte Menge an allem – Energie, Protein, Mineralstoffen sowie Vitaminen – die massiven Skelettentwicklungsstörungen bei den Hunden der Gruppe mit mehr Futter ausgelöst hätten. Aller Wahrscheinlichkeit nach wurden diese aber durch das forcierte Wachstum nach hoher Energie- und Nährstoffaufnahme verursacht. Diese Einschätzung wird durch die Versuche von Nap et al. [49], [50] untermauert. Hier hatte die Höhe der Proteinaufnahme auf die Skelettentwicklung von wachsenden Hunden in standardisierten Versuchen keinen Einfluss. Durch eine Vielzahl von Versuchen, aber auch Fallberichten, wurden seit den Untersuchungen vor nunmehr fast 40 Jahren als Hauptursachen von fütterungsbedingten Skelettentwicklungsstörungen die Faktoren Energieüberschuss, Mangel und Exzess an Kalzium sowie Phosphormangel identifiziert.

**Praxisbezug**

Dass eine Proteinversorgung über dem Bedarf einen negativen Einfluss auf die gesunde Skelettentwicklung hat, wird oft angeführt, entspricht aber nicht den Tatsachen.

## Kalzium

Eine Hauptaufgabe des Mengenelements Kalzium ist der Aufbau und Erhalt des knöchernen Skeletts. Aufgrund des funktionellen und regulativen Zusammenhangs mit dem Element Phosphor **muss die Kalziumaufnahme immer im Zusammenhang mit der Phosphorversorgung beurteilt werden**. Daher muss die Aufnahme an beiden Mineralstoffen dem absoluten Bedarf entsprechen und gleichzeitig die Ca/P-Relation im empfohlenen Bereich von 1/1 bis 2/1 liegen. Optimal ist es, wenn die grenznahen Bereiche vermieden werden, also ein Verhältnis zwischen 1,3 und 1,8/1 eingestellt wird. Ergeben die Mineralstoffgehalte im Futter ein abweichendes Verhältnis zueinander, können Abweichungen von der durchschnittlichen Verwertung die Folge sein. So kann z. B. ein Kalziumüberhang, also ein sehr weites Ca/P-Verhältnis von > 2/1, zu einer reduzierten Phosphorverdaulichkeit und damit zu einem sekundären Phosphatmangel führen.

Das, was ein Tier letztendlich an einem Nährstoff dem Körper täglich zuführen muss, was im Körper ankommen soll, wird als Nettobedarf bezeichnet. Da ein Teil des Nährstoffs aber bei der Verdauung nicht vollständig aufgenommen, sondern mit dem Kot verloren geht, wird unter Einbeziehung der durchschnittlichen Verdaulichkeit eine Empfehlung zur täglichen Verzehrsmenge, der Bruttobedarf, definiert. Braucht ein Tier beispielsweise 100 mg eines Nährstoffs pro Tag und liegt die Verwertung bei durchschnittlich 50 %, sollten mithin 200 mg mit der Nahrung zur Verfügung gestellt werden. Die Bedarfsnormen geben allgemein Empfehlungen zur Bruttomenge eines Nährstoffs in einem Futter; der Nettobedarf liegt je nach Nährstoff mehr oder weniger unter dem angegebenen Wert. Meist wird auch noch ein gewisser Sicherheitszuschlag mit eingerechnet. Gewisse Verluste aufgrund der Verdaulichkeit und Verfügbarkeit sind also einkalkuliert. Unterdurchschnittlich schlecht verdauliche Futtermittel (z. B. schlechte Proteinqualität, vegetarische/vegane Futter oder andere sehr faserreiche Futter) lassen die Kalziumverwertung deutlich sinken [36]. Insgesamt sollte die regelmäßige Versorgung mit Kalzium möglichst nah am tatsächlichen Bedarf besonders des wachsenden Tieres liegen, auch wenn eine (vermeintlich) besonders gut verfügbare Kalziumquelle eingesetzt wird. Treffen die beschriebenen Erkenntnisse zum eingeschränkten Regulationsvermögen des Hundes bei der Kalziumverwertung auch für wachsende Tiere zu, was wahrscheinlich der Fall ist, kann nicht wie beim Menschen oder anderen Tieren von einer maßgeblichen Erhöhung der Kalziumverwertung u. a. mithilfe von Vitamin D und PTH ausgegangen werden. Die absolut nötige Menge sollte also dem Tier jeden Tag mit der Nahrung zugeführt werden, wobei die Verfügbarkeit der Mineralstoffe durch andere Nährstoffe mit einkalkuliert werden muss. Dadurch begründet sich die Forderung nach Bedarfsdeckung in Kombination mit einer ausgewogenen Nährstoffkonzentration im Futter, um eine durchschnittliche Verfügbarkeit zu gewährleisten.

Eine nicht bedarfsdeckende Kalziumversorgung führt zu einer suboptimalen Verknöcherung des wachsenden Skeletts oder sogar zu erhöhtem Knochenabbau. Bei entsprechender Unterversorgung mit Kalzium ergibt sich das Bild eines sekundären nutritiven Hyperparathyreoidismus mit der Folge der Osteodystrophia fibrosa generalisata. Achsabweichungen, Knochenverformungen, veränderte Knochenstruktur bis hin zu Spontanfrakturen seien als mögliche Folgen genannt.

Ein **Kalziumexzess** dagegen kann einerseits zu einem sekundären Phosphormangel führen, wenn ausschließlich Kalzium in erhöhten Mengen gefüttert wird, z. B. bei ergänzender Gabe von Kalziumcarbonat wie Schlemmkreide oder Eischalen. Ein Phosphatmangel kann seinerseits zu massiven Störungen der Skelettentwicklung führen; beachten Sie hierzu das Kapitel Phosphor (S. 45). Auch andere Mineralstoffe wie Zink und Kupfer werden bei Kalziumexzess schlechter verwertet, was die Skelettentwicklung ebenfalls beeinträchtigen kann. Andererseits kann eine exzessive Kalziumgabe bei empfindlichen Tieren ein verringertes Längenwachstum der langen Gliedmaßenknochen zur Folge haben, vermutlich aufgrund eines verfrühten Fugenschlusses. Auch eine ursächliche Beteiligung des Kalziumexzesses am Wobblersyndrom wird diskutiert.

Durch Störungen des Knorpelstoffwechsels und der Ossifikation nach Kalziumfehlversorgung – also Mangel oder Exzess – wie z. B. Achsabweichungen (Radius curvus, Carpus valgus), hypertrophe Osteodystrophie, Osteochondrosis dissecans u. a. ergeben sich oftmals sehr schmerzhafte Veränderungen des juvenilen Skeletts mit wechselnden Lahmheiten und Bewegungsunlust bzw. -unfähigkeit. Dies wiederum hat negative Konsequenzen auf das sich entwickelnde Skelett, da Zug und Druck wichtige Impulse für den regelrechten Knochenum- und -aufbau geben. Immobilisation führt bekanntermaßen sogar bei einem adulten Skelett zu Knochenabbau.

An dieser Stelle soll erwähnt sein, **dass eine sehr unregelmäßige Versorgung** mit Kalzium, z. B. durch Knochenfütterung einmal wöchentlich, **nicht zu empfehlen ist**. Die Wochenmenge geteilt durch 7 entspricht hier nicht der Tagesmenge, sondern 6 Tagen Mangel und 1 Tag massivem Exzess. Dass in diesem Fall eine gesunde und regelgerechte Skelettentwicklung und -mineralisierung erfolgen kann, ist wenig wahrscheinlich. Von der Knochenfütterung muss auch aus anderen Gründen wie der Hygiene sowie dem Risiko für Verletzungen und Verstopfungen abgeraten werden. Die Dosierung ist bei Knochengabe zudem sehr ungenau, da die Gehalte an Kalzium und Phosphor im Knochen von der Spezies und dessen Alter (z. B.

Kalb vs. Rind) und der Lokalisation abhängen. Außerdem wird bei größeren abgenagten und abgeschluckten Knochenstücken ein weitaus höherer Anteil an Mineralstoffen wieder fäkal ausgeschieden, als wenn das Material fein vermahlen verfüttert würde.

**Praxisbezug**

Eine **nicht bedarfsdeckende** Kalziumversorgung führt zu einer suboptimalen Verknöcherung des wachsenden Skeletts oder sogar zu erhöhtem Knochenabbau.

Eine **exzessive** Kalziumgabe führt sekundär zu einem Mangel an anderen Mineralstoffen wie Phosphor, Zink und Kupfer mit negativen Folgen für die Entwicklung des Bewegungsapparats und kann zudem bei empfindlichen Tieren ein verringertes Längenwachstum der langen Gliedmaßenknochen zur Folge haben, vermutlich aufgrund eines verfrühten Fugenschlusses. Auch eine ursächliche Beteiligung des Kalziumexzesses am Wobblersyndrom wird diskutiert.

Durch Störungen des Knorpelstoffwechsels und der Ossifikation nach Kalziumfehlversorgung – also Mangel oder Exzess – wie z. B. Achsabweichungen (Radius curvus, Carpus valgus), hypertrophe Osteodystrophie, Osteochondrosis dissecans u. a. ergeben sich sehr schmerzhafte Veränderungen des juvenilen Skeletts mit wechselnden Lahmheiten und Bewegungsunlust bzw. -unfähigkeit.

## Phosphor

Eine nicht bedarfsdeckende Versorgung mit Phosphor kann zum einen durch einen absolut zu niedrigen Gehalt im Futter ausgelöst werden und zum anderen durch eine unterdurchschnittliche Phosphorverwertung, z. B. aufgrund eines zu weiten Ca/P-Verhältnisses von > 2/1. Besonders Hausmannskost ohne Mineralstoffergänzung oder aber mit ausschließlicher Kalziumgabe (z. B. $CaCO_3$) ist in dieser Beziehung besonders verdächtig. Insgesamt kann ein Phosphormangel schon nach wenigen Wochen zu reduziertem Appetit, gedämpftem Allgemeinbefinden mit weniger Aktivität/verlängerten Ruhephasen, schneller Ermüdung bei Aktivität, stumpfem Fellkleid und schuppiger Haut führen. Dazu kann dann bei fortgesetzter Mangelversorgung eine Störung des Bewegungsapparats mit Durchtrittigkeit und Achsabweichungen im Bereich der Gliedmaßen kommen, wobei sich Gelenke z. T. auch überstrecken lassen können. Die Folge kann neben einer abnormen Beweglichkeit der Gelenke eine Säbelbeinstellung der Vordergliedmaßen sein, wobei der sehr schnelle Verlauf einen Hinweis auf den Phosphormangel darstellen kann. Die Achsabweichungen der Gliedmaßen können sich bei Phosphormangel im Gegensatz zu Veränderungen aufgrund sonstiger Nährstofffehlversorgungen bereits innerhalb weniger Stunden klinisch manifestieren und verschlechtern, da es sich offensichtlich um Probleme im Bereich der Muskeln und des Halteapparat handelt und nicht um Verformungen der Knochen – zumindest in diesem frühen Stadium. Die Veränderungen aufgrund des Phosphormangels sind in der Anfangsphase weder schmerzhaft noch im Röntgen durch Knochenveränderungen, d. h. Knochenverformungen, diagnostizierbar [35]. Der Grund dafür ist vermutlich, dass in einer frühen Phase nicht die Knochenentwicklung selbst, sondern zunächst die Stabilität bzw. Kraft der Muskeln und des bindegewebigen Halteapparats negativ beeinflusst wird. Zu diesem Zeitpunkt sind die Erscheinungen durch eine Rationskorrektur mit ausreichender Phosphormenge und ausgeglichenem Ca/P-Verhältnis reversibel und der Zustand ist daher trotz dramatisch wirkender Gliedmaßenfehlstellungen im Vergleich zu Folgen einer Kalziumfehlversorgung weniger kritisch für den Welpen oder Junghund zu sehen. In der Literatur ist in diesem Zusammenhang teilweise die Rede von einem „carpal laxity syndrome“, bei dem eine Rationskorrektur zu deutlicher Verbesserung führt. Auf jeden Fall sollte eine Rationsüberprüfung und wenn nötig -korrektur sofort stattfinden. Bei fortgesetzter Mangelversorgung dürfte es nämlich auch bei selektivem Phosphormangel ähnlich wie bei Kalziummangel oder -exzess zu Störungen der Ossifikation kommen. In diesem Fall sind die Aussichten auf vollständige Ausheilung nach Rationsoptimierung deutlich geringer.

**Praxisbezug**

Bei fortgesetzter Mangelversorgung mit Phosphor kann es zu einer Störung des Bewegungsapparats mit Durchtrittigkeit und Achsabweichungen der Gliedmaßen kommen. Diese Achsabweichungen können sich bei Phosphormangel im Gegensatz zu Veränderungen aufgrund sonstiger Nährstofffehlversorgungen bereits innerhalb weniger Stunden klinisch manifestieren und verschlechtern, da es sich zunächst um Probleme im Bereich von Muskeln und Halteapparat handelt und nicht um Verformungen der Knochen. Nach möglichst zeitnaher Rationskorrektur sind die klinischen Symptome reversibel.

## Weitere wichtige Nährstoffe

Weniger oft werden Fehlversorgungen mit anderen Nährstoffen als Auslöser von DODs identifiziert. Ob der Grund hierfür die geringere Häufigkeit für Mangelversorgungen oder Exzesse allein an diesen Nährstoffen in der allgemeinen Fütterungspraxis ist oder aber die weniger dramatischen Effekte, kann nicht mit Sicherheit gesagt werden. Aber auch hier gilt der Grundsatz, dass eine optimale Versorgung mit möglichst allen Nährstoffen angestrebt werden sollte, denn neben Energie, Kalzium und Phosphor sind vor allem die Vitamine A und D sowie die Spurenelemente Kupfer, Zink, Mangan und Jod essenziell. Besonders ein Mangel an den genannten Nährstoffen kann zu suboptimaler Entwicklung führen und bestehende Probleme intensivieren, wobei praktische Relevanz hauptsächlich Fehlversorgungen mit den beiden fettlöslichen Vitaminen und Kupfer haben.

**Vitamin D** nimmt eine zentrale Rolle im Knochenstoffwechsel ein und beeinflusst zusammen mit Calcitonin, PTH und weiteren Botenstoffen den Kalzium- und Phosphorstoffwechsel maßgeblich. Ein Mangel an aktivem $D_3$ führt im Wachstum zu Rachitis mit verbreiterten Wachstumsfugen, dünnen Knochencortices und entsprechenden Folgen für die Skelettentwicklung (besonders die hypertrophe Osteodystrophie v. a. der Karpalgelenke, Achsabweichungen der Gliedmaßenachsen). Da der Hund genauso wie die Katze nur geringe Mengen Vitamin D in der Haut aus Vorstufen und mithilfe von UV-Strahlung synthetisieren kann, ist die Aufnahme mit der Nahrung nötig. Mögliche natürliche Quellen sind tierische Gewebe (besonders Fett, Leber, Blut, bestimmte Fische), aber auch Vitamin $D_2$ aus Pflanzen. Die aktive Form des Vitamin $D_3$ ($1,25(OH)_2D_3$) entsteht in Leber und Nieren durch Hydroxylierung des Vitamin $D_3$. Besteht zumindest ein Teil der Tagesration aus kommerziellen Alleinfuttermitteln oder werden bei Verwendung von Hausmannskost z. B. Leber oder Mineral-Vitaminsupplemente eingesetzt, ist eine Auslösung von DODs aufgrund eines Vitamin $D_3$-Mangels wenig wahrscheinlich. Eine deutliche Überdosierung mit Vitamin D – z. B. bei Gabe eines Vitamin D-Präparats zu einem Alleinfuttermittel – kann zu schwerwiegenden Störungen der enchondralen Ossifikation mit Osteochondrosen und wiederum Achsabweichungen führen.

**Vitamin A** ist ebenfalls ein wichtiger Faktor im Knochenstoffwechsel, da es durch seine Wirkung auf die Osteoklasten im Rahmen des Knochenremodelings unverzichtbar ist. Sowohl ein Mangel als auch ein Exzess sollten besonders während der Entwicklung vermieden werden, obwohl eine Vitamin A- im Vergleich zu einer Vitamin D-Fehlversorgung als weniger kritisch einzustufen ist. Eine relativ neue Studie an wachsenden Beagles hat gezeigt, dass selbst relativ deutlich über dem Bedarf liegende Aufnahmen an Vitamin A nicht zu messbaren Effekten inkl. der Konzentrationen von Markern des Knochenstoffwechsels bei den Tieren geführt haben [46]. Da noch deutlichere Vitamin A-Exzesse zu reduzierter Futteraufnahme, verzögerter Gewichtsentwicklung, Gelenkschmerzen, verfrühtem Fugenschluss und insgesamt abnormem Knochenstoffwechsel führen können, sollte ein Gehalt von 100000 IU Vitamin A pro 4184 kJ bzw. 1000 kcal umsetzbarer Energie im Futter keinesfalls überschritten werden. Hierbei sei an dieser Stelle auch auf die teratogene Wirkung einer Hypervitaminose A hingewiesen: Hündinnen sollten besonders in der Frühträchtigkeit keinem Vitamin A-Exzess ausgesetzt werden. Da die Vitamin A-Gehalte in natürlichen Futterquellen wie Leber, aber auch Lebertran von der Fütterung des Schlachttieres abhängen und stark schwanken können, ist besonders bei Verwendung dieser Komponenten eine regelmäßige und hohe Gabe zu vermeiden. Da Leber für die meisten Tiere eine Leckerei ist, kann der Anteil in hausgemachten Rationen, aber auch in kommerziellen Futtermitteln, zum Teil recht hoch sein. Durch Erhitzen, Sterilisieren und Lagern kommt es zu gewissen Verlusten an wirksamem Vitamin A. Da eine Hypovitaminose A neben den Effekten auf den Knochenstoffwechsel (Störung des Remodeling durch gesenkte Knochenabbaurate) auch eine Verminderung der Immunabwehr, verringerten Appetit, Gewichtsverlust, Ataxien u. a. Erscheinungen zur Folge haben kann, sollte diese ebenfalls vermieden werden.

**Kupfer** wird besonders während des Wachstums für den Aufbau von stabilem Bindegewebe benötigt. Deutliche Mangelversorgung durch absolut zu geringe Kupfergehalte im Futter oder durch Nährstoffimbalanzen und reduzierte Verwertung z. B. durch Kalzium- oder Zinküberversorgungen können u. a. zu Hyperextensionen in den Karpal- und Tarsalgelenken, osteoporotischen Knochenläsionen, aber auch Verformungen der Gliedmaßenknochen und sogar Frakturen führen. Fälle von DODs, die ausschließlich auf Kupfermangel zurückzuführen sind, kommen relativ selten vor. Allerdings kann es bei hauptsächlicher Verwendung bestimmter Futterkomponenten, z. B. bei vegetarischen Rationen auf Basis von Milch- und Getreideprodukten, durchaus zu relevanten Mangelversorgungen kommen.

**Jod** Die Schilddrüse benötigt Jod für die Synthese der Hormone T3 und T4, die für eine gesunde Skelettentwicklung unverzichtbar sind. Die Symptome bei Jodmangel sind vielfältig, beinhalten aber auch Störungen bei der Entwicklung von Knorpel und Knochen u. a. mit verringertem Größenwachstum.

## Abschließende Bemerkung

Insgesamt ist also eine Überprüfung und Optimierung der gesamten Fütterung mit Hauptaugenmerk auf die bedarfsdeckende und ausgewogene Versorgung mit Energie, Kalzium, Phosphor, Kupfer, Jod, den Vitaminen A und D, aber auch den restlichen essenziellen Nährstoffen zu empfehlen, um einerseits fütterungsbedingte DODs zu verhindern und andererseits die Gefahr durch genetische Disposition, zu starkes Training oder Traumata durch eine optimale Nährstoffversorgung, wenn möglich, zu minimieren.

**Praxisbezug**

**Empfehlungen zur Fütterung wachsender Hunde**

- Wichtigster Faktor: Energieaufnahme!
  - Tatsächliches Gewicht mit Wachstumskurve vergleichen.
  - Energieaufnahme anpassen (bei Überschreiten der Wachstumskurve die Kalorienaufnahme reduzieren und vice versa).
  - Generell gilt: Lieber zu wenig als zu viel.
  - Vorsicht bei Extrakalorien durch Snacks, Belohnungen & Co.
- Nährstoff/Energie-Relation anpassen (bei unterdurchschnittlichem Energiebedarf die Nährstoffkonzentration erhöhen).
- Auf bedarfsdeckende und ausgewogene Nährstoffmengen in der Tagesration achten, besonders:
  - Kalzium- und Phosphorversorgung entsprechend dem Bedarf geben (absoluter Bedarf).
  - Kalzium/Phosphor-Verhältnis im empfohlenen Bereich von 1/1 bis 2/1 (optimal 1,3–1,8/1).

### 1.4.3 Erhaltungsbedarf (adulter Hund)

Ist das Wachstum abgeschlossen und der Hund im Erhaltungsstoffwechsel, ist eine Nährstofffehlversorgung deutlich weniger kritisch für das Skelettsystem. Obwohl der Hund im Vergleich zum Menschen noch immer einen deutlich höheren Bedarf z. B. an Kalzium und Phosphor hat, wirken sich Mangel oder Exzess längst nicht so schnell und deutlich aus wie beim Welpen oder Junghund.

Trotzdem sollte aber wenn möglich auch beim adulten Hund im Erhaltungsstoffwechsel aus verschiedenen Gründen eine Nährstoffversorgung angestrebt werden, die möglichst nahe am Bedarf liegt. Auch wenn nicht unbedingt ein zeitnaher und eindeutiger Zusammenhang zwischen Abweichungen von Nährstoffbedarf und Nährstoffversorgung diagnostiziert werden kann, ist eine ausgewogene Bedarfsdeckung auch hier die beste Basis für einen gesunden Bewegungsapparat.

## Energieversorgung

Ganz erheblichen Einfluss auf die Gesundheit von Knochen und Gelenken hat Übergewicht und Adipositas. Ein zu hohes Gewicht an sich sowie die Ausschüttung proinflammatorischer Mediatoren und andere Stoffwechselbeeinflussungen können bestehende Veränderungen zu klinischer Relevanz führen oder selbst Schäden auslösen. Eine zunehmend hohe Prävalenz bei Übergewicht und Adipositas – je nach Region sind heute bereits zwischen 35 und 50 % der Hunde betroffen – macht deutlich, dass eine Prävention bzw. Therapie für die Orthopädie zentrale Bedeutung haben.

Im Gegensatz zum wachsenden Hund reagiert der adulte Hund bei chronischem Energieexzess regelmäßig mit übermäßiger Anlagerung von Fettgewebe. Dabei können sich schleichend und bei täglichem Kontakt zum Tier recht unauffällig über die Zeit Fettmengen anlagern, die gesundheitsrelevant sind. Ab 10 % oberhalb des Normal- oder Idealgewichts spricht man von Übergewicht. Liegt das aktuelle Gewicht bei 130 % des Normalgewichts oder darüber, wird das Tier als fettsüchtig, sprich adipös, eingestuft. Hierbei ist wichtig zu wissen, dass genau wie beim Menschen ein sog. Jo-Jo-Effekt bekannt ist. Wird ein ehemals übergewichtiges Tier nach einer erfolgreichen Gewichtsreduktion nicht langfristig energieärmer ernährt und mehr bewegt, reicht eine deutlich geringere Überversorgung mit Kalorien aus, um wieder das gleiche Übergewicht aufzubauen. Diese Sparfunktion des Körpers kann einen Diäterfolg zunehmend erschweren. Entsprechend ist daher die Prävention von Adipositas natürlich der beste Weg. Regelmäßiges Wiegen vereinfacht auch beim adulten Hund die Überprüfung. Wenn der Hund weiterhin regelmäßig, am besten einmal wöchentlich, gewogen und das Gewicht notiert wird, dann kann zeitnah und bevor zu starke Veränderungen auftreten, reagiert werden.

Da Tierhalter den Ernährungszustand häufig falsch einschätzen, sollte anhand eines sogenannten body condition scorings eine Einschätzung vorgenommen werden. Hierbei handelt es sich um eine Adspektion und Palpation bestimmter Körperregionen mit dem Ziel, das Fettgewebe zu quantifizieren. Anhand eines solchen Systems, z. B. dem 9-Punkte-System mit 1 = kachektisch, 4/5 = normal und 9 = hochgradig adipös, kann unabhängig von persönlichen Vorlieben oder Sichtweisen eine objektivierte Einschätzung vorgenommen werden, die dem Tierhalter einfacher kommuniziert werden kann (▶ **Tab. 1.3**).

Insgesamt kann die zunehmende Häufigkeit von Übergewicht in kausalen Zusammenhang mit der Bewegungsaktivität gebracht werden. Mit sich ändernden Lebensbedingungen und Verhaltensweisen des Menschen kommt es auch beim Hund zu abnehmender Aktivität im Alltag. Bestehen Schmerzen und Lahmheiten, reduziert sich wiederum die Aktivität, wodurch es zu geringerem Energieverbrauch und zunehmender Körpermasse kommt, wenn nicht mit einer Drosselung der Kalorienaufnahme gegengesteuert wird. Außerdem verringert sich mit zunehmendem Alter der Energiebedarf, was vermutlich ebenfalls an einer sinkenden Bewegungsaktivität liegt. Dass die meisten Fertigfutter heutzutage eine sehr hohe Schmackhaftigkeit haben, ist in diesem Zusammenhang eher wenig förderlich. Der Energiebedarf und damit die benötigte Futtermenge für ein Tier unterliegen insgesamt Veränderungen und müssen regelmäßig angepasst werden. Bei hochgradigen und schmerzhaften Erkrankungen kommt es zudem oft zu substanziellen Verlusten an Muskulatur. Die Körpermasse auf der Waage kann sich also weniger eindeutig verändern, obwohl der Körperfettanteil deutlich steigt. Man sollte daher bei Patienten gleichzeitig auch den sog. muscle sore mit in seine Beurteilung des Ernährungszustands einbeziehen.

## Mineralstoffe

Beim ausgewachsenen Hund können Abweichungen der Nährstoffaufnahme vom Bedarf besser toleriert werden. Erst mit mehr oder weniger deutlicher Karenzzeit treten klinisch relevante Störungen auf. Gründe dafür sind der vergleichsweise geringe Erhaltungsbedarf und die Möglichkeit des Körpers, Fehlversorgungen in gewissen Grenzen hinsichtlich Menge und Dauer zu kompensieren. Je nach Nährstoff kann einer suboptimalen Versorgung mit besserer Verwertung oder einer Nutzung von Körperspeichern begegnet werden; bei Aufnahme über den Bedarf hinaus können Speicher aufgefüllt oder die Ausscheidung erhöht werden. Wie lange und wie effizient eine Fehlversorgung kompensiert werden kann, ist von verschiedenen Faktoren abhängig. Aber auch wenn adulte Hunde sehr widerstandsfähig erscheinen, so kann es doch zu massiven Skelettstörungen aufgrund von Fehlversorgungen kommen. Vergleichbar sollte also auch bei adulten Tieren eine Nährstoffversorgung im Bereich des Bedarfs erfolgen, wenn auch nicht so streng wie bei Welpen und Junghunden.

Bei adulten Hunden kann so ein Kalziummangel z. B. aufgrund fehlender Mineralisierung einer hausgemachten Ration (z. B. Fleisch, Getreide und Gemüse) nach mehreren Monaten ebenfalls zu einer Entmineralisierung des Skeletts bis hin zu Spontanfrakturen führen. Kalziumexzesse scheinen im Gegensatz zum wachsenden Hund bei adulten Tieren deutlich besser toleriert zu werden. Berichte über Obstipationen aufgrund von Knochenkot, Harnsteinbildung u. a. existieren im Gegensatz zu solchen über Skelettveränderungen als Folge eines Kalziumexzesses bei erwachsenen Hunden häufig. Phosphor- respektive Phosphatexzesse sind weniger im Zusammenhang mit negativen Effekten auf das Skelettsystem in der Diskussion als im Zusammenhang mit nachteiligen Effekten auf die Nierengesundheit.

### Reproduktion der Hündin

Einen Sonderfall stellt die Reproduktion bei der Hündin dar. In der Trächtigkeit erhöht sich der Bedarf an Kalzium und Phosphor der Hündin sehr deutlich, da fötales Skelettgewebe gebildet wird. In der Laktation erhöht sich je nach Wurfgröße der Bedarf der Hündin an diesen Mineralstoffen weiter. Hier wird der Unterschied zwischen Mensch und Hund noch einmal sehr deutlich, was natürlich auch an der Tatsache liegt, dass der Hund multipar ist, eine viel höhere Milchproduktion in Relation zur Körpermasse hat und daher ein einfacher Vergleich natürlich hinkt.

Da der Kalziumgehalt in der Milch gleichbleibend ist und höchstens die Milchleistung im Laufe der Laktation geringfügig sinkt, müssen Defizite bei der nutritiven Versorgung durch Abbau maternalen Knochengewebes ausgeglichen werden. Ein gewisser Knochenabbau in dieser Phase ist zwar physiologisch,

**▸ Tab. 1.3** 9-stufiges BCS-System. Mithilfe dieses praxiserprobten Systems der adspektorischen und palpatorischen Abschätzung des Körperfettgehalts können Rückschlüsse auf den Ernährungszustand gezogen werden. Wichtig dabei ist, dass Bemuskelung und „Körperspeck“ unterschieden werden. Grund: ein „skinny fat“-Hund (unterdurchschnittliche Bemuskelung, erhöhter Körperfettanteil, „normales“ Körpergewicht) kann so von einem gut bemuskelten, durchtrainierten Hund mit normalen Körperfettdepots, aber überdurchschnittlichem Gewicht, eher differenziert werden.

| Skalierung | Beschreibung | |
|---|---|---|
| 1 = kachektisch | Die Rippen und Hüftbeinhöcker sind gut sichtbar. Bei der Palpation spürt man kein Unterhautfett, ein starker Brust-Bauch-Anstieg ist sichtbar. Deutlich sichtbar ist eine Reduktion der Muskelmasse. |   |
| 2 = sehr dünn | Die Rippen und Hüftbeinhöcker sind gut sichtbar. Bei der Palpation spürt man kein Unterhautfett. Es besteht ein deutlicher Anstieg der Bauchlinie vom Ende des Rippenbogens zur Leiste. | |
| 3 = dünn | Adspektorisch erkennbar: Hüfthöcker und Taille. Bei der Palpation mit der flachen Hand über den Rippen spürt man etwas Fettgewebe. |   |
| 4 = untergewichtig | Bei der Palpation mit der flachen Hand über den Rippen ist Fettgewebe nachweisbar, ein anstieg der Bauchlinie ist sichtbar. Die Taille ist gut sichtbar. Minimales abdominales Fett ist zu fühlen. | |
| 5 = idealgewichtig | Das Tier wirkt gut proportioniert, eine Taille ist sichtbar, die Rippen sind mit einer leichten Fettschicht belegt. Bei der Palpation kann man einen Bauchansatz mit minimalem Fettpolster feststellen. | 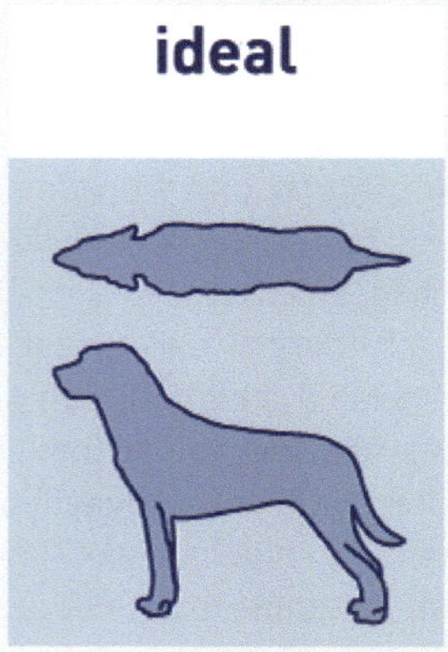  |
| 6 = übergewichtig | Das Fettgewebe auf den Rippen nimmt zu, sodass man die Rippen kaum mehr palpieren kann. Es ist keine deutliche Taille mehr sichtbar. Zwischen Brustkorb und Bauch ist kein deutlicher Anstieg vorhanden, die Bauchlinie verläuft fast gerade Richtung Knie. | 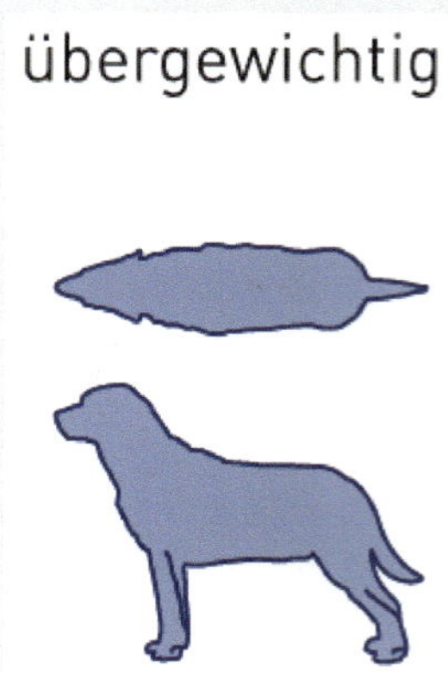  |
| 7 = stark übergewichtig | Rippen sind kaum mehr unter der Fettschicht palpierbar, Taille ist schwach sichtbar, der Bauchraum wirkt ausgefüllt und Fettpolster sind fühlbar. | |

▸ **Tab. 1.3** Fortsetzung.

| Skalierung | Beschreibung | |
|---|---|---|
| 8 = fett | Extreme Fettschicht auf den Rippen festzustellen. Es ist keine Taille vorhanden, Fettpolster in der Bauchregion nehmen zu, was an Fettwamme nachvollziehbar ist. Zusätzlich sind Fettpolster in der Hüftgegend auffällig. | 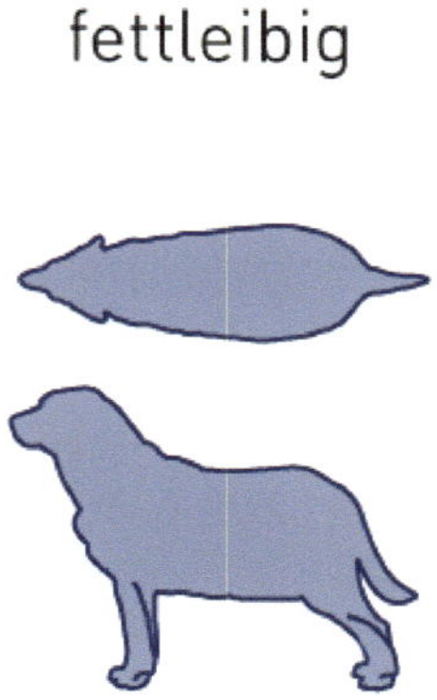  |
| 9 = sehr fett | Massive Fettpolster nehmen an der Hüfte weiter zu, ein extremer Hängebauch mit Fetteinlagerung ist sichtbar und palpierbar. Keine Taille sichtbar. Rippen unter Fettabdeckung nicht zu fühlen. | |

Das Body Condition System wurde am Nestlé Purina Center entwickelt und als Dokument in folgenden Publikationen validiert:

- LaFlamme DP. Development and Validation of a Body Condition Score System for Cats. A Clinical Tool. Feline Practice 1997; 25: 3–17
- LaFlamme DP, Hume E, Harrison J. Evaluation of Zoometric Measures as an Assessment of Body Composition of Dogs and Cats. Compendium 2001; 23 [Suppl gA]:88

trotzdem muss bei Zuchthündinnen natürlich auf eine adäquate Zufuhr an Kalzium und Phosphor geachtet werden, damit es nicht zu übermäßigem Knochenabbau kommt. Gerade bei mehrfachem Zuchteinsatz ist dies relevant. Der Bedarf an Kalzium verdoppelt sich schon in der zweiten Hälfte der Gravidität im Vergleich zum Erhaltungsbedarf. Während der Laktation sollte je nach Wurfgröße etwa 2–7-mal so viel Kalzium wie im Erhaltungsstoffwechsel zur Verfügung gestellt werden.

**Niereninsuffizienz**

Bei älteren Tieren steigt die Häufigkeit für das Auftreten chronischer Niereninsuffizienzen. An dieser Stelle sei auf die Konsequenzen bezüglich der Fütterung hingewiesen, da dem osteorenalen Syndrom aufgrund eines sekundären renalen Hyperparathyreoidismus entgegengesteuert werden muss. Aufgrund der sinkenden Exkretionsleistung der Nieren für Phosphat kommt es zu einer erhöhten Phosphatretention und folglich einer vermehrten PTH-Sekretion mit dem Ziel der Stabilisierung der Kalzium- und Phosphorhomöostase. Ohne erfolgreiche Intervention ist u. a. eine erhöhte Knochenresorption die Folge, wobei auch eine Kalzifizierung von Weichteilgewebe, besonders der Nieren, Komplikationen hervorrufen kann. Aus diesem Grund ist die Kontrolle einer Hyperphosphatämie entscheidend für das Abbremsen der Progression der Niereninsuffizienz. Zentrale Bedeutung hat in diesem Zusammenhang der Abbau von Phosphorexzessen über die Nahrung bis hin zu einer mehr oder weniger deutlichen Reduktion der Phosphataufnahme noch unter die Versorgungsempfehlung zur Kontrolle des Serumphosphorspiegels. Da Kalzium einen knochenprotektiven Effekt hat, sollte die Kalziumgabe nicht reduziert werden. Dies kann entsprechend eine Erweiterung des Kalzium/Phosphor-Verhältnisses im Futter über den üblichen Normalbereich von 2/1 zur Folge haben. Dieser Umstand wird in dieser Situation nicht nur toleriert, sondern ist aufgrund des depressiven Effekts auf die Phosphatverwertung sogar von Vorteil. Erreicht wird eine solche Phosphorreduktion im Futter über die Verringerung von Phosphor aus mineralischen Quellen sowie eine Erhöhung der Kalorienmenge aus Fett bzw. fettreichen Futterkomponenten.

### 1.4.4 Diagnostik

Treten klinische Störungen der Skelettentwicklung auf, ist es oft nicht möglich, einen eindeutigen kausalen Zusammenhang zu einem einzelnen auslösenden Moment festzustellen. Ob ein Faktor oder mehrere in Kombination zu den Symptomen geführt haben, ist selten auszumachen. Durch Röntgenuntersuchungen können klinisch apparente Störungen festgestellt werden – wenn auch oft erst zu einem relativ späten Zeitpunkt, besonders bei generalisierten Knochenveränderungen wie der Osteodystrophia fibrosa generalisata, während über die auslösende Ursache keine abschließende Klarheit besteht. Oftmals sollen aber spezifische Krankheitsursachen identifiziert werden, z. B. auch, um den Einfluss von Genetik, Haltung oder Ernährung auszuschließen.

Aus nachvollziehbaren Gründen wäre die Diagnose von ernährungsbedingten DODs oder doch zumindest einer Fehlversorgung mit Nährstoffen anhand einer einfachen Laboruntersuchung wie einer Blutanalyse wünschenswert. Dies ist allerdings nur in sehr wenigen Fällen möglich. Die meisten Nährstoffgehalte im Blut korrelieren nicht oder kaum mit der oralen Aufnahme, da sie eng reguliert sind, ausgleichende Speicher in Körpergeweben existieren, sie tageszeitlichen oder phasenabhängigen Schwankungen unterliegen oder aber Fehlversorgungen werden anderweitig maskiert. Beispielhaft sei hier der Blutkalziumspiegel genannt. Dieser wird in sehr engen Normalbereichen gehalten, da ansonsten massive Gesundheitsstörungen durch Hypo- oder Hyperkalzämie zu erwarten sind. Parathormon, Calcitonin und Vitamin D sind die wichtigsten und bekanntesten Regulatoren des Blutkalziumspiegels. Ist die Aufnahme über die Nahrung zu niedrig, wird in gewissen Grenzen versucht, die renalen und fäkalen Verluste zu minimieren und Kalzium wird aus dem Knochen freigesetzt. Bei einer Kalziummangelernährung können sich normale Spiegel an ionisiertem

Kalzium und an Gesamtkalzium finden, obwohl das Skelett bereits stark demineralisiert ist. Schwerwiegende Knochenverformungen oder Frakturen können also auftreten, obwohl sich die Blutwerte im Referenzbereich befinden. Entsprechendes gilt für den Kalziumexzess. Normale Blutspiegel an Kalzium und Phosphor sind absolut kein Garant für eine adäquate Versorgung mit diesen beiden Mineralstoffen, auch wenn z. T. phasenweise bestehende, geringe Abweichungen vom Referenzbereich auftreten können. Der während des Wachstums im Vergleich zu adulten Tieren physiologisch höhere Gehalt an Phosphat im Blut kann bei deutlichem Phosphormangel leicht erniedrigt sein. Für beide Mineralstoffe gilt, dass – wenn überhaupt – eine Aussagekraft bei der Überprüfung größerer Gruppen von Hunden (z. B. in einem Versuch) möglich sein kann, wenn die Werte im Mittel erniedrigt oder erhöht sind, aber auch hier oftmals Normalwerte gemessen werden. Für eine Einzeltierdiagnostik eignen sie sich nicht. Hat sich aus der Kalziummangelversorgung ein sekundärer, nutritiver Hyperparathyreoidismus entwickelt, kann die vergleichsweise aufwändige Bestimmung des PTH-Spiegels im Blut von diagnostischem Nutzen sein. Aber auch hier kann aufgrund der hohen Schwankungsbreite und der circadianen Regulation ein niedriger Wert festgestellt werden. Um eine Fehlinterpretation zu vermeiden, sollte eine Mehrfachuntersuchung erfolgen, was oftmals aus Kostengründen nicht gemacht wird.

Der **Goldstandard** für eine möglichst frühzeitige und genaue Diagnose bleibt die **Rationsberechnung**. Voraussetzung dafür ist die möglichst lückenlose und exakte Erfassung des nutritiven Vorberichts sowie der Daten zur Gewichtsentwicklung. Verglichen werden hierbei die tägliche Nährstoffaufnahme und der individuelle Bedarf. Relevante Nährstofffehlversorgungen können so am sichersten festgestellt werden. Zudem ist die Höhe der Abweichung von der empfohlenen Tagesaufnahme ermittelbar, die Voraussetzung für eine gezielte Rationsoptimierung. Einen vermuteten Nährstoffmangel ohne Rationsüberprüfung über grobe Schätzung ausgleichen zu wollen, ist keinesfalls zu empfehlen.

**Praxisbezug**

Aus nachvollziehbaren Gründen wäre die Diagnose einer Fehlversorgung mit Nährstoffen anhand einer einfachen Laboruntersuchung wie einer Blutanalyse wünschenswert. Dies ist allerdings kaum möglich. Die meisten Nährstoffgehalte im Blut korrelieren wenig mit der oralen Aufnahme, da sie eng reguliert sind, ausgleichende Speicher in Körpergeweben besitzen, tageszeitlichen oder phasenabhängigen Schwankungen unterliegen oder aber Fehlversorgungen werden anderweitig maskiert. Beispielhaft sei hier der Blutkalziumspiegel genannt. Dieser wird in sehr engen Normalbereichen gehalten, da ansonsten massive Gesundheitsstörungen durch Hypo- oder Hyperkalzämie zu erwarten sind.

Normale Blutspiegel an Kalzium und Phosphor sind absolut kein Garant für eine adäquate Versorgung mit diesen beiden Mineralstoffen, auch wenn z. T. phasenweise bestehende, geringe Abweichungen vom Referenzbereich auftreten können.

## Überprüfung der Fütterung

Die möglichst bedarfsgerechte und ausgewogene Versorgung mit Nährstoffen ist grundsätzlich durch unterschiedliche Rationsgestaltungen realisierbar. Die Verwendung kommerzieller Fertigfutter kann genauso zielführend sein wie die Verfütterung selbst hergestellter Rationen aus gekochten oder rohen Komponenten. Bei beiden Fütterungsarten können aber auch relevante Fehlversorgungen auftreten: einerseits aufgrund von ungeeigneten Futtermitteln und/oder unpassenden Mengen und andererseits durch fehlende oder ungeeignete Supplementierung mit Mineralstoffen und Vitaminen. Bei beiden Varianten kommt noch die Problematik der Nährstoffverdünnung durch zusätzliche Gabe (kalorienreicher) nicht ausgewogen zusammengesetzter Futtermittel hinzu. Leckerli, Belohnungen, Snacks, Tischreste sowie Ergänzungen für bestimmte Zwecke (z. B. Öl für schönes Fell, Mineralstoffmischungen mit chondroprotektiven Substanzen) führen zu Fehlversorgungen mit Nährstoffen, die sich negativ auf die Skelettgesundheit auswirken können. Ebenso kann die selektive Gabe einzelner Nährstoffquellen als Ergänzung einer ausgewogenen Ration zu Problemen führen. Als Beispiel sei hier die zusätzliche Gabe von Kalziumcarbonat genannt, die gerade von Welpenbesitzern praktiziert wird, um einem Kalziummangel vorzubeugen. Neben einer Kalziumüberversorgung mit genannten möglichen Folgen kann es zudem zu einem sekundären Mangel an wichtigen Mengen- und Spurenelementen wie Phosphat, Zink oder Kupfer kommen.

Entsprechend ist es essenziell, dass ein möglichst umfassender und exakter Vorbericht in Bezug auf die Fütterung erhoben wird. Wird tatsächlich nur ein Alleinfutter gegeben oder wird ergänzt und kombiniert? Welches Mineralfutter wird in welcher Menge zu einer Hausmannskost aus Fleisch und Getreide gegeben? Präparate zur Ergänzung von Kalzium und Phosphor müssen relevante Mengen, d. h. in etwa 10–20 % Kalzium und 5–10 % Phosphor, enthalten. Andernfalls müssten unrealistisch hohe Mengen eingesetzt werden. Wird das Mineralsupplement tatsächlich mitgefressen? Mineralfutter schmecken dem Hund meist weniger als die übrigen Rationskomponenten und unbeliebte Rationskomponenten tendieren dazu, in immer geringeren Mengen eingesetzt zu werden. Es hat sich bewährt, die Tierhalter zu Hause aufschreiben zu lassen, welche Futtermittel in welchen Mengen verwendet werden. Hier können auch Familienmitglieder, die nicht beim Beratungsgespräch dabei waren, Eintragungen vornehmen. Auch die Frage, wie lange ein Futtersack in der Regel hält, kann Aufschluss über die tatsächlich täglich verfütterte Menge geben.

Spätestens wenn viele Rationskomponenten eingesetzt werden und Nährstoffgehalte nicht bekannt sind, ist eine Beurteilung der Versorgungslage ohne Hilfsmittel nicht mehr möglich. Hier sollte eine Rationsberechnung erfolgen. Es ist allerdings möglich, dass man verdächtige Fälle, bei denen man eine falsche Fütterung vermutet, bereits im Vorfeld selektiert. Eine unsupplementierte Hausmannskost sollte genau wie Alleinfutter mit Mineralstoffergänzungen oder ein kalziumarmes Alleinfutter für einen Hund mit unterdurchschnittlichem Energiebedarf mithilfe einer Rationsberechnung überprüft und optimiert werden. Die Verwendung spezieller Softwareprogramme wie Diet Check Munich© kann hierbei unterstützen. Auch die Überweisung an spezialisierte Kollegen, besonders an jene Tierärzte mit Zusatzbezeichnung Ernährungsberatung, Fachtierärzte für Tierernährung oder die sogenannten European Specialists in Veterinary and Comparative Nutrition (EBVS) des European Colleges of Veterinary and Comparative Nutrition ECVCN, ist (nicht nur) bei Problemfällen empfehlenswert.

## 1.5 Funktionelle Anatomie des Bewegungsapparats

Martin S. Fischer, Daniel Koch

### 1.5.1 Funktionelle Osteologie und Skelettentwicklung

#### Wirbelsäule

Wie bei fast allen Säugetieren wird die Wirbelsäule des Hundes traditionell in Hals-, Brust-, Lenden-, Kreuzbein- und Schwanzregion untergliedert. Die Anzahl der Wirbel beträgt: 7 Halswirbel, 13 Brustwirbel, 7 Lendenwirbel, 3 Kreuzbeinwirbel und eine unterschiedliche Anzahl von Schwanzwirbeln. Diese regionale Unterteilung spiegelt aber nur bedingt die funktionelle Untergliederung des Achsenskeletts wider. So bestätigt eine funktionsanatomische Analyse mittels biplanarer Röntgenvideografie frühere Arbeiten, welche bereits die Halswirbelsäule in 3 Abschnitte untergliedert haben: Atlas–Axis, C 3–C 5 und C 6–C 7. Die Halswirbel C 3–C 5 tragen nämlich nicht zur Bewegung in der Sagittalebene bei, sondern diese findet nur in den Kopfgelenken und dem C 6/C 7-Gelenk statt. Laterale und axiale Rotationen sind auf den Atlas und C 3–C 5 beschränkt. Nicht nur C 1 und C 2, sondern auch C 6 und C 7 zeigen eine charakteristische und von C 3–C 5 verschiedene Anatomie.

In der Lendenwirbelsäule (▶ Abb. 1.33) zeigen sich graduelle anatomische Veränderungen von kaudal nach kranial beispielsweise im Grad der Neigung der Facettengelenke (syn. Intervertebralgelenk, kleines Wirbelgelenk, Wirbelbogengelenk oder Zygapophyse). Auch wenn im Unterschied zu den Bewegungen im Galopp die Bewegungen in Schritt und Trab weniger auffällig sind, liegen auch hier die größten Bewegungsumfänge bei S 1/L 7 und L 7/L 6. Die nach kranial abnehmenden Bewegungen sind vor allem eine Folge der primär stabilisierenden Funktion der epaxialen Rückenmuskulatur gegen die Kräfte, welche während der Fortbewegung von den Gliedmaßen auf den Rumpf übertragen werden. In allen Gangarten werden Intervertebralbewegungen also auch aktiv eingeschränkt.

Die in-vivo gemessenen Bewegungen in Schritt und Trab sind weit entfernt von den an Wirbelsäulenpräparaten von Schäferhunden erzeugten sagittalen Bewegungen [9]. Der dort zwischen L 3 und L 4 gemessene Bewegungsumfang von 3° und die nach kaudal steigende Beweglichkeit von 12° (L 6/L 7) und 32°, ja bei einzelnen Wirbelsäulenpräparaten gar von über 40° im Lumbosakralgelenk (S 1/L 7) ist bisher nicht durch Lebendbeobachtungen bestätigt worden. Bei den Präparaten bestand zudem ein signifikanter Unterschied zwischen männlichen und weiblichen Tieren mit einer bei Hündinnen um etwa 9° höheren Beweglichkeit im Lumbosakralgelenk.

Der Grad der Beweglichkeit und die tatsächlich beobachtete zunehmende Bewegung der LWS von kranial nach kaudal spiegeln sich auch im Bau der Bandscheiben wider. Die Dicke der Bandscheiben nimmt von L 4–L 5 bis L 7–S 1 um 58 % zu, die Querschnittsfläche aber nur um 20 % und damit nimmt das Verhältnis von Querschnittsdicke zu Fläche um 32 % zu. Dies ist der Hinweis auf eine deutlich erhöhte Beweglichkeit, denn je verhältnismäßig dicker eine Bandscheibe ist, umso größere Beuge-Streck-Bewegungen sind möglich (▶ Abb. 1.34). Während die Bandscheiben der Lendenwirbelsäule eine gleichmäßige Form aufweisen, ist die Bandscheibe im Lumbosakralgelenk zudem keilförmig mit der größten Breite am unteren Rand.

Dies passt zu der Beobachtung, dass im Schritt und Trab eine Kompression im Bereich der Bandscheiben in den letzten präsakralen Gelenken während der Auf- und Abfußzeitpunkte und während der Mitte der Stemm- und Vorschwingphasen der Hintergliedmaßen auftritt, da sich z. B. während des Auffußens der rechten Hintergliedmaße das Becken in maximaler Ante-

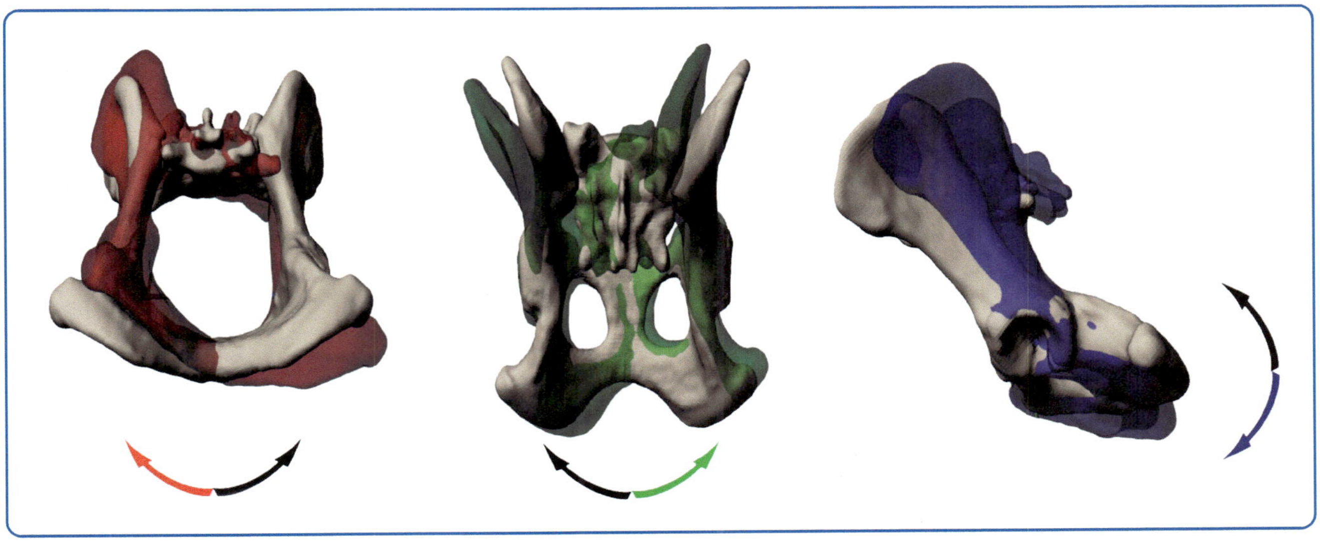

▶ **Abb. 1.33** Die Bewegung der LWS resultiert in einer dreidimensionalen Bewegung des Beckens. Rot die Bewegung um die Längsachse (axiale Rotation), grün die Lateralbewegung und blau die Sagittalbewegung (nach [79]). (Quelle: Martin S. Fischer, Jonas Lauströer, Amir Andikfar)

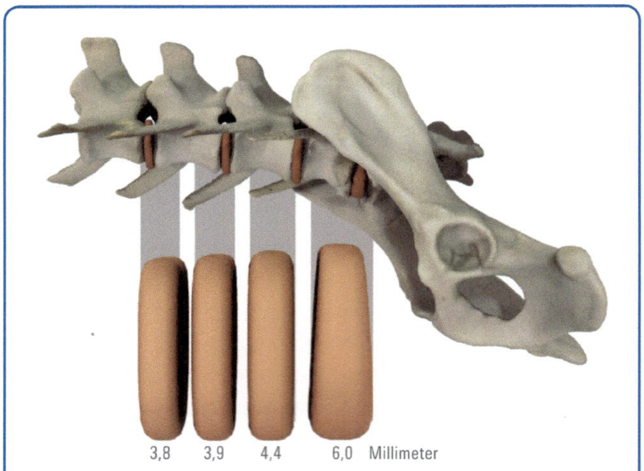


▶ **Abb. 1.34** Zunahme der Bandscheibendicke vom 4. Lendenwirbel bis zum Iliosakralgelenk nach [4]. (Quelle: Martin S. Fischer, Jonas Lauströer, Amir Andikfar)

version, jedoch der lumbosakrale Übergang in maximaler Flexion befinden.

Im Sacrum oder Kreuzbein verwachsen die Querfortsätze (Processus transversi) und die Rippenrudimente (Processus costarii) von 3 Wirbeln vollständig, nur die Austrittsstellen der Spinalnerven bleiben frei. Die Verknöcherung erfolgt in der Regel in den ersten 18 Lebensmonaten. Die Verbindung des Kreuzbeines mit dem Becken im Iliosakralgelenk besteht aus 2 Teilen, einem echten synovialen Gelenk und einem straffen Bandapparat (Syndesmose). Die Beweglichkeit im Iliosakralgelenk ist sehr gering. Das Iliosakralgelenk ist ganz wesentlich ein Stoßfänger und überträgt die in die Gliedmaßen eingeleiteten Kräfte auf den Rumpf. In einer Studie an 145 ausgewachsenen und 45 juvenilen Hunden vom Yorkshire bis zum Rottweiler stellten Breit und Künzel fest, dass sich das Körpergewicht zwar versiebzehnfacht, die Gelenkfläche aber nur versechsfacht [7]. Damit wird zwangsläufig die Belastung im Iliosakralgelenk durch Druck- und Zugkräfte bei großen Rassen überproportional höher und steigt bis zum 2,7-Fachen des Körpergewichts. Auch die Form des Gelenks verändert sich, wobei die Autoren interessanterweise ein bedingt rassespezifisches, nur bei Rottweilern, Berner Sennenhunden und Schäferhunden auftretendes konkaves Gelenk beobachten. Der Neigungswinkel des Kreuzbeines und der Zeitpunkt der Verknöcherung während des Wachstums sind alters- und größenabhängig. Die belastungsabhängige Modellierung des Gelenks findet ab der 12. Woche im 1. Lebensjahr statt [7]. Schon ab dem 1. Lebensjahr sind keine alters- oder geschlechtsspezifischen Veränderungen mehr zu beobachten.

Die Rute der Hunde hat neben ihrer Aufgabe als Steuerorgan bei Wendemanövern zusätzliche Bedeutung im Ausdrucksverhalten. Erstaunlicherweise spielt die Richtung des Schwanzwedelns für einen Hund eine Rolle [71]. Rechts wedeln zeigt positive Emotionen, links wedeln führt zu Anzeichen von Angst und erhöhter Herzfrequenz. Zudem sollen Welpen mit längerer Rute 1–2 Tage früher gestanden haben, die Rute kann also auch dazu dienen, das Gleichgewicht bei Welpen zu halten, was natürlich evolutionsbiologisch eine hohe Bedeutung hätte.

**Praxisbezug**

Die größten Bewegungsumfänge zeigt die LWS bei L 7/S 1 und L 7/L 6. Der Grad der Beweglichkeit und die tatsächlich beobachtete zunehmende Bewegung der LWS von kranial nach kaudal spiegeln sich auch im Bau der Bandscheiben wider, die nach kaudal an Dicke zunehmen.

## Extremitäten

Das Bewegungssystem aller landlebenden Tiere arbeitet immer gegen die Schwerkraft. Insbesondere in unebenem Terrain ist die Fortbewegung (S. 12) dann energetisch aufwendig, wenn vertikale Verlagerungen des Körperschwerpunktes auftreten, also der Körper auf und ab bewegt wird. Dies kann gemildert oder verhindert werden, wenn zwischen Rumpf und Boden einige Glieder gelenkig so verbunden sind, dass sie Höhenänderungen ausgleichen können. Die doppelt gewinkelte Beinstellung der Säugetiere erfüllt diese Federbein- und Stoßdämpferfunktion, ist jedoch selbst sehr aufwendig.

Die Drei-Segment-Extremität der Säugetiere und damit auch des Hundes führt zu einer funktionellen Analogie von Femur und Scapula (und eben nicht Oberschenkel und Oberarm), Oberarm und Unterschenkel sowie Unterarm einschließlich Vorderfuß und Hinterfuß (▶ **Abb. 1.35**). Die genannten funktionellen Paare bewegen sich (insbesondere im Trab) diagonal gleichsinnig. Die Drehpunkte der Vorderextremität (oberes Drittel der Scapula) und Hinterextremität (Hüftgelenk) liegen bestmöglich auf gleicher Höhe (▶ **Abb. 1.5**).

Da sich aber die seriell homologen Segmente (Oberarm/Oberschenkel, Unterarm/Unterschenkel und Vorderfuß/Hinterfuß) in ihrer embryonalen Entwicklung in gleicher Weise bilden, ist hier ein Konflikt zwischen der Funktion, in diesem Falle der biomechanischen Anforderung, und der Entwicklung entstanden. Dieser Konflikt lässt sich auf einen einfachen Nenner bringen: Die Hinterextremität entspricht auch bei den Säugetieren dem Bein, aber die Vorderextremität der Säugetiere bilden Arm und Schulterblatt. Arme und Beine haben das gleiche Entwicklungsprogramm, nicht jedoch die Vorder- und Hintergliedmaßen. Die Scapula hat nach heutigem Wissen ein eigenes Entwicklungsprogramm und wird nicht in der Extremitätenknospe, sondern von mehreren Somiten gebildet.

Die Drei-Segment-Extremitäten der Hunde sind aber nicht nur in der Sagittalebene gewinkelt, sondern auch in der Transversalebene. Die Scapula wird durch den an ihrem Margo dorsalis ansetzenden M. serratus ventralis abduziert, d. h., der Oberrand wird nach innen gekippt. Dieser Kippung der Scapula wirken nur im Stand die Partes scapularis et acromialis des M. deltoideus entgegen. Wie im Kapitel Kinematik der Extremitäten (S. 20) ausgeführt, ist während der gesamten Stemmphase ein abduzierendes Drehmoment im Schultergelenk zu beobachten.

**Praxisbezug**

Das Bewegungssystem aller landlebenden Tiere arbeitet immer gegen die Schwerkraft. Die primäre Aufgabe zahlreicher Muskeln ist es, der Schwerkraft entgegenzuwirken und durch andauernde, isometrische Kontraktion die Winkelung des „Pantografenbeines“ (S. 20) zu erhalten. Die Drehpunkte von Vorderextremität (oberes Drittel der Scapula) und Hinterextremität (Hüftgelenk) liegen bestmöglich auf gleicher Höhe.

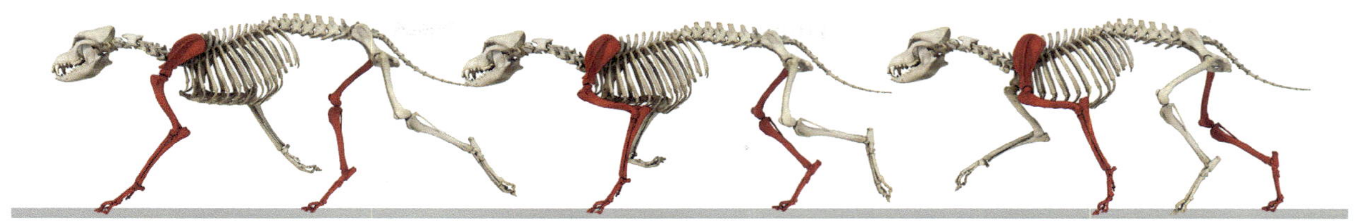

▶ **Abb. 1.35** Gleichsinnige Bewegung der funktionell analogen Extremitätenabschnitte Femur und Scapula, Oberarm und Unterschenkel sowie Unterarm einschließlich Vorderfuß und Hinterfuß der diagonalen Gliedmaßen am Beispiel von 3 Momentaufnahmen eines Trabzyklus. (Quelle: Martin S. Fischer, Jonas Lauströer, Amir Andikfar)

## Scapula

Die Scapula ist ein platter, weitestgehend aus Corticalis bestehender Knochen mit einem dünnen Margo cranialis und einem erheblich verdickten Margo caudalis, da dieser insbesondere dem M. teres major und M. triceps brachii caput longum als Ursprung dient. Der Margo dorsalis ist durch eine Knorpelschicht nur geringfügig vergrößert; sie dient als Ansatz des M. serratus und M. rhomboideus. Die Spina scapulae wächst vermutlich wie auch bei anderen Säugetieren beim Hund embryonal in das dem Schulterblatt lateral aufliegende Muskelblastem ein, trennt dann dieses in M. supraspinatus und M. infraspinatus und hat mechanisch die Aufgabe, die Biegebeanspruchung der Platte zu mindern. Distal verbreitert sie sich zum Acromion mit Proc. hamatus. Die Spina scapulae ist der Ansatzort des M. trapezius und distal des M. omotransversarius (syn. M. levator scapulae ventralis) und zusammen mit dem Acromion der Ursprungsort des M. deltoideus. Der kraniale Rand läuft in das Tuberculum supraglenoidale aus, an dem der M. biceps brachii entspringt. An einer medialen Verdickung, dem nur schwach entwickelten Proc. coracoideus, entspringt der schwache M. coracobrachialis.

Die Scapula ist zum Zeitpunkt der Geburt bis auf den Angulus ventralis und einen knorpeligen Streifen am Margo dorsalis vollständig verknöchert. Das Wachstum der Scapula geschieht vor allem an den Margines cranialis et caudalis und an der Spina scapulae durch periostale Ossifikation. Nur das Tuberculum supraglenoidale besitzt einen eigenen Epiphysenkern, der in der 6. postnatalen Woche erstmals auftritt, mit 13 Wochen voll ausgebildet ist und ab dem 5. Monat mit der Scapula verschmilzt [65]. Entlang der gesamten Knorpel-Knochen-Grenze verläuft die Wachstumsfuge der Cavitas glenoidalis.

### Praxisbezug

Das Wachstum der Scapula geschieht vor allem an den Margines cranialis et caudalis und an der Spina scapulae durch periostale Ossifikation. Nur das Tuberculum supraglenoidale besitzt einen eigenen Epiphysenkern.

## Humerus

Der Humerus ist der stabilste Röhrenknochen, wie Versuche auf Bruchfestigkeit ergaben. Er wird in Caput humeri, Corpus humeri und Condylus humeri und letztgenannte Gelenkwalze in das Capitulum humeri und die Trochlea humeri unterteilt (▶ **Abb. 5.38**). Funktionell auffällige Muskelansatzstellen sind proximal das Tuberculum majus, Tuberculum minus, Linea m. tricipitis, Tuberositas deltoidea und die medial liegende Crista tuberculi minoris. Deren Bildungen können teilweise funktionell erklärt werden.

Der am Tuberculum majus ansetzende, sehr kräftige M. supraspinatus ist der Anti-Schwerkraft-Muskel des Schultergelenks und übt in allen Gangarten und im Stand Zug auf den proximalen Humerus aus. Der dort ebenfalls inserierende und ähnlich kräftige M. infraspinatus hat vor allem bei dorsal abgekippter Scapula eine schwache abduzierende Wirkung und bremst die Streckung des vorschwingenden Armes.

Die deutliche Prominenz der Tuberositas deltoidea ist nicht durch die Kraft der Partes scapularis et acromialis des M. deltoideus zu erklären, die zusammen beim Greyhound maximal 283 N erreichen und damit zu den mittelstarken Muskeln der Vordergliedmaße gehören (zum Vergleich: M. extensor capri radialis 292 N, M. infraspinatus 823 N, M. biceps brachii 853 N; [83], [84]), oder durch deren Leistung (1 W bzw. 3 W), sondern durch deren stetige Aktivität. Die beschriebene Notwendigkeit, dauernd Scapula und Humerus möglichst in einer Ebene zu halten, obliegt vor allem dem M. deltoideus; beachten Sie hierzu das Kapitel zur Kinematik der Extremitäten (S. 20).

Die Diaphysen sind bei der Geburt von der Mitte beginnend teilweise verknöchert, die Ossifikation der Epiphysen findet im 1. Lebensjahr statt. Am Humerus (▶ **Abb. 1.36**) findet etwa 80 % des Längenwachstums proximal statt. Beim 6 Wochen alten Hund ist nur ein Knochenkern in der kaudalen Hälfte der proximalen Epiphyse zu erkennen, das Tuberculum majus. Die restlichen Anteile des Caput humeri bestehen noch aus Knorpel. Bis zum Alter von 5 Monaten nimmt der Knochenkern die gesamte Epiphyse ein.

Zwei bis 3 Wochen nach der Geburt ist in der distalen Humerusepiphyse das Ossifikationszentrum des Capitulum humeri, 1 Woche später das der Trochlea humeri vorhanden, beide verschmelzen in der 6. Lebenswoche.

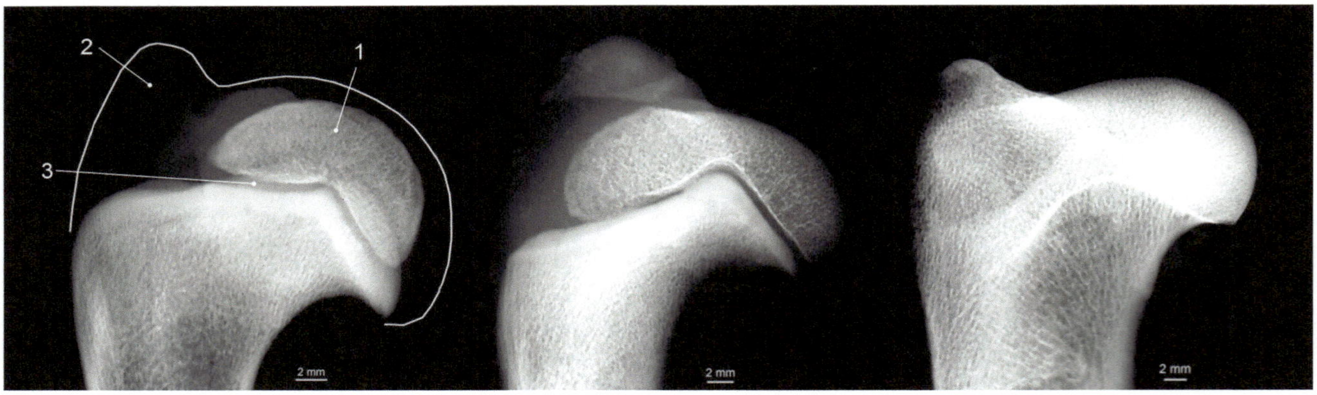


▸ **Abb. 1.36** Mikrofocus-Röntgenaufnahme des proximalen Humerus eines sechs und 13 Wochen alten Hundes sowie eines Adulttieres. 1 Caput humeri, 2 Tuberculum majus, 3 proximale Epiphysenfuge; aus [65] (Quelle: PD Dr. Anke Schnapper, Tierärztliche Stiftung Hannover)

Der Apophysenkern des Epicondylus medialis entsteht in der 8. Lebenswoche und entwickelt sich bis zur 13. Woche. Mit 5 Monaten sind alle 3 Ossifikationszentren verschmolzen. In diesem Zeitraum schließt sich auch die Apophyse des Epicondylus medialis. In diesem zeitlichen Ablauf gibt es sowohl individuelle wie rassespezifische Unterschiede. Der proximale Epiphysenschluss beginnt am Caput humeri ab dem 10. Monat. Der Epiphysenfugenschluss des distalen Humerus geschieht bereits zwischen dem 5. und 8. Lebensmonat.

## Unterarm

Radius und Ulna sind in Pronationsstellung durch das bis zu 2 mm dicke Lig. interosseum proximale fixiert. Sie überkreuzen sich so, dass proximal der Radius laterokranial und distal medial der Ulna liegt. In der radioulnaren, proximalen Viertelcircumferenz und dem distalen flachen Gelenk sind keine aktiven Bewegungen möglich. Aber ein extensives passives Verdrehen wird beispielsweise beim Kurvenlaufen (S. 16) genutzt. Dabei bildet der Vorderfuß mit Radius während der Stemmphase den Ankerpunkt, um welchen sich die Ulna samt Körper dreht. Die passive Innenrotation kann beim Deutschen Schäferhund 18° und die passive Außenrotation 50° betragen, beim Rauhaarteckel 28° bzw. 48°.

Der M. triceps brachii mit seinen 4 Köpfen ist mit seiner ungeheuren Kraft von um die 2000 N, wovon allein knapp 1500 N auf das Caput longum entfallen, der stärkste Muskel der Gliedmaßen (Werte beim Greyhound [83], [84]). Hierfür sind vor allem auch die Hebelarmverhältnisse von entscheidender Bedeutung. Diese sind nun an der Vordergliedmaße ungünstig: Einem langen Lastarm (Unterarm + Vorderfuß), insbesondere am Beginn der Stemmphase, steht ein kurzer Muskelhebelarm (Olecranon) gegenüber (▸ **Abb. 1.37**).

Der M. triceps brachii muss so stark sein, um gegen die schwerkraftinduzierte Beugung des schwereren Vorderkörpers im Ellbogengelenk ein ausgleichendes Extensordrehmoment zu erzeugen. Die Aktivierung aller Muskelköpfe dauert vom Ende der Vorschwingphase bis zu etwa 2 Dritteln der Stemmphase mit einem Maximum in der ersten Hälfte. Der Muskel verkürzt sich während der gesamten Aktivitätszeit nur um 5 % (Schritt), 7 % (Trab) und 8 % (Galopp) und dies hauptsächlich wegen einer Flexion im Schultergelenk. Das Ellbogengelenk verbleibt weitestgehend in einem konstanten Winkel. Ohne ein Olecranon

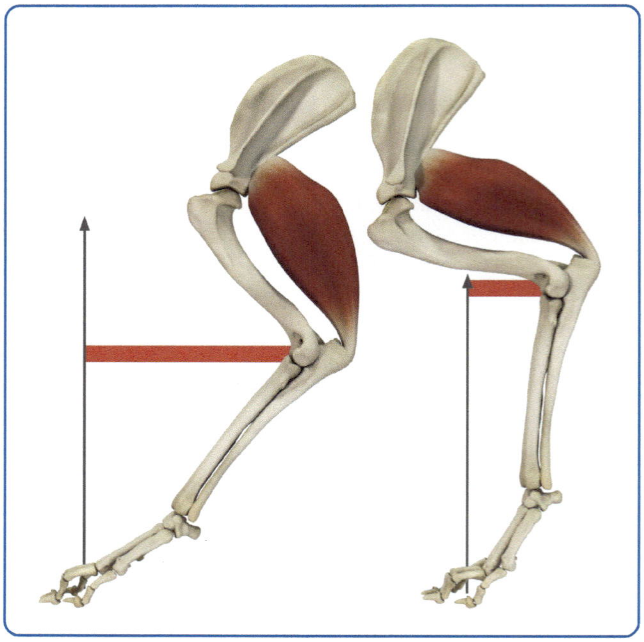

▸ **Abb. 1.37** Muskelhebel- und Lastarmverhältnisse am Ellbogengelenk. Der Lastarm ist durch einen roten Balken dargestellt, um dessen Verkürzung während der Stemmphase zu demonstrieren. Der Muskelhebelarm entspricht dem senkrechten Abstand der Wirkungslinie der Mm. triceps brachii bis zur Drehachse des Ellbogengelenks. (Quelle: Martin S. Fischer, Jonas Lauströer, Amir Andikfar)

müsste der M. triceps brachii noch viel stärker sein. Das Olecranon als Hebelarm entspricht funktionell dem Tuber calcanei, nur sind dort die Hebelarmverhältnisse wegen des viel kürzeren Fußes günstiger für eine kraftvolle Bewegung des Fußes (▸ **Abb. 1.38**) und entsprechend sind die M. gastrocnemii nur zwei Drittel so kräftig wie der M. triceps brachii.

Der Unterarm steht im Stand nahezu senkrecht, um das Drehmoment klein zu halten, der Hinterfuß ist jedoch gewinkelt. Das Lot der Vordergliedmaße fällt vom Drehpunkt des Schulterblattes durch die Drehachse des Ellbogengelenks entlang dem Unterarm hinter die Fußungsfläche des Vorderfußes.

Der Proc. coronoideus der Ulna ist in den markanten Proc. coronoideus medialis und schwächeren Proc. coronoideus lateralis unterteilt. Der Proc. coronoideus medialis ist ein wichtiger

Lastaufnehmer im Ellbogengelenk (S. 65) während der Fortbewegung. Außerdem bildet er den Hauptansatz des M. biceps brachii. Bei Hunden sehr großer Rassen ist der Fortsatz breiter und stärker horizontal gestellt, was mit der bei diesen Rassen erhöhten Lastaufnahme zusammenhängt. Bei großen Rassen ist eine proportional kleinere Gelenkfläche vorhanden, was an sich und durch das höhere Körpergewicht zu einer stärkeren Belastung führt. Die Größe der Fläche der Fovea capitis radii spiegelt dagegen mit Ausnahme chondrodystropher Rassen die Gewichtszunahme wider.

Der Unterarm der kurzbeinigen Rassen (z. B. Teckel, Welsh Corgie, Bassett, Scottish Terrier), aber auch von Chihuahua und französischer Bulldogge ist relativ zu den anderen Segmenten der Vordergliedmaße verkürzt. Dies ist auf einen früheren Schluss der Wachstumsfuge zurückzuführen. Da dieser Achondroplasie bei allen untersuchten Hunderassen nur eine Genmutation (FGF4) zugrunde liegt, wird angenommen, dass alle heutigen kurzbeinigen Rassen auf eine gemeinsame Stammform zurückgehen [52].

Das Längenwachstum des Radius erfolgt an zwei Epiphysen, dasjenige der Ulna überwiegend nur an einer distalen. Die proximale Wachstumsfuge des Radius trägt etwa 30–40 % zum Längenwachstum bei, die distale entsprechend etwa 60–70 %. Die Apophysenfuge des Tuber olecrani trägt maximal 15 % zum Gesamtlängenwachstum der Ulna bei. Die beiden Unterarmelemente wachsen gleich schnell, weil die distale Epiphyse an der Ulna als Besonderheit konisch, die radialen Wachstumsfugen aber flach sind. Hierdurch wird die ulnare Wachstumsoberfläche um das 1,5-Fache vergrößert.

Die beiden Ossifikationszentren des Radius sind in der 2.–5. postnatalen Woche erkennbar, die distale Epiphyse der Ulna in der 6.–8. Woche. Der Epiphysenschluss erfolgt an Radius und Ulna etwa zeitgleich im 7.–11. Monat (genauere Angaben z. B. bei Flinsbach [27]). In der 7.–10. Woche tritt das Ossifikationszentrum des Olecranon auf, die Fuge schließt sich im 6.–10. Monat. Der Proc. anconaeus besitzt bei einigen Rassen einen eigenen Verknöcherungskern, der erst in der 12.–14. Woche erkennbar ist und dessen Fuge sich beim Welpen rasseabhängig und individuell verschieden zwischen der 14. und 20. Woche schließt. Die beiden Processus coronoidei besitzen kein eigenes Ossifikationszentrum, die Ossifikation des Processus coronoideus medialis verläuft von der Basis zur Spitze und ist in der 20.–22. Woche abgeschlossen.

**Praxisbezug**

- Radius und Ulna sind in Pronationsstellung fixiert; es sind keine aktiven Bewegungen gegeneinander möglich. Aber ein extensives passives Verdrehen wird beispielsweise beim Kurvenlaufen (S. 16) genutzt. Dabei bildet der Vorderfuß mit Radius während der Stemmphase den Ankerpunkt, um welchen sich die Ulna samt Körper dreht.
- Das Olecranon wirkt als Hebelarm und entspricht funktionell dem Tuber calcanei, nur sind dort die Hebelarmverhältnisse wegen des viel kürzeren Fußes günstiger für eine kraftvolle Bewegung des Fußes.
- Der Proc. coronoideus medialis ist ein wichtiger Lastaufnehmer im Ellbogengelenk (S. 65) während der Fortbewegung und bildet außerdem den Hauptansatz des M. biceps brachii.
- Das Längenwachstum des Radius erfolgt an zwei Epiphysen, dasjenige der Ulna überwiegend nur an einer distalen. Die beiden Unterarmelemente wachsen gleich schnell, weil die distale Epiphyse an der Ulna konisch ist (im Gegensatz zu den flachen radialen Wachstumsfugen) und hierdurch die Wachstumsoberfläche vergrößert wird.
- Der Proc. anconaeus besitzt bei einigen Rassen einen eigenen Verknöcherungskern, der erst in der 12.–14. Woche erkennbar ist und dessen Fuge sich beim Welpen rasseabhängig und individuell verschieden zwischen der 14. und 20. Woche schließt. Die beiden Processus coronoidei besitzen kein eigenes Ossifikationszentrum.

## Femur

Das Femur stellt den zweitstärksten Langknochen des Körpers dar. Der Oberschenkelkopf (Caput ossis femoris) weist in seiner Form rassebedingte Unterschiede auf ebenso wie der Winkel zwischen Collum und Oberschenkelschaft. Der Centrum-Collum-Diaphysen-Winkel beträgt im Durchschnitt 147°. Der Trochanter major erreicht beim Hund in der Regel die Höhe des Caput ossis femoris, außer bei Schäferhund, Boxer und Pudel. Beim Teckel überragt er den Femurkopf. Der Trochanter major dient den Mm. glutaeus medius et profundus und dem M. piriformis als markanter Ansatz. Aber das Femur stellt ein eindrückliches Beispiel dafür dar, wie die kraftvolle Retraktion der Hintergliedmaße von einer gemeinsamen Aktion verschiedener Muskeln erreicht wird, diese aber in sehr unterschiedlicher Weise ihre Spuren am Knochen hinterlassen. Während der M. biceps femoris noch nicht einmal eine Linie hinterlässt, formt sich der Trochanter major unter dem Zug der Gluteus-Muskeln. Der Ansatz der Adduktoren an der Facies aspera führt in der Wirkung dazu, dass neben einer adduktorischen Komponente eine Innenrotation auftritt, wie sie das Femur in der ersten Hälfte der Stemmphase aufweist.

Proximale Ossifikationszentren finden sich am Caput ossis femoris, Trochanter major und Trochanter minor. Erstgenanntes tritt in der 3.–4. Lebenswoche, die beiden anderen in der 5. Woche auf. Die distale Femurepiphyse bildet sich bereits in der 3. Lebenswoche. Der Schluss der Apo- und Epiphysen des Femurs wird wie folgt angegeben: Caput ossis femoris (6.–9. Monat), Trochanter major (6.–9. Monat), Trochanter minor (8.–13. Monat) und distale Epiphyse (6.–12. Monat).

**Praxisbezug**

Während der M. biceps femoris noch nicht einmal eine Linie am Femur hinterlässt, formt sich der Trochanter major unter dem Zug der Gluteus-Muskeln.

## Unterschenkel

Der Unterschenkel besteht aus den beiden verwachsenen Langknochen Tibia und Fibula und hat als Mittelsegment der Drei-Segment-Extremität die wichtige Aufgabe, den Schub des proximalen Segments (Femur) auf den distalen Hinterfuß zu übertragen. Je weniger Flexion im Kniegelenk oder Dorsalflexion im Sprunggelenk auftritt, umso effektiver ist der Vortrieb. Das an seiner Kaudalseite verlaufende Längsverspannungssystem aus den zweigelenkigen Mm. gastrocnemii sorgt wesentlich für die

Stabilisierung der gesamten Hinterextremität. Mit Ausnahme der beiden genannten Wadenmuskeln entspringen alle Muskeln des Fußes an der Tibia und der Fibula. Auf das Tibiaplateau und die Malleoli lateralis et medialis wird bei der Besprechung des Kniegelenks (S. 68) eingegangen.

Die Tibia weist vier Ossifikationszentren auf und die Fibula eine proximale und distale Epiphyse. Der Schluss der Apo- und Epiphysen der Tibia wird wie folgt angegeben: Tuberositas tibiae (8.–10. Monat), proximale Epiphyse (6.–15. Monat), distale Epiphyse (5.–11. Monat) und Malleolus medialis (4.–5. Monat). Die proximale Epiphyse der Fibula schließt sich vom 6.–12. Monat, die distale vom 5.–13. Monat.

**Praxisbezug**
Der Unterschenkel hat als Mittelsegment der Drei-Segment-Extremität die wichtige Aufgabe, den Schub des proximalen Segments (Femur) auf den distalen Hinterfuß zu übertragen.

### Hinterfuß

Das Tuber calcanei stellt eine dem Olecranon funktionell vergleichbare Struktur dar, aber der Lastarm ist wesentlich kürzer. Durch die Retraktion des Fußes infolge der Retraktion des gesamten Beines müssen die Mm. gastrocnemii nach 70 % der Stemmphase nur noch halb so viel Kraft erzeugen wie nach 30 % der Stemmphasendauer, weil sich infolge veränderter Beinstellung der Lastarm im Vergleich zum Muskelhebelarm überproportional verkürzt (► **Abb. 1.38**).

**Praxisbezug**
Das Tuber calcanei stellt eine dem Olecranon funktionell vergleichbare Struktur dar, aber der Lastarm ist wesentlich kürzer.

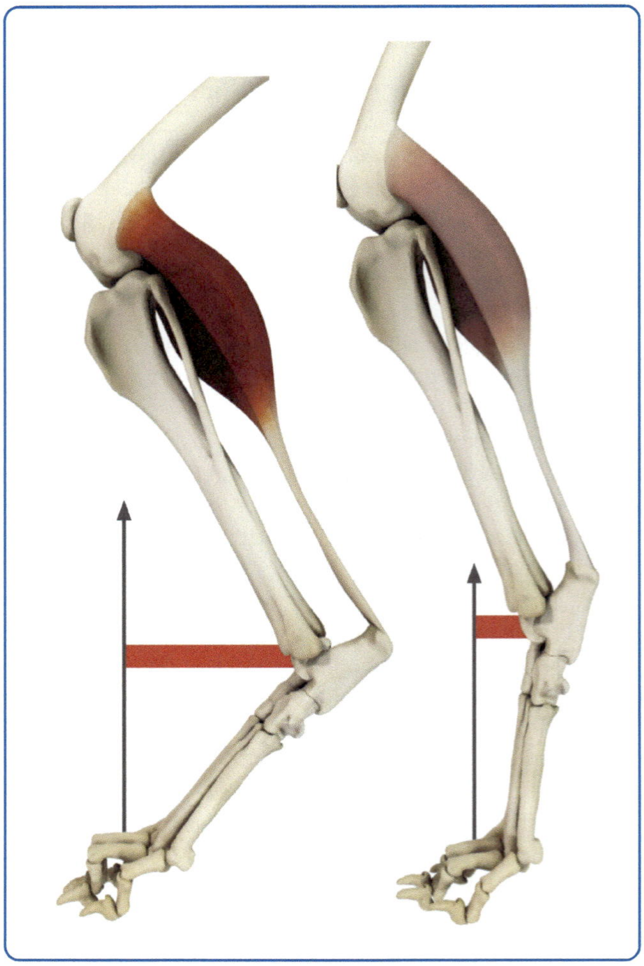

► **Abb. 1.38** Hebel- und Lastarmverhältnisse am Sprunggelenk. Der Lastarm ist durch einen roten Balken dargestellt, um dessen Verkürzung während der Stemmphase zu demonstrieren. Der Muskelhebelarm der Mm. gastrocnemii entspricht dem senkrechten Abstand der Wirkungslinie der Muskelkraft der Mm. gastrocnemii zur Drehachse des Sprunggelenks. (Quelle: Martin S. Fischer, Jonas Lauströer, Amir Andikfar)

## 1.5.2 Funktionelle Myologie

Die hier präsentierten Daten zur Aktivierung von Muskeln basieren auf elektromyografischen Untersuchungen verschiedener Arbeitsgruppen (► **Abb. 1.41**, ► **Abb. 1.42**). Mit der Elektromyografie wird die Änderung der elektrischen Aktivität im Muskel gemessen. Das Elektromyogramm (EMG) gibt Auskunft, ob der Ort des Muskels, an dem die Messung durchgeführt wird, aktiviert ist. Lange Zeit erfolgte die Ableitung mit einzelnen Nadelelektroden, die unterschiedlich tief im Muskel implantiert wurden. Studien mit Mehrfachelektroden haben jedoch gezeigt, dass ein Muskel selten als Ganzes aktiviert wird. In einem Muskel kann es regelrechte Aktivierungswellen geben, so sind beispielsweise während der zyklischen Fortbewegung nacheinander unterschiedliche Regionen im M. triceps brachii aktiv. Besonders ausgeprägt sind räumliche Aktivierungsmuster bei den großen, flächigen Muskeln, welche Rumpf und Vordergliedmaßen verbinden. Es kann auch vorkommen, dass nur sehr kleine Bereiche eines Muskels im EMG gemessen werden, wenn während der zyklischen Fortbewegung kleine Regionen eines Muskels mit vielen Typ I-Fasern (S. 37) aktiviert werden, während Regionen mit vielen Typ II-Fasern nicht aktiv sind (geordnete Rekrutierung). Nicht zuletzt darf nicht vergessen werden, dass der Kontraktion eine elektromechanische Verzögerung im Bereich von einigen Millisekunden (5–20 ms) je nach Muskel vorausgeht und nachfolgt, die Aktivierung eines Muskels also später einsetzt und länger andauert als die per EMG gemessene Stimulation. Dies erklärt beispielsweise, dass Muskeln kurz vor dem Auffußen stimuliert werden damit die Kraftentfaltung rechtzeitig erfolgt.

Das EMG gibt Auskunft über die Stimulation eines Muskels (► **Abb. 1.41**, ► **Abb. 1.42**), nicht jedoch darüber, ob dieser zur Bewegung beiträgt oder dieser entgegenwirkt, ob er isotonisch, isometrisch oder auxotonisch kontrahiert. Die Kraftrichtung eines Muskels verändert sich, wenn sich die Geometrie des Beines kinematisch verändert. Die Größe der Kraft kann mithilfe von Modellen aus den Amplituden im EMG oder aus den berechneten Gelenkdrehmomenten (► **Abb. 1.39**, ► **Abb. 1.40**) näherungsweise ermittelt werden.

## Retraktoren

Die Retraktion der Scapula wird vom M. serratus pars cervicis erzeugt, der von der Mitte der Vorschwingphase bis zur Mitte der Stemmphase aktiv ist. Vielleicht wird dies durch die zervikalen Portionen des M. trapezius und M. rhomboideus unterstützt. Der M. serratus ventralis pars thoracis dient wohl ausschließlich zur Aufhängung des Rumpfes und alle Schulter-Stamm-Muskeln dienen der Stabilsierung des skapulären Drehpunktes. Es ist auffallend, dass die Hauptaktion der Vordergliedmaße, also die Rotation und Translation der Scapula, so wenig muskulärer Arbeit bedarf. Bei gleichmäßiger Fortbewegung auf ebenem Grund verhält sich die Gliedmaße (S. 17) wie eine Stütze. Dies verlagert die Arbeit von den Schulter-Stamm-Muskeln zu den Muskeln der distalen Gelenke, die wiederum extensiv von der Möglichkeit der Rückgewinnung von Energie (S. 38) aus den durch Belastung passiv gedehnten Strukturen Gebrauch machen [12],[13].

Bei manchen Muskeln wie dem M. latissimus dorsi hat sich eine neue funktionelle Sichtweise ergeben. So ist dieser bei zyklischer Lokomotion auf ebenem Untergrund nur in der zweiten Hälfte der Vorschwingphase immer aktiv, Retraktor der Gliedmaße ist er, wie der M. pectoralis profundus, nur beim Hangaufwärtsgehen. Sonst ist seine Aufgabe, die vorschwingende Extremität abzubremsen und bis zum Auffußen zu retrahieren. Mit dem Auffußen endet seine Aktivität.

Die Retraktion der Hintergliedmaßen und damit den Vortrieb des Körpers übernehmen im Wesentlichen M. biceps femoris pars cranialis, Mm. glutei, M. semimembranosus und M. adductor magnus. Der M. biceps femoris pars caudalis bremst zunächst die vorschwingende Gliedmaße und ist dann bis zu dem Zeitpunkt aktiv, an dem das Kniegelenk den Fußungspunkt passiert. Bis dahin wirkt er als Retraktor, da die Mm. vasti seine flektierende Komponente kompensieren. Nach genau dem genannten Zeitpunkt würde diese flektierende Aktivität allerdings die retrahierende dominieren. Die Aktivität von M. biceps femoris pars cranialis und M. glutaeus medius beginnt am Ende der Vorschwingphase und reicht bis zu dem Augenblick in der Stemmphase, wenn das Hüftgelenk den Fußungspunkt überstreicht. Beim Laufen auf ansteigendem Gelände kann die Aktivität der Retraktoren um ein Vielfaches zunehmen, schon bei 10% Anstieg bis zum 20-Fachen. Auftretende Streckungen im Hüft- und Sprunggelenk am Ende der Stemmphase sind der Wirkung der Schwerkraft geschuldet.

**Praxisbezug**

- Es ist auffallend, dass die Hauptaktion der Vordergliedmaße, also die Rotation und Translation der Scapula, nur geringer Arbeit bedarf.
- Die Retraktion der Hintergliedmaßen und damit den Vortrieb des Körpers übernehmen im Wesentlichen M. biceps femoris pars cranialis, Mm. glutei, M. semimembranosus und M. adductor magnus.

## Muskeln, die als Protraktoren die Extremitäten während der Vorschwingphase nach kranial führen

Die Kontraktion des M. biceps brachii und M. brachialis führt zum Abheben der Vordergliedmaße und leitet zusammen mit dem M. pectoralis superficialis deren Protraktion ein, begünstigt durch den Katapulteffekt des schnell flektierenden Karpalgelenks (S. 20). Diese wird dann vom M. omotransversarius und M. brachiocephalicus fortgeführt. Im Trab und Galopp ist die Aktivität der Flexoren, insbesondere von M. brachialis und M. biceps brachii, größer als im Schritt, da die Gliedmaßen aus einer meist tieferen Rumpfposition höher nach vorne geführt werden. Wie bereits erwähnt, bremst der M. latissimus dorsi zusammen mit der etwa zeitgleichen Aktion des M. pectoralis profundus und M. pectoralis superficialis die vorschwingende Vordergliedmaße und leitet deren Retraktion ein.

Die Aktivität aller folgenden Muskeln beginnt gegen Ende der Stemmphase und dauert bis in die frühe Vorschwingphase, sie sind damit für das Abheben der Hintergliedmaßen und die anschließende Protraktion verantwortlich. Die M. tensor fasciae latae, M. pectineus und M. sartorius leiten die Beugung im Hüftgelenk und die Protraktion ein. Die M. biceps femoris pars caudalis, M. semitendinosus, und M. gracilis beugen das Kniegelenk. Die Beugung im Sprunggelenk beim Abfußen wird durch die Aktivität von M. tibialis cranialis und M. peroneus longus ausgelöst. Wird jedoch mehr Kraft zum Vorschub des Körpers benötigt, beispielsweise beim Ansteigen oder um an der Leine zu ziehen, werden diese Muskeln vorzeitig zugeschaltet und dienen als Retraktoren. Ab der Mitte der Vorschwingphase setzen M. iliopsoas, M. sartorius, M. extensor digitorum longus und M. rectus femoris, der in symmetrischen Gangarten biphasisch aktiv ist, die Protraktion fort.

## Muskeln, die gegen die schwerkraftinduzierten Bewegungen arbeiten

Die Aktivität der Muskeln, welche den schwerkraftinduzierten Beugungen nach der Landung entgegenwirken, ist verständlicherweise im Trab und Galopp größer als im Schritt. Nur wenige Muskeln sind während der gesamten Stemmphase (M. supraspinatus, M. flexor digitorum profundus) aktiv. Erstgenannter Muskel verhindert das Einstauchen im Schultergelenk, zweitgenannter die Dorsalflexion des Vorderfußgelenks, eine Aktion, welche die M. extensor carpi ulnaris und M. flexor carpi ulnaris unterstützen. Die Köpfe des M. triceps brachii sind vom Ende der Vorschwingphase bis zu dem Zeitpunkt aktiv, an dem der Fußungspunkt das Ellbogengelenk während der Stemmphase passiert. Kurz darauf beginnt die Aktivität des M. biceps brachii, der zunächst der passiven Streckung des Ellbogengelenks durch die Gewichtskraft entgegenwirkt. Erst danach führt seine Aktivität zum Abheben der Vordergliedmaße und zu deren Protraktion.

Die Glutaeus-Gruppe wirkt zunächst dem Einknicken des Hüftgelenks am Beginn der Stemmphase entgegen und hat erst danach eine retrahierende Wirkung auf das Femur. Das Kniegelenk, welches nur eine geringe effektive Gelenkbewegung während der Stemmphase aufweist, wird durch die Mm. vasti und ab der Mitte der Stemmphase auch durch den M. rectus femoris gegen die schwerkraftinduzierte Beugung stabilisiert. Dieselbe Aufgabe am Sprunggelenk haben die Mm. gastrocnemii sowie die M. flexor digitorum superficialis und M. flexor digitorum profundus, die wie die vorgenannten Muskeln vom Ende der Vorschwingphase bis ins letzte Drittel der Stemmphase aktiv sind. Ihre Kontraktion ist nahezu isometrisch. Mm. vastii und Mm. gastrocnemii kontrollieren als Strecker den Grad des Einstauchens der Hinterextremität.

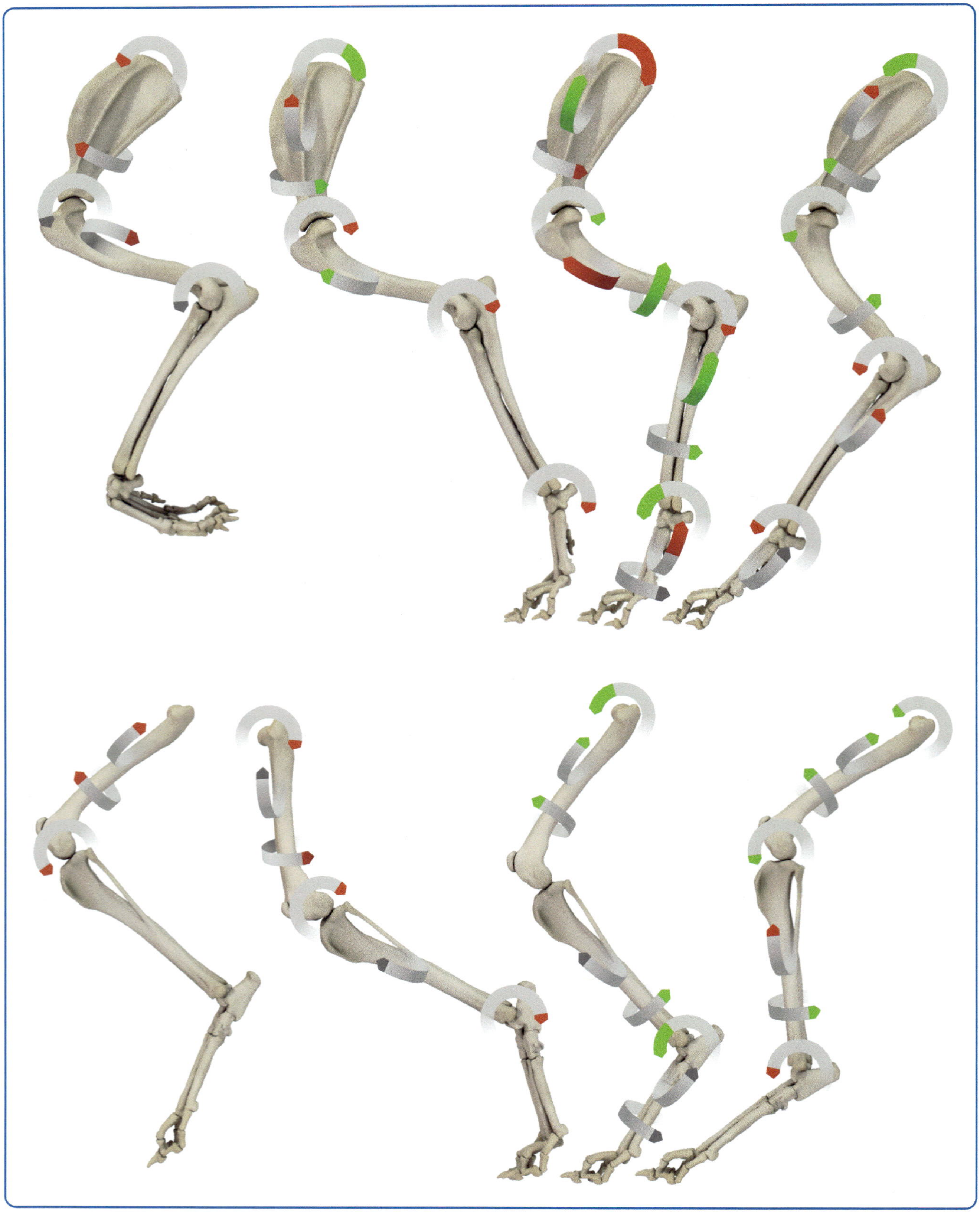

▸ **Abb. 1.39** Darstellung der Drehmomente im **Schritt** an der Vorder- und Hintergliedmaße. Die vier Stellungen entsprechen dem Auffußen (rechts), der Mitte der Stemmphase, dem Abfußen und der Mitte der Vorschwingphase. Die Pfeile geben die Richtung der Drehmomente und deren Stärke an. Je größer der Farbanteil eines Pfeiles ist, umso stärker ist das Nettodrehmoment. Die Farbanteile zeigen drei verschiedene Größenbereiche: 0–0,15 N m/kg, > 0,15–0,3 N m/kg und > 0,3 N m/kg. Die grüne Farbe bedeutet positive Gelenkarbeit, rot negative. Bewegen sich die Gelenke nicht, ist die Farbe dunkelgrau. Es fällt auf, dass die Vordergliedmaße viel mehr rote Pfeile als die Hintergliedmaße aufweist. Vorne wird über einen längeren Zeitraum gebremst, während die Hinterextremität den Vorschub leistet und nur das Sprunggelenk Energie speichert. Das Femur wird deutlich erkennbar nach innen rotiert und der Unterschenkel gleichzeitig nach außen. Bereits in der Mitte der Stemmphase ist an der Scapula ein roter Pfeil im Uhrzeigersinn zu erkennen, also ein gegen die Bewegungsrichtung verlaufendes Drehmoment. Dies indiziert, dass die Retraktion der Scapula gebremst wird. Beim Abfußen hat die Protraktion der Scapula (grüner Pfeil) bereits begonnen. (Quelle: Martin S. Fischer, Emanuel Andrada, Jonas Lauströer, Amir Andikfar)

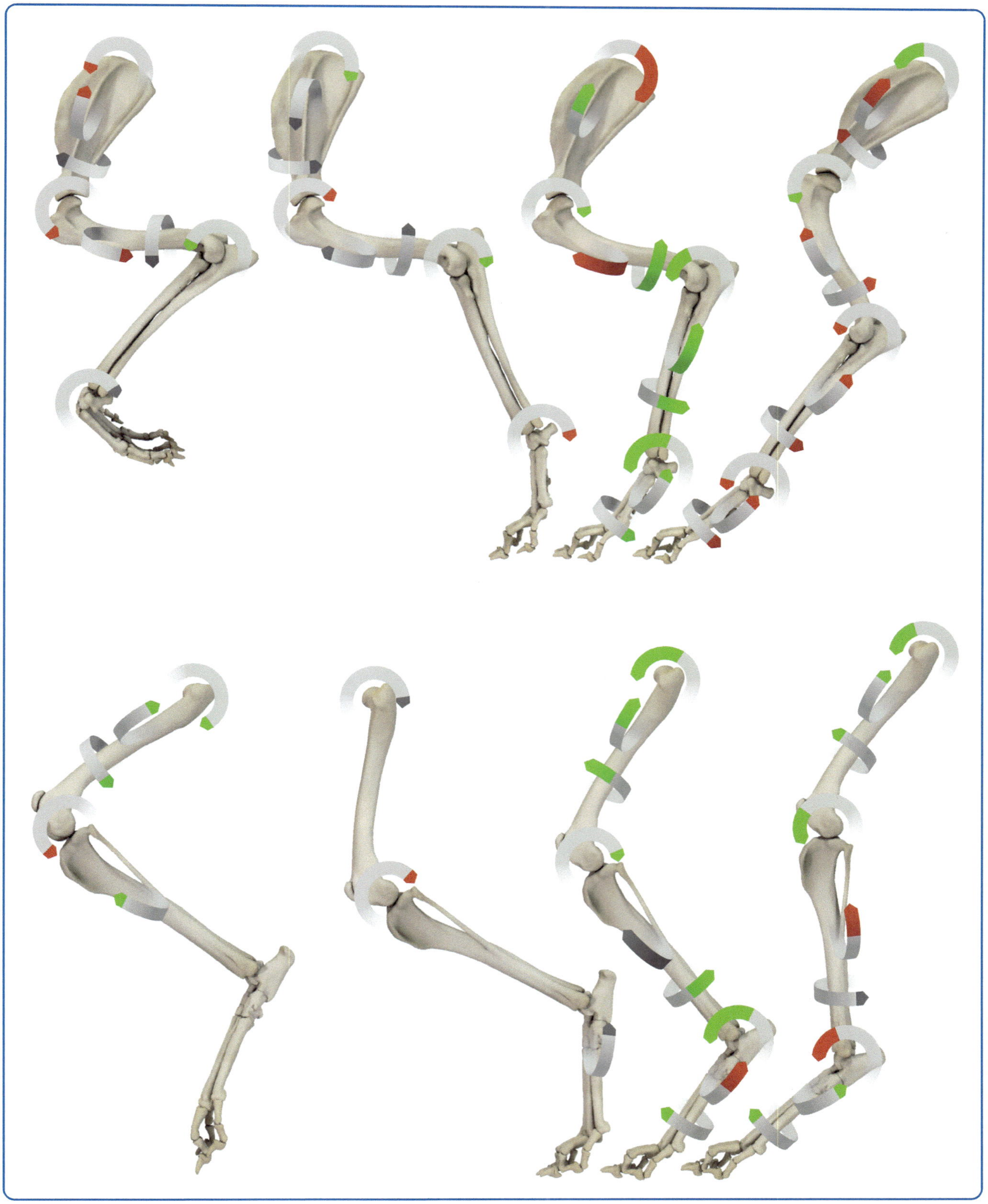

▶ **Abb. 1.40** Darstellung der Drehmomente im **Trab** an der Vorder- und Hintergliedmaße. Erläuterungen der Pfeile nebenstehend bei ▶ **Abb. 1.39**. (Quelle: Martin S. Fischer, Emanuel Andrada, Jonas Lauströer, Amir Andikfar)

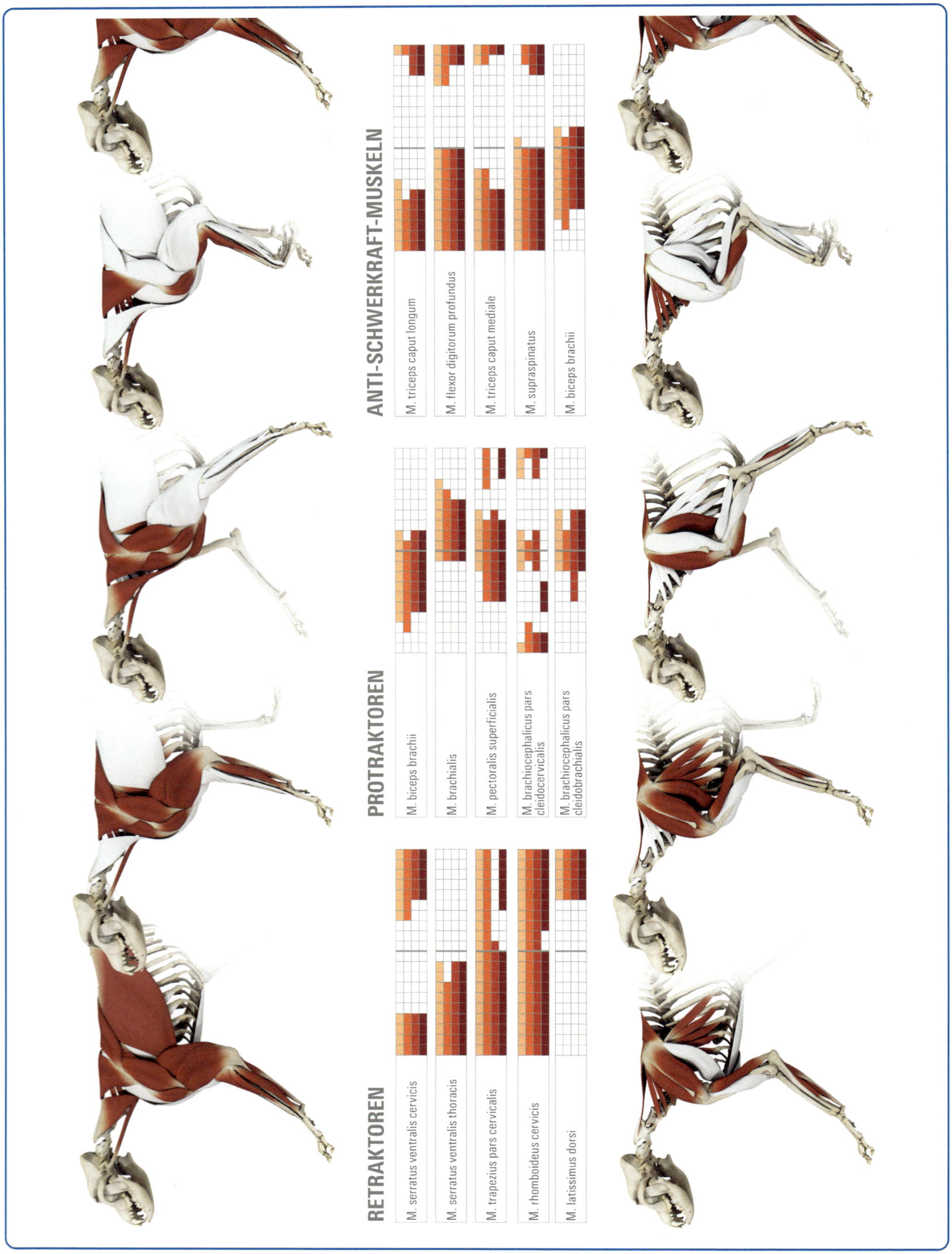


▸ **Abb. 1.41** Aktivitätsperioden ausgewählter Muskeln der Vordergliedmaße. In den Bildern dargestellt ist die Aktivität im Schritt. Die Tabelle zeigt die normierte Aktivität im Schritt, Trab, der erstfußende Gliedmaße im Galopp und der zweitfußenden beginnend mit dem Auffußen und endend mit dem Wiederauffußen. Der die Tabelle halbierende vertikale Strich markiert das Abfußen (nach [12], [13], [30], [75], [76], [77]). (Quelle: Martin S. Fischer, Jonas Lauströer, Amir Andikfar)

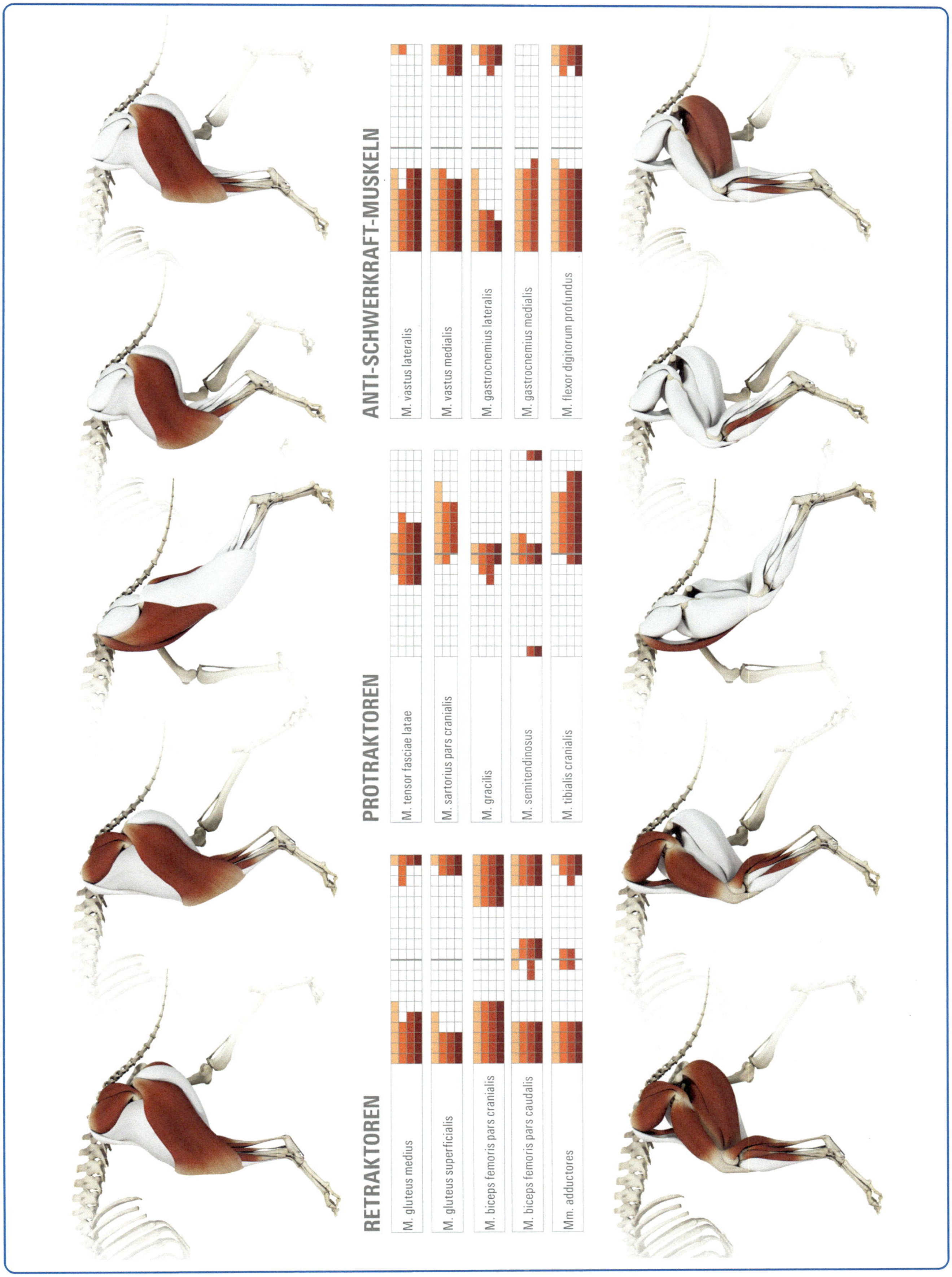


▶ **Abb. 1.42** Aktivitätsperioden ausgewählter Muskeln der Hintergliedmaße. In den Bildern dargestellt ist die Aktivität im Schritt. Die Tabelle zeigt die normierte Aktivität im Schritt, Trab, der erstfußende Gliedmaße im Galopp und der zweitfußenden (von oben nach unten) beginnend mit dem Auffußen und endend mit dem Wiederauffußen. Der die Tabelle halbierende vertikale Strich markiert das Abfußen (nach [13], [75], [76], [77], [81], [82]). (Quelle: Martin S. Fischer, Jonas Lauströer, Amir Andikfar)

Da die Mm. gastrocnemii auch Flexoren des Kniegelenks bei festgestelltem Sprunggelenk sind, müssen die Mm. vasti diese Aktion auch noch kompensieren. Letztere leisten mehr (zusammen 25 W) als die Mm. gastrocnemii (zusammen 9 W).

## Rückenmuskeln

Wie bei anderen Säugetieren besteht die Rückenmuskulatur des Hundes aus drei großen Längssystemen: dem transversospinalen, dem Longissimus- und dem Iliocostalis-System. Während die Muskelzüge der beiden letztgenannten Systeme mehrere Wirbel überspannen, besteht das transversospinale System aus langen und kurzen Muskelzügen. Insbesondere die tiefen, wirbelnahen Muskeln verbinden direkt benachbarte Wirbel miteinander (z. B. die Mm. rotatores). Die Funktionsweise der Rückenmuskulatur während der Fortbewegung war lange ungeklärt. Bis heute gibt es beim Hund erst für drei Rückenmuskeln EMG-Aufzeichnungen: den M. multifidus lumborum, den M. longissimus thoracis et lumborum und den M. iliocostalis thoracis et lumborum [57], [62]. Erst jüngst erschien die erste quantitative Untersuchung zur epaxialen Muskulatur des Hundes [80].

Im Schritt und Trab werden für die untersuchten Rückenmuskeln des Hundes 2 Aktivitätsphasen pro Bewegungszyklus beobachtet (▶ **Abb. 1.43**, ▶ **Abb. 1.44**). Diese treten jeweils in

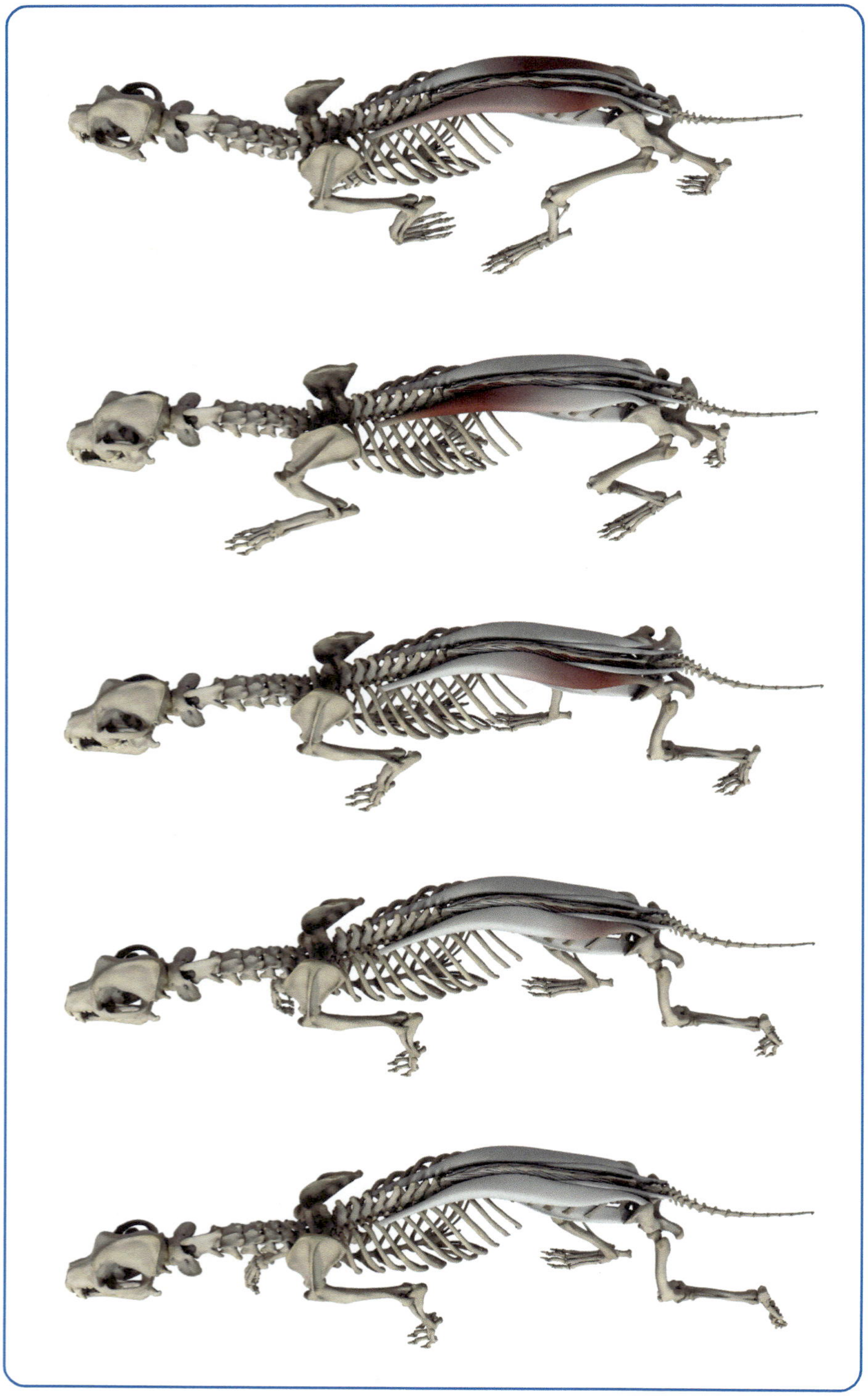

▶ **Abb. 1.43** Aktivität von M. longissimus thoracis et lumborum und M. iliocostalis thoracis et lumborum im Schritt. (Quelle: Martin S. Fischer, Jonas Lauströer, Amir Andikfar)

der zweiten Hälfte der Stemmphase und in der Vorschwingphase auf. Die Aktivierung derselben Muskeln hat nun zwei verschiedene Effekte. Während der Vorschwingphase führt die Kontraktion der Muskeln zur erwarteten seitlichen Biegung des Rumpfes, während der Stemmphase tritt aber keine solche Biegung auf; die Muskeln stabilisieren jetzt den Rumpf gegen Torsion. So schafft die Rückenmuskulatur eine ruhende Basis für die Arbeit der am Rumpf entspringenden Beinmuskeln und gleicht Drehmomente aus, die in den Rumpf eingeleitet werden. Die vorderen Abschnitte werden im Schritt und Galopp früher als die hinteren aktiviert, es kommt zu einer Abfolge von Aktivierung entlang des Rückens. Im Unterschied dazu werden im Trab die Abschnitte gleichzeitig aktiviert.

Im Galopp lässt sich die gemessene Aktivität der Muskeln leicht mit den beobachteten Wirbelsäulenbewegungen in Einklang bringen. Die Muskeln zeigen auf beiden Körperseiten eine gemeinsame Aktivitätsphase pro Bewegungszyklus, die in der Flugphase kurz vor dem Auffußen der erstfußenden Hintergliedmaße beginnt und zur Streckung des Rückens führt. Die Aktivität der Rückenmuskeln und die Streckung des Rückens enden mit dem Abfußen der erstfußenden Hintergliedmaße.

**Praxisbezug**
Während der Stemmphase tritt keine Biegung des Rumpfes auf; die Muskeln stabilisieren jetzt den Rumpf gegen Torsion. So schafft die Rückenmuskulatur eine ruhende Basis für die Arbeit der am Rumpf entspringenden Beinmuskeln und gleicht Drehmomente aus, die in den Rumpf eingeleitet werden.

### 1.5.3 Funktionelle Arthrologie

Wie bisher ausführlich dargestellt wurde, ist die Bewegung der Vorder- und Hintergliedmaße in allen Gelenken eine Kombination von Retraktion/Protraktion (in der sagittalen Ebene), Abduktion/Adduktion (in der frontalen Ebene) sowie Innen- und Außenrotation. Das Verständnis der dynamischen, dreidimensionalen Kinematik, der dabei auftretenden Drehmomente und

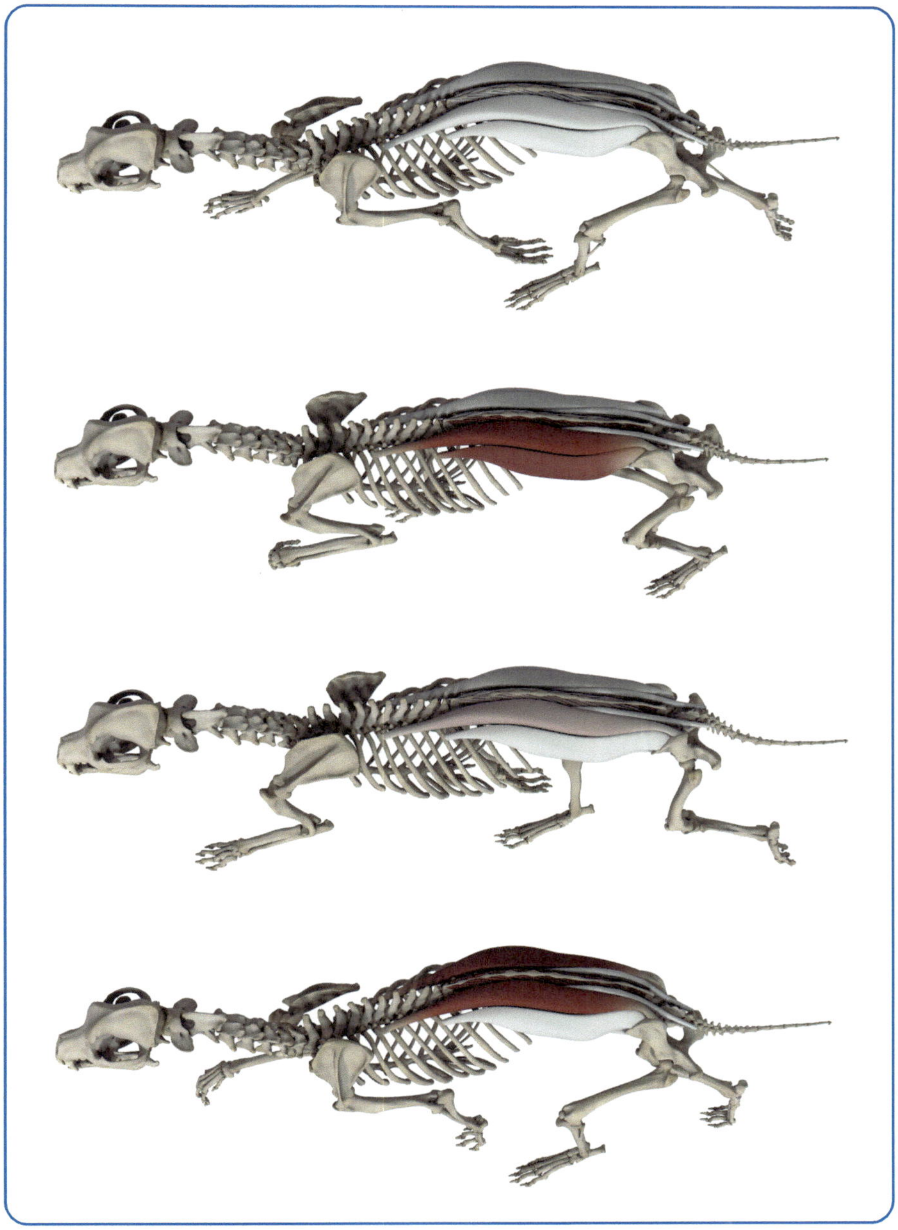

► **Abb. 1.44** Aktivität von M. longissimus thoracis et lumborum und M. iliocostalis thoracis et lumborum im Trab. (Quelle: Martin S. Fischer, Jonas Lauströer, Amir Andikfar)

der Funktion der Extremitätenmuskeln führt nun zu einer funktionellen Betrachtung der Gelenkbelastung. Gelenktopografie, Gelenkkapseln, Bänder etc. finden sich in „Der rote Faden durch die Diagnostik“ (S. 78).

Es gibt große Unterschiede zwischen proximalen und distalen Gelenken. Die höchste Toleranz weist sicher das kraftgeführte „Gelenk“ am skapulären Drehpunkt auf, dessen Auffangfunktion beim Landen nach einem Sprung eindrucksvoll zu beobachten ist. Während Schulter- und Hüftgelenke einen hohen Bewegungsspielraum aufweisen, wird dieser nach distal immer geringer. Erstgenannte Gelenke werden durch einen Adhäsion-Kohäsion-Mechanismus gehalten, Ellbogen- und Sprunggelenk werden weitgehend mechanisch geführt. Die Stabilisierung durch Bänder nimmt von proximal nach distal immer stärker zu. Schulter- und Hüftgelenke haben keine extrakapsulären Bänder, sondern höchstens Verdickungen der Kapselwand und werden ansonsten von muskulären Manschetten gehalten. Die muskuläre Arbeit und die Rückgewinnung von Energie ist sehr ungleich über die einzelnen Gelenke verteilt. Grundsätzlich gilt, dass in den proximalen Gelenken positive Arbeit geleistet wird, also Energie aufgewendet werden muss. In den distalen Gelenken bewirkt eine Kontraktion oftmals nur die Einschränkung von Bewegung, welche die Wirkung der Schwerkraft kompensiert.

Vor wenigen Jahren wurde zunächst in der Humananatomie in München und dann in der dortigen Veterinäranatomie eine Methode entwickelt, die langfristige Lastübertragung im Gelenk indirekt durch eine Analyse der Dicke des Gelenkknorpels und der darunterliegenden subchondralen Knochenplatte zu bestimmen [14], [17], [18], [33], [41], [43], [44], [47], [56], [85]. Dabei werden unter anderem die Knorpeldickeverteilung, welche die Druckbelastung widerspiegelt, und die Anordnung der Knochen und Knorpelspaltlinien vermessen, welche die Vorzugsrichtung der Kollagenfasern und damit die Hauptdehnungsrichtung zeigen. Diese Gelenkstrukturen spiegeln die langfristigen Belastungen wider. Die Arbeiten haben das Verständnis der Belastungssituation in einzelnen Gelenken wesentlich erweitert und die Funktionsweise physiologisch inkongruenter Gelenke erklärt. Die diesbezüglich nachfolgenden Ausführungen beruhen auf diesen Arbeiten.

## Schultergelenk

Das anatomisch inkongruente Schultergelenk wird vom Caput humeri und der fast dreimal kleineren, konkaven Gelenkpfanne des Schulterblattes gebildet. Es hat den größten Bewegungsumfang aller Gelenke des Hundes. Das endliche Volumen von Synovia im Schultergelenk, nur 1 ml ist freie Flüssigkeit, und deren kohäsive Eigenschaft führen dazu, dass sich bei geschlossener Kapsel die Gelenkflächen „ansaugen“ wie zwei Glasscheiben mit einem Flüssigkeitsfilm dazwischen (Adhäsion-Kohäsion-Mechanismus). Entfernen sich diese auch nur geringfügig, dann entsteht ein Unterdruck in der Kapsel und deren Wände werden nach innen gezogen. Dieser Mechanismus ist vielleicht, ähnlich wie beim Hüftgelenk, eine Erklärung dafür, dass anstelle von extrakapsulären Bändern eine Verdickung der Kapselwand, intrakapsuläre Bänder und das Einstrahlen von Endsehnen in die Faserschicht der Gelenkkapsel („Schultermanschette“) ausreichend sind.

Die subchondrale Knochenschicht ist am konkaven Gelenkpartner, der Cavitas glenoidalis, um das 6–7-Fache dicker als am Caput humeri. Im Bereich des Pfannendaches wird – charakteristisch für ein inkongruentes Gelenk – eine geringere Knochendichte und Gelenkknorpeldicke gemessen als am Rand der Cavitas glenoidalis (▶ **Abb. 1.45**). Bei einer Belastung von 50 % des Körpergewichts sind nur gut 30 % der Gelenkfläche der Cavitas glenoidalis und nur knapp 15 % des Caput humeri belastet; selbst beim 4-Fachen des Körpergewichts werden nur 65 % und knapp 30 % der jeweiligen Gelenkflächen belastet (alle Angaben nach [18], [61]).

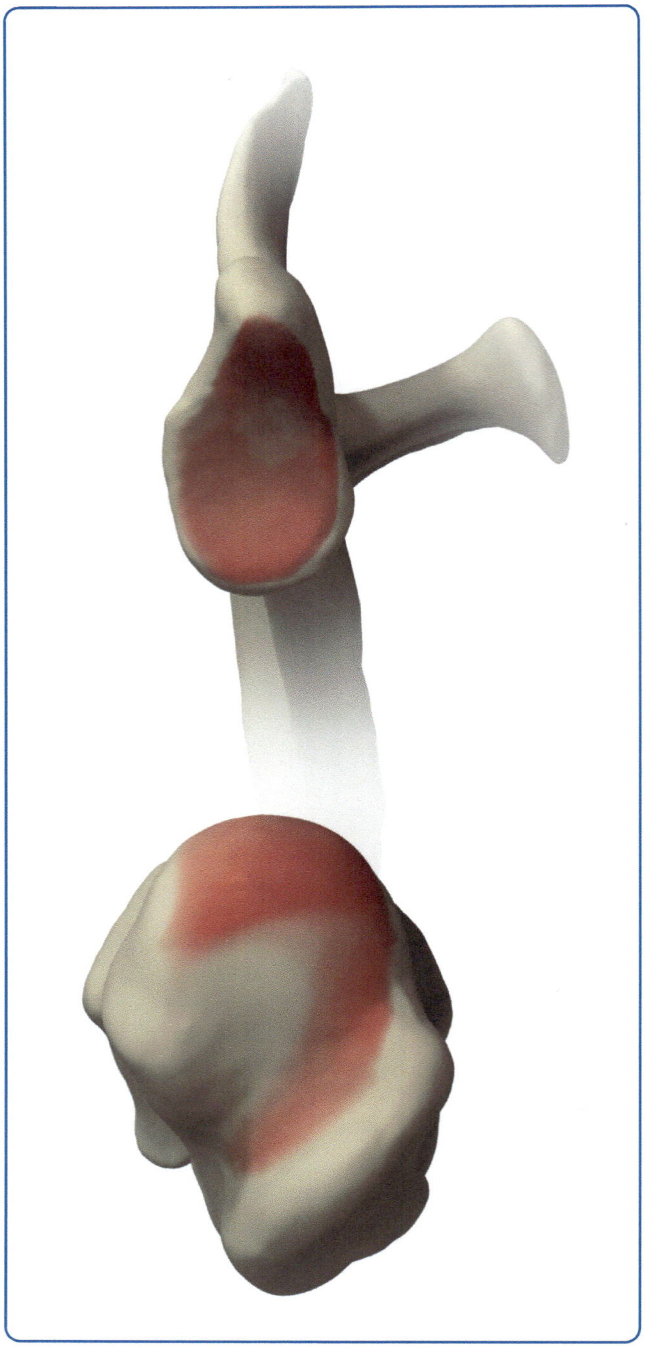

▶ **Abb. 1.45** Dicke der subchondralen Knochenschicht am Schultergelenk. Je intensiver die Rotfärbung ist, umso dicker ist die Knochenschicht und desto höher war die Langzeitbelastung an dieser Stelle (nach [18]). (Quelle: Martin S. Fischer, Jonas Lauströer, Amir Andikfar)

Die maximal mögliche Streckung im Schultergelenk wurde bei verschiedenen Hunderassen ermittelt. Sie beträgt in der Regel 140–150°, beim Teckel nur 115°. Der Gesamtumfang der Bewegung wird sehr unterschiedlich angegeben und liegt meist zwischen 90° und 110°. Die Abduktion und Adduktion sowie die Rotation um die Längsachse des Oberarmes zeigen erhebliche Unterschiede von bis zu 40° zwischen den Rassen. Der in vielen Rassestandards angegebene rechtwinklige Standwinkel tritt so gut wie nie auf.

Während der Stemmphase gleitet das Caput humeri in der Cavitas glenoidalis von einem vorderen Punkt nach hinten. Der maximale Bewegungsumfang beträgt während der Stemmphase weniger als 30°, die effektive Bewegung unter 20°, die Abduktion und Adduktion und die Rotation betragen hier weniger als 10°. Noch dazu wird bei geringen Belastungen die Gelenkfläche nicht gleichmäßig verteilt, sondern es treten meist zwei unterschiedlich große Kontaktstellen, eine im kranialen Bereich der Cavitas glenoidalis und eine weitere kaudolateral an deren medialem Rand auf. Mit steigender Belastung wird der Druck auf größerer Fläche verteilt.

**Praxisbezug**

- Entfernen sich die Gelenkflächen auch nur geringfügig, dann entsteht ein Unterdruck in der Kapsel und deren Wände werden nach innen gezogen. Dieser Mechanismus ist vielleicht, ähnlich wie beim Hüftgelenk, eine Erklärung dafür, dass anstelle von extrakapsulären Bändern eine Verdickung der Kapselwand, intrakapsuläre Bänder und das Einstrahlen von Endsehnen in die Faserschicht der Gelenkkapsel („Schultermanschette") ausreichend sind.
- Die maximal mögliche Streckung im Schultergelenk wurde bei verschiedenen Hunderassen ermittelt. Sie beträgt in der Regel 140–150°. Der Gesamtumfang der Bewegung wird sehr unterschiedlich angegeben und liegt meist zwischen 90° und 110°.

## Ellbogengelenk

Das Ellbogengelenk setzt sich aus 3 Teilgelenken zwischen Humerus und Radius (Capitulum humeri mit Fovea capitis radii), Humerus und Ulna (Trochlea humeri mit Incisura trochlearis) und der Articulatio radioulnaris proximalis mit Incisura radialis zusammen (▶ **Abb. 5.38**). Die beiden erstgenannten Gelenke bilden ein physiologisch inkongruentes Scharniergelenk; das Gelenk zwischen Radius und Ulna ist ein Drehgelenk. Gerade beim Ellbogengelenk muss darauf hingewiesen werden, dass der Begriff der physiologischen Inkongruenz (S. 34) hier anders definiert ist als die Bezeichnung „Inkongruenz" in der klinischen Veterinärmedizin. Letztere versteht hierunter eine Stufenbildung, hervorgerufen durch einen wachstumsbedingten Hochstand der Ulna oder des Radius. Die Nomina Anatomica Veterinaria (NAV 1994) zählt unverständlicherweise nur die Art. humeroulnaris und die Art. humeroradialis zur Art. cubiti und weicht damit ab von der humanmedizinischen Nomina Anatomica (1985) und dem üblichen, vergleichend-anatomischen Gebrauch.

Während der maximal mögliche Streckwinkel des Ellbogengelenks bis etwa 165° bei den meisten Hunderassen beträgt, beim Teckel sind es nur 140°, und der maximale Beugungswinkel 20–35°, also insgesamt eine Beweglichkeit von über 130° vorhanden ist, treten während der Fortbewegung in allen Gangarten meist unter 20° effektive Gelenkbewegungen auf. Das Ellbogengelenk wird aktiv stabilisiert.

Nach Maierl rotiert während der Fortbewegung der Unterarm um einen zentralen Drehpunkt medial im Ellbogengelenk, wodurch der Proc. anconaeus an den Epicondylus lateralis und der Proc. coronoideus medialis an die Trochlea humeri gepresst werden [43]. Dabei treten neben axialen Kräften auch deutliche quergerichtete Kräfte auf, die insbesondere den für die Ellbogengelenkdysplasie (ED) relevanten Processus coronoideus medialis beanspruchen.

Entgegen der gängigen Ansicht, der Radius sei das lasttragende Element, trägt nach neueren Arbeiten die Ulna die Hauptlast. Betrachtet man die gesamte Gelenkkontaktfläche zwischen Humerus und Radius/Ulna, so hat die Ulna die deutlich größere Kontaktfläche. Diese ist selbstverständlich auch vom Gelenkwinkel abhängig, wobei gilt, dass mit zunehmender Beugung der ulnare Anteil weiter zunimmt.

Die größte Belastung der Ulna tritt an der Medialseite der Incisura trochlearis zwischen Proc. anconaeus und Proc. coronoideus medialis auf. An Letzterem findet sich der höchste Grad an Mineralisierung des subchondralen Knochens und der dickste Gelenkknorpel am Ellbogen überhaupt (▶ **Abb. 1.46**). Am

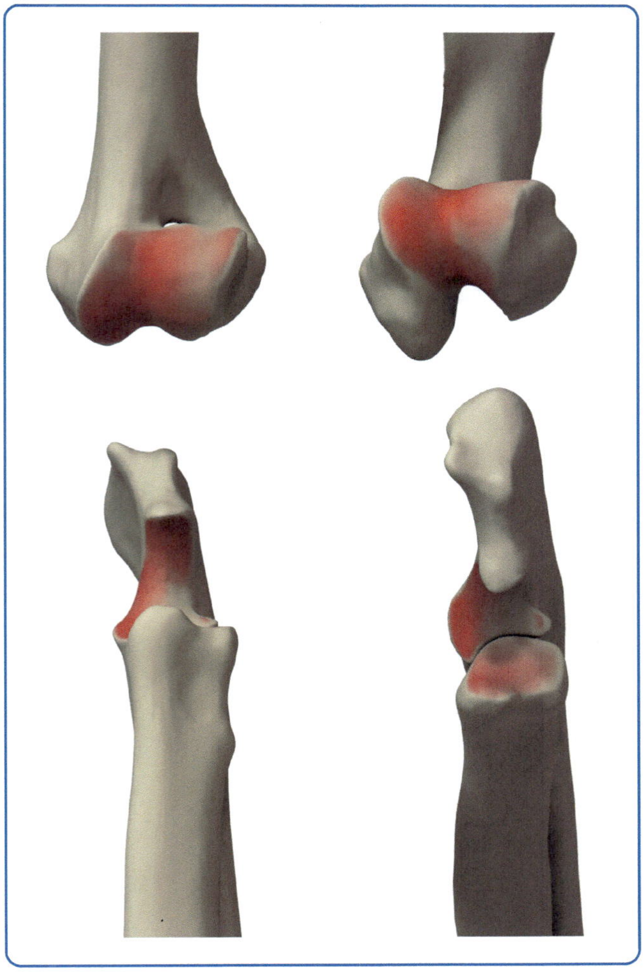

▶ **Abb. 1.46** Dicke der subchondralen Knochenschicht am Ellbogengelenk nach [43]. (Quelle: Martin S. Fischer, Jonas Laußtröer, Amir Andikfar)

Proc. coronoideus lateralis ist die subchondrale Knochendichte dagegen minimal. Der Radiuskopf weist ebenfalls medial ein klar umschriebenes Knochendichtemaximum auf, wird also langfristig stärker belastet als der laterale und kaudale Teil seiner Gelenkfläche.

Bei geringen Belastungen bis 100 N sind nur wenige Gelenkbereiche in Kontakt mit den Innenseiten der beiden Epikondylen, vor allem im Bereich des Proc. anconaeus und Proc. coronoideus medialis. Bei höheren Lasten breiten sich die punktuellen Kontaktgebiete aus und verschmelzen. Die Breite des Gelenkspaltes beträgt bei geringen Belastungen um 0,6 mm und verringert sich bei hoher Belastung auf 0,1 mm.

**Praxisbezug**

- Während beim Ellbogengelenk eine Gesamtbeweglichkeit von über 130° vorhanden ist, treten während der Fortbewegung in allen Gangarten meist unter 20° effektive Gelenkbewegungen auf.
- Nach Maierl rotiert während der Fortbewegung der Unterarm um einen zentralen Drehpunkt medial im Ellbogengelenk, wodurch der Proc. anconaeus an den Epicondylus lateralis und der Proc. coronoideus medialis an die Trochlea humeri gepresst werden [43].
- Betrachtet man die gesamte Gelenkkontaktfläche zwischen Humerus und Radius/Ulna, so hat die Ulna die deutlich größere Kontaktfläche.

## Vorderfußgelenke

Das Karpalgelenk besteht aus 15 einzelnen Knochen plus Sesambeine und 33 Einzelgelenken mit insgesamt 68 Gelenkfacetten. Die Knochen einer Karpalreihe bilden dabei weitgehend eine funktionelle Einheit (▶ Abb. 5.32). Im Einzelnen unterscheidet man: Articulatio radioulnaris distalis, Articulatio antebrachiocarpea (Unterarm-Vorderfußwurzelgelenk), Articulatio mediocarpea (Vorderfuß-Mittelgelenk) und Articulatio carpometacarpea (Vorderfußwurzel-Mittelfußgelenk). Hinzu kommen die Vorderfußwurzel-Zwischengelenke (Articulationes intercarpeae), welche die Vorderfußwurzelknochen einer Reihe miteinander verbinden, und die Articulatio ossis carpi accessorii, ein Gelenk zwischen dem Os carpi accessorium (Os pisiforme) und dem Os carpi ulnare (Os triquetrum). Bei starker Belastung führt die im M. flexor carpi ulnaris auftretende Spannung zu einem Einpressen des Os carpi accessorium in dieses Karpalgelenk, was eine stabilisierende Wirkung auf das Vorderfußgelenk hat.

Das distale Radioulnargelenk besitzt mit der Art. antebrachiocarpea eine gemeinsame Gelenkhöhle. Es ist wie das proximale Gelenk nur passiv beweglich. Distal des Gelenks werden Radius und Ulna noch von einem faserknorpeligen Band zusammengehalten.

In der Art. antebrachiocarpea artikulieren das Os carpi intermedioradiale (Os scapholunatum) mit dem Radius und das Os carpi ulnare mit der Ulna. Die für Carnivora typische Verschmelzung von 3 Vorderfußwurzelknochen zum Os carpi intermedioradiale erfolgt postnatal in den ersten Monaten. Die konkave radiale Gelenkfläche ist um etwa das 3-Fache größer als die schwach konkave ulnare. Bei hoher Belastung treten bis zu 50 % der Gelenkflächen in Kontakt [33]. In der Art. antebrachiocarpea weist die proximodorsale Kante des Os carpi intermedioradiale die stärkste Langzeitbelastung auf (▶ Abb. 1.47). Die Kraftübertragung von der Bodenkontaktfläche in den Unterarm erfolgt also überwiegend über den Radius. Im Unterarm wechselt diese dann in die Ulna, welche die Hauptlast in den Humerus weiterleitet.

Die Art. mediocarpea verbindet die proximale und distale Karpalreihe, wobei das Os carpi intermedioradiale mit allen 4 distalen Carpalia Kontakt erhält. Die Gelenkung mit dem Os carpale 3 (Capitatum) ist dergestalt, dass durch einen knöchernen Vorsprung am Os carpi intermedioradiale eine Hyperextension blockiert wird. Das Os carpi ulnare gelenkt dagegen nur mit dem Os carpale IV (Os hamatum) und dem Metacarpale V. Bei hoher Belastung treten maximal 40 % der Gelenkflächen in Kontakt [33]. In diesem Gelenk verläuft die funktionelle Grenze der Vorderfußwurzel zwischen einer distalen Einheit (2. Karpalreihe + Mittelfuß) und einer proximalen.

Die Art. carpometacarpea wird von den distalen, leicht konkaven Gelenkflächen der Carpalia I–IV und den entsprechend leicht konvexen Flächen der Metacarpalia gebildet. In den Gelenken ist nur eine sehr geringe Bewegung möglich.

Die Karpalgelenke (S. 101), deren aufwendiger Bänderapparat und die Faszienverspannungen lassen im Wesentlichen nur Beuge- und Streckbewegungen zu. Der Bewegungsumfang beträgt über 180°, davon finden 70 % in der Art. antebrachiocarpea, 25 % in der Art. mediocarpea und 5 % in der Art. carpometacarpea statt. Die Varus-/Valgus-Angulation beträgt 5–20° bzw. 15–30° und findet ganz überwiegend in der Art. antebra-

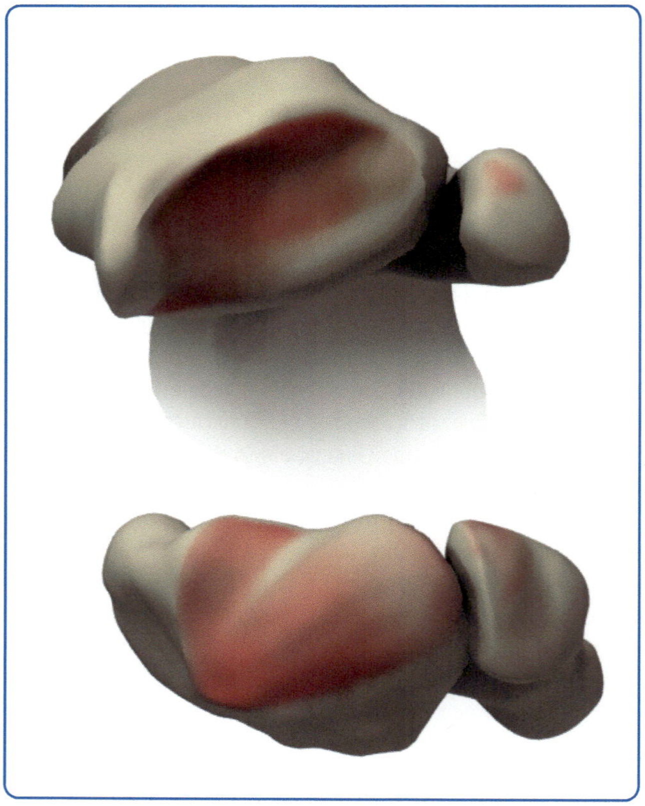

▶ **Abb. 1.47** Dicke der subchondralen Knochenschicht am Vorderfußwurzelgelenk nach [33]. (Quelle: Martin S. Fischer, Jonas Lauströer, Amir Andikfar)

chiocarpea statt. Die Beweglichkeit erlaubt eine sichere Trittfindung auch beim Manövrieren.

Der physiologische Hyperextensionswinkel des Vorderfußes beträgt individuell unterschiedlich etwa 25° ± 10°, die Valgusstellung bis 15°. Kaiser konnte bei der Messung der Karpalgelenkwinkel im Stand bei 50 Hunden mit einem Körpergewicht von über 15 kg eine hochsignifikante Korrelation zwischen dem Alter und der Größe des Karpalgelenkwinkels feststellen [33]. Danach nimmt mit steigendem Alter der Grad der Hyperextension zu. Keine Beziehung konnte zwischen dem Grad der Hyperextension und dem Gewicht oder der Rasse nachgewiesen werden.

Die Dichte des subchondralen Knochens nimmt im Vorderfuß zeitlebens zu, aber die Lage der Dichtemaxima bleibt weitgehend konstant [33]. Die distalen Gelenke weisen einen schnelleren Anstieg der Knochendichte auf. Sie ist im Vergleich mit anderen Gelenken hoch.

**Praxisbezug**

- Die Kraftübertragung von der Bodenkontaktfläche in den Unterarm erfolgt überwiegend über den Radius.
- Der Bewegungsumfang beträgt über 180°, davon finden 70 % in der Art. antebrachiocarpea, 25 % in der Art. mediocarpea und 5 % in der Art. carpometacarpea statt.

## Hüftgelenk

Das Hüftgelenk wird vom halbkugeligen Caput femoris und dem Acetabulum (Hüftgelenkpfanne) gebildet. Die Facies lunata hat eine Ω-förmige Oberfläche. Durch ein faserknorpeliges Labrum acetabulare wird beckenseitig die Gelenkfläche vergrößert sowie durch den hermetischen Abschluss der Adhäsion-Kohäsion-Mechanismus optimiert. Der Femurkopf ist fast vollständig mit einem wenige Millimeter dicken Gelenkknorpel überzogen und deutlich größer als die Hüftgelenkpfanne. Das Hüftgelenk weist rassespezifische Unterschiede auf (► **Abb. 1.48**) [55].

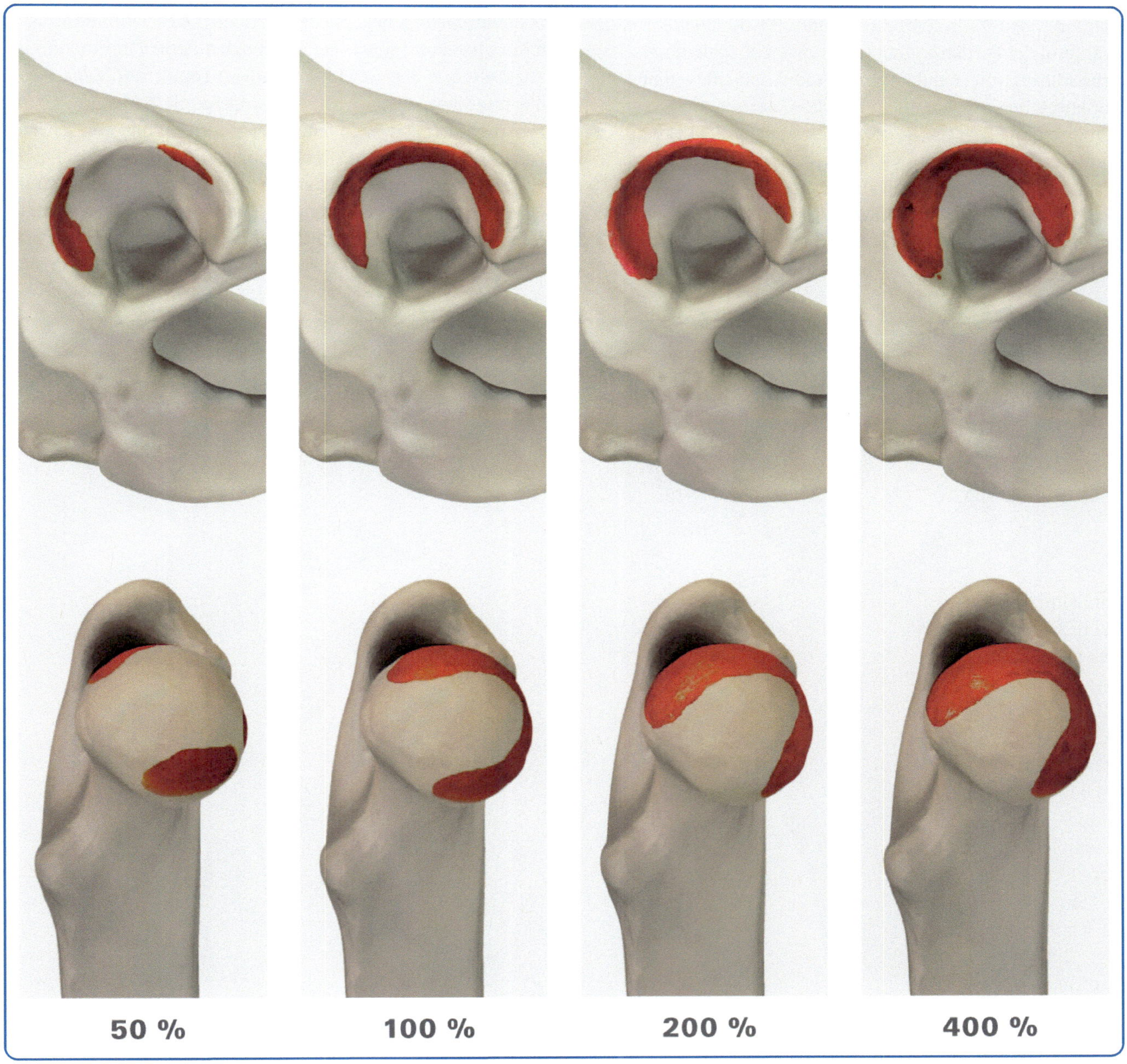


► **Abb. 1.48** Größe der Kontaktfläche im Hüftgelenk in Abhängigkeit der Belastung angegeben im Verhältnis zum Körpergewicht nach [41]. (Quelle: Martin S. Fischer, Jonas Lauströer, Amir Andikfar)

Trotz der sphärischen Oberfläche des Caput femoris wird während der Fortbewegung nur eine gürtelförmig Belastungszone genutzt. Mit zunehmender Belastung nimmt die Kontaktfläche um mehr als das Doppelte zu (▶ **Abb. 1.48**). Selbst bei dem 4-Fachen des Körpergewichts werden nur 55 % der Gelenkfläche am Oberschenkelkopf belastet. Wie für inkrongruente Gelenke charakteristisch, findet die Lastübertragung vor allem am Gelenkrand statt. Der Oberschenkelkopf dehnt sie bei steigender Belastung aus und spreizt die Gelenkpfanne. Der innere Rand der Gelenkfläche wird erst bei sehr großen Belastungen einbezogen [41]. Am Oberschenkel wirkt sich die Belastung an der Außen- und Innenseite in unterschiedlicher Weise aus. An der Medialseite wird gestaucht und an der Außenseite tritt eine Zugdehnung auf, was sich auch in der Anordnung der Knochenbälkchen niederschlägt. Auch die Dicke des subchondralen Knochens spiegelt selbstverständlich die Langzeitbelastungssituation wider (▶ **Abb. 1.49**).

Der maximale Bewegungsumfang im Hüftgelenk beträgt 70–80° Beugung, 80–90° Streckung, 70–80° Abduktion, 30–40° Adduktion, 50–60° Innenrotation und 80–90° Außenrotation. Während der Fortbewegung treten rasseabhängig unterschiedliche Muster von Abduktion und Adduktion sowie Innen- und Außenrotation auf. Vor allem bei idiomotorischen Bewegungen konnten umfangreiche Rotationsbewegungen (S. 13) gemessen werden.

Am Hüftgelenk finden sich keine mechanisch wirksamen Gelenkbänder. Im Ausschnitt des „Ω“ befindet sich das intraartikuläre, aber extrasynoviale Lig. capitis ossis femoris, das wohl weniger eine mechanische Funktion hat, als vielmehr ontogenetisch das Überbleibsel eines Versorgungssystems ist. Während des Wachstums des Femur wird das Caput femoris durch die in diesem Band verlaufende A. epiphysialis versorgt und nicht durch Gefäße vom Bein.

### Praxisbezug

- Trotz der sphärischen Oberfläche des Caput femoris wird während der Fortbewegung nur eine gürtelförmige Belastungszone genutzt.
- Bei inkrongruenten Gelenken findet die Lastübertragung vor allem am Gelenkrand statt.
- Der maximale Bewegungsumfang im Hüftgelenk beträgt 70–80° Beugung, 80–90° Streckung, 70–80° Abduktion, 30–40° Adduktion, 50–60° Innenrotation und 80–90° Außenrotation.

## Kniegelenk

Das Kniegelenk ist ein gekammertes Gelenk und besteht aus den mechanisch gekoppelten Articulationes femorotibialis et femoropatellaris sowie der proximalen Articulatio tibiofibularis. Zwischen den Gelenkflächen von Femur und Tibia liegen die faserknorpeligen Menisken, welche die fehlende Passung zwischen den konvexen femoralen Kondylen und den schwach konkaven Tibiakondylen des Tibiaplateaus ausgleichen.

Das Kniescheibengelenk ist ein Schlittengelenk zwischen der Patella und der Trochlea femoris. Die Patella wird von der lateralen und medialen Fascia lata und den allerdings häufig verkümmerten femoropatellaren Bändern in der proximalen

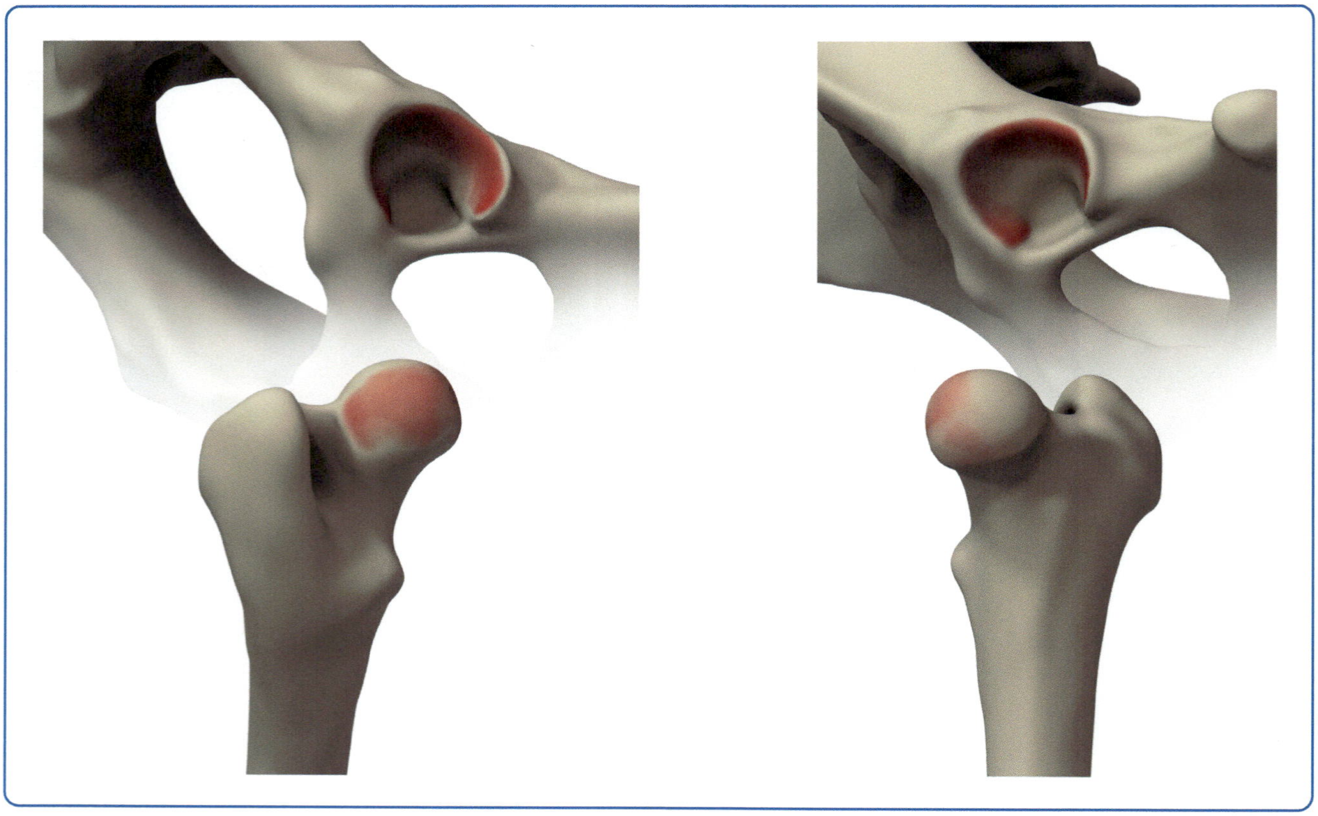

▶ **Abb. 1.49** Dicke der subchondralen Knochenschicht am Hüftgelenk nach [41]. (Quelle: Martin S. Fischer, Jonas Lauströer, Amir Andikfar)

Trochlearinne gehalten, welche im Randbereich durch Faserknorpel erweitert ist. Der Abschnitt der Endsehne des M. quadriceps femoris, der von der Patella zur Tibia zieht, wird als Lig. patellae (Kniescheibenband) bezeichnet. Dieses ist durch ein großes Fettpolster von der Gelenkkapsel getrennt. Durch die Patella wird die Zugrichtung des M. quadriceps femoris verändert. Die Patella vergrößert die Distanz zum Drehpunkt des Kniegelenks. So wird die Hebelwirkung des M. quadriceps femoris erhöht oder bei gleicher Hebelwirkung wird weniger Kraft benötigt. Nach neuesten Erkenntnissen ist die Patella kein Sesambein, sondern entwickelt sich als knöcherner Fortsatz. Sekundär kommt es zur Gelenkbildung [21].

Die große Gelenkkapsel umschließt 3 kommunizierende Recessus, 2 zwischen Femur und Tibia und 1 unter der Patella. Die beiden ersteren entsprechen den ursprünglich getrennten Gelenken zwischen Femur und Tiba/Fibula. Die Gelenkkapsel weist zahlreiche sensible Strukturen wie freie Nervenendigungen (Nozirezeption) oder Ruffini'sche Körperchen (Dehnungsrezeptoren) auf. Das gesunde Kniegelenk enthält gerade einmal 0,2–2 ml wässeriger Synovia. Diese hat im Kniegelenk auch die Aufgabe, die avaskulären Menisken zu versorgen.

Die bikonkaven Menisken bestehen zu etwa 2 Dritteln aus Wasser, weshalb sie Stoßbelastungen gut kompensieren können. Das andere Drittel setzt sich aus Kollagen, Proteoglykanen und Glykosaminoglykanen zusammen. Menisken haben auch die Aufgabe, die Synovia zwischen Kondylen und Tibiaplateau auf einen Synovialfilm zu reduzieren und damit die Lubrikation (Benetzung des hyalinen Knorpels mit Gelenkflüssigkeit) anzupassen. Der laterale Meniskus ist größer und dicker als der mediale, beide sind am äußeren Rand dick und verjüngen sich nach innen. Die Menisken (▶ **Abb. 5.14**) werden durch 6 Bänder aufwendig gehalten.

Der laterale Meniskus ist größer und dicker als der mediale. Die Streckung und Beugung im Kniegelenk erfolgt zwangsläufig als Rollgleitbewegung der Menisken. Der mediale Meniskus bewegt sich wegen seiner festen Verbindung mit dem medialen Seitenband weniger, das laterale Seitenband erlaubt eine größere Bewegung des lateralen Condylus ossis femoris und damit des lateralen Meniskus und zudem verhindern die Ursprungssehnen des M. popliteus und M. extensor digitorum longus eine Verbindung zwischen dem lateralen Meniskus und der Gelenkkapsel.

Die Streckung und Beugung im Kniegelenk erfolgt zwangsläufig als Rollgleitbewegung der Menisken, wobei sich der mediale wegen seiner Verankerung am medialen Seitenband und der Gelenkkapsel weniger bewegt. Da die Kontaktfläche von Femur und Tibia vor der funktionellen Achse der Tibia und dem Drehpunkt des Kniegelenks liegt, findet unter Belastung das kraniale Gleiten („cranial tibial thrust") statt. Antagonist der Kontaktfläche ist das kraniale Kreuzband.

Der Bewegungsumfang im Kniegelenk beträgt maximal 130°, das Kniegelenk kann höchstens bis 150° gestreckt werden. Daneben tritt eine stellungsabhängige Varus-/Valgus-Angulation auf. Beim gestreckten Kniegelenk ist nur eine minimale Drehbewegung möglich, da beide Seitenbänder und vor allem das laterale Knieband dieser entgegenwirken. Aber während das laterale Band bei Beugung völlig entspannt ist, ist nur der kaudale Teil des medialen Seitenbandes entspannt, der kraniale bleibt unter Spannung. Verbunden mit der größeren Verschiebbarkeit des lateralen Meniskus und der kaudaleren Lage des lateralen Condylus führt dies zu einer passiven Innenrotation der Tibia bei Flexion des Kniegelenks, was während der Vorschwingphase zu beobachten ist. Bei der Streckung wird diese durch die zunehmende Spannung des lateralen Kniebandes „automatisch" zurückgeführt („screw home mechanism"). Diese Schlussrotation wird von den seitlichen Bändern und Kreuzbändern limitiert. Während der Stemmphase ist das Knie flektiert, sodass aufgrund des entspannten lateralen Seitenbandes eine Innenrotation des Femurs möglich ist, Diese kann also auch bei gleichzeitiger Außenrotation der Tibia auftreten. Ihr Umfang wird vom hinteren Kreuzband eingeschränkt.

Die Kreuzbänder sind ein Rudiment der Kapselscheidewand, die ursprünglich bei Tetrapoden die beiden Gelenke (Art. femorotibialis und Art. femorofibularis) trennte. Sie liegen deshalb intraartikulär, aber extrasynovial, was sich auch in ihrer arteriellen Versorgung zeigt. Beide Kreuzbänder haben funktionell 2 Teile, deren unterschiedliche Spannungszustände eine Folge ihrer Topografie in Verbindung mit der kranialen Kniegelenkbewegung sind. Der kaudolaterale Teil des Lig. cruciatum craniale (CrCL, vorderes Kreuzband), der am weitesten distal entspringt und am weitesten kaudal inseriert, ist bei Streckung gespannt und bei Flexion schlaff, dessen kraniomedialer Teil ist immer gespannt. Beim Lig. cruciatum caudale (CdCL, hinteres Kreuzband) ist der kraniale Teil nur bei Beugung gespannt, der kaudale nur bei Streckung. CrCL schränkt die kraniale Bewegung der Tibia, deren Innenrotation und die Hyperextension ein, CdCL die kaudale Bewegung und femorale Innenrotation.

Die subchondrale Knochendichte ist im Zentrum der Trochlea femoris am größten (▶ **Abb. 1.50**) [56]. Ein weiteres, schwächeres Dichtemaximum findet sich im proximalen Abschnitt des Bogens der Incisura intercondylaris. Die Knochendichten am Tibiaplateau sind wesentlich höher, wobei diese am lateralen Condylus konzentrisch vom Zentrum zur Peripherie hin abnehmen, beim medialen Condylus ist die Region höchster Dichte etwa doppelt so groß. Die Verteilung der Knochendichte an der Patella ist bei den untersuchten Hunden sehr variabel [56]. Während einzelne Präparate ein Dichtemaximum an der Apex patellae aufwiesen, fand sich bei anderen in diesem Bereich die geringste Dichte.

### Praxisbezug

- Die Streckung und Beugung im Kniegelenk erfolgt zwangsläufig als Rollgleitbewegung der Menisken.
- Da die Kontaktfläche von Femur und Tibia vor der funktionellen Achse der Tibia und dem Drehpunkt des Kniegelenks liegt, findet unter Belastung das kraniale Gleiten („cranial tibial thrust") statt. Antagonist der Kontaktfläche ist das kraniale Kreuzband.
- CrCL schränkt die kraniale Bewegung der Tibia, deren Innenrotation und die Hyperextension ein, CdCL die kaudale Bewegung und femorale Innenrotation.

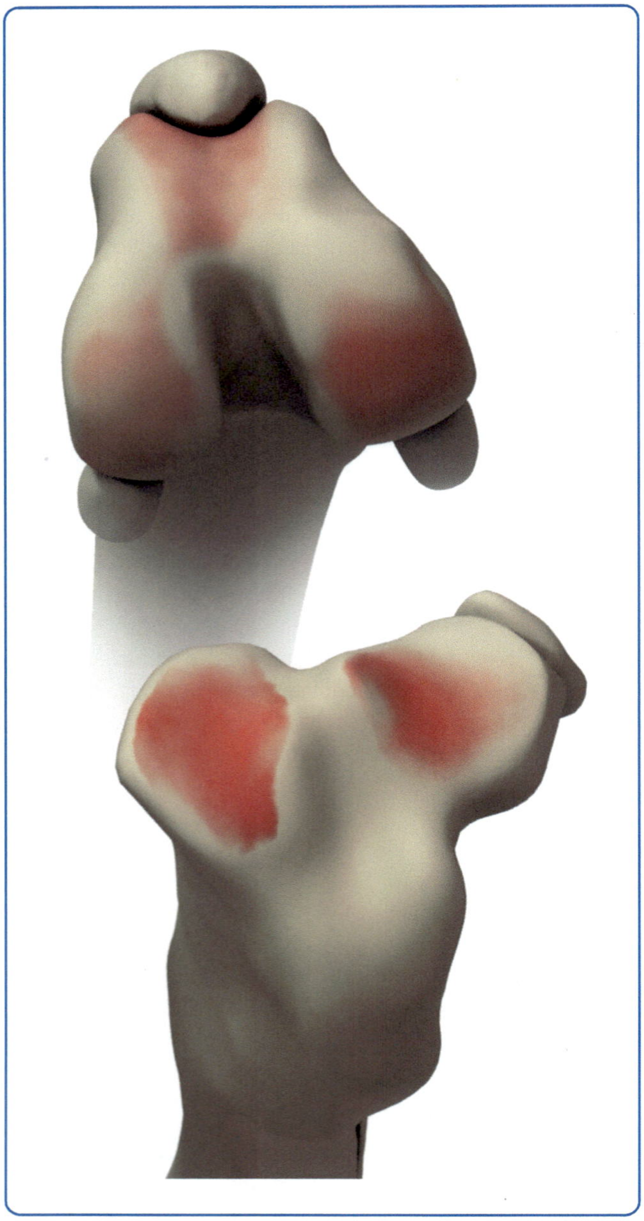

▸ **Abb. 1.50** Dicke der subchondralen Knochenschicht am Kniegelenk nach [56]. (Quelle: Martin S. Fischer, Jonas Lauströer, Amir Andikfar)

### Hinterfußgelenke

Das gesamte Tarsalgelenk (S. 86) besteht aus 14 Einzelknochen mit meist 66 Gelenkflächen, wovon 30 Gelenkflächen auf die 4 Gelenketagen entfallen.

Die Art. tibiofibularis distalis, die nur passiv und auch nur gering beweglich ist, bildet mit dem Talokruralgelenk eine gemeinsame Gelenkkapsel. Das Talokruralgelenk ist das einzige für die aktive Beinbewegung wichtige Fußgelenk, denn alle anderen Gelenke sind straff und besitzen nur geringste Beweglichkeit. Es wird von der Cochlea tibiae und der Trochlea tali mit ihren prominenten Rollkämmen gebildet. Diese weisen eine individuelle, aber auch rasseabhängige kraniolaterale Schrägstellung von bis zu 25° auf. Seitlich artikuliert die Trochlea tali mit dem lateralen, von der Fibula gebildeten Malleolus und medial mit dem tibialen Malleolus. Beide Malleoli bilden eine enge, zangenartige Führung des oberen Sprunggelenks. Auf der Kaudalseite gelenkt der Talus in 2 getrennten Gelenkflächen mit dem Calcaneus (Art. talocalcanea). Die Gelenkung mit der zweiten Tarsalreihe erfolgt beim Talus distal deutlich gegenüber seiner Trochlea versetzt mit dem Os tarsi centrale (Os naviculare) und beim Calcaneus mit dem Os tarsale quartum (Os cuboid). Die straffen distalen Intertarsalgelenke verbinden das Os tarsi centrale mit den Ossa tarsalia I–II (Cuneiformia 1–3). In den Artt. tarsometatarseae artikulieren das Os tarsale quartum mit den Metatarsalia IV und V, das Os tarsale tertium mit dem dritten Strahl, das Os tarsale secundum mit dem Metatarsale II. Das kleine Os tarsale primum kann mit dem Metatarsale I artikulieren oder verschmelzen. Die erste Zehe ist, wenn überhaupt, dann meist nur rudimentär ausgebildet. Einzelne Rassen weisen in der Regel eine Afterkralle auf, die dann auch zweigliedrig sein kann. Allerdings lässt das Vorhandensein einer Kralle noch keinen Rückschluss auf die knöcherne Ausprägung des 1. Strahles zu. Eine krallentragende Phalanx kann auch nur bindegewebig mit dem Tarsus verbunden sein.

1.6
# Anatomie und Physiologie des Nervensystems

Daniel Koch, Martin S. Fischer

## 1.6.1 Anatomie

### Rückenmark

Das Rückenmark liegt im Wirbelkanal. Es hat im thorakolumbalen Bereich etwas weniger Platz als im zervikalen Anteil. Der Zwischenraum ist mit epiduralem Fett ausgefüllt. Das Rückenmark beginnt am Ende des Hirnstammes und endet bei den meisten Hunden etwa auf Höhe des 6. Lendenwirbels. Das Rückenmark wird in folgende Segmente aufgeteilt: zervikal (C 1–C 8; es gibt aber nur 7 zervikale Wirbel), thorakal (T 1–T 13), lumbal (L 1–L 7), sakral (S 1–S 3) und kokzygeal (variabel) (▸ **Abb. 1.51**). Im Bereich der zervikalen (C 6–T 2) und lumbalen (L 4–S 3) Intumeszenzen ist das Rückenmark etwas breiter, weil dort in den Ventralhörnern die unteren Motoneurone (UMN) zu den Vorder- und Hintergliedmaßen entspringen. Das Rückenmark besteht aus einer zentralen grauen und peripheren weißen Substanz. In den dorsalen und ventralen Hörnern entspringen die Wurzeln der spinalen Nerven. Diese verlassen die Wirbelsäule im zervikalen Anteil jeweils kranial des gleichnamigen Wirbelkörpers, C 8 kaudal des 7. Halswirbels und ab dem thorakalen Anteil jeweils kaudal des gleichnamigen Wirbelkörpers. Die relative Kürzung des Rückenmarks im Vergleich zur Wirbelsäule hat zur Konsequenz, dass die Spinalnerven der kaudalen Anteile über eine längere Zeit im Wirbelkanal geführt werden, bevor sie via Foramina intervertebrales austreten können. Man spricht von der Cauda equina, welche geschützt und mit recht viel Freiraum im epiduralen Raum liegt.

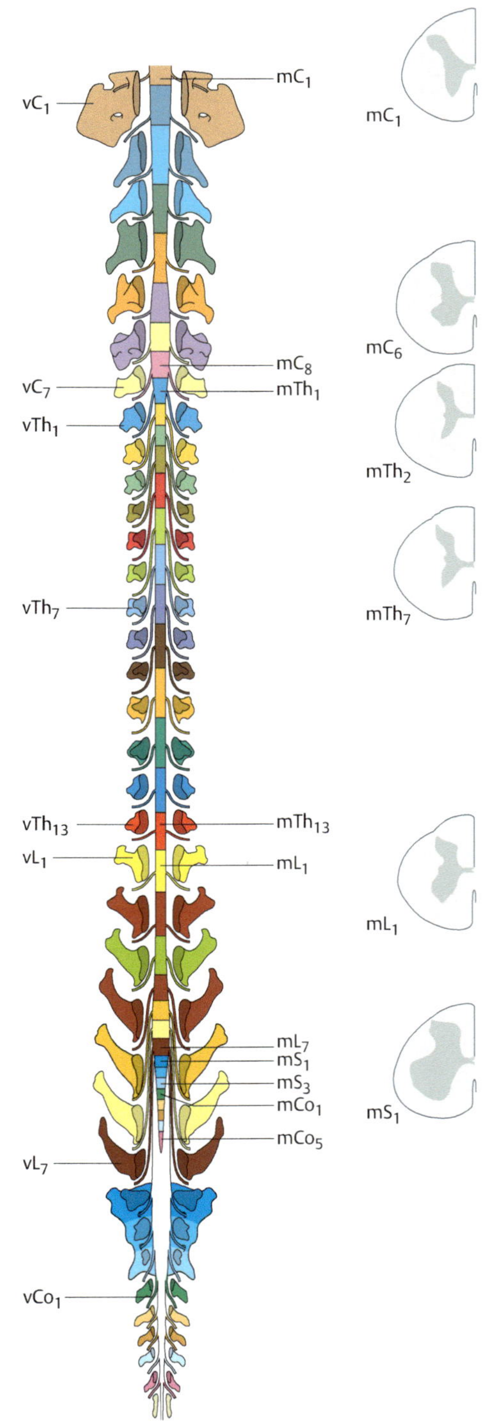


▸ **Abb. 1.51** Darstellung der segmentalen Gliederung des Rückenmarks in zervikale (C 1–C 8), thorakale (Th 1–Th 13), lumbale (L 1–L 7), sakrale (S 1–S 3) und kokzygeale Abschnitte (Co1–Co5). Die Rückenmarksabschnitte sind mit dem Buchstaben „m" (medullär) gekennzeichnet und den vertebralen Segmenten („v") gegenübergestellt. Die korrespondierenden knöchernen und medullären Abschnitte sind farblich einheitlich gekennzeichnet und stellen die topografische Verschiebung von Rückenmark und Wirbelsäule (Ascensus medullae) dar. (aus: Stoffel MH, Geiger D, Guldimann C, Kocher M. Funktionelle Neuroanatomie für die Tiermedizin. Enke 2010)

## Meningen

Die Meningen oder Hirnhäute umfassen das ZNS und bestehen aus drei Schichten. Die innerste ist die Pia mater, sie liegt dem Rückenmark direkt auf. Im Spalt zwischen Pia mater und Arachnoidea mater liegt die Zerebrospinalflüssigkeit. Die äußerste Schicht ist die fibröse Dura mater. Der Meningealsack endet in der Regel im Sakrum.

## Zerebrospinale Flüssigkeit (Liquor cerebrospinalis)

Die zerebrospinale Flüssigkeit wird hauptsächlich in den Plexus choroideus des Gehirns gebildet. Sie verlässt das Gehirn in kaudaler Richtung und füllt den subarachnoidalen Raum, in kleinen Anteilen auch den Zentralkanal des Rückenmarks. Sie wird sowohl im Gehirn als auch im Rückenmark durch Ausstülpungen der Arachnoidea in die Venen resorbiert. Liquor ist in der Regel farblos, enthält wenige Proteine und Zellen. Er schützt Gehirn und Rückenmark gegen Stoß, gleicht Druckunterschiede aus, ernährt das ZNS und ist das Transportmedium des Gehirns zur Abfallentsorgung (glymphatisches System).

## Periphere Nerven

Zusammen mit den 12 Gehirnnerven bilden die Spinalnerven die Gesamtheit der peripheren Nerven. Beim Hund gibt es 8 Zervikal-, 13 Thorakal-, 7 Lumbal-, 3 Sakral- und etwa 5 Schwanznervenpaare. Die Wurzeln liegen im Rückenmark, die dorsale Wurzel weist afferente Fasern auf, die ventrale efferente Fasern. Beide Wurzeln vereinigen sich zum Spinalnervenstamm, welcher den Wirbelkanal durch das Foramen intervertebrale verlässt (▸ **Abb. 1.52**). In der Region der Vorder- und

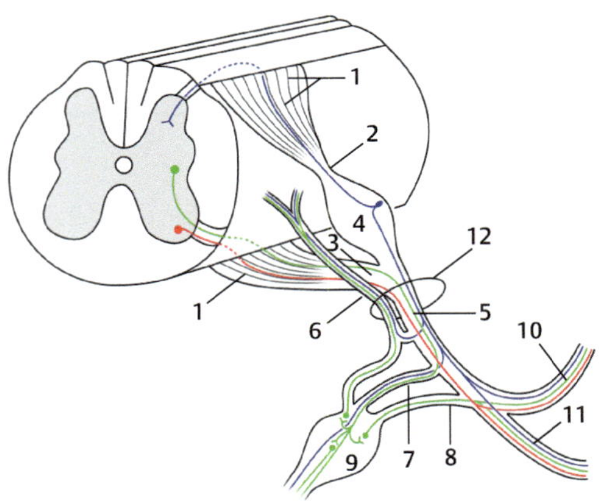


▸ **Abb. 1.52** Aufbau eines Spinalnerven im thorakolumbalen Abschnitt des Rückenmarks, schematisch. 1 Fila radicularia, 2 Radix dorsalis, 3 Radix ventralis, 4 Ganglion spinale, 5 Truncus nervi spinalis, 6 Ramus meningeus, 7 Ramus communicans albus, 8 Ramus communicans griseus, 9 Grenzstrangganglion, 10 Ramus dorsalis, 11 Ramus ventralis, 12 Foramen intervertebrale; afferente Fasern = blau; motorische Fasern = rot; sympathische Fasern = grün. (aus: Salomon F-V, Geyer H, Gille U. Anatomie für die Tiermedizin. 3. Auflage. Stuttgart. Enke 2015)

Hinterextremitäten bilden die Rami ventrales der Spinalnerven Nervengeflechte, den Plexus brachialis (► **Abb. 1.53**) und den Plexus lumbosacralis (► **Abb. 1.54**). Der Plexus brachialis umfasst den 6., 7. und 8. Halsnerv sowie den 1. und 2. Thorakalnerv) und der Plexus lumbosacralis den 4. bis 7. Lendennerv und den 1. bis 3. Sakralnerv. Die afferenten Fasern innervieren eine bestimmte Hautregion, das Dermatom. Die Entsprechung auf der efferenten Seite ist das Myotom. Verletzungen im Ple-

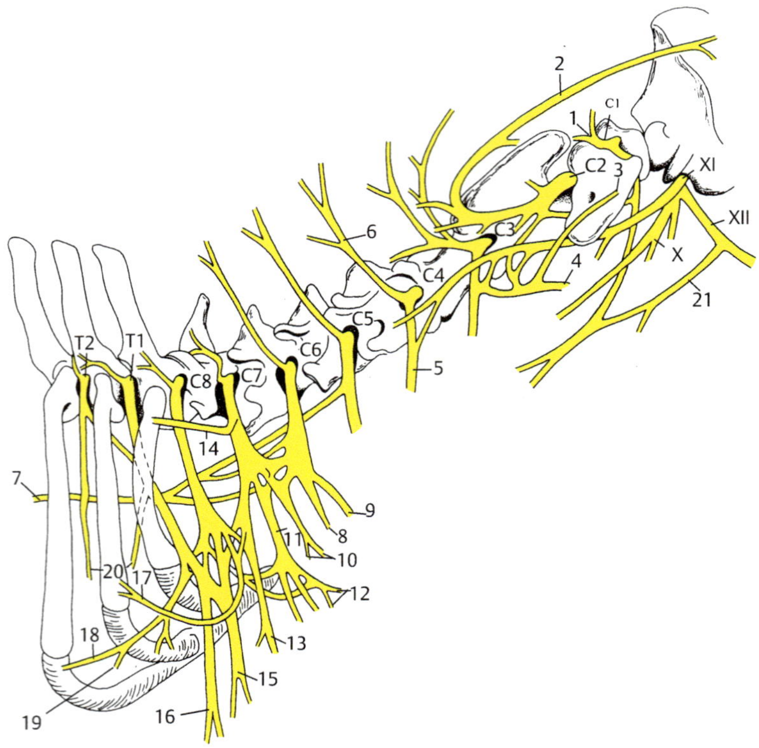


► **Abb. 1.53** Halsnerven und Plexus brachialis des Hundes, vereinfacht. 1 N. suboccipitalis, 2 N. occipitalis major, 3 N. auricularis magnus, 4 N. transversus colli, 5 R. ventralis, 6 R. dorsalis, 7 N. phrenicus, 8 N. suprascapularis, 9 Ast zum M. brachiocephalicus, 10 Nn. subscapulares, 11 N. musculocutaneus, 12 Nn. pectorales craniales, 13 N. axillaris, 14 N. thoracicus longus, 15 N. radialis, 16 Nn. medianus und ulnaris, 17 N. thoracodorsalis, 18 N. thoracicus lateralis, 19 Nn. pectorales caudales, 20 Interkostalnerven, 21 Ansa cervicalis, C 1–C 8 = 1.–8. Halsnerv, T 1–T 2 = 1.–2. Thorakalnerv, X N. vagus, XI N. accessorius, XII N. hypoglossus (nach Evans, 1993). (aus: Salomon F-V, Geyer H, Gille U. Anatomie für die Tiermedizin. 3. Auflage. Stuttgart. Enke 2015)

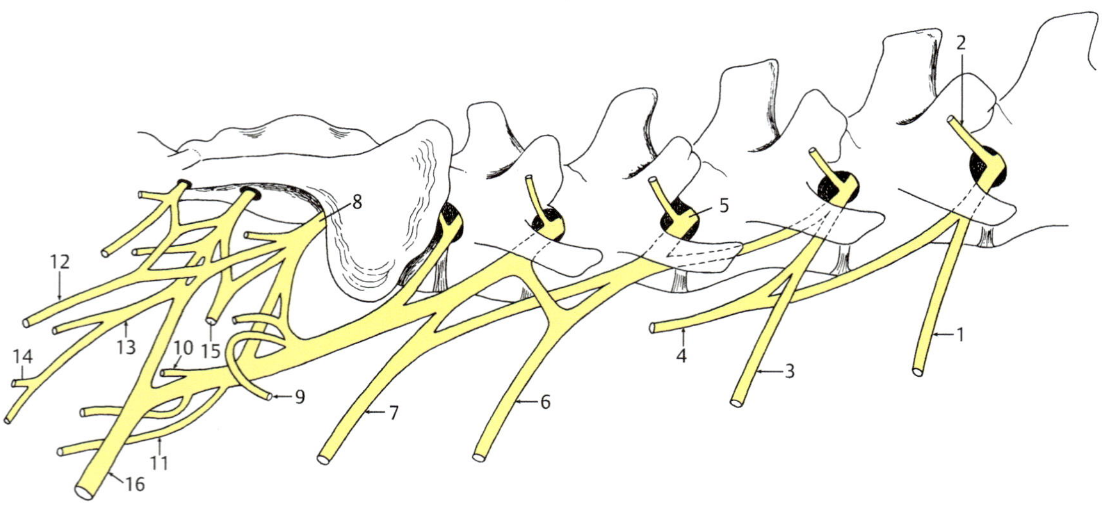


► **Abb. 1.54** Plexus lumbosacralis des Hundes, vereinfacht. 1 N. ilioinguinalis, 2 R. dorsalis des 3. Lendennerven, 3 N. cutaneus femoris lateralis, 4 N. genitofemoralis, 5 5. Lendennerv, 6 N. femoralis, 7 N. obturatorius, 8 1. Kreuznerv, 9 N. gluteus cranialis, 10 N. gluteus caudalis, 11 Ast zum M. obturatorius internus, 12 N. cutaneus femoris caudalis, 13 N. pudendus, 14 N. rectalis caudalis, 15 Nn. pelvini, 16 N. ischiadicus (nach Evans, 1993). (aus: Salomon F-V, Geyer H, Gille U. Anatomie für die Tiermedizin. 3. Auflage. Stuttgart. Enke 2015)

xusbereich haben zur Folge, dass meist keine eindeutig umschriebenen Ausfälle, sondern komplexe Bewegungs- und Koordinationsstörungen zu beobachten sind. Die eigentlichen Nerven der Gliedmaßen bestehen also in der Regel aus mehreren Anteilen von Spinalnerven.

### 1.6.2 Einteilungen

Das Nervensystem wird in ein zentrales (ZNS) und in ein peripheres (PNS) Nervensystem eingeteilt. Gehirn und Rückenmark gehören zum ZNS, die Ganglien, die Plexus und die Spinalnerven zum PNS. Die Nerven bestehen aus einem Zellkern sowie aus Information empfangenden Fortsätzen (Dendriten) und einem langen Fortsatz, dem Axon, welcher die Informationen via Synapse und Neurotransmitter wie Acetylcholin oder Katecholamine an Folgenerven oder an Muskeln weitergibt. Gliazellen bilden das Stütz-, Hüll- und ernährende Gewebe des Nervensystems.

Funktionell kann eine Einteilung in ein somatisches und viszerales Nervensystem erfolgen. Das somatische oder animalische Nervensystem ist für die Beziehung zwischen Organismus und Umwelt zuständig. Das viszerale Nervensystem regelt die vegetativen Funktionen des Körpers, wozu zum Beispiel die Verdauung, die Regulierung der Körpertemperatur, Herz- und Atemtätigkeit zählen. Für die Diagnostik von Bewegungsstörungen ist es von untergeordneter Bedeutung.

Hinsichtlich der Impulsrichtung haben sich die Begriffe Afferenzen und Efferenzen eingebürgert. Afferente Leitungsbahnen gehen von einem Rezeptor aus und werden über den peripheren Nerv weitergeleitet. In der Regel handelt es sich um Sinnesqualitäten wie Propriorezeption, Schmerz usw. Der Reiz wird in den spinalen Ganglien auf das Axon der Nervenzelle des ZNS umgeschaltet und dem Gehirn zugeführt. Efferente Leitungsbahnen führen Informationen zum Erfolgsorgan hin, sind also als absteigend zu betrachten und steuern unter anderem die Muskelaktivität.

### 1.6.3 Oberes und unteres Motoneuron, Reflexbogen

Die Efferenzen werden in zwei Motoneuronsysteme eingeteilt. Das obere Motoneuron (OMN, englisch Upper Motoneuron, UMN) umfasst das Modulationszentrum im Gehirn und die Verbindungsbahn zu den Intumeszenzen. Der Zellkörper liegt im Gehirn. Es ist zuständig für die bewusste Auslösung der Willkürbewegung. Im Ventralhorn der grauen Substanz des Rückenmarkes findet die Umschaltung in das untere Motoneuron (UMN, englisch Lower Motoneuron, LMN) statt (▶ **Abb. 1.55**). Funktionell werden der periphere Nerv und der Muskel dazugezählt. Das UMN weist eine unwillkürliche Grundaktivität auf, ausgelöst durch Impulse aus der Peripherie. Dies wird zum Beispiel bei tiefen Rückenmarkläsionen beobachtet, wenn die Hintergliedmaßen eine eigene und mit dem Rest des Körpers nicht synchronisierte Aktivität bekommen, sogenannte „spinal walker".

Im Reflexbogen führt das sensorische periphere Neuron den Reiz über den Plexus brachialis respektive lumbosacralis zum Ventralhorn des Rückenmarkes, wo er direkt an das UMN weitergeleitet wird und die Muskelaktivität ausführt (▶ **Abb. 1.56**). Eine willkürliche Beeinflussung durch das Gehirn entfällt. Allerdings hat das Gehirn im unversehrten Zustand des Nervensystems einen dämpfenden Einfluss auf das UMN. Dieser Zusammenhang wird bei der Beurteilung der Reflexe ausgenutzt. Ein gesteigerter Reflex und spastische Gliedmaßen bedeuten, dass das OMN verletzt ist, zum Beispiel bei Bandscheibenvorfällen. Sind nur die Hintergliedmaßen betroffen, so liegt die Läsion zwischen T 3 und L 3. Sind alle 4 Gliedmaßen betroffen, so liegt die Läsion zwischen C 1 und C 5. Eine Besonderheit ist das sogenannte Schiff-Sherrington-Phänomen, eine tiefe Verletzung des thorakolumbalen Rückenmarkes. Es kommt zum Ausfall hemmender Bahnen für die Vordergliedmaße und damit zur Spastizität derselben. Reduzierte bis abwesende Reflexantworten sowie schlaffe Gliedmaßen bedeuten, dass eine Verlet-

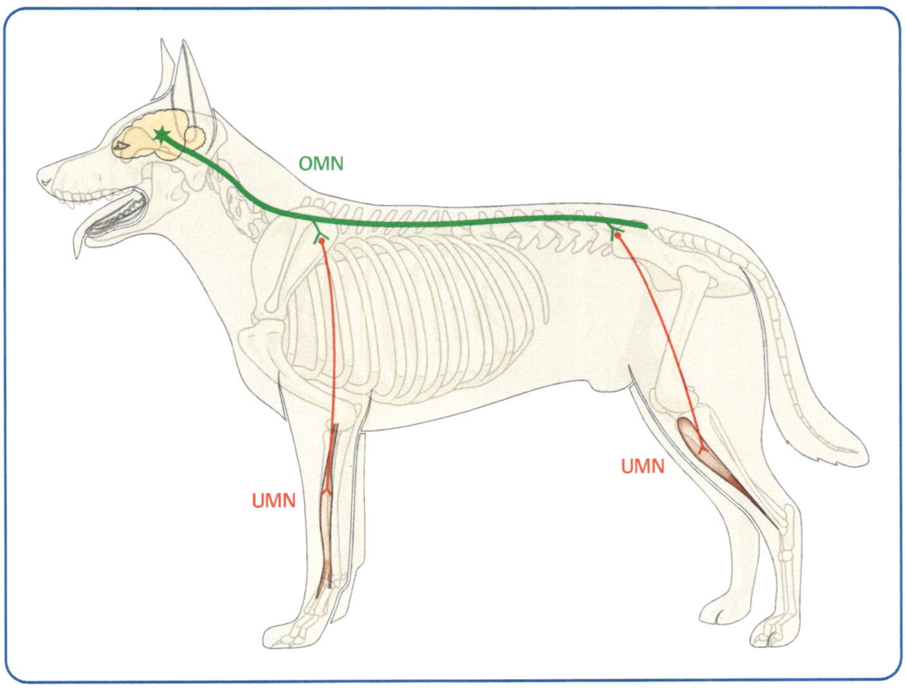


▶ **Abb. 1.55** Das untere motorische Neuron (UMN) stellt die Summe aller peripheren absteigenden Nerven dar. Das obere motorische Neuron (OMN) initiiert die willkürliche Bewegung, hält die Muskelaktivität und schwächt die UMN-Aktivität in der Regel etwas ab. (Quelle: Karin Baum)

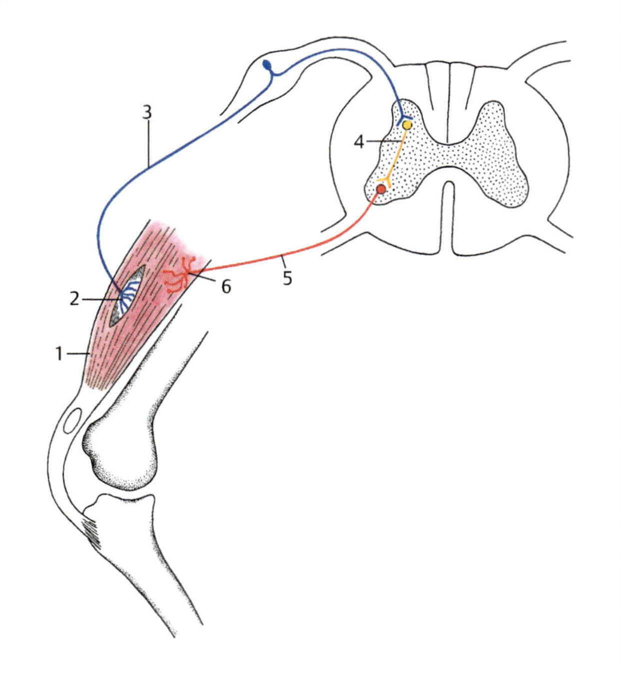


▶ **Abb. 1.56** Eigen- oder monosynaptischer Reflexbogen des Patellarsehnenreflexes, schematisch. 1 M. rectus femoris, 2 Muskelspindel, 3 afferentes Neuron, 4 Schaltzelle, 5 efferentes Neuron, 6 motorische Endplatte. (aus: Salomon F-V, Geyer H, Gille U. Anatomie für die Tiermedizin. 3. Auflage. Stuttgart. Enke 2015)

zung des UMN vorliegt. Typische Beispiele sind die degenerative lumbosakrale Stenose oder ein Trauma des N. radialis nach Autounfall. Kompressionen des Rückenmarkes im Bereich C6–T2 respektive L4–S3 führen zu einem UMN-Zeichen der entsprechenden Gliedmaße.

## 1.7 Literatur

[1] Andersson LS et al. Mutations in DMRT3 affect locomotion in horses and spinal circuit function in mice. Nature 2012; 488:642–646

[2] Andrada E, Reinhardt L, Lucas K, Fischer MS. 3D- inverse dynamics of beagles' forelimbs during walk and trot. AJVR 2017; 78: 804–817

[3] Armstrong R, Saubert IV C, Seeherman H et al. Distribution of fiber types in locomotory muscles of dogs. Am J Anat 1982; 163(1):87–98

[4] Benninger MI, Seiler GS, Robinson LE et al. Effects of anatomic conformation on three-dimensional motion of the caudal lumbar and lumbosacral portions of the vertebral column of dogs. Am J Vet Res 2006; 67(1):43–50

[5] Blickhan R. The spring-mass model for running and hopping. J Biomech 1989; 22(11–12):1217–1227

[6] Blickhan R, Seyfarth A, Geyer H et al. Intelligence by mechanics. Phil Trans R Soc A 2007; 365:199–220

[7] Breit S, Kunzel W. On biomechanical properties of the sacroiliac joint in purebred dogs. Ann Anat 2001; 183(2):145–150

[8] Budsberg SC, Verstraete MC. Canine center of pressure patterns during a trotting gait. Vet Surg 1993; 22(5):373–374 (Meeting Abstracts)

[9] Bürger R, Lang J. Kinetische Studie über die Lendenwirbelsäule und den lumbosakralen Übergang beim Deutschen Schäferhund. Schweizer Arch Tierheilk 1993; 135(2):35–43

[10] Caicoya AG, Illert M, Jämkie R. Monosynaptic Ia pathways at the cat shoulder. J Physiol 1999; 518:825–841

[11] Carrier D, Chase K, Lark K. Genetics of canid skeletal variation: Size and shape of the pelvis. Genome Res 2005; 15(12):1825–1830

[12] Carrier DR, Deban SM, Fischbein T. Locomotor function of the pectoral girdle 'muscular sling' in trotting dogs. J Exp Biol 2008; 209:2224–2237

[13] Carrier DR, Deban SM, Fischbein T. Locomotor function of forelimb protractor and retractor muscles of dogs: evidence of strut-like behavior at the shoulder. J Exp Biol 2008; 211(1):150–162

[14] Dickomeit MJ. Anatomische und biomechanische Untersuchungen am Ellbogengelenk des Hundes (Canis familiaris) [Dissertation]. München: Ludwig-Maximilians-Universität; 2002

[15] Siedler S, Dobenecker B. The source of phosphorus influences serum PTH, apparent digestibility and blood levels of calcium and phosphorus in dogs fed high phosphorus diets with balanced Ca/P ratio. In Proc. Waltham International Nutritional Sciences Symposium 2016, p. 21

[16] Dobenecker B, Endres V, Kienzle E. Energy requirements of puppies of two different breeds for ideal growth from weaning to 28 weeks of age. Journal of animal physiology and animal nutrition 2013; 97 (1):190–196

[17] Eckstein F, Steinlechner M, Müller-Gerbl M et al. Mechanische Beanspruchung und subchondrale Mineralisierung des menschlichen Ellbogengelenks. Unfallchirurg 1993; 96:99–104

[18] Eller D. Anatomische und biomechanische Untersuchungen am Schultergelenk (Articulatio humeri) des Hundes (Canis familiaris) [Dissertation]. München: Ludwig-Maximilians-Universität; 2003

[19] Elmiger C, Thes M, Kienzle E. Metabolisable energy intake of privately owned puppies. Abstract ESVCN congress 2017 Cirencester, UK

[20] Evans HE. Miller's Anatomy of the Dog. Philadelphia: WB Saunders; 2013

[21] Eyal S, Blitz E, Shwartz Y et al. On the development of the patella. Development 2015; 142:1831–1839

[22] Fish FE, Dinenno NK. The 'dog paddle': Stereotypic swimming gait pattern in different dog breeds. SICB Meeting; 2014

[23] Fischer MS. Kinematics, EMG, and inverse dynamics of the therian forelimb – a synthetical approach. Ann Anat 1999; 238:41–54

[24] Fischer MS, Blickhan R. The tri-segmented limbs of therian mammals: kinematics, dynamics, and self-stabilization A review. J exp Zool 2006; 305A:935–952

[25] Fischer MS, Lehmann S, Andrada E. Three-dimensional kinematics of canine hind limbs: in vivo, biplanar, high-frequency fluoroscopic analysis of four breeds during walking and trotting. Scientific Rep. 2018; 8:1–22. doi:10.1038/s41598-018-34310-0

[26] Fischer MS, Lilje KE. Hunde in Bewegung. Stuttgart: Franckh-Kosmos; 2011

[27] Flinsbach S. Röntgenologische und sonographische Überprüfung ausgewählter Parameter des Knochenwachstums an mit Kalzium, Phosphor oder Vitamin A fehlversorgten Beagles und Foxhound-Boxer-Labrador- Mischlingen [Dissertation]. München: Ludwig-Maximilians-Universität; 2003

[28] German AJ. Promoting healthy growth in pets. Abstract International Nutritional Sciences Symposium 2016, Atlanta, USA

[29] Geyer H, Seyfarth A, Blickhan R. Compliant leg behaviour explains basic dynamics of walking and running. Proceedings of the Royal Society of London B: Biological Sciences 2006; 273(1603): 2861–2867

[30] Goslow G, Seeherman H, Taylor C et al. Electrical activity and relative length changes of dog limb muscles as a function of speed and gait. J Exp Biol 1981; 94(1):15–42

[31] Gregersen C, Silverton N, Carrier D. External work and potential for elastic storage at the limb joints of running dogs. J Exp Biol 1998; 201(23):3197–3210

[32] Hedhammar A, Wu FM, Krook L. Overnutrition and skeletal disease: an experimental study in growing Great Dane dogs. X. Discussion, Cornell veterinarian

[33] Kaiser A. Morphologische und biomechanische Eigenschaften des Karpalgelenks (Articulatio carpi) des Hundes (Canis familiaris) [Dissertation]. München: Ludwig-Maximilians-Universität; 2006

[34] Kempt T. Functional trade-offs in the limb bones of dogs selected for running versus fighting. J Exp Biol 2005; 208(18):3475–3482

[35] Kiefer-Hecker B, Kienzle E, Dobenecker B. Effects of low phosphorus supply on the availability of calcium and phosphorus, and musculoskeletal development of growing dogs of two different breeds. Journal of animal physiology and animal nutrition 2018; 102(3): 789–798

[36] Kienzle E, Brenten T, Dobenecker B. Impact of faecal DM excretion on faecal calcium losses in dogs eating complete moist and dry pet foods–food digestibility is a major determinant of calcium requirements. Journal of nutritional science 2017; 6

[37] Kienzle E, Dobenecker B. Effect of dietary cation-anion balance on faecal calcium excretion in dogs. Abstract ESVCN Congress 2017 Cirencester, UK

[38] Kubein-Meesenburg D, Nägerl H, Fanghänel J. Elements of a general theory of joints. 1. Basic kinematic and static function of diarthrosis. Anat Anz 1990; 170:301–308

[39] LaFlamme DP. Development and Validation of a Body Condition Score System for Cats. A Clinical Tool. Feline Practice 1997; 25:13–17

[40] LaFlamme DP, Hume E, Harrison J. Evaluation of Zoometric Measures as an Assessment of Body Composition of Dogs and Cats. Compendium 2001; 23 [Suppl gA]:88

[41] Lieser B. Morphologische und biomechanische Eigenschaften des Hüftgelenks (Articulatio coxae) des Hundes (Canis familiaris) [Dissertation]. München: Ludwig-Maximilians-Universität; 2003

[42] Mack JK, Alexander LG, Morris PJ et al. Demonstration of uniformity of calcium absorption in adult dogs and cats. J Anim Physiol Nutr (Berl.) 2015; doi: 10.1111/jpn.12294

[43] Maierl J. Zur funktionellen Anatomie und Biomechanik des Ellbogengelenks (Articulatio cubiti) des Hundes (Canis familiaris) [Habilitationsschrift]. München: Ludwig-Maximilians-Universität; 2003

[44] Maierl J, Böttcher P. Dreidimensionale Visualisierung der subchondralen Knochendichte entlang der Oberflächennormalen am Schulter- und Ellbogengelenk des Hundes. Ann Anat (Suppl) 1999; 181:288

[45] Meyer H, Zentek J. Ernährung des Hundes. Stuttgart: Enke; 2013

[46] Morris PJ, Salt C, Raila J et al. Safety evaluation of vitamin A in growing dogs. Br J Nutr 2012; 108:1800–1809

[47] Müller-Gerbl M. CT-Osteoabsorptiometrie (CT-OAM) und ihr Einsatz zur Analyse der Langzeitbeanspruchung der großen Gelenke in vivo [Habilitationsschrift]. München: Ludwig-Maximilians-Universität; 1991

[48] Nanua P, Waldron KJ. Energy comparison between trot, bound, and gallop using a simple model. J Biomech 1995; 117(4):466–473

[49] Nap RC, Hazewinkel HAW, Voorhout G et al. The influence of the Dietary Protein Content on Growth in Giant Breed Dogs. Vet Comp Orthop Traumatol 1993; 6(1):5–12

[50] Nap RC, Mol JA, Hazewinkel HAW. Age-related plasma concentrations of growth hormone (GH) and insulin-like growth factor I (IGF-I) in Grat Dane pubs fed different dietary levels of protein. Domest Anim Endocrin 1993; 10(3):237–247

[51] Oury F, Sumara G und O et al. Endocrine regulation of male fertility by the skeleton. Cell 201; 144(5):796–809

[52] Parker HG, Vonholdt BM, Quignon P et al. An expressed Fgf4 retrogene is associated with breed-defining chondrodysplasia in domestic dogs. Science 2009; 325:995–998

[53] Pasi BM, Carrier DR. Functional trade-offs n the limb muscles of dogs selected for running vs. fighting. J Evol Biol 2003; 16:324–332

[54] Pauwels F. Die Druckverteilung im Ellenbogengelenk, nebst grundsätzlichen Bemerkungen über den Gelenkdruck. 11. Beitrag zur funktionellen Anatomie und kausalen Morphologie des Stützapparates. Z Anat Entw-Gesch 1963; 123:643–667

[55] Richter V, Löffler K. Rassespezifische Merkmale am Becken des Hundes. Dtsch Tierärztl Wschr 1976; 83:455–461

[56] Riegert S. Anatomische und biomechanische Untersuchungen am Kniegelenk (Articulatio genus) des Hundes (Canis familiaris) [Dissertation]. München: Ludwig-Maximilians-Universität; 2004

[57] Ritter D, Nassar P, Fife M et al. Epaxial muscle function in trotting dogs. J Exp Biol 2001; 204(17):3053–3064

[58] Rode C, Siebert T, Blickhan R. Titin induced force enhancement and force depression: A 'sticky spring' mechanism in muscle contractions? J Theor Biol 2009; 259: 350–360

[59] Rode C, Tomalka A, Blickhan R, Siebert T. Myosin filament sliding through the Z-disc relates striated muscle fibre structure to function. Proc Roy Soc B 2016; 283: 20153030

[60] Salomon F-V, Geyer H, Gille U. Anatomie für die Tiermedizin. 3. Auflage. Stuttgart. Enke 2015

[61] Scherrer PK, Hillberry BM, Sickle DV. Determining the in-vivo areas of contact in the canine schoulder. J Biomech 1979; 101:271–278

[62] Schilling N, Carrier D. Function of the epaxial muscles during trotting. J Exp Biol 2009; 212(7):1053–1063

[63] Schilling N, Carrier DR. Function of the epaxial muscles in walking, trotting, and galloping dogs: Implications for the evolution of epaxial muscle funtion in tetrapods. J Exp Biol 2010; 213:1490–1502

[64] Schleip R, Findley TW, Chaitow L, Huijing PA. Lehrbuch Faszien. München: Urban & Fischer; 2014

[65] Schnapper A. Direkte Zell-Zell-Interaktionen während der Wachstums- und funktionell-adaptiven Reifungsvorgänge im Skelett des Hundes [Habilitationsschrift]. Hannover: Stiftung Tierärztliche Hochschule; 2007

[66] Seyfarth A, Geyer H, Günther M et al. A movement criterion for running. J Biomech 2002; 35(5):649–655

[67] Shahar R, Milgram J. Morphometric and anatomic study of the hind limb of a dog. Am J Vet Res 2001; 62(6):928–933

[68] Shahar R, Milgram J. Morphometric and anatomic study of the forelimb of the dog. J Morph 2005; 263(1):107–117

[69] Sharp NJ, Wheeler SJ. Small animal spinal disorders: diagnosis and surgery. Philadelphia: Elsevier Mosby; 2005

[70] Siebert T, Stutzig N, Rode C. A hill-type muscle model expansion accounting for effects of varying transverse muscle load. J Biomech 2018; 66: 57–62

[71] Siniscalchi M et al. Seeing Left- or Right-Asymmetric Tail Wagging Produces Different Emotional Responses in Dogs. Curr Biol 2013; 23:1–4

[72] Snow D, Billeter R, Mascarello F et al. No classical type IIB fibres in dog skeletal muscle. Histochem Cell Biol 1982; 75(1):53–65

[73] Stoffel MH. Funktionelle Neuroanatomie für die Tiermedizin. Stuttgart: Enke; 2010

[74] Thes M, Köber N, Fritz J et al. Metabolizable energy intake of client owned adult dogs. Proceedings of the WALTHAM International Nutritional Sciences Symposium 2013, October 2013, Portland, USA; P107

[75] Tokuriki M. Electromyographic and joint-mechanical studies in quadrupedal locomotion. I. Walk. Nippon Juigaku Zasshi. Japan J Vet Sci 1973; 35(5):433–436

[76] Tokuriki M. Electromyographic and joint-mechanical studies in quadrupedal locomotion. II. Trot. Nippon Juigaku Zasshi. Japan. J Vet Sci 1973; 35(6):525–533

[77] Tokuriki M. Electromyographic and joint-mechanical studies in quadrupedal locomotion. III. Gallop. Nippon Juigaku Zasshi. Japan. J Vet Sci 1974; 36(2):121–132

[78] Usherwood JR, Wilson AM. Biomechanics: no force limit on greyhound sprint speed. Nature 2005; 438(7069):753–754

[79] Wachs K. Kinematische Analyse von 3D-rekonstruierten Bewegungen der Lendenwirbelsäule und des Beckens beim Beagle in Schritt und Trab [Dissertation]. Hannover: Stiftung Tierärztliche Hochschule; 2015

[80] Webster EL, Hudson PE, Channon SB. Comparative functional anatomy of the epaxial musculature of dogs (Canis familiaris) bred for sprinting vs. fighting. J Anat 2014; 225(3): 317–327

[81] Wentink G. The action of the hind limb musculature of the dog in walking. Acta anat 1976; 96:70–80

[82] Wentink G. Biokinetical analysis of hind limb movements of the dog. Anat Embryol 1977; 151:171–181

[83] Williams SB, Wilson AM, Rhodes L et al. Functional anatomy and muscle moment arms of the pelvic limb of an elite sprinting athlete: the racing greyhound (Canis familiaris). J Anat 2008; 213(4):361–372

[84] Williams SB, Wilson AM, Daynes J et al. Functional anatomy and muscle moment arms of the thoracic limb of an elite sprinting athlete: the racing greyhound (Canis familiaris). J Anat 2008; 213(4):373–382

[85] Winhard FE. Anatomische und computertomographische Untersuchungen am gesunden und degenerativ veränderten Schulter- und Ellbogengelenk des Hundes (Canis familiaris) [Dissertation]. München: Ludwig-Maximilians-Universität; 2007

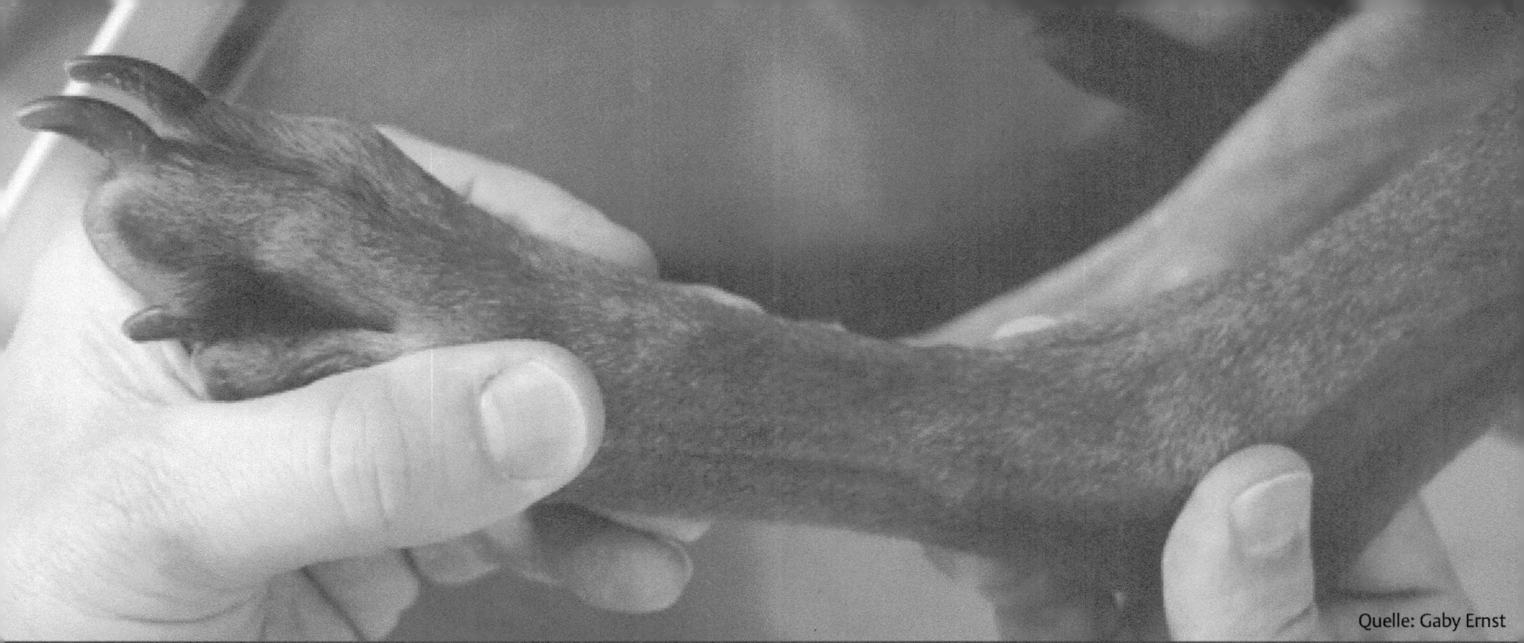

Quelle: Gaby Ernst

# Teil 2
# Der rote Faden durch die Diagnostik

# 2 Vorbemerkungen

Daniel Koch, Martin S. Fischer

## 2.1 Allgemeines

Für die Lahmheitsuntersuchung stehen zur Verfügung: genügend großer Raum, Untersuchungstisch mit rutschfester Unterlage, Hilfsperson, Licht, Außenplatz für Ganganalyse.

Die Lahmheitsuntersuchung gliedert sich in 4 Hauptteile:

1. Anamnese (Signalement und Vorgeschichte)
2. Adspektion und Ganganalyse
3. Untersuchung des stehenden Hundes
4. Untersuchung des liegenden Hundes

Das Ziel der Ganguntersuchung ist die **Identifikation der betroffenen Gliedmaße**, beim stehenden Hund soll die **Region resp. das Gelenk** bezeichnet werden können und nach der Untersuchung des liegenden Hundes soll eine **klinische Diagnose** gestellt werden können.

Der Hund wird grundsätzlich von unten nach oben untersucht. Es werden **alle** Gliedmaßen getestet. Die in der Ganganalyse als Ursache für die Lahmheit identifizierte Gliedmaße wird zuletzt untersucht. Mit diesem Vorgehen kann der Hund an die Prozedur gewöhnt werden, kann der Untersucher den individuellen physiologischen Normalzustand erheben und werden möglicherweise Schmerzen verursachende Tests am Schluss durchgeführt. Es ist wichtig, das Vertrauen des Hundes zu gewinnen, da bei Angst i. d. R. kein Schmerz gezeigt wird.

Die orthopädische Untersuchung des Hundes kann von sinnvollen anderen Untersuchungen wie einer Allgemeinuntersuchung oder einer neurologischen Untersuchung unterbrochen werden. Die weiterführenden Untersuchungen wie Radiografie, Ultraschall, Blutuntersuchungen, Computertomografie und andere sind erst im Anschluss an die komplette orthopädische Untersuchung durchzuführen.

Der Hund soll von einer Hilfsperson in stehender Position am Kopf gehalten werden. Bei der Untersuchung des liegenden Hundes fixiert die Hilfsperson den Hund mit den beiden unten liegenden Gliedmaßen auf dem Tisch.

Die Untersuchungsmethoden können grundsätzlich in Inspektion, Palpation und Manipulation unterschieden werden:

- Inspektion: Achsabweichungen, Konturstörungen und Schmerzreaktion werden beobachtet.
- Palpation: Temperaturerhöhung, Konturstörung, Fluktuation und Schmerzreaktion werden gespürt.
- Manipulation: Achsabweichungen, Krepitation, Hypermobilität und Hypomobilität werden notiert und Schmerzreaktionen werden ggf. ausgelöst.

Die Validität eines Tests wird unter anderem durch den Seitenvergleich überprüft, die Zuverlässigkeit durch mehrmalige Anwendung des Tests gesichert [86], [87], [88], [89], [90].

### Hinweise zur Untersuchung

- Ablauf:
  - Welche Gliedmaße ist betroffen?
  - Welche Region/welches Gelenk ist betroffen?
  - klinische Diagnose
- Untersuchung von unten nach oben; alle Gliedmaßen, die betroffene als Letztes
- Tests immer im Seitenvergleich und mehrere Wiederholungen

## 2.2 Literatur


[86] Hazewinkel HAW, Meutstege FJ. Locomotieaparaat. In: Rijnberk A, De Vries H. Anamnese en lichamelijk onderzoek bij gezelschapsdieren. Houten, Bohn, Stafleu, Van Loghum, 1990: 175–200

[87] Krämer M. Der klinisch-orthopädische Untersuchungsgang der Gliedmasse, demonstriert am gesunden Hund. Ein Videofilm [Dissertation]. Zürich: Universität; 1998

[88] Scharvogel S. Klinisch – Orthopädischer Untersuchungsgang. In: Kramer M, Hrsg. Kompendium der Allgemeinen Veterinärchirurgie. Hannover: Schlütersche; 2004: 20–36

[89] Piermattei DL, Flo GL, DeCamp CE. Brinker, Piermattei and Flo's Handbook of Small Animal Orthopedics and Fracture Repair. Philadelphia: WB Saunders; 2006

[90] Brunnberg L, Waibl H, Lehmann J. Lahmheit beim Hund. Kleinmachnow: Procane Claudo; 2015

# 3 Anamnese

Daniel Koch, Martin S. Fischer

## 3.1 Signalement

Der erste Kontakt mit dem lahmenden Hund entsteht am Telefon resp. bei der Terminabsprache. Mit dem Signalement werden die Gedanken des Untersuchers erstmals geordnet und Verdachtsmomente erkannt. Zu den orthopädisch relevanten Informationen gehören die Rasse, das Alter und das Geschlecht.

### Hinweis aus dem Signalement

**Allgemeine Rasseprädispositionen**

- große Hunderassen:
  - Ellbogendysplasie (S. 222)
  - Hüftgelenkdysplasie (S. 210)
  - Panosteitis (S. 186)
  - Kreuzbandriss (S. 199)
- kleine Hunderassen:
  - Patellaluxation (S. 202)
  - aseptische Femurkopfnekrosen
- Molosser, Kampfhunde:
  - Kreuzbandriss (S. 199)
- chondrodystrophe Rassen:
  - Wirbelsäulenprobleme
  - Wachstumsstörungen an den Vordergliedmaßen

**Allgemeine Altersprädispositionen**

- Welpen und Hunde jünger als 1 Jahr:
  - Patellaluxation (S. 202)
  - Ellbogendysplasie (S. 222)
  - Hüftgelenkdysplasie (S. 210)
  - Wachstumserkrankungen (Panosteitis (S. 186), hypertrophe Osteodystrophie (S. 187))
  - Fehlstellungen nach Fugentrauma
- Hunde älter als 1 Jahr:
  - Neoplasien
  - Kreuzbandriss (S. 199)
  - Erkrankungen, welche zu Arthrose führen

**Allgemeine Geschlechtsprädispositionen**

Männliche Tiere neigen wegen der im Vergleich zu weiblichen Tieren stärkeren Größen- und Gewichtszunahme im Welpenalter zu Wachstumsstörungen und allen Dysplasieformen.

## 3.2 Vorgeschichte

Die Vorgeschichte liefert wichtige Informationen über die Lahmheit des Hundes. Dem Kunden ist die Gelegenheit zu geben, das Problem aus seiner Schicht zu schildern. Der Untersucher soll ihm dabei ohne Unterbrechung zuhören. Erst in einer zweiten Phase soll der Untersucher die Frageführung übernehmen. Es folgen offene, dann geschlossene Fragen.

Die Aufnahme einer Vorgeschichte kann so aussehen (Video 3.1):

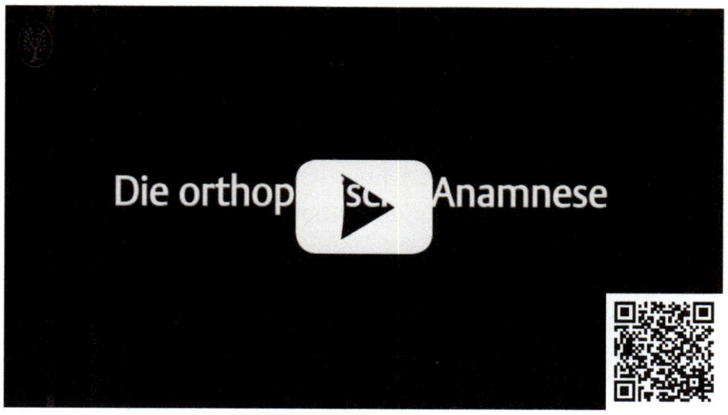


▶ **Video 3.1** Die orthopädische Anamnese.

1. Schildern Sie das Problem.
2. Wie sieht es aus, wenn der Hund aufsteht/ins Autos springt/Treppen hochgeht/Treppen runtergeht?
3. Wurde eine Vorbehandlung gemacht und wie war der Erfolg?
4. Wie wird der Hund gefüttert?
5. Was wissen Sie über Wurfgeschwister?
6. Was ist der Verwendungszweck des Hundes?
7. Gibt es andere Erkrankungen?
8. Ist es richtig, dass der Hund beim Gehen mit den Zehen auf dem Boden schleift?
9. Ist es richtig, dass der Hund zu Beginn des Spazierganges mehr Lahmheit zeigt als am Ende?
10. Läuft der Hund auf unebenem Gelände schlechter?
11. Gibt es noch etwas, was aus Ihrer Sicht erwähnenswert ist?
12. weitere Fragen

### Hinweise aus der Anamnese

- Anlauflahmheit
  - Gelenkproblem
- keine Anlauflahmheit
  - Muskelproblem
  - neurologisches Problem
- Problem beim Bergaufgehen/Treppehochgehen
  - Hintergliedmaßen betroffen
- Problem beim Bergabgehen/Trepperuntergehen
  - Vordergliedmaße betroffen
- Sporteinsatz
  - Muskelprobleme
  - Halswirbelsäulenprobleme
- Zehenschleifen
  - neurologisches Problem
  - Hüftproblem
  - Ermüdung wegen eines medizinischen Leidens
- Gliedmaßen im Wechsel betroffen
  - Panosteitis (S. 186)
  - Polyarthritis (S. 189)
- auf unebenem Gelände schlechter laufend
  - Lokalisation an der distalen Gliedmaße

# 4 Adspektion und Ganganalyse

Daniel Koch, Martin S. Fischer

## 4.1 Adspektion in Ruhe

Der Hund wird in stehender und sitzender Haltung beobachtet. Besonderes Augenmerk liegt auf der Gewichtsverteilung auf die Gliedmaßen (vorne – hinten, links – rechts), der Winkelung der Gelenke (Innenrotation, Außenrotation, Valgus, Varus), der Relation der einzelnen Körperteile zueinander und der Körperform.

**Hinweise aus der Haltung**

- Strecken des Kopfes
  - Entlastung der Hinterbeine
- aufgekrümmter Rücken
  - Bandscheibenvorfall, Abdomenschmerzen
- Knie unter dem Körper
  - Schmerzen beim Kniestrecken
- Außenrotation Vordergliedmaße
  - Ellbogen- oder Schulterproblem
  - verfrühter Fugenschluss
  - Radius curvus-Problem
- Durchtrittigkeit
  - plantare bzw. palmare Bänder gerissen
  - Kollagendefekt
- Fersenfußung
  - Riss des Fersensehnenstranges (Tendo calcaneus communis)
  - tarsales Trauma
  - Gastrocnemius-Abriss
- Abduktion der gesamten Vordergliedmaße
  - Entlastungshaltung, welche auf Ellbogen- oder Carpusproblem hinweist
- Überstreckung des Talokruralgelenks
  - zu viel Muskelmasse an den Hintergliedmaßen
  - Wachstumsproblem
- Körpermitte auf eine Seite weisend
  - die andere Körperseite ist betroffen
- Schwanz wird tief gehalten
  - Cauda equina-Kompressionssyndrom
  - Rückenleiden

## 4.2 Ganganalyse

Mit der Ganganalyse werden die Aussagen der Vorgeschichte überprüft, die betroffene Gliedmaße identifiziert und über die Art des Gangbildes Hinweise auf die Erkrankung gewonnen. Eine optimale Ganguntersuchung erfolgt im Freien, auf ebenem und unebenem Untergrund, auf einer Treppe und abseits von störenden Einflüssen wie anderen Hunden, Autos oder Spaziergängern.

### 4.2.1 Beurteilung beim Aufstehen

Den ersten Eindruck erhält der Untersucher, wenn sich der Hund erheben muss. Eine gute Gelegenheit dazu ergibt sich bei der Begrüßung im Empfangsbereich, eine weitere nach der Erhebung der Vorgeschichte. In beiden Fällen kann davon ausgegangen werden, dass der Hund für einige Minuten liegen musste und sich deswegen Anlauflahmheiten in den ersten paar Schritten besser zeigen, als wenn das Aufstehen in einer Phase der Ganganalyse beobachtet wird.

### 4.2.2 Beurteilung von hinten, vorne und von der Seite

Die meisten Rückschlüsse erhält der Untersucher, wenn der Hund auf ebenem Gelände, von vorn und von hinten sowie von der Seite beobachtet werden kann (▸ **Abb. 4.1**). Dafür eignet sich ein Dreieckkurs mit ca. 20 m Seitenlänge. Wo dies nicht möglich ist, verschiebt der Untersucher für die Seitenbeobachtung seinen Standort. Der Hund wird vom Kunden oder einer Praxishilfe an der Leine geführt.

Der Trab ist diejenige Gangart, welche Lahmheiten am deutlichsten zeigt. Um auch diskrete Anlauflahmheit zu entdecken, wird die Ganganalyse mit dem Trab begonnen. Die Hintergliedmaßen werden beim Wegtraben, die Schrittlängen bei seitlicher Adspektion und die Vordergliedmaße beim Zutraben erfasst. Das Vorführen wird im Schritt und Galopp wiederholt.

Bei Schmerzen oder Funktionsstörungen wird die verletzte Gliedmaße weniger belastet oder weniger lang den Boden berühren als die kontralaterale. Aus diesem Grund verlagert sich das Gewicht auf die gesunde Seite. Der Untersucher erkennt die gesunde Gliedmaße in der Ganganalyse durch eine deutlich längere Standphase und bei Vordergliedmaßenproblemen durch eine Verlagerung des Kopfes in Richtung des gesunden Beines. Man spricht auch von einer Stützbeinlahmheit. Hangbeinlahmheiten sind eher selten, aber einfach zu erkennen, da ein Auffußen entweder nur zeitweilig oder überhaupt nicht möglich ist. Lahmheiten können in Grade (S. 81) eingeteilt werden. Es gilt die Regel, dass distale Probleme zu deutlicher Lahmheit und sogar zu Hangbeinlahmheiten führen, während proximale Probleme zu wenig ausgeprägter Symptomatik nei-

▸ **Abb. 4.1** Ganguntersuchung im Freien. Der Hund wird von einer Hilfsperson oder dem Kunden auf unterschiedlichen Bodenbeschaffenheiten geführt und in allen Gangarten, von hinten, von vorne und von der Seite beobachtet.

gen. Die starke Muskelmasse um die proximalen Gelenke wirkt naturgemäß stabilisierend. Ausnahmen sind starke Schmerzen wie bei Osteosarkomen und neurologische Defizite.

Der Galopp eignet sich nur bedingt zur Ganganalyse. Allerdings kann bei Vordergliedmaßenproblemen das erstfußende und stärker belastete Bein die gesunde Seite anzeigen und bei Rücken- und Hüftschmerzen ist oft ein gleichzeitiges statt ein versetztes Auffußen der Hintergliedmaßen zu beobachten.

### 4.2.3 Beurteilung auf unebenem Gelände

Auf unebenem Gelände wie z. B. Kies oder Feldwegen verstärkt sich eine Lahmheit, welche aus den distalen Anteilen wie Zehen, Ballen oder Metacarpi resp. Metatarsi und den dazugehörenden Gelenken kommt. Aus diesem Grund sollen die Hunde sowohl auf solchem Terrain wie auch auf Gras vorgeführt werden (▶ **Abb. 4.2**). Sofern sich die Lahmheitsgrade auf den unterschiedlichen Bodenbeschaffenheiten nicht unterscheiden, kann von einem Problem in der proximalen Gliedmaßenhälfte, beginnend bei Knie resp. Ellbogen, ausgegangen werden.

### 4.2.4 Beurteilung beim Treppensteigen

Das Treppensteigen muss schon bei der Erhebung der Vorgeschichte erfragt werden. Es kann nämlich gut sein, dass sich der Hund durch das Vorführen aufgewärmt hat und nun beim Treppenlaufen keine Auffälligkeiten mehr zeigt. Der Hund wird eng geführt. Bei Abwärtsgehen wird das Gewicht nach vorne verlagert und beim Aufwärtsgehen nach hinten. So wird z. B. eine auf ebenem Gelände kaum wahrnehmbare Vorderbeinlahmheit beim Abwärtsgehen durch verzögertes Auffußen oder Schmerzäußerung beim Auftreten sichtbar. Eine sinngleiche Aussage erhält man durch Rampenlaufen oder Bergwanderung, welche durchaus anamnestisch gewonnen werden kann.

### 4.2.5 Beurteilung beim Springen

Springen über Hindernisse oder ins Auto setzen voraus, dass normale funktionelle orthopädische und neurologische Stränge vom Fuß bis zur kaudalen Wirbelsäule vorhanden sind. Hunde können im Weiteren orthopädische Probleme aus Regionen distal des Knies mittels Gewichtsverlagerung auf die kontralaterale Seite sehr gut kompensieren. So weisen also Sprungverweigerung oder ungenügende Sprunghöhe eher auf Lokalisationen in Hüfte, Becken, Wirbelsäule und entsprechende neuromuskuläre Umgebung hin. Eine gute Gelegenheit zur Durchführung ergibt sich beim Springen ins Auto des Kunden, wobei beim Hinausspringen auch gleich das Auffußen mit den Vordergliedmaßen beobachtet wird. Selbstverständlich wird bei offensichtlichen Problemen und Schmerzen auf solch belastende Untersuchungen verzichtet, um weiteren Gewebeschaden zu verhindern.

### 4.2.6 Lahmheitsgrade

Einteilung der Lahmheitsgrade nach Brunnberg:

- Grad 1: kaum gestört
- Grad 2: gestört, aber stetig belastend
- Grad 3: gestört, nicht stetig belastend
- Grad 4: gestört, keine Belastung

**Hinweise aus der Ganganalyse**

- Mühe beim Aufstehen
  - Hinterbeinprobleme
  - Rückenprobleme
  - zervikale Spondylopathie
- Anlauflahmheit
  - Gelenkproblem
- Einknicken der Gliedmaße
  - kontralaterale Gliedmaße hat ein Problem
- kurze Schrittlänge der Hinterbeine
  - Gelenkproblem
  - Hüftgelenk betroffen
- Hüpfen mit Hinterbein
  - Patellaluxation (S. 202)
- intermittierendes Hinken mit völliger Entlastung
  - Patellaluxation (S. 202)
- komplette Entlastung eines Beines
  - Trauma
  - Panosteitis (S. 186)
  - Neoplasie
  - Kreuzbandriss (S. 199) mit Meniskusschaden
- Auf-Zehenspitzen-Gehen mit einer Hintergliedmaße
  - Kreuzbandriss (S. 199)
- Innenrotation Knie bei gleichzeitiger Außenrotation des Tarsus in der Vorführphase
  - Fibrose des M. gracilis
- schlechtes Laufen auf unebenem Gelände
  - distale Gliedmaße betroffen

Eine komplette Ganguntersuchung ist als Video (Video 4.1) verfügbar.

▶ **Abb. 4.2** Bei der Ganguntersuchung auf unebenem Untergrund werden Probleme der distalen Gliedmaßen deutlicher zu sehen sein als auf weichem Boden.

▶ **Video 4.1** Die Ganguntersuchung. In der Sequenz wird eine vollständige Ganguntersuchung eines gesunden Hundes gezeigt: Vorführen des Hundes im Schritt, Trab und Galopp und Beurteilung des Ganges von vorne und von der Seite, Gehen auf unterschiedlichen Untergründen, Hinein- und Hinausspringen aus dem Auto, Auf- und Abwärtsgehen von Treppen.

# 5 Untersuchung des stehenden Hundes

Daniel Koch, Martin S. Fischer

## 5.1 Voruntersuchungen

### 5.1.1 Allgemeinuntersuchung

Vor der weiteren orthopädischen Untersuchung soll der Hund allgemein untersucht werden (Video 5.1). Dazu gehören:

- Atmung
- Puls
- Temperatur
- kapilläre Füllungszeit
- Schleimhautfarbe
- Lymphknoten
- Herzauskultation
- Haut
- allgemeine Körperkontur

**Hinweise aus der Allgemeinuntersuchung**

- erhöhte Körpertemperatur
  - hypertrophe Osteodystrophie (S. 187)
  - Panosteitis (S. 186)
  - akuter Schub von Polyarthritis (S. 189)
- kaum fühlbarer Puls A. femoralis
  - Thrombus
- regional vergrößerter Lymphknoten
  - Neoplasie (S. 192)
  - Verletzung
  - Infektion

### 5.1.2 Kurzer neurologischer Untersuchungsgang

Lahmheiten lassen sich nicht von vorneweg einem orthopädischen Leiden zuordnen. Damit die neurologischen Ursachen ausgeschlossen werden können, soll im Rahmen eines orthopädischen Untersuchungsganges eine kurze neurologische Untersuchung durchgeführt werden (Video 5.2).

Dazu gehört:

- tiefe Palpation der gesamten Wirbelsäule
- Drehen des Kopfes in alle Richtungen
- Überkötungsreaktionen der Zehen
- kurze Prüfung der Kopfnervenfunktionen
- Prüfung der Reflexantworten der wichtigsten Gliedmaßennerven

Sofern sich aus diesem kurzen neurologischen Untersuchungsgang Abweichungen von der Norm ergeben, muss ein kompletter neurologischer Untersuchungsgang durchgeführt werden. Eine ausführliche Beschreibung und Demonstration sind im Kapitel Neurologischer Untersuchungsgang (S. 157) zu finden.

▶ **Video 5.1** Eine kurze Allgemeinuntersuchung. In der Sequenz wird eine kurze Allgemeinuntersuchung mit Standsymmetrie, Pulskontrolle, Herz-Kreislauf-Kontrolle mit KFZ-Zeit-Bestimmung und Körpertemperaturkontrolle gezeigt.

▶ **Video 5.2** Eine kurze neurologische Untersuchung. In der Sequenz wird ein kurzer neurologischer Untersuchungsgang mit Prüfung der Stellreflexe, Palpation der Wirbelsäule und Prüfung auf Schmerzhaftigkeit gezeigt.

## 5.2 Spezifische Bemerkung zur Untersuchung des stehenden Hundes

Der Hund wird auf einem Tisch und auf rutschfester Unterlage untersucht. Eine Hilfsperson fixiert den Hund so weit als notwendig, wobei Kopf- und Gliedmaßenbewegungen als Reaktion auf Untersuchungsschmerzen wahrnehmbar sein sollen.

Die Untersuchung des stehenden Hundes erfolgt grundsätzlich mit den beiden Händen des Untersuchers gleichzeitig an der linken und rechten Gliedmaße und beiderseits synchron, damit Seitenunterschiede erfasst werden können. Der Hund sollte die zu vergleichenden Gliedmaßen mit mehr oder weniger identischer Fußung auf den Tisch stellen. Die Hintergliedmaße wird von hinten, die Vordergliedmaße von vorne untersucht.

Am stehenden Hund werden folgende Befunde erfasst:

- Symmetrie (Kontur der Knochen, Muskeln, Gelenke)
- Wärme
- Füllung der Gelenke
- Vorkommen und Art von Umfangsvermehrungen
- Schmerz

Die Untersuchung erfolgt von distal nach proximal. Es werden sämtliche Strukturen (Knochen, Gelenke, Sehnen, Bänder, Muskeln, Haut, Unterhaut) erfasst.

5.3
# Hintergliedmaße

## 5.3.1 Zehen, Metatarsus und Tarsalknochen

### Standsymmetrie

Der Untersucher steht hinter dem Hund. Beide Metatarsi werden umfasst. Die Standsymmetrie wird durch beidseitigen, möglichst gleichstarken Zug nach kaudal geprüft. Die Zehen sollen dabei nicht vom Untersuchungstisch abgehoben werden (► **Abb. 5.1**).

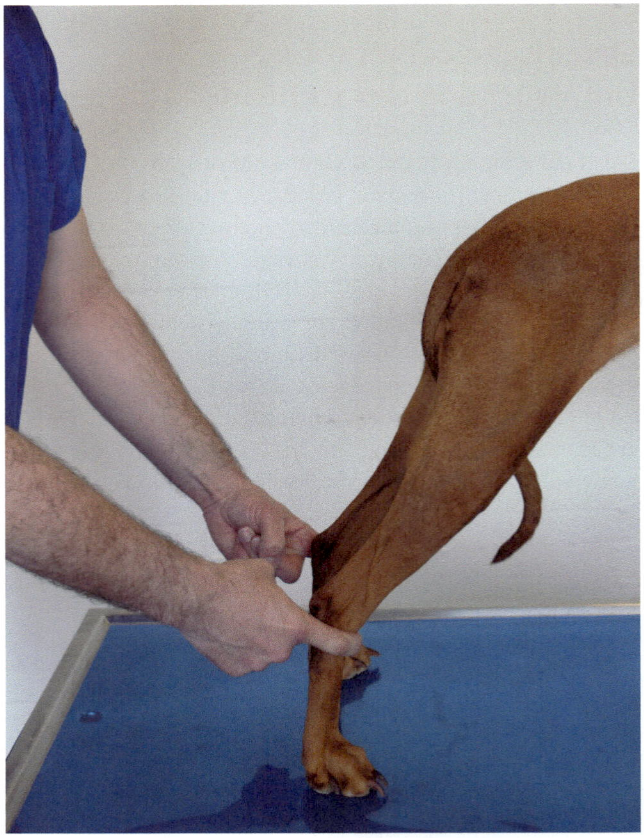

► **Abb. 5.1** Die Standfestigkeit der Hinterbeine wird geprüft. Die Hände des Untersuchers ziehen beide Beine nach hinten. (Quelle: Gaby Ernst, Saland, Schweiz)

**Befunde und DD**

- im Vergleich zur Gegenseite einfaches Zurückziehen
  - generelle Schwäche des Beines

**Anatomie**

- Die Muskelmasse eines Hundes macht etwa 60 % seines gesamten Gewichts aus. Dabei ist die Muskulatur proximal konzentriert, die distalen Extremitäten sind nur schwach bemuskelt. Ein Untersuchungsgang umfasst deshalb nicht nur auf die Skelett- und Gelenkprüfung, sondern auch die Beweglichkeit und mögliche muskuläre Veränderungen.
- Die folgenden anatomischen Beschreibungen und Abbildungen beziehen sich auf die für den Untersuchungsgang relevanten Strukturen. Es ist keine übliche topografische Anatomie. In den Perspektiven wird von den klassischen Darstellungen insofern abgewichen, als hier die für die Darstellung bestimmter Strukturen beste Ansicht gewählt wird (► **Abb. 5.2**).

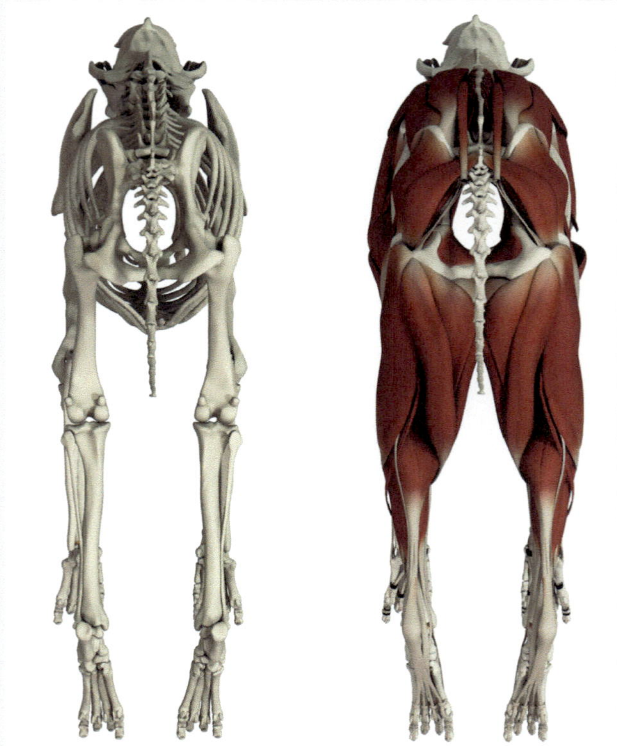

► **Abb. 5.2** Skelett und Muskulatur eines Hundes. Ansicht von posterior. (Quelle: Martin S. Fischer, Jonas Lauströer, Amir Andikfar)

## Drucktest distale Gliedmaße

Der Untersucher steht hinter dem Hund. Die beiden Beine werden an den Metatarsi fest umfasst und dann auf den Tisch gedrückt. Es wird auf Schmerzreaktionen geachtet (▶ **Abb. 5.3**).

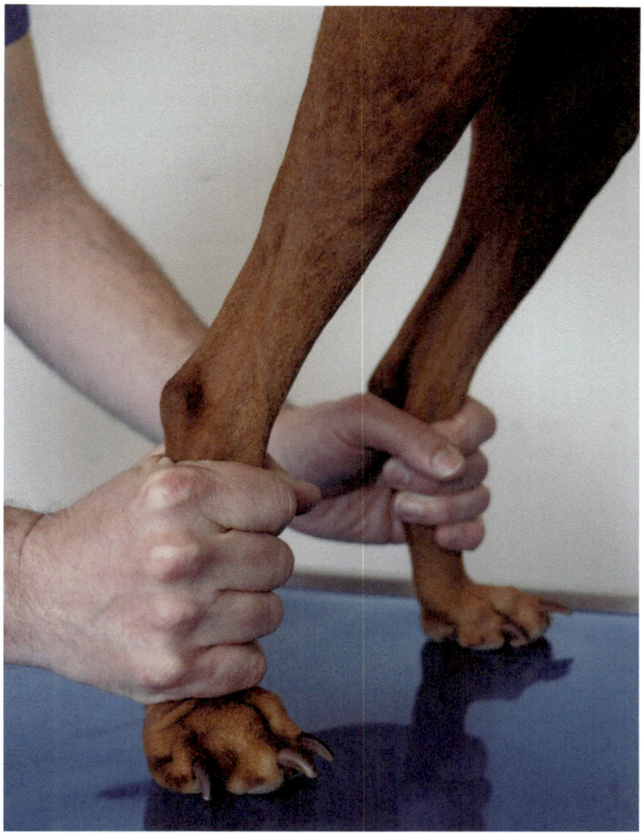

▶ **Abb. 5.3** Die beiden distalen Metatarsi werden gefasst und Richtung Untersuchungstisch gedrückt, womit summarisch Schmerzen in den distalen Anteilen der Gliedmaße entdeckt werden. (Quelle: Gaby Ernst, Saland, Schweiz)

### Befunde und DD

- Schmerzäußerung und/oder Heben der Pfote nach dem Drucktest deuten auf ein Problem in den distalen Gliedmaßen hin, z. B.
  - Gelenkschwellung Zehen
  - Fraktur Zehen
  - Fraktur Metatarsi
  - tarsales Problem
- Dorsoflexion von Zehen
  - Ruptur von Zehenflexoren (seltenes Vorkommen an der Hintergliedmaße)

### Anatomie

- Hunde sind Zehengänger, der Hinterfuß wird über die langen Sehnen der oberflächlichen und tiefen Zehenbeuger (M. flexor digitorum superficialis, Mm. flexores digitorum profundi) in einem Verspannungssystem gehalten. Der M. flexor digitorum superficialis verläuft in einer Fersenkappe über das Tuber calcanei. Die tiefe Beugesehne entsteht aus der Vereinigung der Endsehnen des M. flexor digitorum medialis (syn. M. flexor digitorum longus) und des M. flexor digitorum lateralis (▶ **Abb. 5.4**).

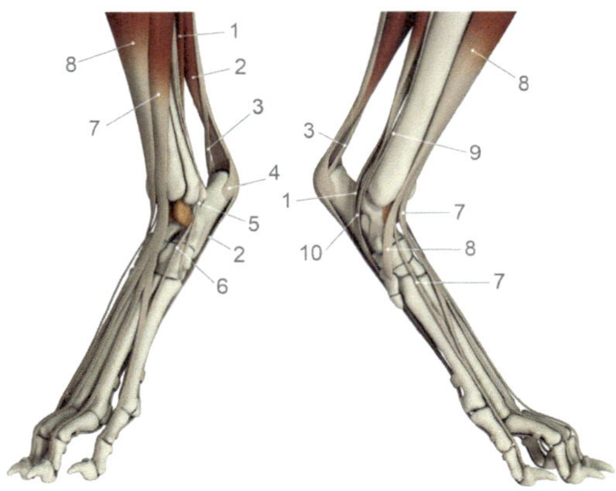


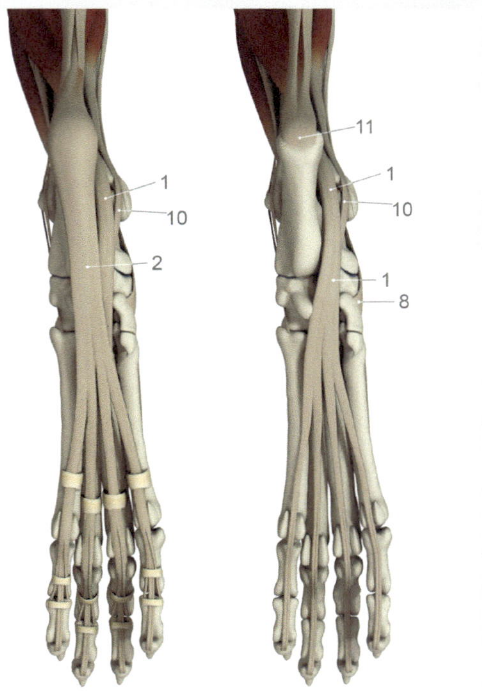


▶ **Abb. 5.4** Tarsus mit zugehörigen Unterschenkelmuskeln.
1 Mm. flexores digitorum profundi, 2 M. flexor digitorum superficialis, 3 M. biceps femoris (kaudale Abspaltung), 4 Fersenkappe, 5 M. peroneus longus, 6 M. extensor digitorum lateralis, 7 M. extensor digitorum longus, 8 M. tibialis cranialis, 9 M. tibialis caudalis, 10 M. flexor digitorum longus, 11 Tendo calcaneus communis (Fersensehnenstrang).
**a** Kraniolaterale und kraniomediale Ansicht. (Quelle: Martin S. Fischer, Jonas Lauströer, Amir Andikfar)
**b** Kaudalansicht mit Darstellung der oberflächlichen und tiefen Flexoren (Quelle: Martin S. Fischer, Jonas Lauströer, Amir Andikfar)

## Tarsalknochen

Der Untersucher steht hinter dem Hund und palpiert vergleichend die gesamten Knochen des Metatarsus und Tarsus (▶ **Abb. 5.5**). Die praktisch starren tarsometatarsalen und intertarsalen Gelenke werden auch bei Verletzungen nur sehr wenig zusätzliche Synovia produzieren, sodass sie nicht ertastbar sind.

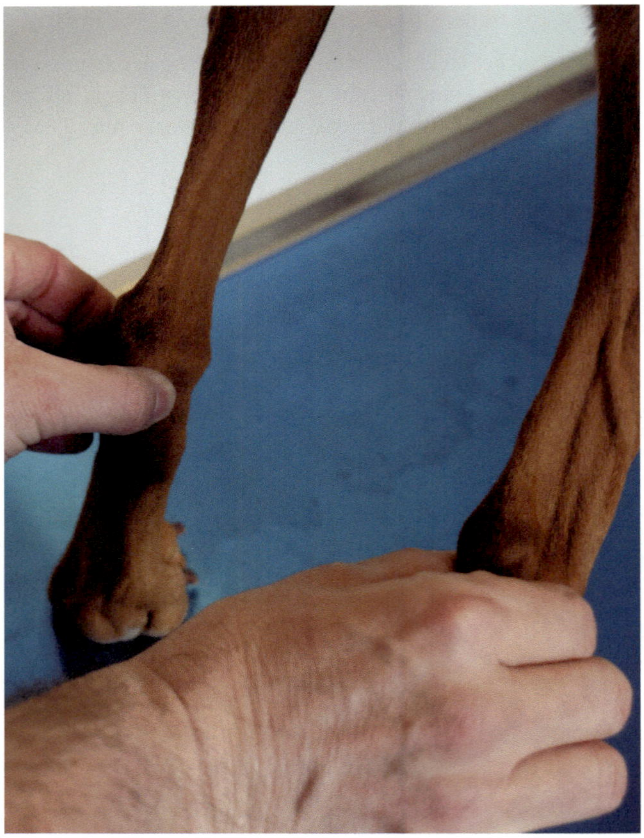

▶ **Abb. 5.5** Palpation der Tarsalknochen im Seitenvergleich. (Quelle: Gaby Ernst, Saland, Schweiz)

### Befunde und DD

- Achsabweichungen
  - Fraktur intertarsale Knochen oder Bänder
  - Calcaneusfraktur (S. 197)
- Konturstörung (Schwellung) plantar
  - alte Verletzung
  - pathologische Fraktur des Calcaneus (S. 197) oder Spontanruptur der intertarsalen Bänder bei alten Hunden, Collies oder ähnlichen Rassen

### Anatomie

- lange und kurze Seitenbänder (Ligg. collaterale tarsi laterale et mediale longum und Ligg. collaterale tarsi laterale et mediale breve; ▶ **Abb. 5.6**)
- lange Kollateralbänder: Malleolus lateralis oder medialis mit Anheftungen an den Tarsalia zu den Metatarsalia
- kurze Seitenbänder: von den Malleoli lateralis oder medialis zum Talus, Calcaneus und von dort weiter zu den Metatarsalia
- dorsales Fächerband (Lig. tarsi dorsale): vom Talus zu den Ossa tarsalia tertium et quartum
- innere Tarsalbänder (Ligg. centrodistalia dorsalia): zwischen dem Os tarsi centrale, dem Os tarsale tertium und Os quartum
- langes Sohlenband (Lig. plantare longum): vom Calcaneus zum Metatarsus
- kurze Ligg. tarsometatarsea: von den distalen Tarsalia zu den Metatarsalia

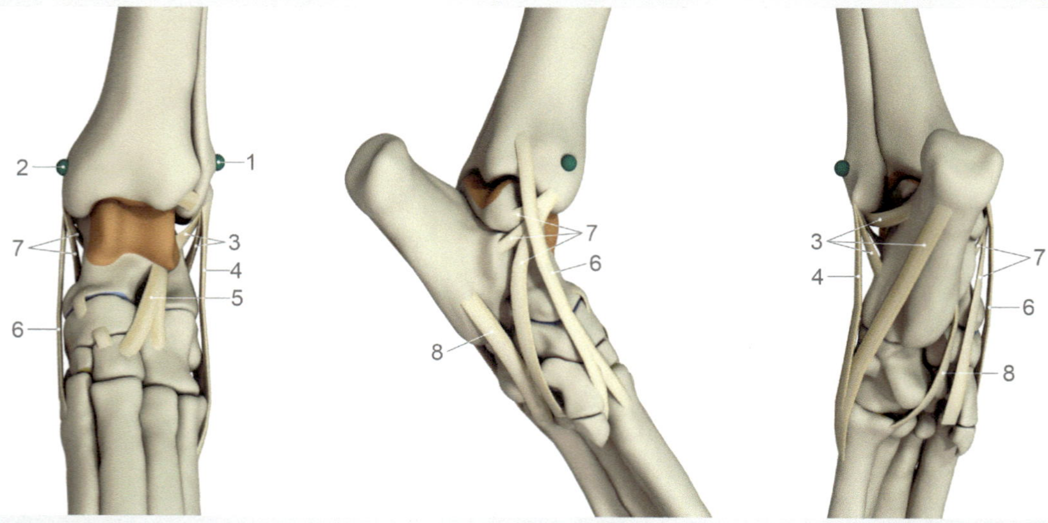


▶ **Abb. 5.6** Tarsalknochen und zugehörige Bänder. Kraniale, mediokaudale und kaudolaterale Ansicht. 1 Palpationspunkt Malleolus lateralis, 2 Palpationspunkt Malleolus medialis, 3 Lig. collaterale tarsi laterale breve, 4 Lig. collaterale tarsi laterale longum, 5 Lig. tarsi dorsale, 6 Lig. collaterale tarsi mediale longum, 7 Lig. collaterale tarsi mediale breve, 8 Lig. plantare longum. (Quelle: Martin S. Fischer, Jonas Lauströer, Amir Andikfar)

## 5.3.2 Sprunggelenk

### Gelenkpalpation

Der Untersucher steht hinter dem Hund. Die medialen und lateralen Malleoli dienen als Orientierungspunkte. Das Tarsalgelenk lässt sich sichelförmig kranial, distal und kaudal der Malleoli mittels Daumen und Zeigefinger ertasten. Die medialen und lateralen Seitenbänder haben je 2 Anteile und sind als straffe Strukturen vom Malleolus nach kranial und nach kaudal palpierbar (▶ **Abb. 5.7**).

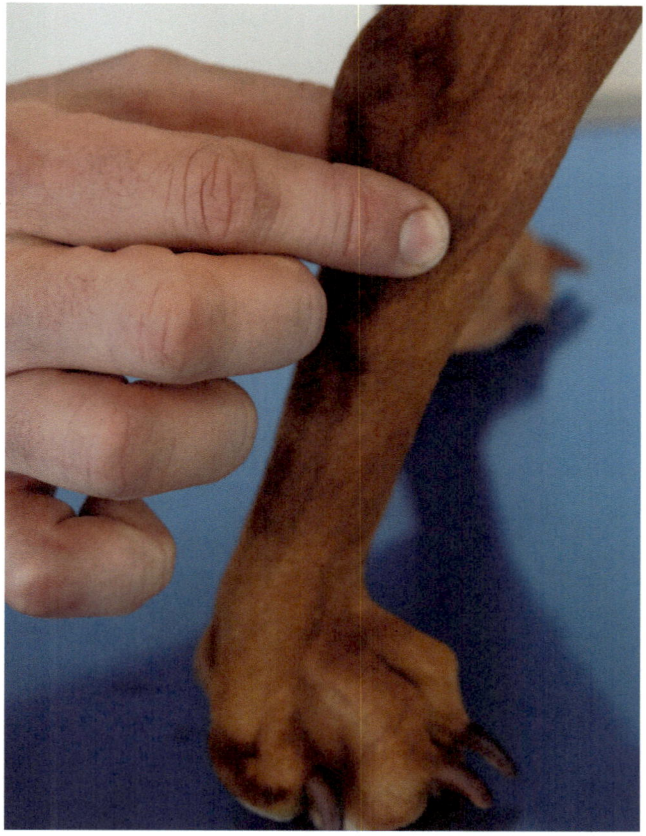

▶ **Abb. 5.7** Das talokrurale Gelenk ist halbkreisförmig um die medialen und lateralen Malleoli zu ertasten. Im physiologischen Zustand ist nur ein schmaler Saum vorhanden. (Quelle: Gaby Ernst, Saland, Schweiz)

#### Befunde und DD

- Füllung, Wärme und/oder Schmerzhaftigkeit Tarsalgelenk
  - Talusfraktur
  - Osteochondrose
  - Polyarthritis (S. 189)
  - Seitenbandruptur
  - Malleolusfraktur
- Achsabweichung nach lateral resp. medial
  - Seitenbandruptur
  - Fehlstellung Tibia

#### Anatomie

- Das Tarsalgelenk hat 4 Gelenketagen (▶ **Abb. 5.8**):
  - Art. talocruralis (auch Art. tarsocruralis; oberes Sprunggelenk, orange)
  - Artt. talocalcaneacentralis et calcaneoquartalis (proximale Intertarsalgelenke, blau)
  - Artt. centrodistalis (distale Intertarsalgelenke, rot)
  - Artt. tarsometatarseae (gelb)
- Art. tibiofibularis distalis bildet mit Talokruralgelenk eine gemeinsame Gelenkkapsel.
- Malleoli medialis et lateralis bilden eine zangenartige Führung des oberen Sprunggelenks. Auf der Kaudalseite artikuliert der Talus in 2 getrennten Gelenkflächen mit dem Calcaneus (Art. talocalcanea).
- Palpationspunkte: Malleolus lateralis und Malleolus medialis

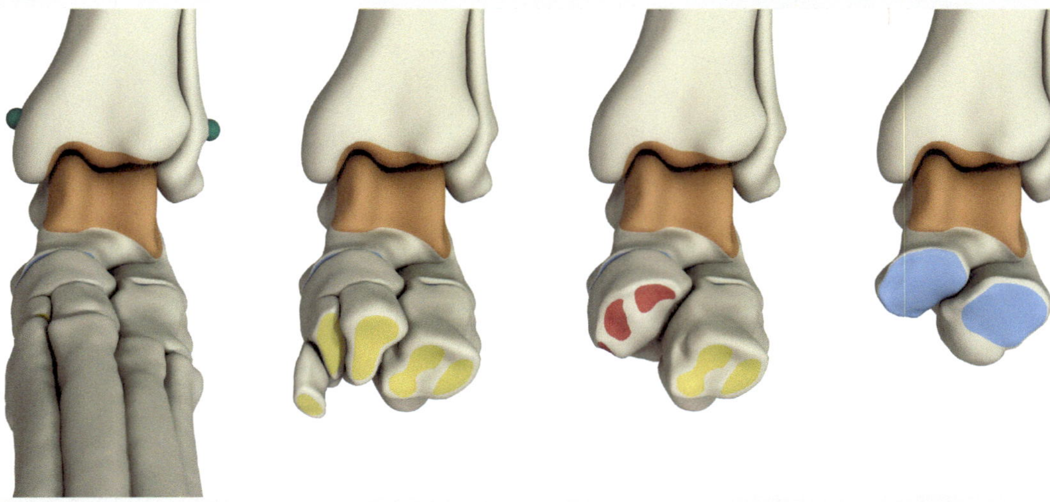

▶ **Abb. 5.8** Die Gelenketagen des Tarsalgelenks. (Quelle: Martin S. Fischer, Jonas Lauströer, Amir Andikfar)

## Fersensehnenstrang

Der Untersucher steht hinter dem Hund und palpiert zuerst den distalen Verlauf des Fersensehnenstranges. Dieser inseriert am Calcaneus und muss beim stehenden Hund eine deutliche Spannung aufweisen. Dann wird der feste Sitz der Fersenkappe (M. flexor digitorum superficialis) auf dem kaudalen Ende des Calcaneus geprüft (▶ Abb. 5.9).

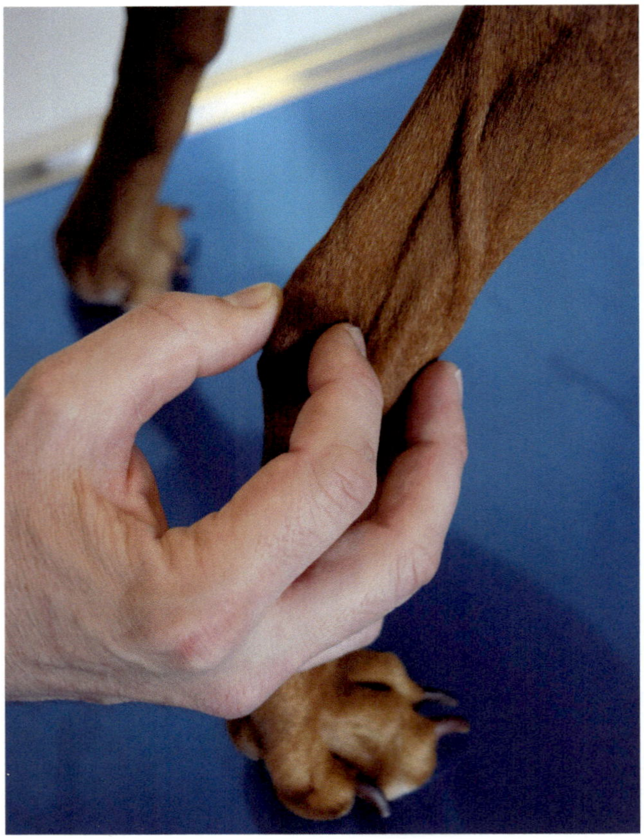

▶ **Abb. 5.9** Der Fersensehnenstrang ist proximal des Calcaneus deutlich zu sehen und auch zu tasten. (Quelle: Gaby Ernst, Saland, Schweiz)

### Befunde und DD

- Calcaneus berührt die Tischplatte
  - Riss des Fersensehnenstranges
  - Ausriss des M. gastrocnemius medialis oder lateralis am Femur
  - Fraktur Calcaneus
- harte Schwellung am Ansatz des Fersensehnenstranges
  - Teilriss des Fersensehnenstranges
- Hypermobilität der Fersenkappe
  - Luxation der Fersenkappe (S. 198) nach lateral (weniger nach medial) beim Sheltie

**Anatomie**

- Der Tendo calcaneus communis (Fersensehnenstrang) entspricht nicht der Achillessehne beim Menschen, die von den Mm. gastrocnemii et soleus gebildet wird. Der M. soleus fehlt beim Hund.
- Der Tendo calcaneus communis des Hundes wird gebildet von: Mm. gastrocnemii (Hauptanteil), M. biceps femoris (kaudale Abspaltung), M. semitendinosus, M. gracilis (Verstärkungsband). Die Muskeln haben unterschiedliche Ansatzstellen (▶ Abb. 5.10 und ▶ Abb. 1.29).
- Die Endsehne der Mm. gastrocnemii inseriert nicht dorsal auf dem Tuber calcanei, sondern durch die Bursa tendinis calcanei umgelenkt an dessen unterem Rand.
- Die Fersenbeinsehne des M. biceps femoris inseriert selbständig am dorsomedialen Rand des Tuber calcanei.
- Der M. flexor digitorum superficialis bildet die Fersenkappe, die bindegewebig am Tuber calcanei befestigt ist. Der Muskel gibt seitliche kurze Sehnen ab, die dorsal am Tuber calcanei inserieren.

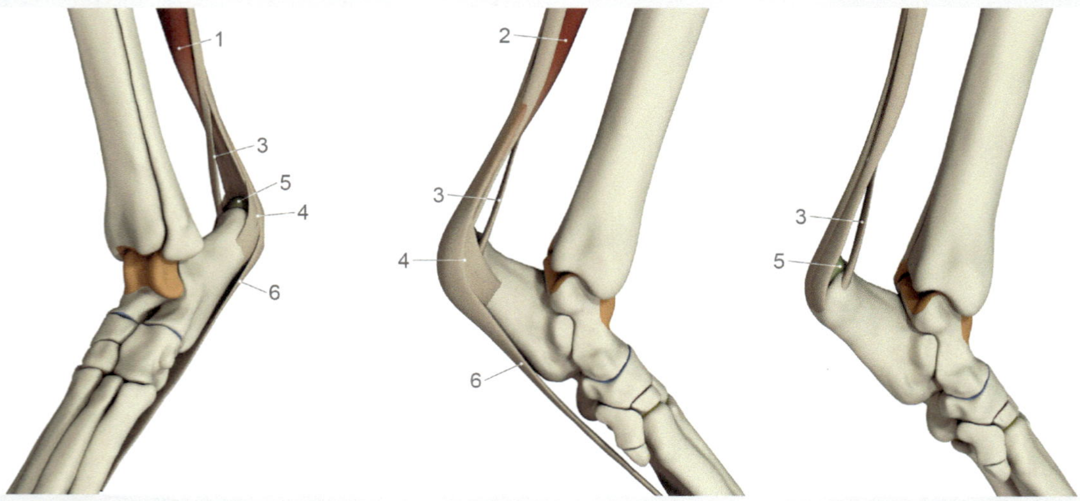


▶ **Abb. 5.10** Insertionsverhältnisse des Fersensehnenstranges.
1 M. gastrocnemius lateralis, 2 M. gastrocnemius medialis, 3 M. biceps femoris (kaudale Abspaltung), 4 Fersenkappe, 5 Bursa tendinis calcanei, 6 M. flexor digitorum superficialis. (Quelle: Martin S. Fischer, Jonas Lauströer, Amir Andikfar)

### 5.3.3 Unterschenkelregion

Tibia und Fibula werden nun von distal nach proximal palpiert. Von der Fibula sind distal der Malleolus lateralis sowie proximal der Fibulakopf, von der Tibia ist medial das gesamte Planum cutaneum tastbar. Die Muskeln des Unterschenkels werden auf Druck und Schwellung geprüft. Insbesondere im lateralen Kompartiment, wo sich der große M. tibialis cranialis befindet, können traumatische Schwellungen entstehen (▶ **Abb. 5.11**).

**Befunde und DD**

- Schwellung
  - Neoplasie (S. 192)
  - Hämatom
  - Kompartimentsyndrom
- Krepitation
  - Fraktur
- Achsabweichung
  - Fraktur
  - Fehlstellung
- Schmerz
  - Fraktur
  - Neoplasie (S. 192)
  - Panosteitis (S. 186)
  - Kompartimentsyndrom

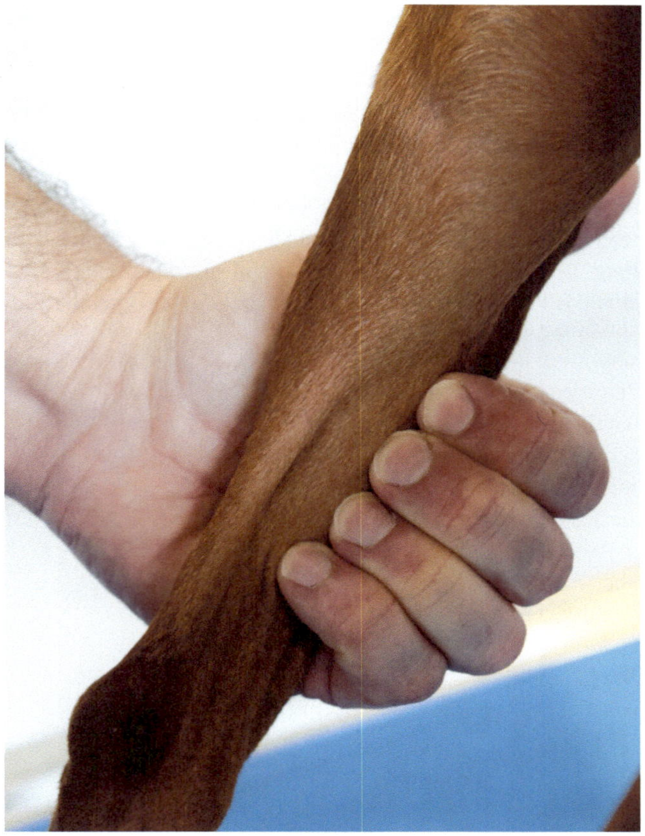

▶ **Abb. 5.11** Das Planum cutaneum der Tibia wird auf Druckschmerz und Konturstörung geprüft. (Quelle: Gaby Ernst, Saland, Schweiz)

**Anatomie**

- Das tibiale Planum cutaneum trennt Extensoren und Flexoren. Die Muskeln laufen überwiegend in halber Höhe des Unterschenkels in lange Sehnen aus (▶ **Abb. 5.12**).

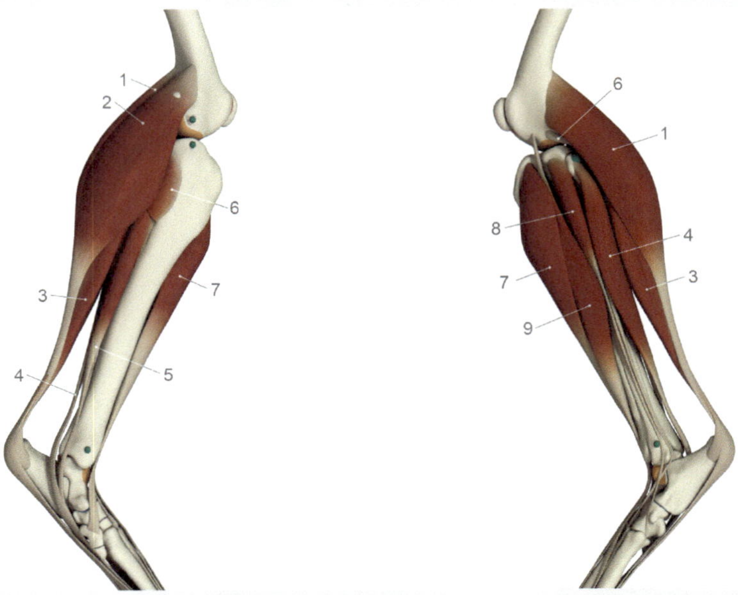


▶ **Abb. 5.12** Muskulatur des Unterschenkels. Medial- und Lateralansicht.
1 M. gastrocnemius lateralis, 2 M. gastrocnemius medialis, 3 M. flexor digitorum superficialis, 4 Mm. flexores digitorum profundi, 5 M. flexor digitorum longus, 6 M. popliteus, 7 M. tibialis cranialis, 8 M. peroneus longus, 9 M. extensor digitorum lateralis.
(Quelle: Martin S. Fischer, Jonas Lauströer, Amir Andikfar)

## 5.3.4 Knieregion

### Gelenkpalpation

Die beiden Kniegelenke werden mit der linken und der rechten Hand gleichzeitig und mit dem Untersucher hinter dem Patienten stehend untersucht (▶ Abb. 5.13). Zunächst prüfen Daumen und Zeigefinger das Kniegelenk zwischen Patella und Tibiaplateau und leicht kaudal des Patellaligaments auf erhöhte Füllung, Druckschmerz und Wärme. Beim gesunden Hund lässt sich das Patellaligament gut vom kaudal davon liegenden Gelenkanteil separieren.

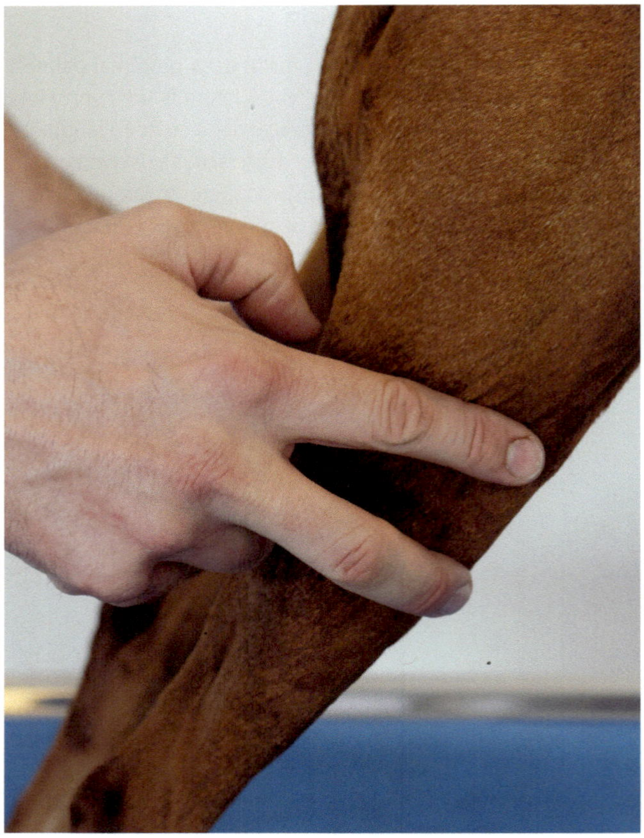

▶ **Abb. 5.13** Orientierungspunkte zum Auffinden des Kniegelenks sind die Patella, die Crista tibiae und die Femurkondylen. (Quelle: Gaby Ernst, Saland, Schweiz)

**Befunde und DD**

- Schwellung, Wärme und/oder Schmerz
  - Kreuzbandriss/partieller Kreuzbandriss
  - Meniskusverletzung
  - Abriss M. extensor digitorum lateralis
  - Neoplasie (S. 192)
  - Patellaluxation (S. 202)
  - Osteochondrose (S. 183)
- Fluktuation
  - akutes Trauma
  - Gelenkfraktur

**Anatomie**

- Das Kniegelenk besteht aus 3 Teilgelenken (▶ Abb. 5.14):
  - Art. femorotibialis (Kniekehlgelenk)
  - Art. femoropatellaris (Kniescheibengelenk)
  - proximale Art. tibiofibularis
- Der laterale Meniskus ist größer und dicker als der mediale, beide sind am äußeren Rand dick und verjüngen sich nach innen. Die Streckung und Beugung im Kniegelenk erfolgt zwangsläufig als Rollgleitbewegung der Menisken. Der mediale Meniskus bewegt sich wegen seiner stärkeren Verankerung weniger.
- Die Menisken werden durch 6 Bänder gehalten. Ein Band verankert den lateralen Meniskus am Femur.
- Am Kniegelenk finden sich bis zu 3 weitere Sesambeine in den Ursprungssehnen der Mm. gastrocnemius lateralis et medialis (Fabellae) und des M. popliteus. Die Patella ist nach neuesten Erkenntnissen kein Sesambein [21].

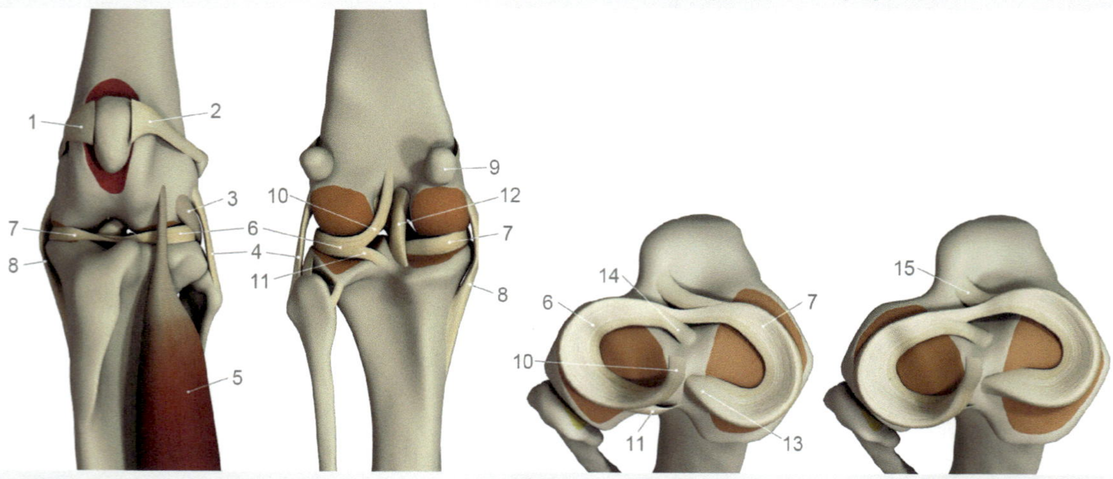


▶ **Abb. 5.14** Das Kniegelenk mit Bändern und Menisken. Kranial- und Kaudalansicht sowie Darstellung der Menisken in Streckung und Beugung. 1 Lig. femoropatellaris medialis, 2 Lig. femoropatellaris lateralis, 3 M. popliteus, 4 Lig. collaterale laterale, 5 M. extensor digitorum longus, 6 Meniscus lateralis, 7 Meniscus medialis, 8 Lig. collaterale mediale, 9 Fabella, 10 Lig. meniscofemorale, 11 Lig. tibiale caudale menisci lateralis, 12 Lig. cruciatum caudale, 13 Lig. tibiale caudale menisci medialis, 14 Lig. tibiale craniale menisci lateralis, 15 Lig. tibiale craniale menisci medialis. (Quelle: Martin S. Fischer, Jonas Lauströer, Amir Andikfar)

## Knochenkonturen

Tibia, Patella und distales Femur werden entlang des Gelenkrandes auf Druckschmerz und das Vorhandensein von Osteophyten untersucht (▶ **Abb. 5.15**).

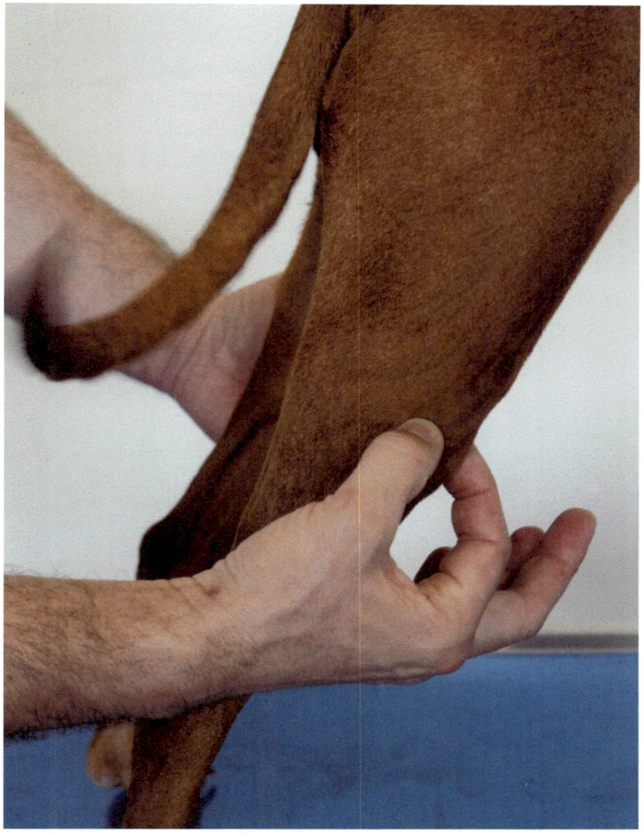

▶ **Abb. 5.15** An den Gelenkrändern werden die Osteophyten gebildet. Vor allem auf dem Femur können sie spürbar sein. (Quelle: Gaby Ernst, Saland, Schweiz)

### Befunde und DD

- Konturstörung Knochen
  - Osteosarkom distales Femur oder proximale Tibia (Verweis Knochentumoren)
  - starke Arthrose

### Anatomie

- Die große Gelenkkapsel bildet 3 kommunizierende Recessus zwischen Femur und Tibia und unter der Patella (▶ **Abb. 5.16**).
- Am Kniegelenk finden sich 15 Bänder, wovon 6 zu den Menisken gehören. Die Meniskenhaltebänder befestigen die Menisken an der Tibia und den lateralen Meniskus auch am Femur. Die Nomina Anatomica Veterinaria (1994) führt keine Namen für die Bänder, übliche Bezeichnungen sind Lig. tibiale craniale menisci medialis bzw. lateralis und Lig. tibiale caudale menisci medialis bzw. lateralis sowie das Lig. meniscofemorale und das Lig. transversum genus.
- Lig. collaterale laterale (LCL): vom lateralen Epicondylus unmittelbar proximal des Ursprungs des M. popliteus zum Caput fibulae, lose mit der Gelenkkapsel verbunden
- Lig. collaterale mediale (LCM): vom medialen Epicondylus zum großflächigen Ansatz an der proximalen Tibia. Im Bereich des Ansatzes liegt ein Schleimbeutel. Es ist etwa ein Drittel länger als das LCL.
- Während der Extension verhindern die gespannten Bänder Rotationsbewegungen, bei Flexion ist wegen des entspannten lateralen Seitenbandes eine Innenrotation möglich, der aber die Kreuzbänder entgegenwirken. Eine Außenrotation wird nur durch das LCL verhindert.

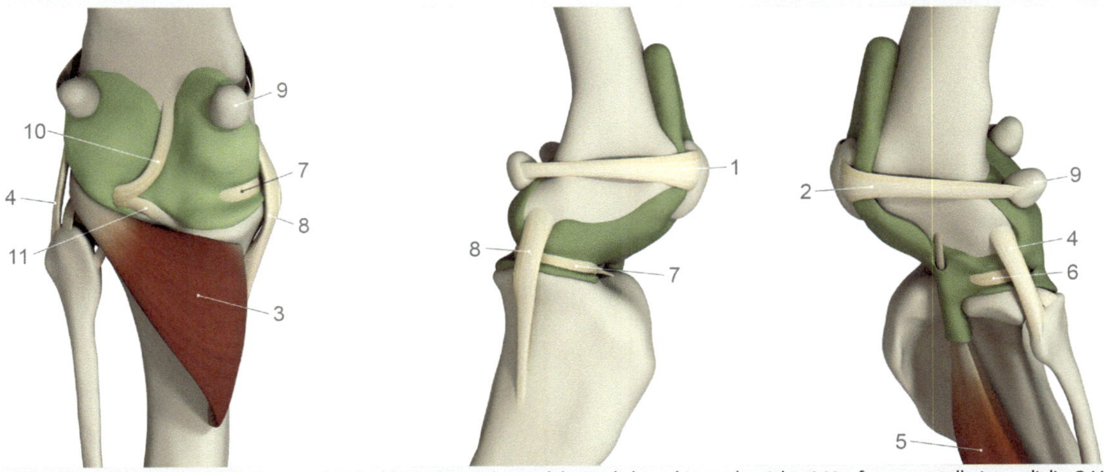


▶ **Abb. 5.16** Das Kniegelenk mit Bändern und Gelenkkapsel (grün). Kaudal-, Medial- und Lateralansicht. 1 Lig. femoropatellaris medialis, 2 Lig. femoropatellaris lateralis, 3 M. popliteus, 4 Lig. collaterale laterale, 5 M. extensor digitorum longus, 6 Meniscus lateralis, 7 Meniscus medialis, 8 Lig. collaterale mediale, 9 Fabella, 10 Lig. meniscofemorale, 11 Lig. tibiale caudale menisci lateralis. (Quelle: Martin S. Fischer, Jonas Lauströer, Amir Andikfar)

## Patellaposition

Die Position der Patella wird erfasst. Sie soll in der Mitte des distalen Femurs stabil in ihrem Sulcus liegen. Mit Daumen und Zeigefinger wird versucht, die Patella nach medial resp. lateral zu luxieren (▶ Abb. 5.17). Dabei kann es hilfreich sein, die Spannung des M. quadriceps femoris etwas zu reduzieren, indem der Untersucher sein Knie so unter den Oberschenkel des Hundes schiebt, dass dieser das Bein entlasten kann.

### Befunde und DD

- Hypermobilität der Patella
  - Patellaluxation nach medial oder lateral
- Hypomobilität der Patella
  - Kontraktur des M. quadriceps femoris
- Schmerz bei Palpation Patella und Patellaligament
  - Knorpelabrasion Kniegelenk
  - Polyarthritis (S. 189)
  - Traktionsosteochondritis am Ansatz des Patellaligaments

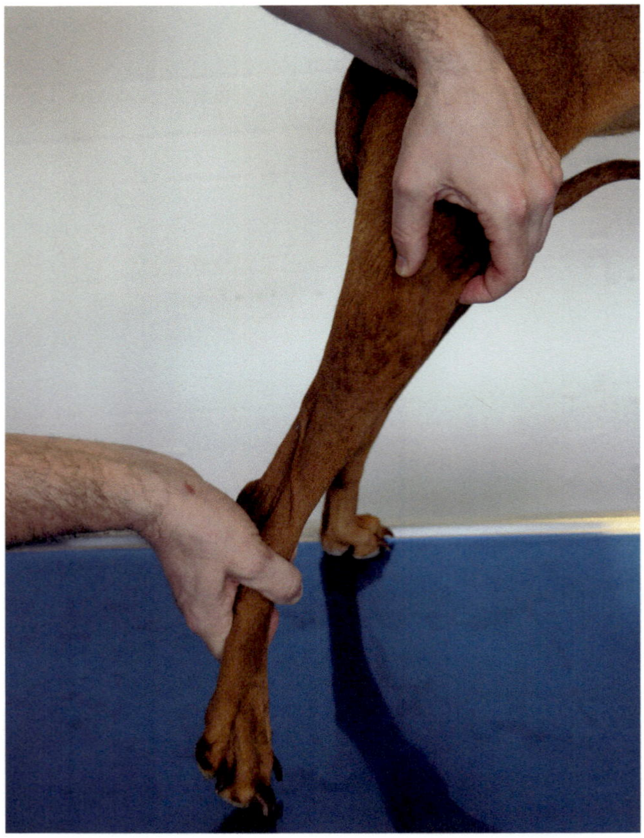

▶ **Abb. 5.17** Die relative Position der Patella zum Femur wird bestimmt und eine erste Vorgradierung für Patellaluxationen vorgenommen. (Quelle: Gaby Ernst, Saland, Schweiz)

**Anatomie**

- Die Patella wird von der lateralen und medialen Fascia lata und den femoropatellaren Bändern in der proximalen Trochlearinne gehalten (▶ Abb. 5.18).
- Lig. patellae (Kniescheibenband): Abschnitt der Endsehne des M. quadriceps femoris, der von der Patella zur Tibia zieht, durch ein Fettpolster von der Gelenkkapsel getrennt
- Kreuzbänder liegen intraartikulär, aber extrasynovial.
- Lig. cruciatum craniale (CrCL, vorderes Kreuzband): vom kaudomedialen Teil des Condylus lateralis in sich verdreht zur Area intercondylaris cranialis tibiae; schränkt die kraniale Bewegung der Tibia und deren Innenrotation ein
- Lig. cruciatum caudale (CdCL, hinteres Kreuzband): von der Lateralseite des medialen Condylus medial des CrCL zur Incisura poplitea; wirkt der Innenrotation des Femurs und Außenrotation der Tibia entgegen
- Beide Kreuzbänder haben funktionell 2 Teile mit unterschiedlichen Spannungszuständen.

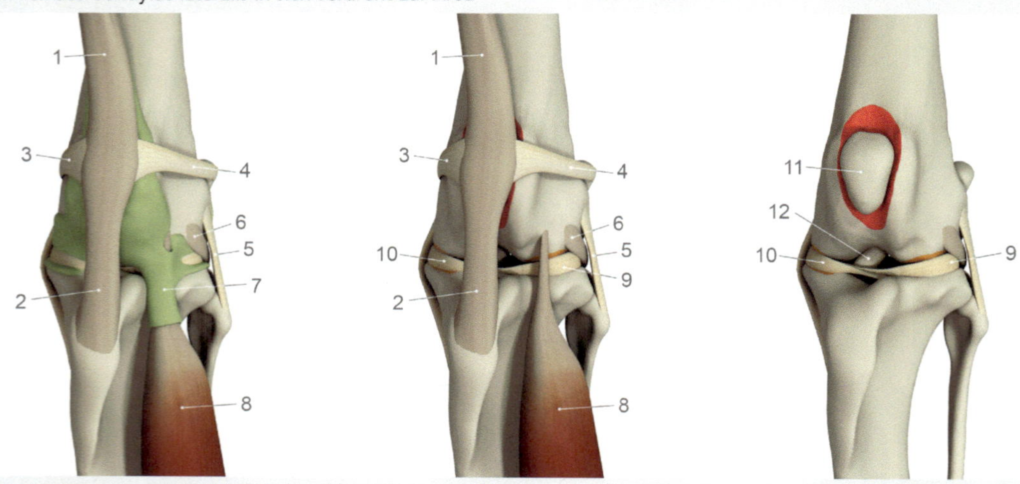


▶ **Abb. 5.18** Das Kniegelenk und die Patella in Kranialansicht.
1 Endsehne des M. quadriceps femoris, 2 Lig. patellae, 3 Lig. femoropatellaris medialis, 4 Lig. femoropatellaris lateralis, 5 Lig. collaterale laterale, 6 M. popliteus, 7 Vagina synovialis m. extensoris digitorum longus, 8 M. extensor digitorum longus, 9 Meniscus lateralis, 10 Meniscus medialis, 11 Patella, 12 Lig. cruciatum craniale. (Quelle: Martin S. Fischer, Jonas Lauströer, Amir Andikfar)

### 5.3.5 Oberschenkelregion

Die Muskeln der Oberschenkelregion werden von distal nach proximal palpiert. Dabei werden Position, Verlauf, Umfang und Schmerzhaftigkeit festgestellt. Den Gesamtumfang der Oberschenkelmuskulatur misst der Untersucher mithilfe eines Messbandes, einer Schnur oder mit seinen Händen. Um reproduzierbare Ergebnisse zu erzielen, soll der Umfang am proximalen Ende, mit der Hand oder dem Messinstrument auf Höhe der Leistengrube, ermittelt werden (▸ **Abb. 5.19**).

**Befunde und DD**

- schmerzhafte und hypomobile Muskelstränge in der kaudalen Oberschenkelmuskulatur
  - Fibrose der ischiokruralen Muskulatur („hamstring muscles")
- im Seitenvergleich reduzierter Umfang der Oberschenkelmuskulatur
  - chronische Minderbelastung des Beines, Problem ist in diesem Bein oder seitlich in der Wirbelsäulenregion lokalisiert
- schmerzhafter und geschwollener M. quadriceps femoris
  - Kontraktur des M. quadriceps femoris
- schmerzhafter M. pectineus
  - Hüftgelenkdysplasie (S. 210) oder Hüftgelenkarthrose (S. 210)

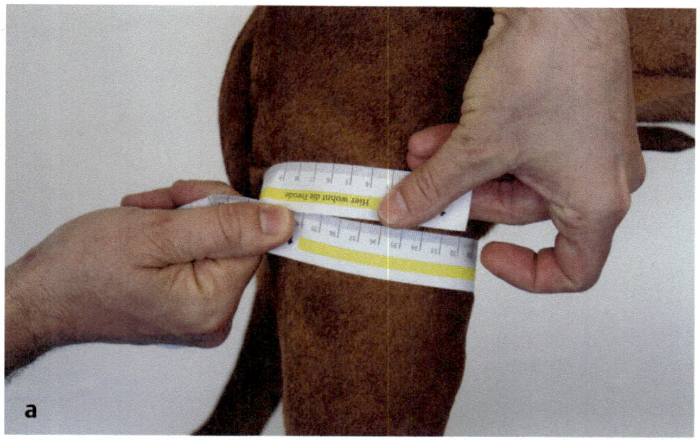


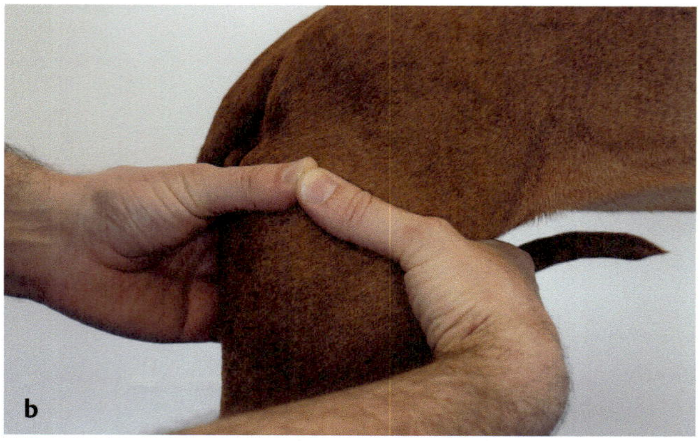


▸ **Abb. 5.19** Umfangbestimmung der Oberschenkelmuskulatur.
**a** Mithilfe eines Messbandes. (Quelle: Gaby Ernst, Saland, Schweiz)
**b** Mit den Händen. (Quelle: Gaby Ernst, Saland, Schweiz)

**Anatomie**

- Die ischiokruralen Muskeln („hamstring muscles") umfassen M. biceps femoris, M. semitendinosus und M. semimembranosus (▸ **Abb. 5.20**).

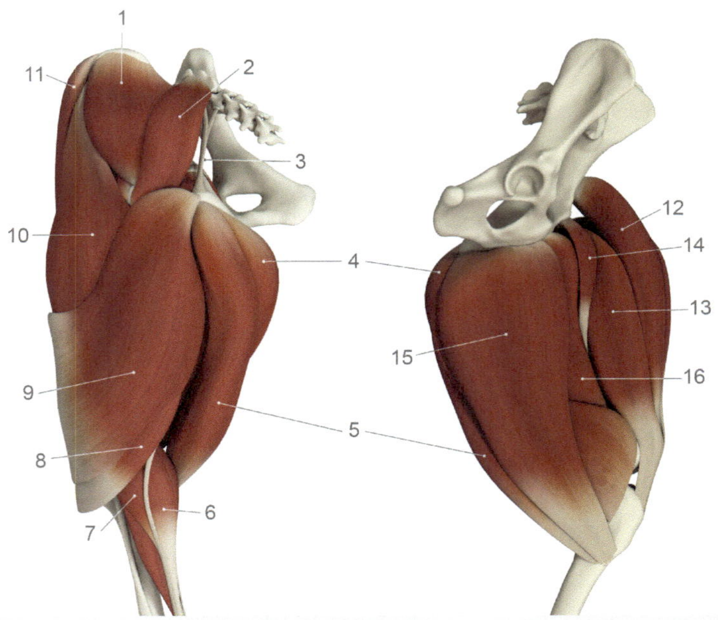


▸ **Abb. 5.20** Proximale Hinterextremität mit Palpationspunkten. Muskulatur des Oberschenkels.
1 M. glutaeus medius, 2 M. glutaeus superficialis, 3 Lig. sacrotuberale, 4 M. semimembranosus, 5 M. semitendinosus, 6 M. gastrocnemius medialis, 7 M. gastrocnemius lateralis, 8 M. biceps femoris pars caudalis, 9 M. biceps femoris pars cranialis, 10 M. tensor fasciae latae, 11 M. sartorius pars cranialis, 12 M. rectus femoris, 13 M. vastus medialis, 14 M. pectineus, 15 M. gracilis, 16 Mm. adductores. (Quelle: Martin S. Fischer, Jonas Lauströer, Amir Andikfar)

### 5.3.6 Hüftregion

#### Hüftgelenkposition

Die relativen Positionen von Tuber ischiadicum, Trochanter major und Crista iliaca und werden mit Daumen, Zeigefinger und Mittelfinger palpiert (▸ **Abb. 5.21**). Dabei sollen links und rechts gleichgeformte Dreiecke gebildet werden.

**Befunde und DD**

- Trochanter major steht nicht in physiologischer Stellung oder ist nicht palpierbar
  - Hüftgelenkluxation (S. 216) nach kraniodorsal, kaudoventral oder kranioventral

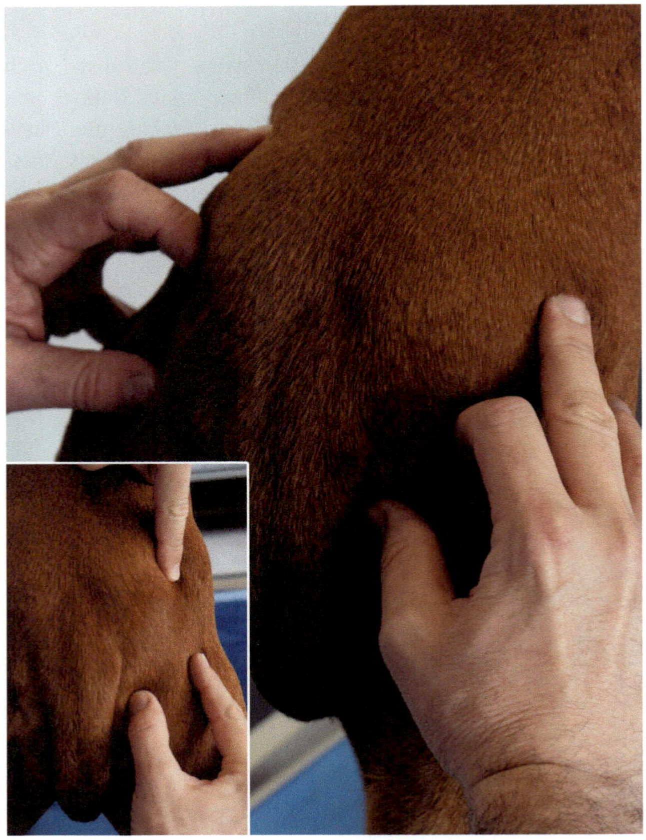

▸ **Abb. 5.21** Drei palpierbare Knochenvorsprünge (Tuber ischiadicum, Trochanter major und Crista illiaca) helfen bei der Diagnose einer Femurkopfluxation. (Quelle: Gaby Ernst, Saland, Schweiz)

**Anatomie**

- Die von den Hintergliedmaßen erzeugten Kräfte werden über das Becken und Kreuzbein in die Lumbalwirbelsäule und damit den Rumpf übertragen. Die Bewegungen der unteren Wirbelsäule sind eine Folge der Beinbewegungen. Die Rahmenkonstruktion des Beckens spiegelt diese Funktion wider. Das Iliosakralgelenk ist ganz wesentlich ein Stoßfänger, das die Spitzen von Belastungen abfangen soll (▸ **Abb. 5.22**). Die Belastung im Iliosakralgelenk durch Druck- und Zugkräfte ist bei großen Rassen überproportional höher.

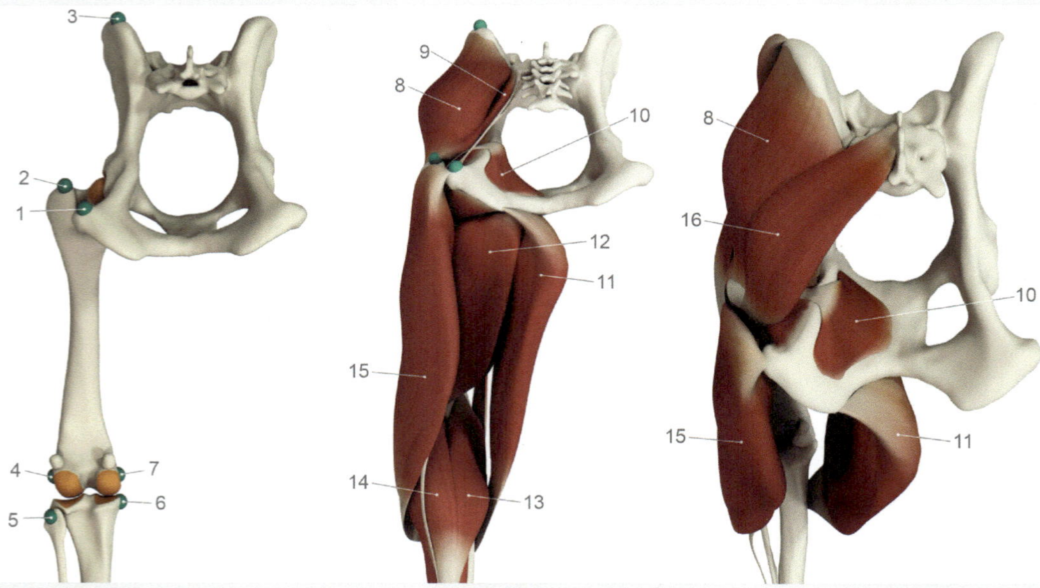


▸ **Abb. 5.22** Proximale Hinterextremität mit Palpationspunkten. Tiefe Ischiokrural- und Kruppenmuskulatur.
1 Tuber ischiadicum, 2 Trochanter major, 3 Crista iliaca, 4 Epicondylus lateralis, 5 Caput fibulae, 6 Condylus medialis, 7 Epicondylus medialis, 8 M. glutaeus medius, 9 M. piriformis, 10 M. obturator internus, 11. M. gracilis, 12 Mm. adductores, 13 M. gastrocnemius medialis, 14 M. gastrocnemius lateralis, 15 M. biceps femoris, 16 M. glutaeus superficialis. (Quelle: Martin S. Fischer, Jonas Lauströer, Amir Andikfar)

## Manipulation des Hüftgelenks

Mit einer Hand am distalen Femur und der anderen über dem Trochanter major wird das Hüftgelenk links und rechts gestreckt, gebeugt und abduziert. Der Hund steht dann nur noch auf dem kontralateralen Bein. Bei allen Manövern soll das Femur in eine horizontale Lage gebracht werden können (▶ Abb. 5.23).

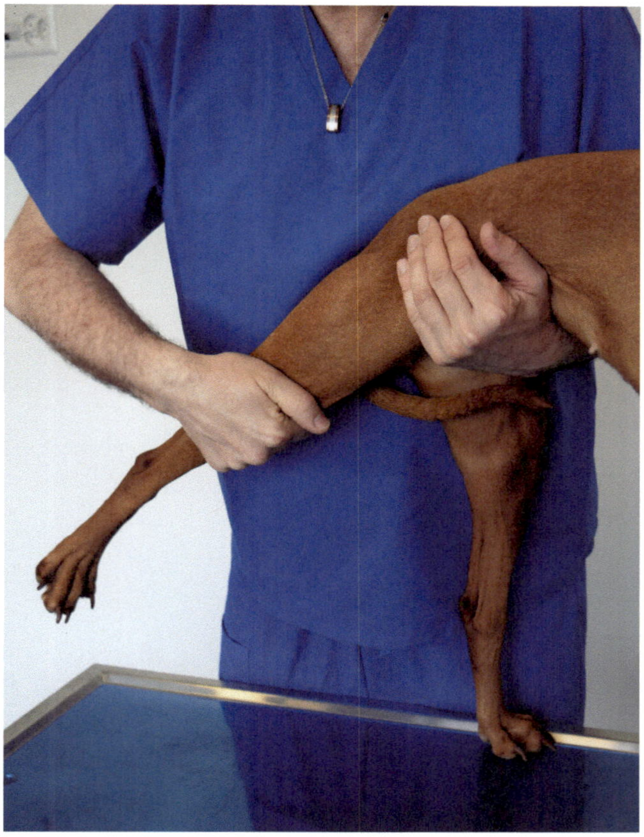

▶ **Abb. 5.23** Das Hüftgelenk wird maximal gestreckt, eine Manipulation, welche das Hüftgelenk, den M. iliopsoas und den Lenden-Kreuzwirbel-Bereich belastet und Schmerzen hervorrufen kann. (Quelle: Gaby Ernst, Saland, Schweiz)

### Befunde und DD

- allgemein reduzierter Bewegungsumfang des Hüftgelenks
  - Hüftgelenkarthrose
  - Hüftgelenkdysplasie (S. 210)
  - Hüftgelenkluxation (S. 216)
  - Neoplasie (S. 192)
- Schmerz nur bei Streckung des Hüftgelenks
  - Hüftgelenkarthrose
  - Hüftgelenkdysplasie (S. 210)
  - Cauda equina-Kompression
  - Spondylose
  - Bandscheibenvorfall
- Krepitation und Schmerz
  - Hüftgelenkarthrose
  - Neoplasie (S. 192)

### Anatomie

- Im Hüftgelenk artikuliert das halbkugelige Caput femoris mit der Facies lunata im Acetabulum (Hüftgelenkpfanne), das eine Ω-förmige Oberfläche hat. Durch ein faserknorpeliges Labrum acetabulare wird beckenseitig die Gelenkfläche vergrößert (▶ Abb. 5.24).
- Am Hüftgelenk finden sich keine mechanischen Gelenkbänder. Das Lig. capitis ossis femoris zieht intraartikulär, aber extrasynovial im Ω-förmigen Ausschnitt des Acetabulums. Das Lig. transversum acetabuli verbindet die Spitzen der Facies lunata und überbrückt so die Incisura acetabuli.
- Die geräumige Gelenkkapsel setzt proximal am Rand des Labrum acetabulare und unterhalb des Caput femoris nahe der überknorpelten Gelenkfläche an. Verdickungen der Kapsel treten dorsal (Zona orbicularis) und in der kranialen und kaudalen Kapselwand auf. Der M. articularis coxae strahlt in die äußere Kapselschicht ein und kann diese anspannen.

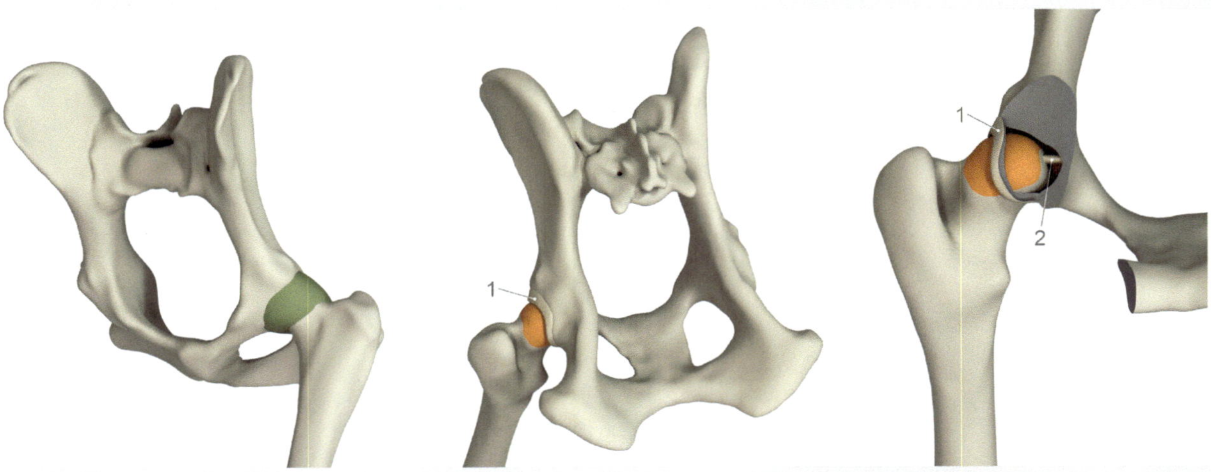


▶ **Abb. 5.24** Das Hüftgelenk mit Gelenkkapsel (grün), Labrum acetabulare und Darstellung des Lig. capitis femoris durch „Wegnahme“ des dorsalen Acetabulums. 1 Labrum acetabulare, 2 Lig. capitis femoris. (Quelle: Martin S. Fischer, Jonas Lauströer, Amir Andikfar)

## Prüfung des M. iliopsoas

Bei voller Streckung wird das Femur in eine Innenrotation gebracht, sodass der M. iliopsoas maximal gedehnt wird (▶ **Abb. 5.25**). Auf den kranialen und mittleren Anteil des Muskels kann ventral der Wirbelsäule mit dem Finger direkt von lateral Druck ausgeübt werden. Bei Hunden unter ca. 25 kg Körpergewicht gelingt eine rektale Palpation des M. iliopsoas kranial des Os ilium.

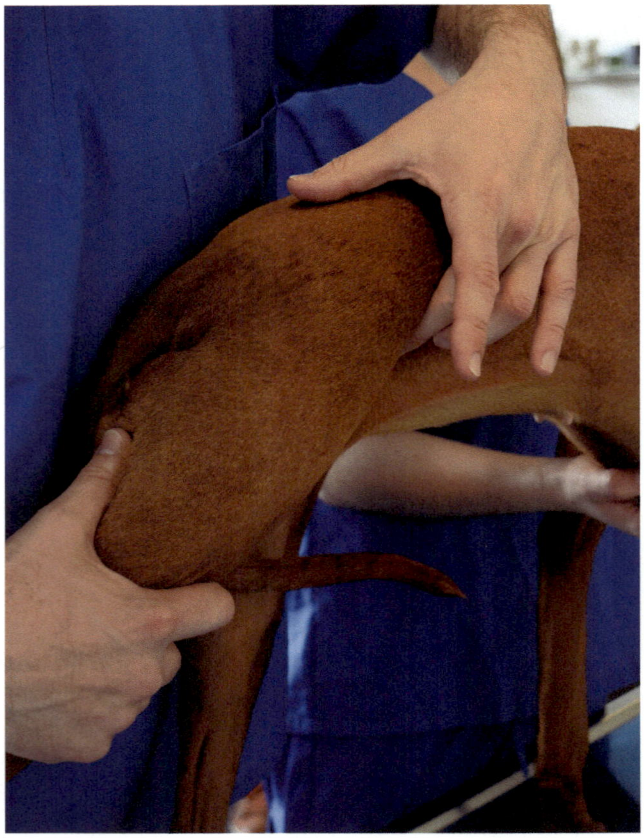

▶ **Abb. 5.25** Die gleichzeitige Extension des Hüftgelenks mit Innenrotation des Beines bringt den M. iliopsoas in eine maximale Elongation. (Quelle: Gaby Ernst, Saland, Schweiz)

### Befunde und DD

- Schmerzäußerung erst, wenn nach voller Streckung des Femurs eine Innenrotation ausgelöst wird
  - Zerrung M. iliopsoas (S. 218)
  - Hüftgelenkarthrose
- Schmerz bei Druck auf den M iliopsoas
  - Zerrung M. iliopsoas (S. 218)

### Anatomie

- Der M. iliopsoas entsteht aus der Aneinanderlagerung des M. psoas major und M. iliacus (▶ **Abb. 5.26**). Beide Muskeln lassen sich bis zum Ansatz am Trochanter minor leicht trennen. Der M. psoas major entspringt an den Querfortsätzen von L 2 und L 3, über eine Aponeurose an L 3 und L 4 und ventral an L 4–L 7. Der M. iliacus kommt von der kaudomedialen Seite des Ilium.
- Im Schritt ist der M. iliopsoas am Ende der Stemmphase und in der Vorschwingphase aktiv, im Trab und Galopp beginnt die Aktivität bereits im ersten Drittel der Stemmphase, was im Zusammenhang mit der Stabilisierung des Beines gesehen wird.

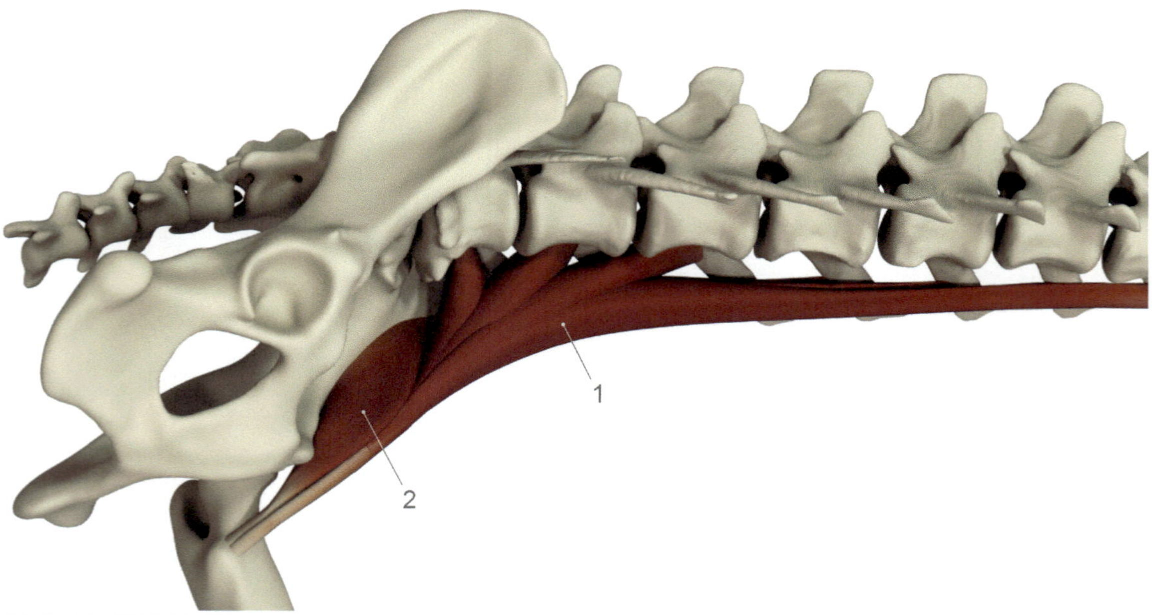


▶ **Abb. 5.26** Medialansicht des M. psoas major (1) und des M. iliacus (2). (Quelle: Martin S. Fischer, Jonas Lauströer, Amir Andikfar)

### 5.3.7 Übersicht häufiger, möglicher Differenzialdiagnosen und Video der Untersuchungen

Die folgende Tabelle (▶ **Tab. 5.1**) gibt eine Übersicht über die wichtigsten Differenzialdiagnosen.

▶ **Tab. 5.1** Übersicht der Differenzialdiagnosen.

| Region | Wichtigste Differenzialdiagnosen |
|---|---|
| Zehen, Metatarsus und Tarsalknochen | • Polyarthritis<br>• Frakturen<br>• Neoplasien |
| Sprunggelenksregion | • Instabilitäten<br>• Osteochondrose Talus<br>• Riss oder Teilriss Fersensehnenstrang |
| Unterschenkel | • Panosteitis<br>• Neoplasie |
| Knie | • Kreuzbandriss<br>• partieller Kreuzbandriss<br>• Patellaluxation |
| Oberschenkel | • Neoplasie<br>• Panosteitis<br>• Muskelverhärtung/-fibrose |
| Hüfte | • Hüftgelenkdysplasie/-arthrose<br>• Hüftgelenkluxation<br>• Legg-Perthes |

Die gesamte Untersuchung der Hintergliedmaße am stehenden Hund ist als Video (Video 5.3) verfügbar.

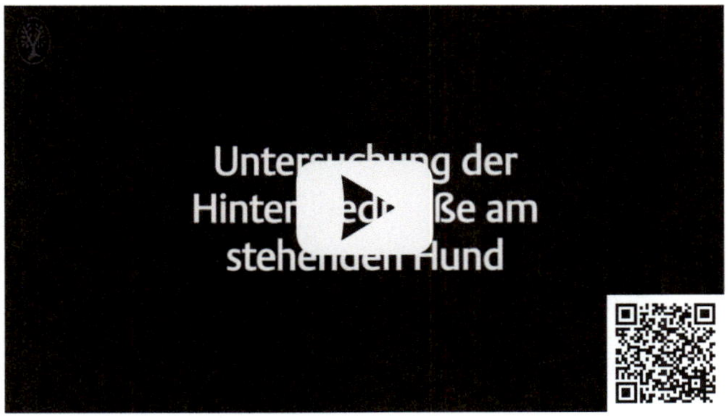

▶ **Video 5.3** Untersuchung der Hintergliedmaße am stehenden Hund. In der Sequenz werden folgende Tests gezeigt: Standsymmetrie, Drucktest der distalen Gliedmaßen, Palpation der Metatarsalknochen und Tarsalknochen, Palpation des Sprunggelenks, Palpation des Fersensehnenstranges (Achillessehne), Palpation der Unterschenkelregion, Palpation des Kniegelenks und der Patella, Schubladentest, Palpation von Femur und „hamstring muscles“, Palpation und Prüfung des Hüftgelenks und die Prüfung des M. iliopsoas.

5.4

# Vordergliedmaße

## 5.4.1 Zehen, Metacarpus und Karpalknochen

### Standsymmetrie

Der Untersucher steht vor dem Hund. Die Prüfung der Standsymmetrie erfolgt, indem der Untersucher die beiden Carpi auf der Höhe der Ossa carpi accessoria gleichzeitig mit dem Zeigefinger fasst und mit gleicher Kraft nach kranial zieht (▶ **Abb. 5.27**).

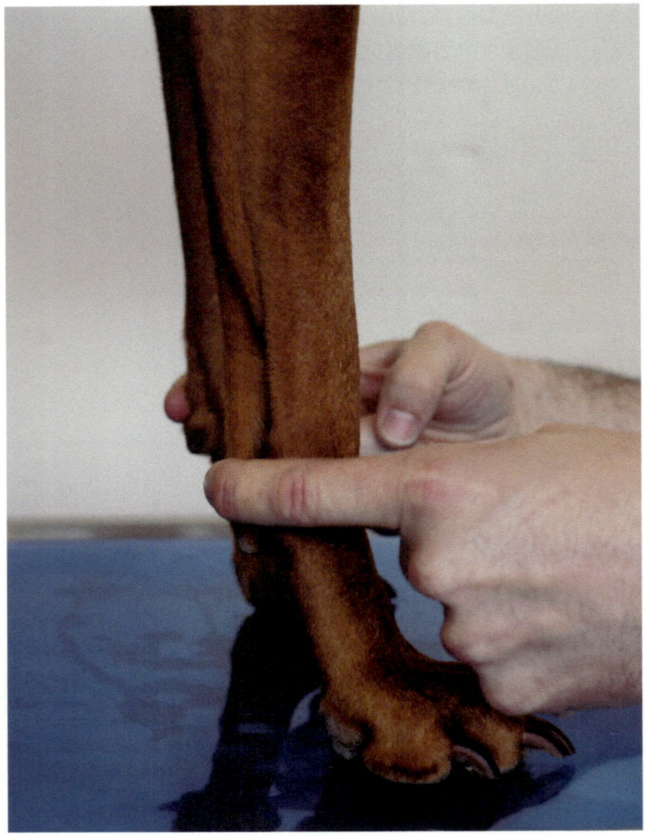

▶ **Abb. 5.27** Durch Zug auf Höhe des Os carpi accessorium wird die Standfestigkeit der Vordergliedmaße geprüft. (Quelle: Gaby Ernst, Saland, Schweiz)

**Befunde und DD**

- im Vergleich zur Gegenseite einfaches Zurückziehen
  - generelle Schwäche des Beines

**Anatomie**

- Die Muskelmasse ist auf die Vorder- und Hintergliedmaße in etwa gleich verteilt (▶ **Abb. 5.28** und ▶ **Abb. 5.2**). Auch die Summen der physiologischen Querschnittsflächen, welche eine sehr gute Näherung für die mögliche Kraftentwicklung von Muskeln darstellen, sind nahezu gleich. Auf der Vordergliedmaße lasten in der Regel 60 % der Vertikalkraft. Bei zunehmender Beschleunigung erfolgt eine immer größere Verteilung der vertikalen Gewichtskraft auf die Hinterextremität. Die horizontalen Kräfte sind auf der Hintergliedmaße größer, hier wird mehr Vortrieb erzeugt, während die Vordergliedmaßen länger und stärker bremsen.

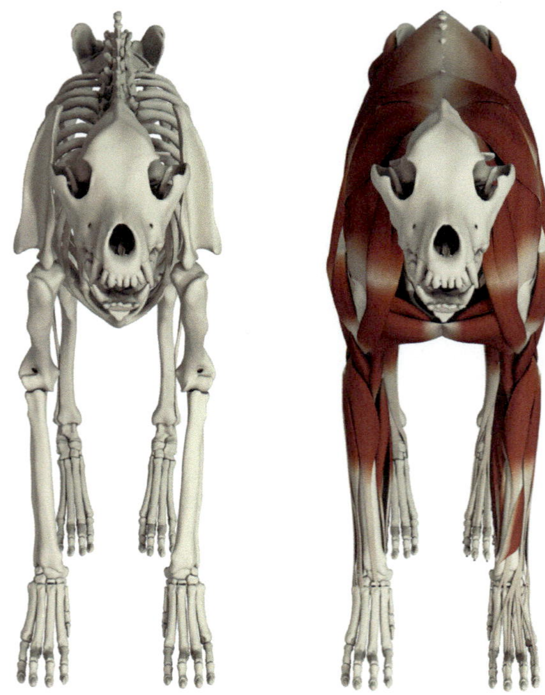

▶ **Abb. 5.28** Skelett und Muskulatur eines Hundes. Ansicht von anterior. (Quelle: Martin S. Fischer, Jonas Lauströer, Amir Andikfar)

## Drucktest distale Gliedmaße

Die beiden Beine werden proximal des Carpus fest umfasst und dann auf den Tisch gedrückt. Es wird auf Schmerzreaktionen geachtet (▸ Abb. 5.29).

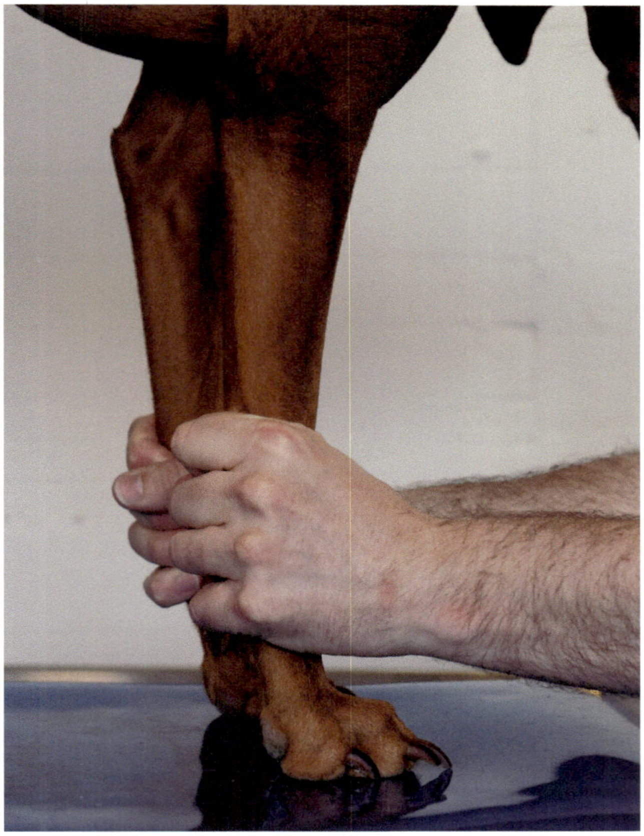

▸ **Abb. 5.29** Die Prüfung der distalen Vorderbeingliedmaße auf Schmerzen entspricht derjenigen des Hinterbeines, wobei hier das distale Antebrachium fest umfasst und Richtung Tischplatte gedrückt wird. (Quelle: Gaby Ernst, Saland, Schweiz)

### Befunde und DD

- Schmerzäußerung, Heben der Pfote nach dem Drucktest deuten auf ein Problem der distalen Gliedmaße hin, z. B.
  - Gelenkschwellung Zehen
  - Fraktur Zehen
  - metakarpale Fraktur
  - karpales Problem
- Dorsoflexion von Zehen
  - Ruptur von Zehenflexoren

### Anatomie

- Auch der Vorderfuß wird über die Sehnen der oberflächlichen und tiefen Zehenbeuger in einem Verspannungssystem gehalten (▸ Abb. 5.30). Die Speicherung elastischer Energie in diesen beiden Sehnen führt geradezu zu einem Katapulteffekt im Moment der Entlastung beim Abfußen.
- Der Karpaltunnel wird vom Retinaculum flexorum, einer Verstärkung der tiefen karpalen Faszie, und vom palmaren Anteil der Gelenkkapsel gebildet. Durch den Tunnel verlaufen die Endsehnen des M. flexor digitorum profundus, Arterien und Venen sowie der N. ulnaris und der N. medianus.

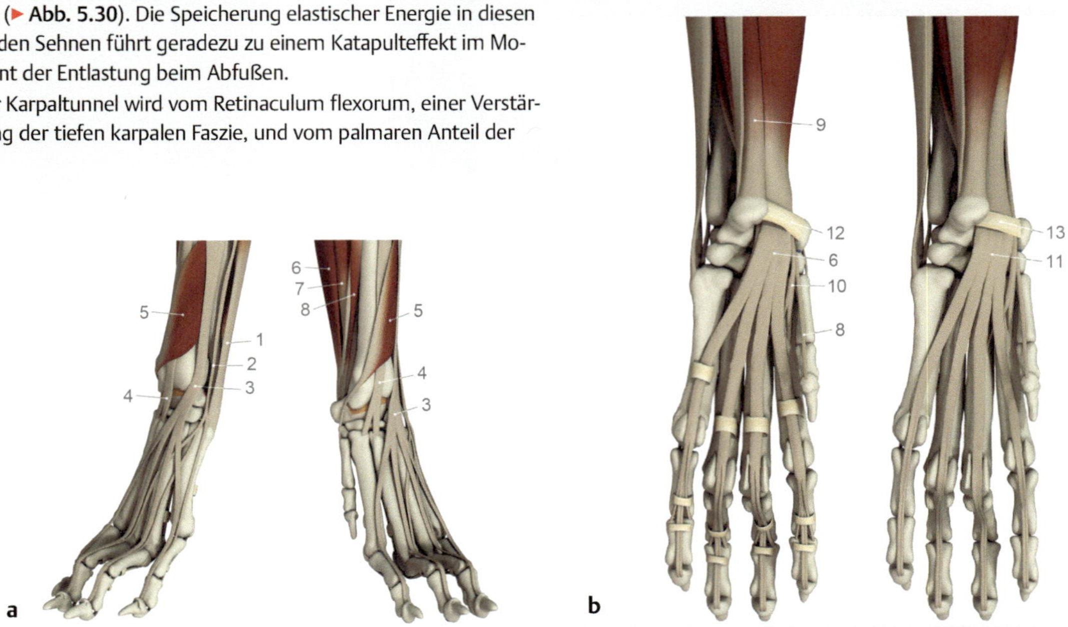


▸ **Abb. 5.30** Carpus mit zugehörigen Unterarmmuskeln. 1 M. extensor carpi ulnaris, 2 M. extensor digitorum lateralis, 3 M. extensor digitorum communis, 4 M. extensor carpi radialis, 5 M. abductor pollicis longus, 6 M. flexor digitorum superficialis, 7 M. flexor digitorum profundus caput humerale, 8 M. flexor digitorum profundus caput radiale, 9 M. flexor carpi ulnaris, 10 M. flexor carpi radialis, 11 gemeinsame Endsehne des M. flexor digitorum profundus, 12 Karpalfaszie (hervorgehoben), 13 Retinaculum flexorum.

**a** Kraniolaterale und kraniomediale Ansicht. (Quelle: Martin S. Fischer, Jonas Lauströer, Amir Andikfar)

**b** Kaudalansicht mit Darstellung der oberflächlichen und tiefen Flexoren. (Quelle: Martin S. Fischer, Jonas Lauströer, Amir Andikfar)

## Karpalknochen

Der Metacarpus und der Carpus werden vergleichend palpiert. Die Position des Os carpi accessorium am kaudalen lateralen Rand des Carpus wird ertastet (▸ **Abb. 5.31**).

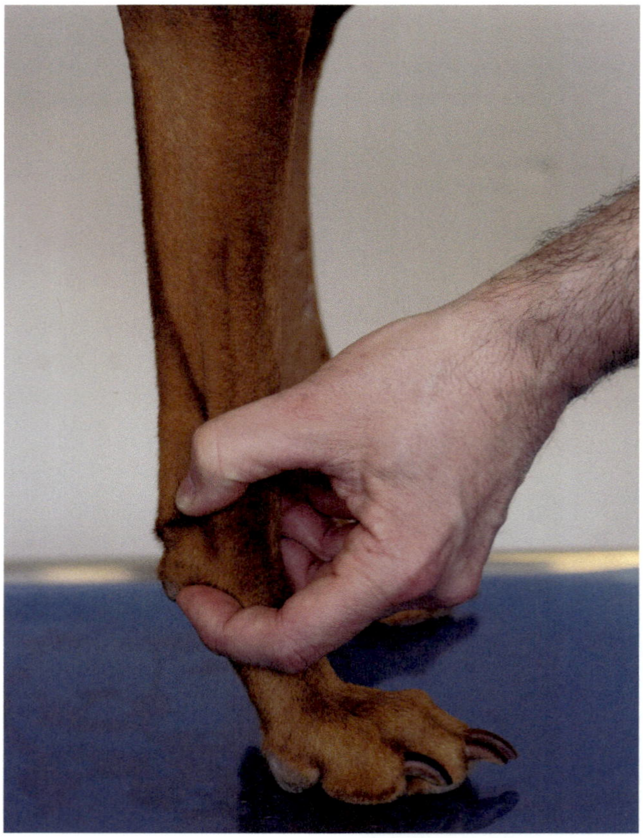

▸ **Abb. 5.31** Der am einfachsten zu findende Knochen des Karpalbereichs ist das Os carpi accessorium am laterokaudalen Rand des Hauptgelenks. (Quelle: Gaby Ernst, Saland, Schweiz)

### Befunde und DD

- Achsabweichungen, Durchtrittigkeit
  - Fraktur karpaler oder metakarpaler Knochen oder interkarpaler oder karpaler Bänder, insbesondere im palmaren Bereich
  - Fraktur Os carpi accessorium
  - Riss von Kollateralbändern des Carpus
- Konturstörung (Schwellung) palmar
  - alte Verletzung
  - Schwellung nach akutem Hyperextensionstrauma (S. 219)
- Krepitation oder Dislokation Os carpi accessorium
  - Fraktur Os carpi accessorium
  - Band- oder Sehnenriss der karpalen Flexoren

**Anatomie**

15 Karpalknochen (▸ **Abb. 5.32**) bilden 33 Einzelgelenke. Jede Karpalreihe bildet eine funktionelle Einheit. Hauptgelenke sind:

- Art. radioulnaris distalis (rot)
- Art. antebrachiocarpea (Unterarm-Vorderfußwurzelgelenk, orange)
- Art. mediocarpea (Vorderfuß-Mittelgelenk)
- Art. carpometacarpea (Vorderfußwurzel-Mittelfußgelenk)
- Das distale Radioulnargelenk besitzt mit der Art. antebrachiocarpea eine gemeinsame Gelenkhöhle.
- Die konkave radiale Gelenkfläche ist um etwa das 3-Fache größer als die schwach konkave ulnare.

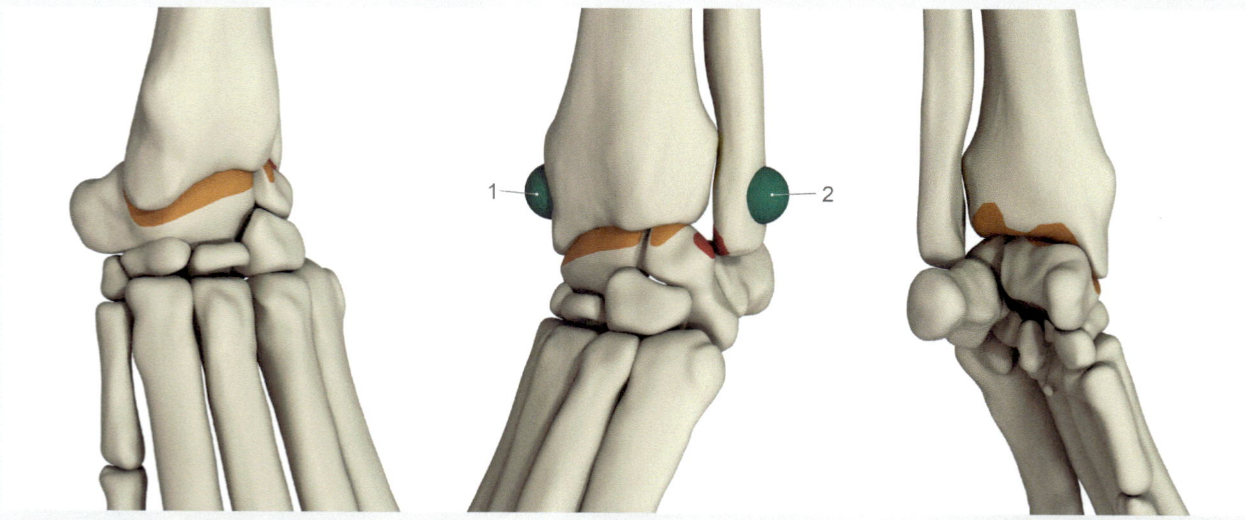


▸ **Abb. 5.32** Palpationspunkte am Vorderfußwurzelgelenk. 1 Proc. styloideus medialis, 2 Proc. styloideus lateralis. (Quelle: Martin S. Fischer, Jonas Lauströer, Amir Andikfar)

### 5.4.2 Karpalgelenk

Der kraniale Anteil des Antebrachiokarpalgelenks ist zwischen den beiden Processus styloidei palpierbar (▶ **Abb. 5.33**).

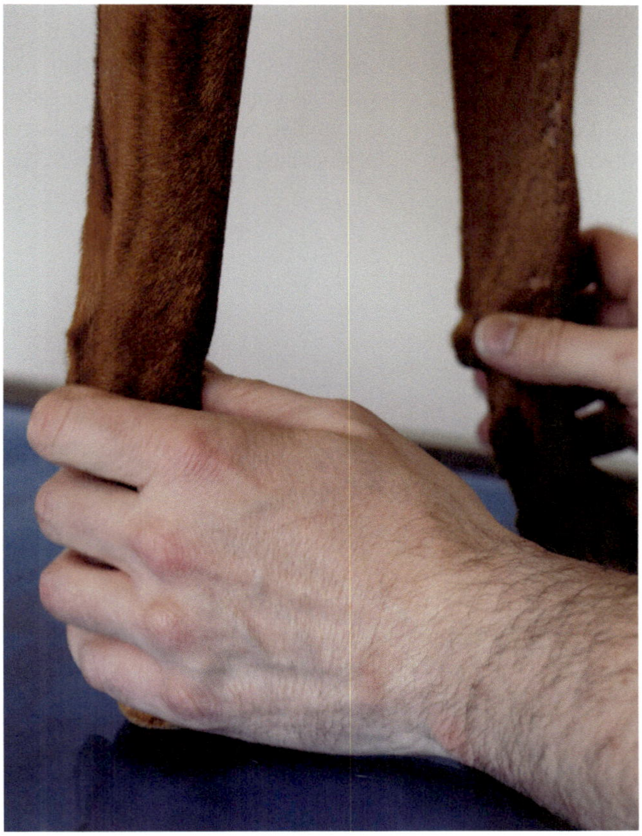

▶ **Abb. 5.33** Im physiologischen Zustand hat das Karpalgelenk wenig Gelenkfüllung. Gelenkschwellungen werden im kranialen Anteil zwischen den beiden Processus styloidei entdeckt. (Quelle: Gaby Ernst, Saland, Schweiz)

**Befunde und DD**

- Füllung, Wärme und/oder Schmerzhaftigkeit
  - Polyarthritis (S. 189)
  - Seitenbandruptur
  - Gelenkfraktur
  - Neoplasie distaler Radius
- Valgusfehlstellung
  - mediale Seitenbandruptur
  - Radius curvus
- Konturstörung medialer Gelenkanteil
  - chronischer Bandschaden
  - Tendovaginitis (S. 221) des M. abductor pollicis longus

#### Anatomie

- Der aufwendige Bandapparat und die Faszienverspannungen lassen nur Beuge- und Streckbewegungen zu (▶ **Abb. 5.34**). Der physiologische Hyperextensionswinkel beträgt etwa 25° ± 10°, die Valgusstellung bis 15°.

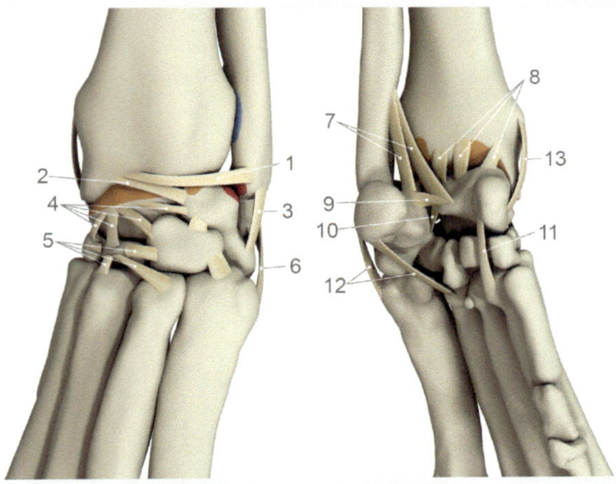


▶ **Abb. 5.34** Die Bänder der Vorderfußwurzel.
1 Lig. radioulnare, 2 Lig. radiocarpeum dorsalis, 3 Lig. collaterale carpi laterale, 4 Ligg. intercarpea dorsales, 5 Ligg. carpometacarpea dorsales, 6 Lig. accessoriometacarpeum, 7 Lig. ulnocarpeum palmare, 8 Lig. radiocarpeum palmare, 9 Lig. accessorioulnare, 10 Lig. intercarpeum palmare, 11 Lig. carpometacarpeum palmare, 12 Ligg. accessoriometacarpea, 13 Lig. collaterale carpi mediale. (Quelle: Martin S. Fischer, Jonas Lauströer, Amir Andikfar)

### 5.4.3 Unterarmregion

Radius und Ulna werden, soweit unter der Haut palpierbar, von distal nach proximal ertastet und unter Druck palpiert. Dabei wird den beiden Processus styloidei, dem Radiuskopf und dem Olecranon besondere Aufmerksamkeit geschenkt (▶ Abb. 5.35).

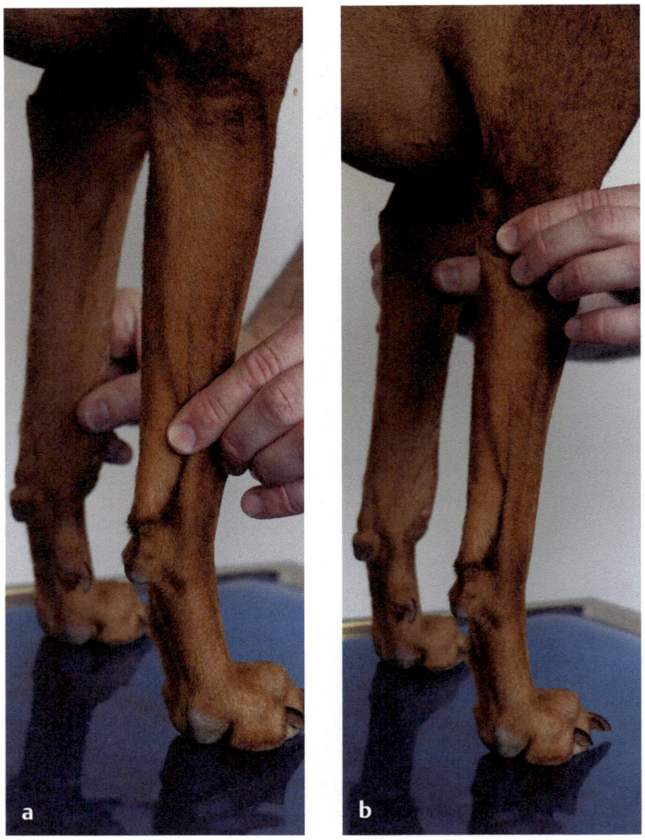


▶ **Abb. 5.35** Der Radius ist im distalen Bereich auf der medialen Seite (a), die Ulna im proximalen Bereich auf der lateralen Seite und am Olecranon spürbar (b). (Quelle: Gaby Ernst, Saland, Schweiz)

**Befunde und DD**

- Krümmung des Radius nach kranial, Valgusstellung und Außenrotation des Antebrachiums (Radius curvus):
  - vorzeitiger Fugenschluss der distalen Ulnafuge und allenfalls der distalen Radiusfuge mit daraus resultierender Fehlstellung
- Schmerz im distalen Drittel des Radius
  - Neoplasie Radius
- Schmerz entlang der Diaphyse und im Olecranon
  - Panosteitis (S. 186)
  - Fraktur
- Schwellung der lateralen Extensoren- resp. der medialen Flexorenmuskelgruppe
  - Kompartimentsyndrom
- Schwellung, Wärme und Schmerz des gesamten distalen Antebrachiums
  - hypertrophe Osteodystrophie (S. 187)

**Anatomie**

- Radius/Ulna (▶ Abb. 5.36) überkreuzen sich und sind in Pronationsstellung durch das bis zu 2 mm dicke Lig. interosseus fixiert. Allerdings tritt beim Kurvenlaufen eine umfangreiche passive Verdrehung auf.
- Lateral vor allem bei größeren und großen Hunden kann ein „Sesamknorpel" in einem Bandgeflecht aus Ursprungssehne des M. supinator, lateralem Seitenband und Lig. anulare radii auftreten.

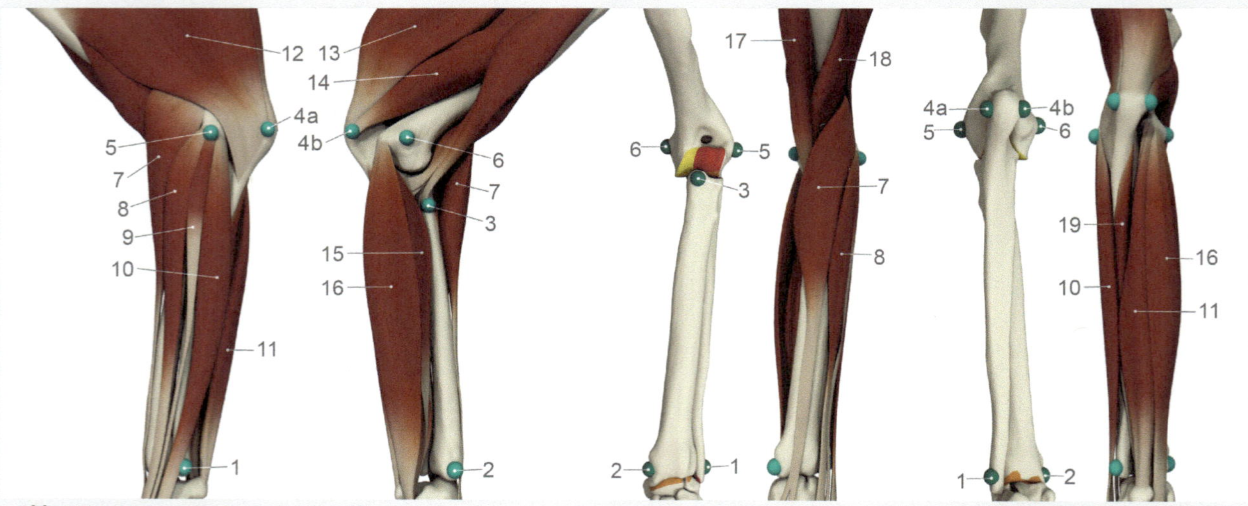


▶ **Abb. 5.36** Unterarm mit zugehörigen Muskeln.
Palpationspunkte am Unterarm: 1 Proc. styloideus lateralis, 2 Proc. styloideus medialis, 3 Caput radii, 4 a, b Olecranon mit Tuber olecrani, 5 Epicondylus lateralis humeri, 6 Epicondylus medialis humeri.
Muskeln am Unterarm: 7 M. extensor carpi radialis, 8 M. extensor digitorum communis, 9 M. extensor digitorum lateralis, 10 M. extensor carpi ulnaris, 11 M. flexor carpi ulnaris, 12 M. triceps brachii caput laterale, 13 M. triceps brachii caput longum, 14 M. triceps brachii caput mediale, 15 M. flexor digitorum profundus caput humerale, 16 M. flexor digitorum superficialis, 17 M. biceps brachii, 18 M. brachialis, 19 M. flexor digitorum profundus caput ulnare. (Quelle: Martin S. Fischer, Jonas Lauströer, Amir Andikfar)

### 5.4.4 Ellbogenregion

#### Palpation des Ellbogengelenks

Die Gelenkkapsel des Ellbogengelenks lässt sich in einem Halbkreis distal des medialen und lateralen Epicondylus humeri ertasten. Nach kaudoproximal erstreckt sie sich bis zum Processus anconaeus (▸ **Abb. 5.37**).

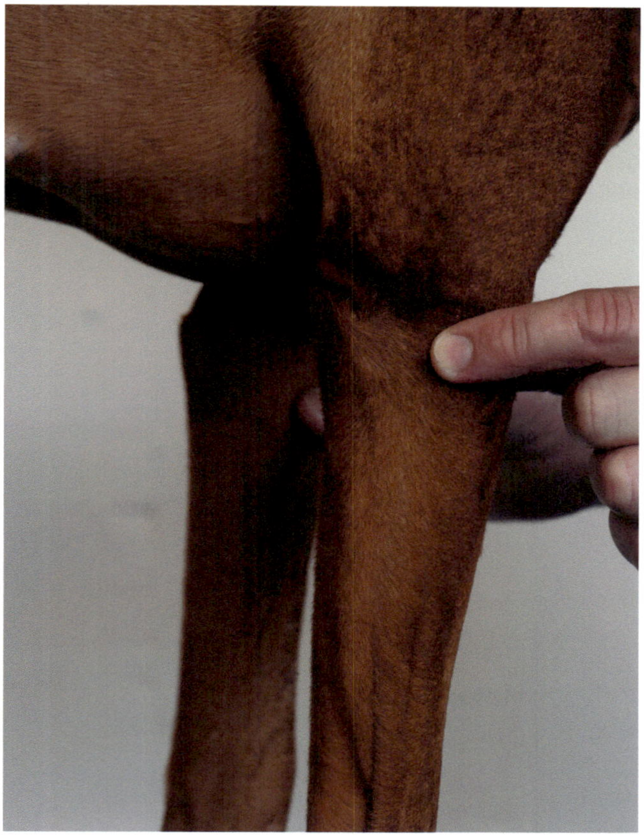

▸ **Abb. 5.37** Ausgangspunkte zur Prüfung sind die Epikondylen des Humerus. Von dort aus gelangt der Untersucher in distaler Richtung zum halbkreisförmig ertastbaren Ellbogengelenk, vom Processus anconaeus bis zum medialen resp. lateralen Coronoid reichend. (Quelle: Gaby Ernst, Saland, Schweiz)

**Befunde und DD**

- Füllung und Wärme Ellbogengelenk
  - Ellbogendysplasie (S. 222)
  - Ellbogenarthrose
- laterales Ellbogenkompartiment stark gefüllt
  - Fraktur oder nichtvereinigter Processus anconaeus

**Anatomie**

- Die Art. humeroulnaris (gelb/orange) und die Art. humeroradialis (rot) bilden ein physiologisch inkongruentes Scharniergelenk (▸ **Abb. 5.38**). Das Humeroulnargelenk hat die größere Gelenkfläche und leitet die Kraft in den Oberarm ab.
- Gelenkkapsel mit Verstärkung an der Beugeseite durch schräg verlaufende Fasern
- Vier Recessus unter dem M. biceps brachii und dem M. extensor digitorum communis sowie 2 an der Kaudalseite der Fossa olecrani
- Das Radioulnargelenk ist Teil des Ellbogengelenks und in die Gelenkkapsel eingeschlossen. Es erlaubt eine passive Verdrehung von Ulna und Radius.
- Die größte Belastung der Ulna tritt an der Medialseite der Incisura trochlearis zwischen Proc. anconaeus und Proc. coronoideus medialis auf.
- Die Incisura trochlearis dient der Gelenkung mit der Trochlea humeri. Bei kleinwüchsigen und mittelgroßen Hunden findet sich eine durchgehende Gelenkfläche. Große Hunde weisen dagegen häufig eine Reduktion des Gelenkknorpels an der tiefsten Stelle der Incisura trochlearis auf, bei Riesenrassen findet sich dieser häufig nur noch auf dem medialen Teil der Gelenkfläche.

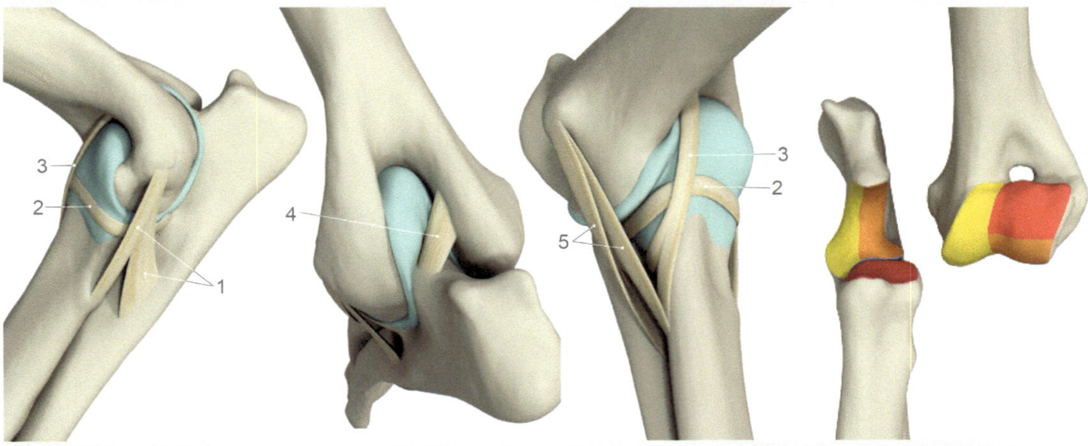


▸ **Abb. 5.38** Die Gelenkkapsel des Ellbogengelenks mit zugehörigen Bändern. Darstellung der Art. humeroulnaris (gelb/orange) und der Art. humeroradialis (rot). 1 Lig. collaterale lateralis, 2 Lig. anulare radii, 3 Lig. obliquum, 4 Lig. olecrani, 5 Lig. collaterale medialis. (Quelle: Martin S. Fischer, Jonas Lauströer, Amir Andikfar)

## Seitenbänder

Das mediale und laterale Seitenband wird ertastet. Es soll straff zwischen Humerus und Radiuskopf (lateral) resp. Humerus und Ulna (medial) verlaufen. Die Stabilität der Bänder wird zusätzlich durch eine Adduktion und Abduktion sowie eine Pronation und Supination des Antebrachiums bei gebeugtem und gestrecktem Ellbogen geprüft (► **Abb. 5.39**).

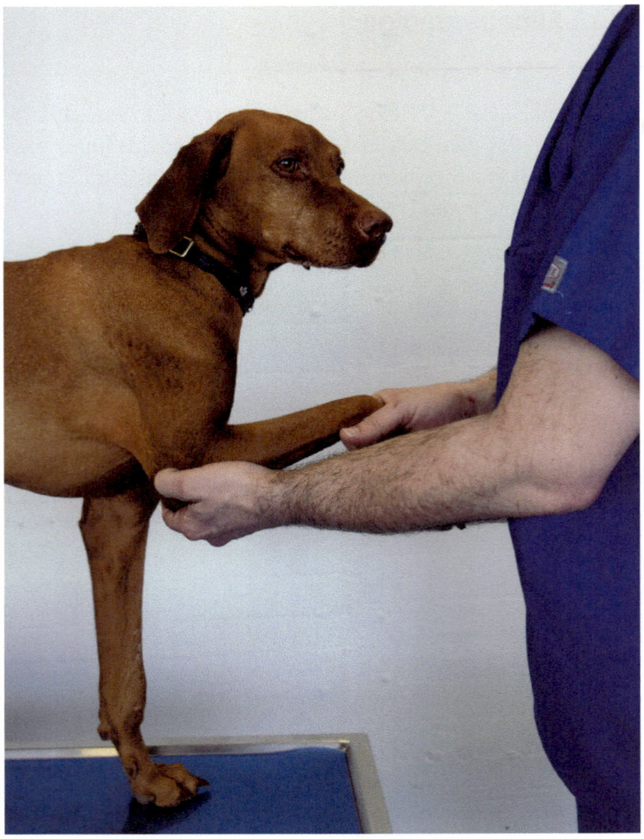

► **Abb. 5.39** Seitenbandprüfung beim stehenden Hund: Eine erhöhte Pronation weist auf eine mediale, eine erhöhte Supination auf eine laterale Seitenbandläsion hin. (Quelle: Gaby Ernst, Saland, Schweiz)

### Befunde und DD

- Abduktion um mehr als 30°
  - medialer Seitenbandriss
- Radiuskopf nach lateral versetzt
  - Luxation des Antebrachiums nach lateral (laterale Ellbogenluxation)
- erhöhte Supination
  - laterale Instabilität
- erhöhte Pronation
  - mediale Instabilität

**Anatomie**

- Die Ligg. collateralia lateralis et medialis teilen sich etwa in Höhe des Lig. anulare radii (► **Abb. 5.40**). Die exzentrischen Ansatzstellen der Seitenbänder in Bezug zur Drehachse führen dazu, dass beidseits der Mittelstellung (= maximale Spannung), das Gelenk regelrecht einschnappt.
- Lig. anulare: vom Proc. coronoideus medialis zum LCL und Proc. coronoideus medialis
- Lig. obliquum: vom lateralen Rand des For. supratrochleare medial zum Radius und zum Ansatz mit dem LCM
- Lig. olecrani: von der Kaudalseite des For. supratrochleare zum Proc. anconaeus und vorderen Olecranonhöcker

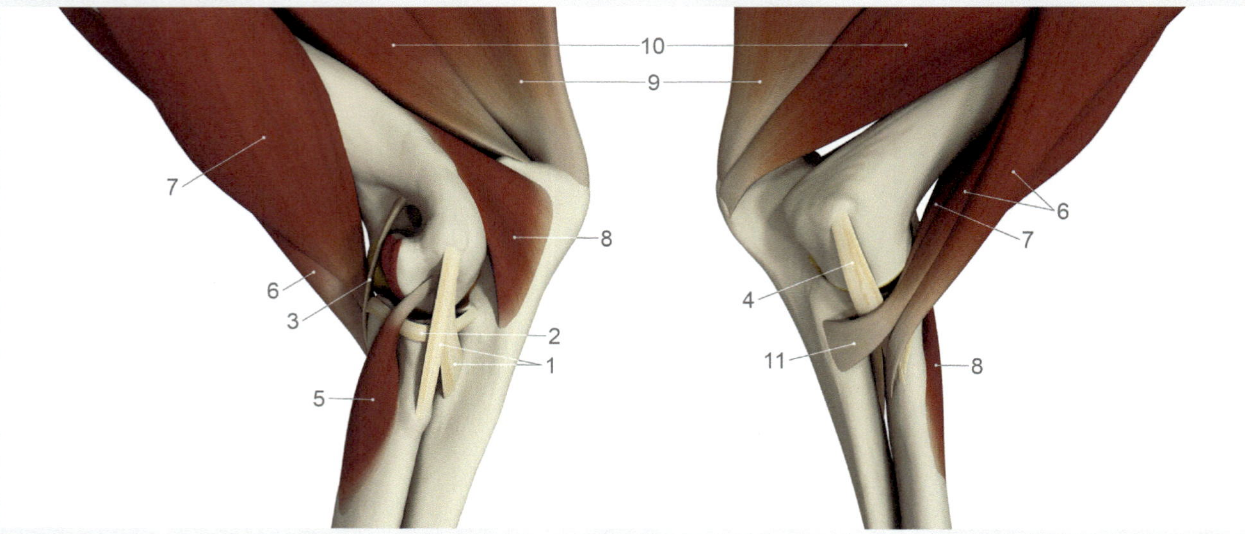


► **Abb. 5.40** Ellbogengelenk mit zugehörigen Bändern und Muskeln.
1 Lig. collaterale lateralis, 2 Lig. anulare radii, 3 Lig. obliquum, 4 Lig. collaterale medialis, 5 M. supinator, 6 M. biceps brachii, 7 M. brachialis, 8 M. anconaeus, 9 M. triceps brachii caput longum, 10 M. triceps brachii caput mediale, 11 gemeinsame Endsehne des M. biceps brachii und M. brachialis. (Quelle: Martin S. Fischer, Jonas Lauströer, Amir Andikfar)

### 5.4.5 Oberarmbereich

Die Muskelbäuche des Oberarmes werden von distal nach proximal palpiert (▶ Abb. 5.41). Es ist auf die Insertion des M. biceps brachii am Radius zu achten und diesen unter Zug nach kaudal auf Schmerz zu prüfen. Im Weiteren werden der Verlauf und der Ansatz des M. triceps brachii am Humerus ertastet. Der Humerus ist nur im distalen Drittel direkt palpierbar. Im proximalen Anteil wird sein kranialer Anteil auf Schmerz geprüft.

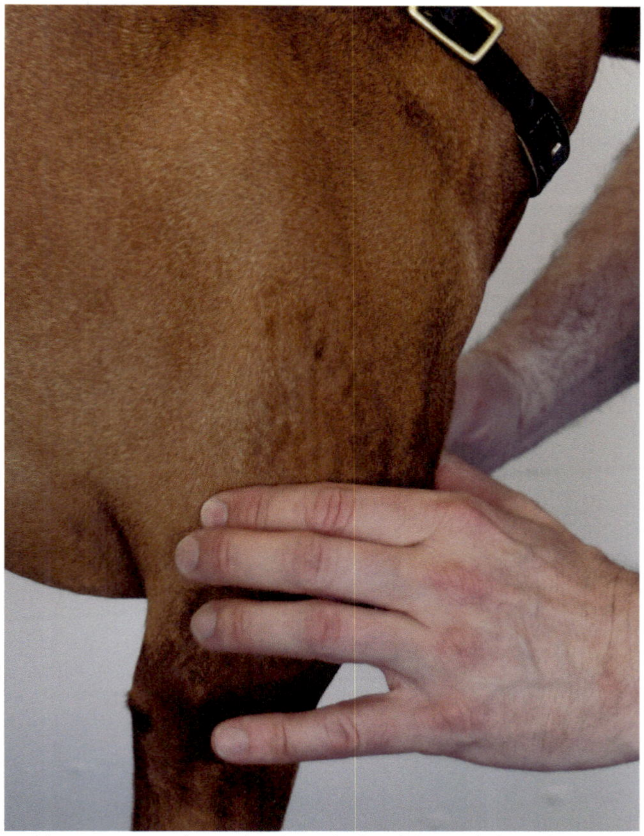

▶ **Abb. 5.41** Der M. biceps brachii verläuft auf der mediokranialen Seite durch das Schultergelenk, bevor er zwischen Tuberculum minus und majus mit einem Transversalband gefasst wird und nach distal verläuft. In seinem proximalen Anteil kann er digital palpiert werden. (Quelle: Gaby Ernst, Saland, Schweiz)

**Befunde und DD**

- M. biceps brachii ist dolent
  - Bizepstendinitis (S. 226)
- Schwellung am Ansatz des M. triceps brachii
  - partieller oder kompletter Riss des M. triceps brachii
  - Fraktur des Olecranon
- Schmerz Humerus
  - Neoplasie (S. 192)

**Anatomie**

- Der M. biceps brachii windet sich von seinem Ursprung am Tuberculum supraglenoidale um den Humerusschaft und inseriert an der Tuberositas radii und distal des Proc. coronoideus medialis ulnae (▶ Abb. 5.42).
- Der M. coracobrachialis entspringt sehnig am Proc. coracoideus der Scapula. Die über die Medialseite des Schultergelenks ziehende Sehne verläuft in der Vagina synovialis m. coracobrachialis. Der Muskel inseriert an der Crista tuberculi minoris.
- Der M. triceps brachii caput longum ist der kräftigste Extremitätenmuskel.

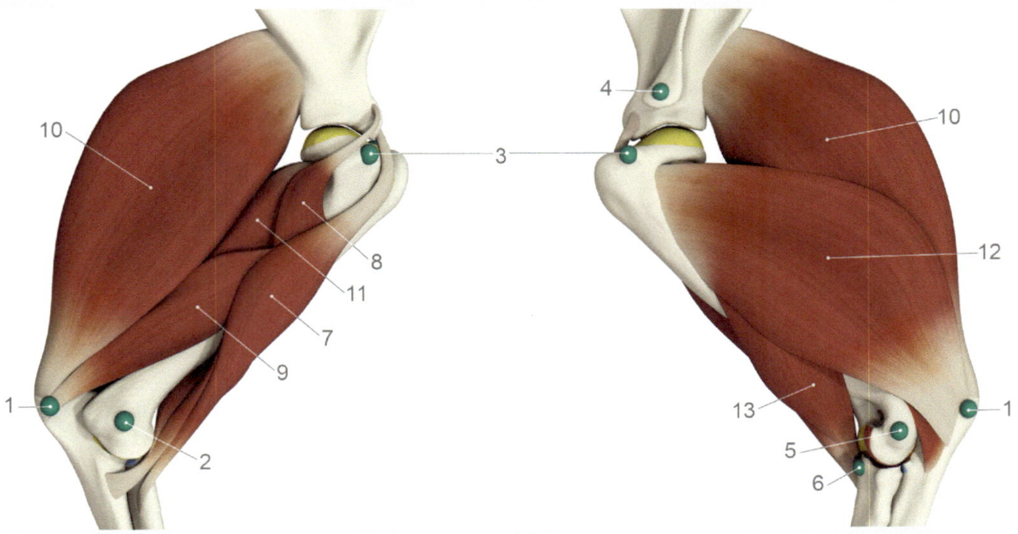


▶ **Abb. 5.42** Oberarmregion mit Schulter- und Ellbogengelenk und zugehörigen Muskeln.
Palpationspunkte: 1 Olecranon, 2 Epicondylus medialis humeri, 3 Tuberculum majus, 4 Acromion, 5 Epicondylus lateralis humeri, 6 Caput radii, 7 M. biceps brachii, 8 M. coracobrachialis, 9 M. triceps brachii caput mediale, 10 M. triceps brachii caput longum, 11 M. triceps brachii caput accessorium, 12 M. triceps brachii caput laterale, 13 M. brachialis. (Quelle: Martin S. Fischer, Jonas Lauströer, Amir Andikfar)

### 5.4.6 Schultergelenkregion

#### Gelenkpalpation

Das Schultergelenk ist tief unter der Muskulatur versteckt. Eine direkte Palpation gelingt nur auf der kraniomedialen Seite, wo der M. biceps brachii durch das Schultergelenk läuft (► Abb. 5.43). Während der Palpation wird das Gelenk manipuliert.

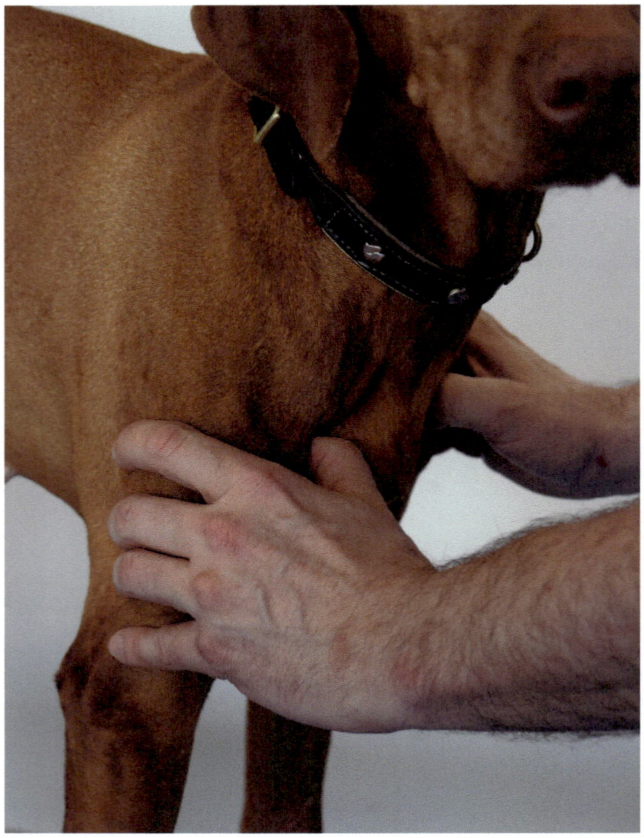

► **Abb. 5.43** Das Schultergelenk liegt tief unter der Muskulatur des Schultergürtels und ist nur von kranial direkt digital zu ertasten. (Quelle: Gaby Ernst, Saland, Schweiz)

**Befunde und DD**

- Schmerz und Wärme
  - Osteochondrose (S. 183)
  - Bizepsentzündung
  - Schulterinstabilität (S. 228)
- Krepitation
  - chronischer Verlauf bei Osteochondroseerkrankung
  - Gelenkfraktur
  - Schulterluxation
  - Neoplasie (S. 192)
  - Abriss des M. biceps am Tuberculum supraglenoidale

**Anatomie**

- Bänder verlaufen intrakapsulär; das Lig. glenohumeralis medialis ist ein eigenständiges Band und nicht nur eine Verdickung der Kapselwand (► Abb. 5.44).
- M. biceps brachii verläuft in synovialer Vagina synovialis intertubercularis. Im Gleitsehnenabschnitt ist Faserknorpel eingelagert. Der Humeruskopf bewegt sich unter der Sehne und nicht die Sehne. Zugfestigkeit und Zugbelastbarkeit der Ursprungssehne nehmen mit dem Alter ab und die Zugbelastbarkeit ist bei schweren Hunden proportional zum Körpergewicht geringer.

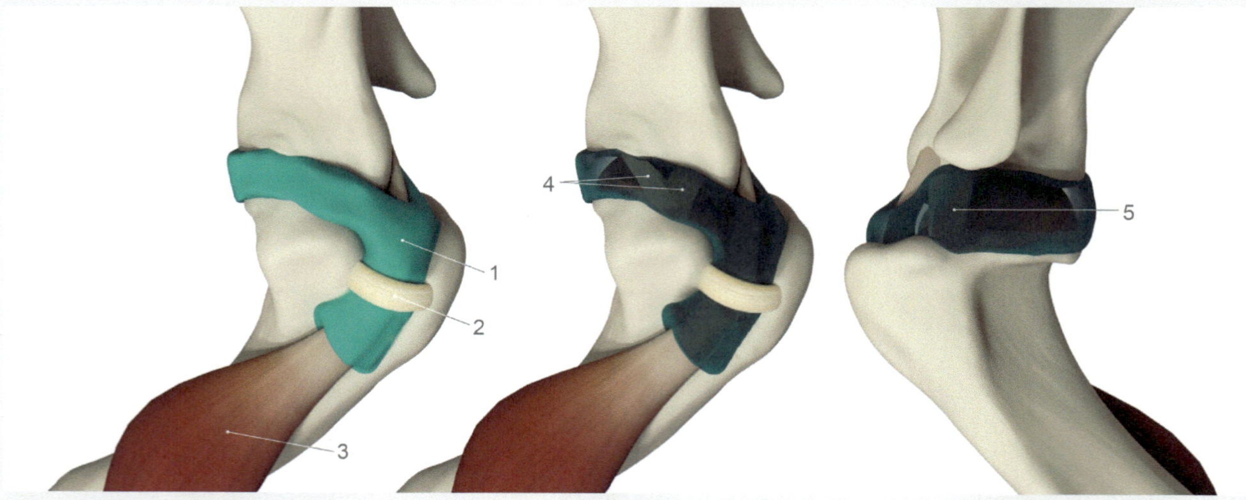


► **Abb. 5.44** Die Gelenkkapsel des Schultergelenks mit intrakapsulären Bändern. Die Gelenkkapsel ist transparent dargestellt, um den Verlauf der Ursprungssehne des M. biceps brachii in der Vagina synovialis intertubercularis zu zeigen.
1 Vagina synovialis intertubercularis, 2 Lig. transversum humeri, 3 M. biceps brachii, 4 Lig. glenohumeralis medialis, 5 Verdickung der lateralen Kapselwand. (Quelle: Martin S. Fischer, Jonas Lauströer, Amir Andikfar)

## Prüfung Schultergelenkstabilität

Ausgangslage für die Prüfung ist die vollständige Streckung von Ellbogen- und Schultergelenk. Dann wird das Bein in Abduktion gebracht. Der gesamte Bewegungsumfang des Schultergelenks wird geprüft (► Abb. 5.45).

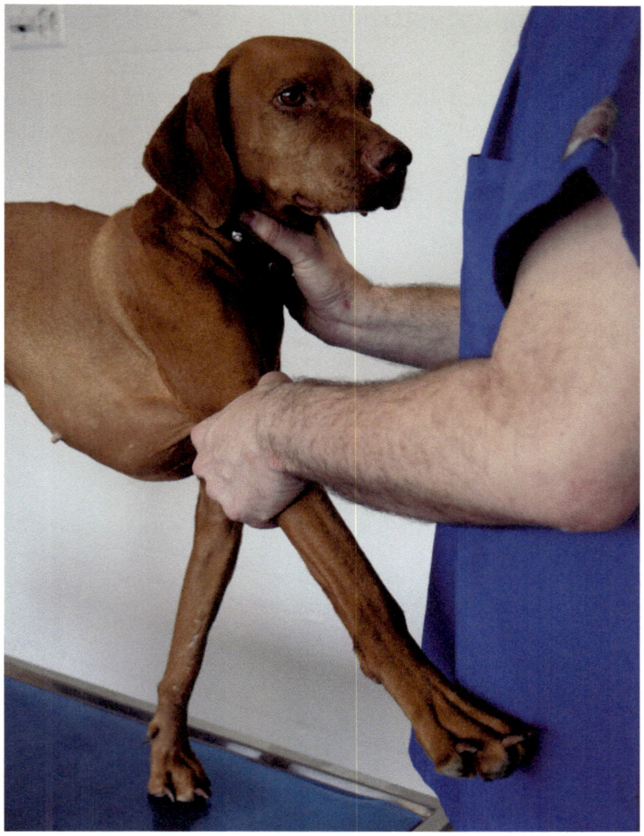

► **Abb. 5.45** Das medial stabile Schultergelenk sollte in Extensionshaltung von Ellbogen und Schultergelenk maximal in 20° Abduktionsstellung verbracht werden können. (Quelle: Gaby Ernst, Saland, Schweiz)

### Befunde und DD

- Abduktion um mehr als 20°
  - mediale Schulterluxation
  - Infraspinatuskontraktur
- Schmerz bei Manipulation
  - Osteochondrose (S. 183)
  - Bizepsentzündung
  - kraniale oder laterale Luxation
  - Infraspinatuskontraktur
- erhöhte Beweglichkeit
  - kraniale oder laterale Luxation
  - Dysplasie des Schultergelenks

### Anatomie

- Das Schultergelenk hat einen großen Bewegungsspielraum: Streckung 140°–150°, Abduktion/Adduktion und Längsachsenrotation hochgradig rassespezifisch.
- Das Schultergelenk wird durch einen Adhäsion-Kohäsion-Mechanismus und die Schultermanschette gehalten.
- Die Gelenkkapsel bildet eine Schultermanschette, in die auf der Medialseite Anteile der Endsehne des M. subscapularis und auf der Lateralseite Anteile der Endsehnen von M. infraspinatus, M. supraspinatus und M. teres minor einstrahlen. Diese Form der Stabilisierung wird auch „dynamische Bänder“ genannt (► Abb. 5.46).

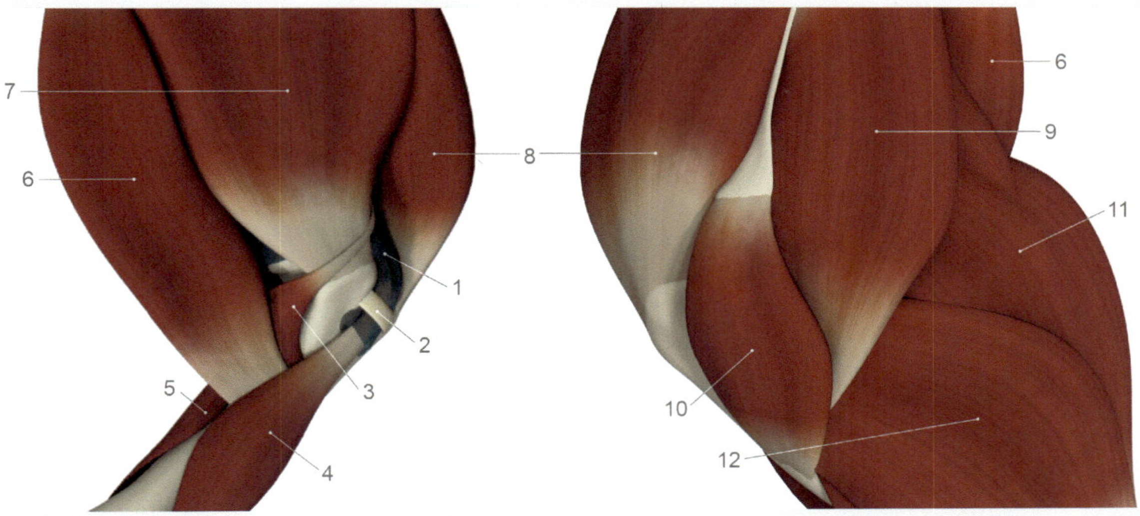


► **Abb. 5.46** Lateral- und Medialansicht des Schultergelenks mit zugehörigen Muskeln.
1 Vagina synovialis intertubercularis, 2 Lig. transversum humeri, 3 M. coracobrachialis, 4 M. biceps brachii, 5 M. brachialis, 6 M. teres major, 7 M. subscapularis, 8 M. supraspinatus, 9 M. deltoideus pars scapularis, 10 M. deltoideus pars acromialis, 11 M. triceps caput longum, 12 M. triceps caput laterale. (Quelle: Martin S. Fischer, Jonas Lauströer, Amir Andikfar)

### 5.4.7 Schulterblattregion

Die Scapula wird an ihren kranialen resp. kaudalen Rändern abgetastet. Acromion und Spina scapulae werden auf anatomisch korrekte Lage und Schmerz geprüft. Die Muskelgruppen kranial und kaudal der Spina scapulae werden im Umfang und vergleichend für beide Extremitäten erfasst (▶ **Abb. 5.47**).

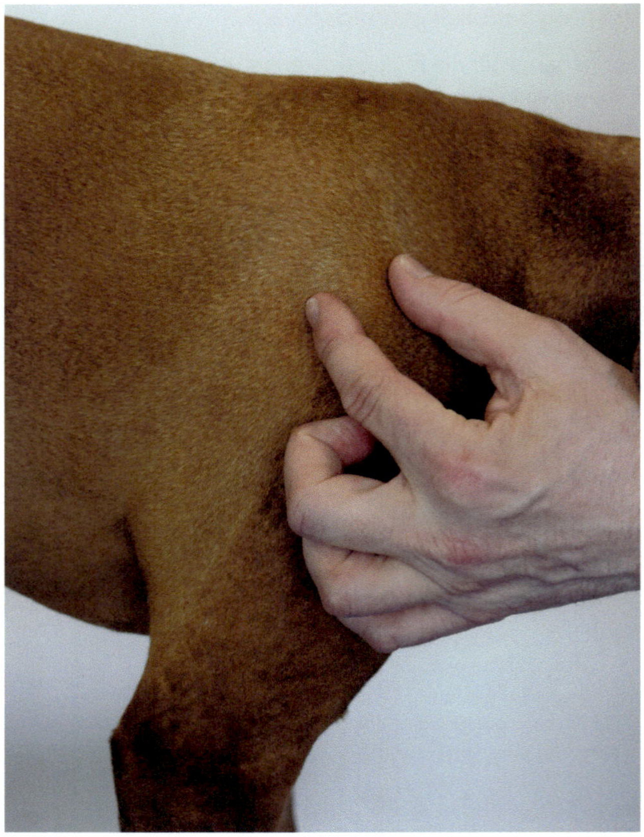

▶ **Abb. 5.47** Die Größe der Muskulatur kranial und kaudal der Spina scapulae wird im Links-Rechts-Vergleich Hinweise liefern, welches Bein ein orthopädisches Problem hat. (Quelle: Gaby Ernst, Saland, Schweiz)

**Befunde und DD**

- im Seitenvergleich reduzierter Umfang der Schultermuskulatur
  - chronische Minderbelastung der Vordergliedmaße
  - Problem ist in diesem Bein oder seitlich in der Halsregion lokalisiert
- Schmerz bei Palpation der Scapula
  - Fraktur
  - Neoplasie (S. 192)

**Anatomie**

- Die Scapula entspricht funktionell dem Femur und leistet den größten Beitrag zur Schrittlänge an der Vordergliedmaße.
- Der Drehpunkt der gesamten Bewegung der Vordergliedmaße liegt im oberen Drittel der Scapula.
- Die Gelenkfläche der Fossa glenoidea der Scapula macht nur ein Drittel derjenigen des Caput humeri aus (▶ **Abb. 5.48**). Gelenkführung durch passive und aktive Mechanismen insbesondere durch Adhäsion-Kohäsion-Mechanismen und muskuläre Gelenkmanschette.

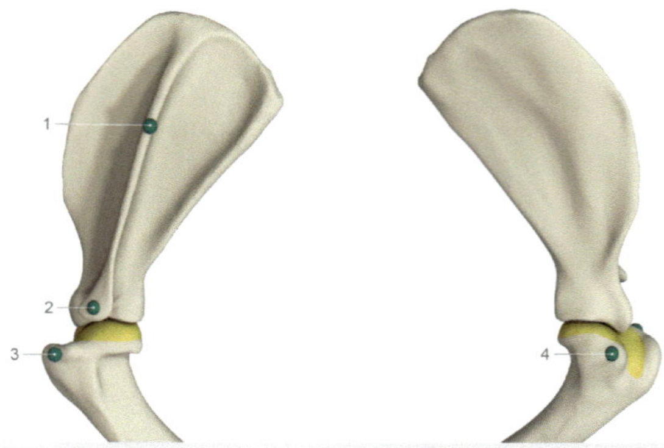


▶ **Abb. 5.48** Artikulationsflächen Scapula und Palpationspunkte an Schultergelenk und Scapula: 1 Spina scapulae, 2 Acromion, 3 Tuberculum majus, 4 Tuberculum minus. (Quelle: Martin S. Fischer, Jonas Lauströer, Amir Andikfar)

### 5.4.8 Übersicht häufiger, möglicher Differenzialdiagnosen und Video der Untersuchungen

Die folgende Tabelle (▶ **Tab. 5.2**) gibt eine Übersicht über die wichtigsten Differenzialdiagnosen.

▶ **Tab. 5.2** Übersicht der Differenzialdiagnosen.

| Region | Wichtigste Differenzialdiagnosen |
|---|---|
| Zehen, Metatarsus und Karpalknochen | • Polyarthritis<br>• Frakturen<br>• Sesamoid-Erkrankung |
| Karpalgelenkregion | • Hyperextensionstrauma<br>• Tendovaginitis des Abductor pollicis longus<br>• Polyarthritis |
| Unterarm | • Neoplasie<br>• Panosteitis<br>• Radius curvus-Phänomen |
| Ellbogen | • Ellbogendysplasie/-arthrose<br>• Ellbogenluxation |
| Oberarm | • Neoplasie<br>• Panosteitis<br>• Bizepstendovaginitis |
| Schulter | • Osteochondrose<br>• mediale Instabilität<br>• Kontraktur |

Die gesamte Untersuchung der Vordergliedmaße am stehenden Hund ist als Video (Video 5.4) verfügbar.

▶ **Video 5.4** Untersuchung der Vordergliedmaße am stehenden Hund. In der Sequenz werden folgende Tests gezeigt: Zugtest, Drucktest, Palpation von Metakarpalknochen und Karpalknochen, Palpation von Radius und Ulna, Palpation und Prüfung des Ellbogengelenks, Palpation des Humerus und des M. triceps, Palpation und Prüfung des Schultergelenks und Palpation des Schulterblattes.

# 6 Untersuchung des liegenden Hundes

Daniel Koch, Martin S. Fischer

## 6.1 Spezifische Bemerkung zur Untersuchung des liegenden Hundes

Der Hund wird nun in Seitenlage verbracht. Eine Hilfsperson fixiert die beiden auf dem Tisch liegenden Gliedmaßen jeweils proximal des Carpus und des Tarsus. Mit dem Ellbogen der Hilfsperson können Kopfbewegungen des Hundes kontrolliert werden. Es sollte dem Hund aber möglich sein, Abwehr- und Schmerzreaktionen zu zeigen. Der Besitzer hält sich mit Vorteil in der Nähe des Kopfes auf.

Das Ziel der Untersuchung des liegenden Hundes ist das Stellen einer klinischen Diagnose. Obwohl aus der Ganganalyse oder der Untersuchung des stehenden Hundes die verletzte Körperregion bekannt sein sollte, wird empfohlen, wiederum alle Gliedmaßen zu untersuchen. Die betroffene Gliedmaße ist die letzte. Es wird dem Untersucher so gelingen, geringe Abweichungen von der Norm durch den Vergleich mit der Gegenseite zu erkennen. Im Weiteren kann es durchaus sein, dass nicht nur eine Gliedmaße oder eine Körperregion erkrankt ist, sondern mehrere, wie z. B. bei Panosteitis, Polyarthritis, den meisten Dysplasieformen oder Kreuzbandrissen.

Am liegenden Hund werden folgende Befunde erfasst:

- Konturstörungen bzw. Schwellung
- Wärme und/oder Schmerz
- Hypomobilität
- Hypermobilität
- Krepitation
- Luxationen
- Instabilität

6.2

# Hintergliedmaße

## 6.2.1 Zehen, Metatarsus und Tarsalknochen

### Summarischer Test

An der Pfote werden die Haut und der Zwischenzehenbereich inspiziert und die Zehenballen palpiert. Dann werden die Zehen und die Metatarsi umfasst und seitlich gepresst, um Schmerzreaktionen zu provozieren. Die Pfoten, Gelenke und Metatarsi werden auf Konturstörungen untersucht (▶ **Abb. 6.1**, ▶ **Abb. 6.2**).

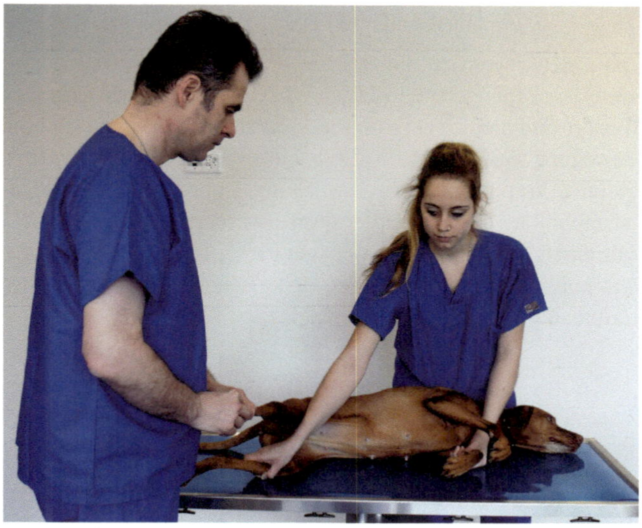

▶ **Abb. 6.1** Für die Untersuchung in Seitenlage wird der Hund von einer Hilfsperson an den beiden auf dem Tisch liegenden Gliedmaßen fixiert. (Quelle: Gaby Ernst, Saland, Schweiz)

▶ **Abb. 6.2**

a Die Haut zwischen den Zehen wird auf Verletzungen, Tumoren und Fremdkörper untersucht. (Quelle: Gaby Ernst, Saland, Schweiz)

b Verletzungen der Ballen führen zu schlecht heilenden Wunden, sie sind sehr druckempfindlich. Manchmal werden Fremdkörper in die Balle gepresst. (Quelle: Gaby Ernst, Saland, Schweiz)

c Die Stabilität der Metarsalknochen wird geprüft. (Quelle: Gaby Ernst, Saland, Schweiz)

### Befunde und DD

- Hautrötung Zwischenzehen
  - Allergie
- Konturstörung
  - Neoplasie (S. 192)
- Schmerz, Wärme
  - Neoplasie (S. 192)
  - Fraktur
  - Luxation
  - Fremdkörper

## Prüfung der Zehengelenke

Die Gelenke werden auf Wärme und Konturstörungen inspiziert. Die Zehengelenke werden einzeln gebeugt, gestreckt, adduziert und abduziert (► **Abb. 6.3**). Während die eine Hand die Bewegung ausführt, prüft die andere das Gelenk auf Wärme, Füllung, Krepitation, Achsabweichung, Hypomobilität und Hypermobilität. Schmerzäußerungen werden wahrgenommen. Mit einer Hyperextension der metatarsophalangealen Gelenke werden die Sesambeine in den Flexorensehnen getestet (► **Abb. 6.4**).

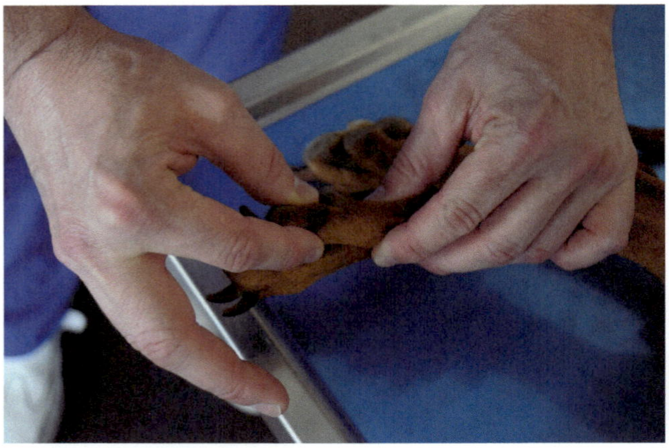

► **Abb. 6.3** Die Gelenke der Zehen werden einzeln untersucht. (Quelle: Gaby Ernst, Saland, Schweiz)

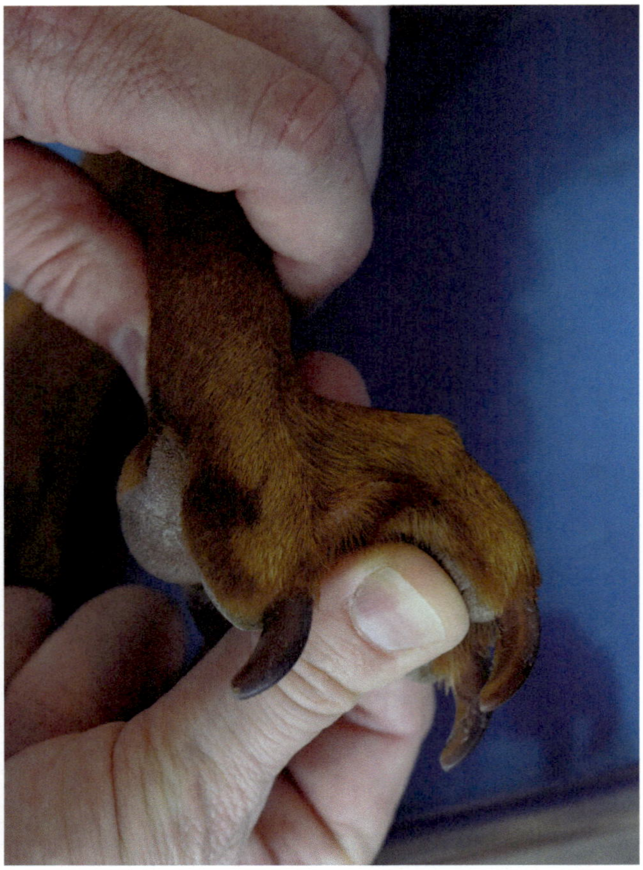

► **Abb. 6.4** Die Zehengrundgelenke werden überstreckt. Dabei fasst die eine Hand die Zehen, während die andere Schmerz und Krepitation im Gelenk erfasst. Es befinden sich jeweils 2 Sesambeine auf der plantaren Seite des Zehengrundgelenks. (Quelle: Gaby Ernst, Saland, Schweiz)

### Befunde und DD

- Krepitation
  - Gelenkfraktur
- Wärme
  - Polyarthritis (S. 189)
  - Allergie
- Achsabweichung
  - Seitenbandruptur
  - Fraktur
- Hypomobilität
  - Sesambeinerkrankung (S. 219)
  - chronisches Gelenkleiden
- Hypermobilität
  - Flexoren- oder Extensorenriss
  - Kapselriss
  - Nervenläsion
- Schmerz
  - Gelenkfraktur
  - Polyarthritis (S. 189)
  - Sesambeinerkrankung
  - Kapsel-/Bandtrauma

## Tarsalknochen

Die tarsalen Knochen sind im Normalfall nicht beweglich. Sie werden alle palpiert und die kurzen Bänder durch Extension, Flexion, Abduktion und Adduktion geprüft (▶ **Abb. 6.5**, ▶ **Abb. 6.6**).

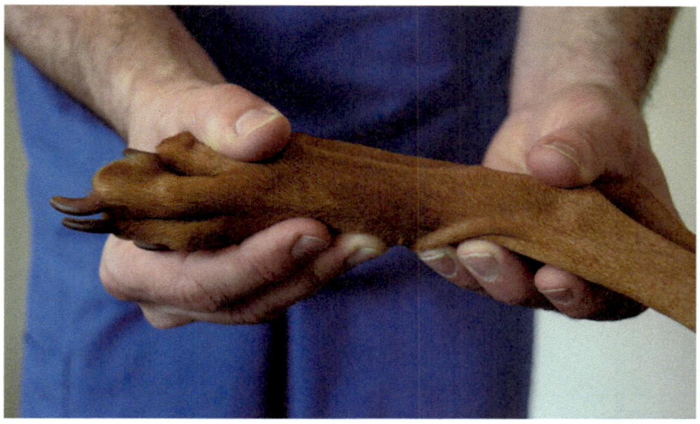

▶ **Abb. 6.5** Prüfung der lateralen Seitenbänder des Tarsus. (Quelle: Gaby Ernst, Saland, Schweiz)

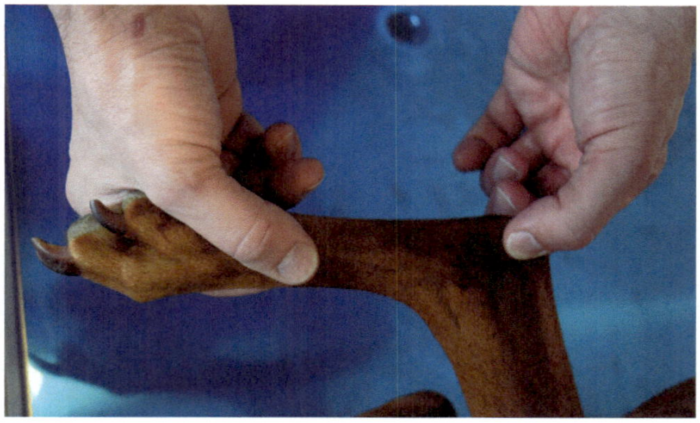

▶ **Abb. 6.6** Prüfung des Calcaneus auf Schmerzen und Frakturen. (Quelle: Gaby Ernst, Saland, Schweiz)

### Befunde und DD

- Hypermobilität
  - Luxation
  - Fraktur
- ventrale Konturstörung Calcaneus
  - pathologische Fraktur Calcaneus (S. 197)
- Schwellung, Ausfluss
  - metatarsale Fistulierung des Deutschen Schäferhundes

## Übersicht häufiger Befunde und Video der Untersuchungen

Die folgende Tabelle (▶ Tab. 6.1) gibt eine Übersicht über häufige, in dieser Region zu findende Befunde.

▶ **Tab. 6.1** Übersicht der Befunde.

| Lokalisation/Test | Befund | Spricht für | Häufigkeit der Erkrankung |
|---|---|---|---|
| summarischer Test | Konturstörung | • Neoplasie | + |
| | Wärme und/oder Schmerz | • Neoplasie | + |
| | | • Fraktur | ++ |
| | | • Luxation | + |
| | | • Fremdköper | + |
| Zwischenzehenbereich | Hautrötung | • Allergie | ++ |
| Zehengelenke | Konturstörung | • Fraktur | + |
| | Wärme und/oder Schmerz | • Polyarthritis | ++ |
| | | • Gelenkfraktur | ++ |
| | | • Sesambeinerkrankung | + |
| | | • Kapsel-/Bandtrauma | ++ |
| | Hypomobilität | • Sesambeinerkrankungen | + |
| | | • chronische Arthropathie | + |
| | Hypermobilität | • Kapselriss | + |
| | | • Nervenläsion | + |
| | Krepitation | • Fraktur | ++ |
| | Instabilität | • Seitenbandruptur | ++ |
| | | • Fraktur | ++ |
| Tarsalknochen | Konturstörung | • Fraktur des Calcaneus | + |
| | Wärme und/oder Schmerz | • metatarsale Fistulierung (beim DSH) | + |
| | Hypomobilität | • Luxation | ++ |
| | | • Fraktur | ++ |

Die Untersuchung von den Zehen bis zu den Tarsalknochen am liegenden Hund ist als Video (Video 6.1) verfügbar.

▶ **Video 6.1** Untersuchung der Hintergliedmaße am liegenden Hund – von den Zehen bis zu den Tarsalknochen. In dieser Sequenz wird die Palpation und Prüfung der Zehen und Zehengelenke inklusive der Sesambeine, die Palpation der Metatarsalknochen und des Fersensehnenstranges (Achillessehne) gezeigt.

## 6.2.2 Sprunggelenk

### Talokruralgelenk

Das Gelenk wird bei Flexion und Extension auf Krepitation, Wärme, Schmerz und Fluktuation untersucht, indem die eine Hand auf dem Gelenk ruht und die andere an den Metatarsi die Manipulationen durchführt (▶ **Abb. 6.7**, ▶ **Abb. 6.8**, ▶ **Abb. 6.9**). Das Talokruralgelenk kann distal der beiden Processus styloidei halbmondförmig ertastet werden.

Die Seitenbänder werden bei gestrecktem und gebeugtem Gelenk durch Abduktion und Adduktion getestet. Gestreckt sind ca. 5–8° möglich, bei gebeugtem Gelenk ca. 8–12 %.

Bei flexiertem Talokruralgelenk werden zusätzlich durch Rotationsbewegungen die kurzen Anteile der Seitenbänder getestet.

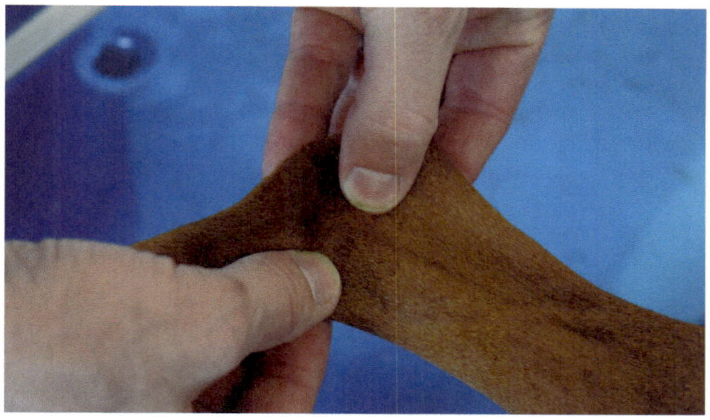

▶ **Abb. 6.7** Palpation des Talokruralgelenks und Prüfung auf Krepitation, Wärme, Fluktuation und Schmerz. (Quelle: Gaby Ernst, Saland, Schweiz)

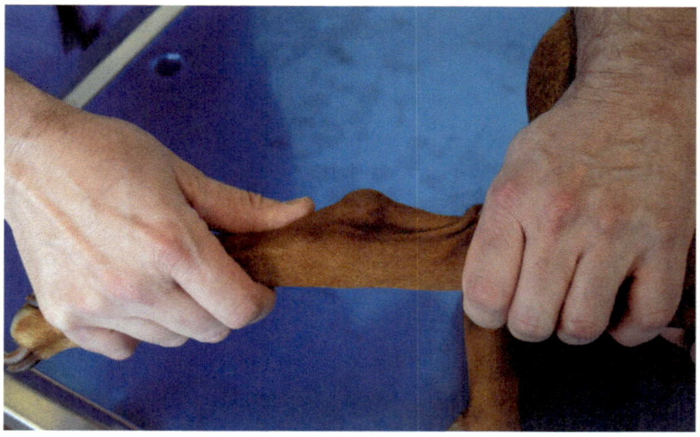

▶ **Abb. 6.8** Prüfung der Stabilität des lateralen Bandapparats des Tarsus in Extension. (Quelle: Gaby Ernst, Saland, Schweiz)

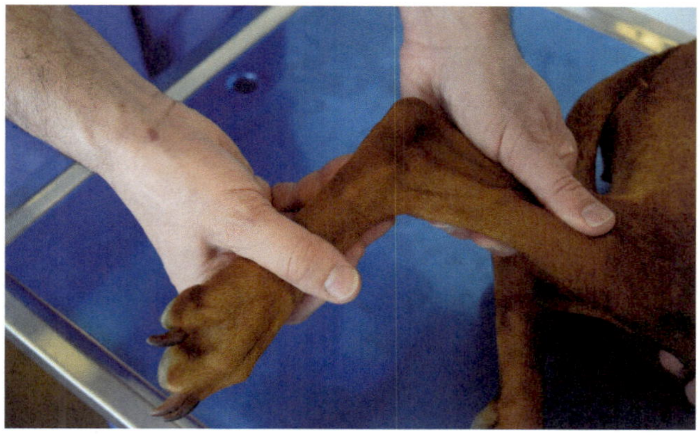

▶ **Abb. 6.9** Prüfung der Stabilität des lateralen Bandapparats des Tarsus in Flexion. (Quelle: Gaby Ernst, Saland, Schweiz)

**Befunde und DD**

- Hypermobilität bei Abduktion und Adduktion
  - Seitenbandruptur
  - Luxation
- Hypermobilität bei Flexion und Extension
  - gelenknahe Fraktur
  - Luxation
- Hypomobilität
  - Talokruralgelenkarthrose nach Fraktur
  - Luxation oder Osteochondrose
  - Neoplasie (S. 192)
- instabiles Gelenk bei flexiertem Talokruralgelenk und Rotationsbewegungen
  - Ruptur des kurzen kaudalen Anteiles des lateralen Kollateralbandes oder eines anderen Bandteiles
- Wärme, Schmerz und Krepitation im Gelenk
  - Gelenkfraktur
  - Osteochondrose (S. 183) auf dem Talusrollkamm
  - Neoplasie (S. 192)

## Fersensehnenstrang

Der Fersensehnenstrang wird von seinem Ansatz am Calcaneus nach proximal auf Konturstörungen oder abgerissene Stümpfe untersucht. Die Integrität der Sehne wird bei gestrecktem Kniegelenk und gebeugtem Talokruralgelenk bestimmt (▸ **Abb. 6.10**).

Ein Anteil der Sehne, der M. flexor digitorum superficialis, führt über den Calcaneus. Er kann bei Prädisposition meist nach lateral oder nach Trauma in beide Richtungen luxieren, was durch sanften Druck mit dem Daumen auf die Fersenkappe geprüft wird.

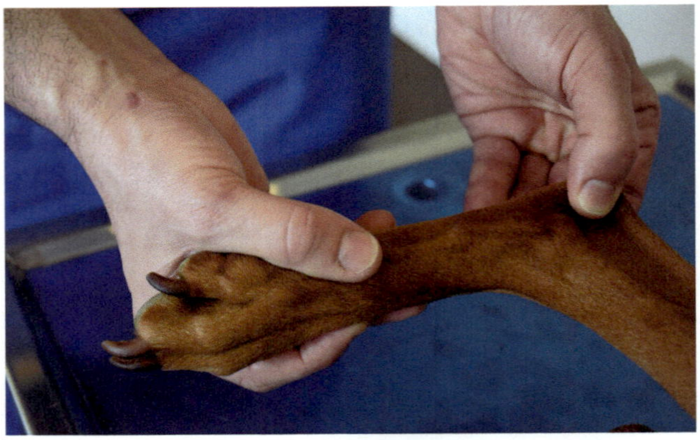

▸ **Abb. 6.10** Bei verschiedenen Flexions- und Extensionsgraden des Talokruralgelenks wird die Beschaffenheit des Fersensehnenstranges, beginnend an seinem Ansatz am Calcaneus, ermittelt. (Quelle: Gaby Ernst, Saland, Schweiz)

### Befunde und DD

- Konturstörung distales Ende des Fersensehnenstranges
  - partieller Riss des Fersensehnenstranges (S. 197)
- kein Fersensehnenstrang spürbar
  - Riss des Fersensehnenstranges (S. 197)
- keine Spannung auf dem Fersensehnenstrang
  - Riss des Fersensehnenstranges (S. 197)
  - Abriss M. gastrocnemius am Femur
  - Fraktur Calcaneus (S. 197) oder intertarsale Luxation
  - Luxation Talokruralgelenk
- Hypermobilität der Fersenkappe
  - Luxation der Fersenkappe (S. 198) nach lateral, vor allem bei Shelties

## Übersicht häufiger Befunde und Video der Untersuchungen

Die folgende Tabelle (► **Tab. 6.2**) gibt eine Übersicht über häufige, in dieser Region zu findende Befunde.

► **Tab. 6.2** Übersicht der Befunde.

| Lokalisation/Test | Befund | Spricht für | Häufigkeit der Erkrankung |
|---|---|---|---|
| Talokruralgelenk | Wärme und/oder Schmerz | • Gelenkfraktur | + |
| | | • Osteochondrose auf dem Talusrollkamm | + |
| | | • Neoplasie | + |
| | Hypomobilität | • Talokruralgelenkarthrose nach Fraktur | + |
| | | • Luxation oder Osteochondrose | + |
| | | • Neoplasie | + |
| | Hypermobilität bei Flexion und Extension | • gelenknahe Fraktur | ++ |
| | | • Luxation | ++ |
| | Hypermobilität bei Abduktion und Adduktion | • Seitenbandruptur | + |
| | | • Luxation | + |
| | Krepitation | • Gelenkfraktur | + |
| | | • Osteochondrose auf dem Talusrollkamm | + |
| | | • Neoplasie | + |
| | Instabilität bei flexiertem Talokruralgelenk und Rotationsbewegungen | • Ruptur des kurzen kaudalen Anteils des lateralen Kollateralbandes oder eines anderen Bandteiles | + |
| Fersensehnenstrang | Konturstörung | • partieller Riss des Fersensehnenstranges | ++ |
| | kein Fersensehnenstrang spürbar | • Riss des Fersensehnenstranges | + |
| | keine Spannung auf dem Fersensehnenstrang | • Riss des Fersensehnenstranges | + |
| | | • Abriss M. gastrocnemius am Femur | + |
| | | • Fraktur Calcaneus oder intertarsale Luxation | + |
| | | • Luxation Talokruralgelenk | + |
| | Hypermobilität der Fersenkappe | • Luxation der Fersenkappe nach lateral, vor allem bei Shelties | + |

Die Untersuchung des Sprunggelenks am liegenden Hund ist als Video (Video 6.2) verfügbar.

► **Video 6.2** Untersuchung der Hintergliedmaße am liegenden Hund – das Sprunggelenk. In dieser Sequenz wird die Palpation und Prüfung des Tarsalgelenks (Sprunggelenk) gezeigt.

### 6.2.3 Unterschenkelregion

Die beiden Unterschenkel werden nun von distal nach proximal palpiert. Insbesondere die Muskelbäuche des lateralen Kompartiments (M. tibialis cranialis und M. extensor digitalis lateralis) lassen sich gut verfolgen. Von der Fibula sind der Malleolus sowie der Fibulakopf tastbar, von der Tibia das gesamte Planum cutaneum (▸ Abb. 6.11, ▸ Abb. 6.12).

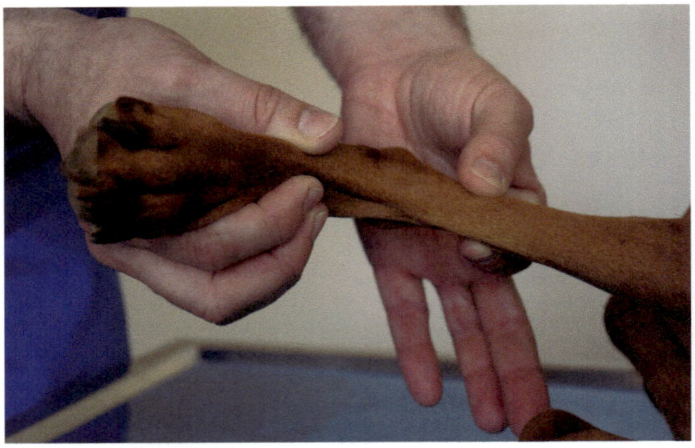

▸ **Abb. 6.11** Palpation der distalen Anteile von Tibia und Fibula. (Quelle: Gaby Ernst, Saland, Schweiz)

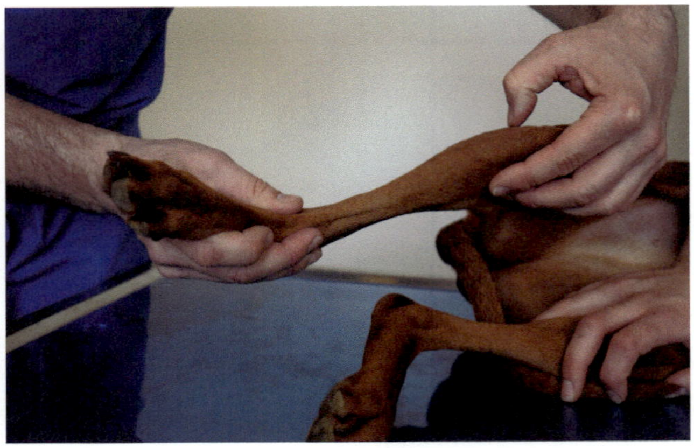

▸ **Abb. 6.12** In der proximalen Tibia können Neoplasien entstehen. (Quelle: Gaby Ernst, Saland, Schweiz)

**Befunde und DD**

- Schwellung
  - Neoplasie (S. 192)
  - Hämatom
  - Kompartmentsyndrom
- Krepitation
  - Fraktur
  - Neoplasie (S. 192)
- Schmerz in der distalen Physe
  - Malleolarfraktur
  - Wachstumszonenfraktur
  - Wachstumsstörung wie z. B. hypertrophe Osteodystrophie (S. 187)
- Schmerz in der Diaphyse
  - Fraktur
  - Neoplasie (S. 192)
  - Panosteitis (S. 186)
- Schmerz in der proximalen Physe
  - Wachstumszonenfraktur
  - Osgood-Schlatter (S. 207) (Erkrankung der großen jungen Hunde)
  - Neoplasie (S. 192)
  - Abriss der Tuberositas tibiae
- Schmerz im Muskelbauch
  - Kompartmentsyndrom

## Übersicht häufiger Befunde und Video der Untersuchungen

Die folgende Tabelle (▶ **Tab. 6.3**) gibt eine Übersicht über häufige, in dieser Region zu findende Befunde.

▶ **Tab. 6.3** Übersicht der Befunde.

| Lokalisation | Befund | Spricht für | Häufigkeit der Erkrankung |
|---|---|---|---|
| – | Konturstörung | • Neoplasie | + |
| | | • Hämatom | + |
| | | • Kompartmentsyndrom | + |
| distale Physe | Wärme und/oder Schmerz | • Malleolarfraktur | ++ |
| | | • Wachstumszonenfraktur | + |
| | | • Wachstumsstörung wie z. B. hypertrophe Osteodystrophie | + |
| Diaphyse | Wärme und/oder Schmerz | • Fraktur | ++ |
| | | • Neoplasie | + |
| | | • Panosteitis | + |
| proximale Physe | Wärme und/oder Schmerz | • Wachstumszonenfraktur | + |
| | | • Osgood-Schlatter (Erkrankung der großen jungen Hunde) | + |
| | | • Neoplasie | ++ |
| | | • Abriss der Tuberositas tibiae | + |
| Muskelbauch | Wärme und/oder Schmerz | • Kompartmentsyndrom | + |
| – | Krepitation | • Fraktur | ++ |
| | | • Neoplasie | + |

Die Untersuchung des Unterschenkels am liegenden Hund ist als Video (Video 6.3) verfügbar.

▶ **Video 6.3** Untersuchung der Hintergliedmaße am liegenden Hund – der Unterschenkel. In dieser Sequenz wird die Palpation des gesamten Unterschenkels inklusive Tibia und Fibula, der Procc. styloidei, des Planum cutaneum, des M. tibialis cranialis, des M. extensor digitorum lateralis und des M. gastrocnemius gezeigt.

## 6.2.4 Kniegelenk

### Beugung und Streckung

Wir suchen zunächst die Tuberositas tibiae, das Patellaligament und die Patella auf (▶ **Abb. 6.13**). Das Kniegelenk wird gebeugt und gestreckt. Dabei umfassen Daumen und Zeigefinger der einen Hand das Kniegelenk von vorne, um Wärme, Fluktuation, Schwellung und Krepitation zu erfassen (▶ **Abb. 6.14**). Sofern eine Gelenkpathologie vorliegt, werden Schmerzen in der Regel bei maximaler Extension auszulösen sein. Praktisch alle Pathologien des Kniegelenks führen zu einer markanten Schwellung, die Ausnahme kann die Patellaluxation tieferer Grade sein.

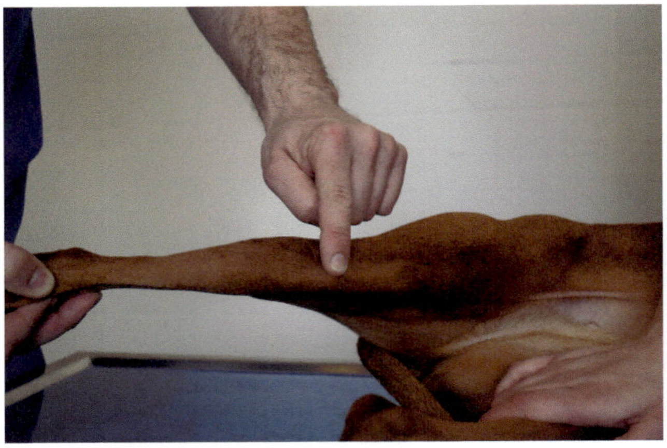

▶ **Abb. 6.13** Die Ausgangslage für die Knieuntersuchung: der Margo cranialis der Tuberositas tibiae. (Quelle: Gaby Ernst, Saland, Schweiz)

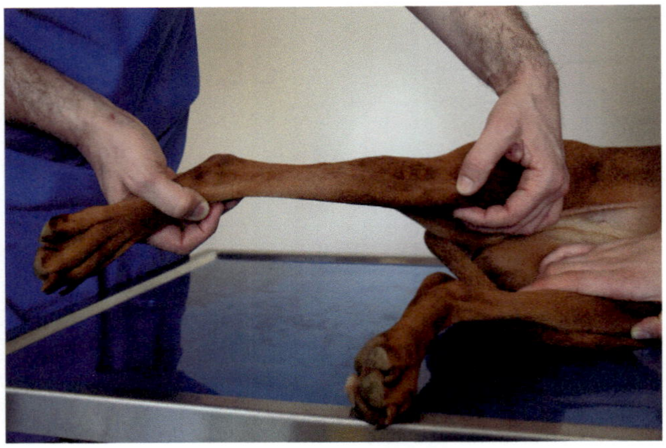

▶ **Abb. 6.14** Die rechte Hand des Untersuchers liegt auf dem Kniegelenk, damit Krepitationen und Schwellung gespürt werden, wenn die linke Hand mithilfe des Tarsus die Flexion und Extension des Kniegelenks steuert. (Quelle: Gaby Ernst, Saland, Schweiz)

**Befunde und DD**

- Schwellung Kniegelenk
  - Kreuzbandriss (S. 199)
  - partieller Kreuzbandriss (S. 199) (vor allem die Innenrotation ist dolent)
  - Meniskusläsion nach Kreuzbandriss
  - Gelenkfraktur
  - Bissverletzung
  - Abriss des M. extensor digitorum lateralis (S. 207)
  - Osteochondroseläsion am lateralen Femurcondylus (meist junge Hunde)
  - Ansatztendinitis am Lig. patellae, sog. Osgood-Schlatter (S. 207) (Erkrankung meist junger Hunde)
  - Patellaluxation (S. 202)
  - Polyarthritis (S. 189)
- Krepitation
  - Kreuzbandriss (S. 199) resp. partieller Kreuzbandriss in chronischem Stadium
  - schlecht abgeheilte Gelenkfrakturen
  - unbehandelte Osteochondroseläsion
  - Gelenkerosionen beim Deutschen Schäferhund
  - Patellafraktur

### Seitenbandtest

Die Seitenbänder werden bei gestrecktem Kniegelenk getestet. Die Tibia wird gegenüber dem Femur abduziert und adduziert sowie rotiert (► **Abb. 6.15**, ► **Abb. 6.16**). Es sind in physiologischem Zustand 5–10° Gelenkbeweglichkeit möglich.

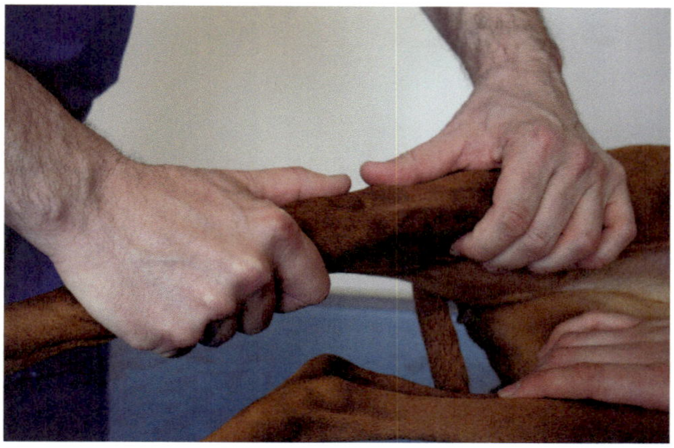

► **Abb. 6.15** Die Seitenbänder des Kniegelenks werden auf laterale Stabilität getestet. (Quelle: Gaby Ernst, Saland, Schweiz)

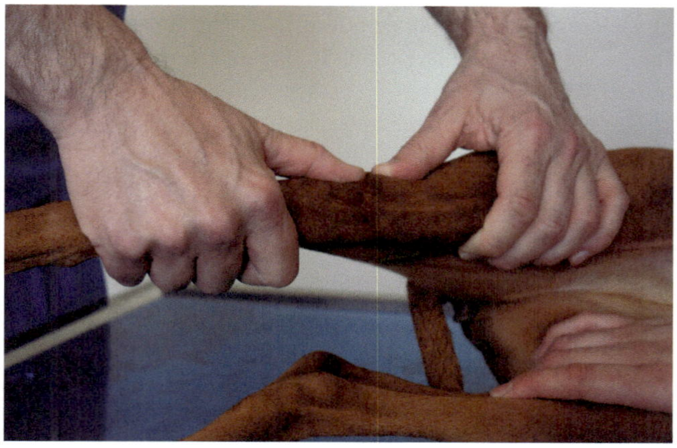

► **Abb. 6.16** Die Seitenbänder des Kniegelenks werden auf mediale Stabilität getestet. (Quelle: Gaby Ernst, Saland, Schweiz)

#### Befunde und DD

- mediale Hypermobilität
  - medialer Seitenbandriss, Ausriss meist am Femur; bei kleinen Tieren kann auch ein kranialer Kreuzbandriss (S. 199) eine erhöhte mediale Instabilität verursachen
- laterale Hypermobilität
  - lateraler Seitenbandriss
  - Fraktur Fibulakopf

## Patellaluxationstests

Bei der Untersuchung auf Patellaluxation müssen die Hintergliedmaßen in allen physiologischen Stellungen und Winkelungen geprüft und das Luxieren resp. Reponieren der Patella festgestellt werden. Zu diesem Zweck fasst der Untersucher das Bein mit der einen Hand am Tarsus. Damit kontrolliert er alle Beuge- resp. Streckstellungen des Beines und führt gleichzeitig Innen- resp. Außenrotation durch. Die andere Hand liegt dabei auf der Patella.

Zuerst wird die spontane Lage der Patella ermittelt (▶ Abb. 6.17). Sofern die Patella nicht luxiert ist, wird nun die Luxation nach medial resp. lateral ausgelöst. Aufgrund der Anatomie sind mediale Patellaluxationen am leichtesten auszulösen bei gestrecktem Hüft- und Kniegelenk und Endorotation der Tibia (▶ Abb. 6.18). Laterale Patellaluxationen sind am ehesten auszulösen bei gebeugtem Hüft- und Kniegelenk und Exorotation der Tibia (▶ Abb. 6.19).

Anschließend wird die Patella reponiert. Dabei sind unterschiedliche Manöver und Bewegungen auszuführen.

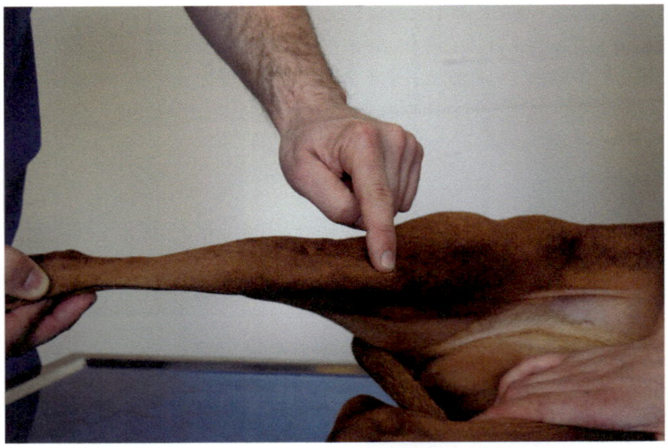

▶ **Abb. 6.17** Die Lage der Patella wird ermittelt. (Quelle: Gaby Ernst, Saland, Schweiz)

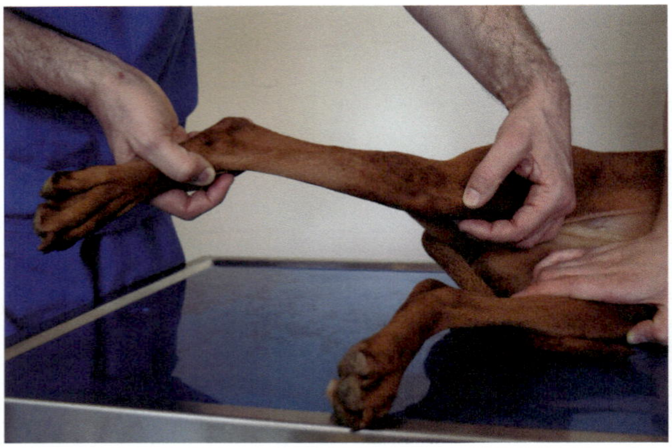

▶ **Abb. 6.18** Eine mediale Luxation kann am einfachsten bei Streckung des Hüft- und Kniegelenks und bei Endorotation des Beines ausgelöst werden. (Quelle: Gaby Ernst, Saland, Schweiz)

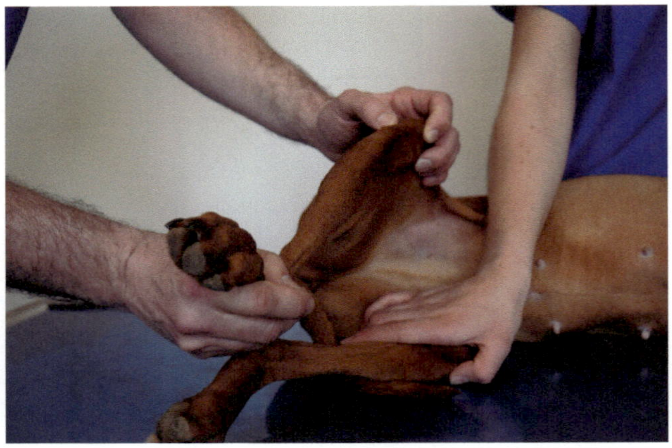

▶ **Abb. 6.19** Eine laterale Luxation kann am einfachsten bei Beugung des Hüft- und Kniegelenks und bei Exorotation des Beines ausgelöst werden. (Quelle: Gaby Ernst, Saland, Schweiz)

### Befunde

Für eine korrekte Befundeingabe (▶ Tab. 6.4, ▶ Abb. 8.38) müssen folgende Punkte beachtet werden:

- Die Hunde werden in **allen physiologischen Stellungen untersucht** (stehend, liegend, alle Flexions- und Extensionsgrade, alle Rotationsgrade).
- Es soll nur **physiologische Kraft** ausgeübt werden zur Luxation.
- Es wird der **schlechteste Befund** gemäß unten stehender Tabelle notiert.
- Eine reitende Patella wird mit „0“ notiert.
- Es muss sowohl auf mediale als auch auf laterale Luxation untersucht werden [91].

▶ **Tab. 6.4** Befunde.

| Befund | Position der Patella | Luxation der Patella nach medial/lateral durch den Untersucher | Reposition der Patella |
|---|---|---|---|
| PL 0 | in der Trochlea | nicht möglich | – |
| PL 1 | in der Trochlea | möglich | spontane Reposition der Patella |
| PL 2 | in der Trochlea | möglich | Patella springt in Trochlea bei Manipulation der Gliedmaße (Rotation Tibia, Beugen und Strecken der Gelenke) |
| PL 3 | außerhalb der Trochlea | bereits luxiert | Patella bleibt bei Manipulation luxiert, erst die Hand des Untersuchers kann die Patella in die Trochlea zwingen |
| PL 4 | außerhalb der Trochlea | bereits luxiert | Manipulation der Gliedmaße und manueller Repositionsversuch sind erfolglos. Die Patella kann nicht in die Trochlea gebracht werden. |

## Schubladentest

Für den Schubladentest fasst die eine Hand mit dem Zeigefinger die Patella und mit dem Daumen die Gegend um das laterale Sesambein des Gastrocnemiusmuskels. Mit der anderen Hand wird die Tuberositas tibiae resp. der Fibulakopf gehalten (► **Abb. 6.20**). Der Schubladentest soll nicht in voller Extension, sondern bei leichter Beugung (5–15°) durchgeführt werden. Dann wird die Tibia nach kranial geführt. Dabei soll keine Flexion oder Extension stattfinden. Die relative Verschiebung der Tibia zum Femur oder möglicher Schmerz werden erfasst (► **Abb. 6.21**).

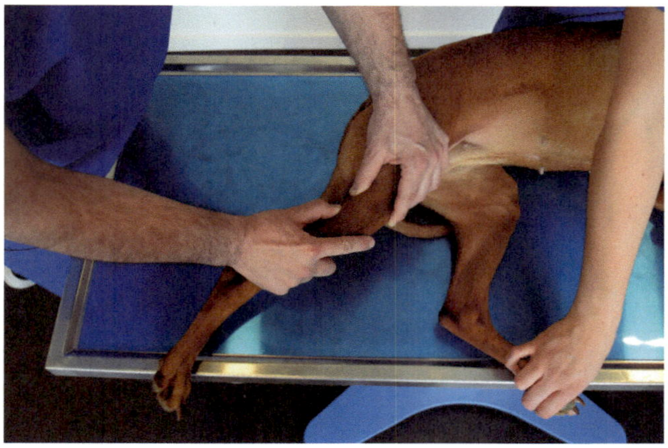

► **Abb. 6.20** Hand- und Fingerhaltung beim Ausführen des Schubladentests für die Kreuzbandrissdiagnose. (Quelle: Gaby Ernst, Saland, Schweiz)

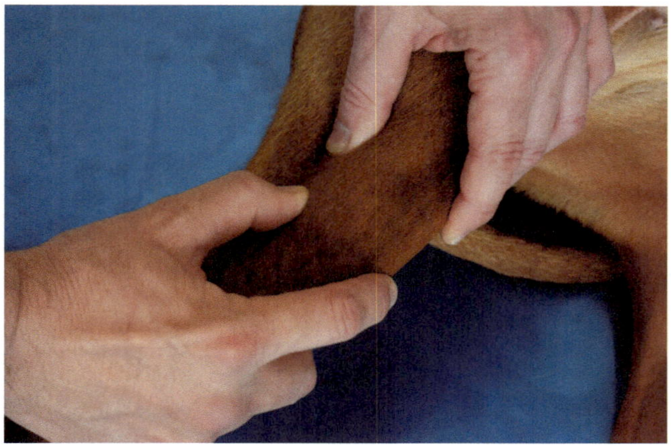

► **Abb. 6.21** Die Hand an der Tibia schiebt nach kranial, wobei Schmerz oder Instabilität ausgelöst werden. (Quelle: Gaby Ernst, Saland, Schweiz)

### Befunde und DD

- Instabilität Tibia relativ zum Femur
  - kranialer oder kaudaler Kreuzbandriss (S. 199)
- Instabilität, wobei der Stopp nach kranial weich wirkt
  - kranialer Kreuzbandriss (S. 199)
- Instabilität, wobei der Stopp nach kranial hart wirkt
  - kaudaler Kreuzbandriss (S. 199)
- keine Instabilität, aber Schmerz bei Ausführung des Testes und leichte Innenrotation der Tibia
  - partieller kranialer Kreuzbandriss (S. 199)
  - kompletter kranialer Kreuzbandriss (S. 199) mit eingeklemmtem Meniskus

## Tibia-Kompressionstest

Die Alternative zum Schubladentest ist der Tibia-Kompressionstest. Jetzt drückt die Innenseite der einen Hand auf die Patella, die Zeigefingerspitze liegt auf dem Margo cranialis tibiae. Die andere Hand fasst die Metatarsi (▶ **Abb. 6.22**). Dann werden Knie- und Tarsalgelenk vollständig gestreckt. Die selektive Flexion des Tarsalgelenks bringt die Tibia wegen des Spannsägenmechanismus der kranialen Muskeln und kaudalen Muskeln des Unterschenkels in Kompression. Sofern das vordere Kreuzband gerissen ist, wird die proximale Tibia nach kranial ausweichen, was an der Zeigefingerspitze zu spüren ist (▶ **Abb. 6.23**).

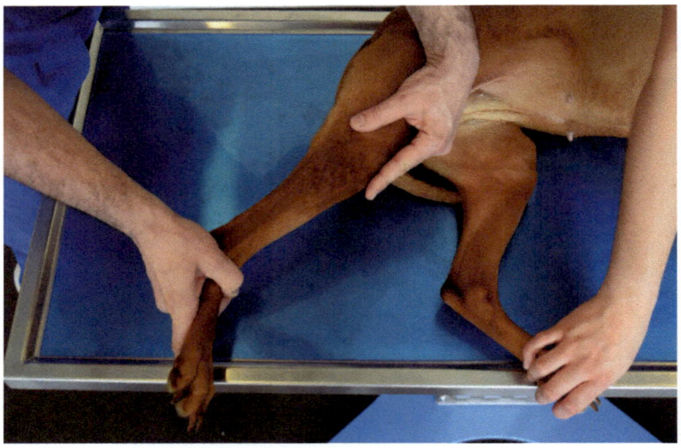

▶ **Abb. 6.22** Hand- und Fingerhaltung beim Ausführen des Tibia-Kompressionstests für die Diagnose eines vorderen Kreuzbandrisses; Tarsal- und Kniegelenk sind erst maximal gestreckt, dann wird das Tarsalgelenk gebeugt. (Quelle: Gaby Ernst, Saland, Schweiz)

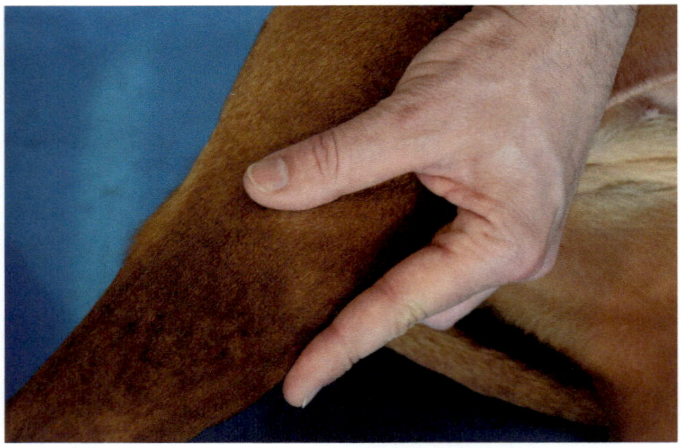

▶ **Abb. 6.23** Tibia-Kompressionstest: Falls das vordere Kreuzband gerissen ist, wird bei Beugung des Tarsalgelenks der Tibiakopf nach kranial ausweichen. (Quelle: Gaby Ernst, Saland, Schweiz)

### Befunde und DD

- Tibia weicht nach kranial aus
  - kranialer Kreuzbandriss (S. 199)
- Tibia weicht nicht nach kranial aus
  - normales Kniegelenk
  - partieller Kreuzbandriss (S. 199)
  - kaudaler Kreuzbandriss (S. 199)
  - kranialer Kreuzbandriss (S. 199) mit eingeklemmtem Meniskus
  - starke Kapselfibrose

## Meniskustest

Durch eine tiefe mediale Palpation zwischen Tibia und Femur kann eine bestehende Meniskusläsion entdeckt werden (▶ **Abb. 6.24**). Umgeklappte Menisken führen zu einer wiederholten Krepitation und Schmerzäußerung bei Beugung und Streckung des Kniegelenks, welche jeweils an der gleichen Gelenkwinkelung festzustellen ist. Ein Ausbleiben dieses typischen Meniskus-Klickens bedeutet nicht, dass dieser gesund sein muss.

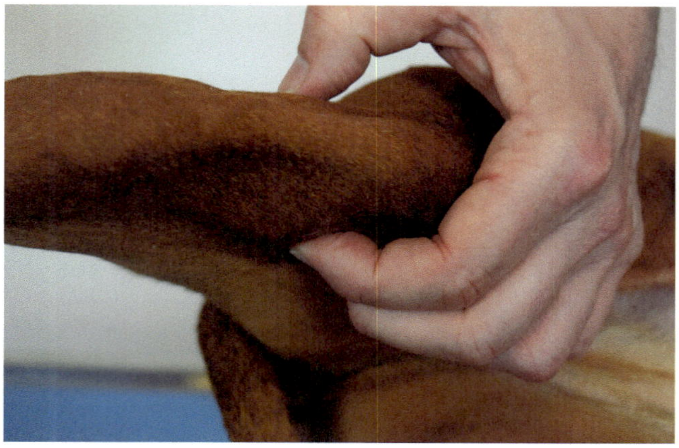

▶ **Abb. 6.24** Palpation der Menisken. Insbesondere der mediale Meniskus kann nach Kreuzbandrissen verletzt werden. (Quelle: Gaby Ernst, Saland, Schweiz)

### Befunde und DD

- Krepitation und Schmerz
  - umgeklapptes oder gequetschtes kaudales Horn des medialen Meniskus

## Übersicht häufiger Befunde und Video der Untersuchungen

Die folgende Tabelle (▸ **Tab. 6.5**) gibt eine Übersicht über häufige, in dieser Region zu findende Befunde.

▸ **Tab. 6.5** Übersicht der Befunde.

| Lokalisation/Test | Befund | Spricht für | Häufigkeit der Erkrankung |
|---|---|---|---|
| Beugung und Streckung | Schwellung | • Kreuzbandriss | + + + |
| | | • partieller Kreuzbandriss (vor allem die Innenrotation ist dolent) | + + + |
| | | • Meniskusläsion nach Kreuzbandriss | + + |
| | | • Gelenkfraktur | + |
| | | • Bissverletzung | + |
| | | • Abriss des M. extensor digitorum lateralis | + |
| | | • Osteochondroseläsion am lateralen Femurcondylus (meist junge Hunde) | + |
| | | • Ansatztendinitis am Lig. patellae (Osgood-Schlatter, Erkrankung meist junger Hunde) | + |
| | | • Patellaluxation | + + + |
| | | • Polyarthritis | + |
| | Krepitation | • Kreuzbandriss resp. partieller Kreuzbandriss in chronischem Stadium | + + + |
| | | • schlecht abgeheilte Gelenkfrakturen | + |
| | | • unbehandelte Osteochondroseläsion | + |
| | | • Gelenkerosionen beim Deutschen Schäferhund | + |
| | | • Patellafraktur | + |
| Seitenbandtest | mediale Hypermobilität | • medialer Seitenbandriss, Ausriss meist am Femur | + |
| | | • bei kleinen Tieren kann auch ein kranialer Kreuzbandriss eine erhöhte mediale Instabilität verursachen | + |
| | laterale Hypermobilität | • lateraler Seitenbandriss | + |
| | | • Fraktur Fibulakopf | + |
| Schubladentest | Schmerz bei Ausführung des Testes und leichte Innenrotation der Tibia | • partieller kranialer Kreuzbandriss | + + + |
| | | • kompletter kranialer Kreuzbandriss mit eingeklemmtem Meniskus | + + + |
| | Instabilität Tibia relativ zum Femur | • kranialer oder kaudaler Kreuzbandriss | + + + |
| | Instabilität, wobei der Stopp nach kranial weich wirkt | • kranialer Kreuzbandriss | + + + |
| | Instabilität, wobei der Stopp nach kranial hart wirkt | • kaudaler Kreuzbandriss | + |
| Tibia-Kompressionstest | Tibia weicht nach kranial aus | • kranialer Kreuzbandriss | + + + |
| | Tibia weicht nicht nach kranial aus | • normales Kniegelenk | |
| | | • partieller Kreuzbandriss | + + + |
| | | • kaudaler Kreuzbandriss | + + + |
| | | • kranialer Kreuzbandriss mit eingeklemmtem Meniskus | + + + |
| | | • starke Kapselfibrose | + + |
| Meniskustest | Krepitation und Schmerz | • umgeklapptes oder gequetschtes kaudales Horn des medialen Meniskus | + + |

Die Untersuchung des Kniegelenks am liegenden Hund ist als Video (Video 6.4) verfügbar.

► **Video 6.4** Untersuchung der Hintergliedmaße am liegenden Hund – das Kniegelenk. In dieser Sequenz werden das Auffinden und die Prüfung des Kniegelenks inklusive der Seitenbänder (Ligamentum collaterale), der Menisken (Meniskus), der Patella (Kniescheibe) sowie die Provokation einer Patellaluxation, die Durchführung des Schubladentests und des Tibiakompressionstests gezeigt.

### 6.2.5 Femur

Das Femur wird von distal nach proximal palpiert. Der Knochen ist distal und medial gut zu spüren. Im proximalen Verlauf kann der große Trochanter auf der lateralen Seite palpiert werden (▶ **Abb. 6.25**).

Der M. quadriceps femoris und die Ischiokruralmuskulatur werden auf Verhärtungen und Schmerz untersucht (▶ **Abb. 6.26**).

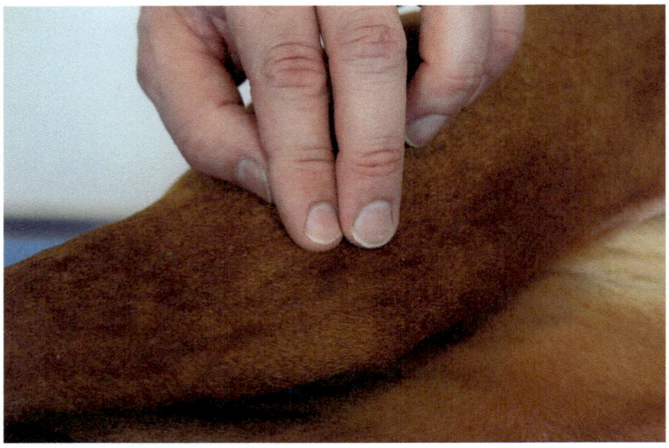

▶ **Abb. 6.25** Das Femur ist nur im distalen Bereich palpatorisch gut zugänglich. (Quelle: Gaby Ernst, Saland, Schweiz)

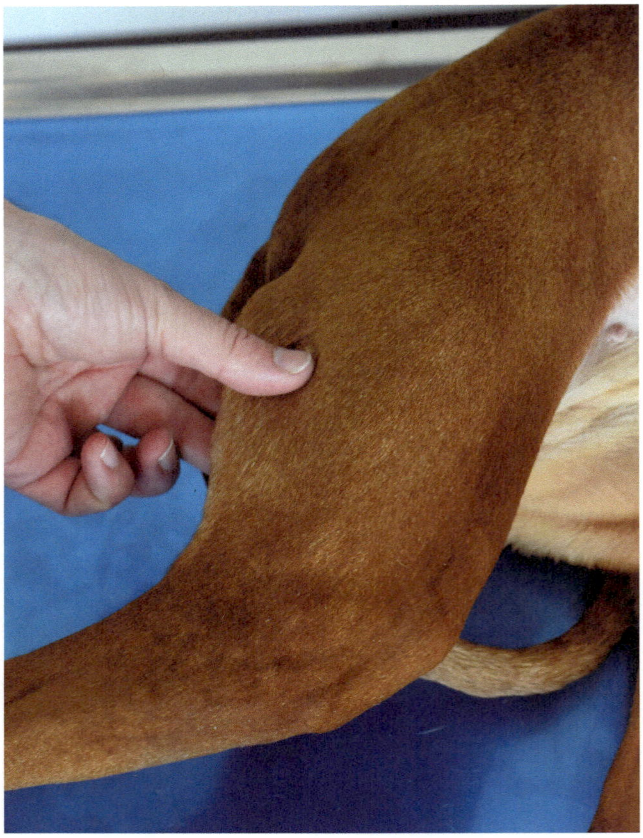

▶ **Abb. 6.26** Fibrosen der Ischiokruralmuskeln lösen Verhärtungen und Schmerzen aus. Sie treten besonders häufig beim Dt. Schäferhund auf. (Quelle: Gaby Ernst, Saland, Schweiz)

**Befunde und DD**

- Schmerz und Krepitation
  - Fraktur
  - Neoplasie (S. 192)
- Schmerz
  - Panosteitis (S. 186)
  - hypertrophe Osteodystrophie (S. 187)
- Verhärtungen der Muskeln
  - Kontraktur nach Trauma
  - Fibrose der Ischiokruralmuskeln
  - Kompartmentsyndrom

## Übersicht häufiger Befunde und Video der Untersuchungen

Die folgende Tabelle (▸ **Tab. 6.6**) gibt eine Übersicht über häufige, in dieser Region zu findende Befunde.

▸ **Tab. 6.6** Übersicht der Befunde.

| Lokalisation | Befund | Spricht für | Häufigkeit der Erkrankung |
|---|---|---|---|
| Femur | Schmerz | • Panosteitis | + |
| | | • hypertrophe Osteodystrophie | + |
| | Schmerz und Krepitation | • Fraktur | +++ |
| | | • Neoplasie | ++ |
| | Verhärtungen der Muskeln | • Kontraktur nach Trauma | + |
| | | • Fibrose der Ischiokruralmuskeln | + |
| | | • Kompartmentsyndrom | + |

Die Untersuchung des Femurs am liegenden Hund ist als Video (Video 6.5) verfügbar.

▸ **Video 6.5** Untersuchung der Hintergliedmaße am liegenden Hund – das Femur. In dieser Sequenz wird die Palpation der Oberschenkelmuskulatur – bestehend aus M. semimembranosus und M. semitendinosus („hamstring muscles"), M. biceps femoris und M. quadriceps – und des Femurs gezeigt.

### 6.2.6 Hüftgelenk

#### Beugung und Streckung des Hüftgelenks

Mit der einen Hand über dem Hüftgelenk und der anderen am distalen Femur wird das Hüftgelenk in alle Richtungen bewegt (▸ **Abb. 6.28**, ▸ **Abb. 6.29**). Dabei sind Streckung und Beugung des Hüftgelenks bis beinahe zur Parallelität von Femur und Wirbelsäule erreichbar. Gleichzeitig wird dabei der M. pectineus palpiert (▸ **Abb. 6.27**).

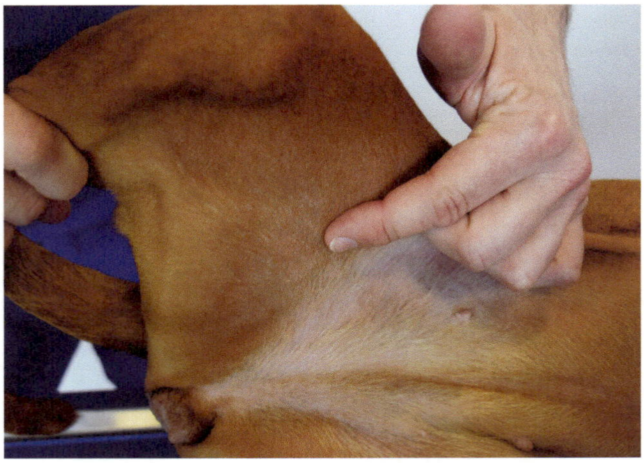

▸ **Abb. 6.27** Der M. pectineus wird palpiert. Eine sekundär zur Hüftarthrose oder Hüftdysplasie entstandene Kontraktur führt zur Bewegungseinschränkung des Hüftgelenks und zu Schmerz bei direkter digitaler Palpation. (Quelle: Gaby Ernst, Saland, Schweiz)

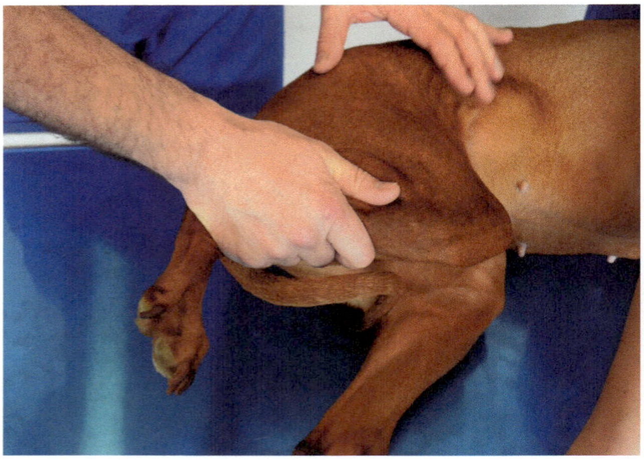

▸ **Abb. 6.28** Flexion des Hüftgelenks, gleichzeitig wird mit dem Daumen des Untersuchers über dem Trochanter die Reaktion des Hüftgelenks auf die Manipulation erfasst. (Quelle: Gaby Ernst, Saland, Schweiz)

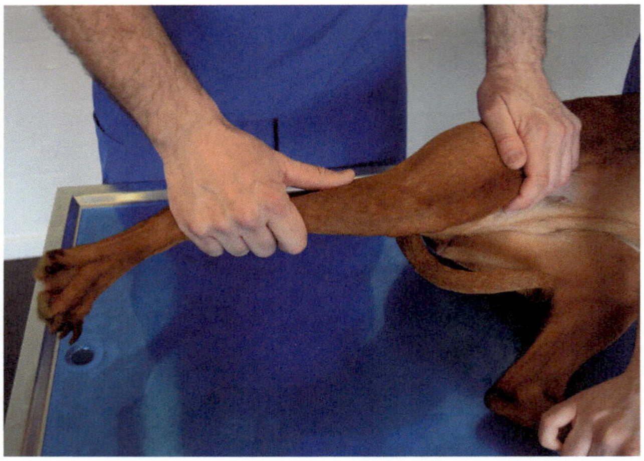

▸ **Abb. 6.29** Das Femur soll bei maximaler Streckung des Hüftgelenks bei gesunden Hunden praktisch parallel zur Rückenlinie gestreckt werden können. (Quelle: Gaby Ernst, Saland, Schweiz)

#### Befunde und DD

- Hypomobilität, Schmerz
  - Hüftgelenkdysplasie (S. 210)
  - Legg-Perthes (S. 209)
  - Luxation (S. 216)
  - Neoplasie (S. 192)
  - Myositis des. M. iliopsoas
  - Cauda equina-Kompressionssyndrom
  - Bandscheibenvorfall Lendenwirbelsäule
- Krepitation
  - Hüftgelenkarthrose (S. 210)
  - Gelenkfraktur
  - Femurhalsfraktur
  - Neoplasie (S. 192)
  - Luxation (S. 216)
- Schmerz M. pectineus
  - Hüftgelenkdysplasie (S. 210)
  - Hüftgelenkarthrose (S. 210)

## Rotation des Femurs

In einer 90°-Winkelung der Längsachse des Beckens mit dem Femurschaft wird das Femur bis zu 45° in Innenrotation und 90° in Außenrotation bewegt (▶ **Abb. 6.30**, ▶ **Abb. 6.31**). Das Femur soll bis zu einem Winkel von ca. 90° gegenüber der Tischplatte abduziert werden.

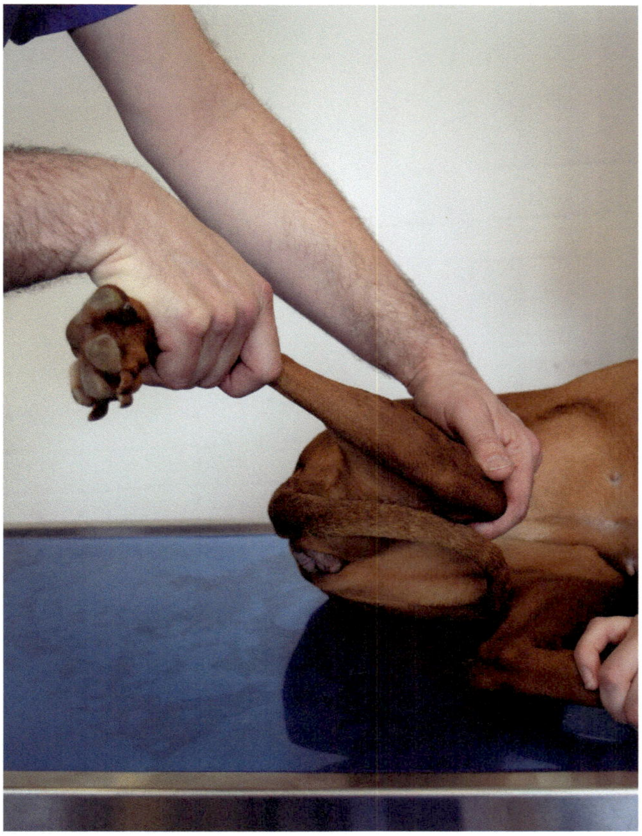

▶ **Abb. 6.30** Innenrotation des Femurs und damit Prüfung der Mobilität des Hüftgelenks, die Winkelung des Femurs gegenüber der Tischplatte soll 45° betragen. (Quelle: Gaby Ernst, Saland, Schweiz)

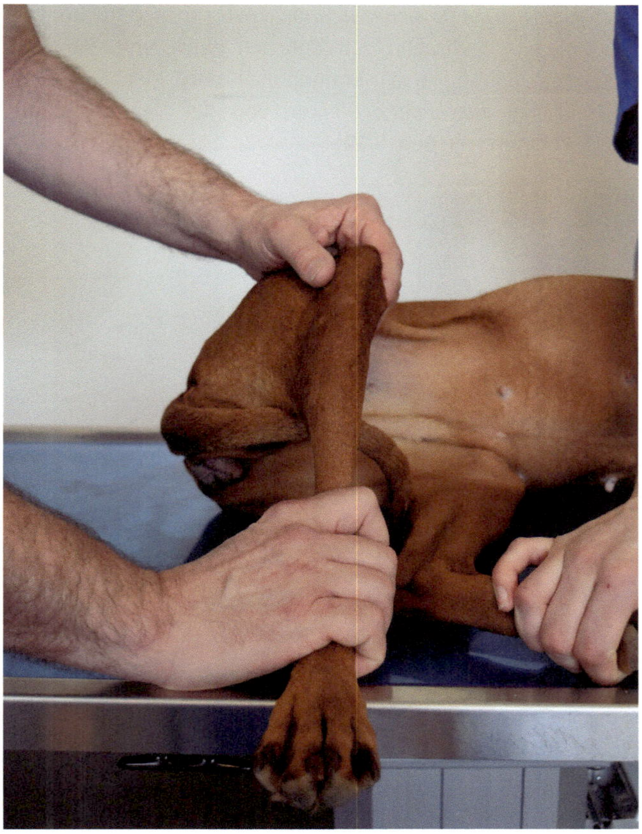

▶ **Abb. 6.31** Außenrotation des Femurs und damit Prüfung der Mobilität des Hüftgelenks, die Winkelung des Femurs gegenüber der Tischplatte soll 90° betragen. (Quelle: Gaby Ernst, Saland, Schweiz)

### Befunde und DD

- reduzierte Rotation
  - Hüftgelenkarthrose (S. 210)
  - Legg-Perthes (S. 209)
  - Neoplasie (S. 192)
- erhöhte Rotation
  - Hüftgelenkluxation (S. 216)
  - Femurkopffraktur

## Luxationstest

Der Daumen des Untersuchers wird in die kleine Grube zwischen Trochanter major und Tuber ischiadicum gedrückt. Dann wird das Femur außenrotiert. Im Falle eines nichtluxierten Hüftgelenks nähern sich die Knochenvorsprünge an und der Daumen wird zwischen den Knochen einklemmt. Bei einer Hüftgelenkluxation nach kraniodorsal wird der Femurkopf nach kranial ausweichen können und der Daumen keinen Druck verspüren (▸ **Abb. 6.32**).

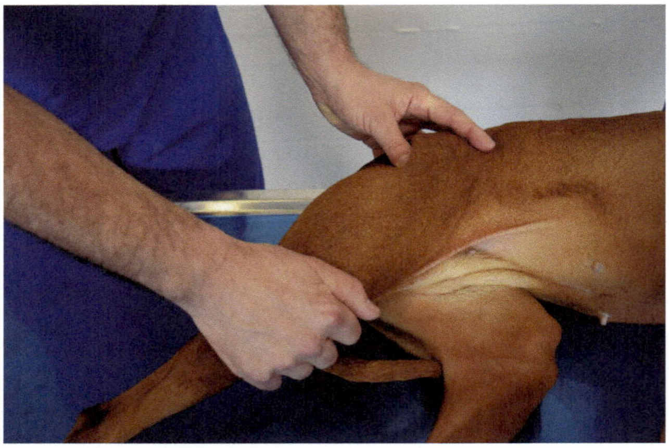

▸ **Abb. 6.32** Ausgangslage zur Prüfung einer möglichen Hüftgelenkluxation nach kraniodorsal. (Quelle: Gaby Ernst, Saland, Schweiz)

### Befunde und DD

- Abstand bleibt gleich oder vergrößert sich
  - Luxation (S. 216) nach kraniodorsal
  - Fraktur Femurkopf
- Abstand wird kleiner, Daumen kommt unter Druck
  - keine Luxation

## Ortolani-Test

Mit dem Ortolani-Test werden die Tiefe und die Form des Acetabulums sowie die Kongruenz des Femurkopfes geprüft. Zunächst werden das Femur und die Längsachse des Beckens in eine relative Winkelung von 90° gebracht. Der Daumen der einen Hand des Untersuchers liegt auf dem Trochanter major, wo er Luxationsbewegungen spüren kann. Die andere Hand umfasst das Femur um das Kniegelenk und steuert die Bewegung.

Das Femur wird vollständig adduziert. Dann wird mit dem Druck der Hand auf das Knie eine mögliche Luxation des Femurkopfes nach dorsal provoziert. Ohne den axialen Druck auf das Femur zu reduzieren, wird das Femur langsam abduziert, bis der Femurkopf aus einer möglichen Subluxationsstellung in das Acetabulum zurückspringt (▶ **Abb. 6.33**, ▶ **Abb. 6.34**, Video 6.6). Dieses Manöver kann mit der Hand am Trochanter gespürt werden.

Da der Ortolani-Test den dorsalen acetabulären Rand stark beansprucht, ist er bei Hunden unter 5 Monaten und demzufolge fragilem Gelenkrand nicht indiziert.

▶ **Video 6.6** Der Ortolani-Test. Die Sequenz zeigt das Prinzip des Ortolani-Tests an einem Knochenmodell.

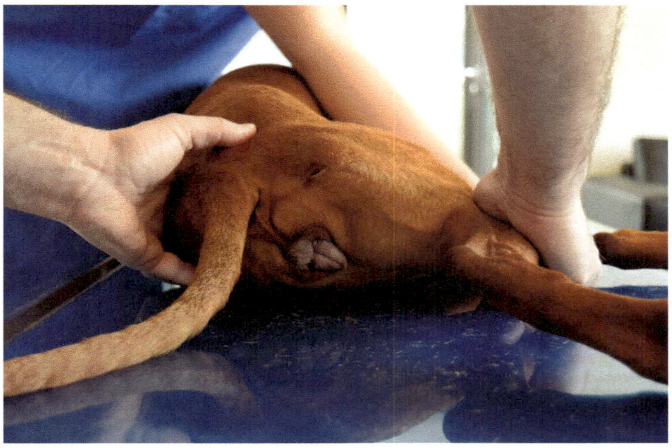

▶ **Abb. 6.33** Ortolani-Test. Nachdem das Femur adduziert wurde, wird es nach dorsal gedrückt, wobei ein instabiles Hüftgelenk eine Subluxation nach dorsal zulassen würde. (Quelle: Gaby Ernst, Saland, Schweiz)

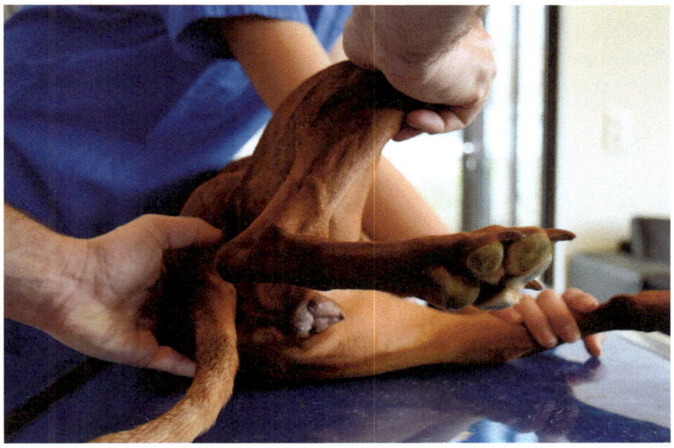

▶ **Abb. 6.34** Ortolani-Test. Das Femur wird so lange unter axialem Druck abduziert, bis der Femurkopf in das Acetabulum zurückspringt. (Quelle: Gaby Ernst, Saland, Schweiz)

### Befunde und DD

- keine Repositionbewegung, kein Schmerz, normaler Bewegungsumfang
  - normales Hüftgelenk
- keine Repositionsbewegung, Schmerz, Hypomobilität
  - geringgradige Hüftgelenkdysplasie (S. 210)
  - Hüftgelenkarthrose (S. 210)
- Repositionsbewegung spürbar
  - Hüftgelenkdysplasie (S. 210)

## Bardens-Test

Der Bardens-Test ist die Alternative zum Ortolani-Test bei Hunden unter 5 Monaten. Die Ausgangslage ist die gleiche: Zunächst werden Femur und Längsachse des Beckens in eine ungefähre 90°-Position zueinander gebracht. Nun umfassen aber linke und rechte Hand die Oberschenkelmuskulatur im proximalen Drittel (► **Abb. 6.35**) und versuchen mit vertikal gerichteten Hebebewegungen senkrecht den Femurkopf aus dem Hüftgelenk zu ziehen (► **Abb. 6.36**).

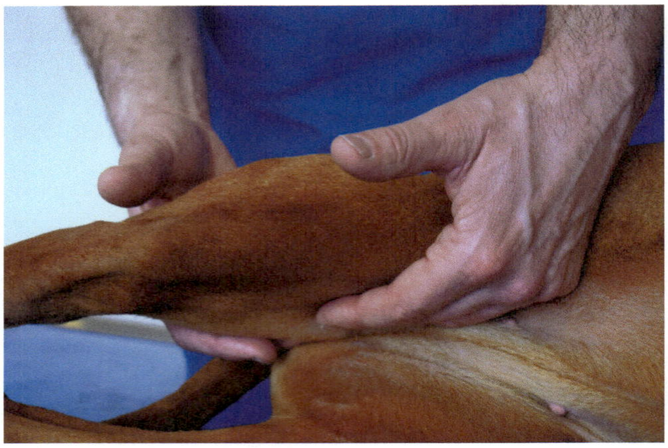

► **Abb. 6.35** Bardens-Test. Die Hände des Untersuchers umfassen die Oberschenkelmuskulatur im proximalen Drittel. (Quelle: Gaby Ernst, Saland, Schweiz)

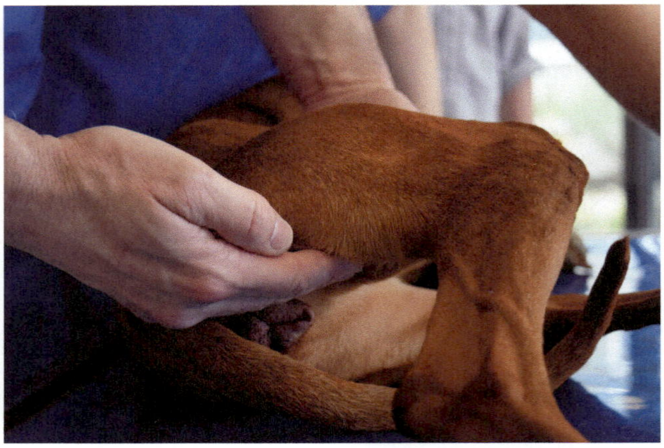

► **Abb. 6.36** Bardens-Test. Mit Zug am Oberschenkel wird versucht, den Femurkopf aus dem Acetabulum zu ziehen. (Quelle: Gaby Ernst, Saland, Schweiz)

### Befunde und DD

- keine Luxationsbewegung spürbar
  - normales Hüftgelenk
  - geringgradige Hüftgelenkdysplasie (S. 210)
- Luxationsbewegung spürbar
  - Hüftgelenkdysplasie (S. 210)

## Übersicht häufiger Befunde und Video der Untersuchungen

Die folgende Tabelle (▸ **Tab. 6.7**) gibt eine Übersicht über häufige, in dieser Region zu findende Befunde.

Die Untersuchung des Hüftgelenks am liegenden Hund ist als Video (Video 6.7) verfügbar.

▸ **Tab. 6.7** Übersicht der Befunde.

| Lokalisation/ Test | Befund | Spricht für | Häufigkeit der Erkrankung |
|---|---|---|---|
| Hüftgelenk | Schmerz M. pectineus | • Hüftgelenkdysplasie | +++ |
| | | • Hüftgelenkarthrose | +++ |
| | Schmerz und/oder Wärme | • Hüftgelenkdysplasie | +++ |
| | | • Legg-Perthes | + |
| | | • Luxation | ++ |
| | | • Neoplasie | + |
| | | • Myositis des. M. iliopsoas | + |
| | | • Cauda equina-Kompressionssyndrom | +++ |
| | | • Bandscheibenvorfall Lendenwirbelsäule | + |
| | Hypomobilität | • Hüftgelenkdysplasie | +++ |
| | | • Legg-Perthes | + |
| | | • Luxation | ++ |
| | | • Neoplasie | + |
| | | • Myositis des. M. iliopsoas | + |
| | | • Cauda equina-Kompressionssyndrom | +++ |
| | | • Bandscheibenvorfall Lendenwirbelsäule | + |
| | Krepitation | • Hüftgelenkarthrose | +++ |
| | | • Gelenkfraktur | + |
| | | • Femurhalsfraktur | ++ |
| | | • Neoplasie | + |
| | | • Luxation | ++ |
| Luxationstest | Abstand bleibt gleich oder vergrößert sich | • Luxation nach kraniodorsal | ++ |
| | | • Fraktur Femurkopf | + |
| | Abstand wird kleiner, Daumen kommt unter Druck | • keine Luxation | |
| Ortolani-Test | keine Repositionbewegung, kein Schmerz, normaler Bewegungsumfang | • normales Hüftgelenk | |
| | keine Repositionsbewegung, Schmerz, Hypomobilität | • geringgradige Hüftgelenkdysplasie | +++ |
| | | • Hüftgelenkarthrose | +++ |
| | Repositionsbewegung spürbar, Schmerz und Hypomobilität | • Hüftgelenkdysplasie | +++ |
| Bardens-Test | keine Luxationsbewegung spürbar | • normales Hüftgelenk | |
| | | • geringgradige Hüftgelenkdysplasie | +++ |
| | Luxationsbewegung spürbar | • Hüftgelenkdysplasie | +++ |

▸ **Video 6.7** Untersuchung der Hintergliedmaße am liegenden Hund – das Hüftgelenk. In dieser Sequenz werden die Prüfung (Stabilitätsprüfung) des Hüftgelenks mit Luxationstest, die Palpation des M. pectineus, der Ortolani-Test zur Prüfung einer Hüftgelenkdysplasie (positives Ortolani-Zeichen) und der Bardens-Test gezeigt.

## 6.3 Vordergliedmaße

### 6.3.1 Zehen, Metacarpus und Karpalknochen

#### Summarischer Test

An der Pfote werden die Haut und der Zwischenzehenbereich inspiziert und die Zehenballen palpiert (► **Abb. 6.37**). Dann werden die Zehen und die Metacarpi umfasst und seitlich gepresst, um Schmerzreaktionen zu provozieren. Die Pfoten, Gelenke und Metacarpi werden auf Konturstörungen untersucht (► **Abb. 6.38**).

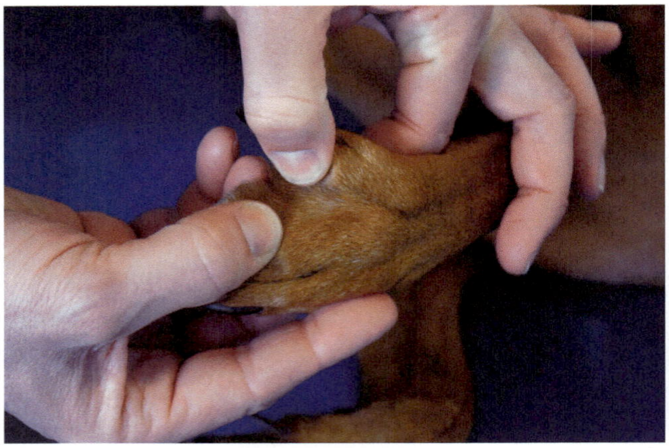

► **Abb. 6.37** Die Haut und der Zwischenzehenbereich der Vorderpfote werden inspiziert. (Quelle: Gaby Ernst, Saland, Schweiz)

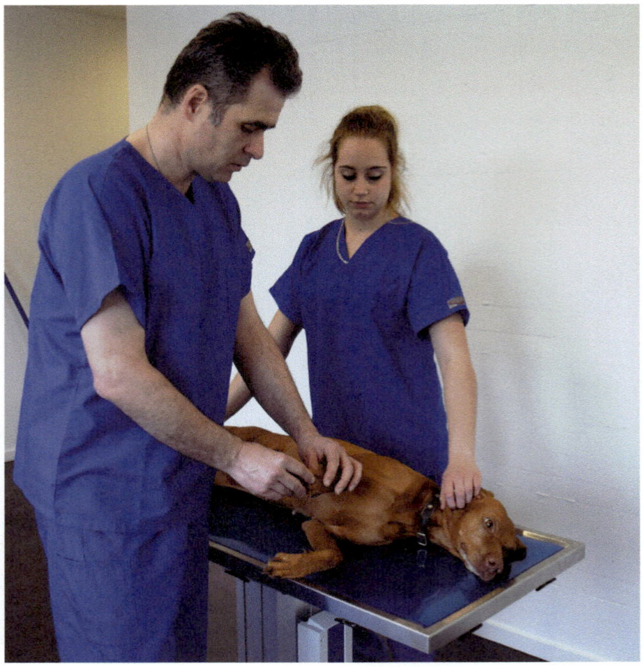

► **Abb. 6.38** Die Metacarpi werden auf Schmerz, Wärme und Konturstörungen untersucht. (Quelle: Gaby Ernst, Saland, Schweiz)

**Befunde und DD**

- Hautrötung Zwischenzehen
  - Allergie
- Konturstörung
  - Neoplasie (S. 192)
- Schmerz, Wärme
  - Neoplasie (S. 192)
  - Fraktur
  - Luxation
  - Fremdkörper

## Prüfung der Zehengelenke

Die Gelenke werden auf Wärme und Konturstörungen inspiziert. Die Zehengelenke werden einzeln gebeugt, gestreckt, adduziert und abduziert (▶ **Abb. 6.39**). Während die eine Hand die Bewegung ausführt, prüft die andere das Gelenk auf Wärme, Füllung, Krepitation, Achsabweichung, Hypomobilität und Hypermobilität und Schmerzäußerungen werden wahrgenommen. Mit einer Hyperextension der metakarpophalangealen Gelenke werden die Sesambeine in den Flexorensehnen getestet (▶ **Abb. 6.40**).

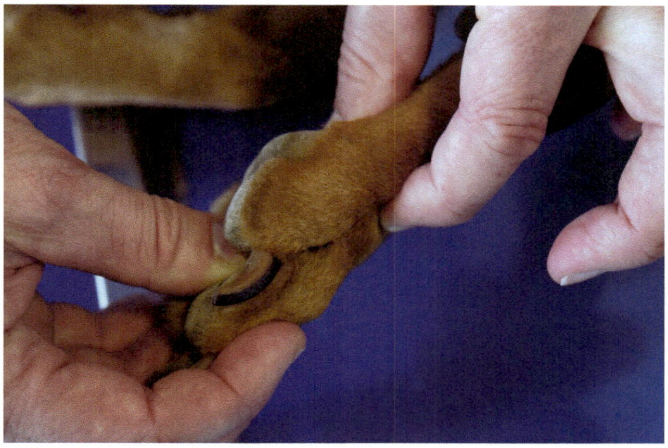

▶ **Abb. 6.39** Analog der Hinterextremität werden die Zehengelenke untersucht. (Quelle: Gaby Ernst, Saland, Schweiz)

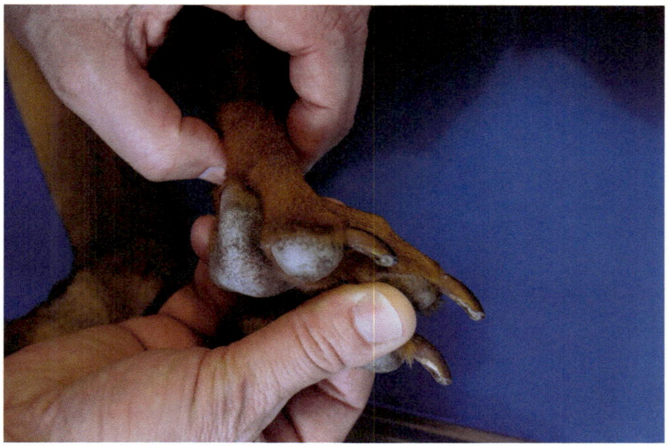

▶ **Abb. 6.40** Auch an der Vordergliedmaße müssen die Sesambeine in den Flexorensehnen einzeln untersucht werden. Durch eine Hxperextension der Metakarpophalangealgelenke können Schmerzreaktionen in den Sesambeinen provoziert werden. (Quelle: Gaby Ernst, Saland, Schweiz)

### Befunde und DD

- Krepitation
  - Gelenkfraktur
- Wärme
  - Polyarthritis (S. 189)
  - Allergie
- Achsabweichung
  - Seitenbandruptur
  - Fraktur
- Hypomobilität
  - Sesambeinfragmentierung (S. 219)
  - chronisches Gelenkleiden
- Hypermobilität
  - Flexoren- oder Extensorenriss
  - Kapselriss
  - Nervenläsion
- Schmerz
  - Gelenkfraktur
  - Polyarthritis (S. 189)
  - Sesambeinerkrankung (S. 219)
  - Kapsel-/Bandtrauma

## Karpalknochen

Die interkarpalen Knochen sind im Normalfall nicht beweglich. Sie werden palpiert und die kurzen Bänder durch Extension, Flexion, Abduktion und Adduktion geprüft (▸ **Abb. 6.41**).

▸ **Abb. 6.41** Die Knochen des Carpus werden untersucht. (Quelle: Gaby Ernst, Saland, Schweiz)

### Befunde und DD

- Hypermobilität
  - Luxation
  - Fraktur
- Schmerz und Instabilität des Os carpi accessorium
  - Fraktur Os carpi accessorium

## Übersicht häufiger Befunde und Video der Untersuchungen

Die folgende Tabelle (▶ **Tab. 6.8**) gibt eine Übersicht über häufige, in dieser Region zu findende Befunde.

▶ **Tab. 6.8** Übersicht der Befunde.

| Lokalisation/Test | Befund | Spricht für | Häufigkeit der Erkrankung |
|---|---|---|---|
| summarischer Test | Hautrötung Zwischenzehen | • Allergie | + |
| | Konturstörung | • Neoplasie | + |
| | Schmerz, Wärme | • Neoplasie | + |
| | | • Fraktur | ++ |
| | | • Luxation | + |
| | | • Fremdkörper | ++ |
| Prüfung der Zehengelenke | Wärme | • Polyarthritis | ++ |
| | | • Allergie | + |
| | Schmerz | • Gelenkfraktur | ++ |
| | | • Polyarthritis | ++ |
| | | • Sesambeinerkrankung | + |
| | | • Kapsel-/Bandtrauma | ++ |
| | Schmerz und Instabilität des Os carpi accessorium | • Fraktur Os carpi accessorium | + |
| | Hypomobilität | • Sesambeinfragmentierung | + |
| | | • chronisches Gelenkleiden | + |
| | Hypermobilität | • Flexoren- oder Extensorenriss | + |
| | | • Kapselriss | ++ |
| | | • Nervenläsion | + |
| | Krepitation | • Gelenkfraktur | ++ |
| | Achsabweichung | • Seitenbandruptur | ++ |
| | | • Fraktur | ++ |
| Karpalknochen | Hypermobilität | • Luxation | + |
| | | • Fraktur | ++ |

Die Untersuchung von den Zehen bis zu den Karpalknochen am liegenden Hund ist als Video (Video 6.8) verfügbar.

▶ **Video 6.8** Untersuchung der Vordergliedmaße am liegenden Hund – von den Zehen bis zu den Karpalknochen. In dieser Sequenz werden die Palpation und Prüfung der Zehen und Zehengelenke inklusive der Sesambeine und die Palpation der Metakarpalknochen gezeigt.

### 6.3.2 Karpalgelenk

#### Karpoantebrachialgelenk

Das Karpoantebrachialgelenk besteht vornehmlich aus kurzen lateralen Bändern, welche in Extensionsstellung geprüft werden. Die physiologisch zulässige Abduktions- resp. Adduktionsbewegung ist 8–12°.

Dann wird das Gelenk in maximale Flexion resp. Extension verbracht.

Ein kleines schräges Seitenband verbindet das Styloid des Radius mit dem palmaren Aspekt des Os carpi radiale. Mit einer Schubladenbewegung analog zum Kniegelenk wird es getestet. Dabei greift die eine Hand des Untersuchers das distale Antebrachium, die andere die karpalen Knochen jeweils von lateral. Das Gelenk ist in einer 180°-Stellung. Die Hand an den karpalen Knochen schiebt nun nach kranial (▶ **Abb. 6.44**, ▶ **Abb. 6.42**, ▶ **Abb. 6.43**, ▶ **Abb. 6.45**). Bei gesunden Hunden ist keine Schublade auszulösen.

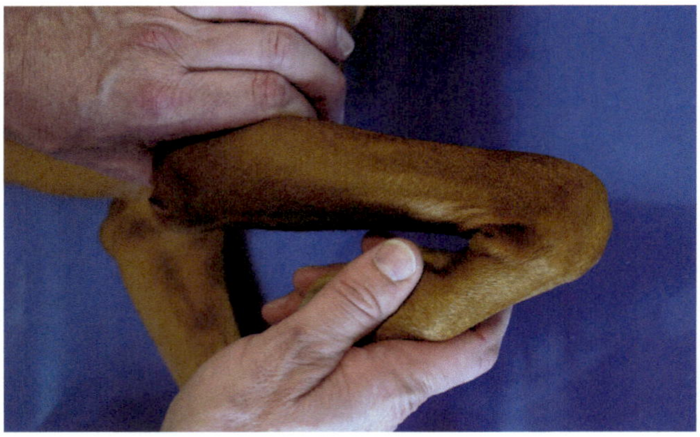

▶ **Abb. 6.42** Flexionsprüfung am Carpus. Der Bewegungsumfang des Karpoantebrachialgelenks wird erhöht, wenn gleichzeitig das Ellbogengelenk flexiert wird. (Quelle: Gaby Ernst, Saland, Schweiz)

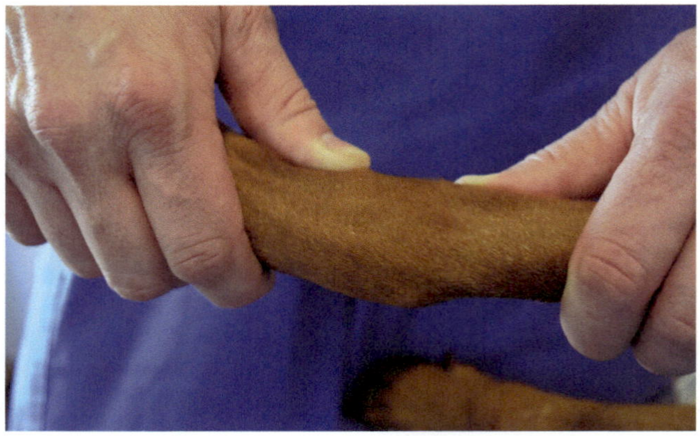

▶ **Abb. 6.44** Abduktions- und Adduktionsbewegungen am Carpus zur Prüfung der Seitenbandstabilität. (Quelle: Gaby Ernst, Saland, Schweiz)

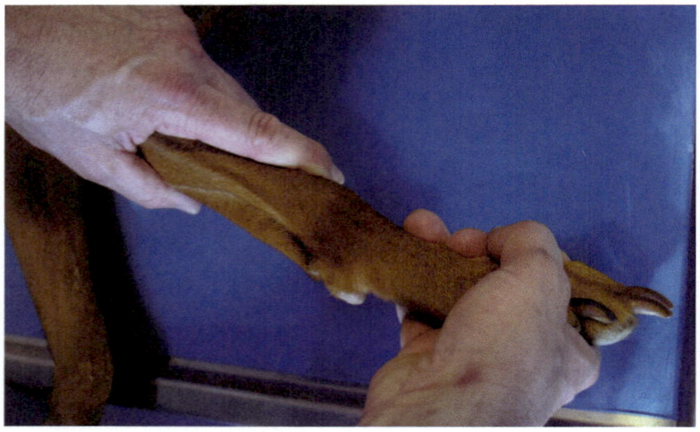

▶ **Abb. 6.43** Volle Extensionsbewegung am Carpus. (Quelle: Gaby Ernst, Saland, Schweiz)

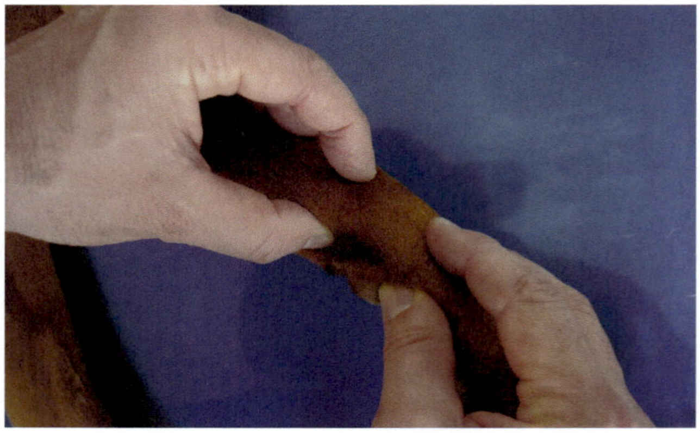

▶ **Abb. 6.45** Schubladentest am Carpus. Das kurze laterale Radiokarpalband wird getestet. (Quelle: Gaby Ernst, Saland, Schweiz)

**Befunde und DD**

- Hypermobilität
  - Seitenbandriss
  - Fraktur Processus styloideus, carpometacarpale, intercarpale oder radiocarpale
  - Instabilität nach Hyperextensionstrauma (S. 219)
- Hypomobilität in Extension/Flexion
  - altes Trauma am Bandapparat
  - Fraktur
- Schubladentest positiv
  - Riss des schrägen medialen Radiokarpalbandes

### Prüfung der Sehne des M. abductor pollicis longus

Die Endsehne des M. abductor pollicis longus verläuft auf der kraniomedialen Seite des Radius in einer Sehnenscheide. Er kreuzt das Radiokarpalgelenk direkt unter dem Seitenband.

Die Endsehne wird mit direkter Palpation auf Wärme, Schwellung und Schmerz geprüft.

Analog zum in der Humanmedizin angewendeten sog. Finkelsteintest kann die Sehne durch eine gleichzeitige maximale Flexion und Abduktion des Carpus maximal gespannt werden, wodurch eine Schmerzreaktion aus der Sehne provoziert werden kann (▶ **Abb. 6.46**, ▶ **Abb. 6.47**).

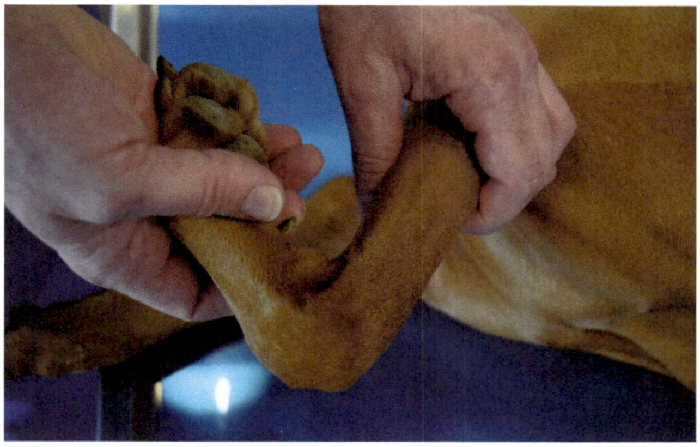

▶ **Abb. 6.46** Flexion und Abduktion des Carpus führen zu einer maximalen Spannung auf der Endsehne des M. abductor pollicis longus. (Quelle: Gaby Ernst, Saland, Schweiz)

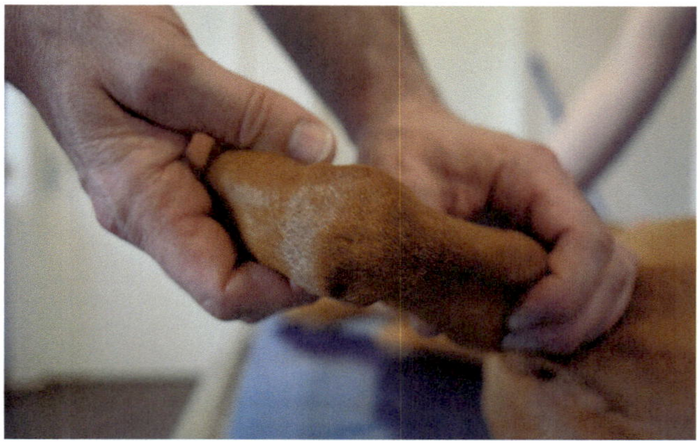

▶ **Abb. 6.47** Ansicht des Testes für den M. abductor pollicis longus von kranial. (Quelle: Gaby Ernst, Saland, Schweiz)

#### Befunde und DD

- Schmerz, Wärme und Schwellung im distalen medialen Viertel des Radius
  - Tendovaginitis des M. abductor pollicis longus (S. 221)
  - Osteosarkom (S. 192) distaler Radius
- spezieller Sehnentest (modifizierter Finkelsteintest) führt zu Schmerzen
  - Tendovaginitis des M. abductor pollicis longus (S. 221)

## Übersicht häufiger Befunde und Video der Untersuchungen

Die folgende Tabelle (▶ Tab. 6.9) gibt eine Übersicht über häufige, in dieser Region zu findende Befunde.

▶ **Tab. 6.9** Übersicht der Befunde.

| Lokalisation/Test | Befund | Spricht für | Häufigkeit der Erkrankung |
|---|---|---|---|
| Karpoantebrachialgelenk | Hypomobilität in Extension/Flexion | • altes Trauma am Bandapparat | + |
| | | • Fraktur | + |
| | Hypermobilität | • Seitenbandriss | ++ |
| | | • Fraktur Processus styloideus, carpometacarpale, intercarpale oder radiocarpale | + |
| | | • Instabilität nach Hyperextensionstrauma | ++ |
| Prüfung der Sehne des M. abductor pollicis longus | Schmerz, Wärme und Schwellung im distalen medialen Viertel des Radius | • Tendovaginitis des M. abductor pollicis longus | ++ |
| | | • Osteosarkom distaler Radius | ++ |
| | spezieller Sehnentest (modifizierter Finkelsteintest) führt zu Schmerzen | • Tendovaginitis des M. abductor pollicis longus | ++ |
| | Schubladentest positiv | • Riss des schrägen medialen Radiokarpalbandes | + |

Die Untersuchung des Karpalgelenks am liegenden Hund ist als Video (Video 6.9) verfügbar.

▶ **Video 6.9** Untersuchung der Vordergliedmaße am liegenden Hund – das Karpalgelenk. In dieser Sequenz werden die Palpation und Prüfung des gesamten Karpalgelenks (Os carpi ulnare, Os carpi radiale, Os carpi accessorium) inklusive Schubladentest sowie die Palpation und Prüfung des M. abductor pollicis longus gezeigt.

### 6.3.3 Radius und Ulna

Der Radius ist mediodistal als Styloid und im proximalen Bereich am lateralen Radiuskopf zu ertasten. Die Ulna wird distolateral als Styloid und im proximalen Bereich als Olecranon palpierbar sein. Sie werden auf Druck, Schmerz und Krepitation untersucht. Rotationsbewegungen am Antebrachium testen die relative Beweglichkeit der beiden Knochen (▶ **Abb. 6.48**, ▶ **Abb. 6.49**, ▶ **Abb. 6.50**).

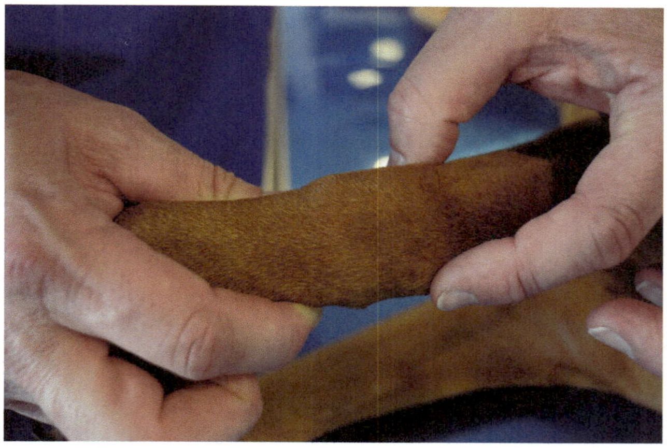

▶ **Abb. 6.49** Processus styloideus medialis und lateralis werden mit Daumen und Zeigefinger palpiert. (Quelle: Gaby Ernst, Saland, Schweiz)

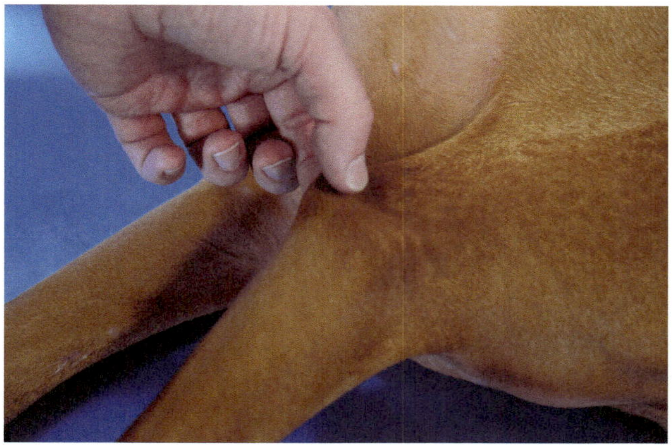

▶ **Abb. 6.48** Das Olecranon ist eine häufige Lokalisation für Panosteitis. (Quelle: Gaby Ernst, Saland, Schweiz)

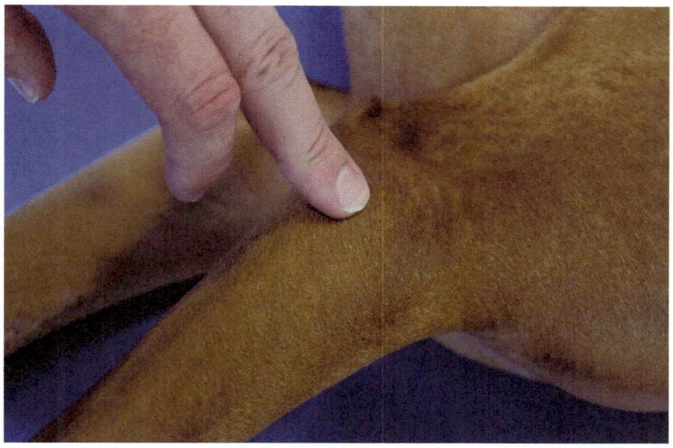

▶ **Abb. 6.50** Lage der Extensorengruppe über dem proximalen Radius. (Quelle: Gaby Ernst, Saland, Schweiz)

**Befunde und DD**

- Druckschmerz im distalen Drittel
  - Osteosarkom (S. 192)
  - hypertrophe Osteodystrophie (S. 187)
  - retinierte Knorpelzapfen (S. 188)
- Druckschmerz Diaphyse
  - Panosteitis (S. 186)
  - Wachstumsstörung
  - hypertrophe Osteopathie (S. 187) (Akropachie, Morbus Marie-Bamberger)
- Druckschmerz proximales Drittel
  - Panosteitis (S. 186)
  - Ellbogendysplasie (S. 222)
- Valgus, Exorotation und konvexe Kurvatur Radius
  - Radius curvus nach verfrühtem distalen Fugenschluss

## Übersicht häufiger Befunde und Video der Untersuchungen

Die folgende Tabelle (▸ **Tab. 6.10**) gibt eine Übersicht über häufige, in dieser Region zu findende Befunde.

▸ **Tab. 6.10** Übersicht der Befunde.

| Lokalisation | Hinweis | Spricht für | Häufigkeit der Erkrankung |
|---|---|---|---|
| Radius und Ulna | Druckschmerz im distalen Drittel | • Osteosarkom | ++ |
| | | • hypertrophe Osteodystrophie | + |
| | | • retinierte Knorpelzapfen | + |
| | Druckschmerz Diaphyse | • Panosteitis | +++ |
| | | • Wachstumsstörung | + |
| | | • hypertrophe Osteopathie (Akropachie, Morbus Marie-Bamberger) | + |
| | Druckschmerz proximales Drittel | • Panosteitis | +++ |
| | | • Ellbogendysplasie | +++ |
| | Valgus, Exorotation und konvexe Kurvatur Radius | • Radius curvus nach verfrühtem distalen Fugenschluss | + |

Die Untersuchung von Radius und Ulna am liegenden Hund ist als Video (Video 6.10) verfügbar.

▸ **Video 6.10** Untersuchung der Vordergliedmaße am liegenden Hund – Radius und Ulna. In dieser Sequenz wird die Palpation des Unterarms (Antebrachium) inklusive der Procc. styloidei und der Muskulatur gezeigt.

### 6.3.4 Ellbogengelenk

#### Beugung und Streckung

Das Ellbogengelenk wird in volle Extension und Flexion verbracht (► Abb. 6.51, ► Abb. 6.52). Während der Bewegung umfasst die andere Hand das Gelenk und registriert Veränderungen am und im Gelenk. Bei maximaler Extension ist die Schmerzauslösung intensiver als bei Flexion. Der Processus anconaeus wird erst bei maximaler Flexion und von lateral ertastbar (► Abb. 6.53).

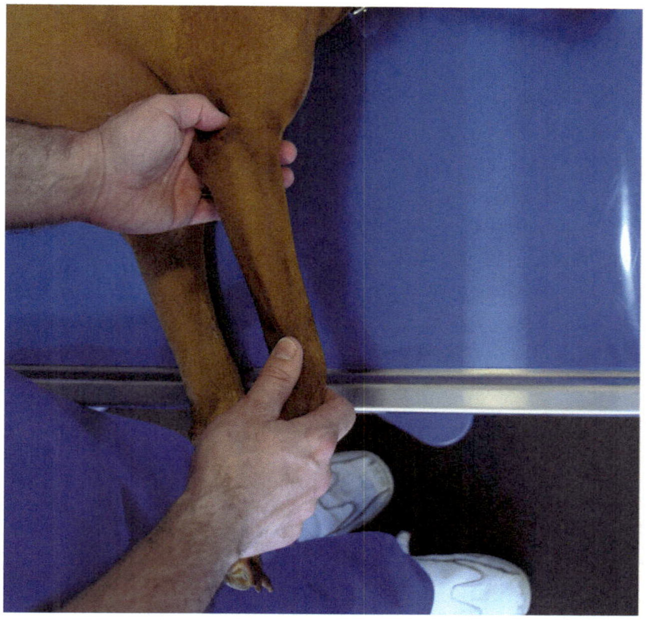

► **Abb. 6.51** Prüfung des Ellbogengelenks in Extension. (Quelle: Gaby Ernst, Saland, Schweiz)

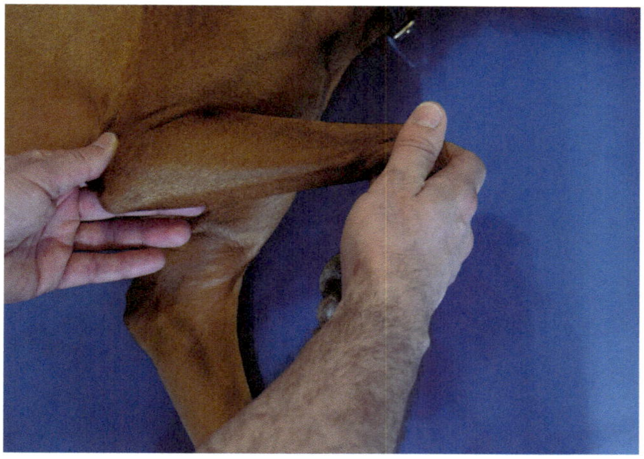

► **Abb. 6.52** Prüfung des Ellbogengelenks in Flexion. Die Bewegungsführung erfolgt am Carpus. (Quelle: Gaby Ernst, Saland, Schweiz)

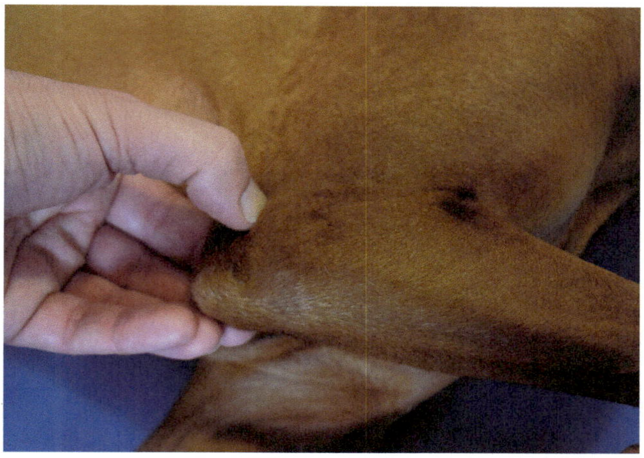

► **Abb. 6.53** Der Processus anconaeus kann nur bei maximaler Flexion des Ellbogengelenks geprüft werden. (Quelle: Gaby Ernst, Saland, Schweiz)

**Befunde und DD**

- Krepitation
  - Ellbogenarthrose
  - Gelenkfraktur
  - Inkongruenz
- Schmerz, Wärme
  - Ellbogendysplasie (S. 222)
  - Ellbogenarthrose
- massiver Erguss im lateralen Kompartiment
  - losgelöster Processus anconaeus
  - Fraktur des Epicondylus lateralis (Salter Harris Typ 4-Fraktur)

## Prüfung der Seitenbänder

Die Prüfung kann bei gestrecktem und bei gebeugtem Ellbogengelenk erfolgen (▶ **Abb. 6.54**). Bei gestrecktem Ellbogengelenk sollte die Abduktion resp. Adduktion nicht mehr als 10° betragen. Bei gebeugtem Ellbogengelenk nutzt man die Tatsache aus, dass Radius und Ulna sich kreuzen, womit die Außenrotation durch die medialen und die Innenrotation durch die lateralen Seitenbänder limitiert wird.

In den meisten Fällen einer Bandruptur wird das mediale Seitenband betroffen sein. Es kommt gelegentlich auch zu einer Luxation des Radiuskopfes nach lateral, was in einer Konturstörung zu sehen ist (▶ **Abb. 6.55**, ▶ **Abb. 6.56**).

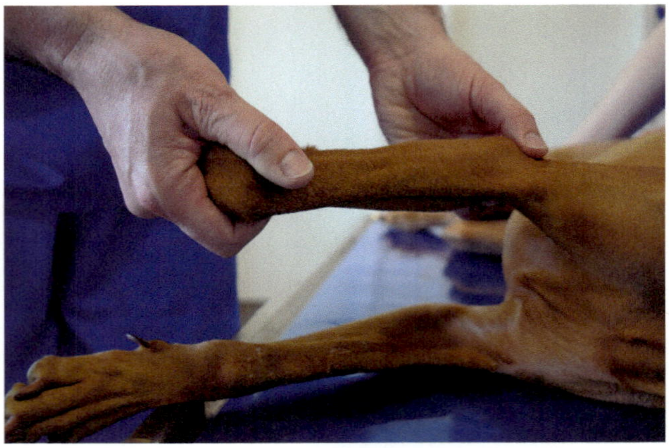

▶ **Abb. 6.54** Abduktions- und Adduktionsbewegungen testen die Kollateralbänder des Ellbogens. (Quelle: Gaby Ernst, Saland, Schweiz)

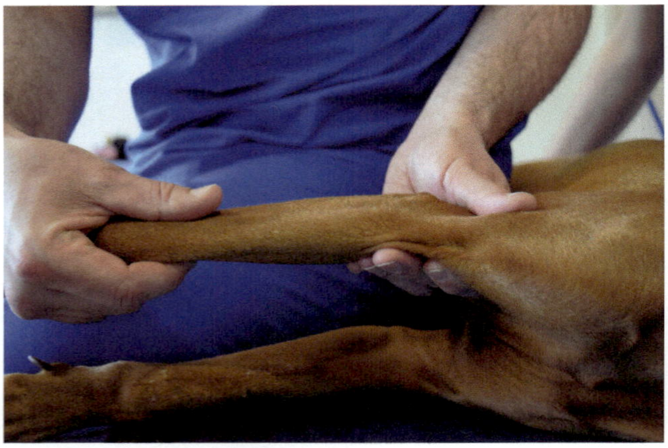

▶ **Abb. 6.55** Erhöhte Innenrotation spricht für eine laterale Kollateralbandruptur. (Quelle: Gaby Ernst, Saland, Schweiz)

▶ **Abb. 6.56** Erhöhte Außenrotation spricht für eine mediale Kollateralbandruptur. (Quelle: Gaby Ernst, Saland, Schweiz)

### Befunde und DD

- Außenrotation bei gebeugtem Ellbogen erhöht, Valgusstellung bei gestrecktem Ellbogen
  - mediale Seitenbandruptur
- Innenrotation bei gebeugtem Ellbogen erhöht, Varusstellung bei gestrecktem Ellbogen
  - laterale Seitenbandruptur (selten)
- Radiuskopf lateral des Epicondylus humeri, reduzierter Bewegungsumfang Ellbogengelenk, Krepitation
  - Ellbogenluxation nach lateral

### Prüfung des medialen Kompartiments des Ellbogengelenks

Zwei der 3 häufigen Ellbogendysplasieformen (fragmentierter Processus coronoideus, Osteochondrose des medialen Humeruscondylus) finden sich im medialen Kompartiment, dazu auch deren Folgeprobleme (Kratzspuren am Humerus, Arthrose). Die Erkrankungen werden häufig auch als mediales Kompartimentsyndrom zusammengefasst.

Für die Prüfung des medialen Kompartiments wird ein Finger direkt auf den Processus coronoideus medialis gelegt und dieser damit auf Druck geprüft (▸ **Abb. 6.57**). Dann werden Radius und Ulna bei gestrecktem Ellbogen innenrotiert, womit das mediale Coronoid bei intaktem medialen Seitenband in einen direkten Kontakt mit dem Humeruscondylus kommt und damit auf Druckschmerz geprüft werden kann (▸ **Abb. 6.58**).

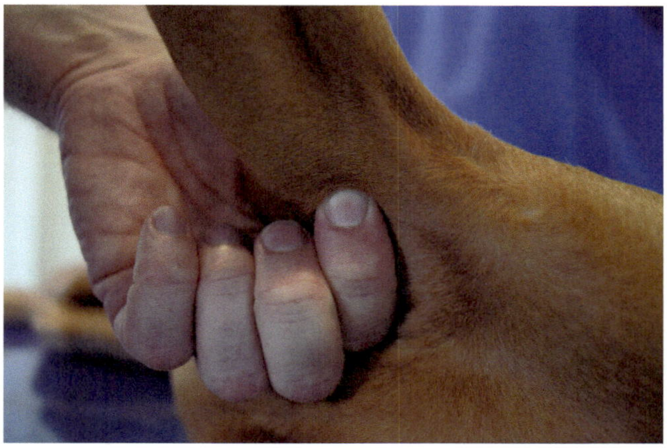

▸ **Abb. 6.57** Direkte Palaption des Processus coronoideus medialis mit dem Zeigefinger. (Quelle: Gaby Ernst, Saland, Schweiz)

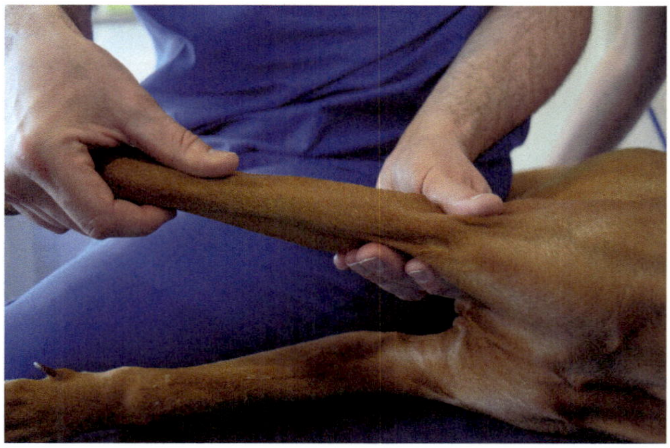

▸ **Abb. 6.58** Innenrotation von Radius und Ulna bei gestrecktem Ellbogen erhöht den Druck auf dem medialen Coronoid. (Quelle: Gaby Ernst, Saland, Schweiz)

#### Befunde und DD

- Schmerz bei direkter Palpation des medialen Coronoids
  - Ellbogendysplasie (S. 222) (mediales Kompartimentsyndrom)
  - Fraktur des medialen Coronoids
  - Ellbogenarthrose
- Schmerz bei Innenrotation Radius/Ulna und gestrecktem Ellbogen
  - fragmentierter Processus coronoideus medialis
  - Osteochondrose (S. 183) des medialen Humeruscondylus
  - Ellbogenarthrose
  - Gelenkfraktur
  - Inkongruenz des Ellbogens

## Übersicht häufiger Befunde und Video der Untersuchungen

Die folgende Tabelle (▶ Tab. 6.11) gibt eine Übersicht über häufige, in dieser Region zu findende Befunde.

▶ **Tab. 6.11** Übersicht der Befunde.

| Lokalisation/Test | Befund | Spricht für | Häufigkeit der Erkrankung |
|---|---|---|---|
| Beugung und Streckung | Schmerz, Wärme | • Ellbogendysplasie | +++ |
| | | • Ellbogenarthrose | +++ |
| | Krepitation | • Ellbogenarthrose | +++ |
| | | • Gelenkfraktur | + |
| | | • Inkongruenz | ++ |
| | massiver Erguss im lateralen Kompartiment | • losgelöster Processus anconaeus | ++ |
| | | • Fraktur des Epicondylus lateralis (Salter Harris Typ 4-Fraktur) | + |
| Prüfung der Seitenbänder | Innenrotation bei gebeugtem Ellbogen erhöht, Valgusstellung bei gestrecktem Ellbogen | • mediale Seitenbandruptur | ++ |
| | Außenrotation bei gebeugtem Ellbogen erhöht, Varusstellung bei gestrecktem Ellbogen | • laterale Seitenbandruptur (selten) | + |
| | Radiuskopf lateral des Epicondylus humeri, reduzierter Bewegungsumfang Ellbogengelenk, Krepitation | • Ellbogenluxation nach lateral | + |
| Prüfung des medialen Kompartiments des Ellbogengelenks | Schmerz bei direkter Palpation des medialen Coronoids | • Ellbogendysplasie (mediales Kompartimentsyndrom) | +++ |
| | | • Fraktur des medialen Coronoids | + |
| | | • Ellbogenarthrose | +++ |
| | Schmerz bei Innenrotation Radius/Ulna | • fragmentierter Processus coronoideus medialis | +++ |
| | | • Osteochondrose des medialen Humeruscondylus | +++ |
| | | • Ellbogenarthrose | +++ |
| | | • Gelenkfraktur | + |
| | | • Inkongruenz des Ellbogens | ++ |

Die Untersuchung des Ellbogens am liegenden Hund ist als Video (Video 6.11) verfügbar.

▶ **Video 6.11** Untersuchung der Vordergliedmaße am liegenden Hund – das Ellbogengelenk. In dieser Sequenz werden das Auffinden des Ellbogengelenks durch Palpation des Proc. epicondylus humeri und die Prüfung des Gelenks inklusive der Seitenbänder gezeigt.

### 6.3.5 Humerus

Der Humerus wird von distal nach proximal palpiert (▶ **Abb. 6.59**, ▶ **Abb. 6.60**). Auf der lateralen Seite kreuzt ihn der N. radialis. Im proximalen Bereich sind Tuberculum majus und das proximale Schaftende zu spüren.

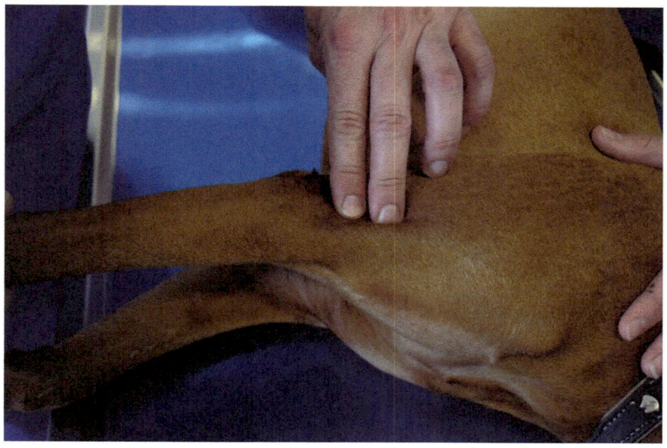

▶ **Abb. 6.59** Die direkte Palpation des Humerus gelingt nur an seinem distalen Ende. (Quelle: Gaby Ernst, Saland, Schweiz)

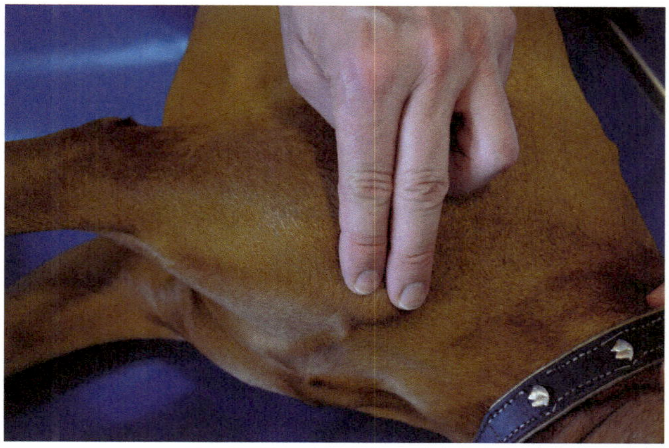

▶ **Abb. 6.60** Das Tuberculum majus ist gut zu palpieren. (Quelle: Gaby Ernst, Saland, Schweiz)

**Befunde und DD**

- Schmerz bei Palpation
  - Fraktur
  - Neoplasie (S. 192) im proximalen Anteil
  - Panosteitis (S. 186)
  - Radialisverletzung
- Krepitation
  - Fraktur

## Übersicht häufiger Befunde und Video der Untersuchungen

Die folgende Tabelle (▶ **Tab. 6.12**) gibt eine Übersicht über häufige, in dieser Region zu findende Befunde.

▶ **Tab. 6.12** Übersicht der Befunde.

| Lokalisation | Hinweis | Spricht für | Häufigkeit der Erkrankung |
|---|---|---|---|
| Humerus | Schmerz bei Palpation | • Fraktur | + |
| | | • Neoplasie im proximalen Anteil | +++ |
| | | • Panosteitis | + |
| | | • Verletzung des N. radialis | + |
| | Krepitation | • Fraktur | + |

Die Untersuchung des Humerus am liegenden Hund ist als Video (Video 6.12) verfügbar.

▶ **Video 6.12** Untersuchung der Vordergliedmaße am liegenden Hund – der Humerus. In dieser Sequenz werden die Palpation des Humerus sowie des M. triceps brachii und des M. biceps brachii und die Prüfung auf Tendovaginitis der Sehne des M. biceps brachii gezeigt.

## 6.3.6 Schulterregion

### Schultergelenk

Das Schultergelenk ist nicht einfach zu untersuchen, weil es unter vielen Muskeln liegt. Am Kranialrand kann es medial der Bizepssehne palpiert werden. Gelenkfüllungen sind kaum zu spüren. Das Gelenk wird gestreckt und gebeugt und dabei auf Schmerz untersucht.

Eine mögliche Osteochondroseläsion im kaudalen Humeruskopf entdeckt man, indem der Untersucher den Humerus bei leichter Extension in Außenrotation bringt. Damit wird der Humeruskopf nach lateral gebracht, wo man ihn unter Muskelschichten indirekt prüfen kann (▶ **Abb. 6.61**, ▶ **Abb. 6.62**).

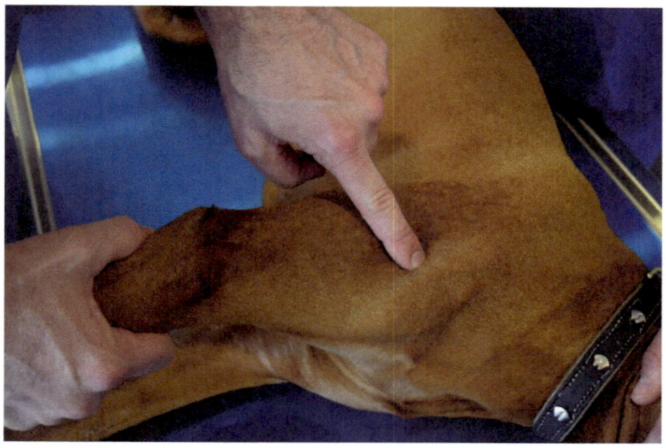

▶ **Abb. 6.61** Das Schultergelenk liegt gleich medial des Acromions. Mit einer Innenrotation des Humerus kommt der Humeruskopf in die Nähe der Haut, wo er auf Osteochondroseläsionen geprüft wird (Zeigefinger). (Quelle: Gaby Ernst, Saland, Schweiz)

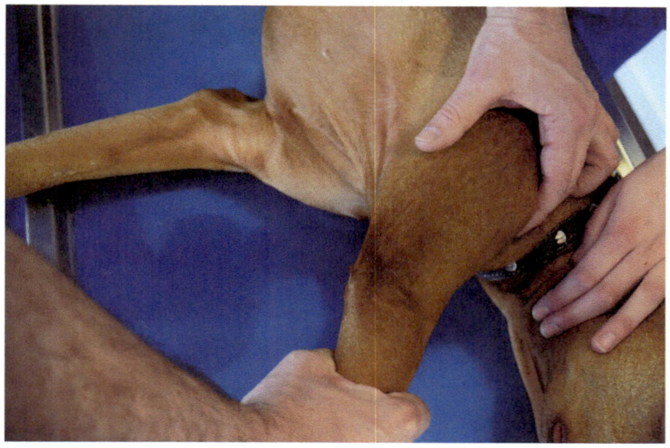

▶ **Abb. 6.62** Das Schultergelenk wird gebeugt und gestreckt und dabei auf Krepitation und Stabilität gestestet. (Quelle: Gaby Ernst, Saland, Schweiz)

**Befunde und DD**

- Druckschmerz kaudaler Humeruskopf
  - Osteochondroseläsion
- Schwellung und Schmerz im kranialen Anteil des Gelenks
  - Bizepsabriss
  - Bizepstendinitis (S. 226)
  - Fraktur Tuberculum supraglenoidale
  - Subluxation Schultergelenk
  - Neoplasie (S. 192) proximaler Humerus
- Tuberuculum majus liegt deutlich ventral des Acromions
  - Schulterluxation nach medial
- Hypomobilität Schultergelenk
  - Luxation Schultergelenk
  - Gelenkfraktur
  - Osteochondroseläsion
  - Bizepssehnenentzündung (S. 226)
- Valgusstellung Schultergelenk
  - Infra-/Supraspinatuskonktraktur

## Bizepssehnentest

Die Bizepssehne kann direkt zwischen Tuberuculum majus und minus des Humerus unter dem intertuberkulären Ligament sowie proximal davon im Schultergelenk und distal davon im Sulcus ertastet werden.

Die Sehne wird maximal gespannt, indem das Schultergelenk gebeugt und das Ellbogengelenk gestreckt wird. Die andere Hand drückt dabei auf den schultergelenknahen Anteil der Bizepssehne (▶ **Abb. 6.63**, ▶ **Abb. 6.64**).

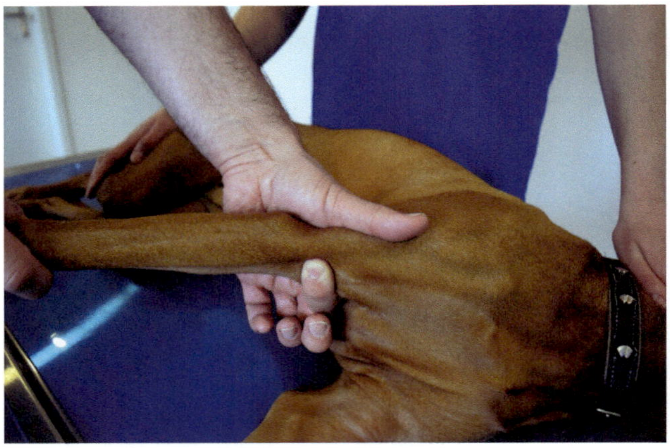

▶ **Abb. 6.63** Die Bizepssehne setzt am Radius an. Sie kann dort mit einem Finger nach kaudal gezogen werden, wodurch auch der proximale Anteil unter Spannung kommt, wenn gleichzeitig das Schultergelenk gebeugt ist. (Quelle: Gaby Ernst, Saland, Schweiz)

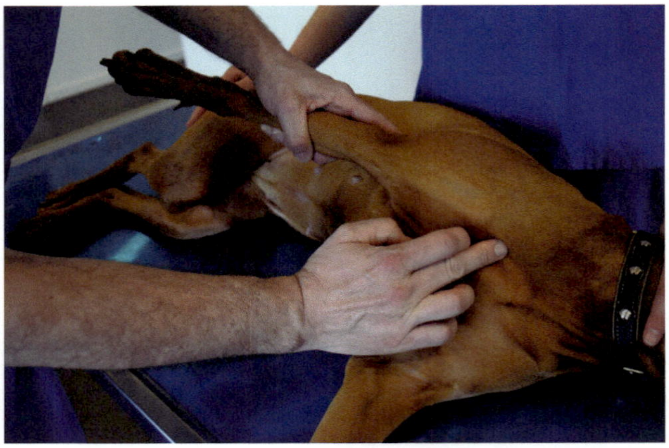

▶ **Abb. 6.64** Die Bizepssehne wird auf Druckdolenz untersucht bei gleichzeitiger Extension des Ellbogengelenks und Flexion des Schultergelenks. (Quelle: Gaby Ernst, Saland, Schweiz)

### Befunde und DD

- Schmerz bei direktem Druck
  - Bizepssehnenentzündung (S. 226)
  - Abriss Bizepssehne im Schultergelenk

## Übersicht häufiger Befunde und Video der Untersuchungen

Die folgende Tabelle (▸ **Tab. 6.13**) gibt eine Übersicht über häufige, in dieser Region zu findende Befunde.

▸ **Tab. 6.13** Übersicht der Befunde.

| Lokalisation/Test | Befund | Spricht für | Häufigkeit der Erkrankung |
|---|---|---|---|
| Schultergelenk | Schwellung und Schmerz im kranialen Anteil des Gelenks | • Bizepsabriss | + |
| | | • Bizepstendinitis | ++ |
| | | • Fraktur Tuberculum supraglenoidale | + |
| | | • Subluxation Schultergelenk | + |
| | | • Neoplasie proximaler Humerus | +++ |
| | Druckschmerz kaudaler Humeruskopf | • Osteochondroseläsion | +++ |
| | Hypomobilität | • Luxation Schultergelenk | + |
| | | • Gelenkfraktur | + |
| | | • Osteochondroseläsion | +++ |
| | | • Bizepssehnenentzündung | ++ |
| | Tuberuculum majus liegt deutlich ventral des Acromions | • Schulterluxation nach medial | + |
| | Valgusstellung Schultergelenk | • Infra-/Supraspinatuskonktraktur | + |
| Bizepssehnentest | Schmerz bei direktem Druck | • Bizepssehnenentzündung | ++ |
| | | • Abriss Bizepssehne im Schultergelenk | + |

Die Untersuchung der Schulter am liegenden Hund ist als Video (Video 6.13) verfügbar.

▸ **Video 6.13** Untersuchung der Vordergliedmaße am liegenden Hund – die Schulter. Diese Sequenz zeigt die Palpation und Prüfung des Schultergelenks inklusive der Prüfung auf Osteochondrose (OCD) des Humerus.

### 6.3.7 Schulterblattregion

#### Schulterblatt

Das Schulterblatt wird entlang seiner Begrenzung palpiert und die Spina scapulae samt Acromion auf Stabilität geprüft (▶ **Abb. 6.65**, ▶ **Abb. 6.66**).

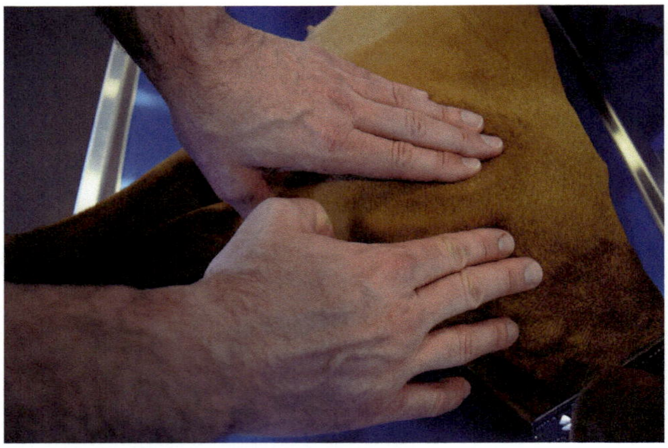

▶ **Abb. 6.65** Kaudal und kranial der Spina scapulae kann das Maß der Muskelhypotrophie bestimmt werden. (Quelle: Gaby Ernst, Saland, Schweiz)

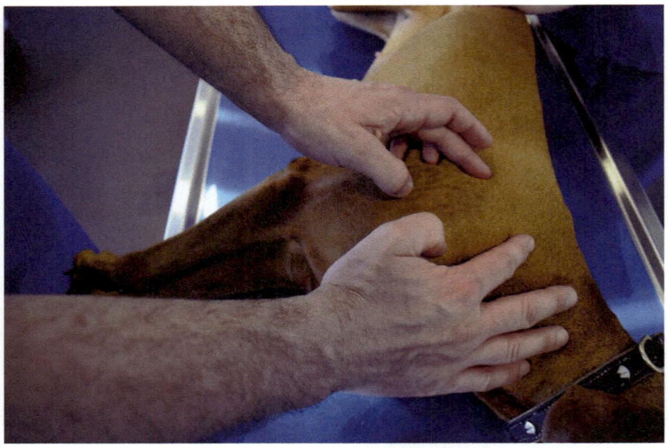

▶ **Abb. 6.66** Die Scapula wird entlang ihrer knöchernen Begrenzung palpiert. (Quelle: Gaby Ernst, Saland, Schweiz)

**Befunde und DD**

- Schmerz, Krepitation
  - Fraktur
- Schmerz, Schwellung
  - Neoplasie (S. 192)
- Achsabweichung
  - verheilte Fraktur
- harte und schmerzhafte Muskeln
  - Kontraktur

## Subskapuläre Region

Der Plexus brachialis liegt direkt unter der Scapula. Er ist von kranial mit den Fingerspitzen zu erreichen (▶ **Abb. 6.67**).

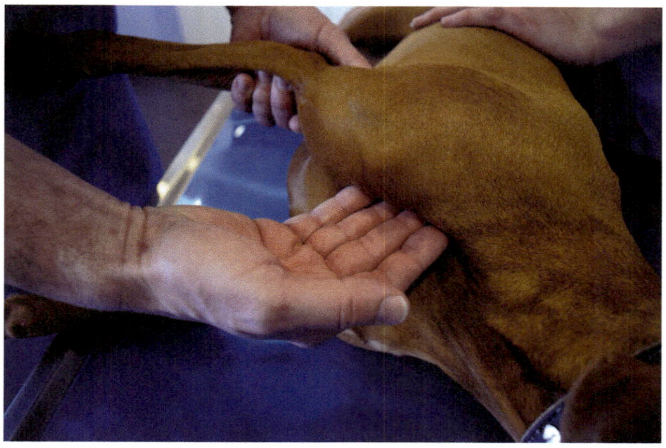

▶ **Abb. 6.67** Mit den Fingerspitzen können Teile des Plexus brachialis erreicht werden. (Quelle: Gaby Ernst, Saland, Schweiz)

### Befunde und DD

- Schmerz bei Palpation unter Scapula
  - Plexustrauma
  - Plexustumoren

## Übersicht häufiger Befunde und Video der Untersuchungen

Die folgende Tabelle (▸ Tab. 6.14) gibt eine Übersicht über häufige, in dieser Region zu findende Befunde.

▸ **Tab. 6.14** Übersicht der Befunde.

| Lokalisation | Befund | Spricht für | Häufigkeit der Erkrankung |
|---|---|---|---|
| Schulterblatt | Schmerz, Schwellung | • Neoplasie | + |
| | Schmerz, Krepitation | • Fraktur | + |
| | harte und schmerzhafte Muskeln | • Kontraktur | + |
| | Achsabweichung | • verheilte Fraktur | + |
| subskapuläre Region | Schmerz bei Palpation unter Scapula | • Plexustrauma | ++ |
| | | • Plexustumoren | + |

Die Untersuchung des Schulterblattes am liegenden Hund ist als Video (Video 6.14) verfügbar.

▸ **Video 6.14** Untersuchung der Vordergliedmaße am liegenden Hund – das Schulterblatt. Diese Sequenz zeigt die Palpation des Schulterblattes (Scapula) und der Nerven des Plexus brachialis.

## 6.4 Literatur

[91] Koch DA, Grundmann S, Savoldelli D et al. Die Diagnostik der Patellaluxation des Kleintieres. Schw Arch Tierheilk 1998; 371–374

# 7 Neurologischer Untersuchungsgang

Daniel Koch, Martin S. Fischer

## 7.1 Einordnung

Im Rahmen der Untersuchung des lahmenden Hundes kann es angezeigt sein, eine Lahmheit von einer Lähmung zu unterscheiden. Der neurologische Untersuchungsgang ist eine strukturierte Abfolge von Tests, welche dem Zweck einer topischen Diagnose dienen. In erster Linie soll die Läsion im zentralen oder peripheren Nervensystem lokalisiert werden. Eine genauere Lokalisation ist anhand des klinischen Untersuchungsganges möglich. In vielen Fällen muss die Untersuchung durch bildgebende Verfahren wie Röntgen, Computertomografie oder Magnetresonanztomografie sowie elektrische Funktionstests ergänzt werden.

Als hilfreich hat sich erwiesen, die neurologischen Tests in der gleichen Reihenfolge durchzuführen. Die Hunde sollten in einer ruhigen Umgebung untersucht werden. Bei ängstlichen Patienten soll die Untersuchung zu einem späteren Zeitpunkt oder unter anderen Umständen wiederholt werden, weil insbesondere die Prüfung der Drohreaktionen oder Schmerzproben zu falschen Interpretationen führen können. Die Beurteilung einer normalen oder abnormalen Antwort setzt voraus, dass die Hunde kooperativ und unsediert sind. Die Befunde sind schriftlich festzuhalten.

Ein möglicher Ablauf eines neurologischen Untersuchungsganges wird hier vorgestellt. Er basiert auf den Empfehlungen von Jaggy [92].

## 7.2 Anamnese

### 7.2.1 Signalement

Verschiedene Hunderassen weisen Prädispositionen für bestimmte neurologische Leiden auf. So leiden chondrodystrophische und älter werdende Tiere an Schwächen der Bandscheiben, Dobermann Pinscher und Deutsche Doggen an zervikaler Spondylopathie oder sind Schäferhunde anfällig für degenerative Myelopathien oder Degeneration des lumbosakralen Überganges.

**Hinweise aus dem Signalement**

- chondrodystrophe Rassen: Bandscheibenvorfall: Dobermann Pinscher, Dogge: zervikale Instabilität
- Schäferhunde: DLSS (S. 230), DM (S. 232)
- Zwerghunde: atlantoaxiale Subluxation, Hydrozephalus, Liquorabflussstörung
- Rhodesian Ridgeback: Dermoid-Sinus
- American Staffordshire Terrier: zerebelläre kortikale Abiotrophie
- Bulldoggen, Mops: subarachnoidale Divertikel, degenerative und kongenitale Wirbelkanalstenosen

### 7.2.2 Vorgeschichte

Die Erhebung der Vorgeschichte fokussiert sich im Anschluss an die Problemschilderung durch den Besitzer auf folgende Fragen:

1. Verlauf der Erkrankung (akut, chronisch, progressiv, rezidivierend)
2. Schilderung von Bewegung, Treppenlaufen, Zehenschleifen
3. Haltung von Hals und Rute, Formveränderung des Körpers (insbesondere der Rückenlinie)
4. Verletzungen und Unfälle
5. Verhalten gegenüber Menschen und Tieren, Verhaltensveränderung, Aggressivität, Lernschwäche
6. Reaktion auf normale Reize, Orientierungsvermögen auf bekanntem und unbekanntem Terrain oder im Dunkeln
7. Kann der Hund Futter vom Boden aufnehmen, frisst er normal, fällt Futter aus dem Fang?
8. Kotabsatzverhalten
9. frühere und bestehende Erkrankungen
10. Erkrankungen der Wurfgeschwister
11. Reaktion auf verabreichte Medikamente
12. Impfstatus und Reaktion auf Impfungen

**Hinweise aus der Vorgeschichte**

- perakutes Auftreten, mittelgroße Hunde, kein Trauma
  - Rückenmarksinfarkt (S. 233)
- akutes Auftreten, Hinterhandlähmung, Schmerz
  - Bandscheibenvorfall
  - andere extradurale Kompression
  - Verletzung Wirbelsäule
- tiefe Rutenhaltung, Kotabsatz beim Gehen, Kotinkontinenz
  - DLSS (S. 230)
  - chronische kompressive Myelopathien
- Mühe beim Fressen vom Boden
  - Bandscheibenvorfall
  - Wobblersyndrom
  - atlantoaxiale Subluxation
- Wesensveränderung
  - Gehirnläsionen

Die Aufnahme des Vorberichts ist als Video (Video 7.1) verfügbar.

▶ **Video 7.1** Aufnahme des Vorberichts im Rahmen der neurologischen Untersuchung des Hundes.

## 7.3 Bewusstsein und Verhalten

Der Hund soll in einer ruhigen Umgebung, am besten im Freien und ohne störende Einflüsse wie andere Hunde, Menschen oder Fahrzeuge, beobachtet werden. Der Bewusstseinszustand wird als normal bezeichnet, wenn der Hund normal oder gezielt auf äußere gezielte Reize wie Zurufen, Befehle, Klatschen oder Kneifen reagiert.

### Hinweise aus dem Verhalten

- Aggressivität, Unruhe, Orientierungsverlust, stereotype Bewegungen
  - neoplastische oder degenerative Enzephalopathien
  - Stoffwechselstörungen (z.B Hepatoenzephalopathien)
  - kompulsiv-obsessive Verhaltensstörungen
- Apathie, Stupor oder Koma
  - Trauma, Tumor oder Infektion im Gehirn
  - Stoffwechselstörung

## 7.4 Haltung

Die Untersuchung der Haltung soll ebenfalls im Freien oder in einer sonst emissionsarmen Umgebung stattfinden (▸ **Abb. 7.1**). Sie wird oft zusammen mit der Ganguntersuchung durchgeführt. Bei der Beurteilung der Bewegung wird zuerst die Körperhaltung beurteilt. Gliedmaße, Rumpf, Hals sowie Hals-Kopf-Achse sollten aufeinander abgestimmt sein. Das Tier sollte durchpalpiert werden, um allfällige Muskelabnormitäten wie Muskelhypotrophie, Muskelhypertrophie oder Dolenz festzustellen. Durch kurzes, aber nicht zu festes Drücken wird die Hals-, Rumpf- und Gliedmaßenmuskulatur geprüft. Der Hund sollte dabei entspannt sein, um Fehlinterpretationen vorzubeugen. Durch passives Bewegen des Kopfes zur Seite, nach unten und oben wird die Beweglichkeit der Hals-Kopf-Achse beurteilt. Die Rute sollte beweglich sein und rassetypisch getragen werden.

### Hinweise aus der Haltung

- Schiff-Sherrington (spastisch gestreckte Vorderbeine, i. d. R. schlaffe Hinterbeine)
  - tiefes thorakolumbales Rückenmarkstrauma
- Opisthotonus
  - Mittelhirnläsionen
- Myokonien
  - Staupe
  - Enzephalomyelitis verschiedener Ätiologien
- Tremor
  - Kleinhirnläsionen
  - Intoxikationen
  - Stoffwechselstörung wie z. B. Hypokalzämie
- Lordose, Kyphose, Skoliose
  - Wirbelmissbildungen
  - Bandscheibenvorfälle
  - Syringomyelie
- Kopfschiefhaltung
  - vestibuläre Probleme (peripher und zentral)

Die Untersuchung von Haltung und Verhalten ist als Video (Video 7.2) verfügbar.

▸ **Abb. 7.1** Für die Untersuchung von Haltung und Verhalten eignet sich eine ruhige Umgebung. (Quelle: Nicole Hollenstein, Tierfotografie)

## 7.5 Beobachtung des Ganges

Bewegung mit Ortsveränderung oder Lokomotion besteht in einer Verschiebung des Schwerpunktes nach vorne, zur Seite oder nach hinten. Dieser Ablauf wird neurophysiologisch mit aufsteigenden spinokortikalen Bahnen, absteigenden kortikospinalen Bahnen sowie den Lokomotionszentren reguliert.

Beim Hund wird in der Regel eine diagonale Gangart beobachtet. Auf eine simultane Flexion einer Hintergliedmaße und der kontralateralen Vordergliedmaße folgt eine Extension des diagonalen Beinpaares gefolgt. Eine Abweichung dieses diagonalen Bewegungsablaufs wird als eine Inkoordination oder Ataxie bezeichnet.

Der Hund wird im Schritt, Trab und Galopp dem Untersucher vorgeführt (▶ **Abb. 7.2**). Beim Gang selbst achtet man auf Lähmungserscheinungen, die eine, zwei oder alle Gliedmaßen betreffen können. Je nach Lokalisation der Läsion sprechen wir von einer spinalen Ataxie, Kleinhirnataxie, vestibulären Ataxie oder kortikalen Ataxie. Je nach Ausmaß der Läsion unterscheiden wir eine leichtgradige, mittelgradige oder hochgradige Ataxie. Erschwertes Laufen wie Gehen auf stark unebenem Grund, Treppensteigen oder Hindernisspringen kann in einigen Fällen die Symptome verstärken.

Das Zusammenspiel der Funktionsabläufe lässt sich vor allem beim Springen gut beobachten.

### Hinweise aus der Ganganalyse

- Hypermetrie, Tremor:
  - Erkrankungen des Kleinhirnes
- Hemiparese
  - Hirnstammläsion
  - Großhirnläsion
- Stolpern, Überköten, Zehenschleifen, Schwanken Hinterhand (spinale Ataxie):
  - DM (S. 232)
  - kompressive Myelopathien Th 3–L 3
- breitbeinige Körperstellung, spastische Gliedmaßen, Hypermetrie, Kopftremor (zerebelläre Ataxie)
  - Neoplasie, Entzündung Kleinhirn
  - zerebelläre kortikale Abiotrophie
- Kopfschiefhaltung, Kreislaufen, Gleichgewichtsverlust (vestibuläre Ataxie)
  - Innenohrentzündung
  - geriatrisches Vestibulärsyndrom
  - Neoplasie
- völliger Verlust der Bewegungsfähigkeit (Plegie oder Paralyse; Hemi-, Para-, Tetra- oder Mono-)
  - schwere Läsion des oberen oder unteren Motoneurons
- Herabsetzung der Bewegungsfähigkeit (Parese)
  - mittelgradige Läsion des oberen oder unteren Motoneurons
- Zwangsbewegungen (Kreisdrehen, entlang der Wand laufen)
  - fokale oder diffuse Veränderungen im Großhirn (Tumoren, Missbildungen)
- Passgang
  - keine pathologische Zuordnung möglich
  - ist oft als physiologisch zu betrachten

▶ **Abb. 7.2** Bei der Ganguntersuchung in Schritt, Trab und Galopp wird der Patient vom Besitzer geführt, sodass der Untersucher Ganganomalien, Ataxien oder andere Koordinationsstörungen feststellen kann. (Quelle: Nicole Hollenstein, Tierfotografie)

Die Beobachtung von Verhalten, Haltung und Gang ist als Video (Video 7.2) verfügbar.

▶ **Video 7.2** Beobachtung von Verhalten, Haltung und Gang im Rahmen der neurologischen Untersuchung des Hundes.

## 7.6 Haltungs- und Stellreaktionen

Die Prüfung der Haltungs- und Stellreaktionen erlaubt, subtile Bewegungsstörungen besser zu erfassen, hilft das Niveau einer Leitungsunterbrechung abzugrenzen und Seitenunterschiede festzustellen. Alle folgenden gezeigten Manipulationen mit Ausnahme der Korrekturreaktion setzen ein mittleres Körpermaß der Hunde und eine gewisse Kooperationsbereitschaft voraus.

### 7.6.1 Tischkantenprobe

Es folgt die Tischkantenprobe im Untersuchungsraum oder es wird im Freien eine ähnlich hohe Mauer gesucht. Bei der optischen Probe wird das Tier vom Boden hochgehoben und in Richtung der Aufstützfläche bewegt. Die normale Reaktion beim Annähern an das Hindernis besteht in einem Aufsetzen der Vorder- und Hintergliedmaße. Bei der taktilen Probe werden dem Tier die Augen geschlossen oder verbunden, bevor es in Richtung der Auftrittsfläche getragen wird. Bei leichtem Berühren mit den Pfoten werden die Vorder- respektive die Hintergliedmaßen aufgesetzt (▶ **Abb. 7.3**).

**Hinweise aus der Tischkantenprobe**

- fehlende oder stark verzögerte Reaktion der Pfoten bei der Tischkantenprobe
  - Läsion der sensorischen Bahnen
  - Mittelhirnläsion
  - Blindheit

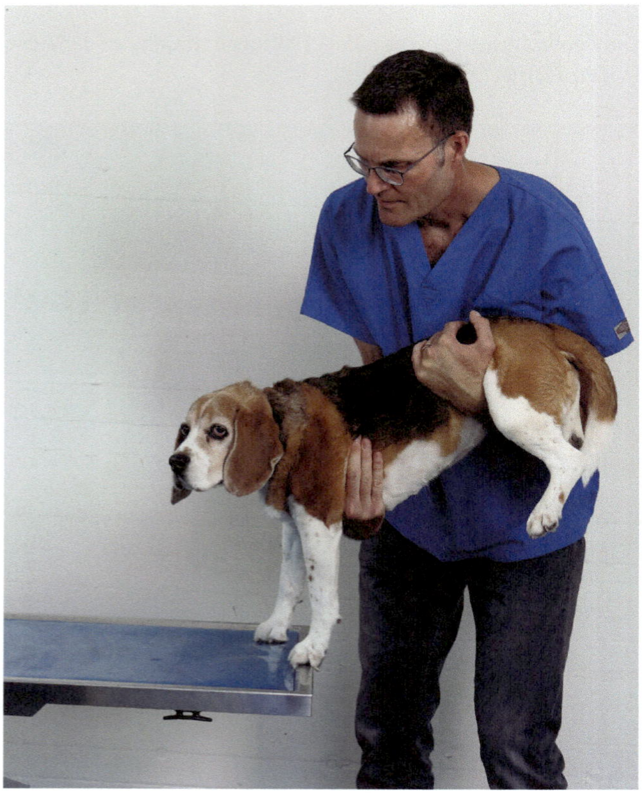

▶ **Abb. 7.3** Zur Tischkantenprobe wird der Hund vorsichtig einer flachen Ebene angenähert und die Reaktion der Vordergliedmaße beim Auffußen beobachtet. (Quelle: Nicole Hollenstein, Tierfotografie)

### 7.6.2 Unterstützungsreaktion

Bei der Unterstützungsreaktion wird der Hund mit frei hängenden Vorder- und Hintergliedmaßen dem Boden genähert, bis die Füße diesen leicht berühren. Die normale Reaktion besteht in Streckung, Steifhaltung und Auffußbewegungen der Gliedmaßen (▶ **Abb. 7.4**).

**Hinweise aus der Unterstützungsreaktion**

- fehlende oder verzögerte Bewegung beim Unterstützungstest, wenn der Boden berührt wird:
  - Rückenmarksläsion
  - fokale zerebrale Läsion (kontralateraler Ausfall)
  - vestibuläre Läsion (ipsilateraler Ausfall)

▶ **Abb. 7.4** Bei der Unterstützungsreaktion soll der Hund mit steifen Gliedmaßen den Boden berühren. (Quelle: Nicole Hollenstein, Tierfotografie)

### 7.6.3 Korrekturreaktion

Die Korrekturreaktion kann auf dem Boden oder auf dem Untersuchungstisch durchgeführt werden. Zur Korrekturreaktion wird beim stehenden Tier eine Gliedmaße in unphysiologische Stellung gebracht, am einfachsten durch passives Überköten. Die Gliedmaße wird also auf die dorsale Fläche des Fußes aufgesetzt. Die normale Reaktion besteht in schnellem Korrigieren und Einnehmen der normalen Stellung der Gliedmaße (▶ **Abb. 7.5**). Auch bei diesem Test ist es wichtig, die linke mit der rechten und die Vorderbeine mit den hinteren Gliedmaßen zu vergleichen.

**Hinweise aus der Korrekturreaktion**

- verzögerte Korrekturreaktion
  - Läsion in Kortex, Kleinhirn, Hirnstamm, Pons, Medulla oblongata, Rückenmark, peripheren Nerven oder Muskeln

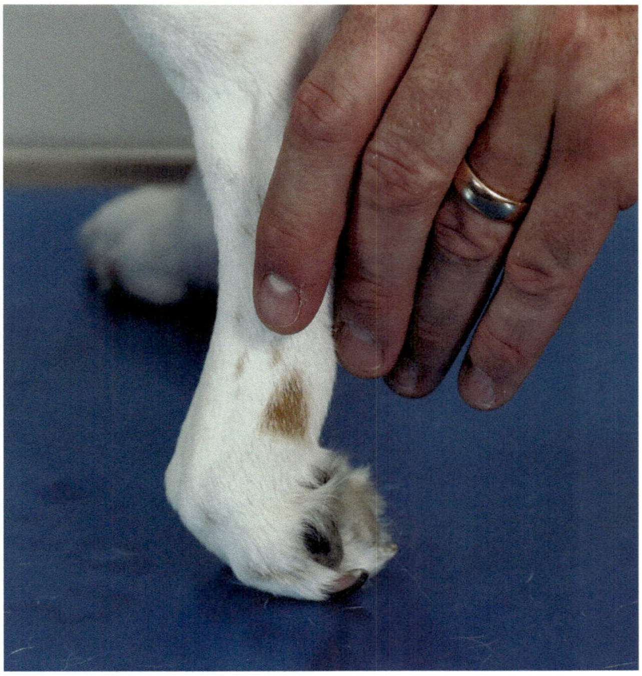

▶ **Abb. 7.5** Ein gesunder Hund korrigiert die unphysiologische Stellung sofort. (Quelle: Nicole Hollenstein, Tierfotografie)

### 7.6.4 Aufrichtreaktion

Die Aufrichtreaktion wird auf dem Boden durchgeführt. Kleinere Hunde werden vom Untersucher an den Oberschenkeln, größere Runde am Brustkorb gefasst und mit dem Kopf nach unten hochgehoben. Beim vorsichtigen Hinunterlassen des Tieres wird normalerweise zuerst der Kopf aufgerichtet (▶ **Abb. 7.6**), der Hals nach dorsal flektiert und dann schlussendlich die vorderen Gliedmaßen ausgestreckt.

**Hinweise aus der Aufrichtreaktion**

- Flexion des Kopfes nach ventral bei Aufrichtreaktion
  - vestibuläre Störung

▶ **Abb. 7.6** Beim Hinunterlassen auf den Boden soll der gesunde Hund den Kopf aufrichten. (Quelle: Nicole Hollenstein, Tierfotografie)

### 7.6.5 Hemiwalking

Beim „Hemiwalking" oder Stehen und Gehen auf einem ipsilateralen Beinpaar werden die Beine einer Körperhälfte angehoben (▸ **Abb. 7.7**). Am besten werden sie proximal und ohne Abduktion angefasst, um Schmerzen zu vermeiden. Auch dieser Test wird auf dem Boden durchgeführt. Beobachtet wird zuerst, wie die beiden fußenden Gliedmaßen den Körper unterstützen. Anschließend wird der Körper passiv seitwärts verschoben und die Koordination der stützenden Gliedmaßen registriert. Es wird jeweils die rechte mit der linken Seite verglichen.

**Hinweise aus dem Hemiwalking**

- Koordinationsproblem beim Hemiwalking
  - Kortexläsion

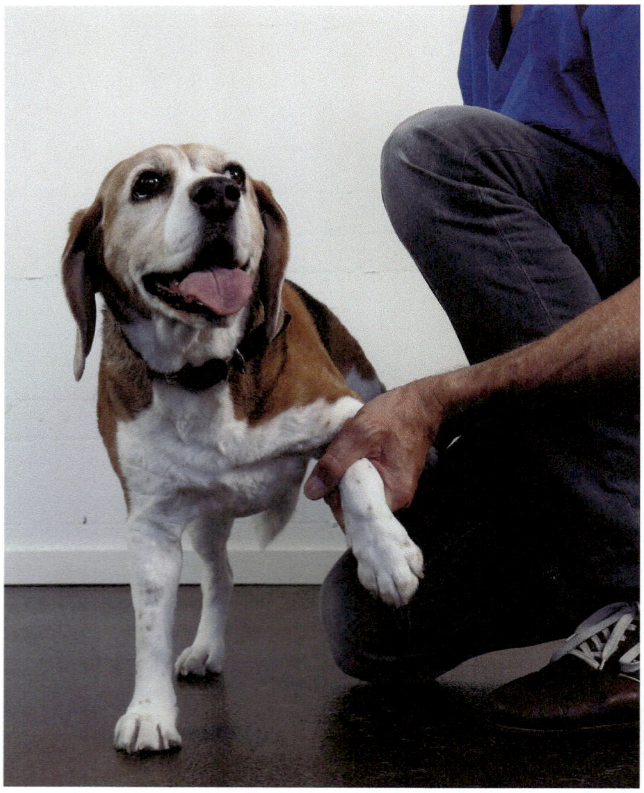

▸ **Abb. 7.7** Das Hemiwalking testet die Koordination auf ipsilateralen Beinpaaren. (Quelle: Nicole Hollenstein, Tierfotografie)

### 7.6.6 Hüpfreaktion

Bei der Hüpfreaktion werden drei Gliedmaßen angehoben und das Tier wird passiv in verschiedene Richtungen verschoben. Die normale Reaktion ist eine hüpfende Bewegung und koordiniertes Auffangen des Körpergewichts auf der ipsilateralen Gliedmaßenseite (▸ **Abb. 7.8**). Auch hier wird die rechte mit der linken Gliedmaße verglichen.

**Hinweise aus der Hüpfreaktion**

- Stolpern, Schwäche oder Kollabieren bei Hüpftest, zu kleine oder zu große Schritte
  - Läsion oder Schwäche in Großhirn, Hirnstamm, Kleinhirn oder Rückenmark

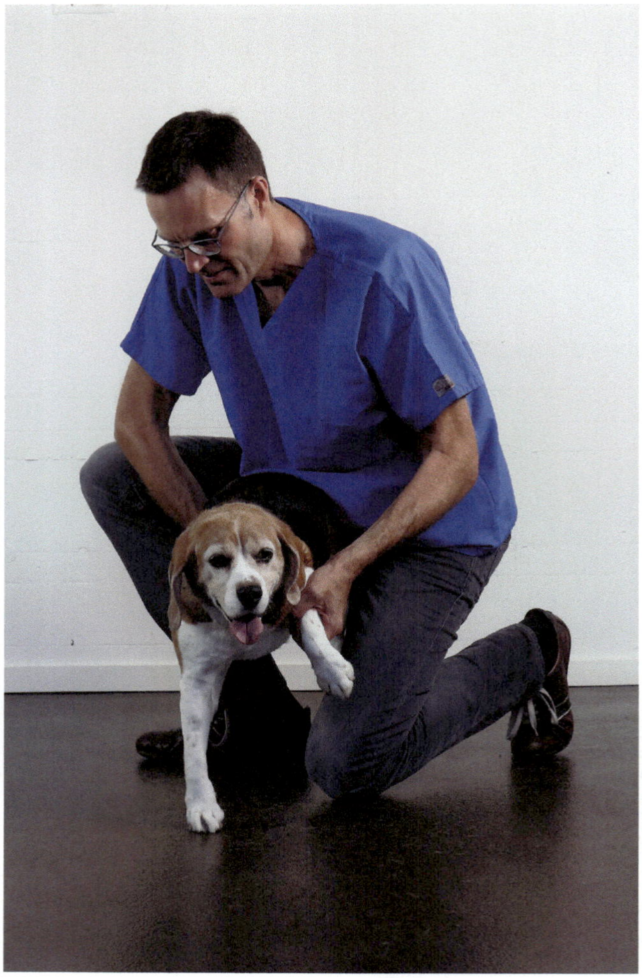

▸ **Abb. 7.8** Hüpfen bedeutet, dass der Hund das Körpergewicht auf einem Bein auffangen soll. (Quelle: Nicole Hollenstein, Tierfotografie)

### 7.6.7 Schubkarrentest

Beim Schubkarrentest oder Stehen und Gehen auf den Vordergliedmaßen werden die Hinterbeine sanft angehoben und das Tier wird leicht nach vorwärts gestoßen. Der Hund sollte koordiniert auf seinen Vorderbeinen gehen und laufen können (▶ **Abb. 7.9**).

Um subtilere Ausfälle zu provozieren, kann mit dem Anheben der Hintergliedmaße auch der Hals des Hundes in leichte Flexion gebracht werden. Dadurch fällt die visuelle Information weg.

**Hinweise aus dem Schubkarrentest**

- Kopf ist tief bei Schubkarrentest
  - zervikales Problem
- Hypermetrie bei Schubkarrentest
  - Läsion kaudaler Hirnstamm oder Kleinhirn
- unsicheres Gehen bei Schubkarrentest, Umfallen, Einsinken, Ataxie
  - zervikales Problem
  - Läsion Plexus brachialis

▶ **Abb. 7.9** Der Schubkarrentest prüft die Koordinationsfähigkeit der Vordergliedmaßen. (Quelle: Nicole Hollenstein, Tierfotografie)

### 7.6.8 Video der Untersuchung

Die Prüfung der Haltungs- und Stellreaktionen ist als Video (Video 7.3) verfügbar.

▶ **Video 7.3** Haltungs- und Stellreaktionen im Rahmen der neurologischen Untersuchung des Hundes.

7.7
# Spinale Reflexe

Die Funktion der spinalen Reflexe hängt in erster Linie von der Intaktheit der motorischen und sensiblen Nerven, Muskeln und der grauen Substanz der entsprechenden Rückenmarksegmente ab. Durch Testen der Reflexe ist es möglich, gewisse Segmente der grauen Substanz des Rückenmarks sowie der zugehörigen Wurzeln und Nerven zu prüfen. Bei den Muskelstreckreflexen werden Muskeln und damit ihre neuromuskulären Spindeln passiv gedehnt, was dann aufgrund des Signals via sensorischen Nerv, graue Substanz und motorischen Nerv zu einer Kontraktion des entsprechenden Muskels führt. Beim Oberflächenreflex werden durch Stimulation der Haut Muskelkontraktionen hervorgerufen. Durch Druck auf Fußballen oder Zwischenzehen gibt dies eine reflektorische Beugung der Gliedmaße, den sogenannten Flexorreflex.

## 7.7.1 Patellareflex

Das Reflexzentrum für den Patellareflex befindet sich zwischen L2 und L6. Der Hund liegt in Seitenlage auf dem Untersuchungstisch, die Hintergliedmaße wird locker gestützt, sodass das distale Ende den Tisch nicht berühren kann. Mit dem Reflexhammer wird das Patellarligament in der Mitte zwischen Tuberositas tibiae und Patella sanft beklopft, was eine Kontraktion des Quadrizepsmuskels und damit eine Streckung von Knie- und Tarsalgelenk bewirkt (► **Abb. 7.10**).

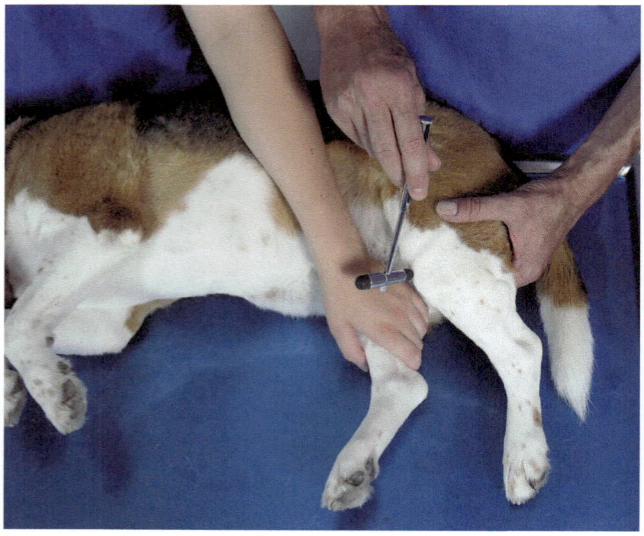

► **Abb. 7.10** Beim Patellareflex wird das Patellarligament beklopft und eine Streckung der Gliedmaße erwartet. (Quelle: Nicole Hollenstein, Tierfotografie)

## 7.7.2 M.-tibialis-cranialis-Reflex

Das Reflexzentrum für den M.-tibialis-cranialis-Reflex befindet sich zwischen L6 und S2. In der gleichen Ausgangslage wie beim Patellareflex wird der M. tibialis cranialis gerade distal des Fibulakopfes mit dem Reflexhammer beklopft (► **Abb. 7.11**). Die normale Reaktion ist eine Beugung des Sprunggelenks.

**Hinweise aus der Prüfung der spinalen Reflexe der Hintergliedmaße**

- gesteigerte Antwort bei der Prüfung der spinalen Reflexe der Hintergliedmaße
  - Läsion des oberen Motoneurons kranial von L4–L6
- reduzierte Antwort bei der Prüfung der spinalen Reflexe der Hintergliedmaße
  - Läsion des unteren Motoneurons (Nervenwurzel, Plexus, peripherer Nerv)
  - Muskelverletzung

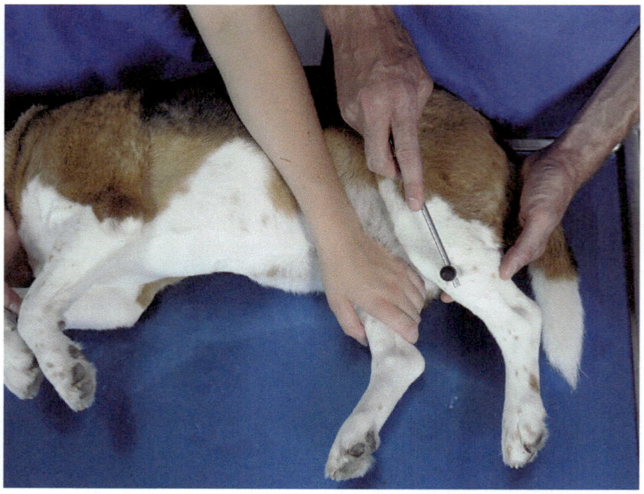

► **Abb. 7.11** Der M. tibialis cranialis wird mit dem Reflexhammer beklopft, wonach das Tarsalgelenk beugen sollte. (Quelle: Nicole Hollenstein, Tierfotografie)

### 7.7.3 Flexorreflex der Hintergliedmaße

Das Reflexzentrum für den Flexorreflex der Hintergliedmaße befindet sich zwischen L 4 und S 3. Der Hund liegt in Seitenlage. Ein Kneifen von Zehen, Fußballen oder Zwischenzehenhaut bewirkt ein ruckartiges Anziehen der ganzen Gliedmaße (► **Abb. 7.12**).

**Hinweise aus der Prüfung des Flexorreflexes**

- ausbleibende oder abwesende Flexion
  - Läsion peripherer Nerv
- Streckung der kontralateralen Gliedmaße beim Flexorreflex
  - Läsion des oberen Motoneurons

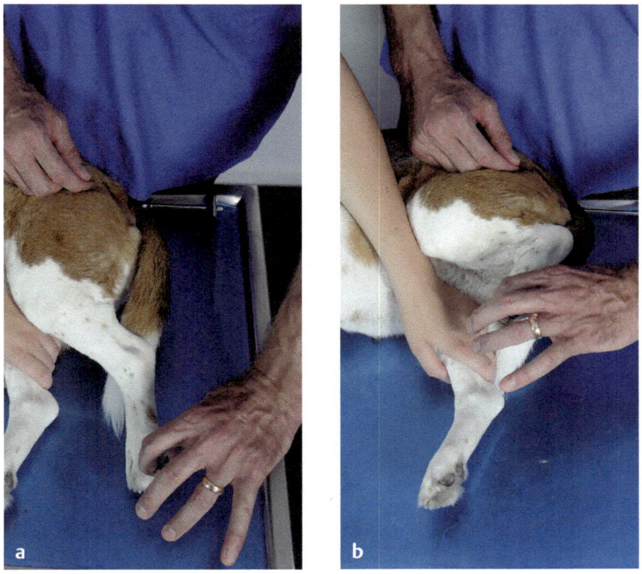

► **Abb. 7.12** Flexorreflex der Hintergliedmaße.

**a** Der Flexorreflex an der Hintergliedmaße wird durch Kneifen in den Ballen ausgelöst. (Quelle: Nicole Hollenstein, Tierfotografie)

**b** Eine Flexion der Hintergliedmaße ist die physiologische Antwort. (Quelle: Nicole Hollenstein, Tierfotografie)

### 7.7.4 M.-extensor-carpi-radialis-Reflex

Das Reflexzentrum für den M.-extensor-carpi-radialis-Reflex befindet sich zwischen C 7 und Th 1. Die Gliedmaße wird unter dem Ellenbogen unterstützt. Leichtes Beklopfen des M. extensor carpi radialis unterhalb des Ellenbogens mit dem Reflexhammer bewirkt eine leichte Streckung des Carpus (► **Abb. 7.13**).

**Hinweise aus der Prüfung der spinalen Reflexe der Vordergliedmaße**

- gesteigerte Antwort bei der Prüfung der spinalen Reflexe der Vordergliedmaße
  - Läsion des oberen Motoneurons kranial von C 5
- reduzierte Antwort bei der Prüfung der spinalen Reflexe der Vordergliedmaße
  - Läsion des unteren Motoneurons (C 5–T 2 inkl. Nervenwurzel, Plexus, peripherer Nerv)
  - Muskelverletzung

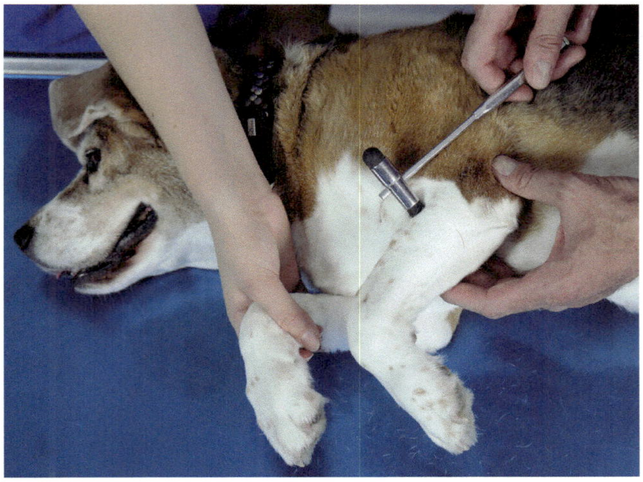

► **Abb. 7.13** Der M. extensor carpi radialis wird unterhalb des Radiuskopfes beklopft, was eine Streckung der Gliedmaße auslösen soll. (Quelle: Nicole Hollenstein, Tierfotografie)

### 7.7.5 Flexorreflex der Vordergliedmaße

Das Reflexzentrum für den Flexorreflex an der Vordergliedmaße befindet sich zwischen C 6 und Th 2. Das Kneifen von Zehen, Fußballen oder Zwischenzehenhaut bewirkt ein ruckartiges Anziehen der Gliedmaße des in Seitenlage befindlichen Hundes (► **Abb. 7.14**). Um Seitenunterschiede festzustellen, sollten die Prüfungen der spinalen Reflexe an allen 4 Gliedmaßen durchgeführt werden.

**Hinweise aus Prüfung des Flexorreflexes**

- ausbleibende oder abwesende Flexion
  - Läsion peripherer Nerv
- Streckung der kontralateralen Gliedmaße beim Flexorreflex
  - Läsion des oberen Motoneurons

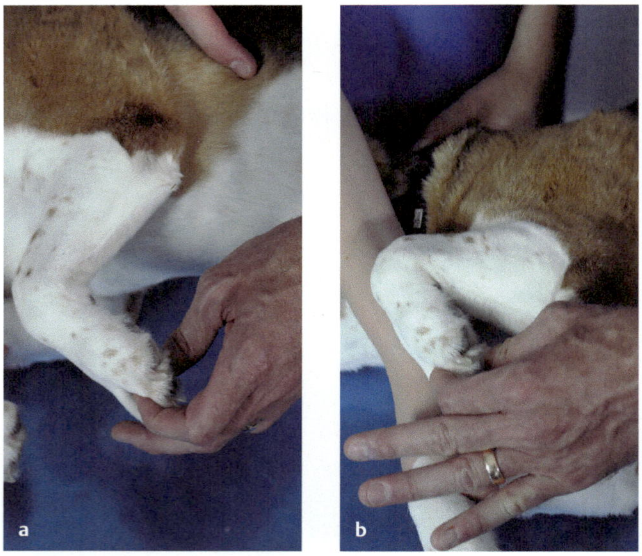

► **Abb. 7.14** Flexorreflex der Vordergliedmaße.
a Der Flexorreflex an der Vordergliedmaße wird durch Kneifen in den Ballen ausgelöst. (Quelle: Nicole Hollenstein, Tierfotografie)
b Eine Flexion der Vordergliedmaße ist die physiologische Antwort. (Quelle: Nicole Hollenstein, Tierfotografie)

### 7.7.6 Perinealreflex

Das Zentrum des Perinealreflexes befindet sich zwischen S 1 und S 3. Der Hund wird stehend untersucht und der Schwanz leicht angehoben. Bei Berühren oder sanftem Kneifen der perinealen Gegend mit einer Klemme kommt es zu einer Kontraktion des Analsphincters (► **Abb. 7.15**) und Niederdrücken des Schwanzes.

**Hinweise aus der Prüfung des Perinealreflexes**

- reduzierter Analreflex, offener Anus, Inkontinenz
  - Läsion S 1–S 3, N. pudendus oder Nn. pelvini

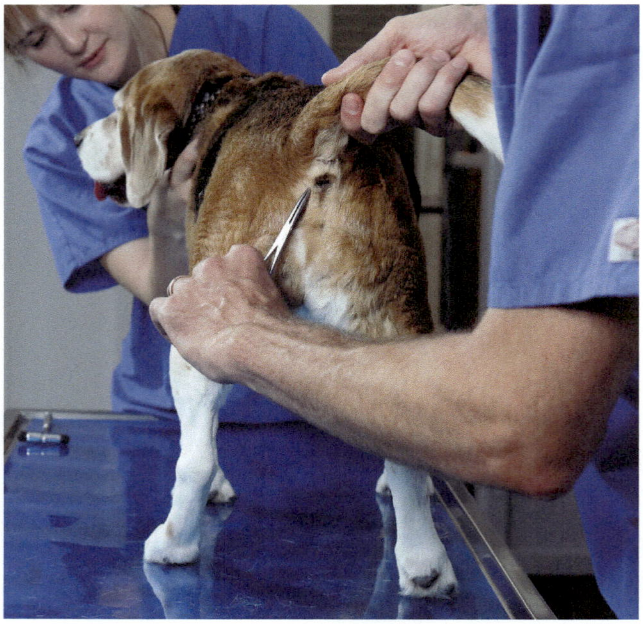

► **Abb. 7.15** Der Perinealreflex testet die Zentren im Sakralmark zwischen S 1 und S 3. Der Analsphincter soll kontrahieren. (Quelle: Nicole Hollenstein, Tierfotografie)

### 7.7.7 Panniculusreflex

Die Stimulation der Nozirezeptoren der Haut erreicht das Rückenmark über die sensiblen Fasern. Durch aufsteigende Bahnen wird der Stimulus in der weißen Substanz bis auf die Höhe C 8/Th 2 weitergeleitet. Auf diesem Niveau erreicht der Stimulus das motorische Reflexzentrum. Die motorischen Neuronen geben den Impuls zur Kontraktion via Nn. thoracici an die Rumpfmuskulatur weiter.

Der Hund wird stehend oder sitzend untersucht. Das Stimulieren oder Klemmen der Haut über dem Rücken mit einer Klemme oder einer Nadel bewirkt eine Kontraktion der Hautmuskulatur (▸ **Abb. 7.16**). Es wird kaudal auf der Höhe von L 6 begonnen. Wie bei den anderen Untersuchungen der spinalen Reflexe wird auch hier die linke mit der rechten Seite verglichen. Bei Rückenmarksläsionen kann der Reflexbogen kaudal der Läsion unterbrochen sein.

**Hinweise aus der Prüfung des Panniculusreflexes**

- reduzierter Panniculusreflex
  - Rückenmarksläsion kranial der getesteten Region

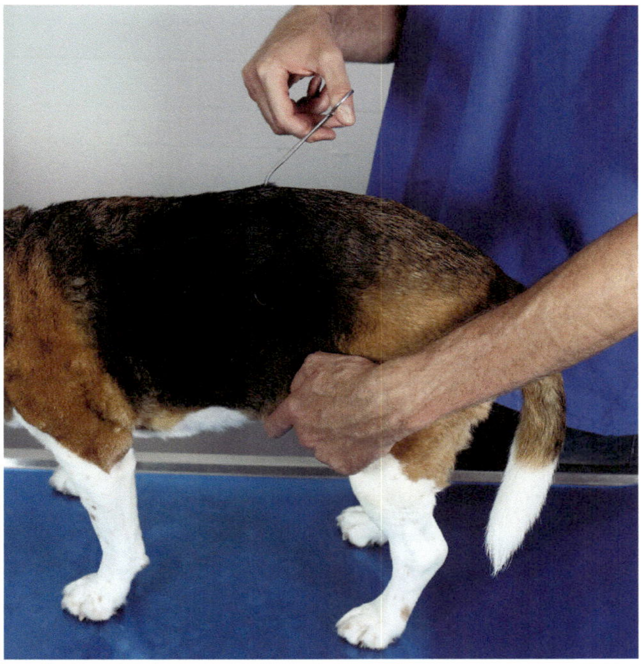

▸ **Abb. 7.16** Durchführung des Panniculusreflexes mithilfe einer Klemme. (Quelle: Nicole Hollenstein, Tierfotografie)

### 7.7.8 Video der Untersuchung

Das Testen der spinalen Reflexe ist als Video (Video 7.4) verfügbar.

▸ **Video 7.4** Durchführung der spinalen Reflexe im Rahmen der neurologischen Untersuchung des Hundes.

## 7.8 Kopfnerven

Besonders für die Prüfung der Kopfnervenfunktionen ist es wichtig, dass die Hunde ruhig sind. Bei verängstigten Patienten sollte die Untersuchung zu einem späteren Zeitpunkt wiederholt werden. Dies ist vor allem wichtig bei der Untersuchung des Drohreflexes.

Anhand von einfachen Untersuchungsmethoden lassen sich die Funktionen sämtlicher Kopfnerven überprüfen. Mit Ausnahme der beiden ersten Kopfnerven sind die Zentren in Mittelhirn, Pons und Medulla oblongata lokalisiert. Demzufolge kann es bei Hirnstammläsionen zu einem oder aber mehreren Kopfnervenausfällen kommen.

Die Prüfung der Kopfnerven findet am besten auf dem Untersuchungstisch statt.

### 7.8.1 Palpebralreflex (V, VII)

Der Palpebralreflex wird durch die Berührung der Kopfhaut um die Augen mit dem Finger des Untersuchers ausgelöst (▶ **Abb. 7.17**), was ein Schließen der Augenlider bewirkt. Der Reflexbogen besteht aus N. trigeminus, Hirnstamm und N. facialis.

**Hinweise aus der Prüfung des Palpebralreflexes**

- abwesender oder reduzierter Palpebralreflex
  - Läsion N. trigeminus oder N. facialis
  - Hirnstamm- oder Kortexläsion

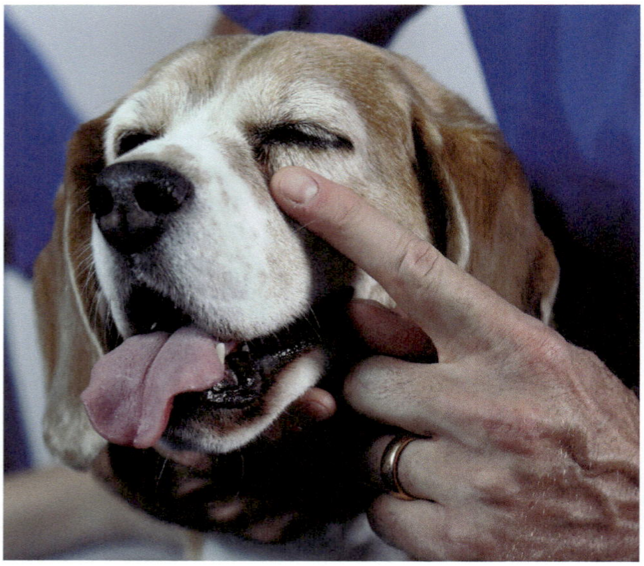

▶ **Abb. 7.17** Der Palpebralreflex wird durch Berühren der augennahen Haut ausgelöst. (Quelle: Nicole Hollenstein, Tierfotografie)

### 7.8.2 Drohreflex (II, VIII)

Für die Auslösung des Drohreflexes werden plötzliche Bewegungen mit der Hand in Richtung des Auges gemacht (▶ **Abb. 7.18**). Die normale Antwort ist das Schließen der Augenlider. Der Reflexbogen besteht aus N. opticus, Kortex, Kleinhirn, Hirnstamm und Fazialisnerv.

**Hinweise aus der Prüfung des Drohreflexes**

- kein Lidschluss bei Drohreflex
  - Blindheit

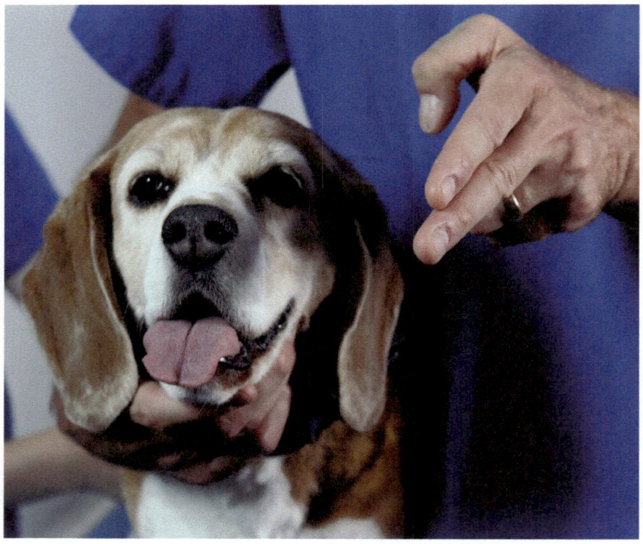

▶ **Abb. 7.18** Zum Drohreflex werden die Finger des Untersuchers rasch dem Auge genähert. (Quelle: Nicole Hollenstein, Tierfotografie)

### 7.8.3 Wattebauschtest

Ein weiteres Hilfsmittel, um das Sehvermögen abzuschätzen, ist der Wattebauschtest. Ein Wattebäuschchen wird im Bereich des Gesichtsfeldes fallen gelassen. Die normale Antwort ist eine Kopf- oder Augenbewegung in Richtung des Wattebäuschchens. Diese Reaktion setzt einen intakten Sehnerv sowie eine intakte Hirnrinde voraus.

**Hinweise aus dem Wattebauschtest**

- kein Lidschluss bei Drohreflex oder Wattebauschtest
  - Blindheit

### 7.8.4 Sensibilität im Kopfbereich (V, X)

Die Sensibilität im Kopfbereich kann durch leichtes Berühren oder Beklopfen mit der Hand geprüft werden (▶ **Abb. 7.19**). Die Stimulation erfolgt über den N. trigeminus und wird schlussendlich via sensible Großhirnrinde zum Hirnstamm weitergeleitet. Es kommt zu einer Abwehrbewegung. Im Bereich der Ohrmuschel wird die Sensibilität durch den N. vagus gesteuert (▶ **Abb. 7.19b**).

**Hinweise aus der Prüfung der Sensibilität im Kopfbereich**

- fehlende Abwehrbewegungen
  - Nervläsion N. trigeminus oder N. vagus

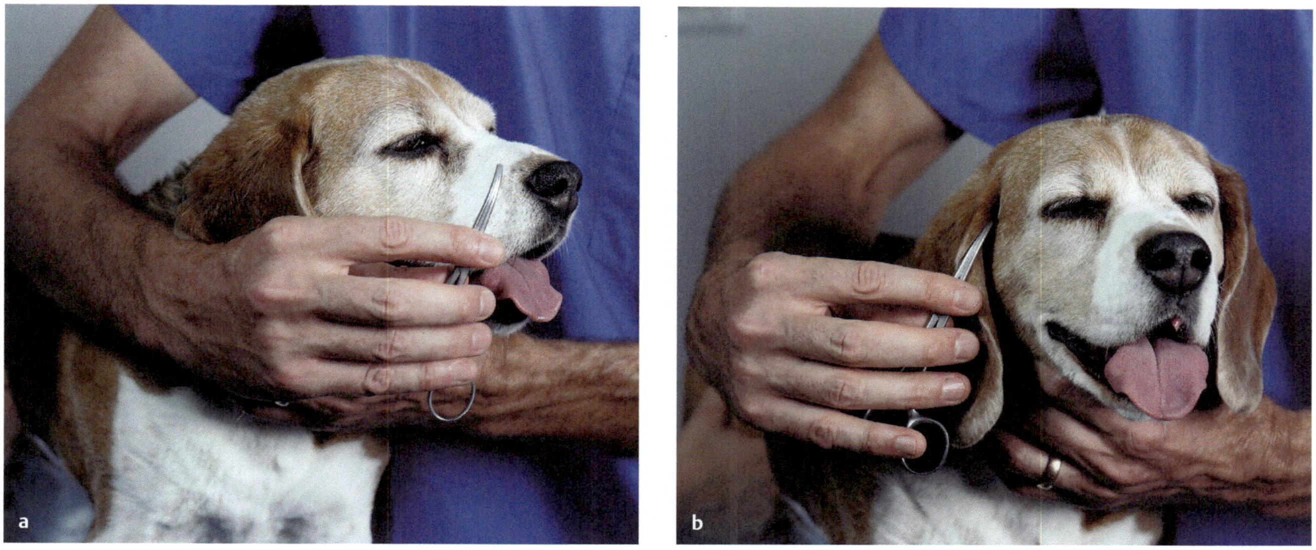

▶ **Abb. 7.19** Die Sensibilitätsprüfung im Kopfbereich dient der Prüfung der sensiblen Anteile von N. trigeminus und N. vagus.
**a** Prüfung des N. trigeminus. (Quelle: Nicole Hollenstein, Tierfotografie)
**b** Prüfung des N. vagus. (Quelle: Nicole Hollenstein, Tierfotografie)

### 7.8.5 Kiefertonus (V), Zungenmotorik (XII)

Durch leichtes forciertes Öffnen des Kiefers wird der Kiefertonus beurteilt (► Abb. 7.20). Es sollte ein Widerstand gespürt werden. Das Zungenspiel sollte beobachtet werden. Verantwortlich hierfür ist der N. hypoglossus.

**Hinweise aus der Prüfung von Kiefertonus und Zungenmotorik**

- asymmetrische Zunge, unkoordiniertes Lecken bei Wasseraufnahme
  - Nerventrauma Zungennähe (Zunge zeigt Richtung gelähmte Seite)
  - Hirnstammläsion
- Unterkieferlähmung, Hypotrophie M. temporalis
  - Ausfall motorischer Anteil N. trigeminus

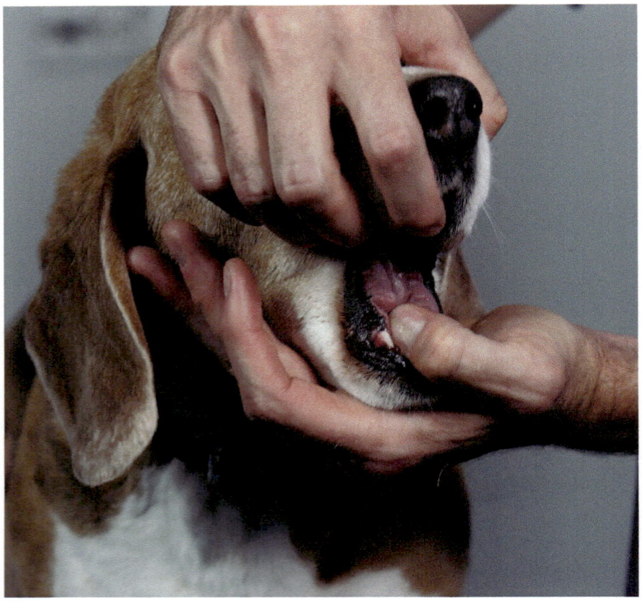

► **Abb. 7.20** Durch Öffnen des Fanges wird der Kiefertonus geprüft und die Zungenbewegung beurteilt. (Quelle: Nicole Hollenstein, Tierfotografie)

### 7.8.6 Schluckreflex (IX/X)

Palpieren und leichter Druck auf das Pharynxgebiet lösen den Schluckreflex aus (► Abb. 7.21), der über den N. glossopharyngeus und N. vagus gesteuert wird.

**Hinweise aus der Prüfung des Schluckreflexes**

- reduzierter oder abwesender Schluckreflex
  - Myasthenie
  - Tollwut
  - Tumoren
  - periphere Nerventraumata durch Fremdkörper
  - Hirnstammläsion

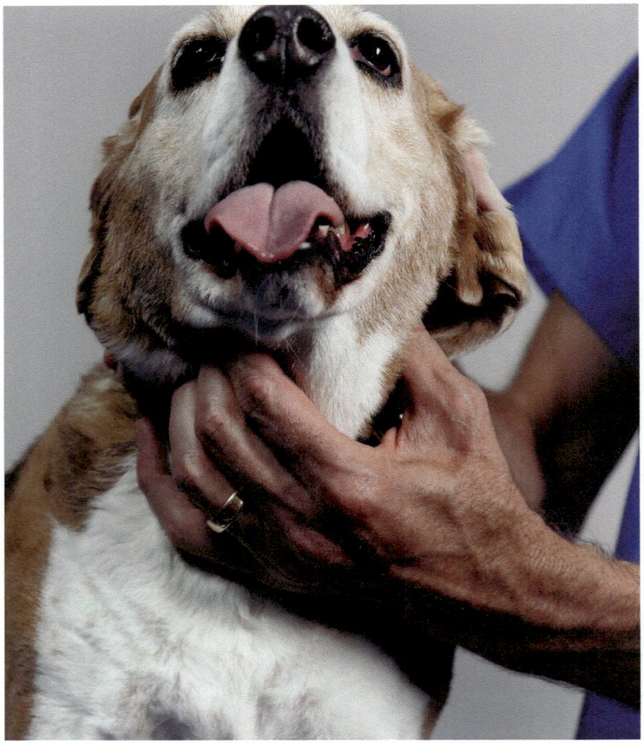

► **Abb. 7.21** Der Schluckreflex wird durch tiefes Kneifen in den Pharynx ausgelöst. (Quelle: Nicole Hollenstein, Tierfotografie)

### 7.8.7 Gesichtsmimik (VII)

Der N. facialis ist unter anderem für die mimischen oder Gesichtsmuskeln verantwortlich. Es werden also die allgemeine Kopfform beobachtet (► **Abb. 7.22**) und die Muskeln am Kopf palpiert.

**Hinweise aus der Prüfung der Gesichtsmimik**

- Ptosis, Miosis, Enophthalmus, Vorfall 3. Augenlid (Horner-Syndrom)
  - Schädigung der sympathischen Versorgung
  - Hypothalamusläsion
  - Trauma an Nervenwurzeln T 1–T 3
  - Mittelohrläsion
- Asymmetrie der Stellung von Augenlidern, Nasenflügeln oder Ohren
  - Läsion N. facialis (v. a. im Bereich Ohrkanal)

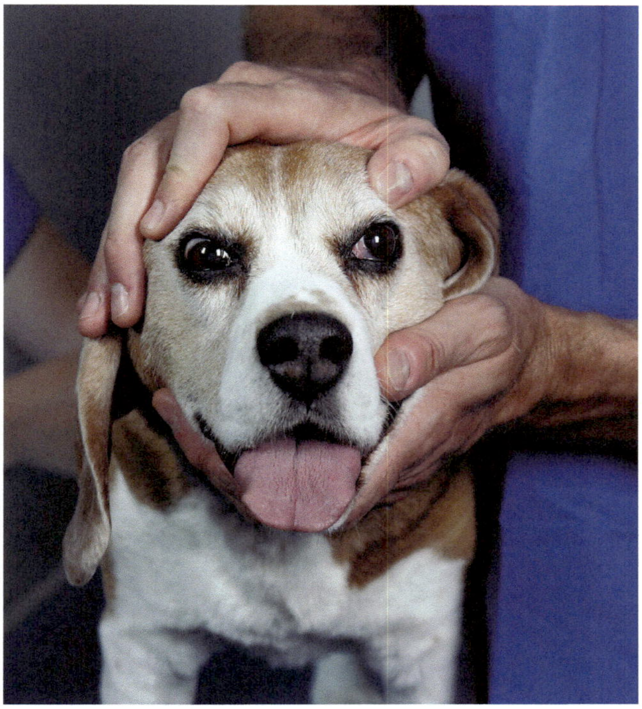

► **Abb. 7.22** Die allgemeine Mimik des Hundes wird beobachtet. (Quelle: Nicole Hollenstein, Tierfotografie)

### 7.8.8 Augenbewegung (III, IV, VI), Nystagmus (VIII)

Beim Hin- und Herbewegen des Kopfes kann ein physiologischer horizontaler Nystagmus ausgelöst werden (▸ **Abb. 7.23**). Beurteilt wird auch die Symmetrie der Augenstellung. Fehlstellungen des Augenbulbus werden als Strabismus bezeichnet.

**Hinweise aus der Prüfung von Augenbewegungen und Nystagmus**

- ventrolateraler Strabismus
  - Lähmung 3. Kopfnerv
- medialer Strabismus
  - Lähmung 6. Kopfnerv
- Rotation Bulbus
  - Lähmung 4. Kopfnerv

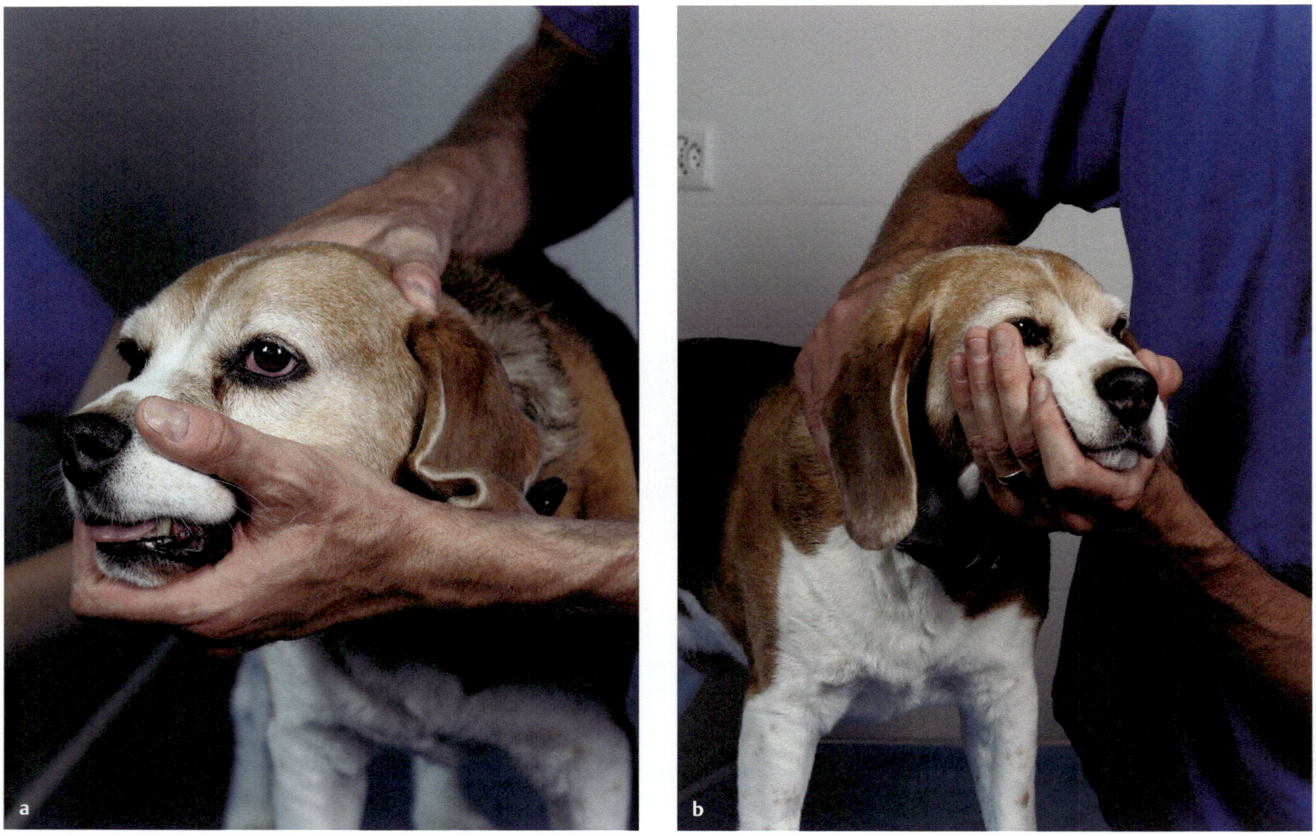

▸ **Abb. 7.23** Die Augenbewegungen werden bei seitlicher Bewegung des Kopfes beobachtet. Ein horizontaler Nystagmus ist als normal zu betrachten.
a Bewegung des Kopfes nach rechts. (Quelle: Nicole Hollenstein, Tierfotografie)
b Bewegung des Kopfes nach links. (Quelle: Nicole Hollenstein, Tierfotografie)

### 7.8.9 Pupillarreflex (II/III)

Fasern des M. oculomotorius sind verantwortlich für die parasympathische Innervation der Iris. Der Nucleus wird über die Sehbahnen von beiden Seiten aktiviert und lässt den Sphincter iridis kontrahieren. Auf der belichteten Seite (direkter Pupillarreflex) und auf der kontralateralen Seite (indirekter Pupillarreflex) werden die Pupillen verengt. Zur Untersuchung lässt man Licht ins Auge fallen (► **Abb. 7.24**). Die normale Antwort ist eine Verengung der Pupille im belichteten und gegenseitigen Auge. Je stärker die Lichtquelle, desto stärker die Kontraktion.

**Hinweise aus der Prüfung des Pupillarreflexes**

- Ptosis, Miosis, Enophthalmus
  - Horner-Syndrom (siehe oben)
  - Schädigung der sympathischen Versorgung
  - Hypothalamusläsion
  - Trauma an Nervenwurzeln T 1–T 3
  - Mittelohrläsion
- Mydriase, ventrolateraler Strabismus, Ptosis
  - Lähmung 3. Kopfnerv
  - Verletzung im Auge, Orbita, Mittelhirn

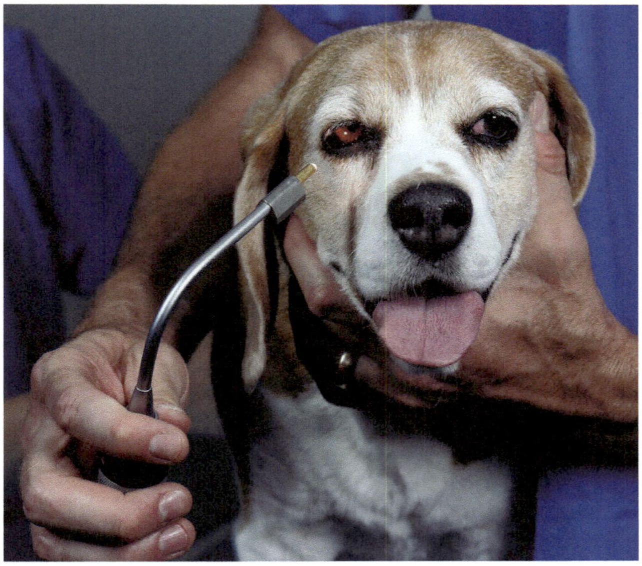

► **Abb. 7.24** Fokussierter Lichteinfall testet die Reaktion der belichteten und kontralateralen Pupille, welche sich verengen sollte. (Quelle: Nicole Hollenstein, Tierfotografie)

### 7.8.10 Video der Untersuchung

Die Untersuchung der Kopfnerven ist als Video (Video 7.5) verfügbar.

► **Video 7.5** Untersuchung der Kopfnerven im Rahmen der neurologischen Untersuchung des Hundes.

## 7.9 Schmerzauslösung

Der schmerzhafte Stimulus (▸ Abb. 7.25) wird entlang der aufsteigenden Bahnen im Rückenmark auch den höher liegenden Zentren im Thalamus zugeführt. Kurze Zeit später wird der Reiz im Großhirn bewusst als Schmerz wahrgenommen, was zu einer Abwehrreaktion und zu einem Zucken im entsprechenden Dermatom führt. In den meisten Fällen dreht das Tier den Kopf bewusst zur Seite und versucht zu beißen.

**Hinweise aus der Prüfung der Schmerzreaktion**

- abwesende Reaktion (Analgesie, Anästhesie)
  - schwere Läsion peripherer Nerven oder des Rückenmarkes
- Steigerung oder Überempfindlichkeit (Hyperalgesie, Hyperästhesie)
  - Nervirritation (entzündlicher oder neuropathischer Schmerz)
  - Meningenreizung (z. B. bei Bandscheibenvorfall)
- Automutulation, Kratzen, Schlecken einer Stelle (Parästhesie)
  - Nervenverletzungen (kompressiv, entzündlich, neoplastisch)
  - ZNS-Läsionen mit Wahrnehmungsstörungen (Syringomyelie)

Die Durchführung der Schmerzauslösung ist als Video (Video 7.6) verfügbar.

▸ **Video 7.6** Schmerzauslösung im Rahmen der neurologischen Untersuchung des Hundes.

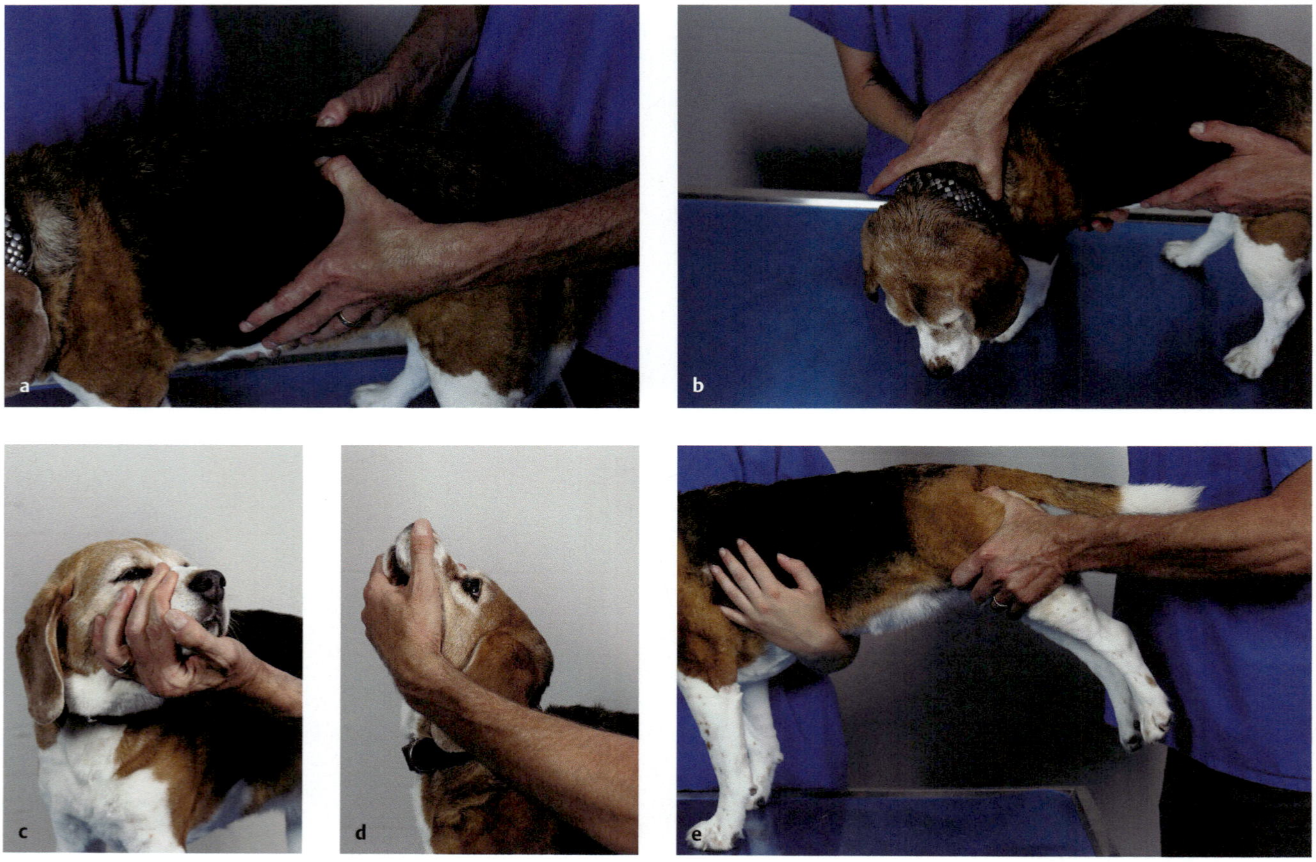

▸ **Abb. 7.25** Rücken und Hals werden palpiert, Schmerzreaktionen sind bewusste Reaktionen mit dem Kopf des Patienten.
a Schmerzprüfung an der Thorakal- und Lendenwirbelsäule. (Quelle: Nicole Hollenstein, Tierfotografie)
b Schmerzprüfung an den Nervenwurzeln der Halswirbelsäule. (Quelle: Nicole Hollenstein, Tierfotografie)
c Prüfen der Schmerzauslösung bei Halsbiegebewegungen zur Seite. (Quelle: Nicole Hollenstein, Tierfotografie)
d Prüfen der Schmerzauslösung bei Halsbewegungen nach oben und nach unten. (Quelle: Nicole Hollenstein, Tierfotografie)
e Prüfen des Schmerzes im lumbosakralen Bereich durch Überstreckung. (Quelle: Nicole Hollenstein, Tierfotografie)

# 7.10 Zusammenfassung und Zuordnung

## 7.10.1 Lokalisation der Läsion

Bei der Lokalisation einer neurologischen Störung soll erst zwischen PNS und ZNS, dann innerhalb des ZNS Gehirn und Rückenmark und schließlich OMN und UMN unterschieden werden.

Die erste Frage betrifft die spinalen Reflexe (▶ **Abb. 7.26**). Sind sie generell reduziert, so handelt es sich um ein generelles Problem im PNS, ansonsten im ZNS.

Die zweite Frage betrifft die Kopfnerven und unterscheidet die ZNS-Lokalisationen Gehirn und Rückenmark. Ist schon nur eine Antwort als abnormal zu betrachten, ist die Läsion im Gehirn zu lokalisieren. Für die weitere Unterscheidung im Gehirn bedient man sich diverser Informationen aus dem neurologischen Untersuchungsgang. Bei Großhirnläsionen wird ein normales Gangbild mit Drangwandern, Verhaltensänderung oder Krämpfen beobachtet. Stammhirnläsionen zeigen meist Hypometrie, Apathie oder Koma oder multiple Kopfnervenausfälle. Bei Kleinhirnläsionen finden sich Hypermetrie, Tremor oder überschießende Reaktionen bei Haltungs- und Stelltests. Im Bereich des Vestibulärorgans verusachen die Läsionen Kopfschiefhaltung, vestibuläre Ataxie, Kopfnervenausfälle, Nystagmus oder Strabismus, gelegentlich ein Horner-Syndrom.

Sind die Kopfnerven hingegen in Ordnung, so liegt die Läsion im Rückenmark und wird eine segmentale Zuordnung vorgenommen. Bei Läsionen im Bereich C 1 bis C 5 sind OMN-Zeichen (gesteigerte Reflexe, Spastizität) an allen 4 Gliedmaßen zu erwarten; bei Läsionen im Bereich der Intumeszenz von C 6 bis T 1 erwartet man UMN-Zeichen (reduzierte bis abwesende Reflexe, Schlaffheit) an den Vordergliedmaßen und OMN-Zeichen an der Hintergliedmaße; bei Läsionen im Bereich T 2 bis L 3 kommt es zu OMN-Zeichen der Hintergliedmaßen, derweil die Vordergliedmaße normal ist (Ausnahme tiefe akute Läsion mit Auslösung des Shiff-Sherrington-Zeichens); bei Läsionen im Bereich der Intumeszenz von L 4 bis S 3 kommt es zu UMN-Zeichen der Hintergliedmaßen bei normal reagierenden Vordergliedmaßen.

Eine weitere und präzisere Lokalisation der Ursache von neurologischen Leiden bedingt die Zuhilfenahme von bildgebender Diagnostik wie CT oder MRT, Laboruntersuchungen oder Elektrodiagnostik.

Bei zervikalen, thorakalen und lumbalen Läsionen hat sich eine Gradierung der Dysfunktionen etabliert.

- Grad 1: nur Schmerz
- Grad 2: Tetra-/Paraparese, Ataxie, Hunde können laufen
- Grad 3: Tetra-/Paraparese, Verlust der Motorik
- Grad 4: Tetra-/Paraplegie, Verlust des Oberflächenschmerzempfindens an den Gliedmaßen
- Grad 5: Tetra-/Paraplegie, Verlust des Tiefenschmerzempfindens an den Gliedmaßen

Extradurale Kompressionen wie Bandscheibenvorfälle verlaufen zeitlich in der oben genannten Abfolge der Grade. Die Prognose wird mit zunehmendem Grad schlechter. Intradurale Läsionen wir Infarkte, Blutungen oder Neoplasien halten sich nicht immer an diese Ausfallskaskade.

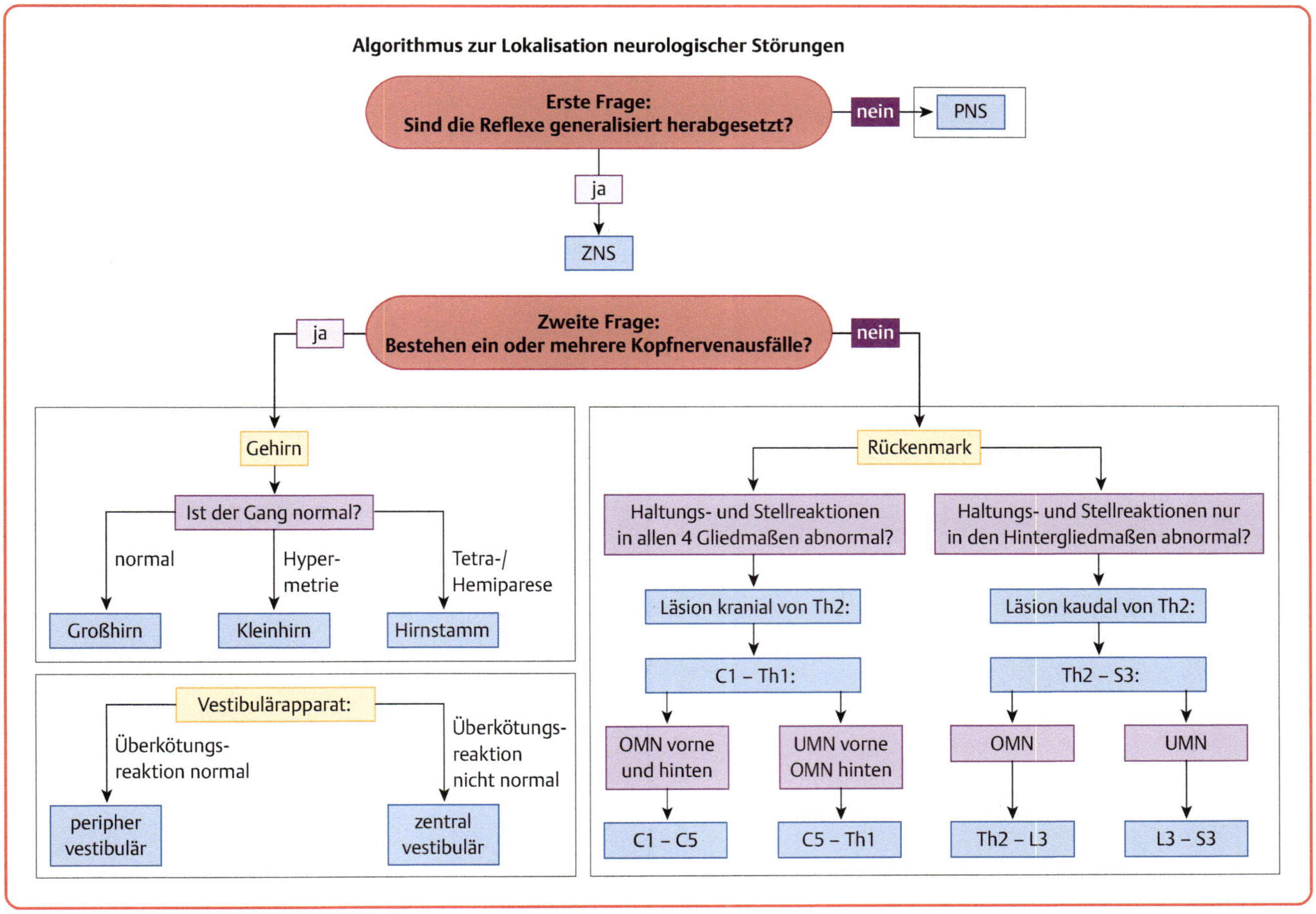


▶ **Abb. 7.26** Algorithmus zur Lokalisation neurologischer Störungen (nach [92]). (Quelle: Karin Baum)

### 7.10.2 Übersicht wichtiger Erkrankungen des Nervensystems mit Bezug auf den Bewegungsapparat

#### Lokalisation: Cerebrum

Folgende Befunde sind typisch für eine Lokalisation der Läsion im Cerebrum (► **Tab. 7.1**):

- Bewusstsein: normal bis komatös
- Verhalten: aggressiv, ängstlich, Verblödung
- Haltungs- und Stellreaktionen: generalisiert reduziert bei diffuser Läsion, bei fokalen Läsionen nur kontralaterale Defizite
- Kopfnerven: Blindheit bei normaler Pupillenreaktion
- PU/PD, gestörte Pupillenreaktion
- Schmerzen zervikal und Kopfbereich

#### Lokalisation: Kleinhirn

Folgende Befunde sind typisch für eine Lokalisation der Läsion im Kleinhirn (► **Tab. 7.2**):

- Haltung: breitbeinig
- Gang: Ataxie, Spastizität, Hypermetrie
- spinale Reflexe: normal
- Kopfnerven: reduzierter Drohreflex

► **Tab. 7.1** Lokalisation Cerebrum: Übersicht der Befunde.

| Diagnose | Hinweisende Untersuchung | Typischer Befund | Häufigkeit |
|---|---|---|---|
| Epilepsie | Bewusstsein | Anfälle (generalisiert tonisch-klonische Krämpfe oder fokal mit kurzem Bewusstseinsverlust, kurzzeitigen Zwangsbewegungen) | ++ |
| Neoplasien (Meningiome, Gliome, mesenchymale Tumoren, Ependymome, Sarkome) | – | Abhängig von Lokalisation, im Gehirn keine einheitliche Klinik (siehe allg. typische Befunde oben) | ++ |
| Hirninfarkt | Bewusstsein | Anfälle | + |
| | Beobachtung des Ganges | Gangstörung, Kreiswandern | |
| | Kopfnerven | Sehstörungen | |
| Hydrozephalus | allgemeine Untersuchung, Gesichtsmimik | veränderte Kopfform | + |
| | Bewusstsein und Verhalten | Lernschwierigkeiten | |
| | Kopfnerven | ventrolateraler Strabismus, Seh- oder Hörstörungen | |
| Meningoenzephalitis | Bewusstsein und Verhalten | Verhaltensstörungen, Krämpfe | + |
| | Beobachtung des Ganges | Gehstörungen | |
| | Schmerzauslösung | Schmerzen | |

► **Tab. 7.2** Lokalisation Kleinhirn: Übersicht der Befunde.

| Diagnose | Hinweisende Untersuchung | Typischer Befund | Häufigkeit |
|---|---|---|---|
| Neoplasie | – | abhängig von Lokalisation, im Kleinhirn keine einheitliche Klinik (siehe allg. typische Befunde oben) | + |
| Tremor-Syndrom, White Dog Shaker Syndrom (kann auch andere Hirnregionen betreffen) | Anamnese | weiße Hunde betroffen (West Highland White Terrier, Malteser) | + |
| | – | siehe allgemeine Charakteristika | |
| | Sonstiges | Verschlimmerung bei Aufregung; Spontanremission möglich | |
| Zerebelläre Abiotrophie | Anamnese | bei bestimmten Rassen | + |
| | Haltung | Opothotonus | |
| | Beobachtung des Ganges | progressive Ataxie, Tremor | |
| | Kopfnerven | reduzierte Drohreflexe | |

## Lokalisation: Vestibulärapparat

Folgende Befunde sind typisch für eine Lokalisation der Läsion im Vestibulärapparat (▶ Tab. 7.3):

- Kopfschiefhaltung, Tendenz zu fallen
- peripherer Vestibulärapparat: normale Überkötungsreaktionen
- zentraler Vestibulärapparat: verzögerte Überkötungsreaktionen, andere Kopfnervenausfälle außer Fazialis und Sympathikus

## Lokalisation: Hirnstamm

Die folgenden Befunde sind typisch für eine Lokalisation der Läsion im Hirnstamm (▶ Tab. 7.4).

▶ **Tab. 7.3** Lokalisation Vestibulärapparat: Übersicht der Befunde.

| Diagnose | Hinweisende Untersuchung | Typischer Befund | Häufigkeit |
|---|---|---|---|
| Otitis media/interna | Anamnese | Schmerzen Ohrbereich | ++ |
| | Haltung | periphere Vestibulärsymptomatik, Kopfschiefhaltung, Kopfschütteln | |
| | Beobachtung des Ganges | | |
| | Kopfnerven | Fazialislähmung, Horner-Syndrom | |
| Ototoxische Medikamente wie systemisch verabreichte Aminoglykoside sowie lokale Applikation topischer Wirkstoffe | Haltung | periphere vestibuläre Symptome, Taubheit | + |
| | Beobachtung des Ganges | | |
| idiopathisches geriatrisches Vestibulärsyndrom | Anamnese | bei Hunden über 9 Jahre | + |
| | Haltung | akute, leicht- bis schwerwiegende periphere Vestibulärdefizite (ohne Horner-Syndrom und Fazialislähmung) | |
| | Beobachtung des Ganges | | |

▶ **Tab. 7.4** Lokalisation Hirnstamm: Übersicht der Befunde.

| Diagnose | Hinweisende Untersuchung | Typischer Befund | Häufigkeit |
|---|---|---|---|
| Läsion im Hirnstamm | Bewusstsein | apathisch bis komatös | + |
| | Gang | spastische Parese aller Gliedmaßen, vestibuläre Ataxie, Kreiswandern, Seitenzwang | + |
| | Haltungs- und Stellreaktionen | seitenbetonte Defizite bei fokalen Läsionen | + |
| | spinale Reflexe | normal bis gesteigert | + |
| | Kopfnerven | Defizite bei III, IV, VI, VIII (Schielen, Aniskorie, Nystagmus), Unterkieferlähmung, reduzierte Sensibilität Kopfbereich (V), hängende Gesichtshälfte, fehlender Drohreflex (VII), Gleichgewichtsstörungen (XIII), Schluckstörungen (IX), Stimmveränderungen, Stridor (X), Zungenlähmung (XII) | + |

## Lokalisation: Rückenmark (nicht kompressive Erkrankungen)

Folgende Befunde sind typisch für eine Lokalisation der Läsion im Rückenmark (nicht kompressive Erkrankungen) (▶ **Tab. 7.5**):

- Verhalten: normal
- Gang: Parese bis Paralyse aller oder hinterer Gliedmaßen
- Haltungs- und Stellreaktionen kaudal der Läsion herabgesetzt
- spinale Reflexe: Hypo- oder Areflexie, wenn UMN betroffen; Normo- oder Hyperreflexie kaudal der Läsion, wenn OMN betroffen
- Schmerzen: selten vorhanden

## Lokalisation: Rückenmark (kompressive Erkrankungen)

Folgende Befunde sind typisch für eine Lokalisation der Läsion im Rückenmark (kompressive Erkrankungen) (▶ **Tab. 7.6**):

- Ausfälle in der Reihenfolge: Schmerz, Ataxie/Propriozeptionsverlust, Motorikausfall, Verlust des Oberflächenschmerzempfindens, Verlust des Tiefenschmerzempfindens
- gesteigerte Reflexe kaudal der Läsion (bei OMN); reduzierte Reflexe auf Höhe der Läsion (bei UMN); Ausfall des Panniculusreflexes auf Höhe der Läsion

▶ **Tab. 7.5** Lokalisation Rückenmark (nicht kompressive Erkrankungen): Übersicht der Befunde.

| Diagnose | Hinweisende Untersuchung | Typischer Befund | Häufigkeit |
|---|---|---|---|
| fibrokartilaginäre Embolie resp. Rückenmarksinfarkt | Anamnese | junge bis mittelalte Hunde großer Rassen; initial Schmerz, dann schmerzlos | ++ |
| | Beobachtung des Ganges | perakute Gehstörung bis Paralyse | |
| | Haltungs- und Stellreaktionen | oft Lateralisierung | |
| degenerative Myelopathie | Anamnese | Berner Sennenhunde, Deutsche Schäferhunde | ++ |
| | Beobachtung des Ganges | progressive Ataxie, Schwäche und Parese der Hintergliedmaße | |
| | spinale Reflexe | Muskelreflexe der Hintergliedmaße normal bis leicht gesteigert, gekreuzter Extensorreflex, OMN-Zeichen | |
| steril eitrige Meningitis-Arteritis | allgemeine Untersuchung | Fieber, Leukozytose | + |
| | Beobachtung des Ganges | steifer Gang; chronische Form mit Ataxie, Parese | |
| | Schmerzauslösung | zervikale Schmerzen | |

▶ **Tab. 7.6** Lokalisation Rückenmark (kompressive Erkrankungen): Übersicht der Befunde.

| Diagnose | Hinweisende Untersuchung | Typischer Befund | Häufigkeit |
|---|---|---|---|
| thorakolumbaler Bandscheibenvorfall | Anamnese | Palpationsschmerz an Vorfallstelle | +++ |
| | Haltung | aufgekrümmter Rücken | |
| | Beobachtung des Ganges | je nach Ausmaß der Kompression Ataxie bis Paralyse | |
| | spinale Reflexe | normal an Vordergliedmaße, gesteigert an Hintergliedmaße; Blase schwer ausdrückbar | |
| | Schmerzauslösung | Halsbiegeschmerz | |
| zervikaler Bandscheibenvorfall (C 1 bis C 5) | Bewusstsein und Verhalten | unruhiges Verhalten | ++ |
| | Haltung | tiefe Kopfhaltung | |
| | Beobachtung des Ganges | je nach Ausmaß der Kompression Ataxie bis Paralyse; bei geringen Vorfällen manchmal nur Ausfälle an den Hintergliedmaßen | |
| | spinale Reflexe | gesteigert an Vorder- und Hintergliedmaße | |
| atlanto-axiale Subluxation | Anamnese | Zwerghunde, Auftreten nach geringem Trauma | + |
| | Beobachtung des Ganges | Tetraparese/Ataxie | |
| | spinale Reflexe | gesteigert | |
| kaudale zervikale Spondylomyelopathie (Wobbler-Syndrom) | Beobachtung des Ganges | Ataxie der Hintergliedmaße, spastisch-hypometrische Vorhand (two-engine gait), Probleme beim Aufstehen | + |
| | Schmerzauslösung | eingeschränkte, manchmal schmerzhafte Beweglichkeit der Halswirbelsäule | |

## Lokalisation: periphere Nerven

Folgende Befunde sind typisch für eine Lokalisation der Läsion im Bereich der peripheren Nerven (▶ **Tab. 7.7**):

- Verhalten: normal
- Gang: Parese bis Paralyse
- spinale Reflexe: normal bis reduziert oder abwesend
- Kopfnerven: einige neuromuskuläre Krankheiten betreffen auch Kopfnervenfunktion
- Schmerzen: meist keine

▶ **Tab. 7.7** Lokalisation periphere Nerven: Übersicht der Befunde.

| Diagnose | Hinweisende Untersuchung | Typischer Befund | Häufigkeit |
|---|---|---|---|
| degenerative lumbosakrale Stenose (Cauda equina-Syndrom) | Anamnese | Schmerzen bei Aufstehen und Springen, Schmerzen bei Lordose; beginnende Harn- und Kotinkontinenz | +++ |
| | allgemeine Untersuchung | Muskelatrophie | |
| | Haltung | Tiefhalten der Rute | |
| | Beobachtung des Ganges | Schwäche der Hintergliedmaßen, ein- oder beidseitige Lahmheit | |
| | spinale Reflexe | spinale Reflexe von N. ischiadicus, N. pudendus, Nn. pelvini und Nn. caudales reduziert in fortgeschrittenen Stadien | |
| | Schmerzauslösung | Schmerz im Lumbosakralbereich | |
| akute idipoathische Polyradikuloneuritis | Anamnese | Kot-/Harnabsatz normal | + |
| | Beobachtung des Ganges | akute Tetraparesen | |
| | spinale Nerven | schwache bis abwesende Reflexe | |
| | Kopfnerven | reduzierter Droh- und Palpebralreflex | |
| | Schmerzauslösung | Schmerzempfinden bleibt erhalten | |
| Neoplasien peripherer Nerven (v. a. Nervenscheidentumoren) | Anamnese | Schmerz am Ort des Tumors, | + |
| | Haltung | neurogene (i. d. R. deutliche) Muskelhypotrophie | |
| | spinale Reflexe | reduzierte Reflexantwort | |
| Plexus-brachialis-Läsion | Haltung<br>Beobachtung des Ganges | Monoplegie einer Vordergliedmaße, Abrasion der Zehen und Pfotenrücken, Ellbogen hängt tief, evtl. „Kusshandstellung“ | + |
| | spinale Reflexe | reduzierte bis abwesende Reflexe | |
| | Kopfnerven | Horner-Syndrom | |
| | Schmerzauslösung | Verlust von Oberflächen- und Tiefenschmerz in betroffenen Dermatomen | |

## 7.11 Literatur

[92] Jaggy A. Atlas und Lehrbuch der Kleintierneurologie. Hannover: Schlütersche; 2007

[93] Vandevelde M, Jaggy A, Lang J. Veterinärmedizinische Neurologie. Ein Leitfaden für Studium und Praxis. 2. neubearb. u. erw. Aufl. Berlin: Paul Parey; 2001

[94] Kornberg M. Klinisch-neurologischer Untersuchungsgang. In: Kramer M. Kompendium der allgemeinen Veterinärchirurgie. Hannover: Schlütersche; 2004

[95] Schwarz G. Neurologische Erkrankungen. In: Kohn B, Schwarz G. Praktikum der Hundeklinik. Stuttgart: Enke; 2017

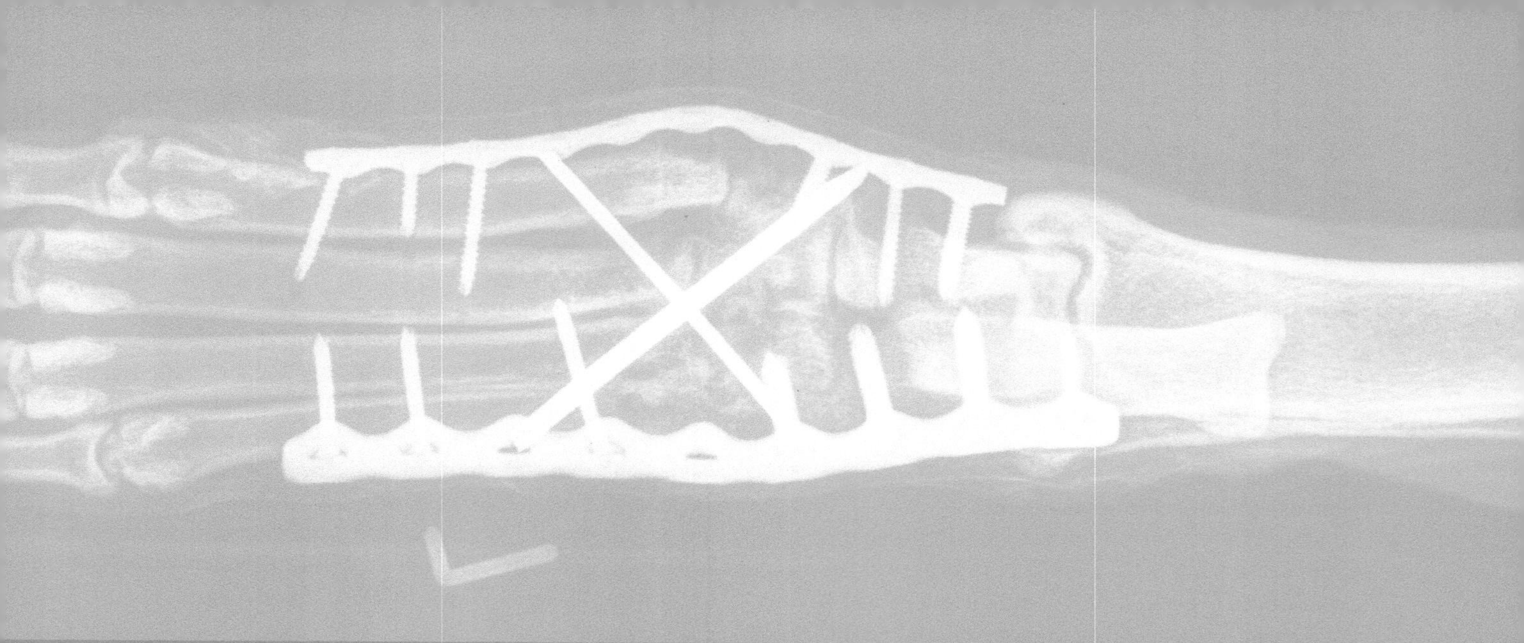

# Teil 3 Hilfestellung zur Therapieplanung bei häufigen Erkrankungen

# 8 Wichtige Erkrankungen des Skeletts

Daniel Koch, Martin S. Fischer

## 8.1 Allgemeine Informationen

### 8.1.1 Häufigkeiten

Die folgende Abbildung (▶ **Abb. 8.1**) zeigt die relativen Häufigkeiten der Gelenkprobleme bei Hunden.

Lahmheiten sind beim Hund zu rund 70 % in den Hintergliedmaßen und zu rund 50 % im Kniegelenk lokalisiert. Die meisten Erkrankungen gehören zu den Dysplasieformen und ihren Folgeproblemen (Hüftgelenkdysplasie und Hüftgelenkarthrose, Ellbogendysplasie und Ellbogenarthrose, Patellaluxation) sowie zum großen Problemkreis um die Kreuzbandrisserkrankung des Hundes.

Es mag auf den ersten Blick erstaunen, dass bei vitalen, sportlichen und sogar schlanken Hunden sehr viele Gelenkerkrankungen auftreten. Im subjektiven Vergleich zum Menschen scheinen es deutlich mehr zu sein. An dieser Stelle darf aber der Einfluss der modernen Hundezucht nicht außer Acht gelassen werden. Im Streben nach körperlicher Perfektion und Standardmaßen haben leider allzu viele Zuchtverbände die Funktionalität ihrer Hunde auf eine niedere Prioritätsstufe gesetzt, was zur Folge hat, dass gewisse Rassen nach reiner Ästhetik gezüchtet werden und das gewünschte Zuchtziel in wenigen Generationen erreicht wird. Die natürliche Selektion wird dabei ausgehebelt, die Hunde dürfen sich ihren Geschlechtspartner nicht mehr selbst aussuchen und das Prinzip „survival of the fittest“ gilt nicht mehr.

Die meisten Gelenkprobleme haben ihren Ursprung in der Welpenzeit, wenn ein zu hohes Gewicht resp. ein zu massiger Körper auf einen juvenilen und zarten Gelenkknorpel trifft und ihn innerhalb kurzer Zeit schädigt. Für korrigierende Eingriffe über die Futtermenge, Medikamente oder Operationen ist es vielfach zu spät, weil Hunden nur wenige Wochen für die Skelettentwicklung zur Verfügung stehen. Auch beim Kreuzbandriss dominieren die großen und übergewichtigen Hunde in den Krankengeschichten, nur selten wird von einer großen Kraftwirkung auf das Kniegelenk berichtet. Kreuzbandrisse beim Hund gehören deswegen auch nicht zu den Unfällen, sondern müssten den Dysplasieformen oder den Fehlentwicklungen des Skeletts zugeordnet werden. Als logische Schlussfolgerung gilt für die Therapie, dass ein simpler Ersatz eines Kreuzbandes das Problem nicht löst, sondern nur eine Biomechanikänderung oder ein kompletter Gelenkersatz den Hunden hilft. Dies haben viele Chirurgen bereits eingesehen. Umstellungsosteotomien an Ellbogen, Hüfte oder Knie leiten die fehlgerichteten Muskelkräfte um und führen zu nachhaltigen Therapieerfolgen.

### 8.1.2 Allgemeine Therapieempfehlungen

#### Schmerzmittel/NSAIDs

Nichtsteroidale Entzündungshemmer wirken am Effektororgan und haben meist eine Wirkung von 12–24 Stunden. Bei Langzeitgebrauch sollen die Hunde auf Nieren- und Leberschäden geprüft werden. Sie können oral oder parenteral verabreicht werden.

- Carprofen (4 mg/kg, 1 dd oder 2 mg/kg, 2 dd)
- Meloxicam (0,2 mg/kg, 1 dd)
- Robenacoxib (1 mg/kg, 1 dd)
- Mavacoxib (2 mg/kg, Monatstablette)

Opioide und Opiate wirken im Gehirn und müssen in den meisten Fällen injiziert werden oder geben ihren Wirkstoff über die Haut ab.

- Butorphanol (0,1–0,4 mg/kg, IV, IM, SC, Wirkdauer 1–3 Stunden)
- Buprenorfine (Umwidmung aus der Humanmedizin; 0,009–0,027 mg/kg; IV, IM, SC, Wirkdauer 2–6 Stunden)
- Morphium HCl und andere Opioide (Umwidmung aus der Humanmedizin; 0,3–1 mg/kg, SC, Wirkdauer 2–4 Stunden)
- Fentanylpatch (Umwidmung aus der Humanmedizin; verschiedene Konzentrationen, werden auf Haut geklebt; Wirkung nach 12 Stunden, dann während 2–3 Tagen)
- Tramadol (1–4 mg/kg, 2–4 dd, PO)

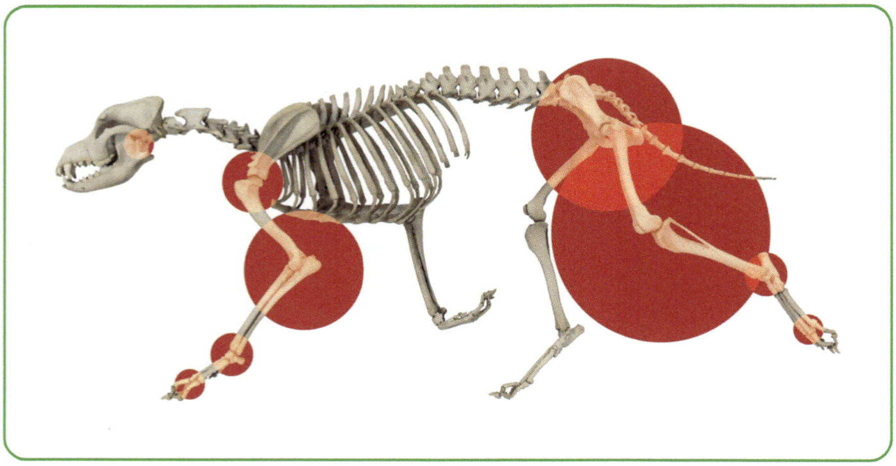

▶ **Abb. 8.1** Relative Häufigkeiten der Gelenkprobleme bei Hunden, visualisiert mit Kreisdurchmesser. (Quelle: Daniel Koch, Jonas Lauströer, Amir Andikfar)

Als Schmerzmittel eingesetzte Steroide (Prednisolon oder Dexamethason) müssen mit Vorsicht verschrieben werden, da die gastrointestinalen und endokrinologischen Nebenwirkungen bedeutend sind.

### Therapeutische Beeinflussung des Gelenkknorpels

Orale Knorpelschutzpräparate können grundsätzlich in 2 Hauptgruppen unterschieden werden. Die Chondroitin und Glukosamine enthaltenden Substanzen werden aus Haifischknorpeln und Rindertracheen gewonnen. Nach oraler Aufnahme werden wegen des hohen molekularen Gewichts nur zu rund 10 % resorbiert und gelangen ins Gelenk, wo sie in den hyalinen Knorpel aufgenommen werden, Wasser binden und zu einer Regeneration beitragen sollen. Die Wirkung dieser Substanzen ist umstritten. Als Grundsatz gilt aber, dass sie mindestens 2 Monate lang verabreicht werden sollen und nur hohe Reinheitsgehalte therapeutische Spiegel erreichen. Die zweite Hauptgruppe sind die Extrakte aus den Grünlippmuscheln, welche unter dem Markennamen Gonex® in verschiedenen Formulierungen angeboten werden. Ihre Wirkweise ist primär schmerzlindernd und nur wenig knorpelerhaltend.

Injizierbare Knorpelbestandteile umgehen den Verdauungsprozess, weswegen höhere Wirkspiegel in den Gelenken erreicht werden. Zu den Produkten gehören die Hyaluronsäure und das Pentosanpolysulfat.

### Bewegungseinschränkung

Hunde mit Gelenk-, Knochen oder Muskelleiden sollten vor einer geplanten oder nach einer erfolgten Operation resp. im Rahmen einer konservativen Therapie nur kurzzeitig und dafür oft spazieren geführt werden. Mit diesem Bewegungsplan werden die Muskeln aktiviert und gleichzeitig vermieden, dass Ermüdungsphänomene die Gelenke unphysiologisch belasten. Auf keinen Fall sollte die Bewegung allzu stark reduziert werden, da gut ausgebildete Muskelpakete insbesondere auf die proximalen Gelenke wie Hüfte und Schulter stabilisierende Funktion haben.

### Gewichtsreduktion

Da rund 60 % des Körpergewichts auf den Vorderbeinen lasten, macht eine Gewichtsreduktion vor allem bei Vorderbeinerkrankungen Sinn. Je nach Erkrankung und Pathologie kann der Anteil der Belastungsreduktion auf den versehrten Gelenkknorpel nicht hoch genug eingeschätzt werden. Die Besitzer sollen ermuntert werden, ihre übergewichtigen Hunde [114] auf Diät zu setzen.

### Physiotherapie

Der Stellenwert der Physiotherapie bei der Behandlung von Gelenkleiden ist enorm. Die generellen Ziele bei konservativer oder nach operativer Behandlung sind die rasche Rückkehr zu normalem Bewegungsablauf, der Erhalt und der Aufbau von Muskulatur, die Erhöhung des Bewegungsumfangs verletzter oder arthrotischer Gelenke, das Abführen von Wundsekreten und gestauter Lymphe, die Korrektur von Fehlbelastungen durch chronische Gelenkleiden und vieles mehr [98].

Die Zusammenarbeit zwischen Tierarzt und Physiotherapie beginnt im Idealfall schon vor einem geplanten chirurgischen Eingriff. Die Ziele der Physiotherapie werden gemeinsam festgelegt. So rasch als möglich ist mit der postoperativen Physiotherapie zu beginnen. Nach einer Femurkopfresektion geschieht dies z. B. nach 5 Tagen, bei Kreuzbandrissen etwas später. Die Erholungsphase wird durch professionelle Physiotherapie und ihre verwandten Therapien entscheidend verkürzt. Die Akzeptanz durch Tier und Besitzer ist in der Regel sehr hoch.

# 8.2 Generalisierte Skeletterkrankungen

## 8.2.1 Osteochondrose

**Ätiologie und Pathogenese** Die Osteochondrose (OC; ▸ **Abb. 8.2**) ist eine Entwicklungsstörung des Hundewelpen, welche sich vor allem im Ellbogen-, Schulter- und Knie- sowie Tarsalgelenk manifestiert. Seltene Lokalisationen sind der lumbosakrale Übergang, das Hüftgelenk und die Zehengelenke der Vordergliedmaße und der Hintergliedmaße. Als Ursache werden rasches Wachstum, qualitativ ungenügende Ernährung, Kalzium-Überversorgung, Genetik, Übergewicht und zu starke Beanspruchung der Gelenke vermutet. Einigkeit über die Ätiologie besteht nicht.

Kalzium wird bei Welpen bis ins Alter von ca. 4 Monaten ohne Regulationsmechanismus und ab einer späteren Wachstumsphase über einen Vitamin-D-abhängigen Mechanismus teilweise kontrolliert aus dem Darm dem Körper zugeführt. Die Reifung dieser Resorptionsvorgänge ist bei großen und Riesenrassen verzögert [126]. Ein Überangebot in der Diät führt also zu hohen Kalziumblutwerten [117]. Exzessives Blutkalzium wird durch Calcitonin normalisiert. Die durch Calcitonin angeregte Chondroblastenaktivität fördert den Knorpel- und Knochenaufbau. Dies führt im Gelenkbereich zur nutritiven Unterversorgung der zu dicken Gelenkknorpelschicht. Weil der Gelenkknorpel nur durch Diffusion aus der Synovia ernährt wird,

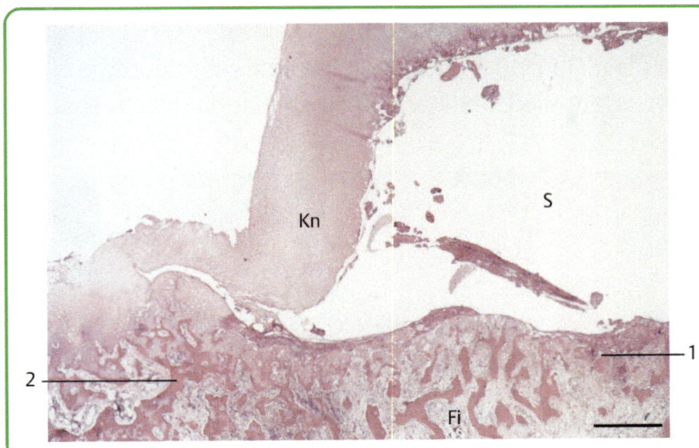


▸ **Abb. 8.2** Histologisches Bild einer Osteochondrose: Aufgrund verschiedener metabolischer Faktoren degenerieren und kalzifizieren die Knorpelzellen nicht planmäßig, sie hypertrophieren stattdessen (2). Den Chondroklasten fehlt das Signal der Mineralisation, sie bleiben inaktiv. Dies führt zu einer kontinuierlichen Verdickung der Knorpelschicht (Kn), die später demarkiert wird. Sie bildet einen subchondralen Spalt (S). Weiterhin finden sich eine fokale Nekrose (1) und eine medulläre Fibrose (Fi). Balkenlänge = 620 µm. (aus: Baumgärtner W. Pathohistologie für die Tiermedizin. Enke 2007)

können somit die tieferen Zonen nekrotisieren. Durch die gleichzeitig starke biomechanische Belastung, wie sie bei schnell wachsenden Hunden großer Rassen auftritt, wird dem zarten Knorpel keine Möglichkeit zur Genesung geben. Andere metabolische Hypothesen beschreiben einen genetisch verursachten Ossifikationsdefekt, welcher zu einer zu dicken Knorpelschicht mit ungenügender biomechanischer Stabilität führt.

Es ist auch denkbar, dass die transartikuläre Belastung in der Phase des raschen Wachstums im Alter von 3–5 Monaten zur OC beiträgt. Dabei werden die zentralen Gelenkbereiche, welche normalerweise weniger starken Druckkräften unterworfen sind als die peripheren, unphysiologischen Belastungen unterworfen und die subchondrale Vaskularisation wird gestört. Dies erklärt, warum OC an typischen Lokalisationen wie zentraler Humeruskopf (Schultergelenk, 74 % aller Fälle), medialer Humeruscondylus (Ellbogengelenk, 13 %), lateraler Femurcondylus (Kniegelenk, 4 %) und Talusrollkamm (9 %) entsteht. Interessanterweise befinden sich diese Gelenkanteile genau am proximalen und distalen Ende des mittleren Elements (Humerus, Tibia), wo das „Pantografenbein" die hohen Druckkräfte auf die entsprechenden Gelenke erklären könnte. Beachten Sie hierzu auch das Kapitel Kinematik der Extremitäten (S. 20).

Das pathophysiologische Resultat ist eine weiche Knorpelschicht, welche sich vom subchondralen Knochen ablöst und als Dissekat im Gelenk selbständig macht. Das Dissekat kann an der Synovialis eine eigene Blutzufuhr finden und wachsen. In den meisten Fällen hat die Separierung allerdings nicht komplett stattgefunden und der nichtkalzifizierte Knorpel bleibt an Ort und Stelle. Die OC werden in 4 Grade eingeteilt. Grad-IV-Defekte sind schmerzhaft und werden meist operativ behandelt. OC-Defekte mit tieferen Graden können spontan heilen oder führen nicht zu klinischen Symptomen.

**Symptome** Allgemein: Die ersten Symptome treten im Alter von 4–7 Monaten auf. Die Anamnese kann ergeben, dass eine unausgewogene Fütterung verabreicht wurde. Es sind meist frohwüchsige Hunde großer Rassen und männliche Tiere betroffen. In vielen Fällen sind bilaterale OC-Läsionen zu finden, jedoch selten in unterschiedlichen Gelenken.

Tarsus (S. 113): Bei tarsaler OC ist eine sehr deutliche Klinik zu erwarten. Die Hunde zeigen eine Anlauflahmheit, steil stehende Hintergliedmaßen und eine ausgeprägte Füllung des Tarsalgelenks im medialen und lateralen Kompartiment. Die OC-Läsion wird in 75 % der Fälle auf dem medialen, in 25 % der Fälle auf dem lateralen Talusrollkamm zu finden sein. Die Mehrheit der OC-Läsionen liegt im proximalen Anteil des Talusrollkammes, weswegen eine direkte digitale Dolenzprüfung in maximaler Flexionshaltung des Tarsalgelenks auszuführen ist. Tarsale OC ist selten.

▸ **Video 8.1** Osteochondrose des Schultergelenks – Gangbeispiel.

Kniegelenk (S. 120): Es ist ein Kniegelenkerguss palpierbar. Der laterale Femurcondylus ist druckdolent. Knie-OC ist selten.

Ellbogen (S. 145): Die Symptome sind nicht von einer medialen Coronoiderkrankung zu unterscheiden.

Schultergelenke (S. 151): Die Lahmheit ist diskret, die Hunde belasten in der Regel das Bein immer. Bei Innenrotation der Gliedmaße wird der zentrale und kaudale Anteil des Humeruskopfes direkt palpierbar sein und es kann Druckschmerz ausgelöst werden.

Ein Gangbeispiel ist als Video (Video 8.1) verfügbar.

### Bildgebende Diagnostik und erweiterte Datenbasis

**Tarsus** Auf den Röntgenbildern im laterolateralen und anterioposterioren Strahlengang kann die Läsion wegen Superimposition der verschiedenen Knochen nicht immer zweifelsfrei identifiziert werden. Schrägaufnahmen können indiziert sein. Manchmal sind ein strahlendurchlässiger subchondraler Defekt am Talusrollkamm (▸ **Abb. 8.3**) oder gar ein verkalkter intraartikulärer

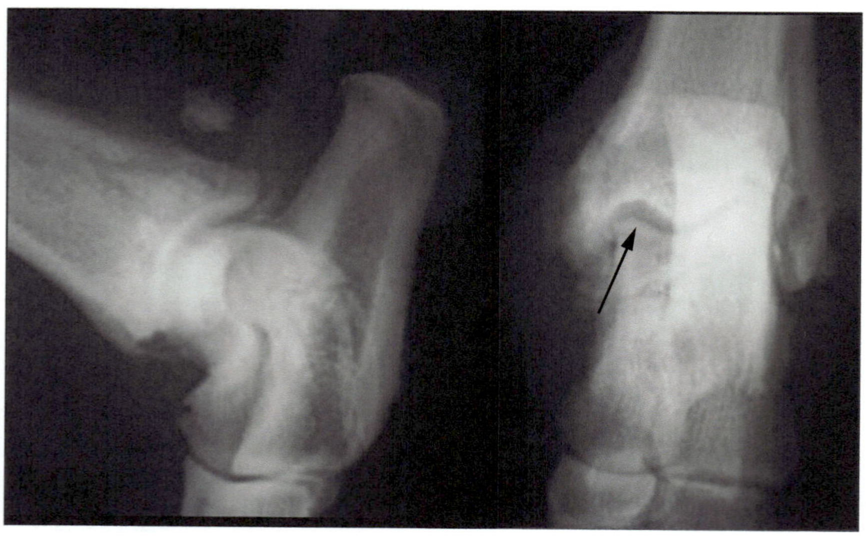

▸ **Abb. 8.3** Röntgenbilder eines Tarsalgelenks mit Osteochondrose auf dem medialen Talusrollkamm.

freier Körper zu finden. Degenerative Gelenkveränderungen sind häufige Folgen einer OC im Tarsus, weswegen Osteophyten an den medialen und lateralen Gelenkrändern zu finden sind. Bei unklaren Fällen kann eine CT-Aufnahme angezeigt sein.

**Kniegelenk** Es ist ein abgeflachter, gut abgesetzter Defekt im subchondralen Knochen der distalen Fläche des lateralen und selten des medialen Femurcondylus zu sehen (▸ **Abb. 8.4**). Gelegentlich sind laterolaterale Schrägaufnahmen oder ein Arthrogramm erforderlich.

**Ellbogengelenk** Die OC-Läsion wird am besten auf der kraniokaudalen Aufnahme als glatter, strahlendurchlässiger Knochendefekt an der Gelenkfläche des medialen Humeruscondylus dargestellt (▸ **Abb. 8.5**). Er kann gleichzeitig mit einer medialen Coronoiderkrankung auftreten.

**Schultergelenk** Der OC-Defekt ist als abgeflachter Knorpeldefekt von variabler Größe immer im kaudozentralen Humeruskopf zu finden und wird auf den mediolateralen Aufnahmen sichtbar (▸ **Abb. 8.6**). Zuweilen sind leichte Schrägprojektionen notwendig. Ein freies Knorpelstück kann im Gelenksack gefunden werden.

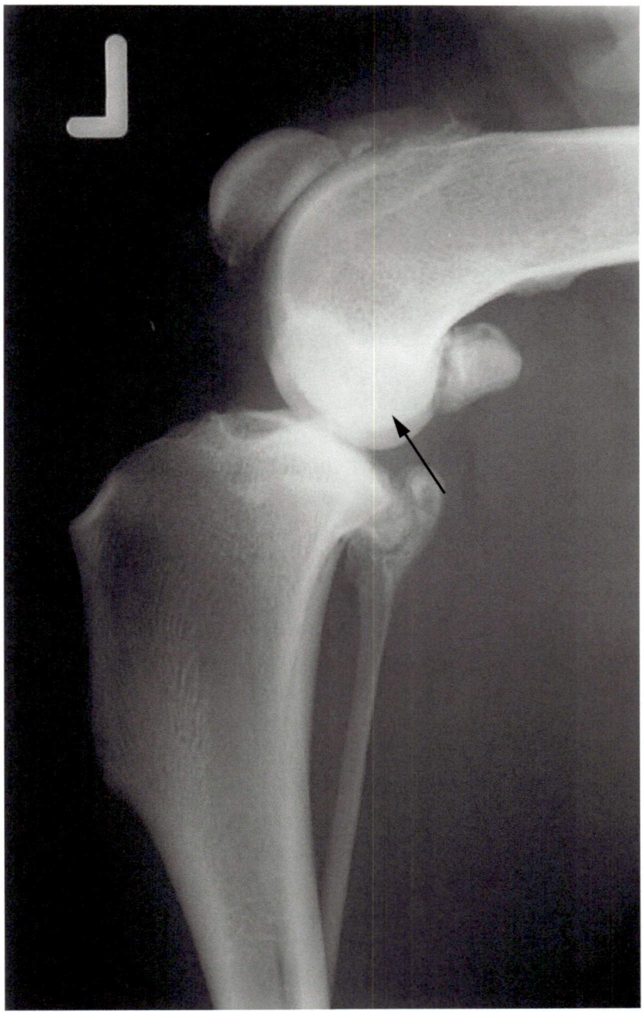

▸ **Abb. 8.4** Röntgenbild eines Kniegelenks mit Osteochondrose auf dem lateralen Condylus.

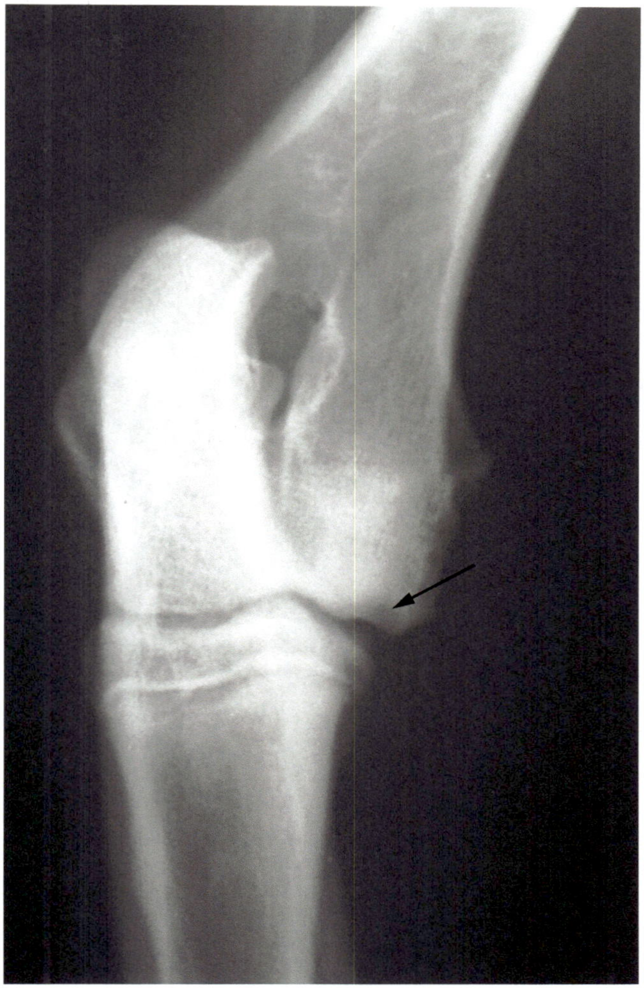

▸ **Abb. 8.5** Röntgenbild eines Ellbogens mit Osteochondrose auf dem medialen Humeruscondylus.

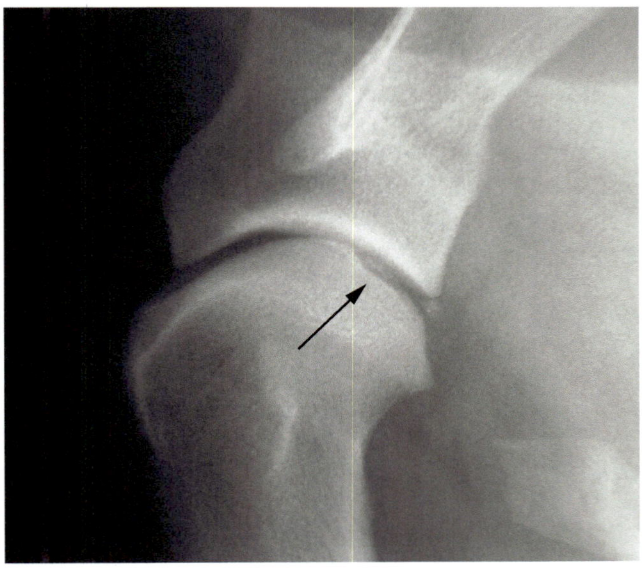

▸ **Abb. 8.6** Röntgenbild eines Schultergelenks mit Osteochondrose auf dem Humeruskopf.

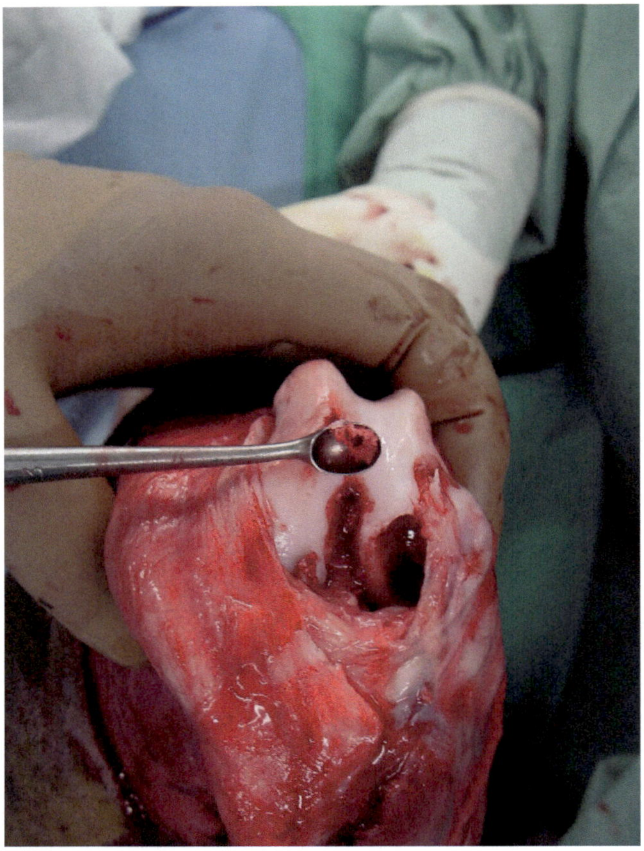

▶ **Abb. 8.7** Eine Osteochondroseläsion im Kniegelenk wird tief kürettiert. Faserknorpel kann in den frisch erstellten Defekt einwachsen.

**Therapie** Die OC muss nicht immer operativ versorgt werden. Eine konservative Therapie ist indiziert bei intermittierender Lahmheit, kaum sichtbaren Veränderungen im Röntgenbild und bei erwachsenen Hunden, bei welchen die starken degenerativen Veränderungen keinen Erfolg einer chirurgischen Therapie versprechen. Dazu eignen sich Dauertherapie mit Schmerzmitteln, Knorpelschutzpräparate, Gewichtsreduktion, häufige und kurze Spaziergänge sowie Physiotherapie. Bei nutritiven Ursachen soll die Ration angepasst und korrigiert werden.

Für die Spezialpraxis: Deutlich ersichtliche OC-Läsionen bei jungen Hunden mit akuter Lahmheit sollten chirurgisch therapiert werden. Die OC-Läsionen werden nach einem offenen oder arthroskopischen Gelenkzugang kürettiert, das Bett debridiert und ein allenfalls freies Fragment entfernt. Der freigelegte subchondrale Knochen kann nun in den Defekt einwachsen und diesen innerhalb einiger Wochen mit Faserknorpel auffüllen (▶ **Abb. 8.7**). Je jünger der Hund ist, desto besser ist die Prognose. Schulter-OC hat die beste, tarsale OC die schlechteste Prognose. Bei fortgeschrittener Arthrose nach tarsaler OC kann eine pantarsale Arthrodese indiziert sein.

## 8.2.2 Panosteitis

**Ätiologie und Pathogenese** Panosteitis befällt praktisch ausschließlich junvenile Hunde großer Rassen. Der Begriff Panosteitis ist irreführend, hat sich aber im Verlaufe der Jahre gehalten. In der englischsprachigen Literatur findet man auch die Bezeichnung Enostosis. Die Ursache ist unbekannt. Zunächst vermutete man eine eosinophile Osteomyelitis, konnte jedoch nie Viren oder Bakterien aus den Knochen isolieren. Andere Autoren vermuteten ohne Beweiserbringung einen autoimmunen, allergischen, metabolischen, parasitären oder hormonellen Hintergrund. Gesichert ist nur, dass die Panosteitis mit einem Fettzelluntergang im Bereich des Foramen nutritium langer Röhrenknochen beginnt. Der pathogenetische Mechanismus scheint durch eine Blutversorgungsstörung oder einen erhöhten endostealen Druck ausgelöst zu werden. Diese Phase ist sehr schmerzhaft. Fibro- und Osteoblasten beginnen anschließend mit einem Reparaturprozess, was diagnostisch genutzt werden kann, da die Knochendichte erhöht erscheint. In dieser Phase sind die klinischen Probleme meist kaum mehr festzustellen, was eine radiologische Diagnose erschweren kann. Nachdem Osteoklasten den Markraum wieder in seinem Ursprungszustand gebracht haben, ist für den entsprechenden Röhrenknochen nach 6–12 Wochen der Prozess abgeschlossen. Die Panosteitis kann in der Folge andere Knochen befallen. In der Regel wird ein einmal erkrankter Knochen nicht mehr befallen. Panosteitis sollte bei Erreichen der Maturität nicht mehr auftreten. Selten erkranken Hunde bis zum Alter von 3 Jahren.

**Aus dem klinischen Untersuchungsgang** Die Hunde sind typischerweise groß, zwischen 5 und 18 Monate alt und männlich. Weibliche Tiere können den Panosteitisschub während des Östrus bekommen. Lahmheiten beginnen spontan und dauern zwischen wenigen Tagen und 3–6 Wochen. Es ist keine Verbesserung nach Aufwärmen zu beobachten. Manche Hunde sind anorektisch. Der Schmerz im Knochen kann so stark sein, dass die Hunde das Bein nicht belasten (Lahmheit Grad 3 oder 4), was z. B. bei der Ellbogendysplasie kaum festzustellen wäre. Aus der Vorgeschichte kann resultieren, dass die Lahmheit von Bein zu Bein wechselt. Bei der klinischen Untersuchung fällt der ausgeprägte Druckschmerz auf langen Röhrenknochen auf. Die Ulna ist mit rund 42 % am häufigsten betroffen, gefolgt von Radius, Humerus, Femur und Tibia [116]. Da die Panosteitis oft proximal in Radius und Ulna auftritt, muss der Ellbogen (S. 145) mituntersucht werden. Eine mögliche Ellbogendysplasie wird mittels Röntgenbildern möglichst ausgeschlossen.

**Bildgebende Diagnostik und erweiterte Datenbasis** Selten gelingt der direkte Beweis einer Panosteitis mittels Röntgenbildern, weil der Reparaturprozess im Knochen erst rund 6 Wochen nach der Akutphase zu sehen ist. Deswegen ist die Radiografie zunächst zum Ausschluss der wichtigen Differenzialdiagnose Ellbogendyplasie indiziert, bevor zu einem späteren Zeitpunkt die Beweisführung gelingen kann. Die entsprechenden Befunde sind eine initiale Knochenauflösung, welche einer wolkenartigen Knochendichteerhöhung (▶ **Abb. 8.8**) mit Verlust der Trabekelzeichung in der Nähe des Foramen nutritium Platz macht. Nach einigen Wochen ist das Endost normalisiert. Gelegentlich sind periostale glatte oder schuppige Auflagerungen zu sehen.

**Therapie** Panosteitis ist selbstlimitierend. Es sind keine Folgeschäden bekannt. Zur Unterstützung werden Schmerzmittel verabreicht und die Fütterung soll reduziert werden, da eine Überfütterung als mögliche Ursache diskutiert wird. Oftmals

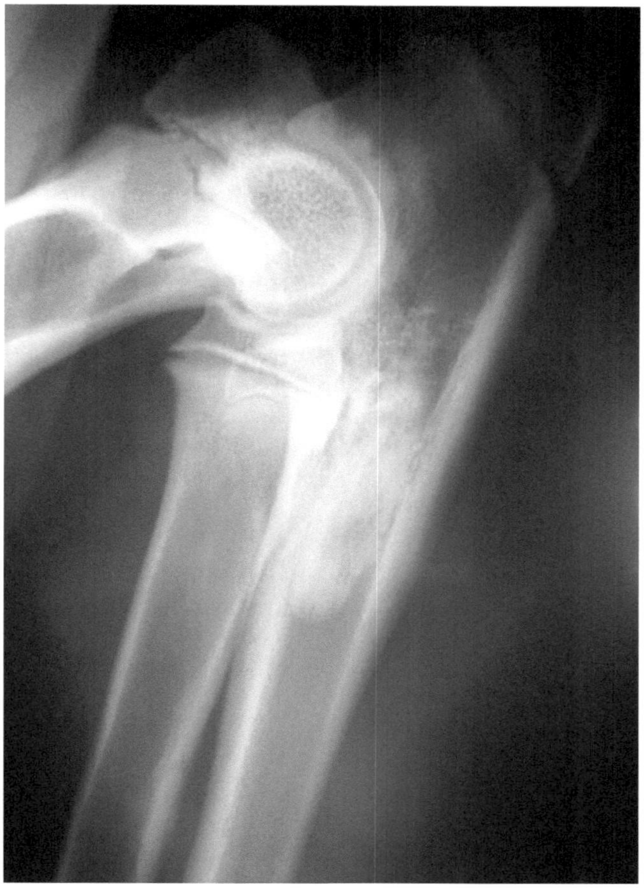

▶ **Abb. 8.8** Eine Panosteitiswolke ist bei einem 7 Monate alten Deutschen Schäferhund in der Ulna gut zu sehen.

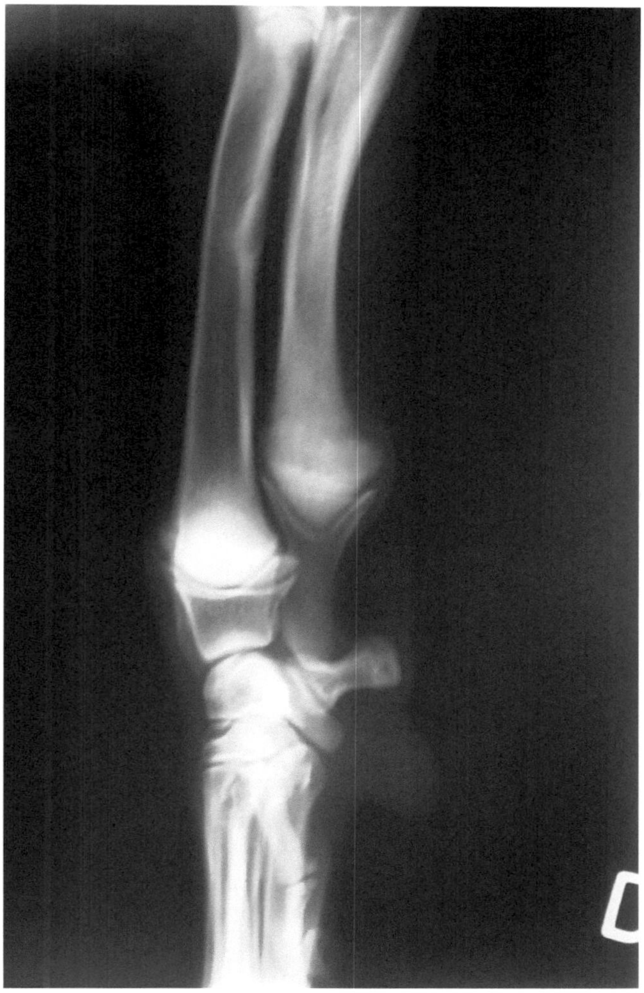

▶ **Abb. 8.9** Hypertrophe Osteodystrophie: Die metaphysären Knochenanteile in den distalen Anteilen von Radius und Ulna sind verdickt und irregulär geformt.

besteht nämlich eine deutliche Diskrepanz zwischen der berechneten Körpermasse und dem tatsächlichen Gewicht. Die Panosteitis kann in mehreren Schüben alle Gliedmaßen befallen.

### 8.2.3 Hypertrophe Osteodystrophie

**Ätiologie und Pathogenese** Die hypertrophe Osteodystrophie wird auch mit den Namen idiopathische Osteodystrophie, Moeller-Barlow-Erkrankung oder metaphysäre Osteopathie bezeichnet. Ihre Ätiologie bleibt unbekannt. Die Hypothesen um diätetische Hintergründe wie Unterversorgung mit Vitamin C, Überversorgung mit Vitamin D, zu vielen Mineralstoffen oder exzessiven Kalorieneingang konnten widerlegt werden. Interessanterweise haben einige andere Autoren RNA von Staupeviren und *E. coli* in isolierten Knochen gefunden, was Vermutungen bzgl. einer infektiösen Pathogenese nährt [96]. Auf jeden Fall ist die hypertrophe Osteodystrophie immer im metaphysären Knochen von Welpen im Alter von 3–5 Monaten lokalisiert. Die Trabeculae werden resorbiert, der Knochen ist teilweise nekrotisch und Entzündungszellen wandern ein. Das Bild gleicht histologisch einer Osteomyelitis. Gelegentlich werden auch subperiostale Blutungen gesehen.

Da die metaphysäre Erkrankung zum Verlust der Knochenneubildung für das Längenwachstum führen kann, sind Spätfolgen zu erwarten. Insbesondere nach Befall der distalen Ulna (S. 102), deren Wachstumszone für praktisch das gesamte Wachstum des Knochens zwischen Carpus und Ellbogengelenk verantwortlich ist, kann der vorzeitige Fugenschluss Anlass zum Radius curvus-Phänomen sein. Dabei wirkt die Ulna quasi als Spange, währenddem der Radius weiter wachsen kann.

**Aus dem klinischen Untersuchungsgang** Typischerweise sind die Metaphysen der beiden distalen Vordergliedmaßen von hypertropher Dystrophie betroffen. Innerhalb von wenigen Tagen gehen die jungen Hunde lahm. Sie haben eine markante und dolente Schwellung über den Knochenenden, welche von Ödemen der Weichteile begleitet wird (▶ **Abb. 8.9**). Einige Hunde weisen eine Vorgeschichte mit Respirationstrakt- oder Gastrointestinaltraktinfektionen auf. Meistens ist die hypertrophe Osteodystrophie begleitet von Fieber, Anorexie, Schwäche und Deyhdration. Todesfälle sind möglich.

Subklinische oder mild verlaufende hypertrophe Ostedystrophie kann zu einer Fehlstellung des Vorderbeines mit Lahmheit führen. Das Radius curvus-Phänomen besteht aus einer Krümmung des Radius (S. 143), Valgusfehlstellung und Außenrotation der Gliedmaße und gelegentlich Subluxation durch Radiushochstand im Ellbogengelenk. Es wird begleitet von zunehmender Arthrose im Carpus (S. 138) und im Ellbogengelenk (S. 145) (▶ Abb. 8.10).

**Bildgebende Diagnostik und erweiterte Datenbasis** Am häufigsten wird die hypertrophe Osteodystrophie am distalen Radius oder der distalen Ulna beobachtet. In den Metaphysen sind Aufhellungszonen oder -linien sowie sklerotische Anteile zu sehen. Zuweilen wird eine typische, der Wachstumzone gleichende aufgehellte Linie parallel dazu im unmittelbar benachbarten metaphysären Bereich gesehen. Es bestehen im Weiteren paraperiostale Knochenzubildungen im Bereich der Metaphyse, welche glatt oder unregelmäßig sein können und über die gesamte Diaphyse verteilt sind. Die Verknöcherung in der metaphysären Region kann verzögert sein.

Im späteren Verlauf der Erkrankung wird der vorzeitige Fugenschluss an der Absenz der strahlendurchlässigen Zone der Wachstumszone erkannt. Die Gliedmaßen verkrümmen sich im oben beschriebenen Sinne. Für eine exakte Diagnose und zur Planung einer eventuellen Korrektur sind Aufnahmen von beiden Gliedmaßen im laterolateralen sowie anterioposterioren Strahlengang notwendig.

**Therapie** Milde Fälle werden mit Schmerzmitteln und Ruhigstellung behandelt.

Für die Spezialpraxis: Schwere Fälle benötigen stärkere Schmerzmittel, Infusionstherapie und Stationärhaltung mit Zwangsfütterung, allenfalls sogar Fütterungssonden. Einer möglichen Fehlstellung kann mit Osteotomien begegnet werden. Der Verlauf der Erkrankung variiert stark.

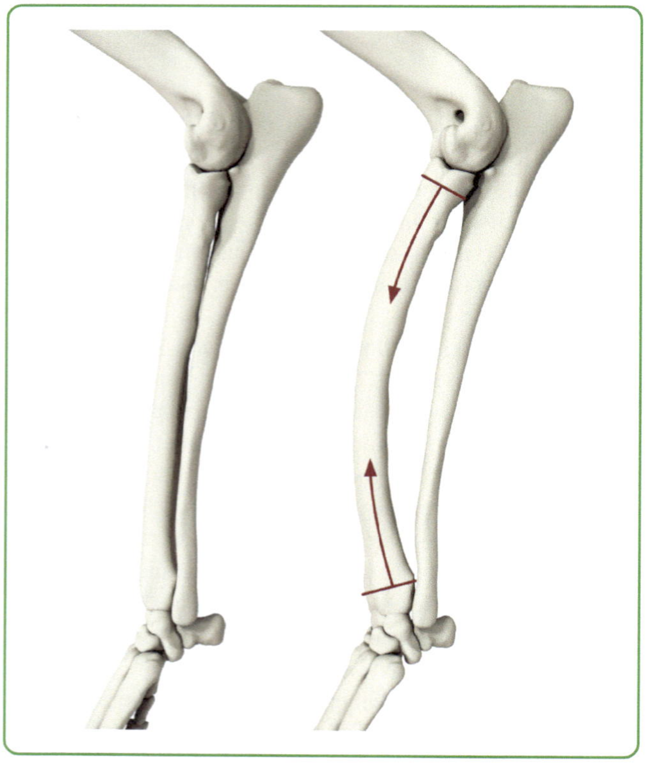

▶ **Abb. 8.10** Die nachhaltige Störung der distalen Ulnafuge kann zu einer Verkrümmung des Antebrachiums führen (Radius curvus-Phänomen). (Quelle: Daniel Koch, Jonas Lauströer, Amir Andikfar)

### 8.2.4 Retinierte Knorpelzapfen

**Ätiologie und Pathogenese** Bei den retinierten Knorpelzapfen handelt es sich um eine verzögerte Knochenbildung der Wachstumsfuge. Sehr oft findet man sie an der distalen Ulna (S. 102). Die Ursache ist nicht geklärt, es könnte sich aber um eine spezielle Form der Osteochondrose handeln. In metaphysären Regionen anderer Knochen finden sich ähnliche Veränderungen, welche als retinierte Knorpelinseln bezeichnet werden.

**Aus dem klinischen Untersuchungsgang** Die Knorpelzapfen treten in der Phase des starken Wachstums im Alter von 3–4 Monaten bei großen Rassen auf. Zuerst wird eine milde Lahmheit beobachtet, dann führen die retinierten Knorpelzapfen der Ulna (S. 143) zu einem Radius curvus-Phänomen, weil das Längenwachstum der Ulna gebremst wird. Die Tiere sind ansonsten gesund.

**Bildgebende Diagnostik und erweiterte Datenbasis** Die einige Zentimeter langen Zapfen sind auf Röntgenbildern der Ulna in der distalen Metaphyse sehr gut zu erkennen (▶ Abb. 8.11). Meist liegen bilaterale Befunde vor.

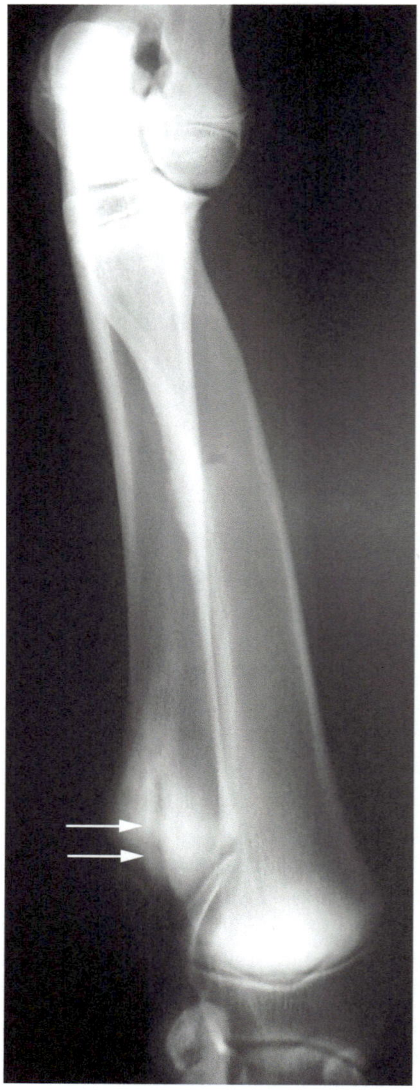

▶ **Abb. 8.11** Retinierte Knorpelzapfen, vor allem sehr gut sichtbar in der Metaphyse der distalen Ulna.

**Therapie** Die Behandlung hängt stark vom Grad der Deviation ab. Geringgradige Achsabweichungen bedürfen außer eine palliativen Schmerzbekämpfung keiner Therapie.

Für die Spezialpraxis: In einem frühen Stadium kann einer drohenden starken Verkrümmung mit einer Ulnaosteotomie begegnet werden. Ab dem Alter von ca. 8 Monaten können starke Fehlstellungen dann nur noch mit Korrekturosteotomien von Radius und Ulna therapiert werden. Die Prognose ist als vorsichtig einzustufen, da vor allem der Ellbogen durch den Radiushochstand inkongruent werden kann.

### 8.2.5 Polyarthritis

**Ätiologie und Pathogenese** Die Arthritiden lassen sich grundsätzlich in nichtentzündliche und entzündliche einteilen (▶ **Tab. 8.1**). Letztere wiederum sind infektiös oder nichtinfektiös. Die bei Hunden weitaus häufigste Form der Polyarthritis ist die idiopathische Polyarthritis aus der immuninduzierten Gruppe.

Die immuninduzierte Form der Polyarthritis kann neben der idiopathischen Form auch als Folge von systemischen neoplastischen, infektiösen (Staphylokokken, Mykoplasmen, Corynebakterien, Viren, bakterielle Endokarditiden, Diskospondylitiden), parasitären oder anderen schweren Erkrankungen (immunmediierte Darmerkrankungen, myeloproliferative Erkrankungen) auftreten. Ihre pathophysiologische Wirkung wird nach Hypersensitivitätsreaktion durch die Bildung von Antigen-Antikörper-Komplexen und Entzündungsprodukten ausgelöst, welche unter anderem in und neben den Gelenken deponiert werden. Die seltene erosive Form der Polyarthritis ist zusätzlich charakterisiert durch die Bildung von chondrodestruktiven Kollagenasen und Proteasen.

**Aus dem klinischen Untersuchungsgang** Die Polyarthritis kann viele Symptome auslösen. Hunde werden meistens vorgestellt, weil sie ungern und etwas steif laufen sollen. Die Lahmheitsgrade können sehr unterschiedlich sein. In den meisten Fällen wird Fieber festgestellt. Polyarthritis gehört deswegen auch in jede Differenzialdiagnoseliste bei unerklärbar hoher Körpertemperatur. Typischerweise sind es die distalen Gelenke, also Zehen und Karpal- resp. Tarsalgelenke, welche zuerst als geschwollen, warm und dolent empfunden werden. Aus diesem Grund kann man oft feststellen, dass sich das Gangbild auf unebenem Gelände verschlechtert. Die Primärerkrankung kann zuweilen in den Hintergrund treten.

**Bildgebende Diagnostik und erweiterte Datenbasis** Die Diagnosestellung einer Polyarthritis ist aufwendig und teuer. In einem ersten Schritt werden die am stärksten betroffenen Gelenke geröntgt, damit ein primär degeneratives oder traumatisches Geschehen ausgeschlossen werden kann. Bei den meisten Formen der Polyarthritis werden sich diffuse Gelenkkapselweitungen der Zehen- und Zehengrundgelenke sowie anderer distaler Gelenke feststellen lassen. Die weiter proximalen Gelenke sind selten betroffen. Arthrotische Zubildungen finden sich erst im chronischen Verlauf. Sofern nicht bereits aufgrund einer Verdachtsdiagnose die Therapie eingeleitet wird, sollten zur möglichst umfassenden Abklärung ein komplettes Blutbild erstellt, Punktate von verschiedenen Gelenken entnommen (▶ **Abb. 8.12**) und untersucht, mithilfe von serologischen Tests mögliche Primärerreger (z. B. Ehrlichien, Toxoplasmen, Borrelien) identifiziert und die Suche nach einem Primärgeschehen fortgesetzt werden. In sehr vielen Fällen wird der zytologische Befund als eitrige Synovitis ohne Bakteriennachweis bezeichnet (▶ **Abb. 8.13**) und die Antikörpertests auf infektiöse Erreger sowie die Suche nach Primärproblemen fallen negativ aus. Die Erkrankung kann dann als immuninduzierte Polyarthritis diagnostiziert werden.

Bei erosiven Formen der Polyarthritis sind die artikulären Veränderungen viel deutlicher und die Spuren der Knorpel- und Knochenauflösung sichtbar. Es wird empfohlen, nicht nur ein Gelenkpunktat, sondern auch eine Gelenkkapselbiopsie zu entnehmen, um die perartikulären Reaktionen zu erfassen und die Diagnose zu erhärten.

**Therapie** Die Behandlung ist zweigleisig, denn neben der Polyarthritis muss auch die Grunderkrankung erkannt und entsprechend therapiert werden. Erosive Polyarthritiden verlangen nach Kortikosteroidgaben (z. B. 2 mg Prednisolon/kg Körpergewicht) und zytotoxischer Medikation (z. B. Cyclophosphamide oder Azathioprin). Die immuninduzierten Polyarthritiden können mit Kortikosteroiden alleine behandelt werden. Die Dosierung wird langsam reduziert. Der Erfolg der Behandlung wird klinisch und allenfalls mit wiederholten Synoviauntersuchungen überwacht. Die Nebeneffekte der Steroide müssen beachtet und allenfalls aufgefangen werden. Neben der klassi-

▶ **Tab. 8.1** Arthritis-Einteilung [111].

| nichtentzündlich | entzündlich | |
|---|---|---|
| | infektiös | nichtinfektiös |
| • degenerativ | • Bakterien | • kristallinduziert |
| • kongenital | • Mykoplasmen | • immuninduziert |
| • traumatisch | • Protzoen | • erosive Formen<br>– rheumatoide Arthritis<br>– Polyarthritis bei Greyhounds |
| • neoplastisch<br>• hämophil | – | • nichterosive Formen<br>– idiopathische Polyarthritis<br>– systemischer Lupus erythematodus<br>– Impfreaktion<br>– Polyarthritis nach Meningitis |

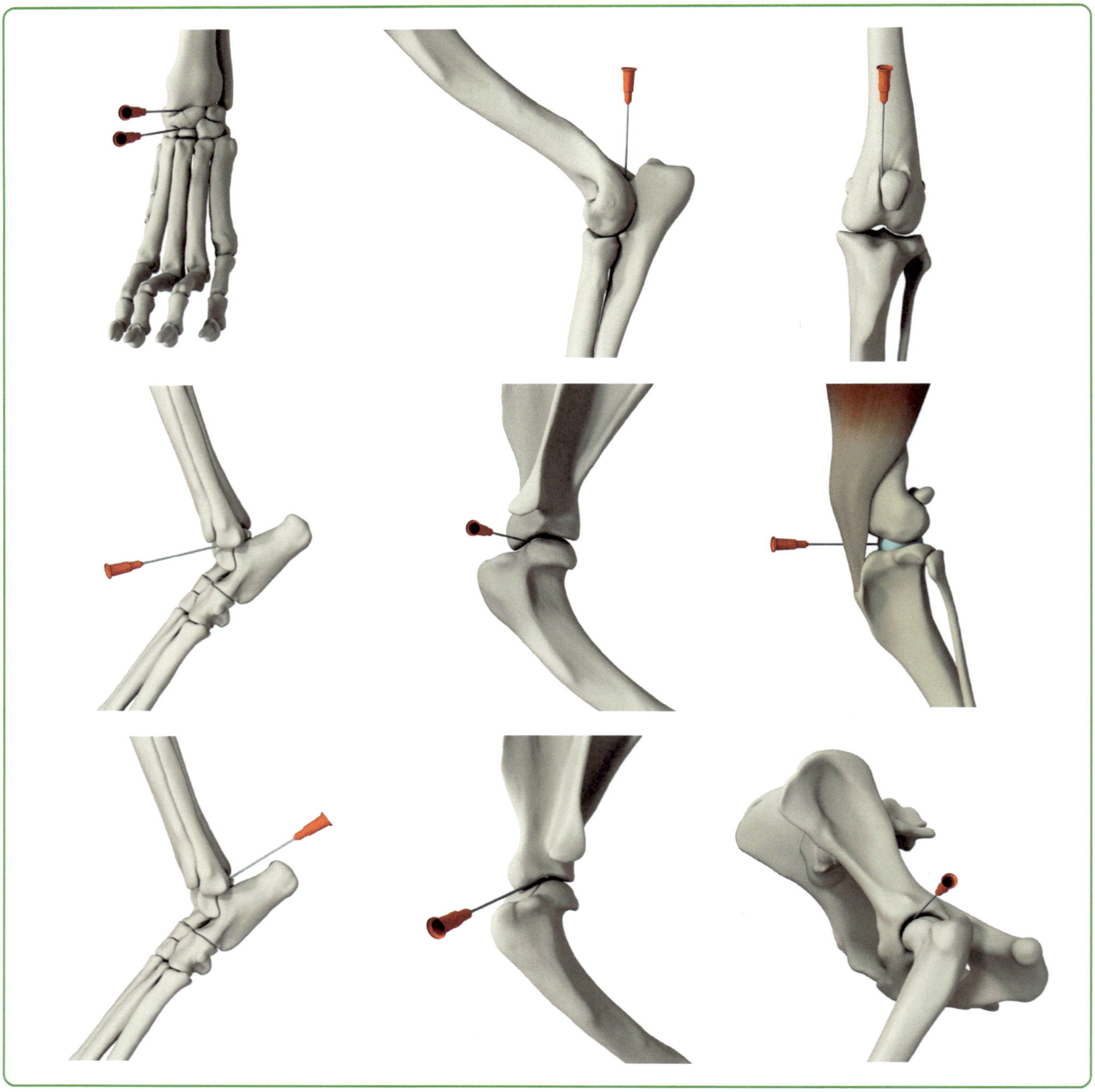

► **Abb. 8.12** Lokalisationen für Gelenkpunktionen beim Hund. (Quelle: Daniel Koch, Jonas Lauströer, Amir Andikfar)

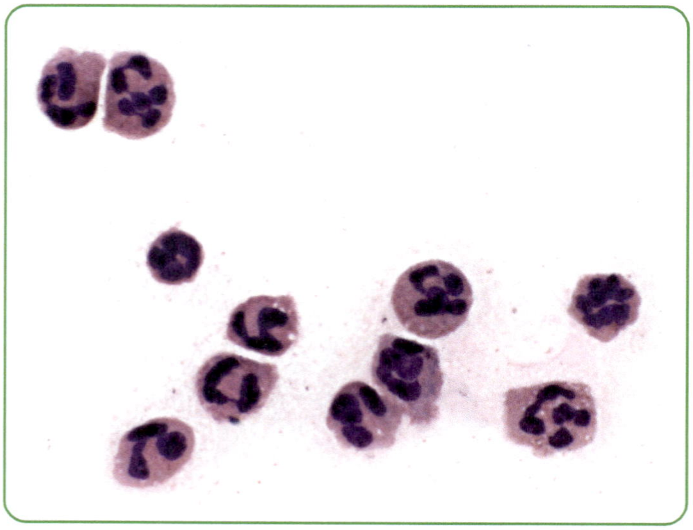

► **Abb. 8.13** Synovia aus einem entzündlich veränderten Gelenk: Es sind vermehrt neutrophile Granulozyen ohne Anzeichen für Degeneration mit segmentiertem Kern und eosinophilem Zytoplasma vorhanden. Modifizierte Wright's Färbung, × 100. (Quelle: Institut für Veterinärpathologie der Vetsuisse-Fakultät Universität Zürich, Schweiz)

schen Kortikosteroidtherapie kann auch auf alternative Heilmethoden ausgewichen werden.

Die Prognose der erosiven Polyarthritis ist meistens sehr vorsichtig zu stellen, weil Gelenkschäden bestehen bleiben. Immuninduzierte Polyarthritiden können hingegen mit tiefen Steroiddosen unter Kontrolle gehalten werden oder es ist gar ein Absetzen der Medikamente möglich.

### 8.2.6 Osteomyelitis

**Ätiologie und Pathogenese** Die meisten Knocheninfektionen sind bakteriellen Ursprungs. In den USA findet man gelegentlich noch Pilz-Osteomyelitiden. Die Quellen sind offene Frakturen, Knochensequester, Bissverletzungen, Streuinfektionen aus anderen Lokalisationen oder iatrogene Wundinfektionen durch unsteriles Arbeiten oder längere resp. repetitive chirurgische Eingriffe. Eigentlich ist der Knochen relativ resistent, wenn es um die Abwehr von Infektion geht. Traumatisch oder iatrogen verursachte Weichteilschäden inklusive Störung der Blutzufuhr, Einsetzen von Implantaten, systemische Erkrankungen oder Mangelzustände können die Abwehr des Knochens so schwächen, dass eine Bakterienbesiedelung stattfindet. Viele der Infektionen haben einen dominanten Keim, zu rund 70 % sind es die Aerobier, oft die Staphylokokken. Andere Osteomyelitis verursachende Bakterien sind Streptokokken, *E. coli*, Pasteurellen, Klebsiellen, Serratien und *Proteus*. Bissverletzungen, Rupturen im Magen-Darm-Trakt oder Zahnsteinentfernungen mit gleichzeitigem chirurgischem Eingriff [119] können eine Keimstreuung und Knochenbesiedlung mit anaeroben Bakterien zur Folge haben (*Bacteroides*, *Fusobacterium*, Clostridien, *Actinomyces* u. a.). Zu beachten ist im Weiteren die bei Neonaten und Welpen des Öfteren beobachtete hämatogene Streuung von Bakterien aus dem Nabel. Die Folgen können dramatisch sein, weil die Besiedelung der vaskulär sehr aktiven Wachstumszonen und der Gelenke rasch zu einer irreversiblen Zerstörung von Knochen und Gelenken führt.

Beim Deutschen Schäferhund werden metatarsale Fistulierungen beschrieben. Sie haben keinen ossären Ursprung. Die Ätiologie ist unbekannt, sie sind aber steroidresponsiv. Sie sollen nicht mit der klassischen Osteomyelitis verwechselt werden.

**Aus dem klinischen Untersuchungsgang** Hämatogen streuende Bakterien werden praktisch immer von Fieber und den Anzeichen eines septischen Geschehens begleitet. Die jungen Hunde fressen kaum und zeigen Lahmheiten, sofern die Knochen infiziert sind. Palpatorisch sind die Schwellung und der Schmerz offensichtlich.

Exogen verusachte Osteomyelitiden verlaufen unspezifisch. Fieber muss nicht immer vorhanden sein. Die betroffene Körperregion ist etwas warm und schmerzhaft. Die Muskulatur bildet sich zurück, die Hunde lahmen leicht. Im Falle von vorausgegangenen orthopädischen Eingriffen kann das Ausmaß der durch die beginnende Osteomyelitis verursachten Lahmheit nicht von einem normalen oder leicht verzögerten Heilungsverlauf unterschieden werden. Fistelkanäle werden erst bei chronischem Verlauf entdeckt. Sie verschließen sich unter Antibiotikagaben und brechen nach Absetzen wieder auf.

**Bildgebende Diagnostik und erweiterte Datenbasis** Eine akute Osteomyelitis wird auf dem Röntgenbild erkannt durch proliferative periostale Reaktionen, meist entlang des Knochenschaftes, Osteolyse der Kompakta und diffuse Schwellungen im umgebenden Weichgewebe (▸ **Abb. 8.14**). Bei chronischer Osteomyelitis finden sich um die zentralen Osteomyelitisherde ein sklerotischer Rand als Ausdruck der Abgrenzung zum gesunden Knochen, manchmal ein Sequester und variable Periostzubildungen sowie Weichgewebeschwellungen (▸ **Abb. 8.15**). Schnittbildverfahren wie die Computertomografie sind bei der Entdeckung von Sequestern sensitiver als das Röntgenbild. Die Bakterienbestimmung aus dem Fistelkanal ist nicht diagnostisch. Zur eindeutigen Bestimmung muss eine Kultur aus dem Knochen entnommen werden, wobei die Tiere zuvor während minimal 48 Stunden keine Antibiotika erhalten sollen. Bei Verdacht auf eine hämatogene Streuung ist eine Blutkultur indiziert.

**Therapie** Nur wenige, sehr lokal begrenzte Osteomyelitiden, welche ohne Beeinträchtigung des Allgemeinbefindens einhergehen, lassen sich antibiotisch, z. B. mit Clindamycine (11 mg/kg, 1 dd, minimal 3 Wochen), behandeln.

Für die Spezialpraxis: Viele der klassischen lokalen Osteomyelitiden müssen mittels zielgerichteter, minimal 3 Wochen dauernder Antibiose und praktisch immer auch mit einem lokalen chirurgischen Debridement behandelt werden. Nekrotische Knochenstücke werden entfernt. Der lokalen Blutzufuhr wird große Beachtung geschenkt. Zur Defektauffüllung soll autologes Knochenmark eingefügt werden. In körperstammnahen Regionen kann Omentum in den Defekt transferiert werden.

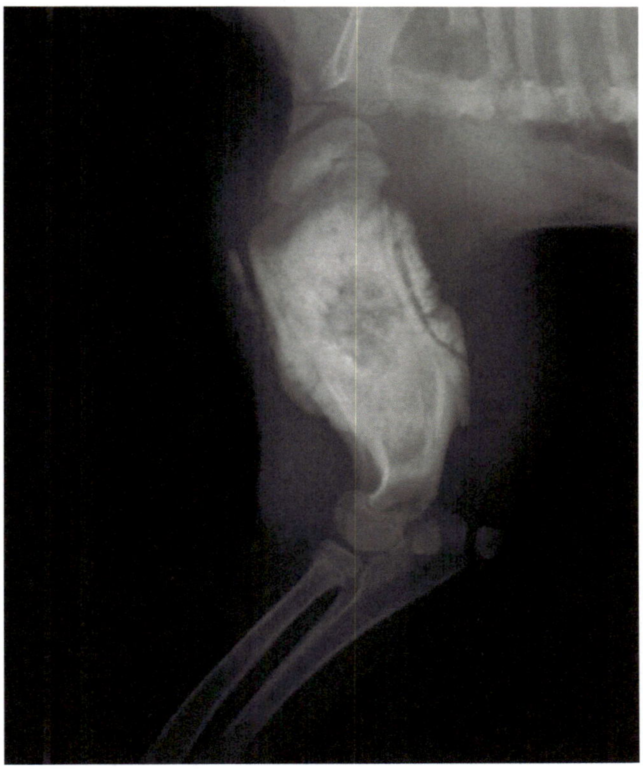

▸ **Abb. 8.14** Osteomyelitis im Humerusschaft einer 3 Monate alten Französischen Bulldogge. Der Knochen und das Periost sind unregelmäßig verdickt. (Quelle: Tony Flury, Tierklinik Lindenhof, Schweiz)

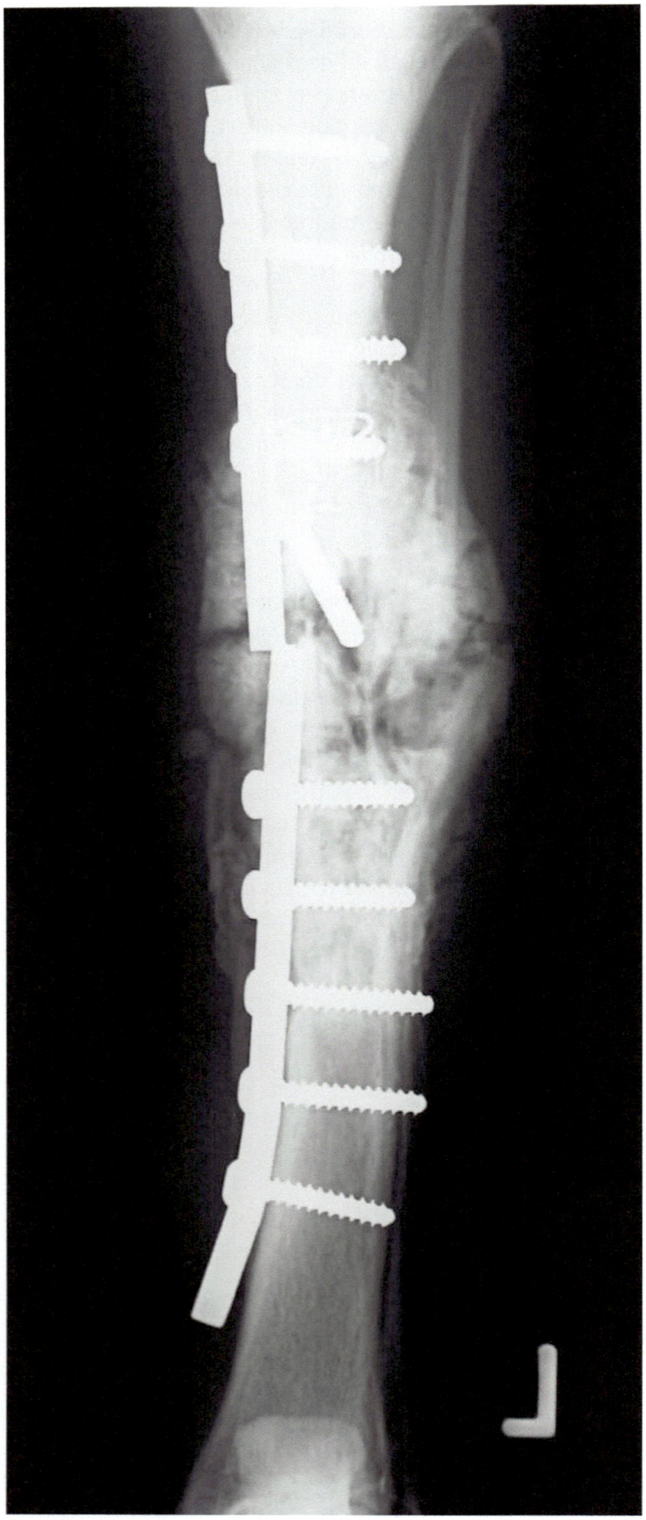

▶ **Abb. 8.15** Bei einem weißen Schäferhund entwickelte sich nach einem iatrogen verursachten Vaskularisationsschaden bei der Frakturreposition eine Osteomyelitis mit Sequesterbildung.

Sofern die Osteomyelitis durch fraktur- und sequesternahe Implantate unterhalten wird, werden diese entfernt. Der Knochen wird vorzugsweise mit einem Fixateur externe oder mit kontaktarmen Implantaten stabilisiert. In seltenen Fällen muss das Infektionsgebiet offen gelassen und täglich mit sterilen und physiologischen Flüssigkeiten gespült werden, bevor es nach einigen Tagen verschlossen wird oder eine sekundäre Wundheilung einsetzt. Neuerdings stehen Gentamycin-imprägnierte biologisch abbaubare Schwämme zur Verfügung, welche ins Wundgebiet gesetzt werden. Die Fisteltrakte werden entfernt. Amputationen können indiziert sein.

Septische Gelenke verlangen nach Entfernung aller Implantate, ausgiebiger Spülung oder Installation von Dauerspülungen (z. B. Ringer Laktat, 20 ml/h, über einen Dauerzugang, Ausgang über 1–2 Drains) sowie langer Antibiose, allenfalls unterstützt mit Antibiotika-Schwämmen. Hüftprothesen können in der Regel nicht mehr eingesetzt werden, weil die Bakterien nie ganz aus dem Knochen zu entfernen sind, sie das delikate Implantat-Knochen-Interface rasch wieder besiedeln würden und zur erneuten Lockerung bringen.

Hämatogene Infektionen werden mit intravenösen Gaben von Antibiotika (z. B. Cephalosporinen in hoher Dosierung und minimal 3 Wochen) und lokaler Abszesspaltung therapiert. Die Welpen brauchen eine begleitende Infusionstherapie und Energiezufuhr. Bei später Entdeckung ist die Prognose schlecht.

### 8.2.7 Knochentumoren

**Ätiologie und Pathogenese** Mit rund 80 % ist das Osteosarkom der weitaus häufigste Tumor des Skeletts (▶ **Abb. 8.16**). Im Gegensatz zum Menschen tritt er meistens erst beim älteren Patienten auf. Große Hunde zeigen eine höhere Inzidenz als kleine. Die Prädilektionsstellen sind distaler Radius, proximaler Humerus, distales Femur und proximale Tibia (ellbogenfern und knienah). Die Häufung von Osteosarkomen bei großen Hunden wird nicht schlüssig erklärt. Man nimmt an, dass das rasche Knochenwachstum oder Mikrofrakturen, ausgelöst durch hohes Gewicht und sportliche Tätigkeit, die Tumorgenese anregen sollen. Nachgewiesen ist in 5 % der Fälle dafür das Auftreten von Osteosarkomen in Regionen, wo wegen anderer Tumoren 2–5 Jahre zuvor eine Radiotherapie angewendet wurde [103]. Die Einzelfallberichte von Osteosarkomen in Anwesenheit von Osteosyntheseplatten entstanden wohl eher zufälligerweise am gleichen Ort und können nicht durch eine lokale und chronische Entzündung erklärt werden. Schlussendlich muss auch erwähnt werden, dass das Osteosarkom primäre Ursache von sog. spontan auftretenden Frakturen, vorwiegend des Femurs, sein können. Man spricht von pathologischer Fraktur. Meist ist anamnestisch keine hohe Traumaenergie vorhanden gewesen, ist die Bruchlinie eher kurz und weisen frakturnahe Knochenbezirke lytische Bereiche auf.

Andere für das Skelett bedeutsame Tumore sind das Chondrosarkom, Fibrosarkom und Hämangiosarkom sowie Metastasen anderer Sarkome.

**Aus dem klinischen Untersuchungsgang** Der typische Patient mit einem Osteosarkom ist groß und 7–8 Jahre alt. Aus der Anamnese geht eine progrediente Lahmheit ohne Verbesserung nach Aufwärmen hervor. Bei Mikrofrakturen im Tumorbereich kann eine akute Lahmheit auftreten oder die Gliedmaßen der Hunde brechen ohne massive Gewalteinwirkung. Schmerzmittel zeigen keine Verbesserung des Gangbildes. Die betroffene Gliedmaße zeigt meist einen starken Muskelschwund. Tumoren des distalen Radius oder der Tibia werden

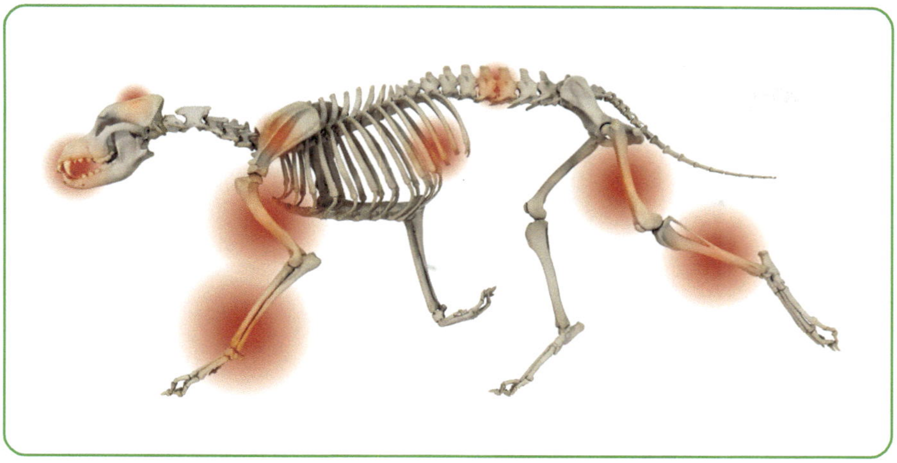

▶ **Abb. 8.16** Verteilung der skelettalen Osteosarkome beim Hund [108]. (Quelle: Daniel Koch, Jonas Lauströer, Amir Andikfar)

▶ **Video 8.2** Osteosarkom am Humerus – Gangbeispiel.

oft visuell und palpatorisch an einer Schwellung erkannt. Frakturen in den proximalen Anteilen sind ohne Röntgenbild kaum als solche zu erkennen. Hunde mit fortgeschrittenen Osteosarkomen am proximalen Humerus vermeiden das Auffußen und halten Carpus und Ellbogen in Flexionsstellung. Das Bild gleicht einer Lähmung des N. radialis. Tumoren des distalen Femurs können klinisch mit einem Kreuzbandriss verwechselt werden, weil der Gang ähnlich ist und als Folge der Neoplasie Kreuzbandrisse entstehen können. Der regionale Lymphknoten ist meist vergrößert. Zum Zeitpunkt der Diagnose haben rund 99 % der Hunde Mikrometastasen in der Lunge und zuweilen husten sie deswegen.

Ein Gangbeispiel ist als Video (Video 8.2) verfügbar.

**Bildgebende Diagnostik und erweiterte Datenbasis** Das Osteosarkom wird auf Röntgenbildern wie folgt erkannt: Schlechte Abgrenzung zwischen normalem und betroffenem Knochengewebe, Knochenauflösung in der Kompakta, starke periostale Zubildungen, Ablösung des Periosts (▶ Abb. 8.17). Im Regelfall beschränkt sich das Osteosarkom auf einen Knochen und überschreitet die Gelenkgrenze nicht. Zu einer kompletten Abklärung gehören mehrere Knochenbiopsien mit einer Knochenstanze, ein Lymphknotenpunktat und Röntgenbilder der Lungen im Hinblick auf das Entdecken von Frühmetastasen. In unklaren Fällen soll die radiologische Untersuchung nach 4 Wochen wiederholt werden.

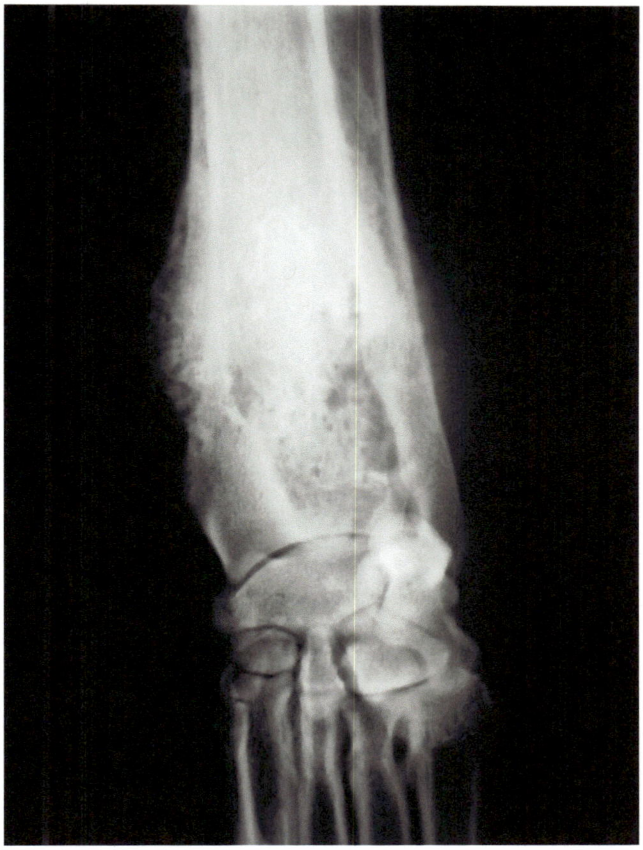

▶ **Abb. 8.17** Osteosarkom des distalen Radius bei einem 8 Jahre alten Leonberger.

**Therapie** Da in den meisten Fällen das Osteosarkom bereits Fernmetastasen abgelegt hat, ist die Behandung als palliativ anzusehen. Die Amputation der betroffenen Gliedmaße führt zu einer gemittelten Überlebenszeit von ca. 4 Monaten resp. zu einem 1 Jahr Überlebensintervall bei 10 % der Patienten.

Für die Spezialpraxis: Amputation oder gliedmaßenerhaltende Tumorresektion (Limb-Sparing-Operation, ▶ Abb. 8.18) mit zusätzlicher Chemotherapie verlängert das Überleben auf 7–12 Monate resp. auf ein 1-Jahr-Überlebensintervall bei 33–64 % der Patienten. Mittels Radiotherapie können die Überlebenschancen verbessert werden oder sie wird als alleinige und palliative Methode eingesetzt [103].

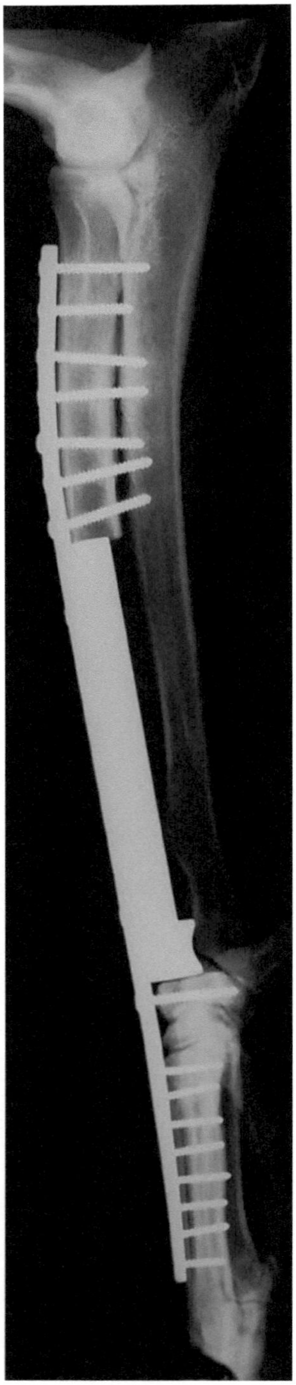

▶ **Abb. 8.18** Beinerhaltende Therapie bei einem Osteosarkom des distalen Radius, die sog. Limb-Sparing-Technik. (Quelle: Klinik für Kleintierchirurgie der Vetsuisse-Fakultät Universität Zürich, Schweiz)

### 8.2.8 Gelenktumoren

**Ätiologie und Pathogenese** Gelenktumoren sind selten, jedoch maligne. Der häufigste ist das Synovialzellsarkom, welches aus undifferenzierten mesenchymalen Zellen in Gelenknähe entsteht. Meist sind 2 Zelllinien enthalten, was die histologische Diagnose erschwert. Der Tumor heftet sich der Gelenkkapsel auf der Außenseite an, kann aber auch ins Gelenk hineinwachsen. Typisch für das Synovialzellsarkom ist die im fortgeschrittenen Stadium beobachtete Destruktion der beiden am Gelenk beteiligten Knochen.

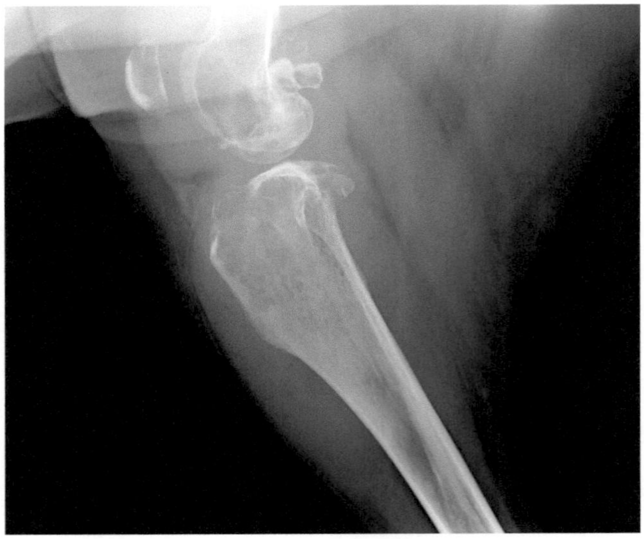

▶ **Abb. 8.19** Ein Synovialzellsarkom beim Kniegelenk. (Quelle: Klinische Radiologie, Vetsuisse-Fakultät Universität Bern, Schweiz)

**Aus dem klinischen Untersuchungsgang** Es ist kaum möglich, die Diagnose mit dem orthopädischen Untersuchungsgang allein zu stellen. Da viele der Tumoren im Knie (S. 120) lokalisiert sind, wird zunächst ein partieller oder kompletter Kreuzbandriss vermutet. Die Hunde hinken zu Beginn leicht, eine Anlauflahmheit kann vorhanden sein, der Verlauf ist progressiv. Der popliteale Lymphknoten ist wenig vergrößert. Das Kniegelenk ist diffus geschwollen und dolent bei Extension und beim Schubladentest (S. 123). Es ist keine Krepitation spürbar. Auch in anderen Gelenken wie Tarsus (S. 113), Ellbogen (S. 145) oder Schultergelenk (S. 151) werden ähnliche, unspezifische Befunde erhoben.

**Bildgebende Diagnostik und erweiterte Datenbasis** Auf Röntgenbildern wird eine Kniegelenkschwellung beobachtet (▶ **Abb. 8.19**). Im Gegensatz zum Kreuzbandriss kann sie ein unregelmäßiges Muster annehmen und in weit peripheren Gelenkanteilen sichtbar sein. Im fortgeschrittenen Stadium sind Destruktionen der dem Gelenk benachbarten Knochenareale sichtbar, was ein typisches Zeichen für ein Synovialzellsarkom ist. Im Gegensatz dazu sind die Osteosarkome monoossär destruktiv. Biopsien liefern Sicherheit über die Art des Gewebes, wobei es sich auch um andere Sarkome des Gelenks handeln kann.

**Therapie** Die lokale Resektion des Tumors führt zu einem Rückfall innerhalb von 1–24 Monaten. Eine Amputation der Gliedmaße verlängert das Leben der Hunde um durchschnittlich 17 Monate.

Für die Spezialpraxis: Histologisch als aggressiv eingestufte Synovialzellsarkome sollten Chemotherapie bekommen. Ein Viertel der Hunde hat regionale Metastasen und Lungenmetastasen, was die Lebenserwartung senkt.

### 8.2.9 Hypertrophe Osteopathie

**Ätiologie und Pathogenese** Der hypertrophen Osteopathie geht immer die Entwicklung einer großen Masse, meist eines Tumors oder Abszesses im Thorax oder im Abdomen voraus. Man geht davon aus, dass neurovaskuläre Reflexe im Zusammenhang mit der Grunderkrankung zu peripheren Shunts, damit zu lokaler

Hypoxie des Knochens und schließlich zu reaktiver Knochenzubildung führen. Diese periostalen perlschnurartigen Veränderungen finden sich nur an den Röhrenknochen, nicht aber im Bereich der Gelenke. Eine Regression bei Behandlung des Primärproblems ist möglich. Hypertrophe Osteopathie wird auch als hypertrophe Osteoarthropathie oder als Marie-Bamberger-Syndrom bezeichnet.

**Aus dem klinischen Untersuchungsgang** Die Erkrankung ist sehr selten. Wegen des Vorhandenseins einer Primärmasse, welche meist ein Tumor ist, sind die Patienten oft alt. Viele der Hunde gehören großen Rassen an. Die palpierbaren dolenten und von Ödemen begleiteten Schwellungen beginnen meistens an den distalen Vordergliedmaßen. Im späteren Verlauf der Erkrankung wird eine milde Lahmheit registriert.

**Bildgebende Diagnostik und erweiterte Datenbasis** Röntgenbilder der Röhrenknochen liefern die charakteristischen regelmäßigen Periostzubildungen (▶ **Abb. 8.20**), welche sich in unterschiedlichem Ausmaß zuerst entlang der Metacarpi resp. der Metatarsi und dann entlang der langen Röhrenknochen ausbreiten. Zur Diagnosesicherung gehört auch das Identifizieren des Primärproblems im Thorax oder im Abdomen.

**Therapie** Behandlung und Prognose hängen stark von der Natur des Primärproblems ab. Die sekundären Veränderungen an den Röhrenknochen sowie die damit verbundene Lahmheit sind regressiv. In den meisten Fällen handelt es sich aber um einen Lungentumor, weswegen die Prognose generell als ungünstig einzustufen ist.

### 8.2.10 Ernährungsbedingte Erkrankungen

Ernährungsfehler wirken sich beim wachsenden Hund stärker aus als beim erwachsenen. Sie sind meist nicht allein ätiologisch, sondern wirken verstärkend, zusammen mit genetischer Prädisposition. Beachten Sie hierzu auch die Informationen zum Einfluss der Fütterung (S. 39).

## 8.3 Erkrankungen der Hintergliedmaße

### 8.3.1 Sesamoid-Erkrankung

Beachten Sie die Informationen zur Sesamoiderkrankung bei der Vordergliedmaße (S. 219).

### 8.3.2 Osteochondrose des Tarsus

Beachten Sie die allgemeinen Informationen zur Osteochondrose (S. 182).

### 8.3.3 Instabilität des Tarsus

#### Traumafolge

**Ätiologie und Diagnose** Eine Vielzahl der knöchernen tarsalen Instabilitäten (▶ **Abb. 8.21**) ist traumatisch verursacht. Sie sind palpatorisch und radiologisch mittels gehaltenen Aufnahmen (seitliche Stressaufnahmen, Hyperextensions- und Hyperflexionsaufnahmen) einfach zu diagnostizieren. Die kleinen

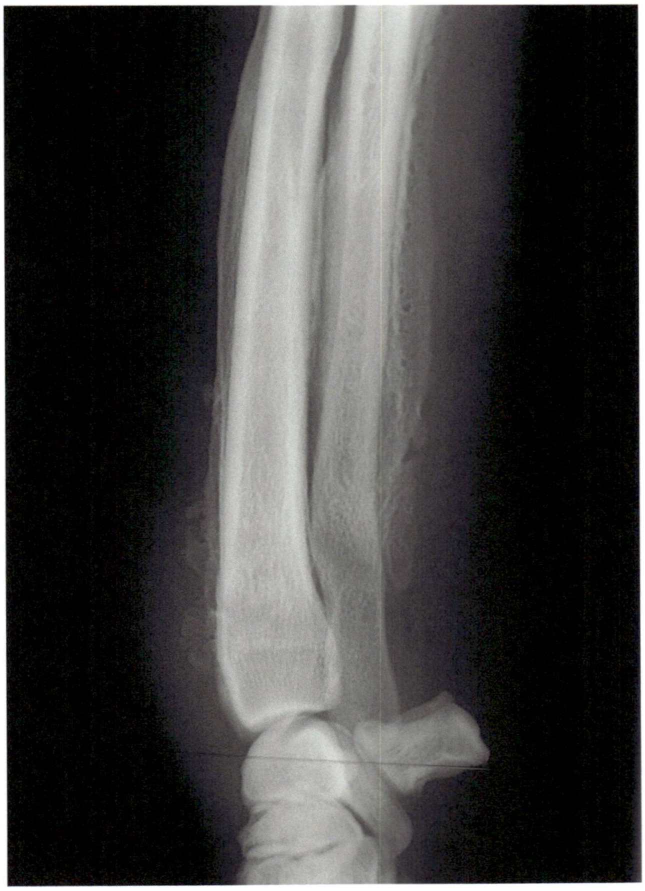

▶ **Abb. 8.20** Periostale Auflagerung auf Radius und Ulna als Ausdruck einer hypertrophen Osteopathie, Der Hund hatte multiple Lungenmetastasen unbekannter Herkunft.

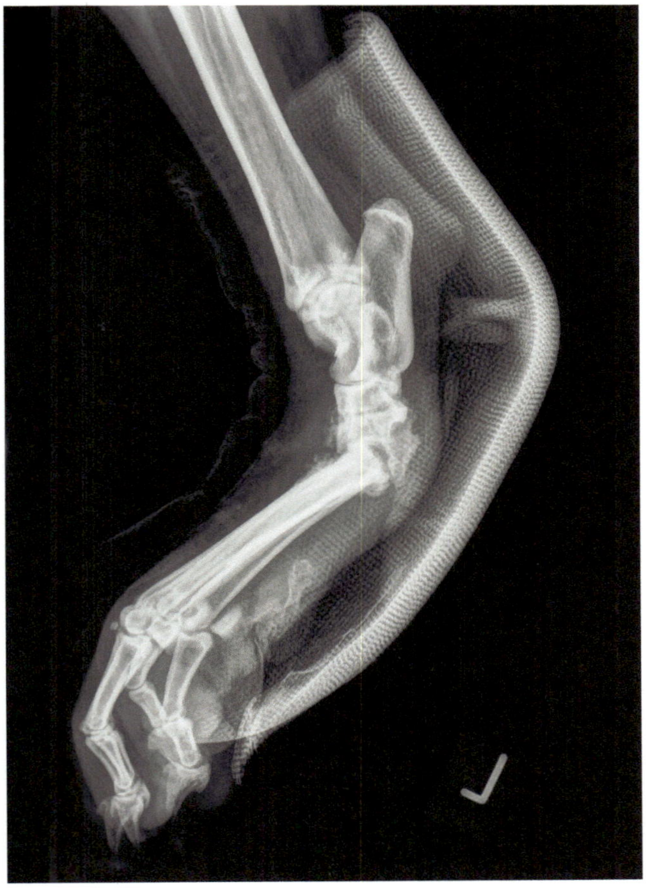

▶ **Abb. 8.21** Tarsometatarsale Instabilität bei einem Barsoi und temporäre Fixation mit einem Verband mit Kunstharzeinlage.

Knochen bestehen zu großen Teilen aus kortikalem Gewebe, sind durch kurze straffe Ligamente verbunden und nur schwach durchblutet.

**Therapie und Prognose** Intertarsale Rupturen und Luxationen werden nur bei Welpen unter 6 Monaten mittels Ruhigstellung und Schienung abheilen. Der Prozess der fibrösen Regeneration wird innerhalb von 6–8 Wochen zu einer ausreichenden Stabilität führen. Seitenbandrupturen des Talokruralgelenks können in der Regel rekonstruiert werden und haben eine ausgezeichnete Prognose. Instabilitäten als Folge von Avulsionen der Malleoli werden mittels Zuggurtung fixiert.

Für die Spezialpraxis: Intertarsale und tarsometatarsale Luxationen und Rupturen bei Hunden über 10 Monate erfordern aufwendige Rekonstruktionen mit unsicherer Prognose oder sie enden meist direkt in einer Teil-Arthrodese. Traumatisch verursachte Calcaneusfrakturen werden mit Zuggurtungen oder Platten fixiert (▶ **Abb. 8.22**). Ausgedehnte Traumata, Frakturen des Talus und vorbestehende Arthrose können zu einer Panarthrodese Anlass geben.

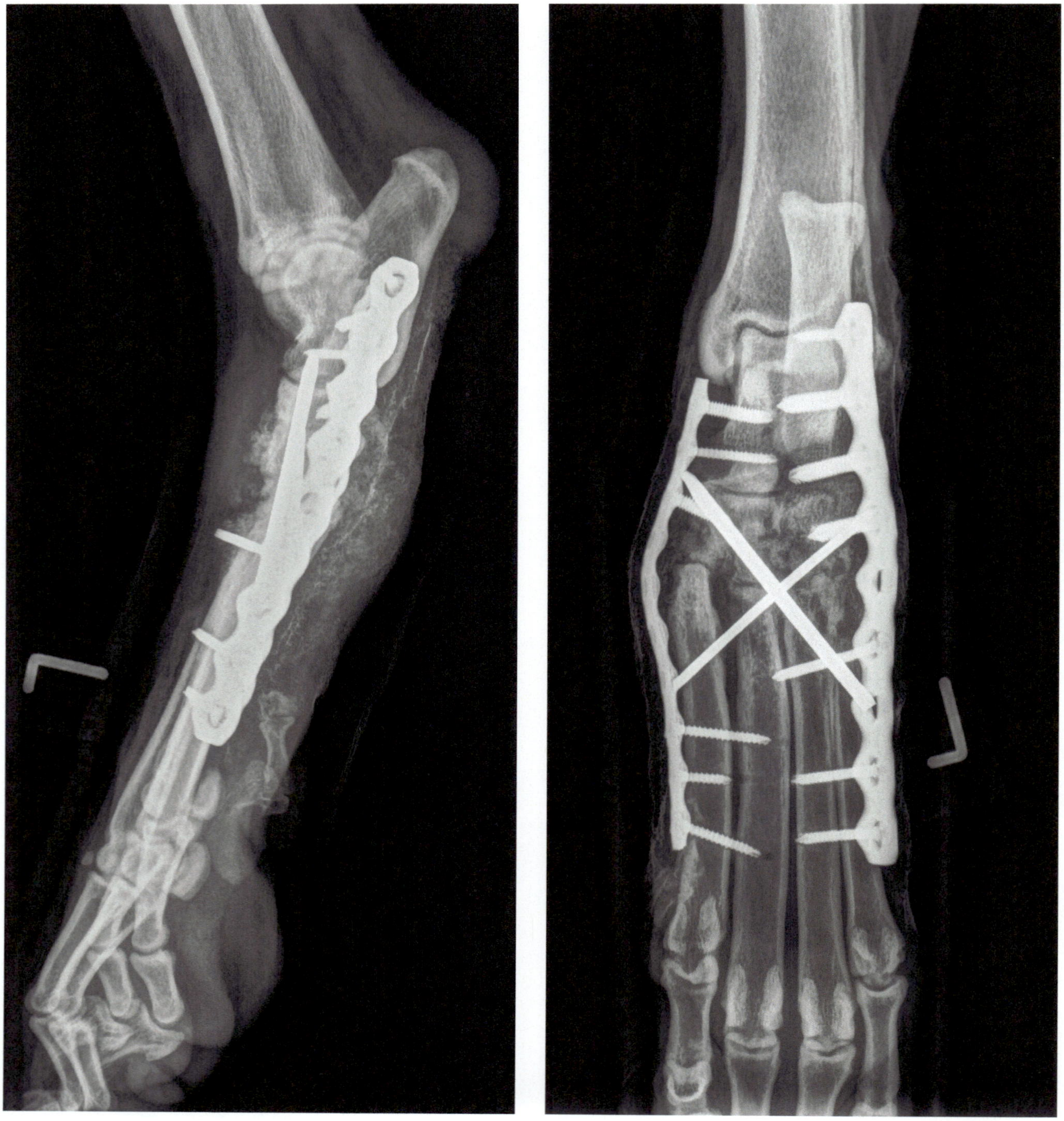

▶ **Abb. 8.22** Fixation einer tarsometatarsalen Instabilität mittels Kreuzspickung, medialer und lateraler Plattenfixation (teilweise winkelstabile Schrauben).

## Spontanfrakturen Calcaneus

**Ätiologie und Diagnose** Die Ursache für Spontanfrakturen des Calcaneus bei Hunden (▸ **Abb. 8.23**) ist nicht bekannt. Collieartige und übergewichtige Hunde sind prädisponiert. Einige Hunde erleiden eine kalkaneotarsale Subluxation, welche das gleiche klinische Bild ergibt. Die vorgestellten Patienten haben keine Traumaanamnese und zeigen einseitig oder beidseitig einen teilweisen oder komplett plantigraden Gang. Nicht selten finden sich Druckstellen auf der Haut über dem Calcaneus, weil diese beim Auffußen auf dem Boden verletzt wird. Der Fersensehnenstrang ist intakt. Röntgenbilder reichen zur Diagnosestellung aus.

**Therapie** Für die Spezialpraxis: Einem konservativen Vorgehen mittels Schiene oder Orthese wird kein Erfolg beschieden sein, weil die Haut, Knochen oder gar der Fersensehnenstrang Drucknekrosen erleiden werden. Zudem führen die starken Muskelstränge zu Zugkräften, die die Heilung behindern können. Nur ein Auffrischen der Fragmentenden resp. eine korrekt durchgeführte Arthrodese, welche mit Platten, Fixateur externe und Zuggurtungen für mindestens 6 Monate gehalten wird, wird zum Ziel eines normalen Gangbildes führen (▸ **Abb. 8.24**).

## Riss des Fersensehnenstranges

**Ätiologie und Diagnose** Der Fersensehnenstrang (S. 88) (Tendo calcaneus communis, früher als Achillessehne bezeichnet) besteht aus 3 Anteilen. Es sind dies die Sehne des M. gastrocnemius, die Sehne des M. flexor digitalis superficialis und die gemeinsame Endsehne der Mm. biceps femoris, gracilis und semitendinosus. Den größten Teil nimmt dabei der M. gastrocnemius ein. Mit Ausnahme des M. flexor digitorum superficialis inserieren alle am Calcaneus. Letztgenannter Muskel bildet die sog. Fersenkappe und zieht als Beuger an die Zehen.

Auslöser für Risse sind stumpfe und spitze Traumata sowie chronische Gaben von Kortikosteroiden, welche das Bindegewebe schwächen und zu Spontanrissen führen. Hunde mit einem Riss des Fersensehnenstranges zeigen einen plantigraden Gang (▸ **Abb. 8.25**). Die Stümpfe der Achillessehne sind calcaneusnah als Auftreibungen gut zu palpieren. Risse werden oft bei Rennhunden beobachtet.

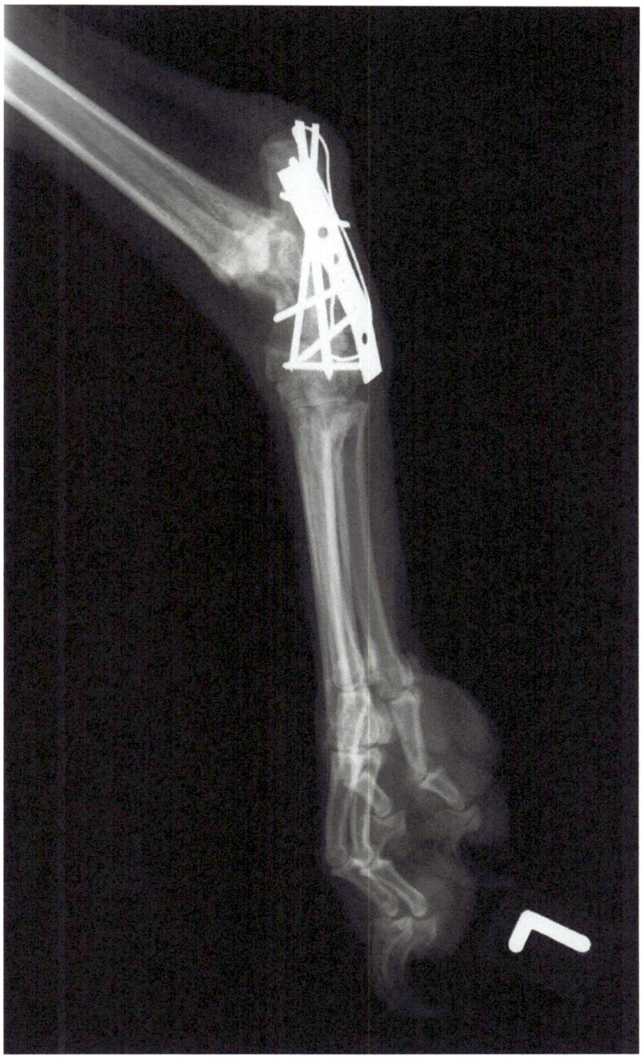

▸ **Abb. 8.24** Fixation des Calcaneus mit einer Kombination aus Zuggurtung und Plattenfixation, um die Zugkraft des Fersensehnenstranges (Lig. calcanei communis) aufzufangen.

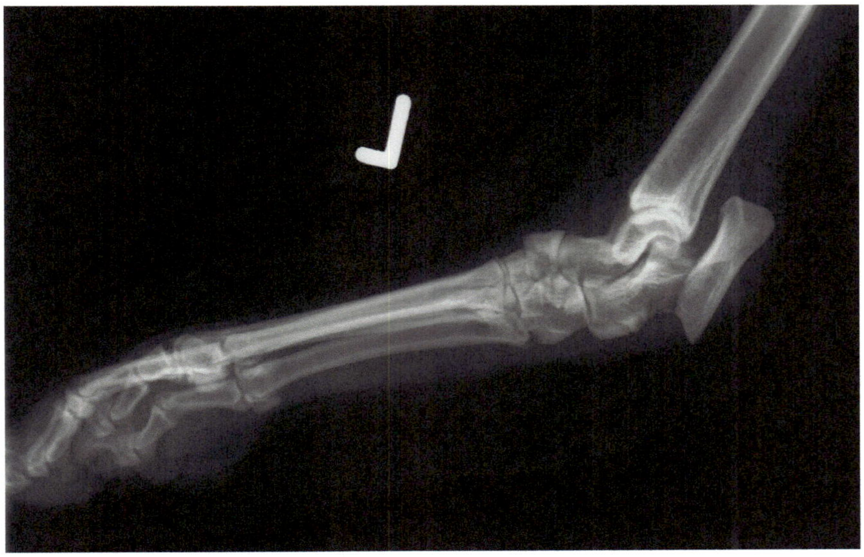

▸ **Abb. 8.23** Spontanfraktur des Calcaneus bei einem 4 Jahre alten Border Collie.

**Therapie** Für die Spezialpraxis: Die Therapie eines Risses des Fersensehnenstranges besteht in der adäquaten primären Versorgung der Sehnenstümpfe, welche mit Vorteil einzeln (Kessler- resp. Locking-Loop-Naht, Bunnellnaht, Three-Loop-Pulley-Naht) vernäht werden (▸ **Abb. 8.26**, ▸ **Abb. 8.27**). Die Sehne kann mit künstlichen Gerüstschichten (Submukosa des Schweinedarmes) verstärkt werden. Zusätzlich wird eine Immobilisation mittels Fixateur externe oder Schiene über 4–6 Wochen sehr empfohlen.

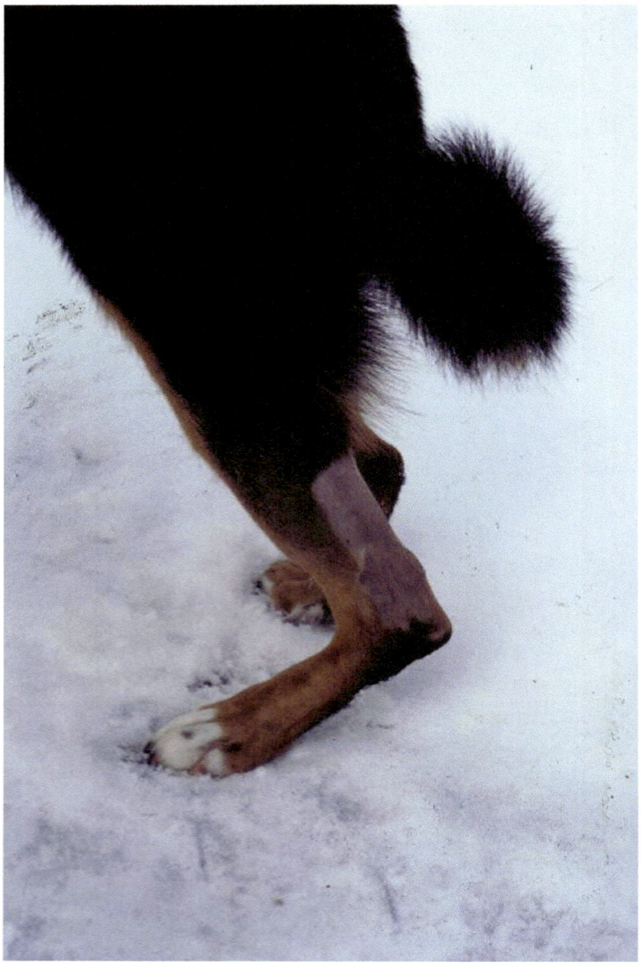

▸ **Abb. 8.25** Riss des Fersenensehnenstranges, der Hund zeigt einen plantigraden Gang.

## Fersenkappenluxation

**Ätiologie und Diagnose** Die Fersenkappe (S. 88) wird vom M. flexor digitorum superficialis gebildet. Ein seitliches laterales Luxieren wird praktisch ausschließlich beim Sheltie gesehen (▸ **Abb. 8.28**). Die Ursache ist unbekannt. Der Sulcus am Kaudalende des Calcaneus ist jedoch ungenügend tief ausgebildet. Das Gangbild ähnelt demjenigen der Patellaluxation. Die Fersenkappe kann in relaxiertem Zustand manuell nach lateral luxiert und reponiert werden [124].

**Therapie und Prognose** Zur Stabilisierung eignen sich je nach Schweregrad 3 Techniken: Die Fersenkappe wird mit nichtresorbierbaren Fäden im paratendinösen Gewebe fixiert; eine durch das Kaudalende des Calcaneus und um die Sehne gelegte Drahtschlinge zwingt die Sehne zur korrekten Führung (▸ **Abb. 8.29**); der Sulcus am Calcaneus wird vertieft. Die Prognose ist gut.

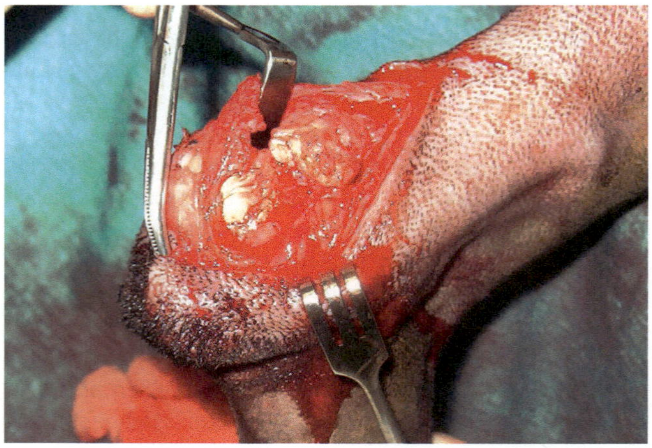

▸ **Abb. 8.26** Operationssitus bei einem Riss des Fersensehnenstranges: Ligamentenden sind auf Risshöhe aufgefranst und verdickt.

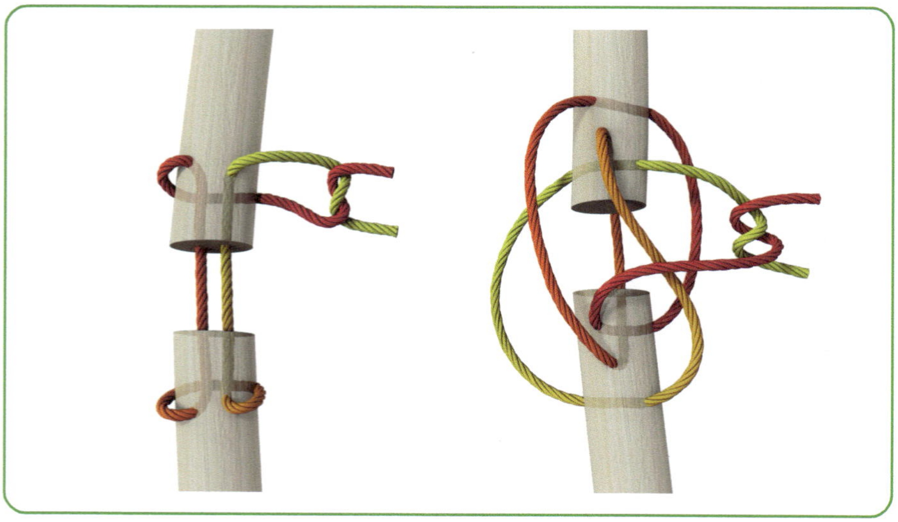

▸ **Abb. 8.27** Zwei häufig gebrauchte Sehnennähte: Locking Loop (links) und Three Loop Pulley Pattern (rechts). (Quelle: Daniel Koch, Jonas Lauströer, Amir Andikfar)

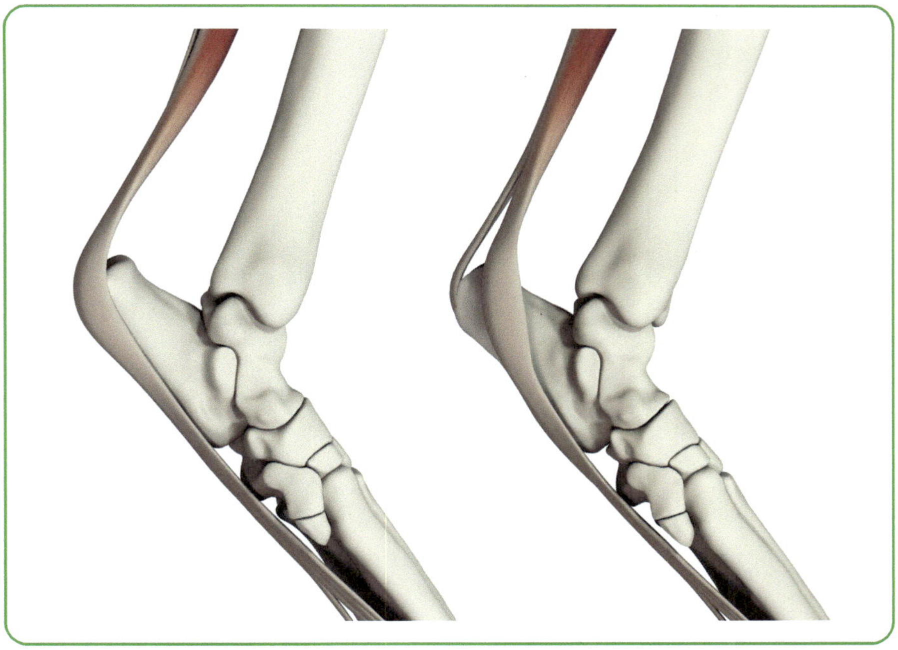

▶ **Abb. 8.28** Fersenkappen luxieren vornehmlich nach lateral. Die Fersenkappe ist Bestandteil des M. flexor digitorum superficialis. (Quelle: Daniel Koch, Jonas Lauströer, Amir Andikfar)

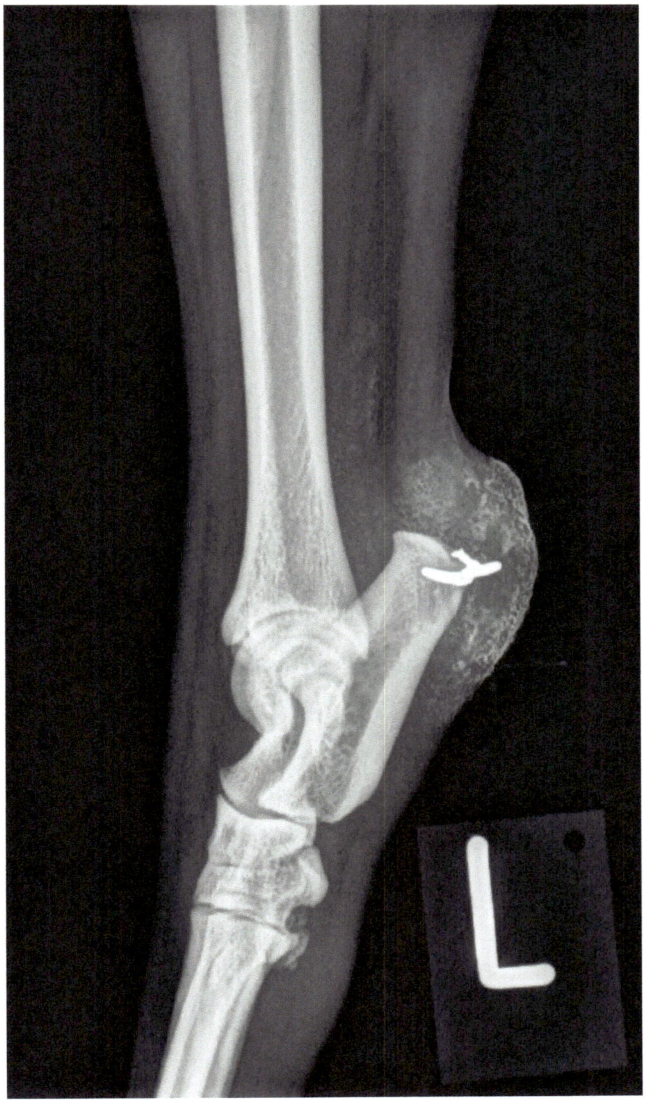


▶ **Abb. 8.29** Erfolgreiche Reposition der Fersenkappe und Führung der Sehne mit einer Drahtschlinge durch den Calcaneus.

### 8.3.4 Kreuzbandriss

**Ätiologie und Pathogenese** Der vordere Kreuzbandriss (vKBR) entsteht beim Menschen normalerweise durch eine äußere Einwirkung, z. B. beim Fußballspielen oder Skilaufen. Starke Kräfte auf den Unterschenkel oder unkontrollierte Drehbewegungen lassen das dicke vordere Kreuzband (S. 90) auf einen Schlag reißen. Lange Zeit glaubte man auch beim Tier an diese Krankheitsentstehung, wobei wildes Herumtollen auf unebenem Grund und wiederholte Sprünge als Erklärungen herbeigezogen wurden.

Das kritische Hinterfragen der Entstehung des vKBR beim Hund liefert einige Fakten, welche eine andere Ursache als Sport wahrscheinlich machen: Entfernte Kreuzbandreste weisen Zeichen längerer Degeneration auf; meistens kommt es zu Teilrissen, erst später zu Totalrissen. Eine massive Krafteinwirkung auf das Knie wird beim Hund nicht beobachtet; die Kniegelenkbiomechanik ist beim Hund anders als beim Menschen. Je schwerer ein Hund ist, desto häufiger tritt ein vKBR auf. Rassen wie Rottweiler, Neufundländer und Staffordshire Terrier sind mehr als andere Rassen betroffen. Ist ein Knie betroffen, wird nicht selten das andere auch einen Kreuzbandriss haben. Auf den Röntgenbildern ist bei sog. „akuten“ Rissen oft schon Arthrose zu sehen [104], [130].

Die biomechanische Erklärung für den vorderen Kreuzbandriss wird in den USA und in Europa kontrovers diskutiert und unterschiedlich in Therapien umgemünzt. Eine sinnvolle und für den Kliniker verständliche Herleitung identifiziert den Quadrizepsmuskel als Hauptkraftgeber des Kniegelenks (▶ **Abb. 8.30**). Zerlegt man ihn gemäß Vektoranalyse, so zieht ein Teil senkrecht zum Tibiaplateau ($F_{JC}$), während sein nach kranial gerichteter Anteil, die Scherkraft (cranial tibial thrust, CTT), permanent am vorderen Kreuzband zieht. Diese Kraft ist umso stärker, je größer und übergewichtiger der Hund ist (z. B. Rottweiler, Neufundländer, Labradore), je steiler die Hinterhand steht (z. B. Boxer, viele sog. Kampfhunde), je aktiver der Hund, je schmaler die proximale Tibia ausgebildet ist und je steiler das Tibiaplateau abfällt [107],

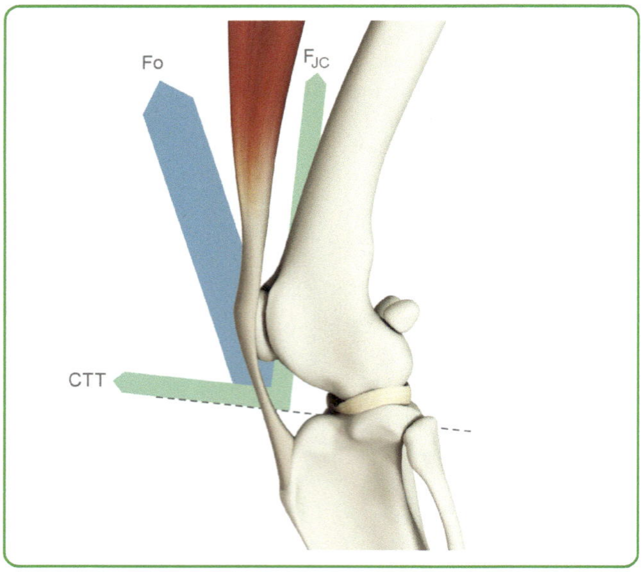


▶ **Abb. 8.30** Zusammenfassung und schematische Vereinfachung der Hauptkräfte im Kniegelenk. Der Hauptkraftgeber, der M. quadriceps femoris, zieht etwas nach kranial und nach proximal, die resultierende Scherkraft wird vom vorderen Kreuzband neutralisiert. $F_Q$ = Kraft des M. quadrizeps, CTT = cranial tibial thrust, $F_{JC}$ = joint compressiv force. (Quelle: Daniel Koch, Jonas Lauströer, Amir Andikfar)

[121]. Das vordere Kreuzband erleidet dabei zuerst einen Teilriss, später einen vollständigen Riss.

Meniskusschäden werden meist am medialen kaudalen Horn zu finden sein, weil der mediale Meniskus wegen seiner Befestigung zum medialen Kollateralband wenig mobil ist. Zudem bestehen nicht unerhebliche Rotationsbewegungen bei der Fußungsphase. Diese können verantwortlich sein für eine Vorschädigung des vorderen Kreuzbandes sowie eine Traumatisierung des medialen Meniskus im instabilen Kniegelenk.

**Aus dem klinischen Untersuchungsgang** Hunde mit einem Kreuzbandriss zeigen eine typische Anlauflahmheit ohne klare Traumaanamnese. Das Hinterbein wird in einer Beugehaltung getragen und der Boden manchmal nur mit der Fußspitze berührt. Nicht selten werden Episoden mit wechselnder Lahmheitsintensität beobachtet, was auf die mehrfachen Teilschädigungen des Kreuzbandes (S. 120) hinweist. Die Muskulatur des Beines schwindet und ein Gelenkerguss ist spürbar. Beim Einklemmen des medialen Meniskus (S. 125) wird die Lahmheit noch deutlicher bis hin zum kompletten Entlasten des Beines.

Bei einem vKBR entsteht das Schubladenphänomen. Es wird am besten beim liegenden Hund und bei leichter Beugehaltung ausgelöst. Bei partiellen Rissen ist das Knie stabil, der Schubladentest (S. 123) und die Innenrotation der Tibia aber schmerzhaft (▶ Abb. 8.31). Ebenso können starke Arthrose oder ein komplett nach kranial umgeklapptes mediales Meniskushorn einen Schubladentest negativ ausfallen lassen. Der sog. Tibia-Kompressionstest (S. 124) ist eine alternative Methode. Dabei wird bei gestreckt gehaltenem Kniegelenk das Tarsalgelenk gebeugt. Der Spannsägemechanismus, gehalten durch den gespannten Fersensehnenstrang, zwingt die proximale Tibia nach kranial, sofern das vordere Kreuzband gerissen ist. Dieser Test ist bei großen Hunden schwierig auszuführen.

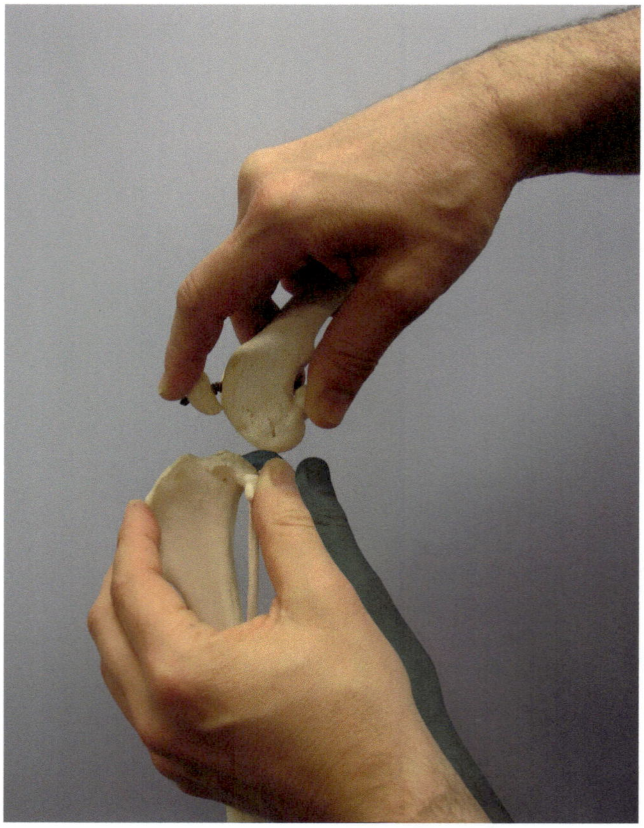

▶ **Abb. 8.31** Schematische Darstellung des Schubladentestes zur Diagnose eines vorderen Kreuzbandrisses.

▶ **Video 8.3** Der Kreuzbandriss – Gangbeispiel und positiver Schubladentest.

Hunde mit einer medialen Patellaluxation (S. 122) erleiden nicht selten in fortgeschrittenem Alter einen vKBR, weil die erhöhte Innenrotation der Tibia das vordere Kreuzband schwächt.

Hintere Kreuzbandrisse sind extrem selten und meistens traumatisch bedingt. Ein Unterscheiden von hinterem zu vorderem Riss ist nicht ganz einfach, allerdings mit Erfahrung möglich. Es wird das Empfinden des Stopps am Ende der Kranialverschiebung der Tibia beurteilt. Beim hinteren Kreuzbandriss limitiert das gestraffte vordere Kreuzband die Bewegung, was zu einem plötzlichen Stopp führt. Beim vorderen Kreuzbandriss wirkt die Gelenkkapsel als Stopper, was zu einem eher weichen Stopp führt.

Ein Gangbeispiel ist als Video (Video 8.3) verfügbar.

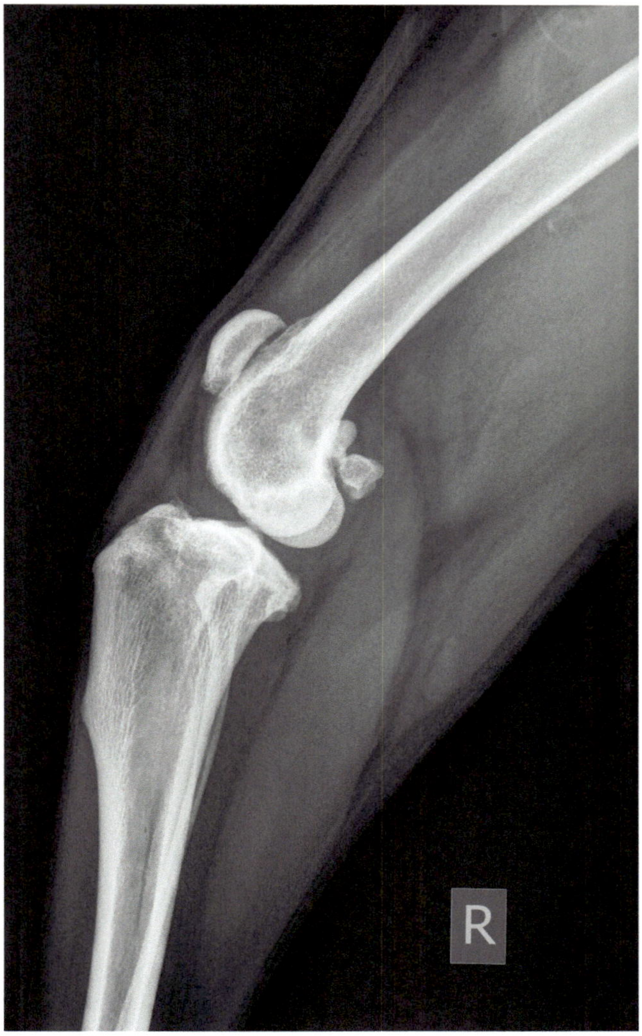


▶ **Abb. 8.32** Röntgenbild eines Knies mit komplettem vorderen Kreuzbandriss im laterolateralen Strahlengang: Erguss im kranialen und kaudalen Kniegelenk, beginnende Arthrose, Subluxation der Tibia.

**Bildgebende Diagnostik** Die klinische Diagnose mittels positiven Schubladentestes ist ausreichend. Röntgenbilder werden zur Diagnosesicherung bei partiellem Riss und zum Ausschluss anderer Erkrankungen wie z. B. einer Neoplasie angefertigt. Sie zeigen bei einem vKBR einen Gelenkerguss im kranialen und kaudalen Kompartiment des Kniegelenks (▶ **Abb. 8.32**). Dabei wird das infrapatelläre Fettpolster durch die erhöhte Synoviamenge eingeengt und nicht mehr als Dreieck erkennbar sein. Das Sesambein im M. popliteus kann nach kaudal verlagert werden. Anzeichen von Arthrose können bei chronischem Verlauf sichtbar sein am distalen Patellapol, entlang des Sulcus femoris, am kranialen und kaudalen Ende des Tibiaplateaus und entlang des medialen und lateralen Gelenkkapselrandes. Gelegentlich wird eine Subluxation der Tibia festgestellt.

**Therapie** Kleinhunde kompensieren die Instabilität im Kniegelenk mitunter recht gut mittels Kapselfibrose und muskulärer Kompensation (ebenso wie normalgewichtige Katzen). Eine Operation ist deswegen nicht zwangsläufig indiziert. Die Fibrose kann auch operativ durch eine Kapsel- resp. Faszienraffung unterstützt werden.

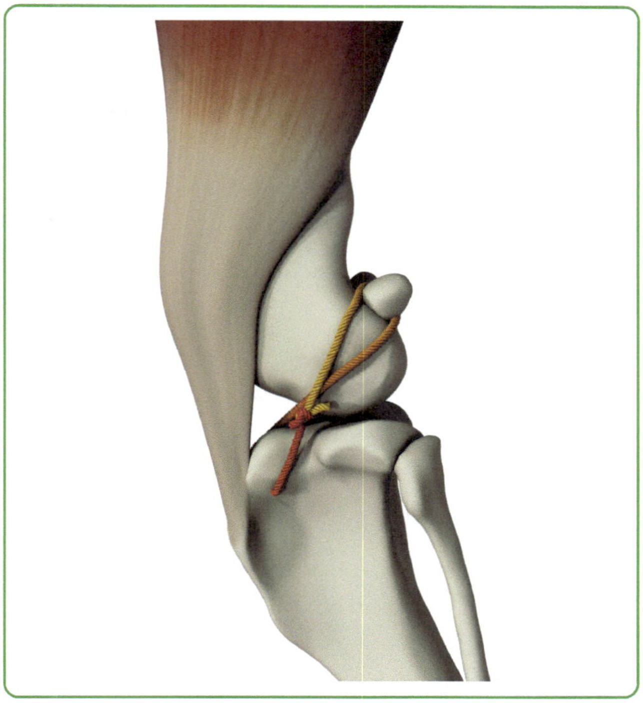

▶ **Abb. 8.33** Schematische Darstellung der Fadenführung für die extrakapsuläre Stabilisierung bei vorderem Kreuzbandriss, Methode nach de Angelis. (Quelle: Daniel Koch, Jonas Lauströer, Amir Andikfar)

Der vKBR soll bei Tieren über 5 kg Körpergewicht operativ versorgt werden, weil ein unbehandelter Riss schnell zu massiver Arthrose und zu einer markanten Verschlechterung der Lebensqualität führt. Je nach Gewichtsklasse des Patienten, wirtschaftlichen Überlegungen sowie Ausrüstung und Können des Tierarztes kann unter verschiedenen Methoden gewählt werden.

Wie beim Menschen kann man auch beim Tier das Kreuzband mittels Umlegung von starken Muskelfaszien oder Sehnenplatten ersetzen. Sie sollen das Kreuzband anatomisch korrekt ersetzen. Die Enden werden vernäht oder angeschraubt. Diese Therapie wurde vor allem zu Beginn der modernen Kleintierorthopädie eingesetzt. Dank dem Einsatz von künstlichen Materialien und verbesserter Fixation an den Knochen wird diese Art des Bandersatzes noch immer mit Erfolg bei kleinen Hunden angewendet.

Das Kreuzband kann auch mit dicken Fadenplastiken außerhalb des Gelenks ersetzt werden (extrakapsulärer Bandersatz). Der Faden wird in einer Achterschlinge in der proximalen Tibia und hinter dem lateralen und medialen Sesambein verankert (▶ **Abb. 8.33**). Es werden bis zu 3 Fäden eingesetzt. Das Material ist aus Stahl, Silch oder nichtauflösbarem Polyester. Der künstliche Bandersatz hält in der Regel bei kleinen Hunden recht gut, auch wenn seine Verankerungspunkte bei Flexion und Extension des Kniegelenks keine isometrische Distanz ergeben, die natürliche Torsion des Kniegelenks nicht respektiert wird und die Scherkräfte ihn auch nach der Operation stark belasten.

Für die Spezialpraxis: Alternative Methoden bedienen sich einer Änderung der Kniebiomechanik, sodass das Kreuzband gar nicht mehr ersetzt werden muss. Entweder wird dabei das Tibiaplateau angehoben (tibia plateau levelling osteotomy,

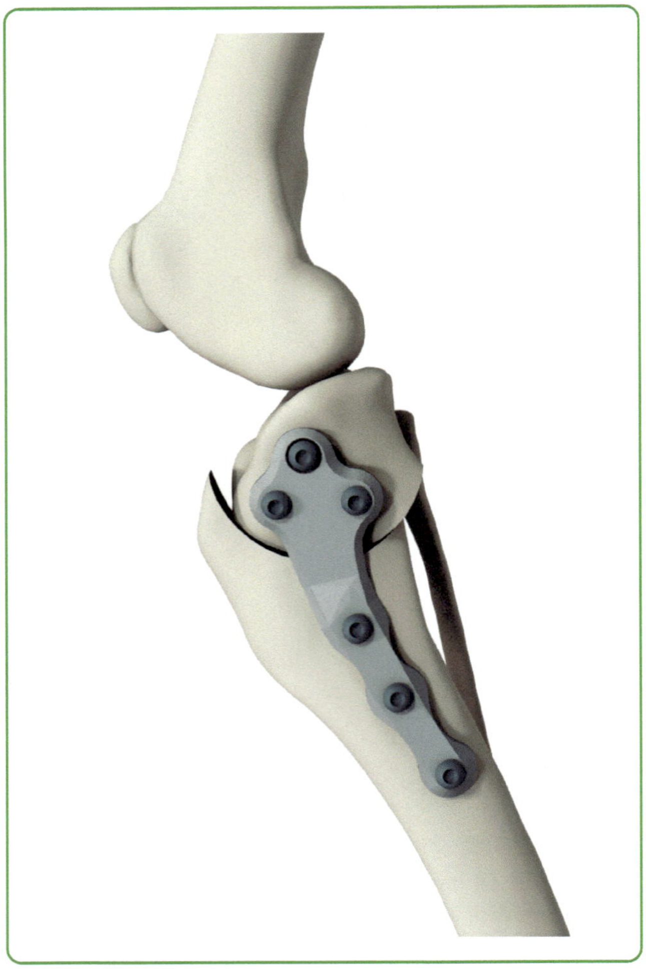

▸ **Abb. 8.34** Tibia plateau leveling osteotomy (TPLO): Die Tuberositas tibiae wird kreisförmig osteotomiert, gedreht und fixiert. (Quelle: Daniel Koch, Jonas Lauströer, Amir Andikfar)

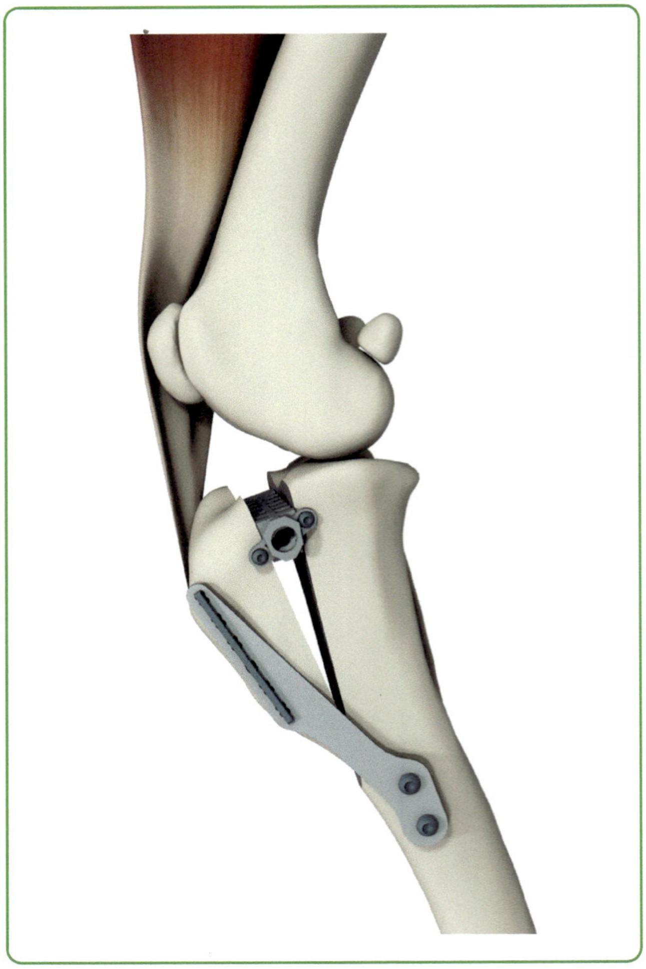

▸ **Abb. 8.35** Tibial tuberosity advancement (TTA): Der proximale Anteil der Tibia wird vergrößert, wodurch die Scherkräfte im Knie minimiert werden. (Quelle: Daniel Koch, Jonas Lauströer, Amir Andikfar)

TPLO; ▸ **Abb. 8.34**) [122] oder der Ansatz des Patellaligaments wird nach kranial versetzt (tibial tuberosity advancement, TTA; ▸ **Abb. 8.35**, ▸ **Abb. 8.36**) [115]. Bei beiden Methoden ist die Kraft, welche das Kreuzband noch aufnehmen müsste, praktisch auf null reduziert. Deswegen wird das Kreuzband gar nicht mehr rekonstruiert. Bei schweren Hunden und Hunden mit starker Arthrose sind diese Osteotomietechniken heute die Methoden der Wahl. Die Nachsorge gestaltet sich einfacher als bei einem Bandersatz und schon nach ca. 6 Wochen besteht keine Gefahr mehr, dass ein Fadenriss den Erfolg der Operation infrage stellt.

Unabhängig von der Methode sollten die Hunde nach der Operation Schmerzmittel und Knorpelaufbaupräparate bekommen (vornehmlich Chondroitinsulfate, minimal 2 Monate). Physiotherapie, strenge Gewichtskontrolle und mäßige Bewegung sind weitere wichtige Maßnahmen in den ersten Monaten nach der Operation. Die Erholungszeit nach einer TTA oder TPLO beträgt ca. 3 Monate. Bei erfolgreichen Therapien ist sogar der Einsatz im Sport oder im Schutzdienst möglich.

### 8.3.5 Patellaluxation

**Ätiologie und Pathogenese** Die Ursachen für eine Patellaluxation, kurz PL, sind nicht genau bekannt. Morphometrische Untersuchungen an den Gliedmaßen und am Becken lieferten keine gesicherten Hinweise [129], außer dass eine offensichtliche traumatische oder wachstumsbedingte Verkrümmung der Hintergliedmaße oder eine veränderte Haltung der Gliedmaße z. B. nach Femurkopfresektion die Patella luxieren lassen kann. Erfahrungsgemäß fördert der Trend zur Miniaturisierung der Hunderassen die Luxation der Patella nach medial, während die Luxation nach lateral eher selten zu sehen ist. Betroffene Hunde kleiner Rassen sind unter anderen Französische Bulldogge, Mops, Pudel, Pekinese, Jack Russell Terrier, Chihuahua, Zwergspitz, Malteser, Papillon, Bolonka Zwetna. Vertreter großer Hunderassen sind Flat Coated Retriever, Appenzeller, Neufundländer, American Cocker Spaniel. Für Kooikerhunde wurde die Heritabilität berechnet und beträgt rund 27 % [128].

Die Patella luxiert vornehmlich bereits im ersten Lebensjahr. Die erstmalige Luxation führt zu einem Gelenkerguss, Schmerzen und einer akut auftretenden Lahmheit. Folgeluxationen sind weniger schmerzhaft, jedoch wird je nach Schweregrad und Frequenz der Luxation der retropatelläre und femorale Ge-

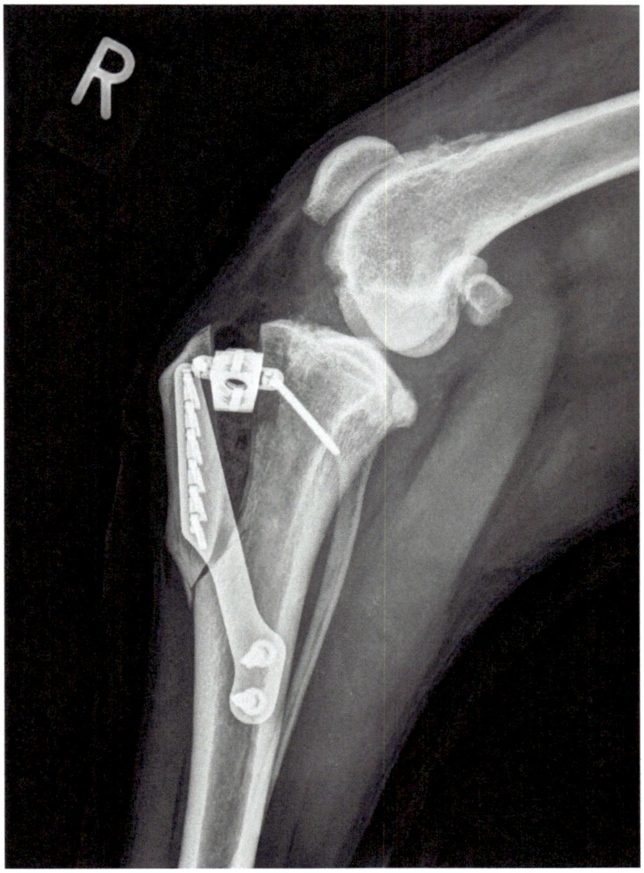


► **Abb. 8.36** Postoperatives Röntgenbild nach TTA.

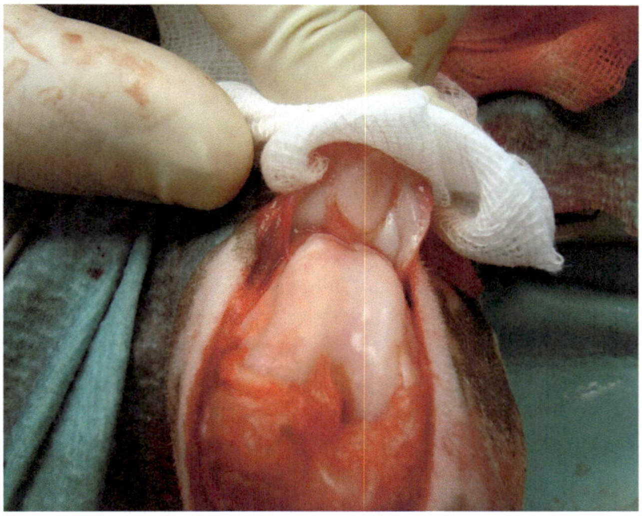

► **Abb. 8.37** Flach ausgebildeter Sulcus femoris und Knorpelabtragungen auf dem medialen Rollkamm sowie unter der Patella bei einem Pudel mit medialer Patellaluxation.

lenkknorpel stark abgenutzt, sodass nach einigen Monaten bis Jahren ein irreversibler Knorpelschaden mit ausgeprägter Abflachung des Sulcus femoris eintritt (► **Abb. 8.37**). Die Luxation nach lateral schädigt zudem den Ansatz des M. extensor digitorum longus. Bei einer luxierten Patella ist die funktionelle Einheit, bestehend aus Tuberositas tibiae, Patellaligament, Patella und M. quadriceps femoris, nicht fähig, die auffußende Hintergliedmaße vor dem Einknicken zu schützen. Die Hunde werden deswegen das Bein nicht benutzen und es in gebeugter Position halten. Durch Schüttel- und Drehbewegung der Hintergliedmaße kann die Patella ihre physiologische Stellung spontan wieder einnehmen, wodurch der normale Gang fortgesetzt wird. Dies äußert sich folgerichtig in der für die PL typischen intermittierenden Lahmheit. In chronisch verlaufenden Fällen wird ein Neosulcus am distalen Femur gebildet, welcher dem Quadrizepsmechanismus erlaubt, eine mehr oder weniger normale Gliedmaßenfunktion aufrechtzuerhalten.

PL werden in 4 Grade eingeteilt (► **Abb. 8.38**). Die Gradeinteilung folgt dem Amerikanischen Standard, wobei bei Grad 1 die Patella immer im Sulcus femoris anzutreffen ist und nach Luxation spontan zurückspringt, bei Grad 2 die Reposition durch die Manipulation am Bein (Beugen, Strecken, Rotation) erfolgt, bei Grad 3 die Patella medial oder lateral des Sulcus femoris anzutreffen ist und die Reposition nur mit dem Finger der Untersuchers gelingt und bei Grad 4 die Patella nicht mehr aus der luxierten Position in die physiologische Stellung zu bringen ist.

**Aus dem Untersuchungsgang** Die intermittierende Lahmheit mit Perioden von normalem Gang und Laufen auf 3 Beinen kann als pathognomonisch bezeichnet werden. Die wichtigen, aber sehr seltenen Differenzialdiagnosen sind die Fersenkappenluxation bei den Shelties und neurologische Leiden, wie sie beim Jack Russell Terrier vermutet werden. Zur Feststellung des

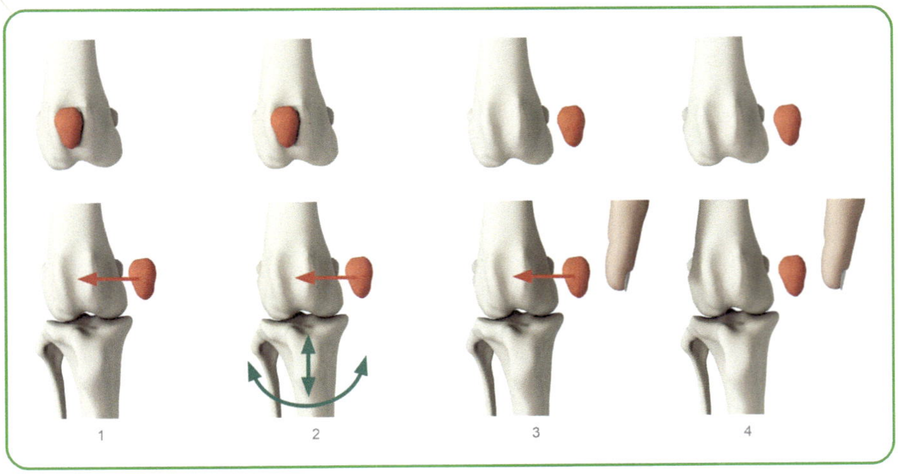


► **Abb. 8.38** Gradeinteilung bei Patellaluxation. Die obere Reihe zeigt die Patellaposition vor Manipulation des Knies (Patella im Sulcus bei Grad 1 und 2, Patella luxiert bei Grad 3 und 4). Die untere Reihe zeigt, wie die Patella reponiert wird (spontane Reposition bei Grad 1, Manipulation des Beines bei Grad 2, Zuhilfenahme des Untersucherfingers bei Grad 3, keine Reposition möglich bei Grad 4). (Quelle: Daniel Koch, Jonas Lauströer, Amir Andikfar)

Luxationsgrades werden die Hunde in stehender und liegender Position und zusätzlich in allen physiologisch möglichen Rotations-, Beuge- und Streckstellungen untersucht. In liegender Stellung umfasst die eine Hand des Untersuchers den Tarsus und manipuliert das Bein, während die andere Hand mit Daumen oder Zeigefinger die Patella (S. 122) luxiert. Die dabei anzuwendende Kraft soll dem Hund keine Schmerzen bereiten. Als Diagnose gilt der schlechteste Befund [109]. Das heißt z. B., dass eine beim stehenden Hund spontan luxierte Patella bereits den Grad 3 ergibt, auch wenn in liegender Stellung die Patella durch Manipulation des Beines spontan in den Sulcus femoris zurückspringt.

**Bildgebende Diagnostik und erweiterte Datenbasis** Die Diagnose einer PL ist ein rein klinisches Vorgehen. Da der Grad der Luxation erheblich vom Geschick und der Erfahrung des Untersuchers abhängt und damit ein erhebliches Maß an Subjektivität besteht, wäre eine wiederholt auswertbare und standardisierte Grundlage, wie sie z. B. Röntgenbilder bieten, sehr willkommen. Leider existiert solch ein Verfahren weder mit Radiografie noch mit CT oder MRT.

PL sind auf Röntgenbildern nur in seltenen Fällen zu erkennen. Bei angeborenen oder erworbenen Deformationen der Hintergliedmaßen wie O-Beinigkeit (genu varum; ▶ Abb. 8.39) oder X-Beinigkeit (genu valgum) kann die Patella auf den ventrodorsalen Aufnahmen medial resp. lateral der Femurcondylen entdeckt werden. Bei unklaren Fällen liefert eine Tangentialaufnahme mit gebeugter Extremität Aufschluss über die Patellaposition und die Tiefe des Sulcus femoris (▶ Abb. 8.40). Im Regelfall haben Hunde mit PL kaum Arthrosezeichen und nur wenig Kniegelenkerguss.

**Therapie** PL werden operiert, wenn die Hunde oft auf 3 Beinen gehen. Die besten Therapien sind diejenigen, welche die richtige relative Position von Patella und Femur wiederherstellen (Video 8.4, ▶ Abb. 8.41, ▶ Abb. 8.42, ▶ Abb. 8.43). Dazu wird vorzugsweise der Ansatz des geraden Kniescheibenbandes an der Tibia nach lateral resp. medial versetzt und der Sulcus femoris am Oberschenkel vertieft. Zu allen Teilschritten gibt es unterschiedliche Umsetzungen. So kann man die Tuberositas tibiae gerade oder leicht schräg (mit Kranialisation), komplett oder nur partiell osteotomieren. Eine sehr stabile und einfache Fixation erfolgt mittels Zuggurtung, aber auch Schrauben oder nur ein einzelner Pin kommen gelegentlich zum Einsatz. Die Sulkoplastie wiederum wird keilförmig oder als Block gemacht. Wichtig ist, dass die Führungsrinne so weit vertieft wird, dass die Patella nicht spontan luxieren kann. Weichteilstraffungen ergänzen die Operation.

Ein Gangbeispiel ist als Video (Video 8.4) verfügbar.

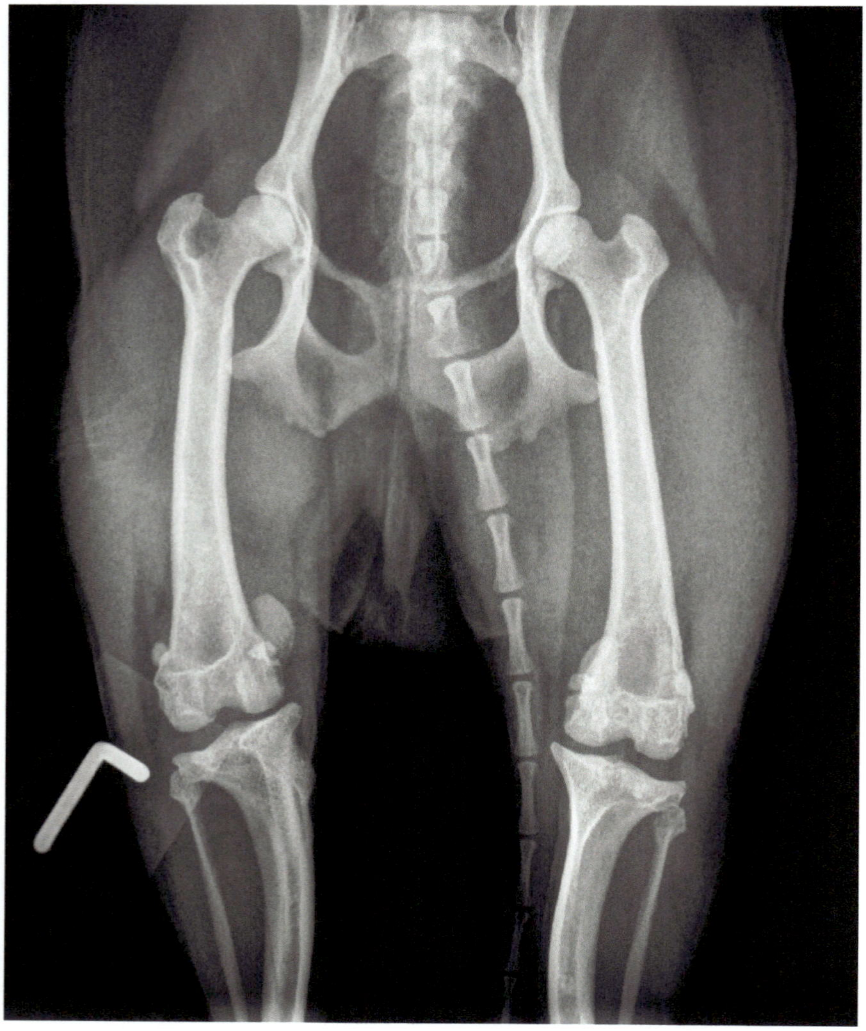

▶ **Abb. 8.39** Genu varum (O-Beine) bei einem 3 Jahre alten Yorkshire Terrier, die Patellae sind beidseitig nach medial luxiert.

Für die Spezialpraxis: Ein alternativer Ansatz ist die Halbprothese „patellar groove“. Bei dieser Methode wird der Sulcus femoris abgetragen und die Halbprothese aus Titan direkt unter die Patella verschoben und auf den Femur geschraubt (▶ Abb. 8.44). Diese neue Methode eignet sich hervorragend bei starken Knorpelerosionen oder sehr flachem Sulcus femoris. Auf eine Transposition und Fixation der Tuberositas tibiae kann verzichtet werden.

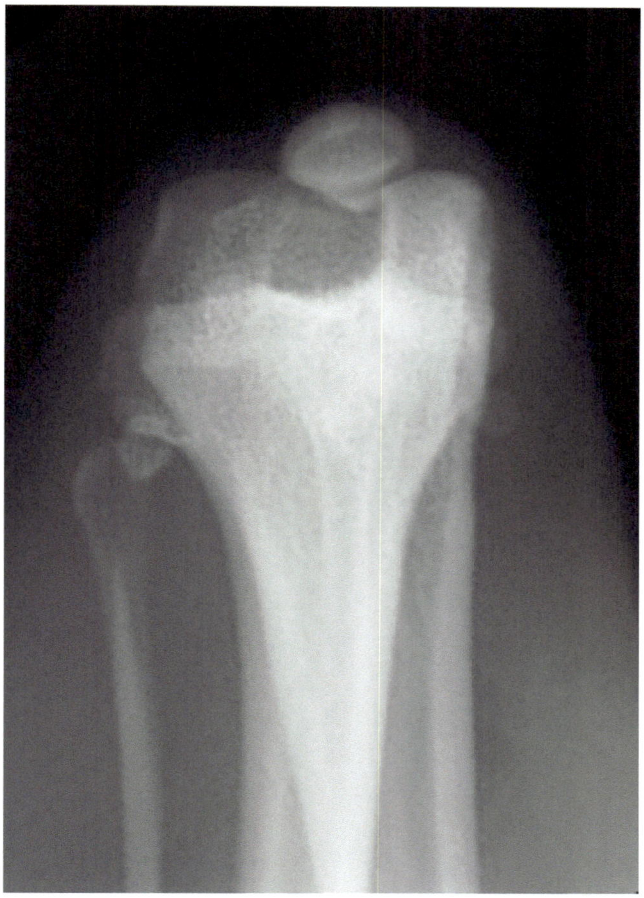

▶ **Abb. 8.40** Sogenannte Skyline-Aufnahme: Die Patella wird tangential geröntgt, wodurch deren relative Position zum Femur sowie der Sulcus femoris dargestellt werden. (Quelle: Patrick Blättler Monnier, Frenkendorf, Schweiz)

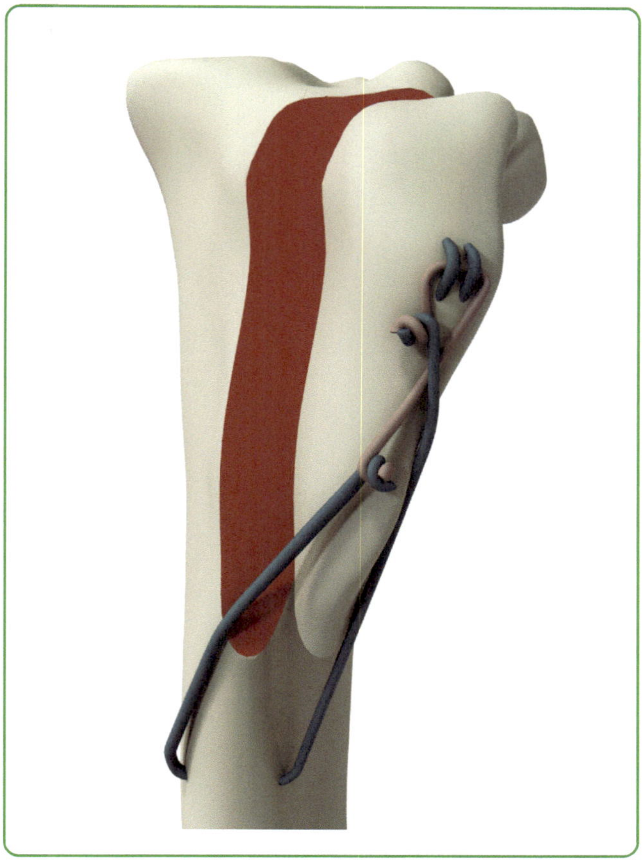

▶ **Abb. 8.42** Schematische Darstellung der Transposition der Tuberositas tibiae: Je nach Schweregrad und Luxationsrichtung wird die osteotomierte Tuberositas seitlich versetzt und mittels Zuggurtung fixiert. (Quelle: Daniel Koch, Jonas Lauströer, Amir Andikfar)

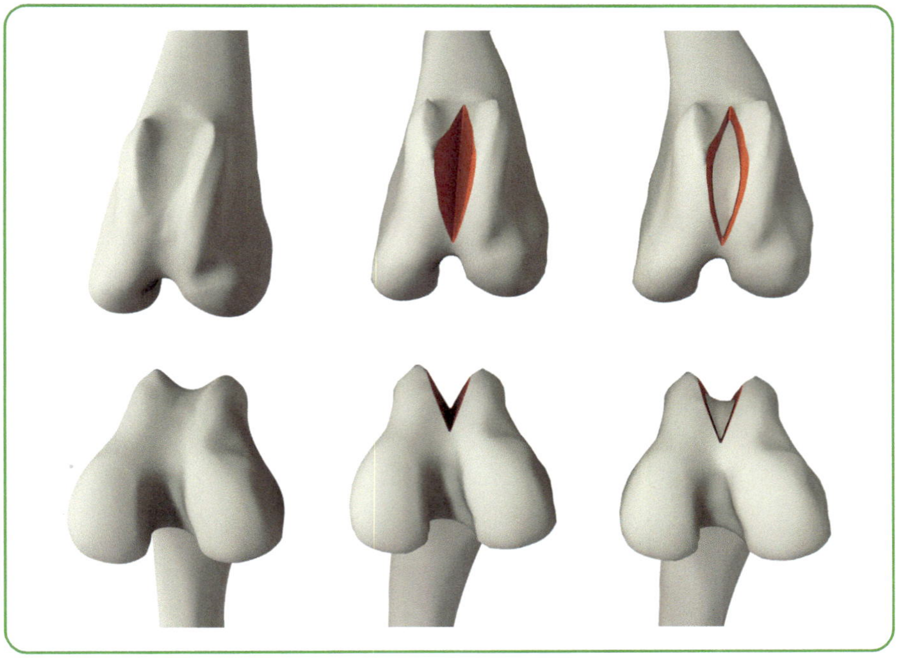

▶ **Abb. 8.41** Schematische Darstellung der Keilsulkoplastik bei der Behandlung der Patellaluxation: Nach Keilosteotomie, Entfernen einer kleinen Scheibe und Wiedereinsetzen des Keiles ist der Sulcus vertieft worden. (Quelle: Daniel Koch, Jonas Lauströer, Amir Andikfar)

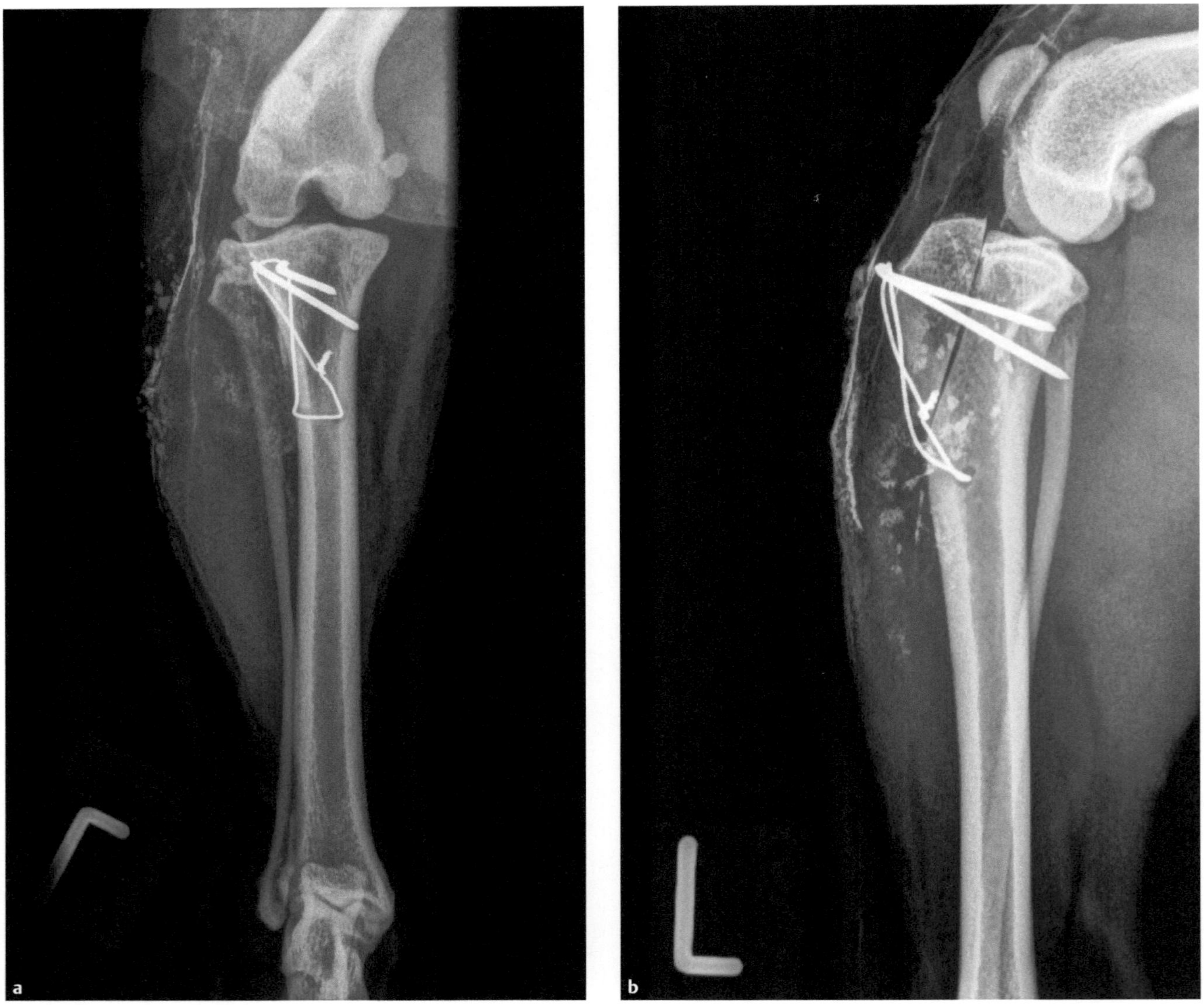


► **Abb. 8.43** Postoperative Röntgenbilder nach Keilsulkoplastik und lateraler Versetzung der Tuberositas tibiae zur Behandlung der medialen Patellaluxation.
**a** Kraniokaudale Ansicht.
**b** Laterolaterale Ansicht.

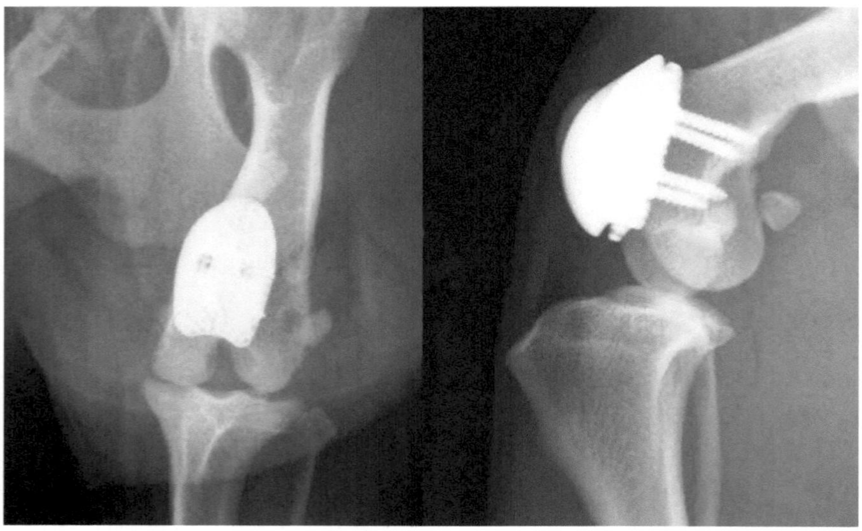

► **Abb. 8.44** Postoperative Röntgenbilder nach Einsetzen einer Halbprothese anstelle des Sulcus femoris.

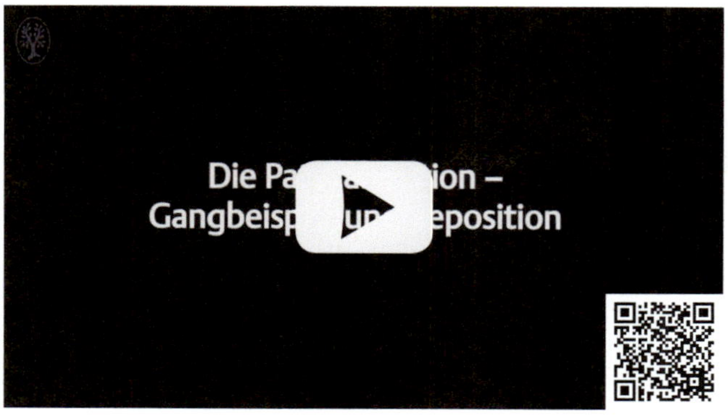

▶ **Video 8.4** Die Patellaluxation – Gangbeispiel und Reposition.

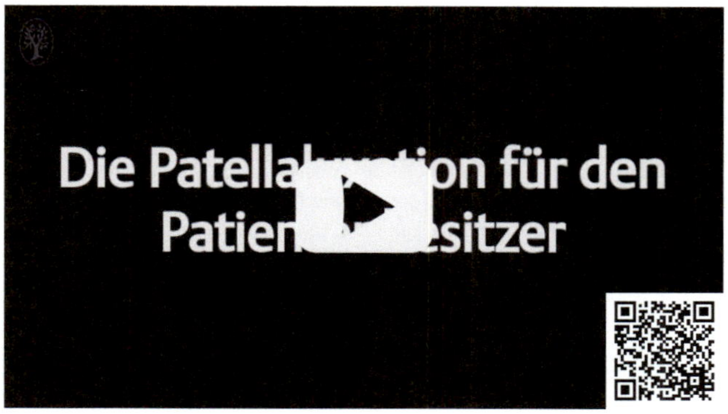

▶ **Video 8.5** Die Patellaluxation für den Patientenbesitzer. Dieses Video erklärt Patientenbesitzern, wie eine Patellaluxation entsteht, wie sie sich äußert und wie sie operiert werden kann.

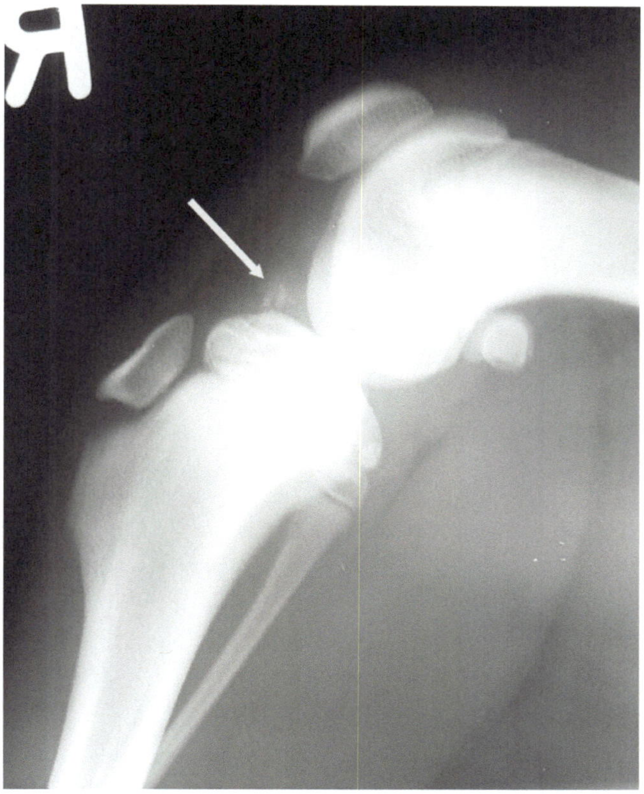

▶ **Abb. 8.45** Der Ursprung des M. extensor digitalis lateralis ist am Femurcondylus traumatisch abgerissen. Das mit der Sehne ausgerissene Knochenstück ist auf dem laterolateralen Röntgenbild des Knies gut sichtbar.

Eine Aufklärung zur Patellaluxation für Patientenbesitzer ist als Video (Video 8.5) verfügbar.

### 8.3.6 Andere Knieerkrankungen

#### Avulsion des M. extensor digitorum longus

**Ätiologie und Pathogenese** Die Sehne des M. extensor digitorum longus (S. 90) entspringt der Fossa extensoria des lateralen Femurcondylus und verschwindet im Sulcus extensorius unter den M. tibialis cranialis. Bei unvorsichtigem Eröffnen des Kniegelenks von lateral kann es passieren, dass diese Sehne durchschnitten oder durch das Sägeblatt bei Osteotomien zur Behandlung des Kreuzbandrisses oder der Patellaluxation verletzt wird. Die restlichen Abrisse sind traumatischen Ursprungs bei jungen Hunden, wobei meistens ein Stück des Femurcondylus zusammen mit der Sehne ausreißt.

**Diagnose** Dem Untersucher präsentiert sich ein Hund mit Hyperflexion der Zehen und moderater Lahmheit (2/4). Das Kniegelenk (S. 120) ist stabil, aber palpatorisch gefüllt und dolent. Auf den Röntgenbildern kann meist ein mit der Ursprungssehne ausgerissenes kleines Fragment des lateralen Femurcondylus erkannt werden (▶ **Abb. 8.45**).

**Therapie und Prognose** Unbehandelt führt der Abriss zu einer dauerhaften Hyperflexion der Zehen, was in einigen Fällen dank Physiotherapie kompensiert werden kann. Obwohl die Sehne keine essenzielle Bedeutung für das Wohlergehen und die Lokomotion des Hundes hat, ist eine Fixation zu empfehlen. Hängt die Sehne noch an einem großen Stück des Condylus, kann sie damit am Femur fixiert werden. Sehnennähte sind bei iatrogenen Verletzungen indiziert.

Für die Spezialpraxis: In chronischen Fällen und bei starker Verkürzung der Sehne wird der Stumpf mittels Schraube und Unterlagscheibe an der proximalen Tibia fixiert. In allen Fällen sind eine langfristige Immobilisation des Kniegelenks und Physiotherapie sehr empfehlenswert [125].

#### Osteochondrose im Kniegelenk

Siehe allgemeine Informationen zur Osteochondrose (S. 182).

#### Osgood-Schlatter-Erkrankung

Bei dieser relativ seltenen Erkrankung handelt es sich um ein verzögertes Anwachsen der Tuberositas tibiae an die Tibia (S. 89) oder um einen partiellen Ausriss derselben aus der Tibia entlang des Zuges aus dem M. quadriceps (▶ **Abb. 8.46**). Sie wird auch „traction osteochondritis" genannt und bei übergewichtigen Kindern und bei solchen mit früher und übertriebener sportlicher Aktivität (z. B. Basketball) beobachtet. Bei den Hunden sind es vorwiegend die Riesenrassen (vornehmlich Doggen), welche in Tierarztpraxen wegen unspezifischer Lahmheit und Schwellung entlang der Patellasehne vorgestellt werden. Sie werden beim Hund wohl besser als Avulsion der Tuberositas ti-

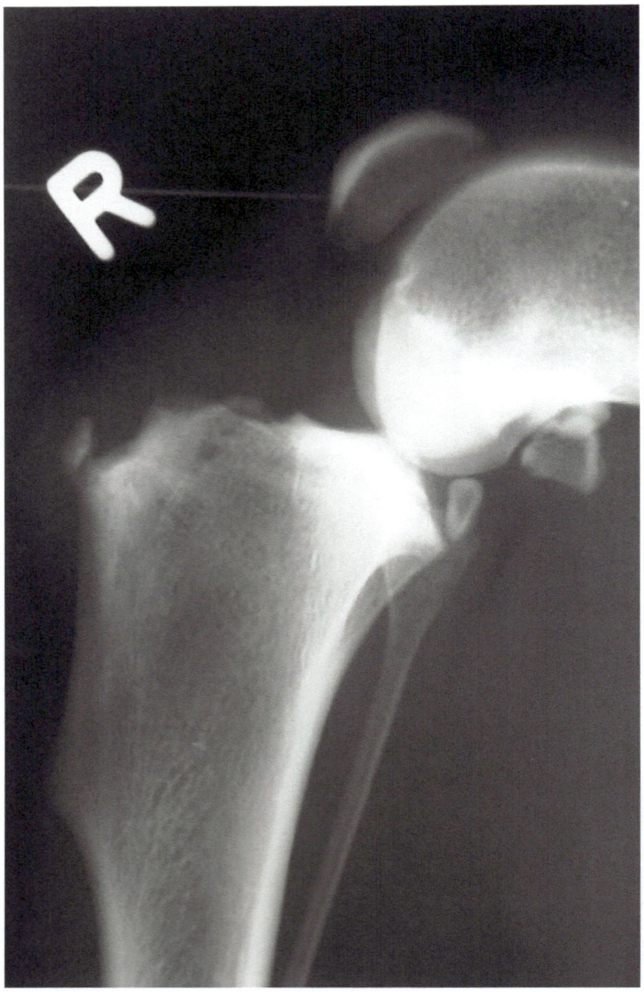


► **Abb. 8.46** Der Ansatz des Patellaligaments an der Tibia wird von Zubildungen begleitet. Es handelt sich um eine sog. Osgood-Schlatter-Erkrankung.

biae bezeichnet und sind auf den Röntgenbildern im laterolateralen Strahlengang gut zu erkennen. Nach eigener Beobachtung konnten alle Fälle konservativ, d. h. mit Schonung und Futterreduktion sowie Schmerzmittelgaben, zu einer völligen Abheilung gebracht werden.

### 8.3.7 Hamstringfibrose

**Ätiologie und Pathogenese** Die betroffenen Muskeln bei der Hamstringfibrose sind der M. gracilis und der M. semitendinosus (S. 93). Sie entspringen dem kaudalen Becken und ziehen kaudal des Femurs auf die mediale Seite der Tibia (► **Abb. 8.47**). Die Ursache der Fibrosierung ist nicht bekannt. Es sind praktisch ausschließlich Deutsche Schäferhunde und deren Mischlinge betroffen. Die bei diesen Hunden abfallende Rückenlinie mit starker Flexionshaltung von Knie und Hüfte könnte die Fibrosierung fördern. Es wird auch eine immunologische Beteiligung vermutet. Die meisten Hunde sind 8 Monate bis 8 Jahre als, sehr aktiv und weisen eine sportliche Vorgeschichte und multiple Muskelverletzungen durch Springen und Sprinten auf. Diese Verletzungen, einer Zerrung ähnlich, führen zu lokaler Entzündung, Ödemen, Blutungen und schlussendlich zur Fibrose.

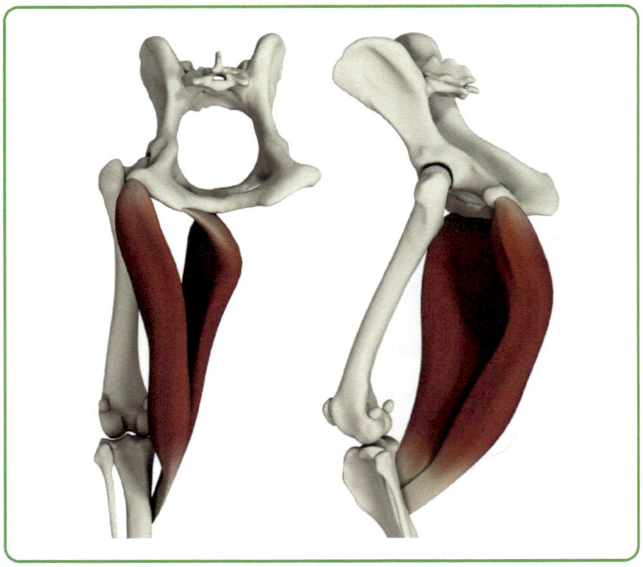

► **Abb. 8.47** Die Muskeln, welche bei Schäferhunden Hamstringfibrose verursachen (hauptsächlich M. gracilis und M. semitendinosus) verlaufen vom Pelvis schräg nach medial zur Tibia. (Quelle: Daniel Koch, Jonas Lauströer, Amir Andikfar)

► **Video 8.6** Die Kontraktur der „hamstring muscles" – Gangbeispiel.

**Aus dem Untersuchungsgang** Der Gang dieser Hunde ist sehr pathognomonisch. Wegen Desorientierung der zunehmend weniger aktive Muskelfasern enthaltenden Muskelgruppen werden in der Vorführphase des Hinterbeines das Knie nach innen und der Tarsus nach außen gezogen. Der Schritt des Hinterbeines ist in der Regel kurz, die Muskulatur generell reduziert. Es können beide Gliedmaßen betroffen sein. Bei der Palpation der Muskelgruppen werden sie als derb, höckrig und dolent empfunden. Die Streckung der Hintergliedmaße ist eingeschränkt.

Ein Gangbeispiel ist als Video (Video 8.6) verfügbar.

**Bildgebende Diagnostik und erweiterte Datenbasis** Röntgenbilder bringen keinen Informationsgewinn, es sei denn, man möchte ein Hüft- und Rückenproblem als Differenzialdiagnose ausschließen. Ultraschall- und MRT-Untersuchungen sowie eine Biopsie objektivieren das Ausmaß der Fibrosierung. Zur Therapieplanung sind sie allerdings nicht erforderlich.

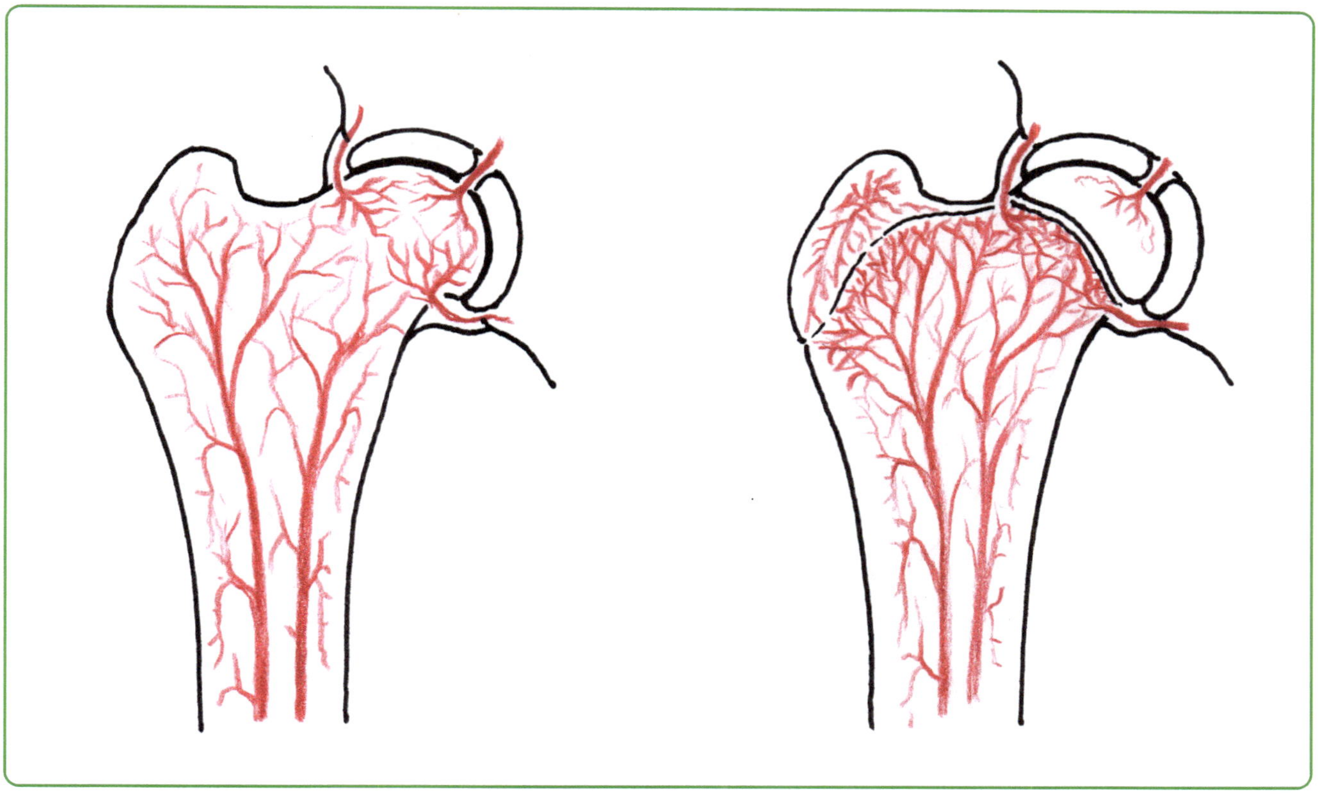

▸ **Abb. 8.48** Schematische Darstellung der Durchblutung des proximalen Femurs bei einem erwachsenen Hund (links) und einem Welpen (rechts). (Quelle: Matthias Haab, Departement für Pferde, Vetsuisse-Fakultät Universität Zürich, Schweiz)

**Therapie** Zur Behandlung hat sich nur die Physiotherapie bewährt. Es geht dabei darum, die noch verbliebenen Muskelstränge so lange als möglich kontraktil zu erhalten. Sowohl systemische als auch lokale Kortison- und andere Immunsuppressivagaben wie auch die komplette chirurgische Entfernung der fibrosierten Muskelstränge brachten nur temporäre Erleichterung. Die hemmenden Bindegewebsstränge sind sogar nach kompletter Entfernung der Muskeln wieder nachgewachsen. Die Prognose muss als sehr reserviert betrachtet werden, da eine Heilung nicht möglich ist [127].

### 8.3.8 Legg-Perthes

**Ätiologie und Pathogenese** Die Legg-Perthes-Erkrankung oder aseptische Femurkopfnekrose tritt beim Menschen und beim kleinen Hund auf. Zu den betroffenen Rassen gehören u. a. der West Highland White Terrier, Cairn Terrier, Pudel und Rehpinscher. Die Ursache der Legg-Perthes-Erkrankung ist nicht bekannt. Man vermutet Gefäßstörungen des jungen Hundes, welche bei einigen Rassen durch nachgewiesene Prädisposition oder Trauma bestehen. Hinzu kommen Unterschiede der Durchblutung (▸ **Abb. 8.48**) des proximalen Femurs (S. 93). Bei großen Hunden reicht die endosteale Blutversorgung bis in den subchondralen Bereich, während bei kleinen Hunden die Epiphyse größtenteils aus dem gelenknahen Bereich durchblutet wird. Dies kann zu Hypovaskularisationsschäden bei Trauma oder zu Arthropathien führen. Interessanterweise tritt Legg-Perthes meist nur einseitig auf, was die Theorie nährt, dass die Gewichtsverlagerung auf die kontralaterale Seite dort zu einer Durchblutungsverbesserung führt. Gewebeuntersuchungen zeigen, dass der pathophysiologische Prozess zu einem Infarkt des epipyhsären und metaphysären Knochens führt. Initial bleibt der Femurkopf äußerlich intakt, im seinem Inneren jedoch finden fibröse Umbauvorgänge statt, welche auch auf die Wachstumszone im Femurkopf übergreifen. Der Gelenkknorpel wird in der Folge dicker und bekommt Risse und Furchen. Die epiphysäre Region zeigt wegen der schlechten Durchblutung nur geringes Heilungspotenzial und kollabiert zusehends. Der Femurkopf verformt sich [116].

**Aus dem Untersuchungsgang** Die ersten Lahmheitsanzeichen findet man bei 4–10 Monate alten Tieren. Die Hunde belasten das Bein meist noch gut (Lahmheit 2/4) und zeigen nach einer akuten Phase keine weitere Verschlechterung mehr. Im Untersuch fallen die Muskelhypotrophie und Schmerzen bei Manipulation des Hinterbeines, insbesondere bei Streckung des Hüftgelenks (S. 130) auf. Ein Krepitus ist selten auszulösen. Als Differenzialdiagnosen sind zu nennen: Hüftgelenkdysplasie, Neoplasie, Arthrose nach verheilter Femurkopffraktur, Patellaluxation.

**Bildgebende Diagnostik und erweiterte Datenbasis** Nur leichte radiologische Veränderungen am Femurkopf können dazu führen, dass die Diagnose nicht auf Anhieb gestellt werden kann. Bei unklaren Fällen sollte nach 4–6 Wochen eine erneute Untersuchung anberaumt werden. Typische Legg-Perthes-Bilder zeigen einen unregelmäßig geformten Femurkopf mit lytischen Defekten, Abflachungen des Femurkopfes und degenerative Umbauprozesse an Femurkopf, Acetabulum und Femurhals (▸ **Abb. 8.49**). In vielen Fällen liegt nur ein unilaterales Geschehen vor.

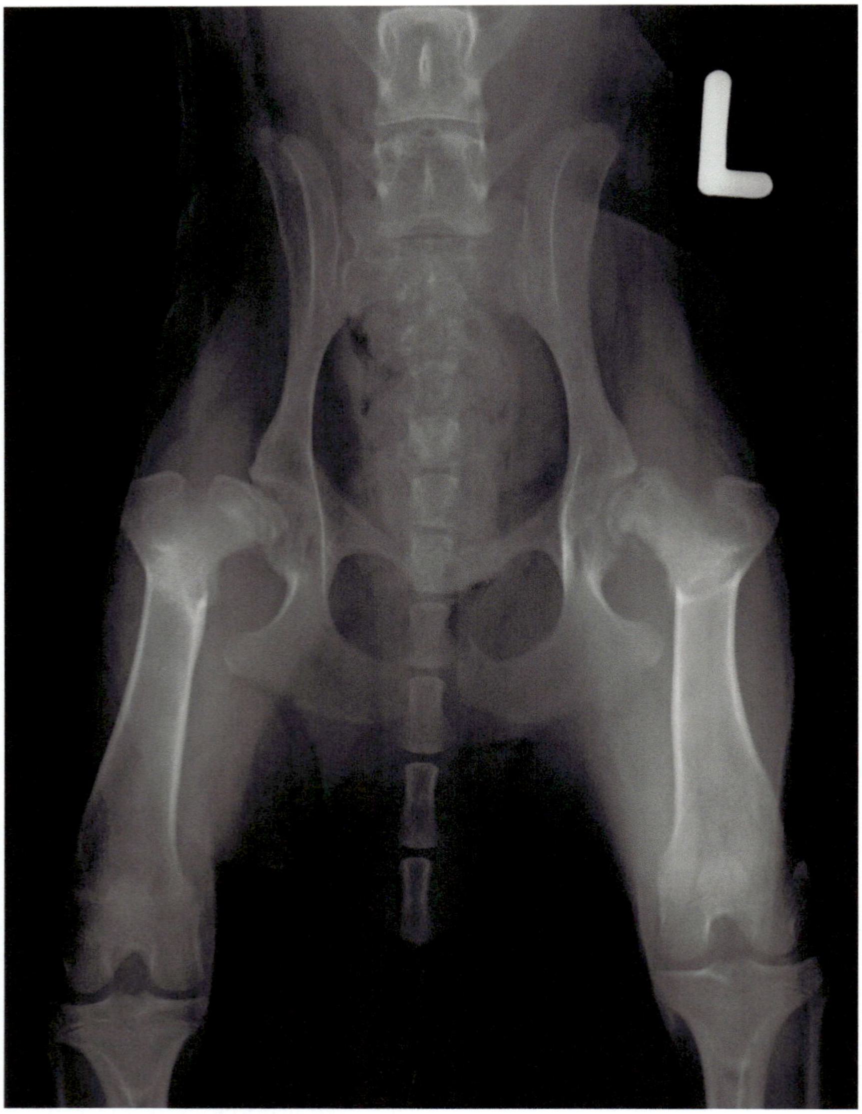


▶ **Abb. 8.49** Ein 8 Monate alter West Highland White Terrier mit beidseitiger Legg-Perthes-Erkrankung. Der linke Femurkopf ist lytisch und teilweise frakturiert, der rechte Femurkopf ist stark kollabiert und deformiert. (Quelle: Urs Geissbühler, Klinische Radiologie, Vetsuisse-Fakultät Bern, Schweiz)

**Therapie** Nur in seltenen Fällen und bei Früherkennung kann eine konservative Therapie mit Entzündungshemmern, Physiotherapie und allenfalls extrakorporalen Schockwellen zur Induzierung von neuen Blutgefäßen installiert werden. Die chirurgische Lösung mit einer Femurkopfresektion (▶ **Abb. 8.50**) hat eine ausgezeichnete Prognose, da die betroffenen Patienten meist klein sind und deswegen das neu zu bildende Bindegewebe das Pseudogelenk sehr stabil halten kann. Sehr wichtig ist eine frühe physiotherapeutische Begleitung, um die Muskeln rasch aufzubauen und den Bewegungsumfang des Hüftgelenks zu erhalten.

## 8.3.9 Hüftgelenkdysplasie und Coxarthrose

**Ätiologie und Pathogenese** Das Wort Dysplasie stammt aus dem Griechischen und bedeutet schlechte („dys") Passform („plassein"). Hüftgelenkdysplasie (HD) ist eine komplexe Erkrankung, deren Hauptmerkmal eine primäre Lockerheit des Hüftgelenks (S. 94) bei jungen Hunden ist. Sie führt zu sekundären degenerativen Veränderungen, welche als Coxarthrose zusammengefasst werden.

Die Ätiologie der HD ist nicht genau bestimmt. Die Tatsache, dass dysplastische Hunde vermehrt Nachkommen mit HD zeugen, weist auf eine genetische Grundlage. Es sind über 20 Gene beteiligt. Über das Ausmaß der Heredität bestehen stark divergierende Zahlen von 25–60 % [100], [106], [112]. Trotz intensiver Zuchtbemühungen und flächendeckender Nachzuchtprüfung über mehr als 30 Jahre liegen die Inzidenzzahlen bei gewissen Rassen sehr hoch (Bernhardiner, English Setter und Gordon Setter über 60 %) bis hoch (Deutsche Schäferhunde, Neufundländer, Retriever bei 30–50 %), während z. B. Siberian Huskies, Collies und Belgische Schäferhunde kaum HD aufweisen [110], [120]. Diese Zahlen legen den Schluss nahe, dass eine Selektion basierend auf Leistungszielen die Entwicklung guter Hüftgelenke fördern würde.

Das dysplastische Hüftgelenk per se muss nicht immer zu einer Lahmheit führen (▶ **Abb. 8.51**). Die Größenentwicklung in den ersten Lebensmonaten, Fütterung und Aufzuchtverhalten haben entscheidenden Einfluss, ob die Hunde lahmen oder nicht. Qualitativ unausgewogene Diäten mit zu hohen Anteilen an Kalzium führen zu unregelmäßig geformten Gelenken. Hunde mit knapp gehaltener Futtermenge wachsen etwas lang-

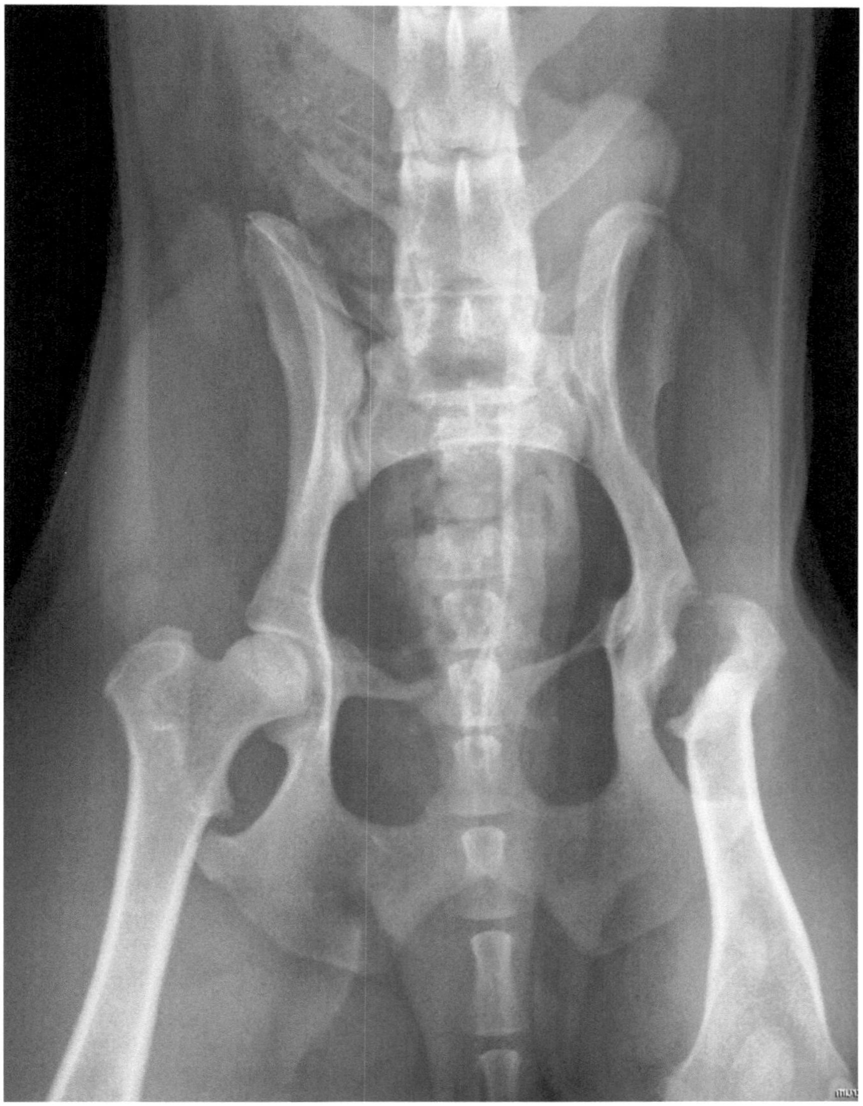

▶ **Abb. 8.50** Behandlung der Legg-Perthes-Erkrankung bei einem West Highland White Terrier mittels Femurkopfresektion.

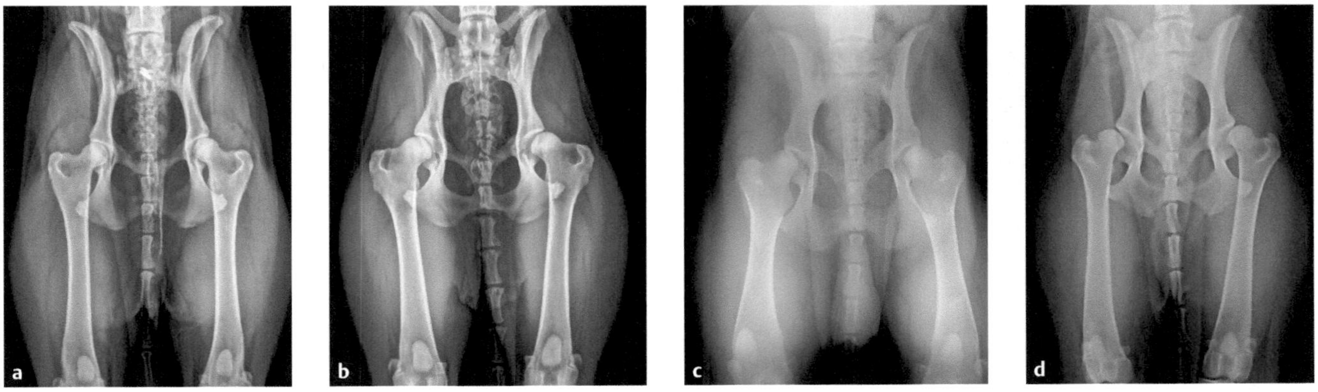

▶ **Abb. 8.51** Verschiedene Stadien einer Hüftgelenkdysplasie, von links nach rechts im Grad zunehmend.
**a** Gesundes Hüftgelenk.
**b** Leichte Dysplasie.
**c** Starke Dysplasie.
**d** Starke Dysplasie mit beginnender Subluxation der Femurköpfe.

samer als ad libitum gefütterte Wurfgeschwister, belasten dabei aber ihre Gelenke weniger stark, was zu wesentlich stabileren Hüftgelenken führt. Die genetisch vorgegebene Widerristhöhe wird auf jeden Fall erreicht. Sehr früher Arbeits- und Sporteinsatz belastet die Gelenke unphysiologisch, was bei erblicher HD-Belastung zu einer Knorpelerosion und beginnender Subluxation führen kann. Im Zeitraum vom 3. bis zum 5. Lebensmonat (große Rassen bis 6. Lebensmonat) finden die meisten Umbauvorgänge des Skeletts statt und nehmen mittelgroße Rassen pro Woche rund 1 kg an Körpermasse zu. Es ist deswegen davon auszugehen, dass Fütterungs- und Haltungsfehler in dieser kritischen Periode den größten negativen Einfluss auf die Gelenkentwicklung haben.

Die ersten Lahmheitsanzeichen bei Hunden mit HD werden ab dem 6. Lebensmonat beobachtet, wobei hier die Synovitis im Vordergrund steht. Oftmals besteht zu diesem Zeitpunkt eine offensichtliche Diskrepanz zwischen einem rasch in die Höhe geschossenen Körper und einer schwach ausgebildeten Muskulatur. Die in den Folgemonaten auch relativ zum Körpergewicht zunehmenden Kruppen- und Oberschenkelmuskeln zwingen den Oberschenkelkopf wieder stärker ins Acetabulum. Die Hunde laufen wieder besser. Dies ist auch der Grund, weswegen Hunde mit naturgemäß stark entwickelter Hinterhandbemuskelung, wie z. B. Bulldoggen, Mops oder viele Kampfhunde, trotz radiologisch offenkundiger HD keine klinischen Symptome entwickeln müssen.

Bei starker Inkongruenz und schwach ausgebildeter Muskulatur wird die HD zur Coxarthrose führen (▶ **Abb. 8.52**). Im verzweifelten Versuch, das instabile Gelenk in Position zu halten, nimmt die Gelenkkapseldicke zu und Knochen wird am Gelenkansatz zugebildet. Der M. pectineus und der M. iliopsoas nehmen an Umfang zu, weil ihre Funktion unter anderem auch zur Stabilität des Hüftgelenks beiträgt. Mitunter wird deswegen der Bewegungsumfang des Hüftgelenks in Abduktion und Extension schmerzhaft und stark eingeschränkt. Die fortschreitende Instabilität und repetitive Subluxationen führen zum Knorpelabbau am Femurkopf und am Kranialrand des Acetabulums. Der subchondrale Knochen wird freigelegt, die Schmerzen nehmen zu. Im Acetabulum bildet sich eine neue und flache Gelenkpfanne, die ursprünglichen Gelenkränder werden abgetragen und der Femurkopf wird durch Osteophytenzubildung verdickt. Das typische Bild der Hüftgelenkarthrose entsteht. In der Regel bestehen HD und Coxarthrose in etwa gleichem Ausmaß im linken und rechten Hüftgelenk. Zuweilen wird beobachtet, dass die bessere Seite stärker belastet wird, wodurch die erhalten gebliebene Muskulatur den Sitz des Hüftgelenks verbessert. Ein asymmetrisches Bild mit entsprechender Klinik kann entstehen. Sehr augenfällige Unterschiede in der Arthrosebildung zwischen den Hüftgelenken sollten auf eine andere Ursache als HD hinweisen wie z. B. Traumata (Hüftgelenkluxation, alte Femurkopffraktur), Legg-Perthes oder Infektion.

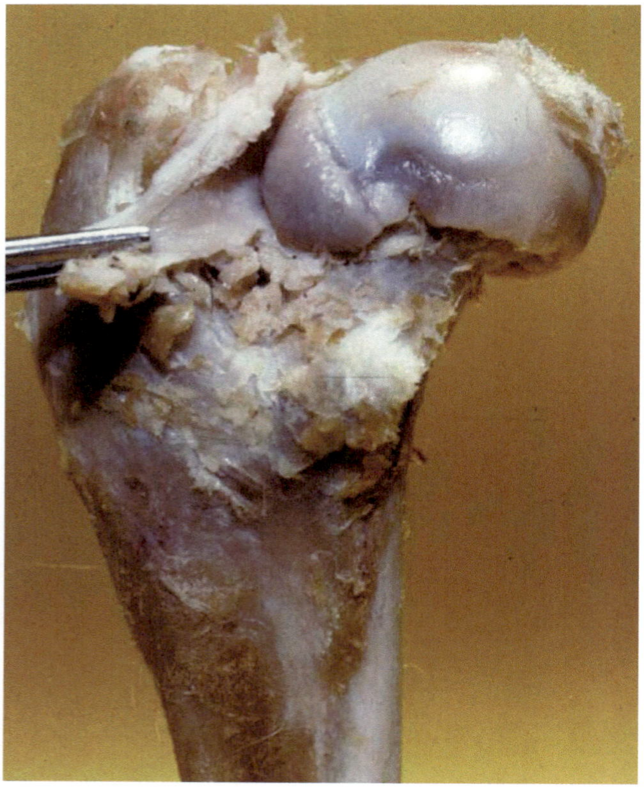

▶ **Abb. 8.52** Präparat eines Femurkopfes mit den typischen Zeichen der Coxarthrose wie Kapselverdickung, Osteophytenbildung, Kopfdeformation und Knorpelabtragung, kaudokraniale Ansicht. (Quelle: Pierre Montavon, Schweiz)

**Aus dem klinischen Untersuchungsgang** Das typische Signalement weist auf einen großen Hund mit Anlauflahmheit hin. Er verweigert lange Spaziergänge, springt nicht gerne ins Auto, läuft ungern Treppen und liegt oft mit angewinkelten Hinterläufen. Zeitweilig wird Zehenschleifen beobachtet. In der Ganganalyse fallen die kurzen Schritte auf und das Traben kann starke Schmerzen verursachen, sodass der Galopp bevorzugt wird.

Die weiteren Symptome sind altersbedingt. Bei einem jungen Hund mit Hüftgelenkdysplasie kann mitunter ein wackeliger Gang gesehen werden und der Femurkopf spontan luxieren, wodurch Lahmheitsperioden mit völliger Entlastung des Beines (Grad 4/4) vorkommen. Die Muskulatur der Hintergliedmaße ist schwach entwickelt. Die vollständige Flexion, Extension, Abduktion und Rotation des Hüftgelenks (S. 130) gelingen meist nur unter Schmerzen. Der Ortolani-Test (S. 133) kann positiv ausfallen, was auf eine hochgradige HD hinweist. Bei jungen Hunden mit noch schwach entwickeltem Acetabulumrand sollte nur der Bardens-Test (S. 134) ausgeführt werden.

Ein Gangbeispiel ist als Video (Video 8.7) verfügbar.

Bei erwachsenen Hunden dominiert das Bild der Coxarthrose. Der Körper belastet zunehmend die Vordergliedmaßen, was zu vergleichsweise starker Bemuskelung der Vordergliedmaßen und mitunter zu Sekundärproblemen in Schulter, Ellbogen und Carpus führt. Der Bewegungsumfang der Hüftgelenke ist stark eingeschränkt, eine volle Extension nicht mehr möglich, weil die Gelenkkapsel, ossäre Zubildungen und der im Dauerzustand kontrahierte M. iliopsoas dies nicht zulassen. Der M. pectineus erlaubt keine volle Abduktion (▶ **Abb. 8.53**). Bei der Manipulation kann das Hüftgelenk krepitieren, wird aber kaum mehr eine Subluxation zulassen.

Die Ganganalyse ist als Video (Video 8.8) verfügbar.

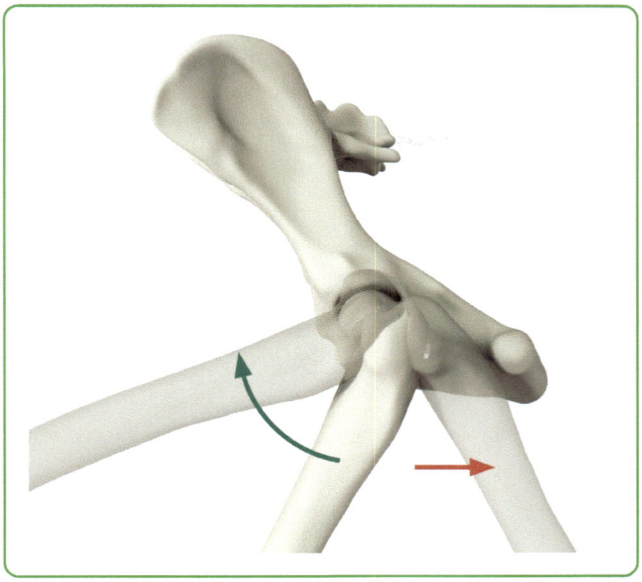

▶ **Abb. 8.53** Hüftgelenkdysplasie und Coxarthrose führen zu einer eingeschränkten Beweglichkeit des Hüftgelenks durch Kapselverdickung und Kontraktur des M. pectineus (Abduktion) und M. iliopsoas (Extension). (Quelle: Daniel Koch, Jonas Lauströer, Amir Andikfar)

▶ **Video 8.7** Die Hüftgelenkdysplasie – Gangbeispiel.

▶ **Video 8.8** Die Hüftgelenkarthrose (Coxarthrose) – Ganganalyse.

Die Symptome korrelieren positiv mit der Körpergröße und auch ein wenig mit allenfalls vorhandenem Übergewicht. Wichtige Differenzialdiagnosen zur HD und Coxarthrose sind: Cauda equina-Syndrom, Legg-Perthes-Erkrankung, Iliopsoas-Zerrung, Neoplasie am Becken und am Femurkopf.

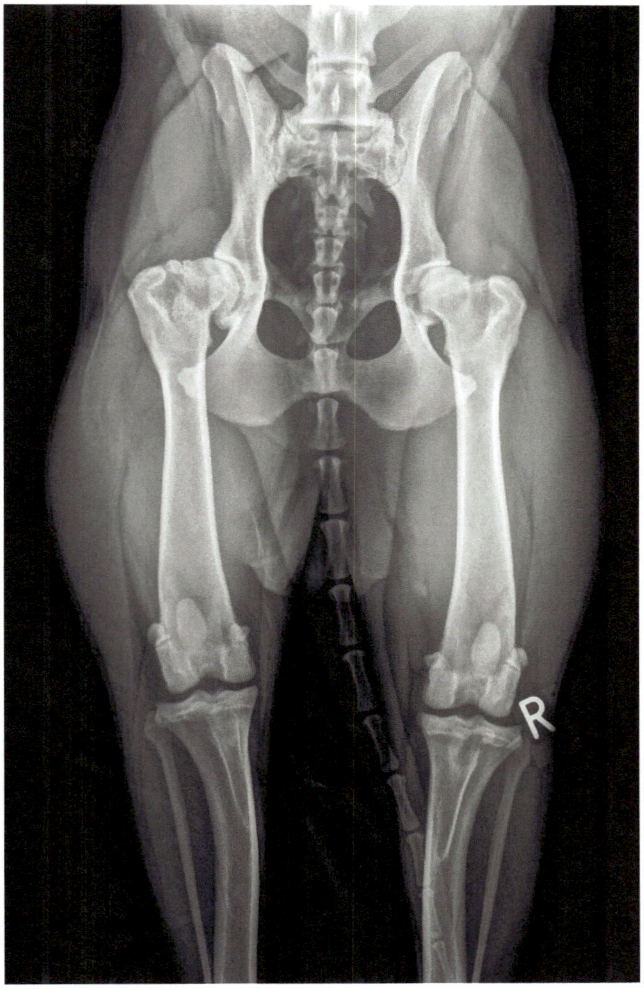


▶ **Abb. 8.54** Beidseitige Coxarthrose bei einem 7 Jahre alten Labrador Retriever. Das linke Hüftgelenk zeigt deutliche Femurhalszubildungen und eine starke Abflachung der Gelenkpfanne. Ein Gelenkersatz ist indiziert.

**Bildgebende Diagnostik und erweiterte Datenbasis** Bekanntermaßen werden Röntgenbilder der gestreckten Hüftgelenke im ventrodorsalen Strahlengang und in der sog. Frosch-Haltung zur HD-Einteilung verwendet. Aus klinischer Sicht und zum Ausschluss von Differenzialdiagnosen soll auch eine Aufnahme im laterolateren Strahlengang angefertigt werden. Die typischen radiologischen Zeichen bei HD sind (▶ **Abb. 8.54**): Inkongruenz des Gelenkspaltes, Norbergwinkel kleiner als 105°, Abrundung des kranialen azetabulären Randes, Subluxation des Femurkopfes, Deformation des Femurkopfes, erste Anzeichen der Arthrose. Im Falle von Coxarthrose kommen dazu: Osteophyten am Gelenkrand, Abflachung des Acetabulums, teilweiser Verlust des radiologisch sichtbaren Gelenkspaltes, deutliche Deformation des Femurkopfes, Verdickung des Femurhalses, freie Gelenkskörper.

**Therapie der HD** Die Behandlung der HD kann bei einer Früherkennung durchaus konservativ erfolgen. Dazu gehören eine ausgewogene und knappe Fütterung ohne Zusätze, häufige und kurze Spaziergänge, Knorpelschutzpräparate, Schmerzmittel und Physiotherapie.

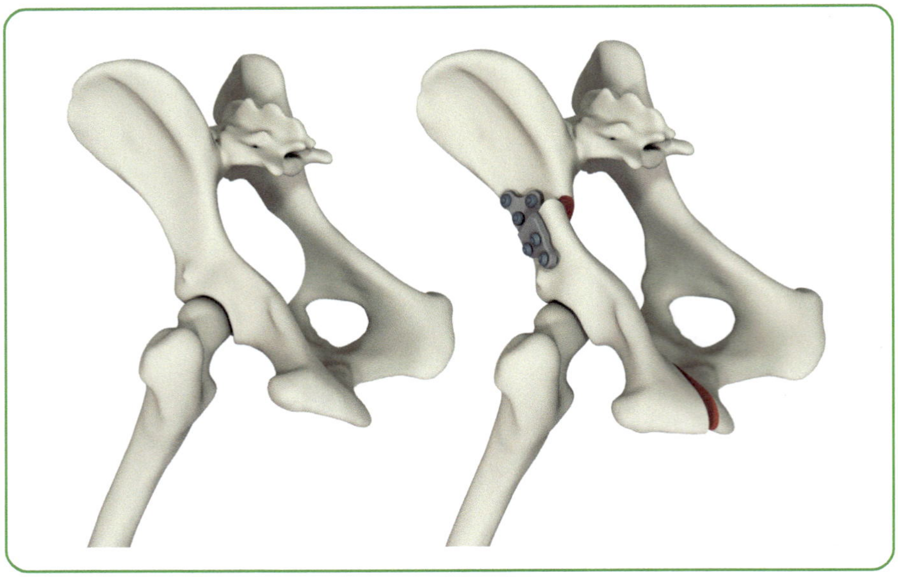

▶ **Abb. 8.55** Schematische Darstellung der triple pelvic osteotomy (TPO) resp. der double pelvic osteotomy (DPO): Durch das Rotieren des mit dem Acetabulum osteotomierten Beckenstückes wird die Überdachung des Femurkopfes erhöht. (Quelle: Daniel Koch, Jonas Lauströer, Amir Andikfar)

Behandlung der HD in der Spezialpraxis: Bei den chirurgischen Maßnahmen nimmt die frühzeitige Behandlung von Junghunden mittels Beckenschwenkosteotomie („triple pelvic osteotomy", TPO, oder „double pelvic osteotomy", DPO) eine besondere Stellung ein (▶ **Abb. 8.55**). Bei diesem Verfahren wird das Acetabulum mit angrenzendem Knochen durch Osteotomien vom Restbecken befreit und so über den Femurkopf geschwenkt, dass dieser eine größere dorsale Überdachung erhält. Die Kongruenz wird verbessert und damit Arthrose so gut als möglich verhindert. Er wirkt somit größtenteils präventiv. Die richtige Indikationsstellung ist ein entscheidender Punkt für den Erfolg der TPO. Nur Hunde ohne oder mit geringfügiger Arthrose, mit mittelgradiger Subluxation und im Alter zwischen 6 und 10 Monaten sind gute Kandidaten für diese Therapieform. Die TPO kann in rascher Folge auf beiden Seiten durchgeführt werden, da die Morbidität trotz frühzeitiger Schraubenlockerung erstaunlich gering ist. Bei schwerer HD, bereits erfolgter Subluxation oder schon beginnender Arthrose kann ab dem 10. Lebensmonat eine Hüftgelenkprothese eingesetzt werden. Aufgrund der langen Verweildauer im Körper eignet sich nur die zementlose Hüftprothese. Hunde unter 15 kg Körpergewicht können dank einer Femurkopfresektion schmerzfrei werden. Der Erfolg des Eingriffs basiert auf der Bildung einer Bindegewebsbrücke zwischen Femur und Acetabulum. Eine gute physiotherapeutische Nachbetreuung ist für den Behandlungserfolg zwingend notwendig. Kritisch muss der Einsatz der „juvenile pubic symphysiodesis" (JPS) verfolgt werden. Beim vergleichsweise einfachen Eingriff wird die Beckensymphyse mittels Elektrokauter verödet, wodurch das Becken nur im dorsalen Bereich weiterwächst. Dir Wirkung ist sehr zuverlässig, wenn die Hunde in einem Alter zwischen 3 und 4 Monaten operiert werden. Allerdings bleibt anzumerken, dass die Diagnose HD in diesem Alter nicht immer zweifelsfrei zu stellen ist. Damit werden wohl Hunde operiert, welche den Eingriff nicht nötig hätten und es werden ohne gleichzeitige Kastration züchterische Maßnahmen zur Kontrolle der HD umgangen.

**Therapie der Coxarthrose** Eine gesicherte Wirkung auf das Wohlbefinden eines jeden Coxarthrose-geplagten Hundes haben auch im fortgeschrittenen Alter das Gewicht und das Bewegungsmuster. Ein mager gehaltener Vierbeiner dankt dem Besitzer jedes Kilogramm, das er weniger mit sich herumtragen muss. Mäßige und regelmäßige Bewegung ist die Losung für ein akzeptables Hundeleben ohne allzu starke Belastung der Gelenke. Gezieltes, kurzes Muskeltraining durch Schwimmen oder Joggen stärkt den Halteapparat um das Hüftgelenk und führt zu einer weniger ausgeprägten Lahmheit oder gar dem jahrelangen Hinauszögern von teuren Operationen. Alternativmethodische Ansätze zur Behandlung der Coxarthrose sind in ausgewählten Fällen von temporärem Erfolg gekrönt.

Wirksame Schmerztherapien sind oral zu verabreichende Schmerztabletten. Vor allem die Gruppe der nichtsteroidalen Entzündungshemmer (NSAID) genießt zurecht große Popularität, weil sie schmerz- und entzündungshemmend in den Gelenken wirkt und wenige Nebeneffekte auftreten. Kortison, welches in der Vergangenheit oft angewendet wurde, wirkt auch hervorragend, baut aber Gewebe aller Art rasch ab und führt zu Heißhunger, Polydipisie und Polyurie. Vom Einsatz von Kortison ist deswegen abzuraten. Einen schmerzlindernden Effekt haben auch die Glykosaminoglykane und vor allem das darin enthaltene Chondroitinsulfat. Sie stärken den Gelenkknorpel durch Flüssigkeitseinlagerung und verhindern so, dass zu früh der unter dem Knorpel liegende Knochen freigesetzt wird. Bei vielen hochgradigen Coxarthrosefällen reichen aber die oben erwähnten konservativen Maßnahmen nicht mehr und es muss operiert werden.

Bei der modifizierten Pektineusmyektomie (PIN) werden die Schmerzen des Hundes durch Entfernung des M. pectineus, durch partielles Trennen der Sehne des M. iliopsoas sowie eine Neurektomie auf der ventralen Hüftgelenkkapsel gezielt reduziert (▶ **Abb. 8.56**). Die erwähnten Muskeln verkrampfen sich nämlich im verzweifelten Versuch, das lockere Hüftgelenk zu stabilisieren, und sind schlussendlich für einen großen Teil der Schmerzen verantwortlich. Diese Operation kann gleichzeitig an beiden Hintergliedmaßen vorgenommen werden. Der Erfolg

a

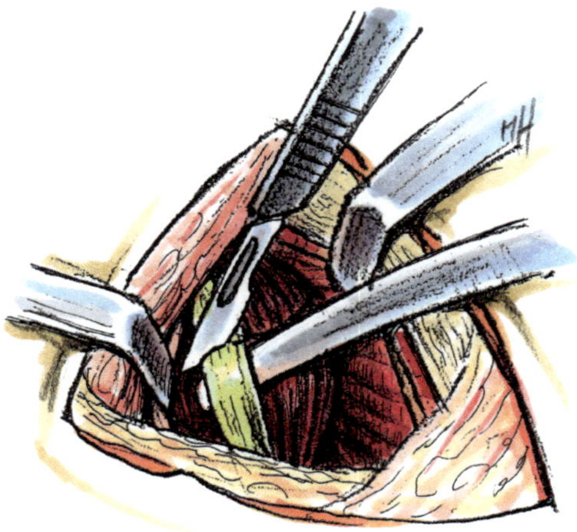
b

c

▶ **Abb. 8.56** Pektineusmyektomie, Iliopsoastentomie und Neurektomie der Gelenkkapsel (PIN) sind chirurgische Interventionen, welche über einen ventralen Zugang zum Hüftgelenk die Schmerzen reduzieren und den Bewegungsumfang erhöhen (linkes Hinterbein, Ansicht von ventral; im Bild ist oben = kranial und rechts = distal).

- **a** Pektineusmyektomie (Quelle: Matthias Haab, Departement für Pferde, Vetsuisse-Fakultät Universität Zürich, Schweiz)
- **b** Iliopsoastentomie (Quelle: Matthias Haab, Departement für Pferde, Vetsuisse-Fakultät Universität Zürich, Schweiz)
- **c** Neurektomie der Gelenkkapsel (Quelle: Matthias Haab, Departement für Pferde, Vetsuisse-Fakultät Universität Zürich, Schweiz)

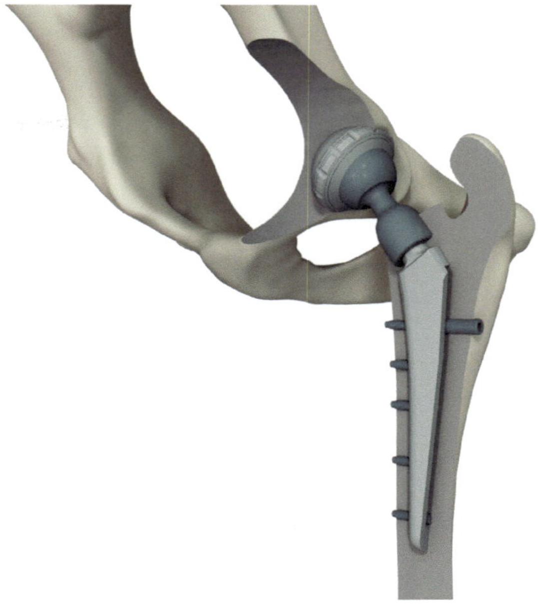

▶ **Abb. 8.57** Zurich cementless Hüftprothese: Die Pfanne wird ins vorbereitete Acetabulum gepresst, der Stamm an den medialen Femurcortex geschraubt, das System ist modular. (Quelle: Daniel Koch, Jonas Lauströer, Amir Andikfar)

der PIN-Operation ist bei Hunden mit mäßiger Arthrose, aber eingeschränkter Beweglichkeit der Hüftgelenke am größten und hält zwischen einem halben und mehreren Jahren an.

In den seltenen Fällen, bei denen Coxarthrose bei Hunden unter 15 kg Körpergewicht auftritt, kann der Femurkopf entfernt werden. An seiner Stelle bildet sich unter physiotherapeutischer Unterstützung rasch eine Bindegewebsbrücke, welche die Kraftübertragung von Femur zu Becken übernimmt. Der Eingriff ist einfach und verhilft dem Hund zu Schmerzfreiheit, meistens ohne bleibende Ganganomalie. Die Oberschenkelkopfentfernung kann mit zunehmendem Gewicht nur für eine Seite empfohlen werden.

Behandlung der Coxarthrose in der Spezialpraxis: Allein durch die Hüftprothese wird eine dauerhafte und zufriedenstellende Therapie des von Coxarthrose geplagten Hundes erreicht. In zunehmendem Maße setzen sich die zementlosen Prothesen durch (▶ **Abb. 8.57**, ▶ **Abb. 8.58**). Nach Entfernung des arthrotischen Femurkopfes werden der Femurschaft und das Acetabulum zur Aufnahme der Prothesen vorbereitet. Die künstliche Pfanne besteht aus beschichtetem Titan und Polyethylen und wird nach maßgenauer Ausrichtung eingepasst. Das Gegenstück, der Titan-Stamm, wird durch Schrauben nur an die Medialseite des Femurs verschraubt. Damit werden Implantatlockerungen durch die unterschiedliche Belastung des medialen und lateralen Femurkortex vermieden. Die Verbindung stellt das aufgeschlagene Hals- und Kopfstück dar. Bei Bedarf können, im Gegensatz zu den zementierten Prothesen, Richtung und Größe der Anteile während der Operation oder noch Wochen danach verändert werden. Um Hunden aller Größen helfen zu können, stehen von Pfanne, Kopf-Hals-Teil und Stamm verschiedene Durchmesser, Stärken und Längen zur Verfügung. Praktisch alle Hunde zeigen schon wenige Tage

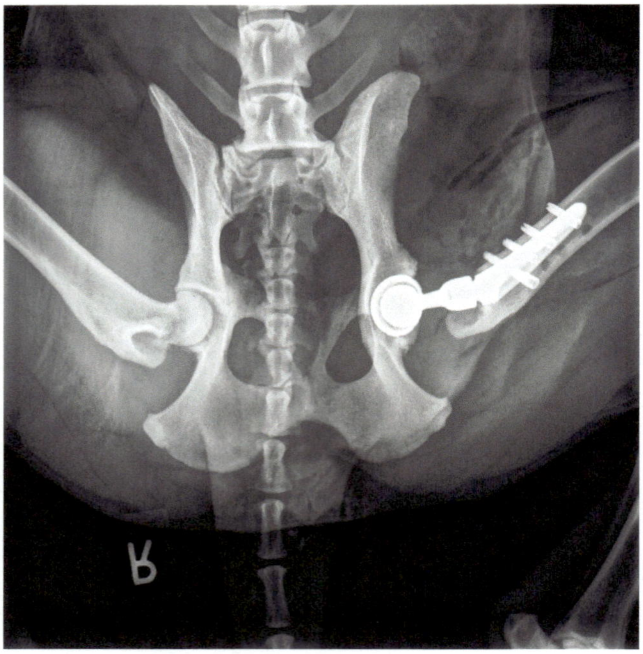

▸ **Abb. 8.58** Postoperatives Röntgenbild nach Einsetzen einer Zurich cementless Hüftprothese.

nach der Operation eine verbesserte Fortbewegung. Die Lahmheit verschwindet normalerweise innerhalb von 4–6 Wochen nach dem Eingriff. Viele Hunde sind beidseitig dysplastisch. Da sie schon bald nach dem Einsetzen einer totalen Hüftgelenkprothese diese nun schmerzfreie Seite mehr belasten als die unbehandelte kontralaterale, ist nicht in allen Fällen ein bilateraler Eingriff indiziert.

### 8.3.10 Hüftgelenkluxation

**Ätiologie und Pathogenese** Die weitaus häufigste Ursache für eine Hüftgelenkluxation ist ein Autounfall. Stürze aus großen Höhen, Bisse und spontane Luxationen nach Hüftgelenkdysplasie können vorkommen. Sie werden eingeteilt nach der Luxationsrichtung. Die kraniodorsalen Luxationen sind mit rund 80 % die häufigsten (▸ **Abb. 8.59**). Ein beim Aufprall außenrotiertes Hinterbein und der starke Zug der Glutealmuskeln am großen Trochanter erklären die Luxationsrichtung. Die Gelenkkapsel und das Lig. capitis femoris werden zerrissen. Variable Schäden entstehen am kranialen azetabulären Rand. Bei sehr jungen Hunden führt die Traumaenergie oft zu einer Avulsion des Lig. capitis femoris mitsamt eines kleinen Knochenstückes aus dem Femurkopf oder es resultiert eine Epiphysiolysis im Femurkopf. Ventrale und ventrodorsale Luxationen ins Foramen obturatum sind meist Folge einer Innenrotation des Beines beim Aufprall nach Stürzen.

**Aus dem klinischen Untersuchungsgang** Die Lahmheit bei Hüftgelenkluxation ist offensichtlich, jedoch werden die Hunde die Hintergliedmaße nach einer kurzen Angewöhnungszeit gar belasten können. Bei kraniodorsaler Luxation sieht der Untersucher meist ein scheinbar verkürztes Bein in Außenrotation und Adduktion. Die ventrale Luxation ergibt ein scheinbar verlängertes Bein in leichter Innenrotation und Adduktion. Beim Palpieren des Hüftgelenkbereichs werden Schwellung, Schmerzen und Krepitation festgestellt. Das Dreieck zwischen großem Trochanter, Tuber sacrale und Tuber ischiadium wird im Links-Rechts-Vergleich unterschiedlich sein, wodurch die Luxationsposition (S. 94) bestimmt werden kann. Im Falle der häufig vorkommenden kraniodorsalen Luxation ist der Abstand zwischen Tuber ischiadicum und Trochanter vergrößert. Ein in diese Grube gepresster Daumen wird bei Außenrotation des Femur nicht herausgedrückt, falls die Hüfte luxiert (S. 132) sein sollte. Variable Ausfälle des N. ischiadicus mit Überköten der Gliedmaße können bei Hüftgelenkluxationen beobachtet werden.

Ein Gangbeispiel ist als Video (Video 8.9) verfügbar.

▸ **Video 8.9** Die Hüftgelenkluxation – Gangbeispiel.

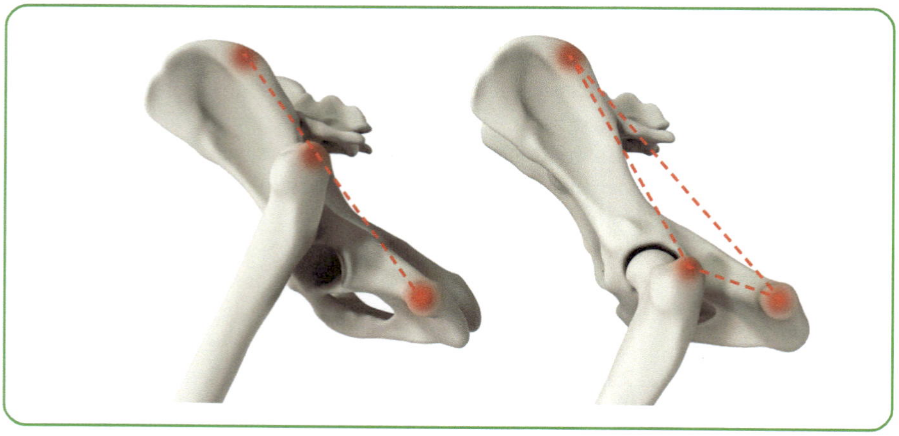

▸ **Abb. 8.59** Palpatorische Diagnose einer kraniodorsalen Hüftgelenkluxation: Der Trochanter major sitzt in einer kranialen Position auf einer Linie zwischen Crista iliaca und Tuber ischiadicum. (Quelle: Daniel Koch, Jonas Lauströer, Amir Andikfar)

**Bildgebende Diagnostik und erweiterte Datenbasis** Wie bei allen Traumapatienten sollen Thorax und Abdomen geprüft und beurteilt werden. Für die Diagnosebestätigung und die Therapieplanung sind Röntgenaufnahmen der Hüftgelenke im laterolateralen und ventrodorsalen Strahlengang erforderlich (▶ **Abb. 8.60**). Besonderes Augenmerk liegt auf knöchernen Fragmenten, welche im Acetabulum verblieben sind oder vom Acetabulumrand abgesprengt wurden und der Tiefe der Gelenkpfanne liegen. Diese Informationen bestimmen die Therapie und die Prognose.

**Therapie** Die unblutige resp. geschlossene Reposition (▶ **Abb. 8.61**) ist indiziert bei frischer Verletzung, intaktem Acetabulumrand, guter Gelenktiefe ohne Arthrosezeichen und Abwesenheit von Fragmenten im Gelenk. Bei der kraniodorsalen Luxation wird dabei das Femur durch Druck am Trochanter nach kaudoventral geführt, während eine Hilfsperson das Becken stabilisiert. Es werden zur Reponierung sowohl eine gestreckte Haltung des Femurs in Außenrotation als auch eine gebeugte in Innenrotation empfohlen. Erstere schont den allenfalls sehr fragilen Acetabulumrand bei jungen Tieren, die zweite nutzt den Pfannenrand als Hebel und Ankerpunkt und kann bei stark bemuskelten Hunden einfacher durchzuführen sein. Nach erfolgreicher Reponierung sollen die Kapselreste mittels Rotationsbewegungen aus der Pfanne befreit werden und das Hinterbein wird für 10 Tage in einer Ehmerschlinge immobil gehalten.

Für die Spezialpraxis: Die offene Reposition ist angezeigt bei chronischem Verlauf, erfolgloser unblutiger Reposition sowie bei Präsenz von Knochenabsplitterungen. Letztere werden nach kraniodrosalem Zugang zum Hüftgelenk entfernt und das Hüftgelenk reponiert. Eine gute Kapselnaht sowie innere Stabilisierungsmethoden (Toggle Pin – ▶ **Abb. 8.62**, Slocum-Schlinge –

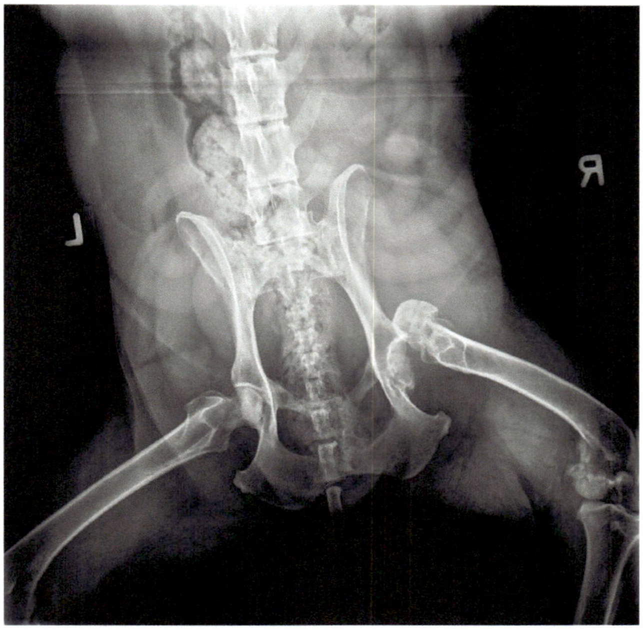

▶ **Abb. 8.60** Husky mit vorbestehender Coxarthrose und luxiertem Hüftgelenk nach Unfall im Garten.

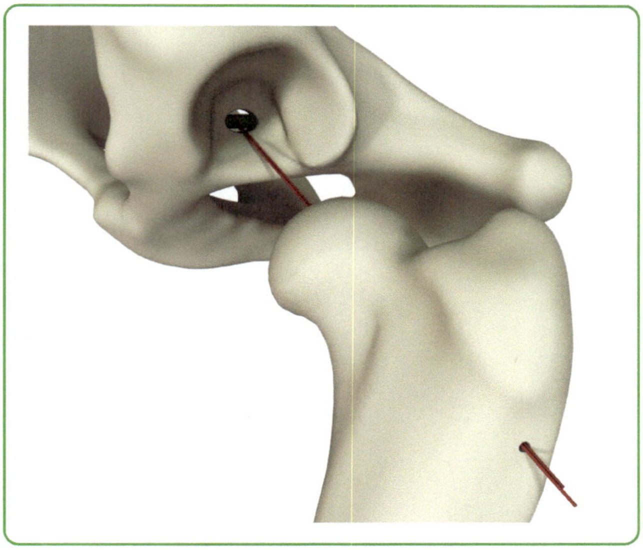

▶ **Abb. 8.62** Toggle Pin-Technik zur Stabilisierung nach Hüftgelenkluxation: Der Faden wird durch den Femurhals, Femurkopf und das Acetabulum geführt und anschließend geknüpft. (Quelle: Daniel Koch, Jonas Lauströer, Amir Andikfar)

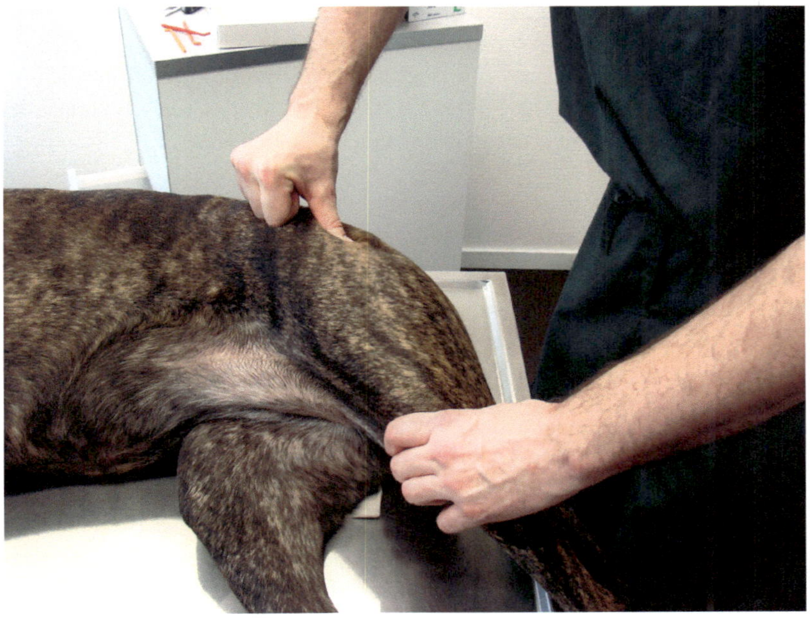

▶ **Abb. 8.61** Unblutige Reposition nach Hüftgelenkluxation nach kraniodorsal: Mit dem Daumen der einen Hand wird der Trochanter in Richtung des Acetabulums gesteuert, während die andere Hand das Femur in Außenrotation hält.

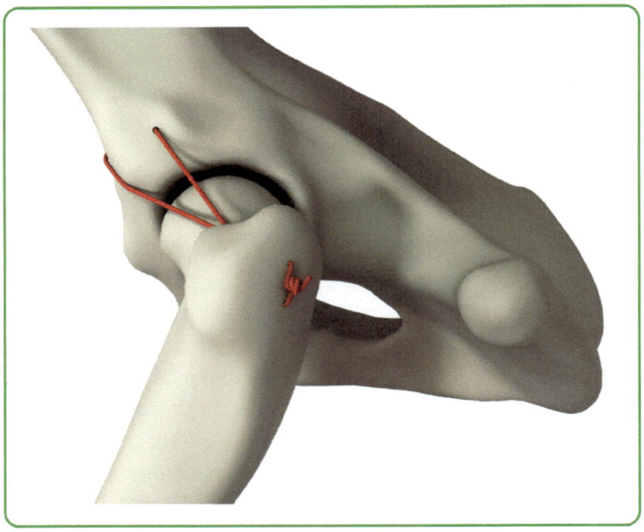

▸ **Abb. 8.63** Slocum-Technik zur Stabilisierung nach Hüftgelenkluxation: Der Faden wird durch den Trochanter und den Knochen kranial des Acetabulums geführt. (Quelle: Daniel Koch, Jonas Lauströer, Amir Andikfar)

▸ **Abb. 8.64** Ehmerschlinge: eine Methode zur Ruhigstellung nach blutiger oder unblutiger Reposition einer kraniodorsalen Hüftgelenkluxation. (Quelle: Matthias Haab, Departement für Pferde, Vetsuisse-Fakultät Universität Zürich, Schweiz)

▸ **Abb. 8.63**) halten das Hüftgelenk in Position. Für 10 Tage soll das Bein in einer Ehmerschlinge (▸ **Abb. 8.64**) getragen werden. Salter Harris-Frakturen durch die Wachstumszone des Femurkopfes können mit Zugschrauben über einen ventralen Zugang oder mit langen Kirschnerdrähten über einen kraniodorsalen Zugang fixiert werden. Im Fall einer vorbestehenden hochgradigen Dysplasie oder einer starken Coxarthrose kann bei Hunden unter 15 bis 20 kg auch eine Femurkopfresektion und bei Hunden über 20 kg Körpergewicht eine Hüftprothese indiziert sein. Hunde mit kranio- und kaudoventraler Luxation sollen nach offener oder blutiger Reposition in Vergrittungsgeschirren (▸ **Abb. 8.65**) immobilisiert werden.

▸ **Abb. 8.65** Vergrittungsgeschirr: eine Methode zur Ruhigstellung nach unblutiger Reposition einer ventralen Hüftgelenkluxation oder nach Pubisfrakturen. (Quelle: Matthias Haab, Departement für Pferde, Vetsuisse-Fakultät Universität Zürich, Schweiz)

### 8.3.11 Iliopsoaszerrung

**Ätiologie und Pathogenese** Der M. iliopsoas (S. 96) gehört zu den Hüftbeugern. Er besteht aus dem muskulären M. iliacus und dem sehnigen M. psoas. Er entspringt dem Trochanter minor und inseriert am Ventralrand der Lendenwirbelkörper. Bei sportlichen Hunden ohne geeignetes Aufwärmtraining kann dieser Muskel Zerrungen erleiden. Prädisponierte Rassen sind der Border Collie und der Belgische Schäferhund [118].

**Aus dem klinischen Untersuchungsgang** Hunde mit Iliopsoaszerrungen zeigen ein Gangbild wie bei HD oder Coxarthrose. Diese sind gleichzeitig die wichtigsten Differenzialdiagnosen. Im orthopädischen Untersuchungsgang wird jedoch bei der Hüftstreckung und anschließenden Innenrotation der Muskel in eine maximale Länge gebracht und damit auf Schmerzen geprüft, sodass eine Abgrenzung zu Hüftproblemen möglich ist. Zudem ist die direkte rektale Palpation des Muskels kranial des Beckens und von lateral möglich (▸ **Abb. 8.66**).

**Bildgebende Diagnostik und erweiterte Datenbasis** Die Röntgenbilder dienen dem Ausschluss der Differenzialdiagnosen. Nur in chronischen Fällen ist eine Verkalkung der Ursprungssehne zu sehen. Ultraschall- und MRT-Untersuchungen können Muskelzerrungen, Blutungen und Zusammenhangstrennungen sichtbar machen.

**Therapie** Die Behandlung von Iliopsoaszerrungen verlangt viel Geduld. Bewegungseinschränkung, Entzündungshemmer sowie eine zielgerichtete Physiotherapie sind die Mittel der Wahl. Prädisponierte Hunde sollen künftig vor jedem Sporttraining aufgewärmt werden. Die chirurgische Entfernung des M. iliopsoas ist nur bei chronischem Verlauf und verkalkten Sehnen indiziert.

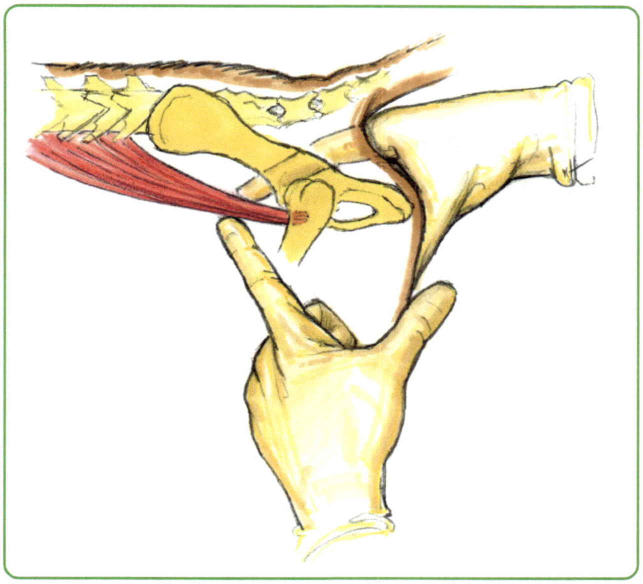

▶ **Abb. 8.66** Der M. iliopsoas kann bei kleinen bis mittelgroßen Hunden rektal und über die Haut direkt palpiert werden. (Quelle: Matthias Haab, Departement für Pferde, Vetsuisse-Fakultät Universität Zürich, Schweiz)

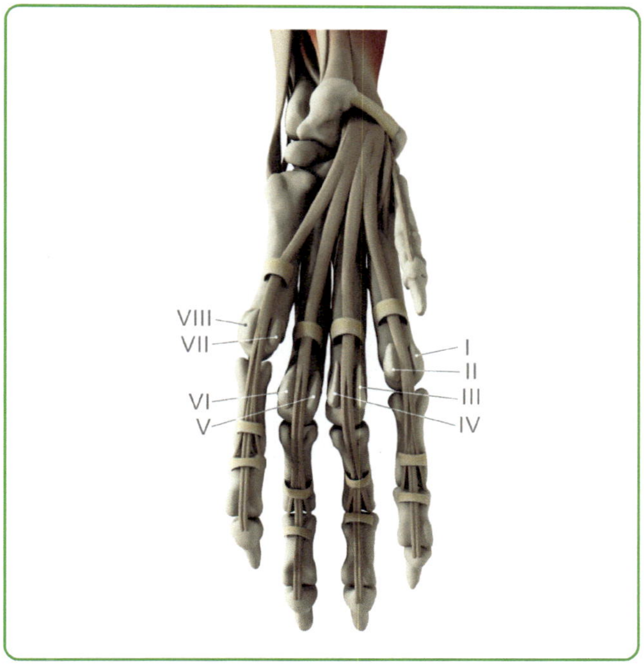


▶ **Abb. 8.67** Lokalisation der Sesambeine in den Extensorsehnen am Vorderbein des Hundes. Sie werden von medial nach lateral von I–VIII nummeriert, Nummer II und VII zeigen die meisten Veränderungen. (Quelle: Daniel Koch, Jonas Lauströer, Amir Andikfar)

8.4

## Erkrankungen der Vordergliedmaße

### 8.4.1 Sesamoid-Erkrankung

**Ätiologie und Pathogenese** In den 4 Hauptzehen der Vorder- und Hintergliedmaßen befinden sich jeweils ein Paar Sesambeine auf der palmaren resp. plantaren Fläche des metakarpophalangealen (S.98) resp. metatarsophalangealen (S.84) Gelenks. Die Sesambeine werden von medial nach lateral zählend (Zehe 2–5) mit den Zahlen I–VIII bezeichnet (▶ **Abb. 8.67**). Die Sehnen der oberflächlichen und tiefen Zehenbeuger laufen über die Sesambeine der 3. und 4. Zehe gleichförmig, jedoch bei der 2. und 5. Zehe fast nur über die innen liegenden Sesambeine II und VII. Sie werden dadurch bei starker körperlicher Anstrengung oder bei hohem Körpergewicht zusätzlichem Stress unterworfen. Die palmaren und plantaren Sesambeine frakturieren nach Trauma oder als Ermüdungsfolge vor allem bei Greyhounds und anderen Hunden, welche auf der Rennbahn eingesetzt werden. Im Weiteren sind degenerative Veränderungen bei juvenilen Vertretern großer Hunderassen beschrieben. Diese sog. Sesambeinfragmentierung wird auch auf kongenitale Ossifikationsstörungen zurückgeführt, wodurch die Übervertretung von Rottweilern, Boxern und Labrador Retrievern erklärt werden kann. Die Sesambeinfragmentierung wird mit rund 80 % häufiger an der Vorder- als an den Hintergliedmaßen beobachtet, was auch mit der stärkeren Belastung der Vordergliedmaße zusammenhängen könnte [131].

**Aus dem klinischen Untersuchungsgang** Bei Sesambeinfragmentierung ist die Lahmheit mild (1/4) und tritt meist nach starker Belastung auf. Die Region um das betroffene Sesambein ist verdickt und die Überstreckung des entsprechenden Zehengrundgelenks (S.137) dolent. Die Flexion ist eingeschränkt.

**Bildgebende Diagnostik und erweiterte Datenbasis** Die klinische Diagnose wird mit einer Röntgenaufnahme im dorsopalmaren/plantaren Strahlengang und gespreizten Zehen bestätigt. Bei Aufnahmen im mediolateralen Strahlengang ist eine Beurteilung des Sesambeine erschwert, weil sie übereinander projiziert werden. Bei chronischem Verlauf der degenerativen Erkrankung sind häufig Kalkeinlagerungen im umgebenden Weichteilgewebe zu sehen. Die Sesambeinfragmentierung (▶ **Abb. 8.68**) muss unterschieden werden von einer physiologisch auftretenden Zweiteilung der Sesambeine (bipartites Sesambein).

**Therapie** Eine konservative Therapie mit wochenlanger Ruhigstellung und Antiphlogistika ist zu empfehlen, falls der Verlauf milde ist und Lahmheiten erst nach starker Belastung auftreten. Ansonsten wird das betroffene Sesambein chirurgisch entfernt, was innerhalb von 6 Wochen zu einem lahmheitsfreien Gang führen sollte. Es gilt zu bedenken, dass die Beugesehne nun ohne Sesambeinschutz über das Gelenk läuft, was zu Spätfolgen und Hyperflexion führen kann. Eine Alternative ist die Amputation der Zehe.

### 8.4.2 Hyperextensionstrauma Carpus

**Ätiologie und Pathogenese** Sprünge und Stürze aus großer Höhe sowie in geringerem Maße Autounfälle gelten als Ursache für die Bandverletzungen des Carpus (S.100). Palmare Strukturen wie die kurzen Bänder zwischen den Karpalknochen und die Sehnenplatten werden dabei verletzt. Es resultieren unterschiedliche Hyperextensionsgrade des Karpalgelenks (▶ **Abb. 8.69**). Nicht selten sind die Karpalgelenke beider Beine betroffen. We-

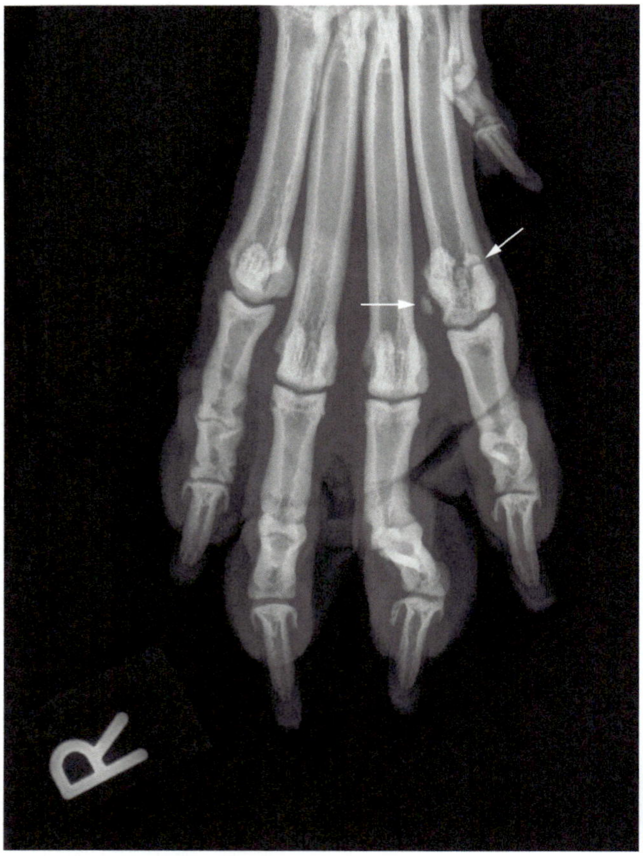


► **Abb. 8.68** Sesambeinfragmentierung bei einem Rotweiler an den Sesambeinen Nr. I und II.

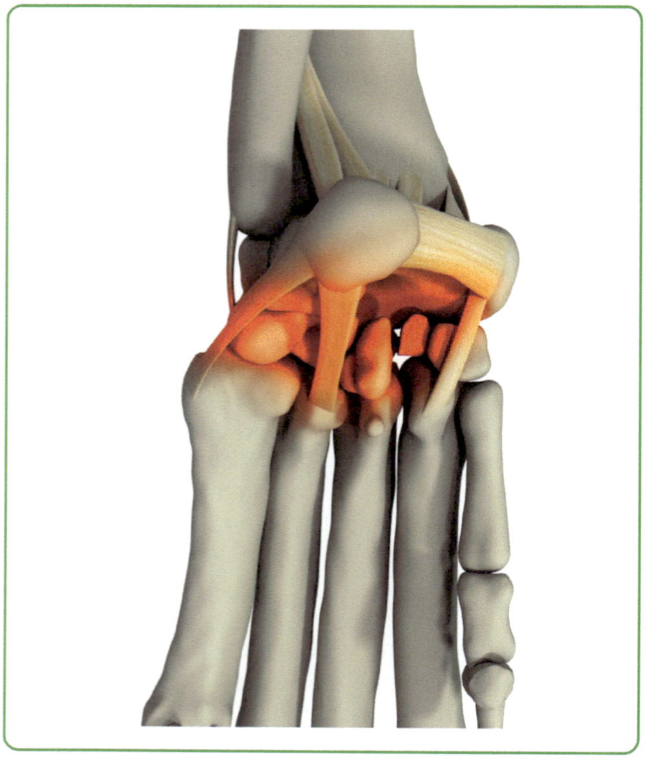

► **Abb. 8.69** Tiefe anatomische Strukturen des Carpus, Ansicht von palmar. Hyperextensionstraumata führen oft zu Rupturen der interkarpalen oder karpometakarpalen kurzen Bänder. (Quelle: Daniel Koch, Jonas Lauströer, Amir Andikfar)

gen der leichten physiologischen Valgusstellung des Carpus werden mediale Bandstrukturen stärker belastet als laterale und kann das Hyperextensionstrauma gelegentlich auch mit einem medialen Seitenbandriss vergesellschaftet sein.

**Aus dem klinischen Untersuchungsgang** Nach dem Unfall wird die Vordergliedmaße kaum Gewicht aufnehmen können. Beim Auffußen ist die Hyperextension augenfällig. Der Carpus (S. 138) ist deutlich geschwollen. Die Palpation bestätigt die Verdachtsdiagnose, wenn die Extension des Carpus bei gleichzeitig gestrecktem Ellbogen mehr als 10–15° erreicht.

**Bildgebende Diagnostik und erweiterte Datenbasis** Das Niveau der Instabilität und die Seitenbandrupturen werden mit Röntgenbildern im dorsopalmaren Strahlengang und zusätzlichen gehaltenen Aufnahmen (Abduktion und Adduktion des Carpus zur Prüfung des lateralen und medialen Bandapparats) sowie laterolateraler Aufnahme in Hyperextension bestimmt (► **Abb. 8.70**, ► **Abb. 8.71**).

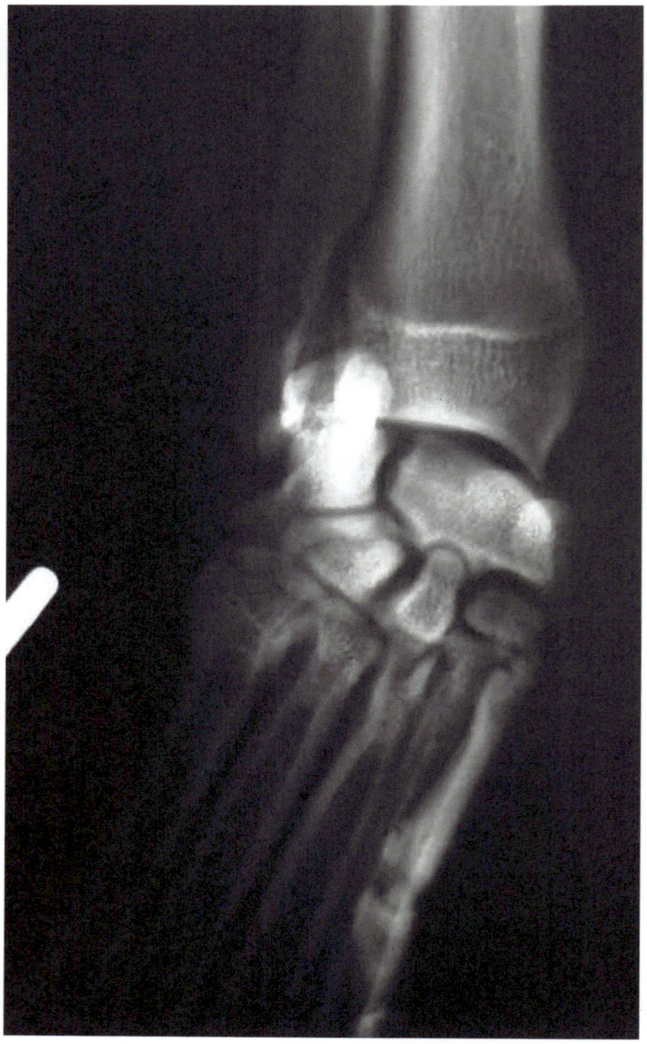

► **Abb. 8.70** Interkarpales und radiokarpales Trauma mit Bandrupturen auf der medialen Seite, das Röntgenbild zeigt erhöhte Valgus-Mobilität.

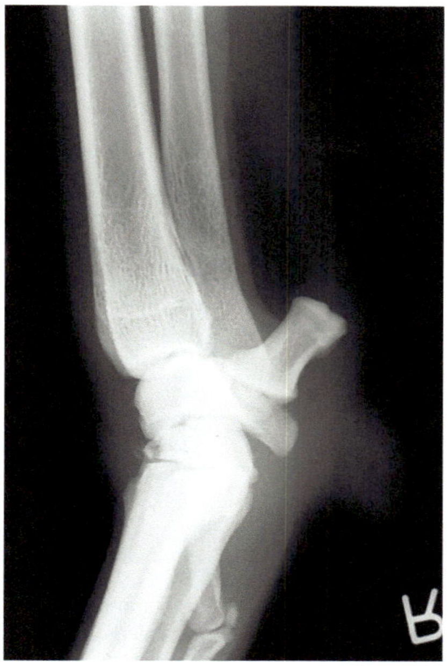

▶ **Abb. 8.71** Karpometakarpale Instabilität mit palmarem Bandschaden, es ist eine Hyperextension zu sehen.

**Therapie** Nur bei Hunden unter 6 Monaten Alter ist eine konservative Therapie mittels Schienung angezeigt, da hier eine fibröse und stabile Heilung der kurzen Bänder unter Ruhigstellung innerhalb kurzer Zeit zu erwarten ist. Rupturen der geraden und schrägen radiokarpalen Bänder können primär mit Bandnaht versorgt werden.

Für die Spezialpraxis: Interkarpale Instabilitäten verlangen nach einer partiellen Arthrodese, wobei meistens der Bereich vom Os carpi radiale bis zu den Metacarpalia fusioniert werden muss. Dauerhafte Fixationen gelingen mit Platten, Nägeln oder einem Fixateur externe. Ausgedehnte Bandrupturen mit Beteiligung des Antebrachiokarpalgelenks, Rezidive nach Bandnaht oder Patienten mit starker Karpalgelenkarthrose werden am besten mit einer Panarthrodese versorgt. Dafür gibt es Spezialplatten, welche dorsal, medial oder plantar angeschraubt werden (▶ **Abb. 8.72**). In allen Fällen wird die Durchbauung der Knochen durch das Entfernen des Gelenkknorpels und das Einbringen von autologem Knochenmark beschleunigt. Postoperativ ist eine Ruhigstellung über 6–12 Wochen erforderlich, wobei maßgefertigte Orthesen eine geringere Morbidität als Schienenverbände aufweisen und ein flexibles Management ermöglichen. Die Fusion der kleinen und schlecht durchbluteten Knochen benötigt 4–8 Monate. Bei partiellen Arthrodesen ist keine Beeinträchtigung des Gangbildes zu erwarten und auch bei Panarthrodesen wird der Beobachter kaum eine Lahmheit sehen. Das Springen über Hindernisse kann erschwert sein, weil der Carpus nicht mehr flektiert werden kann.

### 8.4.3 Tendovaginitis des M. abductor pollicis longus

**Ätiologie und Pathogenese** Der M. abductor pollicis longus (Daumensehne) entspringt lateral am proximalen Radius (S. 102). Seine Endsehne ist von einer Sehnenscheide umgeben, kreuzt am distalen Radius den M. extensor carpi radialis, verläuft unter dem medialen Kollateralband und inseriert an der Basis des ersten Metacarpus (▶ **Abb. 5.35**). Auf Höhe des Antebrachiokarpalgelenks enthält die Sehne ein Sesambein. Sie hat gelenkstabilisierende Funktion. Die Ursache der Tenodovaginitis der Daumensehne ist nicht genau bekannt. Es wird aber angenommen, dass wie bei der entsprechenden Erkrankung des Menschen (de Quervain's Disease) eine Überbeanspruchung die chronische Entzündung in Gang setzt und unterhält. Die Sehne wird zunehmend in ihrer Sehnenscheide eingeengt. Bei chronischem Verlauf verdickt sich die Sehnenscheide und kann teilweise verknöchern.

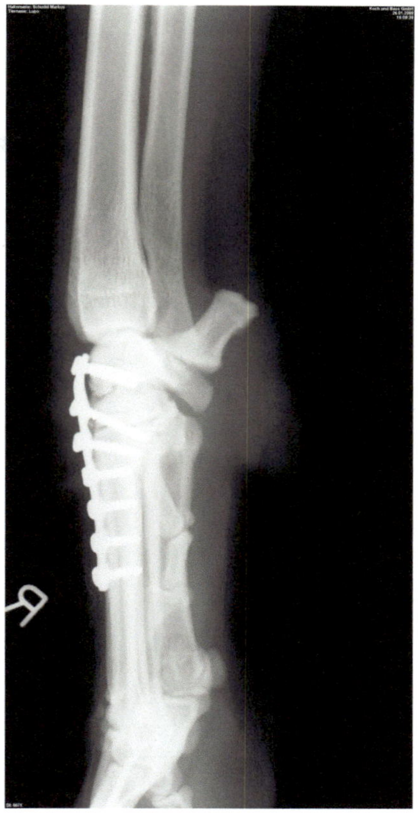

▶ **Abb. 8.72** Fixation der karpometakarpalen Instabilität mittels dorsal applizierter Platte.

**Aus dem klinischen Untersuchungsgang** Hunde mit Tendovaginits des M. abductor pollicis longus sind meistens groß und älter als 2 Jahre. Die Lahmheit der Vordergliedmaße ist zu Beginn sehr mild (1/4) und zeigt sich vor allem, wenn die Hunde nach sehr intensiver Bewegung kurz ruhig gelegen sind. Typisch ist die derbe, beinahe runde Schwellung auf der Medialseite des distalen Radius (▶ **Abb. 8.73**). Druckschmerz bei einfacher Palpation kann nicht immer ausgelöst werden, hingegen sind Schmerzen bei Beugung und Abduktion des Carpus und eine zunehmend eingeschränkte Beweglichkeit in der Flexion festzustellen (S. 141). Der Carpus ist ansonsten stabil. Bilaterale Entzündungen sind möglich, wobei das Ausmaß der Schwellung nicht mit der Lahmheit oder dem Schmerz korrelieren muss.

Ganganalyse und Klinik sind als Video (Video 8.10) verfügbar.

▶ **Abb. 8.73** Typisches klinisches Bild bei einer Tendovaginitis des M. abductor pollicis longus: feste und wenig dolente Schwellung proximal und medial des Carpus, Labrador, 6 Jahre alt. (Quelle: Klinik für Kleintierchirurgie der Vetsuisse-Fakultät Universität Zürich, Schweiz)

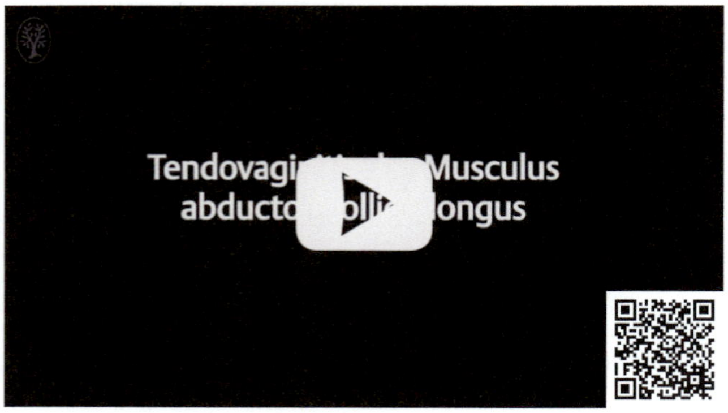

▶ **Video 8.10** Tendovaginitis des M. abductor pollicis longus – Ganganalyse und Klinik.

**Bildgebende Diagnostik und erweiterte Datenbasis** In beinahe allen Fällen sind radiologische Zeichen präsent. Es handelt sich dabei um Knochenzubildungen auf der medialen und dorsalen Seite des distalen Radius (▶ **Abb. 8.74**). Das mediale Styloid kann verbreitert erscheinen. Das Radiokarpalgelenk zeigt keine oder nur unwesentliche degenerative Veränderungen. Die wichtigste Differenzialdiagnose ist die Neoplasie des distalen Radius. Im Gegensatz dazu werden bei der Tendovaginitis des M. abductor pollicis longus keine lytischen Zonen entdeckt, die Proliferationen sind von homogener Dichte und auf den

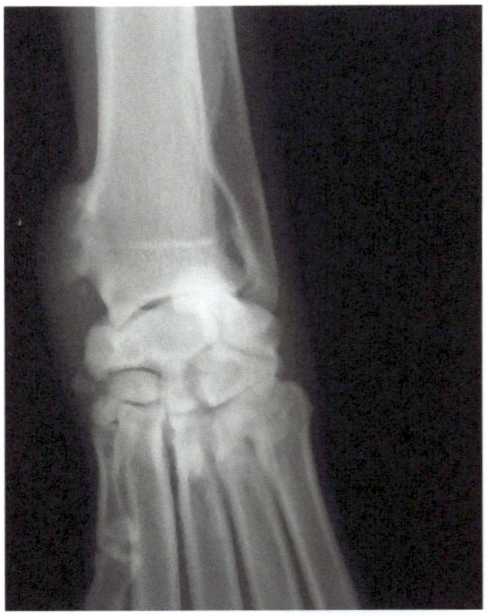

▶ **Abb. 8.74** Radiologisches Bild bei einer chronischen Form der Tendovaginitis des M. abductor pollicis longus: Knochenproliferationen am medialen distalen Rand des Radius, keine Hinweise auf eine Neoplasie.

medialen und distalen Radius beschränkt. In unklaren Fällen kann ein CT indiziert sein.

**Therapie** Die Behandlung ist dreistufig. Milde und akute Fälle reagieren sehr gut auf Ruhigstellung und Gabe von Antiphlogistika. Anhaltende Lahmheiten erfordern eine Depotsteroid-Injektion unter Narkose in die Sehnenscheide und eine Ruhigstellung mit einem Verband. Die Injektion kann nach 3 Wochen wiederholt werden, wonach eine dauerhafte Verbesserung des Gangbildes zu erwarten ist. Starke Proliferationen und Therapieversager nach Steroidinjektion werden chirurgisch versorgt. Dabei wird die indurierte Sehnenscheide eröffnet, fibrosiertes und verknöchertes Gewebe so weit wie möglich abgetragen und die Sehne befreit. Von einer Durchtrennung der Sehne wird abgeraten, da sie Seitenbandfunktion hat. Postoperativ erfolgt eine mehrwöchige Ruhigstellung mit einem Schienenverband. Die Resultate nach chirurgischem Debridement sind in der Regel gut [105].

### 8.4.4 Ellbogendysplasie

**Ätiologie und Pathogenese** Nach wie vor ist die Ätiopathogenese der Ellbogendysplasie (ED) nicht vollständig aufgedeckt. Probleme macht auch die Tatsache, dass verschiedene Erkrankungen des Ellbogens (S. 103) unter dem Begriff der Ellbogendysplasie summiert werden, obwohl sie pathogenetisch nicht den gleichen Mechanismen unterworfen sind. Dies geschah unter radiologischen Gesichtspunkten, weil die Ellbogenarthrose in den meisten Fällen das Endprodukt des pathophysiologischen Prozesses darstellt.

Heutzutage fasst man 4 Haupterkrankungen und diverse seltene Veränderungen am Ellbogen unter dem Begriff der ED zusammen. Zu den Haupterkrankungen gehören der fragmentierte Processus coronoideus medialis (FPCM), der nichtvereinigte Processus anconaeus (UAP), die Osteochondrose am medialen Humeruscondylus (OC) und die Inkongruenz des Ellbogengelenks (INC). Eine genetische Beteiligung mit einem Heritabilitätsindex von 0.27–0.77 wird angegeben [97], [106]. Ernährung und Management im Welpenalter tragen den Rest zur Krankheitsentstehung bei oder können im positiven Fall eindämmend wirken. Dabei ist insbesondere auf das Körpergewicht zu achten. Zwei Drittel davon werden von den Vordergliedmaßen aufgefangen. Übergewicht im Alter bis 7 Monate, also in der Phase des höchsten „turn-over", kann ED aus einem subklinischen in ein klinisches Stadium führen.

Die ersten Überlegungen zur Pathogenese der ED stammten aus der Osteochondrose-Forschung. Die Knorpelqualität sei an allen prädisponierten Knochenenden ungenügend und seine Lagen zu dick, worauf seine Ernährung via Synovia nicht mehr ausreichend gewährleistet sei. Dies trifft für die Osteochondrose am medialen Humeruscondylus, genau gegenüber dem medialen Coronoid, wohl immer noch zu. Ein knorpelschädigender Effekt durch Kalzium-Überversorgung in den ersten 4–5 Monaten wurde nachgewiesen [117], hingegen hat die Protein-Überversorgung mit der Entstehung von ED nichts zu tun. Überhaupt ist man bei der Erklärung zur Osteochondrose noch nicht zu einer schlüssigen Beweiskette gelangt. Die typischen Lokalisationen Ellbogen, kaudozentraler Humeruskopf, distaler lateraler Femurcondylus und Talusrollkamm sprechen neben einer generalisierten Problematik durch schnelles Wachstum und Fehlernährung auch für eine unphysiologisch hohe Belastung der entsprechenden Gelenkanteile im Wachstum.

Bei der Erklärung zu FPCM und UAP sind die Verfechter einer Malformation der Incisura semilunaris in der Überzahl. Da Letztere in der Phase des raschen Wachstums deutlich mehr Knochen und Knorpel als der Humeruscondylus ansetzen muss, um die Kongruenz des Ellbogengelenks zu erhalten, kann es geschehen, dass die Incisura semilunaris ellipsoid gebildet wird. Somit ist der distale (Processus coronoideus) oder proximale Fortsatz (Processus anconaeus) hohen Belastungen ausgesetzt und kann fissurieren, fragmentieren resp. sich nicht mit dem Olecranon vereinigen.

Die Kraftübertragung verläuft im Ellbogengelenk vorwiegend auf der medialen Seite, sodass das mediale Coronoid nicht nur deutlich größer ist als das laterale, sondern eben auch stärker belastet wird. In den letzten Jahren hat sich deswegen vermehrt auch der Begrifff der medialen Coronoiderkrankung (medial coronoid disease, MCD) durchgesetzt, weil kaum Fissurierungen, sondern eher druckbedingte Abrasionen am medialen Coronoid zu sehen sind (▶ **Abb. 8.75**) [101]. Im Weiteren erfährt das Ellbogengelenk in der Stemmphase starke Rotationskräfte, deren Bezug zur Pathogenese der ED erst noch hergestellt werden muss.

In wenigen Fällen ist ein ungleich schnelles Wachstum von Radius und Ulna Ursprung der ED („short radius"-Syndrom). Das mediale Coronoid muss einen Großteil der Kraft übernehmen und fragmentiert. OC und FPCM können im gleichen Gelenk gleichzeitig auftreten. Als „kissing lesions" bezeichnet man Kratzspuren am medialen Humerus, hervorgerufen durch einen Coronoidhochstand. Prädisponierte Rassen für FPCM und OC sind alle Retriever, Berner Sennenhunde, Rottweiler und andere schnellwüchsige Hunde.

**Aus dem klinischen Untersuchungsgang** Die Diagnose einer ED ist nicht immer einfach zu stellen. Die klinischen Bilder und Befunde nähren einen großen Verdacht, lassen aber noch immer auch eine Panosteitis als Ursache der Lahmheit zu. Typische Befunde bei ED sind: Auftreten zwischen 4 und 8 Monaten

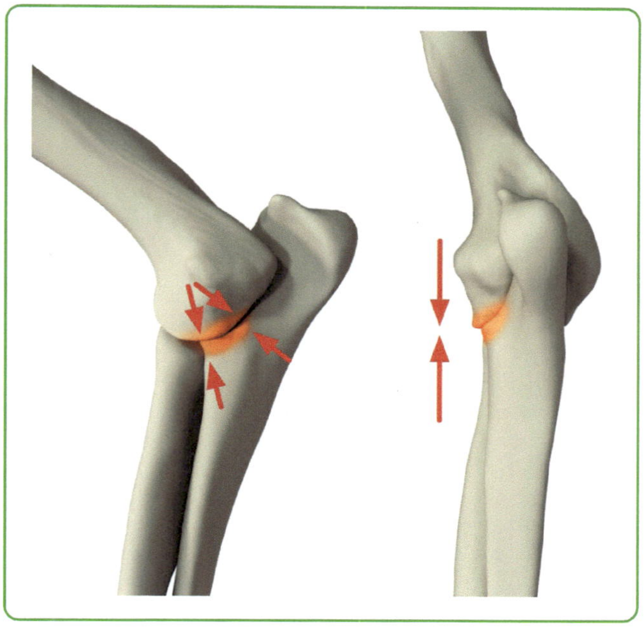

▶ **Abb. 8.75** Neue Forschungen weisen auf einen erhöhten Druck im medialen Kompartiment als Ursache der Ellbogendysplasie des Hundes hin. (Quelle: Daniel Koch, Jonas Lauströer, Amir Andikfar)

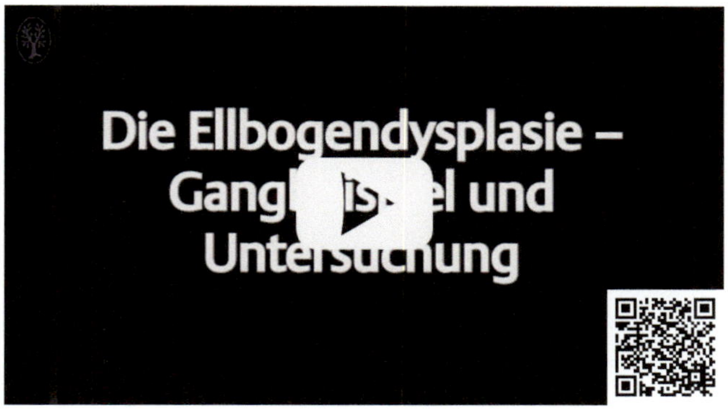


▶ **Video 8.11** Die Ellbogendysplasie – Gangbeispiel und Diagnose.

Alter, große und schnell wachsende Hunde, leicht progressiver Verlauf, Anlauflahmheit, Valgushaltung des Beines zur Entlastung des medialen Ellbogenkompartiments (S. 147), häufig beidseitiges Problem, Schmerz bei Streckung und Rotation des Ellbogens (S. 145), palpierbare Gelenkfüllung entlang des medialen und lateralen Epicondylus humeri, Druckdolenz über dem medialen Coronoid und allenfalls am Processus anconaeus. UAP zeigt die deutlichste aller durch ED hervorgerufenen Lahmheiten, FPCM tritt am häufigsten auf.

Ein Gangbeispiel ist als Video (Video 8.11) verfügbar.

**Bildgebende Diagnostik und erweiterte Datenbasis** Röntgenbilder werden in 2 Richtungen angefertigt (laterolateral, anterioposterior mit leichter Pronation). Nicht immer ist die Radiologie sensitiv genug. Am einfachsten gelingt die Diagnose beim UAP (▶ **Abb. 8.76**). Der Processus anconaeus sollte im Normalfall nach 4–5 Monaten mit dem Olecranon verwachsen sein. Zuweilen ist auch die OCD recht gut auf den anterioposterioren Bildern als Sklerosierung des subchondralen Knochens des me-

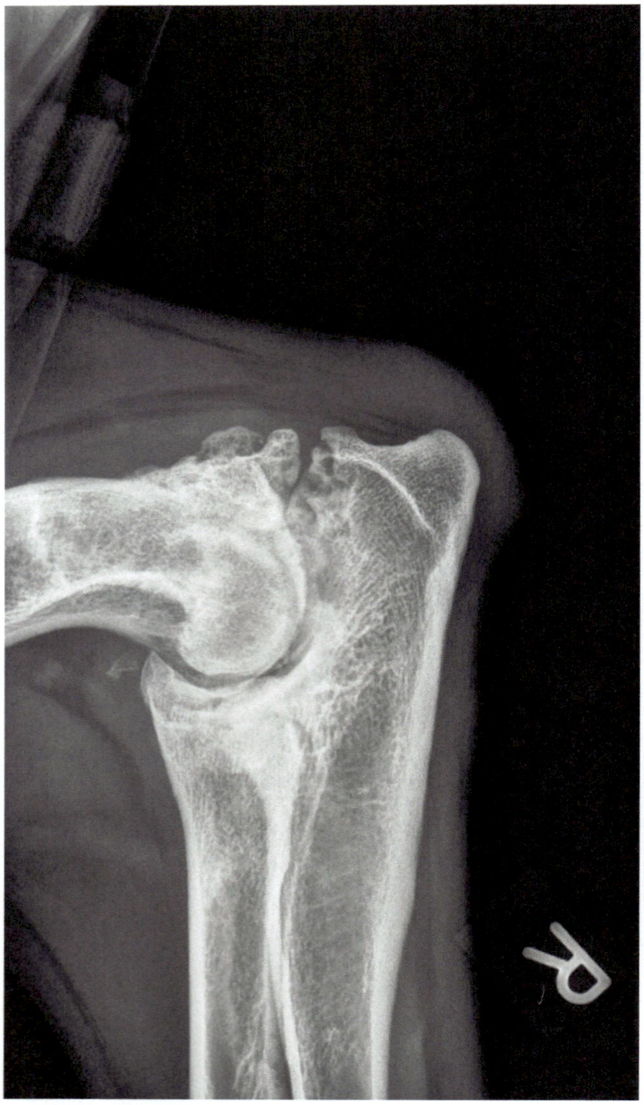


▸ **Abb. 8.76** Der Processus anconaeus ist nicht mit der Ulna fusioniert, ein typisches Bild beim wachsenden Deutschen Schäferhund und der Deutschen Dogge.

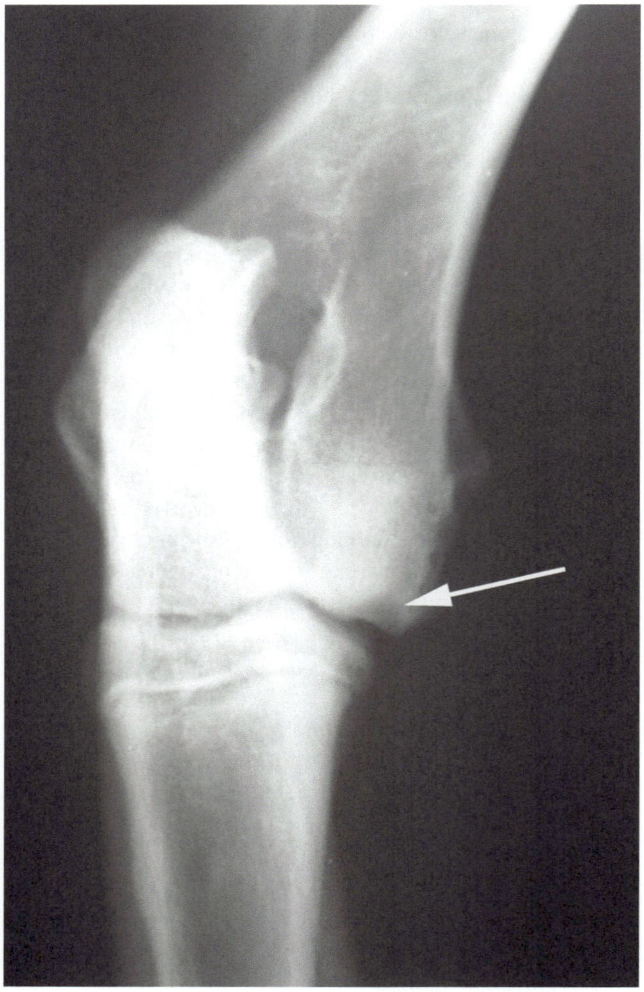

▸ **Abb. 8.77** Osteochondroseläsion auf dem medialen Humeruscondylus.

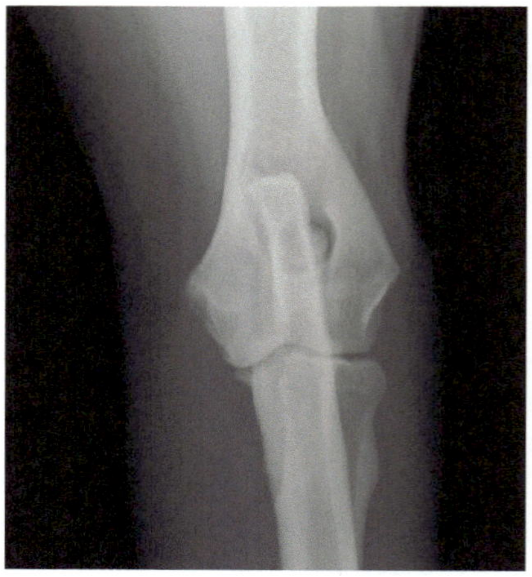

▸ **Abb. 8.78** Eine mediale Coronoiderkrankung, wie sie sich im Röntgenbild im anterioposterioren Strahlengang darstellen kann. Das Coronoid ist unscharf abgebildet.

dialen distalen Humeruscondylus zu erkennen (▸ **Abb. 8.77**). Schon deutlich mehr Probleme macht da der FPCM resp. die MCD. Obwohl durch optimierte Röntgentechniken (leichte Supination bei der laterolateralen Aufnahme; Schrägaufnahme im anterioposterioren Strahlengang) das mediale Coronoid recht gut dargestellt werden kann, sind viele Pathologien nicht oder nur undeutlich sichtbar. Unscharfe Begrenzung des Coronoids (laterolaterale und anterioposteriore Aufnahme; ▸ **Abb. 8.78**, ▸ **Abb. 8.79**) sowie Abrundungen und Zubildungen (anterioposteriore Aufnahme) sprechen zwar für eine Coronoid-Pathologie, beweisen sie aber nicht. Fissurlinien im Coronoid werden kaum dargestellt und sind nicht selten Artefakte. Umgekehrt muss das Fehlen dieser Zeichen nicht für ED-Freiheit sprechen. Aus diesem Grund sind die Arthroskopie und das CT die Methoden der Wahl bei der Diagnose des FPCM, sofern die klinischen und radiologischen Zeichen keine eindeutige Zuordnung zulassen (▸ **Abb. 8.80**). Die Inkongruenz im Ellbogengelenk lässt sich nur bei deutlichen Stufen auf dem Röntgenbild erfassen, weil die Lagerung enormen Einfluss auf die relative Position von Radius, Ulna und Humerus ausübt. Selbst Spezialisten der bildgebenden Verfahren erkennen sie erst ab ca. 4 mm Unterschied [113].

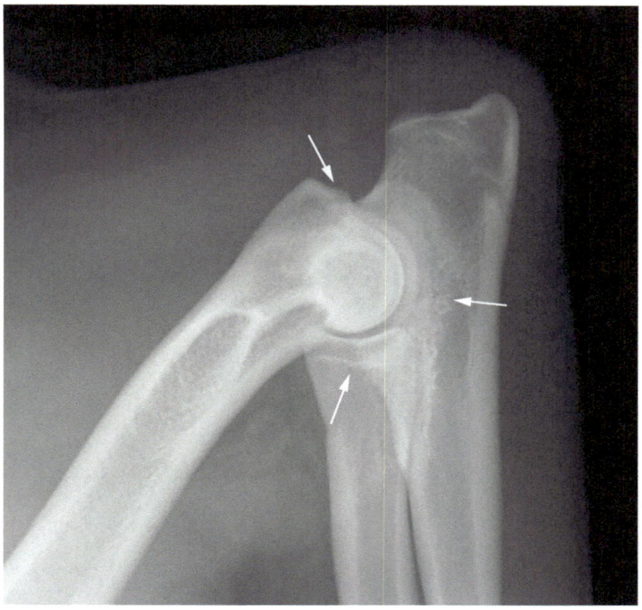

▶ **Abb. 8.79** Die mediale Coronoiderkrankung auf dem Röntgenbild im laterolateralen Strahlengang: unscharf dargestelltes Coronoid, beginnende Sklerosierung der Incisura semilunaris und erste Osteophyten am Processus anconaeus.

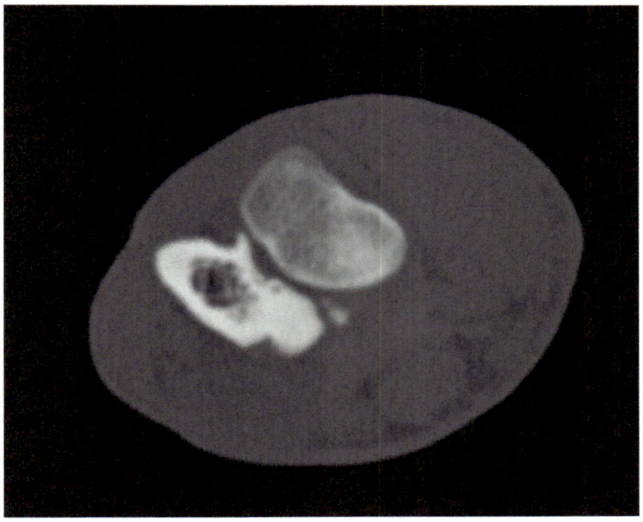

▶ **Abb. 8.80** CT-Querschnitt durch den linken Ellbogen eines Labrador Retrievers auf Höhe des medialen Coronoids. Letzterer ist fragmentiert und deutlich sklerosiert. (Quelle: Urs Geissbühler, Klinische Radiologie, Vetsuisse-Fakultät Bern, Schweiz)

**Therapie** Selbstverständlich findet auch die konservative Therapie ihren Platz. In milden oder unklaren Fällen oder bei zu spät diagnostizierter ED mit beginnender Arthrose kann sie den Krankheitsprozess so modulieren, dass Lahmheit und Schmerz so lange als möglich hinausgezögert werden können. Zur konservativen Therapie, welche sich im Übrigen auch als postoperatives Protokoll eignet, gehören: Gewichtsreduktion (da 60 % des Körpers auf den Vorderbeinen lasten, wirkt sich eine Gewichtsreduktion sehr positiv aus), Bewegungseinschränkung (kürzer, dafür öfter), Physiotherapie (Aufwärmen, Muskelerhalt, Bewegungsfreiheit erhalten), Knorpelschutzpräparate (Knorpelabbau wird verzögert) und Entzündungshemmer (Gelenkfüllung wird reduziert, Muskelerhalt durch Mehrbelastung, Allgemeinbefinden verbessert). Nachdem die positiven Effekte der Entzündungshemmer und die Abwesenheit von Nebenwirkungen erkannt wurden, kann durchaus eine Langzeittherapie indiziert sein. Es geht dabei darum, den Hunden möglichst lange ein schmerz- und lahmheitsfreies Leben zu schenken.

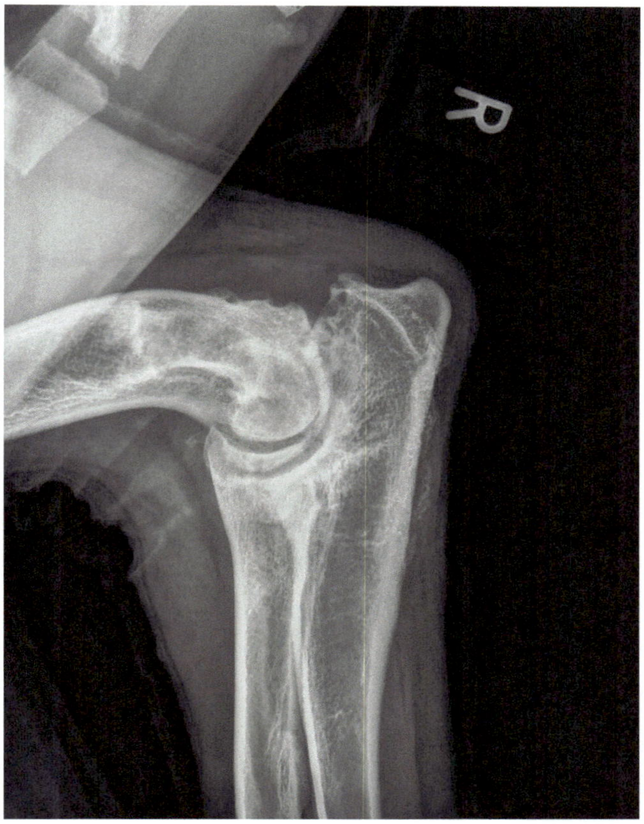


▶ **Abb. 8.81** .Nicht mit dem Olecranon vereinigte Processus anconaeus werden entfernt.

Für die Spezialpraxis: Der chirurgische Zugang zur ED-Therapie ist vielstufig und spezifisch. UAP wird normalerweise mit einer Exzision des nichtvereinigten Knochenstückes behandelt (▶ **Abb. 8.81**), wobei dann ein die Rotation stabilisierendes Teil nicht mehr vorhanden ist. Bei sehr großen Processus anconaeus kann man eine Schraubenfixation mit Entlastungsosteotomie der Ulna wagen. Die Prognose ist vorsichtig bis ungünstig, weil die Fixation des Processus schwierig ist und nicht selten die Fusion mit dem Olecranon misslingt.

Mittlere bis große Osteochondroseläsionen werden kürettiert (▶ Abb. 8.82) und der umgebende, qualitativ minderwertige Knorpel senkrecht zur Oberfläche abgetragen. Somit kann der subchondrale Knochen in den Defekt einwachsen und einen Ersatzfaserknorpel bilden, welcher im optimalen Fall ausreichende Druckstabilität gewährleistet. Dieser Eingriff kann mittels Arthroskopie oder Arthrotomie erfolgen.

Die Behandlung des am häufigsten auftretenden FPCM ist stark von aktuellen Forschungsresultaten und verfügbaren Apparaturen beeinflusst. Die klassische Therapie ist die großzügige Entfernung des medialen Coronoids durch eine mediale Ar-

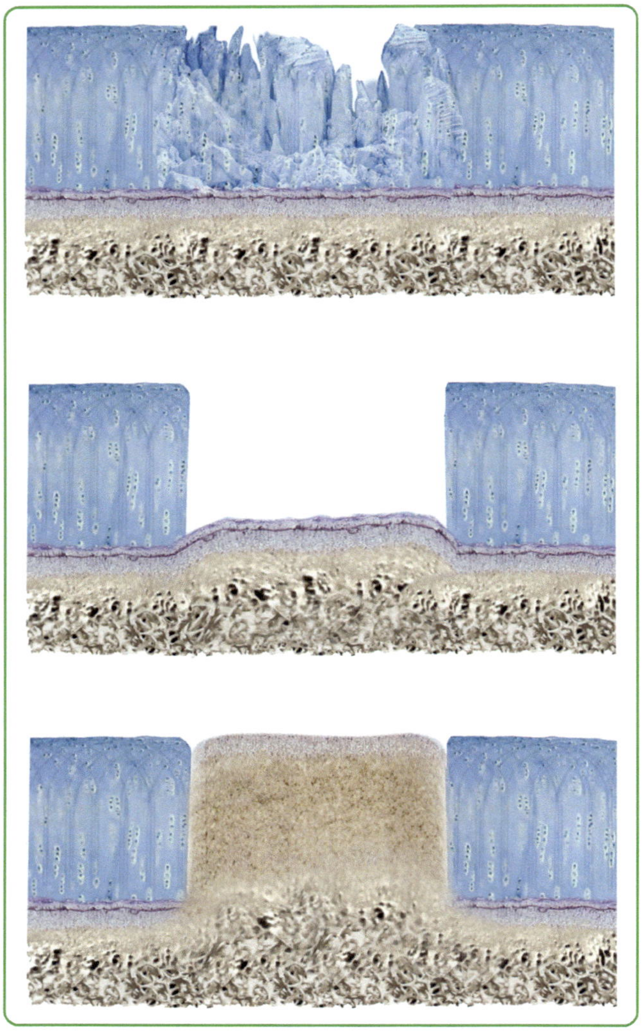

▶ **Abb. 8.82** Osteochondroseläsionen werden kürettiert, um dem darunter liegenden Knochen die Möglichkeit zur Reparatur zu geben. (Quelle: Daniel Koch, Jonas Lauströer, Amir Andikfar)

throtomie und mithilfe von Meissel und Hammer (▶ **Abb. 8.83**). Die Einführung der Arthroskopie hat die Diagnostik der ED erleichtert, erlaubt die Behandlung beider Ellbogengelenke bei minimaler Traumatisierung in der gleichen Narkose, birgt aber auch die Gefahr, dass zu wenig vom Coronoid abgetragen wird. Falls gleichzeitig zum FPCM eine deutliche Stufe im Ellbogengelenk diagnostiziert wird, kann bei Hunden unter 8–10 Monaten eine Ulnaostektomie den Druck auf das mediale Coronoid senken. In seltenen Fällen gelingt dieser Eingriff so früh, dass die Hunde nicht symptomatisch werden. Eine Osteosynthese ist nicht erforderlich.

Neben den klassischen operativen Methoden wurden neue Operationstechniken entwickelt, um vor allem den medialen Druck zu reduzieren: die Teiltenotomie des M. biceps brachii an der Ulna (biceps ulnar release procedure, BURP), die Korrekturosteotomie des Humerus (sliding humerus osteotomy) oder der Ulna (proximal abducting ulnar osteotomy). Mittelfristig wird auch der Gelenkersatz mittels Teil- oder Totalprothese verfügbar sein [99], [101], [102], [123].

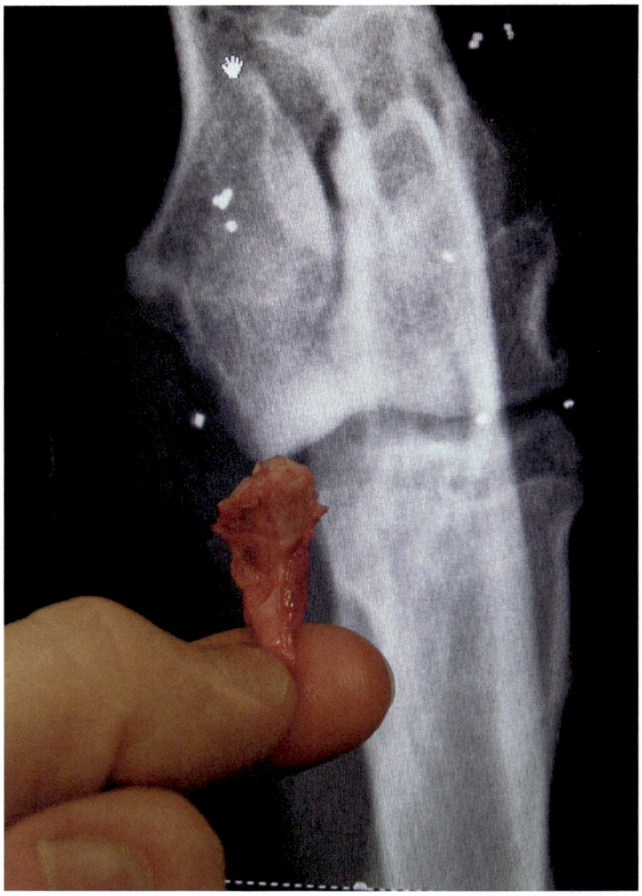

▶ **Abb. 8.83** Die klassische Therapie der Überbelastung des medialen Coronoids ist die subtotale Coronoidektomie.

## 8.4.5 Bizepssehnenentzündung

**Ätiologie und Pathogenese** Der Bizeps entspringt der Scapula (Tuberculum supraglenoidale) in einer langen Ursprungssehne, die durch das kraniomediale Schultergelenk (S. 106) und anschließend durch die Fossa intertubercularis am proximalen Humerus (S. 105) zieht. Dort wird sie durch ein transverses Band in Position gehalten. Die Sehnenscheide der Ursprungssehne und die Kapsel des Schultergelenks bilden einen gemeinsamen Raum. Der Muskel zieht von der medialen Humerusseite nach kranial. In der Region des Ellbogengelenks geht der Muskel in eine zweigeteilte Endsehne über. Der stärkere Anteil setzt medial an der Ulna (Tuberositas ulnare), der schwächere Anteil proximal am medialen Radius (Tuberositas radiale) an (▶ **Abb. 5.42**; ▶ **Abb. 5.44**, ▶ **Abb. 5.46**).

Die Entzündung der Sehne findet im proximalen Teil und in der Sehnenscheide statt. Ursachen sind direktes oder indirektes Trauma, wandernde Gelenkmäuse nach OCD, Folgen einer degenerativen Erkrankung des Schultergelenks oder starke Gewichtsverlagerung auf die Vordergliedmaßen. Die Bizepssehnenentzündung findet man meistens bei mittelgroßen bis großen Hunden.

**Aus dem klinischen Untersuchungsgang** Das Stellen einer zuverlässigen Diagnose ist nicht einfach. Lahmheiten sind oft nicht sehr ausgeprägt und können zuweilen nur ganz zu Beginn der Bewegung und dann wieder am Ende von längeren Spazier-

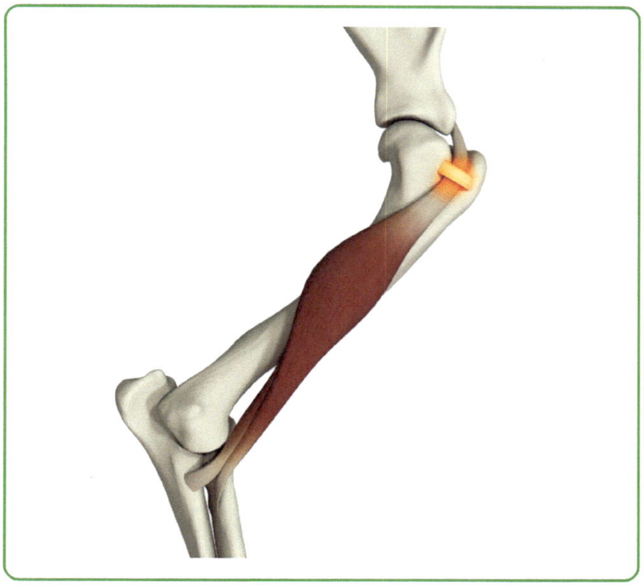

► **Abb. 8.84** Bizepssehnenentzündungen führen im Bereich des Schultergelenks oder des intertuberkulären Bandes zu Schmerzen. (Quelle: Daniel Koch, Jonas Lauströer, Amir Andikfar)

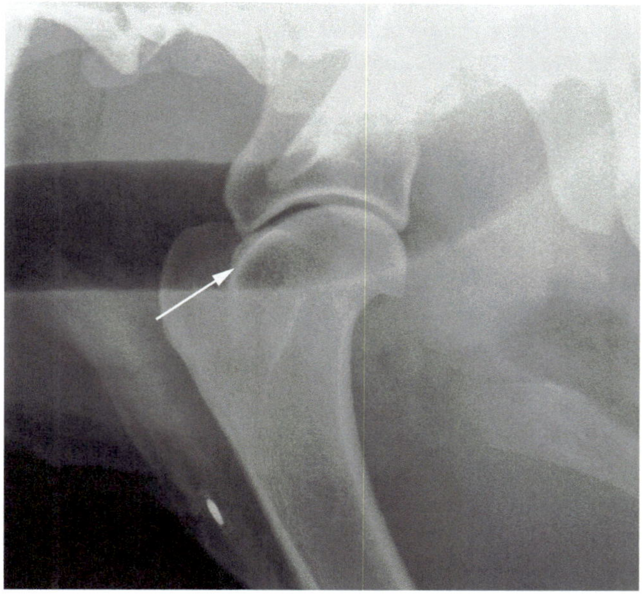

► **Abb. 8.85** Eine Verschattung im intertuberkulären Bereich kann auf eine Bizepssehnenentzündung hinweisen.

gängen festgestellt werden. Im klinisch-orthopädischen Untersuchungsgang wird der Druck auf die Sehne (S. 152) über dem Humerus schmerzhaft sein, wenn das Schultergelenk gebeugt und das Ellbogengelenk gleichzeitig gestreckt wird (► **Abb. 8.84**). Dadurch wird die Sehne über dem Schultergelenk maximal gespannt und kann mit dem Daumen medial des Tuberculum majus gut palpiert werden.

**Bildgebende Diagnostik und erweiterte Datenbasis** Röntgenbilder im mediolateralen Strahlengang liefern nur in klaren Fällen diagnostisch eindeutige Informationen. Zu sehen sind arthrotische Veränderungen am Kaudalrand des Humeruskopfes, freie Gelenkmäuse, Osteolyse am Tuberculum supraglenoidale und Verschattungen im Sulcus intertubercularis (► **Abb. 8.85**). Kontraströntgenbilder können weitere Informationen, insbesondere über die Sehnenscheide des M. biceps, liefern. Die Methode der Wahl für die Darstellung der Bizepssehne ist allerdings die Sonografie. Sie stellt den gesamten Verlauf der Bizepssehne dar und ermöglicht Aussagen über die Qualität der Ursprungssehne im Schultergelenk (► **Abb. 8.86**).

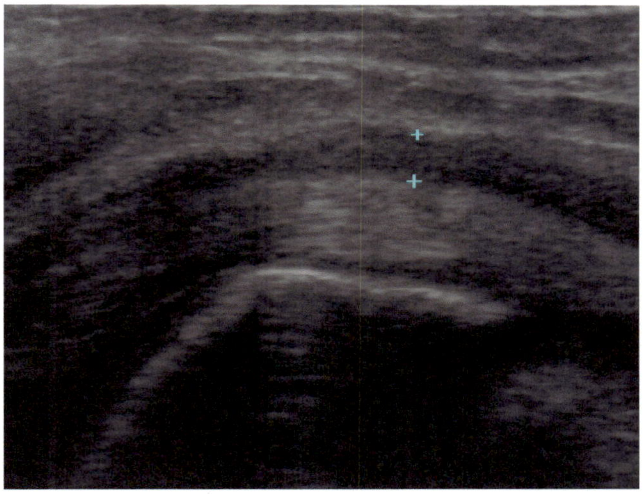

► **Abb. 8.86** Längsschnitt durch die Bizepssehne links auf Höhe des Sulcus bicipitalis eines 10 ½-jährigen männlichen kastrierten Labrador-Mischlings. Regelrechte Organisation, Länge und Echogenität der Faserelemente. Die Zone zwischen den Markern stellt die verdickte und hypoechogene Sehnenscheidenwand dar. (Quelle: Urs Geissbühler, Vetimage, Schweiz)

**Therapie** Die Behandlung der Bizepssehnenentzündung ist zunächst auf konservativem Weg zu versuchen. Nichtsteroidale Entzündungshemmer und Ruhigstellung für 6 Wochen reichen in vielen Fällen aus. Allenfalls ist eine Kortisoninjektion ins Gelenk oder in die Sehnenscheide erforderlich. Das Gelenk sollte dann mittels Velpeau-Schlinge 10 Tage ruhig gestellt werden. Hiermit werden der Schmerz und die Entzündung nachhaltig eingedämmt. Die wohlbekannten Nachteile von Kortison sind zu beachten.

Für die Spezialpraxis: Falls die konservativen Methoden auch nach wiederholter Steroidinjektion nicht zum Ziel führen, muss der schmerzhafte proximale Teil der Bizepssehne chirurgisch aus dem Gelenkbereich entfernt werden. Dazu gibt es 3 Techniken. Verschiedene Chirurgen durchtrennen die Sehne am Ursprung und lassen sie nach distal zurückgleiten, wo sie mit dem Humerus vernarbt. Dies kann arthroskopisch gemacht werden. Andere Chirurgen bevorzugen die Fixierung des Sehnenstumpfes am Humerus mittels Schraube und Unterlegscheibe. Schlussendlich kann die Sehne, nach ihrer Trennung von der Scapula und der Befreiung aus der Fossa intertubercularis, durch einen Tunnel im proximalen Humerus und bis zum M. supraspinatus geführt werden, wo sie mit ihm vernäht wird. Damit bleibt dem M. biceps seine Funktion zumindest teilweise erhalten.

In chronischen Fällen einer Entzündung können die Bizepssehne und der proximale Anteil des Muskelbauches so stark mit Bindegewebe und später knöchern eingeschlossen werden, dass die Sehne kaum noch beweglich ist und chirurgisch eine Befreiung des Muskels und der Sehne angezeigt ist.

### 8.4.6 Instabilität des Schultergelenks

**Ätiologie und Pathogenese** Luxationen des Schultergelenks (S. 106) sind selten, die meisten davon sind mediale oder laterale Luxationen. Kongenitale Luxationen werden mit einer medialen Bandlaxizität und Glenoiddeformation erklärt, während die traumatischen Luxationen meist nach lateral, aber sonst in alle Richtungen gehen können.

**Aus dem klinischen Untersuchungsgang** Patienten mit einer Schulterluxation können die Vordergliedmaße nicht für die Fortbewegung einsetzen, es sei denn, es handle sich um chronische oder kongenitale Fälle oder Subluxationen. Bei einer lateralen Luxation wird das Bein in Innenrotation, bei medialer Luxation in Außenrotation getragen. Die relativen Positionen von Tuberculum majus und Acromion weisen auf die Luxationsrichtung hin. Es gesellen sich variable periphere Nervenausfälle dazu, weil der Plexus brachialis gerade medial des Schulterblattes liegt.

**Bildgebende Diagnostik und erweiterte Datenbasis** Zur Bestimmung der Luxationsrichtung werden Aufnahmen der Schulterregion im mediolateralen und anterioposterioren Strahlengang angefertigt (▶ **Abb. 8.87**). Zudem werden Knochen und Gelenke auf Absprengfrakturen an Glenoid, Humeruskopf und Acromion untersucht und bei chronischen und kongenitalen Luxationen wird meist ein abgenutztes mediales Glenoid gefunden. Die arthrotischen Veränderungen sind minimal.

**Therapie** Akute mediale traumatische Luxationen ohne Knochenabsplitterung können konservativ versorgt werden. In Narkose wird das Gelenk reponiert und anschließend 10 Tage in einer Velpeau-Schlinge immobilisiert. Bei akuten lateralen Luxationen wird nach Reposition ein Spica-Schienenverband empfohlen.

Für die Spezialpraxis: Die besten Resultate bei chronischem Verlauf einer Schulterluxation werden mit einer Versetzung der Bizepssehne nach medial (mediale Luxation) resp. lateral (laterale Luxation) erzielt, denn die transponierte Sehne kann in dieser Position einer Reluxation entgegenwirken (▶ **Abb. 8.88**). Verstärkungen des medialen oder lateralen Bandapparats mittels Netzen oder Fadenprothesen sind nur bei kleinen Hunden erfolgversprechend. Eine längerfristige Gelenkimmobilisation ist nach allen chirurgischen Techniken indiziert. Stark dysplastische oder arthrotische Schultergelenke sollten versteift werden.

### 8.4.7 Osteochondrose des Schultergelenks

Beachten Sie die allgemeinen Informationen zur Osteochondrose (S. 183).

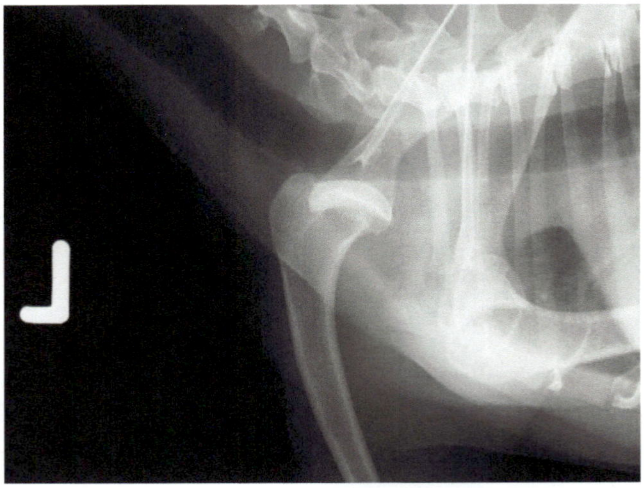

▶ **Abb. 8.87** Mediale Instabilität des Schultergelenks bei einem Toypudel nach Sturz auf der Treppe.

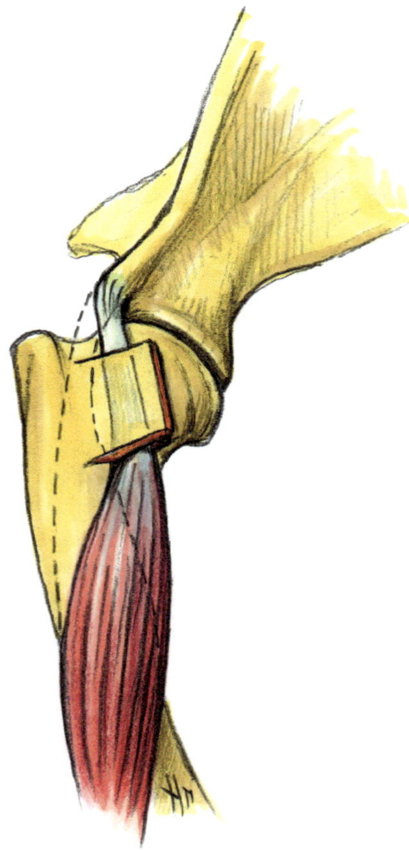

▶ **Abb. 8.88** Die Bizepssehne kann nach medial versetzt und am proximalen Humerus fixiert werden, um eine Seitenbandfunktion des Schultergelenks zu übernehmen. (Quelle: Matthias Haab, Departement für Pferde, Vetsuisse-Fakultät Universität Zürich, Schweiz)

## 8.5 Literatur

[96] Baumgartner W, Boyce RW, Alldinger S et al. Metaphyseal bone lesions in young dogs with systemic canine distemper virus infection. Vet Microbiol 1995; 44(2–4):201–209

[97] Beuing R, Mues C, Tellhein B et al. Prevalence and inheritance of canine elbow dysplasia in German Rottweiler. J Anim Breed Genet 2000; 117:375–383

[98] Bockstahler B, Millis D, Levine D, Forterre F, Tacke S. Physiotherapie auf den Punkt gebracht. Babenhausen: BE Vet; 2004

[99] Burton NJ, Ellis JR, Burton KJ et al. An ex vivo investigation of the effect of the TATE canine elbow arthroplasty system on kinematics of the elbow. J Small Anim Pract 2013; 54(5):240–247

[100] Engler J. Populationsgenetische Analysen zur Ellbogen- und Hüftgelenkdysplasie beim Labrador Retriever [Dissertation]. Hannover: Stiftung Tierärztliche Hochschule; 2009

[101] Fitzpatrick N, Yeadon R. Working algorithm for treatment decision making for developmental disease of the medial compartment of the elbow in dogs. Vet Surg 2009; 38(2):285–300

[102] Fitzpatrick N, Yeadon R, Smith T et al. Techniques of application and initial clinical experience with sliding humeral osteotomy for treatment of medial compartment disease of the canine elbow. Vet Surg 2009; 38(2):261–278

[103] Garzotto C, Berg J. Oncology: Musculoskeletal System. In: Slatter D, ed. Textbook of small animal surgery. Philadelphia: WB Saunders; 2003: 2460–2474

[104] Grierson J, Asher L, Grainger K. An investigation into risk factors for bilateral canine cruciate ligament rupture. Vet Comp Orthop Traumatol 2011; 24(3):192–196

[105] Grundmann S, Montavon PM. Stenosing tenosynovitis of the abductor pollicis longus muscle in dogs. Vet Comp Orthop Traumatol 2001; 14:95–100

[106] Hartmann P. Genetische Analysen von züchterisch bedeutsamen Merkmalen beim Berner Sennenhund [Dissertation]. Hannover: Stiftung; 2011

[107] Inauen R, Koch D, Bass M et al. Tibial tuberosity conformation as a risk factor for cranial cruciate ligament rupture in the dog. Vet Comp Orthop Traumatol 2009; 22(1):16–20

[108] Kistler KR. Canine Osteosarcoma: 1462 cases reviewed to uncover patterns of height, weight, breed, sex, age and site involvement. Phi Zeta Awards; University of Pennsylvania, School of Veterinary Medicine; 1981

[109] Koch DA, Grundmann S, Savoldelli D, L'Eplattenier H, Montavon PM. Die Diagnostik der Patellarluxation des Kleintiers. Schweizer Archiv fur Tierheilkunde. 1998;140(9):371–374.

[110] Linnmann SM. Die Hüftgelenkdysplasie des Hundes. Berlin: Veterinär-Spiegel; 2013

[111] Lübke S. Immunbedingte Polyarthritis beim Hund, eine retro- und prospektive Studie [Dissertation]. Berlin: Freie Universität Berlin; 2002.

[112] Malm S, Fikse WF, Danell B et al. Genetic variation and genetic trends in hip and elbow dysplasia in Swedish Rottweiler and Bernese Mountain Dog. J Anim Breed Genet 2008; 125(6):403–412

[113] Mason DR, Schulz KS, Samii VF et al. Sensitivity of radiographic evaluation of radio-ulnar incongruence in the dog in vitro. Vet Surg 2002; 31(2):125–132

[114] McGreevy PD, Thomson PC, Pride C et al. Prevalence of obesity in dogs examined by Australian veterinary practices and the risk factors involved. Vet Rec 2005; 156(22):695–702

[115] Montavon PM, Damur DM, Tepic S, eds. Advancement of the tibial tuberosity for the treatment of cranial cruciate deficient canine stifle. Munich: 1st World Orthopaedic Veterinary Conference; 2002

[116] Montgomery R. Miscellaneous orthopedic disease. In: Slatter D, ed. Textbook of small animal surgery. Philadelphia: WB Saunders; 2003: 2251–2260

[117] Nap RC, Hazewinkel HA. Growth and skeletal development in the dog in relation to nutrition; a review. Vet Q 1994; 16(1):50–59

[118] Nielsen C, Pluhar GE. Diagnosis and treatment of hind limb muscle strain injuries in 22 dogs. Vet Comp Orthop Traumatol 2005; 18 (4):247–253

[119] Nieves MA, Hartwig P, Kinyon JM et al. Bacterial isolates from plaque and from blood during and after routine dental procedures in dogs. Vet Surg VS 1997; 26(1):26–32

[120] Orthopedic Foundation for Animals (OFFA). Hip dysplasia statistics. Columbia; 2010

[121] Reif U, Hulse DA, Hauptman JG. Effect of tibial plateau leveling on stability of the canine cranial cruciate-deficient stifle joint: an in vitro study. Vet Surg 2002; 31(2):147–154

[122] Slocum B, Devine T. Cranial tibial thrust: a primary force in the canine stifle. J Am Vet Med Assoc 1983; 183(4):456–459

[123] Smith ZF, Wendelburg KL, Tepic S et al. In vitro biomechanical comparison of load to failure testing of a canine unconstrained medial compartment elbow arthroplasty system and normal canine thoracic limbs. Vet Comp Orthop Traumatol 2013; 26(5):356–365

[124] Solanti S, Laitinen O, Atroshi F. Hereditary and clinical characteristics of lateral luxation of the superficial digital flexor tendon in Shetland sheepdogs. Vet Ther 2002; 3(1):97–103

[125] Stöcklin P, L'Eplattenier H, Montavon PM. Avulsion of the origin of the tendon of the extensor digitalis longus muscle in a Dobermann pinscher. Schweiz Arch Tierheilkd 1999; 141(2):53–57

[126] Tryfonidou MA, van den Broek J, van den Brom WE et al. Intestinal kalzium absorption in growing dogs is influenced by kalzium intake and age but not by growth rate. J Nutr 2002; 132(11):3363–3368

[127] Vidoni B, Hassan J, Bockstahler B et al. Kontraktur des Musculus gracilis – Klinik, bildgebende Diagnostik und Therapie bei einer Deutschen Schäferhündin. Tierärztl Mschr 2008; 95:8–14

[128] Wangdee C, Leegwater PA, Heuven HC et al. Prevalence and genetics of patellar luxation in Kooiker dogs. Vet J 2014; 201 (3):333–337

[129] Weber U. Morphologische Studie am Becken von Papillon-Hunden unter Berücksichtigung von Faktoren zur Ätiologie der nichttraumatischen Patellaluxation nach medial [Dissertation]. Berlin: Freie Universität; 1992

[130] Whitehair JG, Vasseur PB, Willits NH. Epidemiology of cranial cruciate ligament rupture in dogs. J Am Vet Med Assoc 1993; 203 (7):1016–1019

[131] Zabka A, Koch DA, Stocklin P et al. Ein Fall einer Sesambeinfragmentierung als Lahmheitsursache bei einer Rottweilerhündin. Schweiz Arch Tierheilkd 1999; 141(4):195–201

# 9 Ausgewählte neurologische Erkrankungen

Daniel Koch, Martin S. Fischer

## 9.1 Abgrenzung zwischen Lahmheit und Lähmung

Eine gründliche orthopädische respektive neurologische Untersuchung führt in den meisten Fällen zu einer klinischen Diagnose, welche eindeutig einem orthopädischen oder neurologischen Leiden zugeordnet werden kann. Insbesondere die Beobachtung des Ganges, die Palpation der Gelenke, deren Füllung und Stabilität, die Palpation der Knochen, die Haltungs- und Stellreaktionen und die Prüfungen der spinalen Reflexe sind Untersuchungsschritte, welche eine Zuordnung ermöglichen.

Die anatomische Nähe von kaudaler Wirbelsäule, Cauda equina und Becken kann hingegen gerade in dieser Region eine topische Diagnose erschweren. So führen die alleinige Palpation des tiefen Rückens, die dadurch ausgelöste Schmerzreaktion sowie die eingeschränkte und dolente Extension der Hüftgelenke zu einer Reihe von Differenzialdiagnosen, welche im schlechtesten Fall auch zu einer voreiligen und falschen Schlussfolgerung und Therapie führen. Zu diesen Differenzialdiagnosen gehören u. a. lumbosakrale Bandscheibenvorfälle, Kompressionen der Cauda equina, intramedulläre Erkrankungen, Zerrungen des M. iliopsoas, Hüftgelenkdysplasie, Hüftgelenkarthrose, Becken-, Wirbelsäulen- oder Schwanzfrakturen, Neoplasien des Skelettes oder der umliegenden Weichgewebe, Prostataerkrankungen oder gar Kreuzbandrisse. Auch der gut ausgebildete und erfahrene Kliniker wird nun nicht auf weitergehende bildgebende Diagnostik verzichten können und neben der konventionellen Radiografie bei Verdacht eines orthopädischen Leidens auch auf Schnittbilder zurückgreifen. Bei den neurologischen Erkrankungen ist die Magnetresonanztomografie das Mittel der Wahl, da eine Vielzahl der darzustellenden Strukturen im Weichgewebe liegt. Die Computertomografie ist erst in zweiter Linie zu nennen, da durch sie vornehmlich die knöchernen Gewebe abgebildet werden.

Eine ähnliche Schwierigkeit wie im Beckenbereich besteht an der Vordergliedmaße im Bereich der tiefen Halswirbelsäule und des Plexus brachialis. Unklare Lahmheiten der Vordergliedmaße bei älteren Hunden sind neben den klassischen Diagnosen der Ellbogen-, Schulterarthrose oder Bizepstendinitis auch Traumata der Muskulatur, des Plexus brachialis, Bandscheibenvorfällen oder Instabilitäten der Halswirbelsäule zuzuordnen.

Die folgenden kurzen Beschreibungen von neurologischen Leiden stellen eine bewusste Auswahl dar. Sie kommen als mögliche Differenzialdiagnosen bei orthopädischen Leiden infrage. Für eine ausführliche Darstellung sei auf die einschlägigen veterinärneurologischen Textbücher verwiesen.

## 9.2 Degenerative lumbosakrale Stenose und Cauda equina-Syndrom

**Ätiologie und Pathogenese** Im Zentrum der degenerativen lumbosakralen Stenose (DLSS) steht die Degeneration und Protrusion der lumbosakralen Bandscheibe. Die damit verbundene Veränderung des Bewegungscharakters des Lumbosakralgelenks führt zur sekundären Degeneration von Weichteilen wie dem Lig. flavum und der Gelenkkapseln der Facetten. Knöcherne Zubildungen entstehen an den Wirbelgelenken sowie ventral und lateral der Wirbelkörper L 7 und S 1. Diese Veränderungen resultieren in einer meist dynamischen Verengung von zentralem Wirbelkanal und der Foramina intervertebralia zwischen L 7 und S 1 (▶ Abb. 9.1). Statische und dynamische Kompression der Nervenwurzeln von L 6, L 7 und den sakralen Nerven führt strukturell zu einer kompressiven Radikulopathie, die sich klinisch als Cauda equina-Syndrom manifestiert. Prädisponierende Faktoren sind lumbosakrale Übergangswirbel, Osteochondrosen der Endplatte des Os sacrum, Diskospondylitiden, Traumata der Region und angeborene, primäre Stenosen von Wirbelkanal und Foramina. Deutsche Schäferhunde und Hunde ab dem 7. Lebensjahr sind übervertreten.

**Aus dem klinischen Untersuchungsgang** Die Klinik des Cauda equina-Kompressionssyndromes entwickelt sich meist über Monate und in unterschiedlicher Ausprägung. Beobachtet werden Aufstehschwierigkeiten, Lahmheit, Zittern einer oder beider Hintergliedmaßen, Mühe beim Treppensteigen, Zehenschleifen, abfallende Rückenlinie und motorische Schwäche der Rute. Hunde setzen den Kot zuweilen in mehreren Portionen

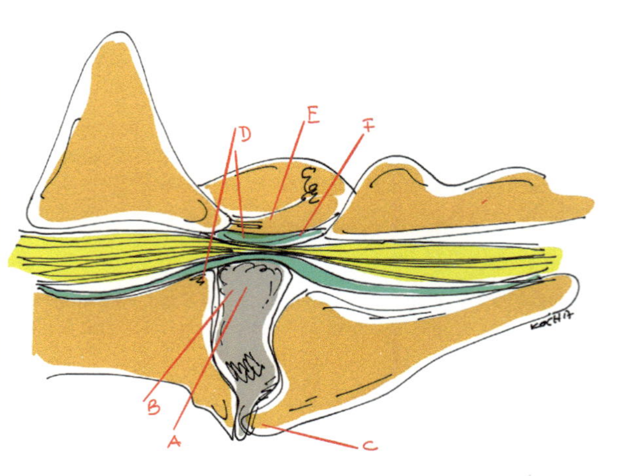


▶ **Abb. 9.1** Pathophysiologie der DLSS: A Vorwölbung Diskus, B Verdickung Annulus fibrosus, C Subluxation, D Osteophyten, E Kapselverdickung Gelenk, F Ligamentverdickung.

ab oder lassen die Kotballen beim Weggehen fallen. Die Dorsoflexion der Rute und die Lordose der Lendenwirbelsäule sind schmerzhaft, weil sich bei Extension der Durchmesser der Nervenkanäle dynamisch reduziert und so die Kompression verstärkt wird. Die Druckpalpation der kaudalen Lendenwirbelsäule ist schmerzhaft und oft setzen sich die Hunde als Folge des Druckes rasch hin. In fortgeschrittenen Fällen sind deutliche Reduktion der Muskulatur, Harn- und Kotinkontinenz und komplette Rutenlähmungen zu sehen. Vollständige Lähmungen der Hintergliedmaßen treten bei DLSS nicht auf.

Die neurologischen Ausfälle sind in der Regel die Folge der Kompression des unteren motorischen Neurons (▶ **Abb. 9.2**). Die Überkötungsreaktion ist oft verzögert. Der Flexorreflex und der M.-tibialis-cranialis-Reflex können reduziert sein. Dahingegen wird nicht selten eine leicht gesteigerte Antwort auf den Patellareflex beobachtet, wobei dieser Reflexbogen an sich nicht betroffen ist, durch den Wegfall der antagonistischen Wirkung des Ischiadicusmyotoms auf den Agonisten (Femoralismyotom; M. quadriceps) ergibt sich aber eine verstärkte Reflexantwort (Pseudohyperreflexie). Analtonus und Perinealreflexe sind nur in fortgeschrittenen Stadien reduziert.

**Bildgebende Diagnostik und erweiterte Datenbasis** Die konventionelle Radiografie dient lediglich der Übersicht und dem Entdecken von Neoplasien oder Traumata. Spondylosen alleine sind kein Beweis für das Vorliegen einer DLSS, sondern signalisieren lediglich das Vorliegen degenerativer Veränderungen, die ohne klinische Bedeutung sein können. Das Diagnostikum der Wahl ist die Magnetresonanztomografie (▶ **Abb. 9.3**) oder, mit einigen Abstrichen, die Computertomografie. Die mittels Schnittbildverfahren festgestellten Verengungen korrelieren nicht immer mit den klinischen Befunden. Diagnostisch zuverlässiger sind die oft mittels MRT sichtbaren Veränderungen an den Cauda equina-Nervenwurzeln selbst, die kürzlich beschrieben wurden. Schnittbilder erlauben hingegen eine exaktere operative Planung und gezieltere Eingriffe.

Die Vorstellung eines Hundes mit DLSS ist als Video (Video 9.1) verfügbar.

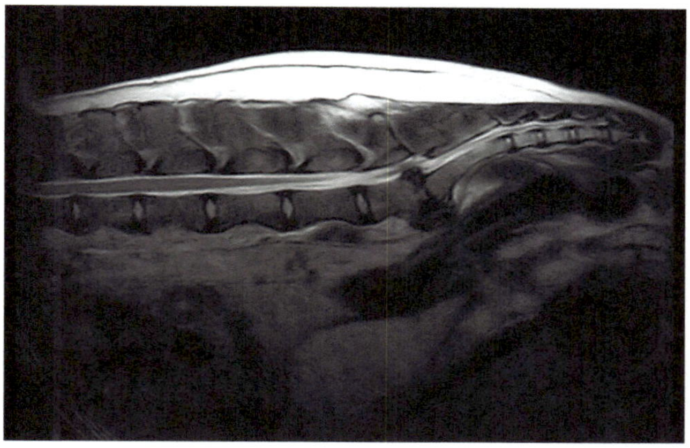

▶ **Abb. 9.3** MRT (Sagittalschnitt) eines Labradors mit DLSS (Kompression der Cauda equina zwischen L 7 und S 1). (Quelle: Konrad Jurina, Haar)

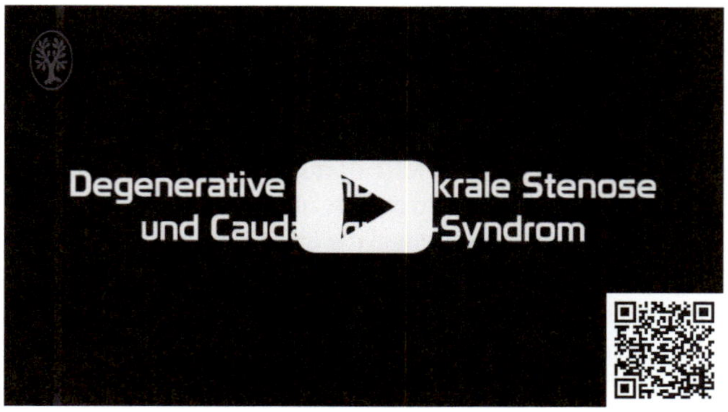


▶ **Video 9.1** Ein 10 Jahre alter Deutscher Schäferhund mit beginnenden Anzeichen einer DLSS.

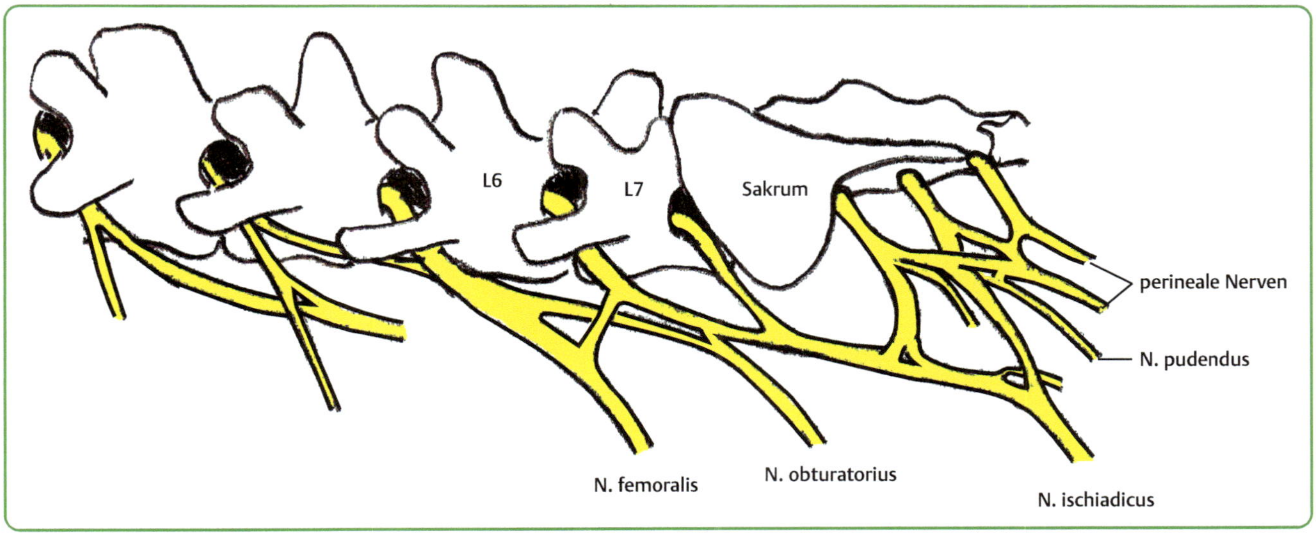


▶ **Abb. 9.2** Die peripheren Nerven des Plexus lumbosacralis. (basierend auf: Salomon F-V, Geyer H, Gille U. Anatomie für die Tiermedizin. 3. Auflage. Stuttgart. Enke 2015)

**Therapie** Bei DLSS-Zeichen mit Rückenschmerzen, Muskelschwund und Lahmheit, aber nicht vorhandener Harn- und Kotinkontinenz kann eine medikamentöse Therapie versucht werden. Dazu gehören Gewichtsreduktion, Bewegungseinschränkung, Physiotherapie zur Muskellockerung und Nervkonduktionsverbesserung sowie eine ausreichende Schmerzstillung. Letztere kann mit nicht-steroidalen Entzündungshemmern oder Gabapentin erreicht werden. Auf den Einsatz von systemisch wirksamen Kortikosteroiden sollte wegen der umstrittenen Wirksamkeit und der nicht unerheblichen Nebenwirkungen verzichtet werden. Hingegen gibt es einzelne Hinweise zur erfolgreichen temporären medikamentösen Behandlung der DLSS mittels epiduraler oder paravertebraler Injektion von Depotsteroiden. Es ist darauf hinzuweisen, dass die DLSS progressiven Verlaufscharakter hat und dass mit palliativen Maßnahmen keine Ursachenbehebung erfolgt.

Bei Misserfolg der konservativen Therapie oder Fortschreiten der Klinik kommt die chirurgische Dekompression zum Zug. Dabei werden die Cauda equina sowie die eingeklemmten Nervenwurzeln befreit. Eine Vielzahl von Techniken ist beschrieben. Die klassische dorsale Laminektomie über L 7 und S 1 (sofern die Kompression im MRT dort diagnostiziert wurde), das Abtragen von Bandhypertrophien und Annulektomie protrudierender Bandscheiben sowie die Erweiterung verengter Nervenwurzellöcher via laterale Foraminotomie können dabei alleine oder in Kombination angewandt werden. Stabilisierende Methoden mit Pedikelschrauben, die mit Knochenzement oder internen Fixationsstäben verbunden werden, führen klinisch rasch zu einer Verbesserung, die Langzeitresultate sind wegen möglichem Implantatversagen aber möglicherweise weniger gut. Bei allen operativ versorgten Hunden folgt eine ausreichende Schmerzlinderung und Physiotherapie. Die Prognose wird in der Regel als gut beschrieben bei einer Erfolgsrate von 67–95 %, abhängig vom Schweregrad der präoperativen Befunde.

## 9.3 Degenerative Myelopathie

**Ätiologie und Pathogenese** Die degenerative Myelopathie (DM) ist eine Axonerkrankung mit Nekrose in den lateralen und dorsalen Anteilen des thorakolumbalen Rückenmarkes, betrifft also primär die weiße Rückenmarksubstanz. Als Folge der Demyelinisierung degenerieren die Axone und die Kommunikation zwischen Gehirn und Gliedmaßen geht fortschreitend verloren. Deutsche Schäferhunde sind bei DM-Patienten übervertreten, es finden sich aber Erkrankungen bei Boxern, Hovawarten, Pembroke Welsh Corgies. Die Hunde sind mittelalt bis alt. Die Ursache der DM ist eine Mutation des SOD1-Gens. Homozygote Träger der krankmachenden Mutation werden mit sehr hoher Wahrscheinlichkeit erkranken. Bei heterozygoten Trägern entwickelt sich die Krankheit kaum und wurde nur bei wenigen Hunden in sehr fortgeschrittenem Alter gefunden. Der Gentest ist ein ausgezeichnetes Instrument, um die Krankheit züchterisch zu kontrollieren, und wird von verschiedenen Rasseclubs bereits eingesetzt.

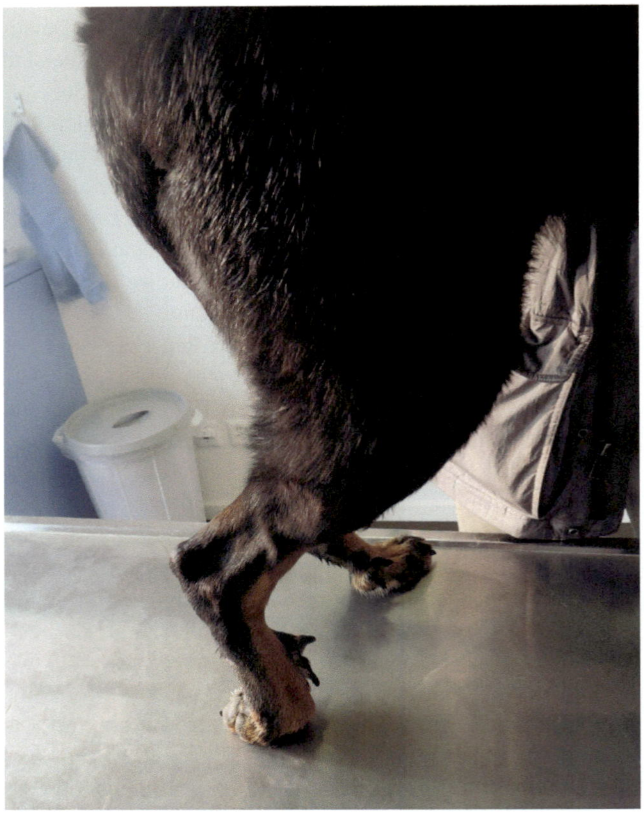

▸ **Abb. 9.4** Überkötete Hinterpfote bei einem Deutschen Schäferhund mit DM.

**Aus dem klinischen Untersuchungsgang** Die Hunde zeigen einen langsamen und progressiven Verlauf mit Ataxie der Hintergliedmaßen, Schwäche und Parese. Die Hintergliedmaßen können gekreuzt stehen bleiben (▸ **Abb. 9.4**). Ein Rückenschmerz ist meist nicht vorhanden. Die Reflexe der Hinterhand sind normal bis gesteigert als Ausdruck eines Oberen-Motoneuron-Ausfalles, wobei der Patellareflex manchmal auch ganz ausfallen kann. In einer späten Krankheitsphase werden die Hunde harn- und kotinkontinent und bei langer Erkrankung ist auch die Funktion der Vordergliedmaßen betroffen.

**Bildgebende Diagnostik und erweiterte Datenbasis** Um die wichtigen Differenzialdiagnosen einer chronischen intervertebralen Erkrankung, einer Neoplasie oder einer Meningomyelitis auszuschließen, sollten Röntgenbilder und ein MRT der Wirbelsäule respektive des Nervengewebes angefertigt werden. Infektionen werden mit einer Liquoruntersuchung ausgeschlossen. Schlussendlich wird die Diagnose einer DM im Ausschlussverfahren gestellt, vor allem wenn die SOD1-Genmutation positiv ausgefallen ist.

**Therapie** Leider kann die DM medikamentös nicht behandelt werden. Es ist mit einem sich schubweise verschlechternden Verlauf über einige Monate bis maximal wenige Jahre zu rechnen, wonach die Euthanasie erfolgen muss. Mittels intensiver und gezielter Physiotherapie kann die Gehfähigkeit verlängert werden.

Die Untersuchung auf degenerative Myelopathie liegt als Video (Video 9.2) vor.

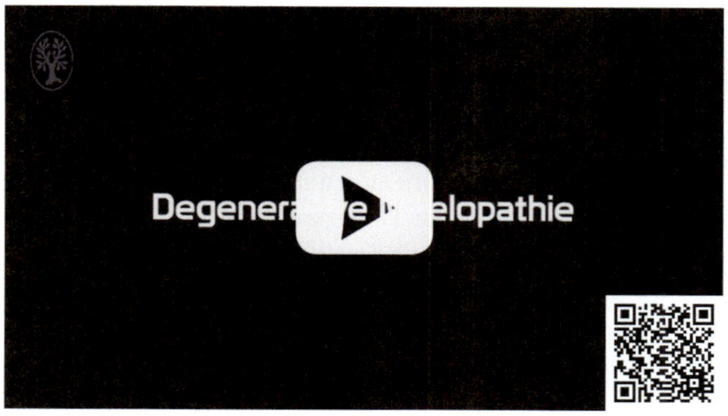

▶ **Video 9.2** Ein Deutscher Schäferhund mit DM wird untersucht.

9.4
## Rückenmarksinfarkt

**Ätiologie und Pathogenese** Fibrokartilaginöses Material aus dem Nucleus pulposus kann über venöse Sinus der Wirbelkörper ins spinale Gefäßsystem abgeschwemmt werden. Dort kann der Embolus eine ischämische oder blutige Infarzierung des Neuroparenchyms auslösen (▶ **Abb. 9.5**). Die Nervenzellen nekrotisieren und die Axone schwellen an. Eine begleitende Schwellung führt zu lokaler weiterer Schädigung des umliegenden Rückenmarkgewebes. Betroffen sind vor allem mittelgroße bis große Hunde im jungadulten Alter. Die meisten Infarkte sind an den Intumeszenzen lumbosakral und zervikothorakal lokalisiert.

**Aus dem klinischen Untersuchungsgang** Die Symptomatik ist meist perakut. In der Vorgeschichte ist oft kein Trauma beobachtet worden und ein Rückenmarksinfarkt befällt die Hunde nicht selten während des Spielens. Die Symptomatik ändert sich nach einer initialen Phase nur noch wenig. Die neurologischen Zeichen sind Ausdruck der intramedullären Schädigung und können asymmetrisch sein. Eine logische Ausfallskaskade, wie man sie bei einer extramedullären Kompression beobachten kann (Rückenschmerz, Ataxie, Lokomotionsstörung, Ausfall des Oberflächenschmerzes, Ausfall des Tiefenschmerzes), findet man bei Rückenmarksinfarkten nicht. Meist fehlt der Rückenschmerz. Viele der vorgestellten Patienten weisen mehr oder weniger starke Paresen auf.

**Bildgebende Diagnostik und erweiterte Datenbasis** Zum Ausschluss anderer möglicher Erkrankungen wie kompressiver oder nicht kompressiver Bandscheibenerkrankungen, Neoplasien, Traumata oder Meningomyelitis werden Röntgenbilder der Wirbelsäule und Schnittbilder angefertigt. Der Infarkt zeigt sich im MRT als fokale T2-hyperintense, intramedulläre Läsion. Die Liquoruntersuchung ist in der Regel normal, gelegentlich liegt eine geringe Proteinerhöhung vor. Eine definitive Diagnose kann nur post mortem in der histopathologischen Untersuchung gestellt werden.

**Therapie** Kortikosteroide sind nicht indiziert, sie haben keinen Einfluss auf den Verlauf und die Prognose. Urin sollte alle 8 Stunden abgeführt werden und der weichen Lagerung gelähmter Hunde kommt wegen der Dekubitusprophylaxe große Bedeutung

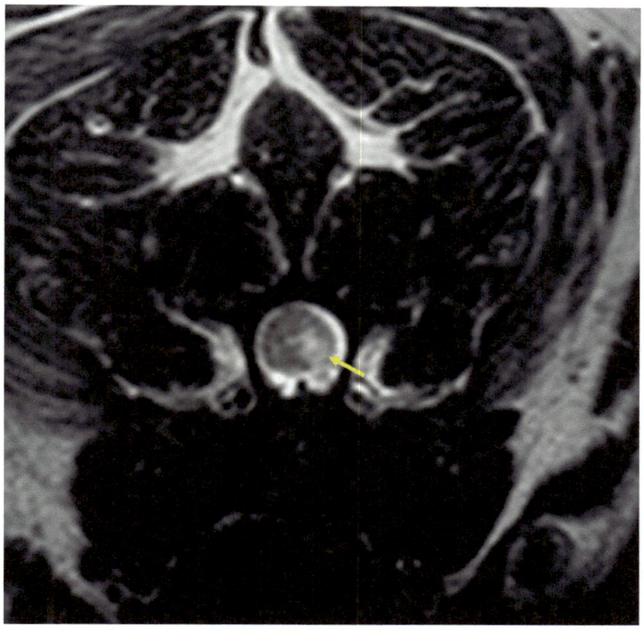

▶ **Abb. 9.5** Infarkt und Nekrose (helle Strukturen, siehe Pfeil) im Rückenmark im MRT (Querschnitt). (aus: Schmidt MJ, Kramer M. MRT-Atlas. ZNS-Befunde bei Hund und Katze. Enke 2015)

zu. Physiotherapie zum Erhalt der Muskelmasse und allgemein der Durchblutungsförderung kommt der Rehabilitation zugute. Die Prognose ist stark abhängig vom Ausmaß und der Lokalisation des Infarktes. Infarkte außerhalb der Reflexzentren sind prognostisch günstig zu beurteilen, die Erholung ist bei Läsionen innerhalb der Zervikal- und Lumbalintumeszenz unvollständig und nimmt mehr Zeit in Anspruch. Sofern über 2 Wochen kein sichtbarer Fortschritt in der Wiederherstellung der neuromuskulären Funktion eintritt oder der Tiefenschmerz nicht vorhanden ist, muss eine Euthanasie in Betracht gezogen werden.

9.5
## Thorakolumbaler Bandscheibenvorfall

**Ätiologie und Pathogenese** Der thorakolumbale Bandscheibenvorfall ist wohl die am häufigsten auftretende spinale Erkrankung. Die akute Herniation des metaplasierenden Nucleus pulposus durch den ebenfalls degenerierten Annulus fibrosus wird als Diskusextrusion bezeichnet und führt zu den klassischen Bandscheibenproblemen mittelalter Hunde zwischen dem 10. Thorakal- und 6. Lendenwirbel (70 % davon zwischen Th 12 und L 2). Das hernierte Nukleusmaterial führt zur direkten, extraduralen Kompression des Rückenmarks und löst eine Folgeschwellung desselben aus. Chondrodystrophe Hunde wie Dackel, Pekinese, Beagle oder Pudel sind prädisponiert. Bei nicht-chondrodystrophen, größeren Hunderassen kommt es histologisch ebenfalls zu einer chondroiden Metaplasie des Nukleus pulposus, aber der Vorfall äußert sich hier vermehrt in einer Diskusprotrusion (Vorwölbung von Annulusfasern) und hat klinisch mehr chronisch-progressiven Charakter.

**Aus dem klinischen Untersuchungsgang** Extradurale Kompressionen führen in der Regel zu einer Ausfallskaskade, die je nach Dynamik und Ausmaß des Diskusvorfalls unterschiedlich rasch und schwerwiegend verläuft. Der Schweregrad bestimmt im Wesentlichen Therapieplan und Prognose: (1) Rückenschmerzen, (2) Propriozeptionsausfälle und Ataxie, (3) Verlust der Motorik der Hintergliedmaßen mit spastisch gehaltenen Beinen, (4) Verlust des Oberflächenschmerzes beim Kneifen der Haut der Hintergliedmaße, (5) Verlust des Tiefenschmerzes bei Druck auf die Zehenknochen der Hintergliedmaßen. Die Kompression des oberen Motoneurons im thorakolumbalen Bereich bedingt eine partielle bis komplette Enthemmung der Reflexe der Hintergliedmaße durch das Gehirn. Aus diesem Grund sind Patellareflex, M.-tibialis-cranialis-Reflex sowie Blasensphinctertonus gesteigert und die Reflexe der Vordergliedmaße normal. Die Entleerung der oft prall gefüllten Blase gelingt nur mühsam. Eine sehr tiefe Läsion im T3–L3-Segment kann durch das Ausschalten eines weiteren Hemmzentrums eine starke Erhöhung des Muskeltonus der Vordergliedmaße auslösen, was als Schiff-Sherrington-Phänomen bekannt ist.

**Bildgebende Diagnostik und erweiterte Datenbasis** Als Diagnostikum der Wahl gilt die Magnetresonanztomografie (▸ **Abb. 9.6**), in zweiter Linie die Computertomografie. Sie sollen vor allem dann zur Anwendung kommen, wenn eine dekompressive Chirurgie indiziert ist. Konventionelle Röntgenbilder haben nur eine sehr limitierte Aussagekraft, weil ein wegen eines prolabierten Nucleus pulposus enger Intervertebralspalt nicht immer entdeckt wird und selbst das Vorhandensein einer Enge nicht bedeutet, dass der akute Vorfall dort lokalisiert sein muss. Die Kontrastradiografie (Myelografie) wurde vor einigen Jahren von den Schnittbildverfahren weitgehend abgelöst, weil diese weniger invasiv sind und zuverlässigere Resultate liefern.

**Therapie** Hunde mit Rückenschmerzen und Propriozeptionsausfällen können medikamentös mit Schmerzmitteln, Physiotherapie und kontrollierter Bewegung sowie viel Ruhe behandelt werden. Der Einsatz von Kortikosteroiden wird kontrovers diskutiert. Ein Beweis für eine abschwellende Wirkung für das unter Druck stehende Rückenmark konnte nicht erbracht werden. Bei Rezidiven der konservativen Therapie oder ab beginnendem Motorikverlust ist die dekompressive Chirurgie indiziert. Nach vorausgehender bildgebender Diagnostik wird das prolabierte Material via Hemilaminektomie, Mini-Hemilaminektomie, Pedikulektomie (▸ **Abb. 9.7**) oder dorsaler Laminektomie entfernt, sodass das Rückenmark durch eine Wirbelsäulenöffnung und Entfernung des Prolapses entlastet wird. Die seitliche Fenestration des Annulus fibrosus als präventive Maßnahme gegen weiteren Nucleusprolaps am gleichen Ort und – prophylaktisch an den benachbarten Orten – wird in der einschlägigen Literatur empfohlen, da das Risiko von Reherniationen reduziert werden kann. Nach erfolgreicher Dekompression benötigt der Patient intensive Nachsorge, bestehend aus Schmerzmitteln, Physiotherapie, Umlagerungen und Blasenentleerungskontrollen. Die Prognose hängt vom Ausmaß des Vorfalls, dem Zeitpunkt der Dekompression, der chirurgischen Technik und der Intensität der postoperativen Betreuung ab. Die Erholungszeiten können individuell erheblich variieren.

Die Vorstellung eines Hundes mit einem thorakolumbalen Bandscheibenvorfall ist als Video (Video 9.3) verfügbar.

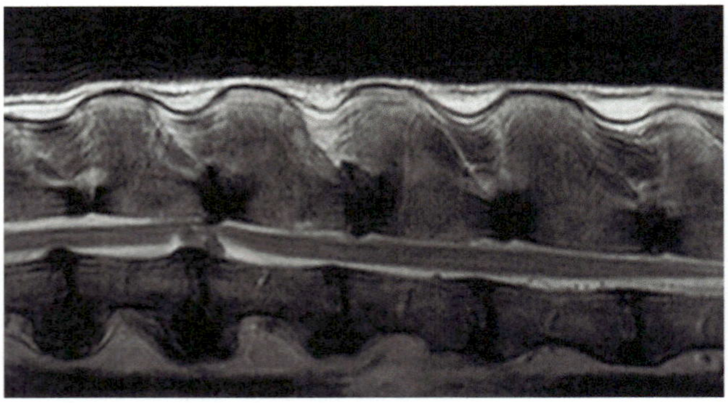

▸ **Abb. 9.6** MRT-Diagnostik bei einem thorakolumbalen Bandscheibenvorfall. In der Regel herniert der Nucleus pulposus nach kranial. Die Energie des Vorfalles führt zu einer sekundären Rückenmarksschwellung. (aus: Schmidt MJ, Kramer M. MRT-Atlas. ZNS-Befunde bei Hund und Katze. Enke 2015)

▸ **Video 9.3** Dackel mit thorakolumbalem Bandscheibenvorfall. Er zeigt Ausfall der Motorik und wird anschließend chirurgisch dekomprimiert.

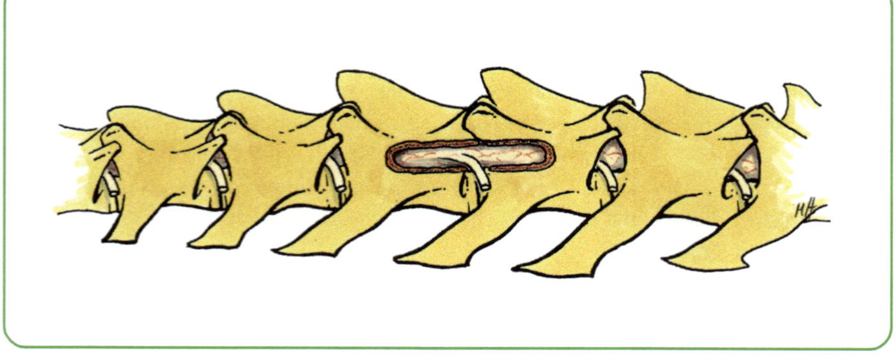

▸ **Abb. 9.7** Schematische Darstellung einer Pedikulektomie zur Dekompression und Entfernung von prolabiertem Bandscheibenmaterial. (Quelle: Matthias Haab, Departement für Pferde, Vetsuisse-Fakultät Universität Zürich, Schweiz)

## 9.6 Zervikaler Bandscheibenvorfall

**Ätiologie und Pathogenese** Circa 15 % aller Bandscheibenvorfälle entstehen in der zervikalen Halswirbelsäule mit Prädilektionsstellen zwischen C 2 und C 3 respektive C 3 und C 4 bei kleinen Hunderassen. Bei Hunden großer Rassen sind die tiefzervikalen Segmente C 5–C 7 häufiger betroffen. Es sind wieder vorwiegend chondrodystrophe Rassen, aber auch Dobermann Pinscher übervertreten. Beim Beagle werden mehr zervikale als thorakolumbale Bandscheibenvorfälle beobachtet.

**Aus dem klinischen Untersuchungsgang** Weil die zervikale Wirbelsäule dem Rückenmark mehr Platz lässt als weiter kaudal, werden die klinischen Symptome erst bei großvolumigen Vorfällen bemerkt. Ein steifer Gang mit tief gehaltenem Kopf ist das typische Merkmal eines zervikalen Bandscheibenvorfalles (▶ **Abb. 9.8**). Die Manipulation der Halswirbelsäule ist sehr schmerzhaft. Bedingt durch die exponiertere Lage der kortikospinalen Bahnen zu den Hintergliedmaßen im Rückenmark führen manche dieser Bandscheibenvorfälle zuerst zur Paresen der Hinterhand, bevor dann auch Defizite in der Vorhand nachweisbar sind.

**Bildgebende Diagnostik und erweiterte Datenbasis** Auch bei zervikalen Bandscheibenvorfällen wird auf Schnittbildverfahren zurückgegriffen. Myelografien werden kaum noch durchgeführt.

**Therapie** Beim Vorhandensein von Halsbeugeschmerz ohne weitere neurologische Ausfälle wird die gleiche medikamentöse und konservative Therapie installiert wie beim thorakolumbalen Bandscheibenvorfall. Repetitive Halsbiegeschmerzen und Paresen sind Indikationen für eine von ventral oder der Seite erfolgende Dekompression. Der Chirurg muss sich beim Zugang zur Halswirbelsäule anatomisch auskennen, um vaskuläre und neurale Schäden zu vermeiden und die Übersicht zu behalten. Beim zervikalen Bandscheibenvorfall besteht weniger Eile als beim thorakolumbalen Pendant, weil das Rückenmark wegen der Weite des Wirbelkanals mehr Schwellung erträgt. Derselbe Sachverhalt verhilft in der Regel auch zu einer guten Prognose; nach ventraler Korpektomie (ventral slot) erholten sich mehr als 90 % der behandelten Hunde sehr gut. Die Nachbehandlung besteht aus Physiotherapie, Schmerzmitteln und Ruhigstellung.

Die Vorstellung eines Hundes mit zervikalem Bandscheibenvorfall liegt als Video (Video 9.4) vor.

▶ **Video 9.4** Der Beagle mit zervikalem Bandscheibenvorfall zeigt eine wenig bewegliche Halswirbelsäule vor der Operation. Einen Tag nach der ventralen Dekompression geht es ihm deutlich besser.

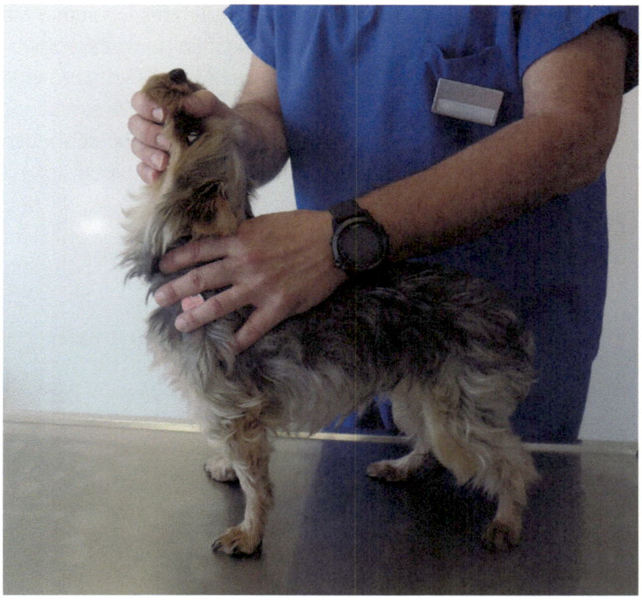

▶ **Abb. 9.8** Bei Halsdisken sind die Halsbewegungen schmerzhaft und der Kopf wird tief getragen.

## 9.7 Plexusschaden an der Vordergliedmaße

Von kranial oder der Seite erfolgte Traumata oder Stürze aus großer Höhe können zu Dehnungen oder Abrissen der Wurzeln des Plexus brachialis oder dessen abgehenden Nerven wie zum Beispiel des N. radialis führen (▶ **Abb. 9.9**). Es resultiert eine Monoplegie eines Beines mit Zeichen der Schädigung des unteren Motoneurons, also schlaffer Lähmung und reduzierten bis abwesenden Reflexantworten. Die den geschädigten Nerven

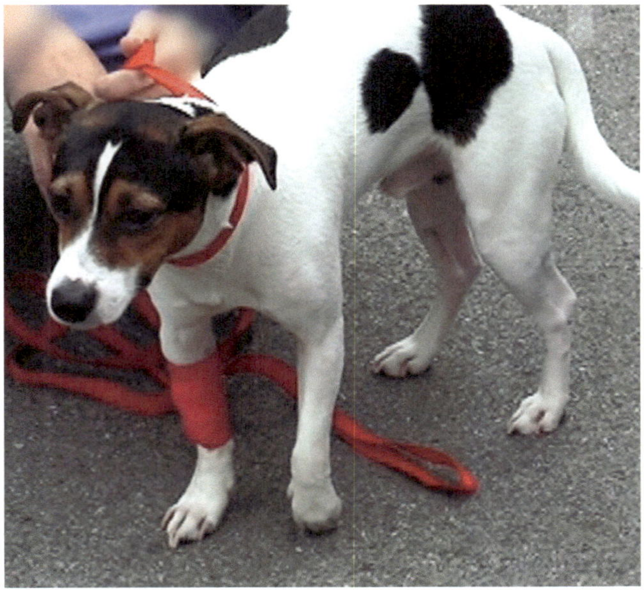

▶ **Abb. 9.9** Typische Stellung einer Vordergliedmaße bei Radialislähmung (Kusshandstellung). (Quelle: Franck Forterre, Bern)

entsprechenden Dermatome lösen bei Reizung keine oder eine verzögerte Reaktion des Hundes aus. Als wichtige Differenzialdiagnosen sollen durch das Trauma entstehende und Platz fordernde Hämatome, seitliche dominierende zervikale Bandscheibenvorfälle oder Nervenscheidentumore erwähnt werden; seltener kommen Nervenentzündungen vor. Die Diagnose wird im Ausschlussverfahren via Schnittbildverfahren und schlussendlich über eine Elektromyografie gestellt. Getrennte Nerven sind nur sehr schwierig darzustellen und zu finden. Deren Reposition, Naht und Funktionsherstellung gelingt eigentlich nur im experimentellen Rahmen. Aus diesem Grund wird bei verletzten Hunden in erster Linie auf die Physiotherapie gesetzt, mit welcher die Nervenkonduktion verbessert und muskuläre Kompensationsmechanismen gefördert werden. Weiter soll die Muskulatur möglichst erhalten werden, bis eine allfällige Reinnervation durch Nachwachsen verletzter Nervenfasern eintritt. Nach Ablauf von 6–12 Monaten ist keine weitere Spontanerholung zu erwarten. Sofern die proximale Gliedmaße eine halbwegs normale Funktion erhält und nur der Carpus sowie die Zehen in Flexion stehen, kann eine Orthese verschrieben oder eine Arthrodese des Carpus versucht werden. Die Amputation der Gliedmaße muss wegen Automutilation in Betracht gezogen werden.

## 9.8 Literatur

[132] Jaggy A. Atlas und Lehrbuch der Kleintierneurologie. Hannover: Schlütersche; 2007

[133] Vandevelde M, Jaggy A, Lang J. Veterinärmedizinische Neurologie. Ein Leitfaden für Studium und Praxis. 2. neubearb. u. erw. Aufl. Berlin: Paul Parey; 2001

[134] Olby NJ, Jeffrey ND. Pathogenesis and Physiology of Central Nervous System Disease and Injury. In: Tobias KM, Johnston SA. Veterinary Surgery Small Animal. Elsevier: 2012; 374–387

[135] Schmidt MJ, Kramer M. MRT-Atlas. ZNS Befunde bei Hund und Katze. Stuttgart: Thieme; 2015

[136] Sharp NJ. Nervous System. In: Slatter D. Textbook of small animal surgery. Saunders: 2003; 1092–1286

Quelle: Ulrich Frotscher, Meckenheim

# Teil 4
# Anhang

# 10 Begriffserklärungen

*Abfußen*
Zeitpunkt, zu dem der Bodenkontakt der Pfote einer Gliedmaße endet.

*Abfußwinkel*
Winkel der gesamten Gliedmaße oder jedes einzelnen Segmentes zur Horizontalen im Moment des Abfußens.

*anti-gravity muscles, Antischwerkraftmuskeln, Antibeuger*
Muskeln, welche der schwerkraftinduzierten Bewegung entgegen wirken.

*Arbeit, negative*
Kraft × Weg (W), Richtung der Kraft ist der Bewegungsrichtung entgegengesetzt; negative Arbeit kompensiert die Wirkung der Schwerkraft.

*Arbeit, positive*
Kraft × Weg (W), die Kraft wirkt in Bewegungsrichtung; es muss Energie aufgewendet werden.

*Auffußen*
Zeitpunkt, zu dem der Bodenkontakt der Pfote einer Gliedmaße beginnt.

*Auffußwinkel*
Winkel der gesamten Gliedmaße oder jedes einzelnen Segmentes zur Horizontalen im Moment des Auffußens.

*Bodenreaktionskräfte*
Die vom Boden auf den Körper ausgeübten Kräfte (N); können mithilfe von Kraftmessplatten ermittelt werden und können in 3 orthogonale Raumrichtungen zerlegt werden; sie sind von allgemeinen Faktoren abhängig:

- Verteilung der Körpermasse auf Vorder- und Hintergliedmaße
- Geschwindigkeit
- Steifigkeit der Gliedmaße
- Gangart

*Beinlänge, funktionelle*
Strecke zwischen dem proximalen Drehpunkt der Gliedmaße und dem Fußungspunkt; d. h. unterschiedliche Länge je nach Winkelung der Gliedmaße.

*Drehpunkt*
Feststehender Punkt, um den sich ein Festkörper unter Wirkung von Kräften drehen kann; beim Hund ist der Drehpunkt der Gliedmaßen vorne im oberen Drittel der Scapula und hinten im Schritt und Trab im Hüftgelenk und in den Galopparten zusätzlich in der Lumbalwirbelsäule.

*duty factor*
Prozentualer Anteil der Stemmphasendauer an der gesamten Schrittdauer; ist der duty factor 50 sind also Stemm- und Vorschwingphasendauer genau gleich lang.

*Elektromyografie*
Technik zur Messung der Änderung elektrischer Spannung im Muskel als Indikator der Muskelaktivität.

*Enthesen*
Sehnenansatzzonen; Enthesen werden in fibröse und faserknorpelige Enthesen unterschieden. Bei Ersteren setzt das Bindegewebe indirekt über das Periost an, das wiederum über Sharpey-Fasern mit dem Knochen verbunden ist, oder über Bindegewebsfasern, die direkt ins Knochengewebe ziehen. Solche fibrösen Enthesen finden sich an der Dia- oder Metaphyse der Knochen. Faserknorpelige Enthesen kommen bei Langknochen an den Epi- und Apophysen vor. Hier geht das Bindegewebe zunächst in unmineralisierten und dann in mineralisiertem Faserknorpel über, wodurch ein Ausgleich zwischen den verschiedenen Elastizitätsmodulen von Sehnen und Knochen erfolgt.

*Fußungspunkt*
Kontaktpunkt einer Pfote mit dem Boden.

*Gelenk, inkongruentes*
Eine Stufenbildung, hervorgerufen durch einen wachstumsbedingten Hochstand der Ulna oder des Radius.

*Gelenk, physiologisch inkongruentes*
Die Verteilung des Druckes im physiologisch inkongruenten Gelenk ist gleichmäßig und ohne lokale Druckspitzen, mit steigender Last vergrößern sich die Kontaktzonen und ermöglichen eine gleichmäßigere Lastverteilung.

*Gelenk, kraftschlüssiges*
Kraftschlüssige Gelenke entstehen im Gegensatz zu formschlüssigen Drehpunkten durch die Übertragung von Kräften. Ein solches Gelenk wird nur durch die wirkende Kraft geführt. Der skapuläre Drehpunkt ist so ein kraftschlüssiges Gelenk, da die Skapula mit dem Rumpf muskulär verbunden ist.

*Idiomotion*
Auf den eigenen Körper oder auf Artgenossen gerichtete Bewegungen.

*instrumentierte Split-Laufbänder*
Ermöglichen die Messung der Bodenreaktionskraft jeder einzelnen Gliedmaße.

*intelligente Mechanik*
Die Idee der „intelligenten Mechanik“ besagt, dass sich aufgrund der Segmentierung einer Gliedmaße und der elastischer Eigenschaften der Muskeln die kinematische Kette einer Gliedmaße mit sehr wenig neuronaler Kontrolle einstellen lässt; d. h., zyklische Bewegung kann ohne große Hirnleistung ausgeführt werden; sogar Störungen durch unebenes Terrain können ohne große zusätzliche Energiezufuhr ausgeglichen werden.

*Kinematik*
Kraftfreie Betrachtung der Bewegung eines Körpers im Raum, d. h. die Bewegung wird beschrieben ohne die Ursache der Bewegung (Kräfte) zu betrachten.

*Körperschwerpunkt*
Errechneter Punkt, an dem die gesamte Masse des Körpers den Angriffspunkt für die Schwerkraft bildet.

*Landewinkel*
Winkel zwischen der Strecke Körperschwerpunkt und Fußungspunkt und der Horizontalen.

*Masse-Feder-Modell*
Beschreibt die horizontale und vertikale Bewegung des Körperschwerpunktes während der Stemmphase einer virtuellen Gliedmaße modelliert als lineare Feder.

*Momentanpol*
Die Bewegung eines Körpers resultiert aus Überlagerung von Translation und Rotation; es lässt sich kein fixierter Punkt bestimmen, um den die Bewegung stattfindet.

*Muskelblastem*
Embryonales Muskelmaterial, aus welchem beispielsweise die Flexoren und Extensoren der Extremitäten hervorgehen.

*Pantografenbein*
Bewegungsprinzip von mindestens drei gekoppelten Segmenten einer Gliedmaße zur Vergrößerung des pro Kraft erreichten Weges (der Unterschied zur Spannsäge).

*Schrittdauer*
Zeit vom Auffußen einer Gliedmaße bis zum Wiederauffußen derselben Gliedmaße.

*Schrittfrequenz*
Anzahl der Schritte pro Sekunde.

*Schrittlänge*
Strecke, die der Rumpf des Hundes vom Auffußen einer Gliedmaße bis zu deren Wiederauffußen zurücklegt.

*Selbststabilisierung*
Computermodellierung, bei der sich allein über die „sensorische" Rückkopplung der „Bein-Mechanik" ein stabiler Zyklus wiederholen lässt.

*Stemmphase*
Eine Gliedmaße hat Bodenkontakt. Die Stemmphasen mehrere Gliedmaßen können sich zeitlich überschneiden (z. B. im Schritt) oder auch identisch sein (z. B. im Trab) Synonyme: Stützphase; Stützbeinphase.

*Stemmphasendauer*
Zeit vom Auffußen bis zum Abfußen einer Gliedmaße.

*Vorschwingphase*
Eine Gliedmaße wird nach vorne geführt. Synonyme: Schwungphase, Hangbeinphase.

*Vorschwingphasendauer*
Zeit zwischen dem Abfußen und dem Auffußen einer Gliedmaße.

*Vorschwingzeit*
Vorschwingphasendauer.

*Vortriebserzeugung*
Diejenigen vom Körper erzeugten und auf den Boden übertragenen Kräfte, welche der Vorwärtsbewegung dienen.

# 11 Videoverzeichnis

# 12 Abbildungsquellen

**Grafiken**

- Alle Grafiken in Kapitel 1 und die anatomischen Darstellungen in Kapitel 2 wurden von **Prof. Dr. Dr. h. c. Martin S. Fischer** als Ideengeber initiiert und von **Jonas Lauströer** und **Amir Andikfar** angefertigt, sofern nicht anders angegeben.
- Alle Grafiken in den Kapiteln 4, 5 und 8 wurden von **Dr. med. vet. ECVS Daniel Koch** als Ideengeber initiiert und von **Jonas Lauströer** und **Amir Andikfar** angefertigt, sofern nicht anders angegeben.

**Fotos**

- Die Fotos in den Kapiteln wurden vom Autor des jeweiligen Kapitels initiiert und beauftragt, sofern nicht anders gekennzeichnet.
- Alle Fotos in den Kapiteln 5 und 6 wurden von Gaby Ernst, Saland, Schweiz, angefertigt, sofern nicht anders angegeben.
- Alle Fotos in Kapitel 7 wurden von Nicole Hollenstein, Tierfotografie, Wil, Schweiz, angefertigt, sofern nicht anders angegeben.

**Videos**

- Alle Videos der Kapitel 3, 4 und 6 wurden von Tele D, Diessenhofen, Schweiz, angefertigt, sofern nicht anders angegeben.
- Alle Videos in Kapitel 7 wurden von Nicole Hollenstein, Tierfotografie, Wil, Schweiz, angefertigt, sofern nicht anders angegeben.
- Das Video „Die Patellaluxation für den Patientenbesitzer“ (Kapitel 8) wurde von Bernhard Meier, Wald, Schweiz, angefertigt.

**Weitere Abbildungen**

Folgende Personen, Institutionen oder Verlage stellten dankenswerterweise weitere Abbildungen zur Verfügung und erteilten dafür die Abdruckgenehmigung (einige Abbildungen wurden leicht modifiziert oder neu beschriftet):

- **Karin Baum**, Paphos, Zypern: **Abb. 1.55, Abb. 7.26**
- Baumgärtner W. Pathohistologie für die Tiermedizin. Stuttgart: Enke; 2007: **Abb. 8.2**
- **Patrick Blättler Monnier**, Frenkendorf, Schweiz: **Abb. 8.40**
- **Tony Flury**, Tierklinik Lindenhof, Schweiz: **Abb. 8.14**
- **Franck Forterre**, Bern: **Abb. 9.9**
- **Ulrich Frotscher**, Meckenheim: **Aufmacher Anhang**
- **Urs Geissbühler**, Klinische Radiologie, Vetsuisse-Fakultät Bern, Schweiz: **Abb. 8.49, Abb. 8.80**
- **Urs Geissbühler**, Vetimage, Schweiz: **Abb. 8.86**
- **Matthias Haab**, Departement für Pferde, Vetsuisse-Fakultät Universität Zürich, Schweiz: **Abb. 8.48, Abb. 8.56, Abb. 8.64, Abb. 8.88, Abb. 9.7**
- **Lisa Dargel**, Institut für Spezielle Zoologie und Evolutionsbiologie, Friedrich-Schiller-Universität Jena: **Abb. 1.1**
- Institut für Veterinärpathologie der Vetsuisse-Fakultät Universität Zürich, Schweiz: **Abb. 8.13**
- **Konrad Jurina**, Haar: **Abb. 9.3**
- **Dr. Alexandra Keller**, Frankfurt am Main: **1.13**
- Klinik für Kleintierchirurgie der Vetsuisse-Fakultät Universität Zürich, Schweiz: **Abb. 8.18, Abb. 8.73**
- Klinische Radiologie, Vetsuisse-Fakultät Universität Bern, Schweiz: **Abb. 8.19**
- **Pierre Montavon**, Schweiz: **Abb. 8.52**
- **PD Dr. Anke Schnapper**, Tierärztliche Stiftung Hannover: **Abb. 1.36**
- Salomon F-V, Geyer H, Gille U. Anatomie für die Tiermedizin. 3. Auflage. Stuttgart. Enke 2015: **Abb. 1.52, 1.53, 1.54, 1.56**
- **Julian Sartori**, Institut für Spezielle Zoologie und Evolutionsbiologie, Friedrich-Schiller-Universität Jena: **Abb. 1.29**
- Schmidt MJ, Kramer M. MRT-Atlas. ZNS-Befunde bei Hund und Katze. Stuttgart: Enke; 2015: **Abb. 9.5, Abb. 9.6**
- Stoffel MH, Geiger D, Guldimann C, Kocher M. Funktionelle Neuroanatomie für die Tiermedizin. Stuttgart: Enke; 2010: **Abb. 1.51**

# Sachverzeichnis